CURSO DE ÁLGEBRA LINEAL

JUAN FLAQUER FUSTER
JAVIER OLAIZOLA CASÍN
JUAN OLAIZOLA CASÍN

CURSO DE ÁLGEBRA LINEAL

Tercera edición actualizada

EUNSA
EDICIONES UNIVERSIDAD DE NAVARRA, S.A.
PAMPLONA

Esta Editorial le autoriza, a usted, a copiar el software adjunto **solamente** para **backup** o por exigencia de su propio **archivo**.

Primera edición: Noviembre 1996
Segunda edición: Septiembre 1999
Tercera edición: Marzo 2004

Ediciones Universidad de Navarra, S.A. (EUNSA)
Plaza de los Sauces, 1 y 2. 31010 Barañáin (Navarra) - España
Teléfono: +34 948 25 68 50 - Fax: +34 948 25 68 54
e-mail: eunsa@cin.es

ISBN: 84-313-2164-4
Depósito legal: NA 859-2004

Imprime: GRÁFICAS ALZATE, S.L. Pol. Ipertegui II. Orcoyen (Navarra)

Printed in Spain - Impreso en España

ÍNDICE

A nuestros respectivos padres,
a quienes debemos mucho más
de lo que podemos imaginar.

PRÓLOGO

Este libro es el resultado de la experiencia en la enseñanza de una asignatura —el Álgebra Lineal— que para muchos es considerada de difícil comprensión, tal vez por la terminología empleada o tal vez porque habitualmente se ha venido explicando sin aplicaciones inmediatas. Quien escribe estas líneas está en deuda con muchos de los autores que le preceden: algunos citados en la bibliografía aportada y otros a los que no ha sido posible hacer referencia por necesidades de espacio.

El texto que se presenta se concibe para ser expuesto a lo largo de un semestre. Se corresponde con el temario de la asignatura de Álgebra (7.5 créditos, esto es, 75 horas lectivas), que se cursa actualmente en la Escuela Superior de Ingenieros Industriales de San Sebastián (Universidad de Navarra) durante el primer semestre. La experiencia acumulada aconseja poner más énfasis en aquellos temas que el profesor considere de mayor aplicación o relevancia, aliviando así el temario global.

Desde el punto de vista pedagógico el libro está organizado en 10 Capítulos o Temas, con dos Apéndices: el primero para ayudar a recordar las nociones básicas imprescindibles sobre estructuras algebraicas y el segundo donde se indican los caminos para resolver los ejercicios propuestos. Se supone que el lector está familiarizado con el manejo de los números reales, los números complejos, los polinomios de una variable y las propiedades elementales de las ecuaciones polinomiales, así como con la notación habitual empleada en la teoría de Conjuntos: $\forall$ (para todo), $\exists$ (existe al menos un), $\in$ (pertenece), $\subset$ (contenido en), $\cup$ (unión), $\cap$ (intersección), $\varnothing$ (conjunto vacío), $\rightarrow$ (implica), $\leftrightarrow$ (equivale a).

Los temas teóricos son los clásicos del Álgebra Lineal Aplicada: Matrices, Determinantes, Sistemas de Ecuaciones Lineales, Espacios Vectoriales, etc. Aunque no se han tratado estos temas desde el punto de vista del Álgebra Lineal Numérica, sin embargo, se hace referencia, con alguna frecuencia, a cuestiones más propias de Métodos Numéricos.

Cada Capítulo, excepto el Capítulo 10, incorpora una colección de ejercicios resueltos y otra de ejercicios propuestos, de dificultad variable. De una parte, conviene *estudiar* los ejercicios resueltos de forma ordenada, ya que en más de una ocasión un ejercicio dado hace referencia a otro anterior; además, los ejercicios resueltos, al no estar totalmente detallados, exigen al lector un esfuerzo adicional. La razón de esto último es doble: se deja al lector que complete los pasos que no están del todo desarrollados en el texto (lo que le permite *medirse* en su capacidad de resolver problemas) y se economiza al mismo tiempo el número total de páginas de este volumen.

De otra parte, los ejercicios propuestos se *pueden resolver*, una vez comprendidos los resueltos, con la *confianza* que da haber estudiado ya la resolución de problemas similares. Las soluciones a estos ejercicios se encuentran en el segundo Apéndice. Finalmente, es en el Capítulo 10 donde se enuncian algunos problemas que se plantean en Ingeniería y se resuelven con los conocimientos del Cálculo Matricial.

En el CD adjunto de esta tercera edición no se ha incorporado el *Libro Electrónico de Álgebra Lineal* (versión con enlaces en lenguaje html, correspondiente al texto escrito), como se hizo en las dos ediciones anteriores. Se mantiene solamente la codificación de los Ejemplos de Aplicación a la Ingeniería del Capítulo 10 en lenguaje MATLAB®, adaptada a la versión más reciente. Estos ejemplos sólo se pueden ejecutar si se dispone del hardware y software necesarios.

Este libro ha contado con la financiación del ICT, Instituto Científico y Tecnológico de Guipúzcoa, S.A., proyecto PI 8/95. Javier y Juan Olaizola Casín, son autores del diseño completo del *Libro Electrónico de Álgebra Lineal* y de los programas de aplicación en MATLAB® (Contenidos en el CD de las ediciones primera y segunda). Irene Olaizola Casín ha colaborado en el formateado de esta nueva edición y en la adaptación de los citados programas a la versión más reciente (Contenidos en el CD de esta tercera edición). Con el deseo de que el libro sea de utilidad a todos los que lo estudien por un motivo u otro,

Los Autores

1

Matrices y Determinantes

En este primer Capítulo se abordan las matrices desde el punto de vista del Cálculo Matricial: Operaciones matriciales más importantes, inversas de una matriz, cálculos con matrices formadas por bloques, matrices elementales y matrices especiales. Las matrices se consideran como elementos matemáticos en sí mismos. Más adelante se comprenderá el papel de las matrices para representar vectores, aplicaciones lineales, formas bilineales, productos escalares, formas cuadráticas, etc.

También se introduce en este Capítulo el determinante de una matriz cuadrada, real o compleja. Se han evitado en él las demostraciones de algunos enunciados en aras de abreviar la extensión del tema y mejorar la claridad expositiva. Estas demostraciones se pueden encontrar en otros textos de Álgebra Lineal. Es bueno que el lector se familiarice en el cálculo con determinantes y que comprenda bien sus propiedades. El determinante de Vandermonde aparece con frecuencia en las aplicaciones prácticas y la regla de Laplace es una ayuda eficaz en la simplificación del cálculo de determinantes de matrices particulares.

Con los ejercicios, tanto resueltos como propuestos, se persigue que los alumnos profundicen en el manejo y comprensión de las matrices y los determinantes.

1.1 Matrices

Una *matriz* $\mathbf{A} = [a_{ij}]$, de *tamaño* m×n con *elementos* en el cuerpo de escalares **K**, es una "colección" de m×n escalares a_{ij} de **K**, organizados en m *filas* y n *columnas*, de la forma

$$\mathbf{A} = \begin{bmatrix} a_{11} & a_{12} & \dots & a_{1n} \\ a_{21} & a_{22} & \dots & a_{2n} \\ \dots & \dots & \dots & \dots \\ a_{m1} & a_{m2} & \dots & a_{mn} \end{bmatrix} \qquad [1.1]$$

El elemento a_{ij}, que ocupa el *lugar* (i, j), recibe el nombre de *elemento genérico* de la matriz **A**. Se suele hablar de matrices *rectangulares* o *cuadradas*, según sea $m \neq n$ o bien $m = n$, respectivamente. Las matrices de tamaño m×1 reciben el nombre de *matrices columna* y las matrices de tamaño 1×n se denominan *matrices fila*. El número de filas o columnas de una matriz cuadrada recibe el nombre de *orden* de la matriz.

Obsérvese que la matriz **A** se puede considerar formada ya sea por las n matrices columna

$$\mathbf{u}_j = \begin{bmatrix} a_{1j} \\ a_{2j} \\ \dots \\ a_{mj} \end{bmatrix}, \; j = 1, \dots, n \qquad [1.2]$$

o bien por las m matrices fila

$$\mathbf{v}_i^{\mathbf{T}} = [a_{i1} \quad a_{i2} \quad \dots \quad a_{in}], \; i = 1, \dots, m \qquad [1.3]$$

La notación $^{\mathbf{T}}$ indica trasposición y se explicará más adelante.

En este contexto es muy útil la escritura de la matriz **A** *por bloques*, ya sea por columnas o por filas, en los casos más sencillos. Los "elementos" de una matriz **A** por bloques no pertenecen al cuerpo de escalares **K** sino que son a su vez matrices. Así pues, la matriz **A** de tamaño m×n escrita por columnas viene dada por

$$\mathbf{A} = [\mathbf{u}_1 \quad \mathbf{u}_2 \quad \dots \quad \mathbf{u}_n] \qquad [1.4]$$

y la misma matriz **A** escrita por filas se expresa mediante

$$\mathbf{A} = \begin{bmatrix} \mathbf{v}_1^{\mathbf{T}} \\ \mathbf{v}_2^{\mathbf{T}} \\ \dots \\ \mathbf{v}_m^{\mathbf{T}} \end{bmatrix} \qquad [1.5]$$

En el primer caso se puede afirmar que **A** es una "matriz fila" formada por las n columnas $\mathbf{u}_j$, y en el segundo caso que **A** es una "matriz columna" constituida por las m filas $\mathbf{v}_i^{\mathbf{T}}$.

Las matrices 1×1 se pueden identificar, a todos los efectos, con el único elemento que contienen, de modo que $[\alpha]\equiv\alpha$, con α un escalar de **K**.

De otra parte, las matrices se llaman *reales* o *complejas* según sean sus elementos reales o complejos, respectivamente. Una matriz de tamaño m×n con todos sus elementos iguales a cero recibe el nombre de *matriz nula* y se denota por $\mathbf{O}_{m\times n}$. En ocasiones se abrevia simplemente a **O** cuando se sobreentiende el tamaño de la matriz o bien no es necesario especificarlo.

Los elementos a_{ii}, de subíndices repetidos, i = 1, 2, ..., min{m, n}, constituyen la *diagonal principal* de la matriz $\mathbf{A} = [a_{ij}]$ de tamaño m×n, donde con la notación min{m, n} se indica el mínimo de los dos números naturales m y n.

Una matriz cuadrada **A** de orden n se llama *diagonal* si valen cero los elementos que no pertenecen a su diagonal principal, utilizándose en este caso una notación más compacta

$$\mathbf{A}=\begin{bmatrix} d_1 & 0 & \dots & 0 \\ 0 & d_2 & \dots & 0 \\ \dots & \dots & \dots & \dots \\ 0 & 0 & \dots & d_n \end{bmatrix}=\text{diag}(d_1,d_2,\dots,d_n) \qquad [1.6]$$

Una matriz diagonal se llama *matriz identidad* si los elementos de su diagonal principal valen todos la unidad. Se usará la notación $\mathbf{I_n}$ para denotar la matriz identidad de orden n.

$$\mathbf{I_n}=\begin{bmatrix} 1 & 0 & \dots & 0 \\ 0 & 1 & \dots & 0 \\ \dots & \dots & \dots & \dots \\ 0 & 0 & \dots & 1 \end{bmatrix} \qquad [1.7]$$

A veces se utiliza la notación abreviada **I** cuando el orden se sobrentiende o no es necesario especificarlo.

Las columnas de $\mathbf{I_n}$ juegan un papel especial y se denotan por $\mathbf{e_1}, \mathbf{e_2}, \dots, \mathbf{e_n}$. Nótese que la columna $\mathbf{e_j}$ está formada por ceros, excepto un uno en el lugar j–ésimo

$$\mathbf{e_j}=\begin{bmatrix} 0 \\ \dots \\ 1 \\ \dots \\ 0 \end{bmatrix} \text{(Lugar j)} \qquad [1.8]$$

En notación por columnas $\mathbf{I_n}$ se escribe

$$\mathbf{I_n}=[\mathbf{e_1} \quad \mathbf{e_2} \quad \dots \quad \mathbf{e_n}] \qquad [1.9]$$

y en notación por filas

$$\mathbf{I_n} = \begin{bmatrix} \mathbf{e_1^T} \\ \mathbf{e_2^T} \\ \dots \\ \mathbf{e_n^T} \end{bmatrix} \qquad [1.10]$$

En general se denotará con $\mathbf{E_{ij}}$ una matriz formada por ceros, excepto un uno en el lugar (i, j).

$$\mathbf{E_{ij}} = \begin{bmatrix} 0 & \dots & \dots & \dots & 0 \\ \dots & \dots & \dots & \dots & \dots \\ \dots & \dots & 1 & \dots & \dots \\ 0 & \dots & \dots & \dots & 0 \end{bmatrix} \begin{matrix} \\ \\ (i \\ \\ \end{matrix} \qquad [1.11]$$

(con la columna (j indicada sobre el elemento 1)

El tamaño de $\mathbf{E_{ij}}$ no se suele indicar, pues se sobreentiende en las expresiones donde se utiliza la matriz. Está claro que hay un total de m×n matrices distintas $\mathbf{E_{ij}}$ de tamaño m×n, tantas como lugares distintos puede ocupar el elemento unidad en la matriz.

1.2 Operaciones con matrices

◆ Suma matricial

La *suma matricial* es una operación binaria

$$(\mathbf{A},\mathbf{B}) \to \mathbf{C} = \mathbf{A} + \mathbf{B} \qquad [2.1]$$

definida sobre el conjunto $\mathbf{K}^{m\times n}$ de matrices de tamaño m×n con elementos en **K** mediante

$$c_{ij} = a_{ij} + b_{ij},\ \forall i, j \qquad [2.2]$$

Nótese que sólo se pueden sumar matrices de igual tamaño y que el resultado mantiene el tamaño matricial. Para sumar matrices se suman los elementos que ocupan el mismo lugar. Nótese que el elemento genérico de la suma es suma de elementos genéricos.

Propiedades de la suma matricial

Se verifican las cuatro propiedades siguientes, todas ellas muy sencillas de demostrar, por lo que se dejan como ejercicio para el lector:

1. $(\mathbf{A}+\mathbf{B})+\mathbf{C} = \mathbf{A}+(\mathbf{B}+\mathbf{C})$
2. $\mathbf{A}+\mathbf{O}_{m\times n} = \mathbf{O}_{m\times n}+\mathbf{A} = \mathbf{A}$
3. $\mathbf{A}+(-\mathbf{A}) = -\mathbf{A}+\mathbf{A} = \mathbf{O}_{m\times n}$
4. $\mathbf{A}+\mathbf{B} = \mathbf{B}+\mathbf{A}$

donde **A**, **B** y **C** son matrices de $\mathbf{K}^{m\times n}$ cualesquiera; $\mathbf{O}_{m\times n}$ es la *matriz nula* de tamaño m×n; y con $-\mathbf{A} = [-a_{ij}]$ se denota la *matriz opuesta* de **A**. Obsérvese que el conjunto $\mathbf{K}^{m\times n}$ es un *grupo abeliano* respecto de la suma matricial.

◆ Producto por escalares

El *producto por escalares* es una operación binaria

$$(\alpha, \mathbf{A}) \to \mathbf{B} = \alpha\mathbf{A} \qquad [2.3]$$

que permite multiplicar escalares α de **K** por matrices **A** de $\mathbf{K}^{m\times n}$, sin alterar el tamaño matricial, obteniéndose como resultado una nueva matriz **B** de $\mathbf{K}^{m\times n}$. Esta operación se define mediante

$$b_{ij} = \alpha a_{ij}, \ \forall i, j \qquad [2.4]$$

Esto es, para multiplicar un escalar por una matriz se multiplican todos los elementos de la matriz por el escalar. Nótese que el elemento genérico del resultado es el producto del escalar por el elemento genérico de la matriz.

Propiedades del producto por escalares

Se cumplen estas otras cuatro propiedades para el producto por escalares, de las que también se deja para el lector su demostración

5. $\alpha(\beta\mathbf{C}) = (\alpha\beta)\mathbf{C}$
6. $\alpha(\mathbf{B} + \mathbf{C}) = \alpha\mathbf{B} + \alpha\mathbf{C}$
7. $(\alpha + \beta)\mathbf{C} = \alpha\mathbf{C} + \beta\mathbf{C}$
8. $1\mathbf{A} = \mathbf{A}$

donde **A**, **B** y **C** son matrices de $\mathbf{K}^{m\times n}$ y α, β escalares de **K** cualesquiera.

Con las ocho propiedades, numeradas de 1 a 8, resulta que el conjunto $\mathbf{K}^{m\times n}$ posee estructura de *espacio vectorial sobre **K*** respecto de las operaciones suma matricial y producto por escalares. (Los espacios vectoriales serán objeto especial de estudio en el Capítulo 3).

Una identidad de interés, que será utilizada más adelante, es la siguiente:

$$\mathbf{A} = \sum_{i=1}^{m}\left(\sum_{j=1}^{n} a_{ij}\mathbf{E_{ij}}\right) \qquad [2.5]$$

En ella la matriz **A** se expresa en función de las matrices elementales $\mathbf{E_{ij}}$. Se trata de una suma de sumas. El índice j varía más rápidamente que el índice i. Fijado un valor de i, comenzando en i = 1, el índice j varía de forma secuencial de 1 a n. El índice i se va incrementando de unidad en unidad hasta llegar al valor de i = m. Para cada valor del índice i, el índice j varía de modo secuencial tal como se ha indicado.

◆ Producto matricial

Se define el *producto matricial* de la matriz **B**, de tamaño p×m, por la matriz **A**, de tamaño m×n, como la matriz **C**, de tamaño p×n, dada por $\mathbf{C} = \mathbf{BA}$ si

$$c_{ij} = \sum_{k=1}^{m} b_{ik} a_{kj}, \quad \forall i, j \qquad [2.6]$$

Se trata de una operación binaria de la forma

$$(\mathbf{A}, \mathbf{B}) \to \mathbf{C} = \mathbf{BA} \qquad [2.7]$$

Nótese que el elemento genérico c_{ij} de **C** se halla multiplicando cada elemento de la fila i–ésima de **B** por el correspondiente elemento de la columna j–ésima de **A** y sumando los resultados parciales obtenidos

$$\begin{bmatrix} & & & \\ & & & \\ b_{i1} & b_{i2} & \ldots & b_{im} \\ & & & \end{bmatrix} \begin{bmatrix} & a_{1j} & \\ & a_{2j} & \\ & \ldots & \\ & a_{mj} & \end{bmatrix} = \begin{bmatrix} & & \\ & & \\ & c_{ij} & \\ & & \end{bmatrix} \qquad [2.8]$$

Se suele decir abreviadamente que "se multiplican filas por columnas". Está claro que el número de columnas de **B** debe coincidir con el número de filas de **A**, en nuestro caso m, para que se pueda efectuar el producto matricial.

En general $\mathbf{BA} \neq \mathbf{AB}$, aun cuando se puedan efectuar ambos producto **AB** y **BA**. Sin embargo, siempre es posible multiplicar una columna por una fila. Por ejemplo:

$$\mathbf{x}\mathbf{y}^{\mathbf{T}} = \begin{bmatrix} \alpha_1 \\ \ldots \\ \alpha_m \end{bmatrix} \begin{bmatrix} \beta_1 & \ldots & \ldots & \beta_n \end{bmatrix} = \begin{bmatrix} \alpha_1\beta_1 & \ldots\ldots & \ldots & \alpha_1\beta_n \\ \ldots & \ldots & \ldots & \ldots \\ \alpha_m\beta_1 & \ldots & \ldots & \alpha_m\beta_n \end{bmatrix} \qquad [2.9]$$

Además, siempre que los productos sean posibles, el producto de una matriz por una columna es una columna

$$\mathbf{Au} = \mathbf{v}\,; \qquad [2.10]$$

el producto de una fila por una matriz es una fila

$$\mathbf{w}^{\mathbf{T}}\mathbf{A} = \mathbf{z}^{\mathbf{T}}\,; \qquad [2.11]$$

y el producto de una fila por una matriz cuadrada y por una columna, en el orden indicado, es una matriz escalar 1×1

$$\mathbf{x}^{\mathbf{T}}\mathbf{Ay} = \alpha\,, \qquad [2.12]$$

la cual se suele identificar con el único escalar que contiene.

Propiedades del producto matricial

Se cumplen las cinco siguientes propiedades para el producto matricial, de las que se presentará la demostración de la primera de ellas, a modo de ejemplo:

9. $(\mathbf{CB})\mathbf{A} = \mathbf{C}(\mathbf{BA})$
10. $\mathbf{C}(\mathbf{A}+\mathbf{B}) = \mathbf{CA}+\mathbf{CB}$
11. $(\mathbf{B}+\mathbf{C})\mathbf{A} = \mathbf{BA}+\mathbf{CA}$
12. $\mathbf{AI_n} = \mathbf{I_m A} = \mathbf{A}$
13. $\gamma(\mathbf{BA}) = \mathbf{B}(\gamma\mathbf{A}) = (\gamma\mathbf{B})\mathbf{A}$

siendo **A**, **B** y **C** matrices y γ un escalar cualquiera. Se supone que las matrices que se indican en las propiedades anteriores se pueden multiplicar entre sí y en el orden indicado.

Demostración de la propiedad 9:

Sean las matrices **A**, **B** y **C** de tamaños $m \times n, p \times m$ y $q \times p$, respectivamente. El elemento genérico, de lugar (i, j), de la matriz (**CB**)**A** viene dado por

$$\sum_{r=1}^{m}\left(\sum_{k=1}^{p} c_{ik} b_{kr}\right) a_{rj}$$

y el elemento genérico, de lugar (i, j), de la matriz **C**(**BA**) es

$$\sum_{k=1}^{p} c_{ik}\left(\sum_{r=1}^{m} b_{kr} a_{rj}\right).$$

Si en esta segunda expresión sacamos factor común los elementos a_{rj} de **A** se obtiene la expresión anterior, por lo que al tener ambas matrices (**CB**)**A** y **C**(**BA**) el mismo elemento genérico y el mismo tamaño coincidirán entre sí. ❑

Es sencillo comprobar que con las ocho propiedades, numeradas de 1 a 4 y de 9 a 12, el conjunto $\mathbf{K}^{\mathbf{n\times n}}$ de las matrices cuadradas de orden n con elementos en **K** posee estructura de *anillo unitario* respecto de las operaciones suma y producto matriciales. La propiedad 13 permite "conectar" el producto por escalares con el producto matricial.

Se van a considerar ahora tres identidades que serán usadas más adelante:

$$\mathbf{u_j} = \mathbf{Ae_j},\ j = 1, \ldots, n \qquad [2.13]$$

$$\mathbf{v_i^T} = \mathbf{e_i^T A},\ i = 1, \ldots, m \qquad [2.14]$$

$$a_{ij} = \mathbf{e_i^T A e_j},\ \forall i, j \qquad [2.15]$$

Las citadas identidades permiten obtener, mediante simples productos matriciales, la columna j–ésima de **A**; la fila i–ésima de **A** y el elemento genérico de **A**, respectivamente. Solamente para matrices cuadradas se puede definir la *potencia r–ésima* de una matriz **A**, donde r es un número natural. De modo *recursivo* se tiene:

$$\mathbf{A}^0 = \mathbf{I}$$
$$\mathbf{A}^r = \mathbf{A}\mathbf{A}^{r-1} \qquad [2.16]$$

Nótese que

$$\mathbf{A}^p\mathbf{A}^q = \mathbf{A}^q\mathbf{A}^p = \mathbf{A}^{p+q}, \qquad [2.17]$$

donde p y q son números naturales cualesquiera.

Hay que ser precavidos cuando se utiliza el producto matricial, como se comprueba en los siguientes ejemplos:

Ejemplo 1.1

De la identidad **BA** = **O** no se concluye necesariamente **B** = **O** o bien **A** = **O**, como lo prueba el siguiente contra ejemplo:

$$\begin{bmatrix} 0 & 1 \\ 0 & 0 \end{bmatrix}\begin{bmatrix} 2 & 0 \\ 0 & 0 \end{bmatrix} = \begin{bmatrix} 0 & 0 \\ 0 & 0 \end{bmatrix}.$$

De lo que se deduce que el anillo de matrices cuadradas posee *divisores de cero*, es decir, matrices no nulas tales que al multiplicarlas se origina la matriz nula. ✶

Ejemplo 1.2

No se puede *cancelar*, miembro a miembro, un mismo factor en una identidad sin garantizar previamente la existencia de su matriz inversa (de la que se tratará más adelante). Así, de la identidad **AX** = **AY** no se deduce necesariamente **X** = **Y**. ✶

Ejemplo 1.3

No se puede cancelar, miembro a miembro, un mismo factor en una identidad que multiplica a otros factores "por lados diferentes", esto es, de la identidad **AX** = **YA** no se puede concluir **X** = **Y**, pues **A** multiplica a **X** "por la izquierda" y multiplica a **Y** "por la derecha".✶

Ejemplo 1.4

Sería un error escribir

$$(\mathbf{A}+\mathbf{B})^2 = \mathbf{A}^2 + 2\mathbf{AB} + \mathbf{B}^2$$

en lugar de

$$(\mathbf{A}+\mathbf{B})^2 = \mathbf{A}^2 + \mathbf{AB} + \mathbf{BA} + \mathbf{B}^2,$$

a no ser que las matrices **A** y **B** *conmuten*, esto es, cuando se cumpla **AB** = **BA**. ✶

La *fórmula del binomio de Newton*, que es válida sólo para matrices **A** y **B** que conmutan,

$$(\mathbf{A}+\mathbf{B})^p = \sum_{k=0}^{p} \binom{p}{k} \mathbf{A}^k\mathbf{B}^{p-k} \qquad [2.18]$$

generaliza la situación indicada en el Ejemplo 1.4. Se omite la demostración de esta fórmula, ya que se puede encontrar en otros textos de Álgebra Lineal. Tan solo indicar que en la citada fórmula el factor

$$\binom{p}{k} = \frac{p!}{k!(p-k)!} \quad [2.19]$$

indica el número de combinaciones sin repetición de n elementos tomados de k en k.

Ejemplo 1.5

Se cumple la identidad

$$(\mathbf{I}+\mathbf{X})^3 = \mathbf{I} + 3\mathbf{X} + 3\mathbf{X}^2 + \mathbf{X}^3,$$

donde **I** es la matriz identidad del mismo orden que la matriz cuadrada **X**, ya que en este caso la matrices **I** y **X** conmutan y se puede aplicar la fórmula del binomio de Newton. ✶

◆ Trasposición

Por definición, la matriz *traspuesta* de la matriz $\mathbf{A} = [a_{ij}]$ es la matriz

$$\mathbf{A}^T = [a_{ji}] \quad [2.20]$$

que resulta de intercambiar en **A**, ordenadamente, filas por columnas, esto es, el elemento que ocupaba el lugar (i, j) de **A** pasa a ocupar el lugar (j, i) en $\mathbf{A}^T$, y ello para todos los valores posibles de (i, j). Nótese que si **A** es de tamaño m×n, entonces $\mathbf{A}^T$ es de tamaño n×m. Es obvio que si **u** representa una matriz columna, entonces $\mathbf{u}^T$ representa una matriz fila.

Propiedades de la trasposición

Se pueden probar de modo sencillo las siguientes propiedades:

14. $(\mathbf{A}+\mathbf{B})^T = \mathbf{A}^T + \mathbf{B}^T$
15. $(\beta\mathbf{A})^T = \beta\mathbf{A}^T$
16. $(\mathbf{BA})^T = \mathbf{A}^T\mathbf{B}^T$
17. $(\mathbf{A}^T)^T = \mathbf{A}$

donde las matrices que aparecen en las expresiones permiten realizar las operaciones indicadas. Obsérvese el cambio de orden de los factores en la propiedad 16.

En particular, una matriz cuadrada **A** se dice *simétrica* si

$$\mathbf{A} = \mathbf{A}^T, \quad [2.21]$$

o de un modo equivalente, si

$$a_{ij} = a_{ji}, \ \forall i, j \quad [2.22]$$

Análogamente, una matriz cuadrada **A** se dice *antisimétrica* si

$$\mathbf{A} = -\mathbf{A}^{T} \quad [2.23]$$

o bien, de un modo equivalente, si

$$a_{ij} = -a_{ji}, \ \forall i, j \quad [2.24]$$

Ejemplo 1.6

Las siguientes matrices

$$\begin{bmatrix} 1 & 2 & 3 \\ 2 & 4 & 5 \\ 3 & 5 & 6 \end{bmatrix} \text{ y } \begin{bmatrix} 0 & 2 & -3 \\ -2 & 0 & 4 \\ 3 & -4 & 0 \end{bmatrix}$$

son la primera simétrica y la segunda antisimétrica. En cambio, la matriz

$$\begin{bmatrix} 1 & 4 & 7 \\ 2 & 5 & 8 \\ 3 & 6 & 9 \end{bmatrix}$$

no es ni simétrica ni antisimétrica. ✶

Nótese que los elementos de la diagonal principal de una matriz antisimétrica deben ser nulos, pues para ellas $a_{ii} = -a_{ii} \rightarrow a_{ii} = 0, \ \forall i$. Además, la única matriz cuadrada que es a la vez simétrica y antisimétrica es la matriz nula.

◆ Conjugación

Se entiende por *matriz conjugada* de la matriz $\mathbf{A} = [a_{ij}]$ la matriz

$$\overline{\mathbf{A}} = \left[\overline{a_{ij}}\right] \quad [2.25]$$

que resulta de conjugar todos los elementos de **A**. El tamaño de la conjugada de **A** es el mismo que el tamaño de **A**.

Propiedades de la conjugación

Resultan de las propiedades de la conjugación de los número complejos aplicadas a las matrices:

18. $\overline{(\mathbf{A}+\mathbf{B})} = \overline{\mathbf{A}} + \overline{\mathbf{B}}$
19. $\overline{(\beta\mathbf{A})} = \overline{\beta}\,\overline{\mathbf{A}}$
20. $\overline{(\mathbf{BA})} = \overline{\mathbf{B}}\,\overline{\mathbf{A}}$
21. $\overline{(\mathbf{A}^{T})} = (\overline{\mathbf{A}})^{T}$
22. $\overline{\overline{\mathbf{A}}} = \mathbf{A}$

donde las matrices que aparecen en las propiedades permiten realizar las operaciones indicadas.

◆ Trasposición hermítica

La propiedad 21 nos dice que la trasposición y la conjugación son operaciones que *conmutan* entre sí, esto es, la traspuesta de la conjugada es la conjugada de la traspuesta. Ello permite definir la *matriz traspuesta hermítica* $\mathbf{A}^H$ de la matriz $\mathbf{A}$ mediante

$$\mathbf{A}^H = (\overline{\mathbf{A}})^T = \overline{(\mathbf{A}^T)} \qquad [2.26]$$

Está claro que si $\mathbf{A}$ es de tamaño $m \times n$, entonces $\mathbf{A}^H$ es de tamaño $n \times m$.

Nótese que si $\mathbf{A}$ es una matriz real, evidentemente

$$\mathbf{A}^H = \mathbf{A}^T, \qquad [2.27]$$

pues la conjugación en el caso real no afecta a los elementos de $\mathbf{A}$.

Propiedades de la trasposición hermítica

Son similares a las de la traspuesta ordinaria:

23. $(\mathbf{A}+\mathbf{B})^H = \mathbf{A}^H + \mathbf{B}^H$
24. $(\beta\mathbf{A})^H = \overline{\beta}\mathbf{A}^H$
25. $(\mathbf{B}\mathbf{A})^H = \mathbf{A}^H\mathbf{B}^H$
26. $(\mathbf{A}^H)^H = \mathbf{A}$

donde las matrices que aparecen en las propiedades permiten realizar las operaciones indicadas. Obsérvese la conjugación del escalar en la propiedad 24 y el cambio de orden de los factores en la propiedad 25.

Análogamente al caso real, una matriz cuadrada se dice *hermítica* si

$$\mathbf{A} = \mathbf{A}^H \qquad [2.28]$$

y *antihermítica* si

$$\mathbf{A} = -\mathbf{A}^H \qquad [2.29]$$

Es fácil probar que los elementos de la diagonal principal de una matriz hermítica son números reales y los elementos diagonales de una matriz antihermítica son números imaginarios puros, esto es, con parte real nula. Además, la única matriz cuadrada que es a la vez hermítica y antihermítica es la matriz nula $\mathbf{O}$.

Ejemplo 1.7

Las dos matrices indicadas a continuación son la primera hermítica y la segunda antihermítica:

$$\begin{bmatrix} 2 & 1+i \\ 1-i & -3 \end{bmatrix} \text{ y } \begin{bmatrix} 2i & 1+i \\ -1+i & -3i \end{bmatrix} \bigstar$$

1.3 Inversas de una matriz: la matriz inversa

Se parte de una matriz general **A** de tamaño m×n. Se dice que la matriz **L**, de tamaño n×m, es una *inversa por la izquierda* de la matriz **A** si se verifica la identidad

$$\mathbf{LA} = \mathbf{I}_n \qquad [3.1]$$

Análogamente, se dice que la matriz **R**, de tamaño n×m, es una *inversa por la derecha* de la matriz **A** si se verifica la identidad

$$\mathbf{AR} = \mathbf{I}_m \qquad [3.2]$$

Las inversas por la izquierda (o por la derecha de **A**) no tienen por qué existir, y, en caso de existir, no tienen por qué ser únicas.

Proposición 1.1 "Si existen una inversa por la izquierda **L** y una inversa por la derecha **R** de **A**, ambas inversas necesariamente coinciden".

Es suficiente con darse cuenta de la verdad de las identidades siguientes:

$$\mathbf{L} = \mathbf{LI}_m = \mathbf{L(AR)} = \mathbf{(LA)R} = \mathbf{I}_n\mathbf{R} = \mathbf{R}\,. \ \square$$

Una matriz cuadrada **A** para la que existen ambas clases de inversa recibe el nombre de matriz *regular*. Así pues, si **B** es una inversa por la izquierda y por la derecha de una matriz cuadrada **A** de orden n, se deben cumplir las dos identidades siguientes:

$$\begin{aligned} \mathbf{BA} &= \mathbf{I}_n \\ \mathbf{AB} &= \mathbf{I}_n \end{aligned} \qquad [3.3]$$

De la Proposición 1.1 se deduce inmediatamente que una matriz **B** que cumpla las identidades de [3.3] debe ser única. La matriz **B** recibe el nombre de *inversa* de la matriz regular **A** y se escribe

$$\mathbf{B} = \mathbf{A}^{-1} \qquad [3.4]$$

Las matrices cuadradas que carecen de inversa reciben el nombre de matrices *singulares*.

En el Capítulo 4, cuando se introduzca el rango matricial, una vez abordados los sistemas de ecuaciones lineales en el Capítulo 2, se podrá hacer un estudio más completo de las inversas de una matriz.

Propiedades de la inversión

Se consideran aquí las siguientes:

27. $(\mathbf{A}+\mathbf{B})^{-1} \neq \mathbf{A}^{-1} + \mathbf{B}^{-1}$ (En general)
28. $(\beta\mathbf{A})^{-1} = \beta^{-1}\mathbf{A}^{-1}$, con $\beta \neq 0$
29. $(\mathbf{BA})^{-1} = \mathbf{A}^{-1}\mathbf{B}^{-1}$

30. $(\mathbf{A}^{\mathrm{T}})^{-1} = (\mathbf{A}^{-1})^{\mathrm{T}}$

31. $(\overline{\mathbf{A}})^{-1} = \overline{(\mathbf{A}^{-1})}$

32. $(\mathbf{A}^{\mathrm{H}})^{-1} = (\mathbf{A}^{-1})^{\mathrm{H}}$

33. $(\mathbf{A}^{-1})^{-1} = \mathbf{A}$

donde se supone en las propiedades que todas las operaciones tienen sentido.

La propiedad 29 garantiza que el producto de matrices regulares es una matriz regular y la propiedad 33 que la inversa de una matriz regular también es regular. Es fácil probar que el conjunto de matrices regulares del mismo orden con elementos en **K** es un *grupo* (no abeliano). Nótese además en la propiedad 33 el cambio de orden de los factores.

Ejemplo 1.8

Vamos a probar las propiedades 29 y 33. La primera es cierta, pues la matriz $\mathbf{A}^{-1}\mathbf{B}^{-1}$ es inversa de la matriz **BA** al cumplirse las dos identidades siguientes:

$$(\mathbf{A}^{-1}\mathbf{B}^{-1})(\mathbf{BA}) = \mathbf{A}^{-1}(\mathbf{B}^{-1}\mathbf{B})\mathbf{A} = \mathbf{A}^{-1}\mathbf{I}_n\mathbf{A} = \mathbf{A}^{-1}\mathbf{A} = \mathbf{I}_n$$

y

$$(\mathbf{BA})(\mathbf{A}^{-1}\mathbf{B}^{-1}) = \mathbf{B}(\mathbf{AA}^{-1})\mathbf{B}^{-1} = \mathbf{BI}_n\mathbf{B}^{-1} = \mathbf{BB}^{-1} = \mathbf{I}_n$$

Análogamente, la segunda es cierta, ya que **A** es la inversa de $\mathbf{A}^{-1}$, como es muy fácil de probar. ✶

La inversión se puede considerar como una nueva operación, pero sobre una clase restringida de matrices cuadradas: las matrices regulares.

1.4 Matrices especiales

En este apartado se van a considerar algunas matrices cuadradas de especial interés, que se añaden a las clases de matrices que ya han sido abordadas hasta el presente, tales como las matrices diagonales; hermíticas y antihermíticas (en el caso complejo), simétricas y antisimétricas (en el caso general).

Una matriz cuadrada **A** se dice *unitaria* si

$$\mathbf{A}^{-1} = \mathbf{A}^{\mathrm{H}} \qquad [4.1]$$

Las matrices unitarias forman un *subgrupo* del correspondiente grupo de las matrices regulares.

Una matriz cuadrada real **A** se dice *ortogonal* si

$$\mathbf{A}^{-1} = \mathbf{A}^{\mathrm{T}} \qquad [4.2]$$

También las matrices ortogonales forman un *subgrupo* del correspondiente grupo de las matrices regulares reales.

Una matriz cuadrada **A** se dice *normal* si

$$\mathbf{AA}^{H} = \mathbf{A}^{H}\mathbf{A} \qquad [4.3]$$

En el caso real, una matriz normal es la que verifica la identidad

$$\mathbf{AA}^{T} = \mathbf{A}^{T}\mathbf{A} \qquad [4.4]$$

Ejemplo 1.9

Las siguientes clases de matrices son matrices normales: Hermíticas, antihermíticas, simétricas reales, antisimétricas reales, unitarias, ortogonales reales y diagonales. Todas ellas conmutan con su traspuesta hermítica o con su traspuesta ordinaria, en el caso real. ✶

Una matriz cuadrada **U** de orden n se dice *triangular superior* si

$$u_{ij} = 0, \forall i > j \qquad [4.5]$$

de modo que la matriz **U** es de la forma

$$\mathbf{U} = \begin{bmatrix} u_{11} & u_{12} & \dots & u_{1n} \\ 0 & u_{22} & \dots & u_{2n} \\ \dots & \dots & \dots & \dots \\ 0 & 0 & \dots & u_{nn} \end{bmatrix} \qquad [4.6]$$

Nótese que los elementos que están por debajo de la diagonal principal valen cero.

Análogamente, una matriz cuadrada **L** de orden n se dice *triangular inferior* si

$$l_{ij} = 0, \forall i < j \qquad [4.7]$$

En este caso la matriz **L** es de la forma

$$\mathbf{L} = \begin{bmatrix} l_{11} & 0 & \dots & 0 \\ l_{21} & l_{22} & \dots & 0 \\ \dots & \dots & \dots & \dots \\ l_{n1} & l_{n2} & \dots & l_{nn} \end{bmatrix} \qquad [4.8]$$

con ceros por encima de la diagonal principal. Nótese que las matrices diagonales son a la vez triangulares superiores e inferiores.

Una matriz cuadrada **Q** se dice *idempotente* si

$$\mathbf{Q}^{2} = \mathbf{Q} \qquad [4.9]$$

De [4.9] no se puede concluir que las únicas matrices idempotentes sean la matriz cuadrada nula o la matriz identidad.

Ejemplo 1.10

La siguiente matriz

$$\mathbf{Q} = \begin{bmatrix} 1 & 0 \\ 0 & 0 \end{bmatrix}$$

es idempotente. ✶

Una matriz cuadrada **H** se dice *nilpotente* si existe un entero estrictamente positivo k para el que se cumple

$$\mathbf{H}^k = \mathbf{O} \qquad [4.10]$$

El *índice de nilpotencia* de **H** es el menor valor de k para el que [4.10] es cierto. Está claro que **H** no tiene que ser necesariamente la matriz nula.

Ejemplo 1.11

La siguiente matriz es nilpotente, de índice de nilpotencia tres:

$$\mathbf{H} = \begin{bmatrix} 0 & 1 & 0 \\ 0 & 0 & 1 \\ 0 & 0 & 0 \end{bmatrix} \text{✶}$$

Una matriz cuadrada **A** se dice *involutiva* si

$$\mathbf{A}^2 = \mathbf{I}, \qquad [4.11]$$

de lo que no se deduce que las únicas matrices involutivas sean **I** y –**I**. La raíz cuadrada de una matriz no está definida, en general, como operación matricial. La ecuación $\mathbf{X}^2 = \mathbf{I}$ conduce, en general, a un número infinito de soluciones para la incógnita matricial **X**.

Una matriz cuadrada **P** se dice *matriz de permutación* si se puede obtener de la matriz identidad **I** permutando las filas o las columnas de **I**. Las matrices de permutación de orden n están formadas por n unos y el resto de elementos ceros, de modo que dos unos cualesquiera no ocupan ni la misma fila ni la misma columna. En total hay n! matrices permutación de orden n, las cuales forman un *subgrupo* del grupo de las matrices regulares de orden n.

Ejemplo 1.12

La siguiente matriz **P** es una matriz de permutación:

$$\mathbf{P} = \begin{bmatrix} 0 & 0 & 1 \\ 1 & 0 & 0 \\ 0 & 1 & 0 \end{bmatrix} \text{✶}$$

Una matriz cuadrada **A** de orden n se dice *matriz banda* si

$$a_{ij} = 0 \quad \text{siempre que} \quad |i - j| > p, \qquad [4.12]$$

donde p es un número entero positivo estrictamente menor que n, fijado de antemano. Al número 2p+1 se le llama *ancho de banda*. Si p = 1, la matriz banda recibe el nombre de *matriz tridiagonal*. La Figura 1.1 representa una matriz banda en la que los elementos que se hallan fuera de la zona sombreada se consideran todos nulos.

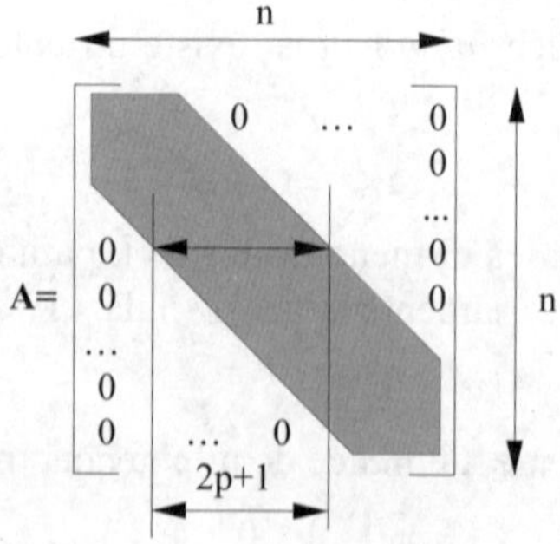

Figura 1.1

Se dice que $\mathbf{J}_a$ es una matriz *elemental de Jordan* si $\mathbf{J}_a$ es la matriz *bidiagonal* de la forma

$$\mathbf{J}_a = \begin{bmatrix} a & 1 & 0 & \dots & 0 \\ 0 & a & 1 & \dots & 0 \\ 0 & 0 & a & \dots & 0 \\ \dots & \dots & \dots & \dots & 1 \\ 0 & 0 & 0 & \dots & a \end{bmatrix} \qquad [4.13]$$

donde *a* es un escalar fijado previamente. Las matrices elementales de Jordan juegan un papel importante en la reducción de matrices cuadradas por semejanza (tema que se estudia con detalle en el Capítulo 6).

1.5 Matrices por bloques

Particionar una matriz **A** de tamaño m×n significa descomponerla en *submatrices* o *bloques*, mediante líneas horizontales y/o verticales. Está claro que una matriz puede ser particionada de muy diferentes maneras, eligiendo en cada caso la que más convenga. Una vez particionada la matriz **A**, con los bloques obtenidos se puede formar una nueva matriz, llamada *matriz por bloques*, de modo que los bloques sean los "elementos" de la nueva matriz. La matriz por bloques, por consiguiente, tendrá su propio tamaño por bloques

$$\underline{p \times q},$$

donde p es el número de filas de bloques y q es el número de columnas de bloques. El subrayado distingue el tamaño por bloques del tamaño de la matriz original sin particionar.

Ejemplo 1.13

La siguiente matriz

$$\mathbf{A} = \begin{bmatrix} 1 & 1 & 1 & 0 & 0 & 0 & 1 \\ 1 & 1 & 1 & 0 & 0 & 0 & 1 \\ 1 & 1 & 1 & 0 & 0 & 0 & 1 \\ 0 & 0 & 0 & 1 & 1 & 1 & 0 \\ 0 & 0 & 0 & 1 & 1 & 1 & 0 \end{bmatrix}$$

se puede particionar –de entre otras muchas maneras posibles– mediante una línea horizontal y dos líneas verticales, obteniendo la matriz por bloques

$$\begin{bmatrix} \mathbf{A}_{11} & \mathbf{A}_{12} & \mathbf{A}_{13} \\ \mathbf{A}_{21} & \mathbf{A}_{22} & \mathbf{A}_{23} \end{bmatrix}$$

donde

$$\mathbf{A}_{11} = \begin{bmatrix} 1 & 1 & 1 \\ 1 & 1 & 1 \\ 1 & 1 & 1 \end{bmatrix}, \mathbf{A}_{12} = \begin{bmatrix} 0 & 0 & 0 \\ 0 & 0 & 0 \\ 0 & 0 & 0 \end{bmatrix}, \mathbf{A}_{13} = \begin{bmatrix} 1 \\ 1 \\ 1 \end{bmatrix}$$

$$\mathbf{A}_{21} = \begin{bmatrix} 0 & 0 & 0 \\ 0 & 0 & 0 \end{bmatrix}, \mathbf{A}_{22} = \begin{bmatrix} 1 & 1 & 1 \\ 1 & 1 & 1 \end{bmatrix}, \mathbf{A}_{23} = \begin{bmatrix} 0 \\ 0 \end{bmatrix}$$

son los elementos matriciales de la matriz por bloques. En este ejemplo la matriz por bloques obtenida es de tamaño $\underline{2 \times 3}$ por bloques. ✶

Muchas veces, como en el caso del Ejemplo 1.13, el particionamiento de una matriz **A** ayuda a comprender cómo está constituida la citada matriz. También mediante el particionamiento de **A** se facilitan las operaciones en las que interviene **A**, ya que se tiene la siguiente *regla general*: *"Con las matrices por bloques se opera del mismo modo que con las matrices sin particionar, teniendo en cuenta que se deben poder realizar las operaciones matriciales entre sus elementos"*.

Vamos a considerar en los siguientes ejemplo algunos casos interesantes de operaciones con matrices por bloques, tomando el convenio habitual de que las letras minúsculas representan matrices columna. Nótese que toda matriz sin particionar equivale a una matriz de tamaño $\underline{1 \times 1}$ por bloques.

Ejemplo 1.14

$$\begin{bmatrix} \mathbf{B}_1 \\ \mathbf{B}_2 \\ \cdots \\ \mathbf{B}_p \end{bmatrix} \mathbf{A} = \begin{bmatrix} \mathbf{B}_1\mathbf{A} \\ \mathbf{B}_2\mathbf{A} \\ \cdots \\ \mathbf{B}_p\mathbf{A} \end{bmatrix} \ ✶$$

Ejemplo 1.15

$$\mathbf{A}\begin{bmatrix}\mathbf{x}_1 & \mathbf{x}_2 & \dots & \mathbf{x}_n\end{bmatrix} = \begin{bmatrix}\mathbf{A}\mathbf{x}_1 & \mathbf{A}\mathbf{x}_2 & \dots & \mathbf{A}\mathbf{x}_n\end{bmatrix} \bigstar$$

Ejemplo 1.16

$$\begin{bmatrix}\mathbf{A}_1 & \mathbf{A}_2 & \dots & \mathbf{A}_r\end{bmatrix}\begin{bmatrix}\mathbf{B}_1 \\ \mathbf{B}_2 \\ \dots \\ \mathbf{B}_r\end{bmatrix} = \sum_{k=1}^{r} \mathbf{A}_k\mathbf{B}_k \bigstar$$

Ejemplo 1.17

$$\begin{bmatrix}\mathbf{A}_1 \\ \mathbf{A}_2 \\ \dots \\ \mathbf{A}_p\end{bmatrix}\begin{bmatrix}\mathbf{B}_1 & \mathbf{B}_2 & \dots & \mathbf{B}_q\end{bmatrix} = \begin{bmatrix}\mathbf{A}_1\mathbf{B}_1 & \mathbf{A}_1\mathbf{B}_2 & \dots & \mathbf{A}_1\mathbf{B}_q \\ \mathbf{A}_2\mathbf{B}_1 & \mathbf{A}_2\mathbf{B}_2 & \dots & \mathbf{A}_2\mathbf{B}_q \\ \dots & \dots & \dots & \dots \\ \mathbf{A}_p\mathbf{B}_1 & \mathbf{A}_p\mathbf{B}_2 & \dots & \mathbf{A}_p\mathbf{B}_q\end{bmatrix} \bigstar$$

Ejemplo 1.18

$$\begin{bmatrix}\mathbf{A}_{11} & \mathbf{A}_{12} & \dots & \mathbf{A}_{1q} \\ \mathbf{A}_{21} & \mathbf{A}_{22} & \dots & \mathbf{A}_{2q} \\ \dots & \dots & \dots & \dots \\ \mathbf{A}_{p1} & \mathbf{A}_{p2} & \dots & \mathbf{A}_{pq}\end{bmatrix}^{\mathbf{T}} = \begin{bmatrix}\mathbf{A}_{11}^{\mathbf{T}} & \mathbf{A}_{21}^{\mathbf{T}} & \dots & \mathbf{A}_{p1}^{\mathbf{T}} \\ \mathbf{A}_{12}^{\mathbf{T}} & \mathbf{A}_{22}^{\mathbf{T}} & \dots & \mathbf{A}_{p2}^{\mathbf{T}} \\ \dots & \dots & \dots & \dots \\ \mathbf{A}_{1q}^{\mathbf{T}} & \mathbf{A}_{2q}^{\mathbf{T}} & \dots & \mathbf{A}_{pq}^{\mathbf{T}}\end{bmatrix} \bigstar$$

Nótese en este último ejemplo que la trasposición no sólo intercambia entre sí filas y columnas de bloques sino que traspone los bloques intercambiados.

1.6 El determinante de una matriz cuadrada

Sea $\mathbf{A} = [a_{ij}]$ una matriz cuadrada de orden n con sus elementos en el cuerpo de escalares **K**. Se va a asociar a la matriz **A** un escalar, escrito det**A**, de forma *recursiva* sobre el orden n de la matriz **A**, el cual depende de los elementos de **A**. El escalar det**A** recibe el nombre de *determinante* de la matriz **A**.

En particular para n = 1, el determinante de la matriz se identifica con el único escalar que contiene:

$$\det[a] = a \qquad [6.1]$$

Para la definición del determinante de una matriz cuadrada **A** de orden n se requieren algunas definiciones previas. Vamos a tomar como matriz **A**, en los ejemplos que siguen,

$$\mathbf{A} = \begin{bmatrix} 1 & 8 & 9 & 16 \\ 2 & 7 & 10 & 15 \\ 3 & 6 & 11 & 14 \\ 4 & 5 & 12 & 13 \end{bmatrix}$$

*Menor de **A** de orden p:*

Es el determinante de una submatriz cuadrada **B** de **A**, de orden p, obtenida al seleccionar p filas $i_1, i_2, ..., i_p$ de **A** y p columnas $j_1, j_2, ..., j_p$ también de **A**, de modo que

$$\begin{aligned} &1 \leq i_1 < i_2 < ... < i_p \leq n \\ &1 \leq j_1 < j_2 < ... < j_p \leq n \\ &\mathbf{B} = [b_{qr}] = [a_{i_q j_r}] \end{aligned} \qquad [6.2]$$

Los elementos de **B** pertenecen, por consiguiente, a las filas y columnas seleccionadas de **A**. Está claro que los menores de orden uno se identifican con el único elemento de **A** que contienen.

Existen en total

$$\binom{n}{p}^2 \qquad [6.3]$$

menores de orden p de una matriz cuadrada **A** de orden n, puesto que cada menor resulta de seleccionar p filas de las n filas de **A** y p columnas de las n columnas de **A**. Se recuerda que:

$$\binom{n}{p} = \frac{n!}{p!(n-p)!} \qquad [6.4]$$

Ejemplo 1.19

Si fijamos en **A** las filas 2ª y 3ª y las columnas 2ª y 4ª se obtiene la submatriz cuadrada de orden dos

$$\mathbf{B} = \begin{bmatrix} 7 & 15 \\ 6 & 14 \end{bmatrix}$$

cuyo determinante, det **B**, es el correspondiente menor de orden dos. ✶

*Menor complementario de un menor de **A** de orden p:*

Es el menor de orden n−p formado por las filas y columnas a las que no pertenece el menor de orden p dado. En particular, el menor complementario de un elemento de **A** (menor de orden uno) es el determinante de la submatriz de **A** formada por las filas y columnas a las que no pertenece el elemento. El *menor complementario del elemento* a_{ij} se denota por M_{ij}.

Ejemplo 1.20

Siguiendo con ejemplo anterior, el menor complementario del menor definido por **B** es el determinante de la matriz

$$\mathbf{C} = \begin{bmatrix} 1 & 9 \\ 4 & 12 \end{bmatrix}$$

formada por las filas 1ª y 4ª y las columnas 1ª y 3ª. Análogamente, el menor complementario del elemento (2, 3) de **A** es

$$M_{23} = \det \begin{bmatrix} 1 & 8 & 16 \\ 3 & 6 & 14 \\ 4 & 5 & 13 \end{bmatrix} \bigstar$$

*Adjunto de un menor de **A** de orden p:*

Es el menor complementario multiplicado por

$$(-1)^{(i_1+i_2+...+i_p)+(j_1+j_2+...+j_p)}, \qquad [6.5]$$

donde los índices i_1, i_2, ..., i_p indican numeración de las filas y los índices j_1, j_2, ..., j_p numeración de las columnas a las que pertenece el menor original. En particular el *adjunto del elemento* a_{ij} se denota por A_{ij} y viene dado por

$$A_{ij} = (-1)^{i+j} M_{ij} \qquad [6.6]$$

Ejemplo 1.21

El adjunto del menor del Ejemplo 1.19 es

$$(-1)^{(2+3)+(2+4)} \det \begin{bmatrix} 1 & 9 \\ 4 & 12 \end{bmatrix} = -\det \begin{bmatrix} 1 & 9 \\ 4 & 12 \end{bmatrix}$$

y el adjunto del elemento (2, 3) de la matriz **A** original es

$$A_{23} = (-1)^{2+3} M_{23} = -\det \begin{bmatrix} 1 & 8 & 16 \\ 3 & 6 & 14 \\ 4 & 5 & 13 \end{bmatrix} \bigstar$$

Se está ya en condiciones de dar la definición del *determinante* de la matriz cuadrada **A** de orden n, *desarrollado por la fila i–ésima de* ***A***, en términos de n adjuntos, cada uno de ellos de orden n–1, mediante la fórmula recursiva:

$$\det \mathbf{A} = a_{i1}A_{i1} + a_{i2}A_{i2} + \ldots + a_{in}A_{in} = \sum_{k=1}^{n} a_{ik}A_{ik} \qquad [6.7]$$

Como a su vez estos n adjuntos de órdenes n–1 se pueden desarrollar en términos de otros adjuntos de órdenes n–2, y así sucesivamente, el determinante de **A** se puede expresar en último término en función de determinantes de órdenes la unidad, cuyos valores son iguales a los elementos que contienen. Se puede demostrar que semejante desarrollo no depende de las filas elegidas en **A** y en los sucesivos menores.

Ejemplo 1.22

Si **A** es la matriz cuadrada de orden dos

$$\mathbf{A} = \begin{bmatrix} a_{11} & a_{12} \\ a_{21} & a_{22} \end{bmatrix},$$

entonces, desarrollando por la primera fila, se tiene

$$M_{11} = \det[a_{22}] = a_{22} \to A_{11} = (-1)^{1+1}M_{11} = a_{22}$$
$$M_{12} = \det[a_{21}] = a_{21} \to A_{12} = (-1)^{1+2}M_{12} = -a_{21}$$
$$\det\mathbf{A} = a_{11}A_{11} + a_{12}A_{12} \to$$

$$\det\mathbf{A} = a_{11}a_{22} - a_{12}a_{21}$$

fórmula práctica para calcular el determinante de una matriz cuadrada cualquiera de orden dos. ✶

Ejemplo 1.23

Si **A** es la matriz cuadrada de orden tres

$$\mathbf{A} = \begin{bmatrix} a_{11} & a_{12} & a_{13} \\ a_{21} & a_{22} & a_{23} \\ a_{31} & a_{32} & a_{33} \end{bmatrix}.$$

Desarrollando también por la primera fila de **A** se tiene:

$$\det\mathbf{A} = a_{11}A_{11} + a_{12}A_{12} + a_{13}A_{13} =$$
$$a_{11}(-1)^{1+1}M_{11} + a_{12}(-1)^{1+2}M_{12} + a_{13}(-1)^{1+3}M_{13} =$$
$$a_{11}(a_{22}a_{33} - a_{23}a_{32}) - a_{12}(a_{21}a_{33} - a_{23}a_{31}) + a_{13}(a_{21}a_{32} - a_{22}a_{31}) \to$$

y se llega a la conocida *regla de Sarrus* para el cálculo del determinante de cualquier matriz cuadrada de orden tres:

$$\det\mathbf{A} = a_{11}a_{22}a_{33} + a_{12}a_{23}a_{31} + a_{13}a_{21}a_{32} - a_{13}a_{22}a_{31} - a_{11}a_{23}a_{32} - a_{12}a_{21}a_{33} \text{ ✶}$$

Se puede probar que se obtienen los mismos resultados desarrollando por columnas, en lugar de desarrollar por filas. Así pues, la siguiente fórmula corresponde *al desarrollo del determinante de **A** por la columna j–ésima*:

$$\det \mathbf{A} = a_{1j}A_{1j} + a_{2j}A_{2j} + \dots + a_{nj}A_{nj} = \sum_{i=1}^{n} a_{ij}A_{ij} \qquad [6.8]$$

Las fórmulas [6.7] y [6.8] sugieren desarrollar un determinante por la fila o columna que posea el mayor número de ceros, ya que para ellos no es necesario el cálculo del correspondiente adjunto. La aplicación sistemática de esta idea conduce a la siguiente proposición, no sin antes aclarar la notación que se va a emplear también: Los elementos de una matriz cuadrada encerrados entre barras verticales representan el determinante de la matriz correspondiente, de modo que

$$\begin{vmatrix} a_{11} & a_{12} & \dots & a_{1n} \\ a_{21} & a_{22} & \dots & a_{2n} \\ \dots & \dots & \dots & \dots \\ a_{n1} & a_{n2} & \dots & a_{nn} \end{vmatrix} = \det \mathbf{A} \qquad [6.9]$$

Proposición 1.2 "El determinante de una matriz triangular superior (o inferior) es el producto de los elementos de su diagonal principal".

Sea **U** = $[u_{ij}]$ una matriz triangular superior. (La demostración para matrices triangulares inferiores es análoga). Desarrollando el determinante de **U** por los elementos de su primera columna se tiene

$$\det \mathbf{U} = \begin{vmatrix} u_{11} & * & \dots & * \\ 0 & u_{22} & \dots & * \\ .. & \dots & \dots & \dots \\ 0 & 0 & \dots & u_{nn} \end{vmatrix} = u_{11} \begin{vmatrix} u_{22} & \dots & * \\ \dots & \dots & \dots \\ 0 & \dots & u_{nn} \end{vmatrix} = u_{11} \det \mathbf{U}_1$$

Pero $\mathbf{U}_1$ vuelve a ser una matriz triangular superior. Se puede a su vez desarrollar el determinante de $\mathbf{U}_1$ por los elementos de su primera columna, y así sucesivamente, obteniendo

$$\det \mathbf{U} = u_{11} \det \mathbf{U}_1 = u_{11}u_{22} \det \mathbf{U}_2 = \dots = u_{11}u_{22}\dots u_{nn} \ \square$$

De la proposición anterior se deduce inmediatamente que el determinante de una matriz diagonal es el producto de los elementos de su diagonal principal. En particular, el determinante de la matriz identidad $\mathbf{I}_n$ vale la unidad y el determinante de la matriz nula $\mathbf{O}_n$ vale cero.

Un tratamiento más extenso de la teoría de determinantes (que se puede omitir en una primera lectura) conduce a la siguiente fórmula para el cálculo del determinante de una matriz cuadrada, más teórica que práctica, en función de los elementos que la componen:

$$\det \mathbf{A} = \sum_{\sigma \in S_n} \varepsilon(\sigma) a_{1,\sigma(1)} a_{2,\sigma(2)} \dots a_{n,\sigma(n)}, \qquad [6.10]$$

donde:

$$\sigma = \sigma(1), \sigma(2), \dots, \sigma(n) \qquad [6.11]$$

representa una *permutación* cualquiera de los n números 1, 2, ..., n. De otra parte,

$$\varepsilon(\sigma) = \pm 1, \qquad [6.12]$$

según sea la permutación σ *par* o *impar*, respectivamente. Finalmente, S_n denota el *grupo simétrico* de las permutaciones de n elementos. Se recuerda que una permutación σ es par o impar, según sea par o impar el número de *transposiciones* que hay que hacer sobre σ para obtener la permutación identidad. Por transposición se entiende el intercambio de posición entre dos números distintos de una misma permutación, dejando los demás en su lugar.

En definitiva, en la fórmula [6.10] el valor del determinante de **A** es el resultado de sumar n! sumandos (tantos sumandos como permutaciones de n elementos hay en el grupo simétrico S_n). Cada sumando es de la forma

$$\varepsilon(\sigma) a_{1,\sigma(1)} a_{2,\sigma(2)} \dots a_{n,\sigma(n)} \qquad [6.13]$$

esto es, el producto de n elementos de **A**, todos ellos pertenecientes a filas y columnas *distintas*, afectado de un coeficiente numérico (± 1), que depende de si la permutación formada por los índices de las columnas es par o impar, respectivamente.

Ejemplo 1.24

El determinante de la matriz cuadrada de orden tres siguiente

$$\mathbf{A} = \begin{bmatrix} a_{11} & a_{12} & a_{13} \\ a_{21} & a_{22} & a_{23} \\ a_{31} & a_{32} & a_{33} \end{bmatrix}$$

se puede abordar directamente utilizando la fórmula [6.7]. El orden de **A** es n = 3. El grupo simétrico S_3 posee las 3! = 6 permutaciones siguientes:

1,2,3 2,3,1 3,1,2

1,3,2 2,1,3 3,2,1

Las tres de la fila superior son pares y las tres de la fila inferior impares, por lo que

$$\det \mathbf{A} = a_{11}a_{22}a_{33} + a_{12}a_{23}a_{31} + a_{13}a_{21}a_{32} - a_{11}a_{23}a_{32} - a_{12}a_{21}a_{33} - a_{13}a_{22}a_{31},$$

resultado que coincide con el ya obtenido de la *regla de Sarrus*. ✶

1.7 Propiedades de los determinantes

En este apartado se van a enunciar (sin demostración, salvo la propiedad sexta) las propiedades más frecuentes que se usan en el cálculo con determinantes, comentándolas a continuación:

1) $\det[\ldots \quad \mathbf{u}+\mathbf{v} \quad \ldots] = \det[\ldots \quad \mathbf{u} \quad \ldots] + \det[\ldots \quad \mathbf{v} \quad \ldots]$

2) $\det[\ldots \quad \alpha\mathbf{u} \quad \ldots] = \alpha.\det[\ldots \quad \mathbf{u} \quad \ldots]$

3) $\det[\ldots \quad \mathbf{u} \quad \ldots \quad \mathbf{v} \quad \ldots] = -\det[\ldots \quad \mathbf{v} \quad \ldots \quad \mathbf{u} \quad \ldots]$

4) $\det[\ldots \quad \mathbf{u}+\alpha\mathbf{v} \quad \ldots \quad \mathbf{v} \quad \ldots] = \det[\ldots \quad \mathbf{u} \quad \ldots \quad \mathbf{v} \quad \ldots]$

5) $\det(\mathbf{AB}) = \det\mathbf{A}\det\mathbf{B}$

6) $\mathbf{A}$ regular equivale a $\det\mathbf{A} \neq 0$

7) $\mathbf{A}$ regular implica $\det\mathbf{A}^{-1} = (\det\mathbf{A})^{-1}$

8) $\det\mathbf{A}^{T} = \det\mathbf{A}$

9) $\det\overline{\mathbf{A}} = \overline{\det\mathbf{A}}$

La propiedad 1 afirma que si la columna j–ésima de **A** se descompone en suma de dos columnas **u** y **v**, entonces el determinante de **A** se puede escribir como suma de dos determinantes que poseen las mismas columnas que **A**, excepto la j–ésima, que es **u** para el primero y **v** para el segundo.

Ejemplo 1.25

$$\begin{vmatrix} 1 & 6 & 0 \\ 7 & 3 & 1 \\ 8 & 2 & 9 \end{vmatrix} = \begin{vmatrix} 1 & 4+2 & 0 \\ 7 & 3+0 & 1 \\ 8 & 1+1 & 9 \end{vmatrix} = \begin{vmatrix} 1 & 4 & 0 \\ 7 & 3 & 1 \\ 8 & 1 & 9 \end{vmatrix} + \begin{vmatrix} 1 & 2 & 0 \\ 7 & 0 & 1 \\ 8 & 1 & 9 \end{vmatrix} \bigstar$$

La propiedad 2 afirma que si la columna j–ésima de **A** es el producto de un escalar α por una columna **u**, entonces el determinante de **A** se puede escribir como producto del escalar α por un determinante que posee las mismas columnas que **A**, excepto la j–ésima, que es **u**.

Ejemplo 1.26

$$\begin{vmatrix} 12 & 1 & 2 \\ 16 & 1 & 3 \\ 4 & 1 & 1 \end{vmatrix} = \begin{vmatrix} 4\times 3 & 1 & 2 \\ 4\times 4 & 1 & 3 \\ 4\times 1 & 1 & 1 \end{vmatrix} = 4\times\begin{vmatrix} 3 & 1 & 2 \\ 4 & 1 & 3 \\ 1 & 1 & 1 \end{vmatrix} \bigstar$$

La propiedad 3 significa que si en un determinante se intercambian entre sí dos columnas que ocupan lugares distintos, el valor del determinante cambia de signo.

Ejemplo 1.27

$$\begin{vmatrix} 1 & 2 & 3 \\ 4 & 5 & 1 \\ 2 & 8 & 0 \end{vmatrix} = -\begin{vmatrix} 3 & 2 & 1 \\ 1 & 5 & 4 \\ 0 & 8 & 2 \end{vmatrix} \bigstar$$

Una consecuencia inmediata de la propiedad 3 es que un determinante con dos columnas iguales vale cero.

La propiedad 4 garantiza que si a una columna **u** de un determinante se le suma el resultado de multiplicar un escalar α por otra columna **v** del mismo determinante, entonces no se altera el valor del determinante inicial.

Ejemplo 1.28

$$\begin{vmatrix} 1 & 2 & 3 \\ 4 & 5 & 6 \\ 7 & 8 & 9 \end{vmatrix} = \begin{vmatrix} 7 & 2 & 3 \\ 16 & 5 & 6 \\ 25 & 8 & 9 \end{vmatrix},$$

donde a la primera columna del determinante del primer miembro se le ha sumado dos veces la tercera columna del mismo determinante. ✶

La propiedad 5 afirma que el determinante del producto de dos matrices cuadradas del mismo orden es el producto de sus determinantes. Esta propiedad será probada más adelante en el contexto de las matrices asociadas a las operaciones elementales (ver Capítulo 2).

La propiedad 6 es un criterio de regularidad de una matriz cuadrada. Se trata de una condición necesaria y suficiente. Se va a probar el enunciado directo. (El recíproco se prueba más adelante en el apartado 1.8).

Demostración de la propiedad 6 (Enunciado Directo):

"Si **A** es regular, debe ser det**A** distinto de cero"

Si **A** es regular, de la identidad

$$\mathbf{A}\mathbf{A}^{-1} = \mathbf{I}_n$$

se deduce

$$\det(\mathbf{A}\mathbf{A}^{-1}) = \det \mathbf{I}_n \rightarrow$$
$$\det \mathbf{A}.\det \mathbf{A}^{-1} = 1 \rightarrow$$
$$\det \mathbf{A} \neq 0$$

❑

La propiedad 7 afirma que el determinante de la inversa de una matriz regular es el inverso del determinante de la citada matriz.

La propiedad 8 garantiza que la trasposición matricial no altera el valor del determinante, por lo que todas las propiedades afirmadas en este apartado para las columnas también son válidas para las filas.

Finalmente, la propiedad 9 indica que el determinante de la matriz conjugada es el conjugado del determinante de la matriz sin conjugar.

1.8 Obtención de la matriz inversa de una matriz regular

¿Qué sucede si se multiplican los elementos de una fila (o columna) de una matriz cuadrada **A** por los adjuntos de los elementos de igual índice de una fila (o columna) *distinta*, y se suman los resultados parciales obtenidos? Se puede demostrar que el resultado vale cero. Para el caso particular de las fila i–ésima y j–ésima, con i distinto de j, se tiene

$$a_{i1}A_{j1} + a_{i2}A_{j2} + \dots + a_{in}A_{jn} = \sum_{k=1}^{n} a_{ik}A_{jk} = 0, \text{con } i \neq j \qquad [8.1]$$

Las fórmulas [6.4] y [8.1] se pueden fundir en una sola, aprovechando la introducción de la llamada *delta de Kronecker*:

$$\delta_{ij} = \begin{cases} 1, \text{si } i = j \\ 0, \text{si } i \neq j \end{cases} \qquad [8.2]$$

Veamos:

$$\left.\begin{array}{l} \sum_{k=1}^{n} a_{ik}A_{ik} = \det \mathbf{A} = 1 \times \det \mathbf{A} \\ \sum_{k=1}^{n} a_{ik}A_{jk} = 0 = 0 \times \det \mathbf{A}, \text{con } i \neq j \end{array}\right\} \rightarrow$$

$$\sum_{k=1}^{n} a_{ik}A_{jk} = \delta_{ij} \times \det \mathbf{A}, \forall i, j \qquad [8.3]$$

Se define ahora la *matriz adjunta* de **A**, la cual se denota **AdjA**, como la traspuesta de la matriz de adjuntos, esto es, por definición:

$$\mathbf{AdjA} = \left[A_{ij}\right]^T \qquad [8.4]$$

La identidad [8.3] garantiza que el elemento genérico del producto de **A** por **AdjA**, esto es, el que resulta de multiplicar la fila i–ésima de **A** por la columna j–ésima de **AdjA**, es igual al valor del elemento genérico de la matriz identidad $\mathbf{I_n}$, que es precisamente δ_{ij}, por el determinante de **A**. En definitiva, se llega a esta nueva identidad

$$\mathbf{A}\,\mathbf{AdjA} = \det\mathbf{A}\,\mathbf{I_n}, \qquad [8.5]$$

válida para toda matriz *cuadrada.*

Se está ya en condiciones de obtener la inversa de una matriz regular **A** utilizando determinantes:

Proposición 1.3 "La inversa de la matriz regular **A** viene dada por la identidad

$$\mathbf{A}^{-1} = \frac{\mathbf{AdjA}}{\det\mathbf{A}}\text{"} \qquad [8.6]$$

Ya se sabe que, por ser **A** regular, det**A** es distinto de cero. De [8.5]

$$\mathbf{A}\,\mathbf{AdjA} = \det\mathbf{A}\,\mathbf{I_n}$$

se deduce inmediatamente que

$$\mathbf{A}\left(\frac{\mathbf{AdjA}}{\det\mathbf{A}}\right) = \mathbf{I_n}$$

y de ahí que

$$\mathbf{A}^{-1} = \frac{\mathbf{AdjA}}{\det\mathbf{A}} \ \square$$

Ejemplo 1.29

$$\begin{bmatrix} 0 & 1 & -3 \\ 3 & 1 & -4 \\ 0 & 0 & 2 \end{bmatrix}^{-1} = \frac{1}{(-6)}\begin{bmatrix} 2 & -6 & 0 \\ -2 & 0 & 0 \\ -1 & -9 & -3 \end{bmatrix}^{\mathbf{T}} = \begin{bmatrix} -1/3 & 1/3 & 1/6 \\ 1 & 0 & 3/2 \\ 0 & 0 & 1/2 \end{bmatrix} \bigstar$$

El cálculo de la matriz inversa mediante [8.6] origina serios problemas numéricos cuando el determinante de la matriz es muy pequeño en módulo (matriz *casi singular*). La división por un número muy pequeño en módulo puede conducir a resultados que superen el tamaño admisible de los números que se manejan en el ordenador utilizado para su cálculo.

Ejemplo 1.30

La *matriz de Hilbert* de orden cuatro

$$\mathbf{H}_4 = \left[\frac{1}{i+j-1}\right]$$

es casi singular, pues su determinante, que vale aproximadamente

$$\det\mathbf{H}_4 = 1.6534\times10^{-7},$$

es muy pequeño en valor absoluto. ✶

Ya se puede probar el recíproco de la propiedad 6 del apartado 1.7 anterior (condición suficiente):

Demostración de la propiedad 6 (Enunciado Recíproco):

"Si el determinante de **A** es distinto de cero, entonces **A** es regular"

Se prueba fácilmente, pues la identidad [8.5] es válida para cualquier matriz cuadrada y si su determinante es distinto de cero es inmediato probar que la matriz

$$\frac{\mathbf{AdjA}}{\det \mathbf{A}}$$

es la inversa de **A** y por tanto **A** es regular.

1.9 Determinante de Vandermonde

En ciertas aplicaciones es necesario evaluar el *determinante de Vandermonde* de orden n, que viene definido por n parámetros reales $\alpha_1, \alpha_2, ..., \alpha_n$ y es de la forma

$$V(\alpha_1, \alpha_2, ..., \alpha_n) = \begin{vmatrix} 1 & 1 & 1 & ... & 1 \\ \alpha_1 & \alpha_2 & \alpha_3 & ... & \alpha_n \\ \alpha_1^2 & \alpha_2^2 & \alpha_3^2 & ... & \alpha_n^2 \\ ... & ... & ... & ... & ... \\ \alpha_1^{n-1} & \alpha_2^{n-1} & \alpha_3^{n-1} & ... & \alpha_n^{n-1} \end{vmatrix}, \qquad [9.1]$$

donde cada columna está formada por las potencias sucesivas del parámetro correspondiente, con el exponente tomando valores desde 0 hasta n−1.

Obsérvese que el determinante de Vandermonde se anula cuando dos parámetros cualesquiera toman el mismo valor. Si a cada fila, desde la última hasta la segunda inclusive, se le resta la fila inmediatamente anterior multiplicada por α_1, no se altera el valor del determinante y se tiene

$$V(\alpha_1, \alpha_2, ..., \alpha_n) = \begin{vmatrix} 1 & 1 & 1 & ... & 1 \\ 0 & \alpha_2 - \alpha_1 & \alpha_3 - \alpha_1 & ... & \alpha_n - \alpha_1 \\ 0 & \alpha_2(\alpha_2 - \alpha_1) & \alpha_3(\alpha_3 - \alpha_1) & ... & \alpha_n(\alpha_n - \alpha_1) \\ ... & ... & ... & ... & ... \\ 0 & \alpha_2^{n-2}(\alpha_2 - \alpha_1) & \alpha_3^{n-2}(\alpha_3 - \alpha_1) & ... & \alpha_n^{n-2}(\alpha_n - \alpha_1) \end{vmatrix} \qquad [9.2]$$

Desarrollando ahora por la primera columna y extrayendo del determinante los escalares que afectan a cada columna, de la segunda en adelante, se tiene

$$V(\alpha_1,\alpha_2,\ldots,\alpha_n)=(\alpha_2-\alpha_1)(\alpha_3-\alpha_1)\ldots(\alpha_n-\alpha_1)\begin{vmatrix}1 & 1 & \ldots & 1\\ \alpha_2 & \alpha_3 & \ldots & \alpha_n\\ \ldots & \ldots & \ldots & \ldots\\ \alpha_2^{n-2} & \alpha_3^{n-2} & \ldots & \alpha_n^{n-2}\end{vmatrix}=$$

$$(\alpha_2-\alpha_1)(\alpha_3-\alpha_1)\ldots(\alpha_n-\alpha_1)V(\alpha_2,\ldots,\alpha_n) \qquad [9.3]$$

Procediendo de modo recursivo se llega definitivamente a

$$\begin{aligned}V(\alpha_1,\alpha_2,\ldots,\alpha_n)=(\alpha_2-\alpha_1)(\alpha_3-\alpha_1)&\ldots(\alpha_n-\alpha_1).\\ (\alpha_3-\alpha_2)&\ldots(\alpha_n-\alpha_2).\\ \ldots&\\ (\alpha_n-&\alpha_{n-1})\end{aligned}, \qquad [9.4]$$

o, en forma más compacta,

$$V(\alpha_1,\alpha_2,\ldots,\alpha_n)=\prod_{i>j}(\alpha_i-\alpha_j) \qquad [9.5]$$

En la expresión obtenida hay un total de $(n^2-n)/2$ factores. Se deduce de ella inmediatamente que si el determinante de Vandermonde es nulo, entonces dos parámetros al menos deben tomar el mismo valor.

Ejemplo 1.31

Se pretende hallar una curva de segundo grado, de la forma $y = a+bx+cx^2$, que pase por los tres puntos

$$P_1=(x_1,y_1), P_2=(x_2,y_2), P_3=(x_3,y_3)$$

cuyas abscisas son distintas entre sí, dos a dos. (Clásico ejercicio de interpolación polinomial).

Luego se deben cumplir las tres ecuaciones lineales siguientes:

$$\begin{aligned}a+bx_1+cx_1^2&=y_1\\ a+bx_2+cx_2^2&=y_2\\ a+bx_3+cx_3^2&=y_3\end{aligned}$$

El determinante de la matriz del sistema

$$\begin{bmatrix}1 & x_1 & x_1^2\\ 1 & x_2 & x_2^2\\ 1 & x_3 & x_3^2\end{bmatrix}$$

es el determinante de la traspuesta de una matriz de Vandermonde y su valor viene dado por

$$V(x_1,x_2,x_3)=(x_2-x_1)(x_3-x_1)(x_3-x_2),$$

pues la trasposición no afecta al valor del determinante. Ya que las abscisas de los tres puntos de paso son distintas entre sí, dos a dos, el determinante de la matriz del sistema es distinto de cero y el sistema tendrá solución única para las incógnitas a, b, c. Habrá, por tanto, una única curva de la forma $y = a+bx+cx^2$ que pase exactamente por los tres puntos dados. ✶

1.10 Regla de Laplace

En este apartado se va aportar, sin demostrar, un resultado conocido como la *regla de Laplace*, que generaliza el desarrollo del determinante de una matriz cuadrada **A** de orden n por los elementos de una fila o columna:

"Si se fijan k filas (o columnas) de una matriz cuadrada **A**, el valor del determinante de **A** es igual a la suma de los productos de todos los menores de orden k que se pueden extraer de las k filas (o columnas) de **A** multiplicados por sus correspondientes adjuntos".

En total habrá

$$\binom{n}{k}$$

sumandos en el desarrollo de Laplace, ya que los citados menores se obtienen eligiendo k columnas (o filas) de entre las n iniciales. Es aconsejable seleccionar k filas (o columnas) de modo que el mayor número posible de sus menores de orden k valgan cero (así se hace innecesario el cálculo de los correspondientes adjuntos).

Ejemplo 1.32

El determinante de la matriz

$$\mathbf{A} = \begin{bmatrix} 1 & 0 & 0 & 0 & 1 \\ 1 & 0 & 0 & 0 & 2 \\ 1 & 2 & 3 & 4 & 7 \\ 2 & 1 & 0 & 3 & 5 \\ 3 & 4 & 1 & 2 & 6 \end{bmatrix}$$

se puede desarrollar por las dos primeras filas, pues el único menor de orden dos distinto de cero extraído de ellas está formado por las columnas 1^a y 5^a, esto es,

$$\begin{vmatrix} 1 & 1 \\ 1 & 2 \end{vmatrix} = 1,$$

cuyo adjunto vale

$$(-1)^{(1+2)+(1+5)}\begin{vmatrix} 2 & 3 & 4 \\ 1 & 0 & 3 \\ 4 & 1 & 2 \end{vmatrix} = -28$$

En definitiva, $\det \mathbf{A} = 1 \times (-28) = -28$ ✶

1.11 Ejercicios resueltos

1.1 Demuéstrese que si **A** es una matriz regular y la matriz

$$\mathbf{T} = \mathbf{I} + \mathbf{V}^H\mathbf{A}^{-1}\mathbf{U}$$

también es regular, entonces se cumple la identidad

$$(\mathbf{A} + \mathbf{U}\mathbf{V}^H)^{-1} = \mathbf{A}^{-1} - \mathbf{A}^{-1}\mathbf{U}\mathbf{T}^{-1}\mathbf{V}^H\mathbf{A}^{-1}$$

(Fórmula de *Morrison–Woodbury*).

⍓⍓⍓⍓⍓⍓

Lo que enseña la identidad a probar es que para invertir la matriz $\mathbf{B} = \mathbf{A}+\mathbf{U}\mathbf{V}^H$ del primer miembro de la identidad (la cual es una modificación de **A** mediante el término $\mathbf{U}\mathbf{V}^H$) es más eficiente efectuar las operaciones del segundo miembro de la identidad cuando la inversa de **A** es más fácil de obtener que directamente la inversa de **B**.

Nótese que **U** y **V** no tienen por qué ser matrices cuadradas. Un sencillo análisis de los tamaños de las matrices que aparecen en la citada fórmula permite concluir que si **A** es cuadrada de orden n, las matrices **U** y **V** pueden ser ambas de tamaño n×k, con k un número natural cualquiera.

Llamando **C** a la matriz del segundo miembro de la identidad que se desea probar, será suficiente verificar que **CB** = **I** y que **BC** = **I**. Cuando se llegue al Capítulo 4 se comprenderá que si se cumple una de las dos identidades, necesariamente se cumple la otra, por lo que bastaría probar una de ellas. Aquí solamente probaremos la primera (la demostración de la segunda se haría análogamente):

$$\mathbf{CB} = (\mathbf{A}^{-1} - \mathbf{A}^{-1}\mathbf{U}\mathbf{T}^{-1}\mathbf{V}^H\mathbf{A}^{-1})(\mathbf{A} + \mathbf{U}\mathbf{V}^H) =$$

$$= \mathbf{I} - \mathbf{A}^{-1}\mathbf{U}\mathbf{T}^{-1}\mathbf{V}^H + \mathbf{A}^{-1}\mathbf{U}\mathbf{V}^H - \mathbf{A}^{-1}\mathbf{U}\mathbf{T}^{-1}(\mathbf{V}^H\mathbf{A}^{-1}\mathbf{U})\mathbf{V}^H =$$

$$= \mathbf{I} - \mathbf{A}^{-1}\mathbf{U}\mathbf{T}^{-1}\mathbf{V}^H + \mathbf{A}^{-1}\mathbf{U}\mathbf{V}^H - \mathbf{A}^{-1}\mathbf{U}\mathbf{T}^{-1}(\mathbf{T} - \mathbf{I})\mathbf{V}^H =$$

$$= \mathbf{I} - \mathbf{A}^{-1}\mathbf{U}\mathbf{T}^{-1}\mathbf{V}^H + \mathbf{A}^{-1}\mathbf{U}\mathbf{V}^H - \mathbf{A}^{-1}\mathbf{U}\mathbf{V}^H + \mathbf{A}^{-1}\mathbf{U}\mathbf{T}^{-1}\mathbf{V}^H = \mathbf{I} \quad ,$$

donde se ha usado la hipótesis inicial en la forma

$$\mathbf{V}^H\mathbf{A}^{-1}\mathbf{U} = \mathbf{T} - \mathbf{I}$$

1.2 Obténgase la matriz inversa de la matriz **B** de orden n siguiente, con $a \neq 0$ y $a \neq -n$.

$$\mathbf{B} = \begin{bmatrix} 1+a & 1 & \dots & 1 \\ 1 & 1+a & \dots & 1 \\ \dots & \dots & \dots & \dots \\ 1 & 1 & \dots & 1+a \end{bmatrix}.$$

Es una sencilla aplicación de la fórmula demostrada en el Ejercicio 1.1 anterior, en el campo real, tomando como matriz **A** la matriz regular $a\mathbf{I_n}$ y como columna **v** la misma columna **u**, precisamente la formada por n unos. Nótese ahora que $\mathbf{B} = \mathbf{A} + \mathbf{uu}^T$ y

$$\mathbf{t} = 1 + \mathbf{u}^T\mathbf{A}^{-1}\mathbf{u} = 1 + \begin{bmatrix} 1 & 1 & \dots & 1 \end{bmatrix}(a\mathbf{I_n})^{-1}\begin{bmatrix} 1 \\ 1 \\ \dots \\ 1 \end{bmatrix} = 1 + \frac{n}{a}$$

también regular, ya que *a* es distinto de −n. Luego aplicando la fórmula de Morrison–Woodbury se tiene:

$$\mathbf{B}^{-1} = (\mathbf{A} + \mathbf{uv}^T)^{-1} = \mathbf{A}^{-1} - \mathbf{A}^{-1}\mathbf{ut}^{-1}\mathbf{v}^T\mathbf{A}^{-1} =$$

$$\frac{1}{a}\mathbf{I_n} - \frac{1}{a^2}(1 + \frac{n}{a})^{-1}\mathbf{uv}^T = \frac{1}{a}(\mathbf{I_n} - \frac{1}{a+n}\mathbf{uv}^T) =$$

$$\frac{1}{a}(\begin{bmatrix} 1 & 0 & \dots & 0 \\ 0 & 1 & \dots & 0 \\ \dots & \dots & \dots & \dots \\ 0 & 0 & \dots & 1 \end{bmatrix} - \frac{1}{a+n}\begin{bmatrix} 1 & 1 & \dots & 1 \\ 1 & 1 & \dots & 1 \\ \dots & \dots & \dots & \dots \\ 1 & 1 & \dots & 1 \end{bmatrix}) =$$

$$\frac{1}{a(a+n)}\begin{bmatrix} a+n-1 & -1 & \dots & -1 \\ -1 & a+n-1 & \dots & -1 \\ \dots & \dots & \dots & \dots \\ -1 & -1 & \dots & a+n-1 \end{bmatrix}$$

1.3 Pruébese que toda matriz cuadrada **A** se puede escribir de modo único en la forma

$$\mathbf{A} = \mathbf{B} + \mathbf{C},$$

donde **B** es una matriz simétrica (llamada *parte simétrica* de **A**) y **C** es una matriz antisimétrica (llamada *parte antisimétrica* de **A**).

La cuestión que se plantea aquí es probar que el sistema matricial

$$\begin{cases} \mathbf{A} = \mathbf{X} + \mathbf{Y} \\ \mathbf{X} = \mathbf{X}^T \\ \mathbf{Y} = -\mathbf{Y}^T \end{cases}$$

posee solución única para las incógnitas **X**, **Y**, con **A** una matriz cuadrada que es dato del problema. Si **B** y **C** formaran una solución, se deberían cumplir las tres identidades

$$[1]\ \mathbf{A} = \mathbf{B} + \mathbf{C}$$

$$[2]\ \mathbf{B} = \mathbf{B}^{\mathrm{T}}$$

$$[3]\ \mathbf{C} = -\mathbf{C}^{\mathrm{T}}$$

Trasponiendo miembro a miembro [1] , teniendo en cuenta [2] y [3] se llega a

$$[4]\ \mathbf{A}^{\mathrm{T}} = \mathbf{B}^{\mathrm{T}} + \mathbf{C}^{\mathrm{T}} = \mathbf{B} - \mathbf{C}$$

Sumando y restando miembro a miembro [1] y [4] se despejan **B** y **C** obteniendo

$$[5]\ \mathbf{B} = \frac{1}{2}(\mathbf{A} + \mathbf{A}^{\mathrm{T}})$$

$$[6]\ \mathbf{C} = \frac{1}{2}(\mathbf{A} - \mathbf{A}^{\mathrm{T}})$$

Queda por probar, de una parte, que las matrices **B** y **C** así halladas satisfacen las ecuaciones originales, lo que es patente en las identidades siguientes,

$$\mathbf{B} + \mathbf{C} = \frac{1}{2}(\mathbf{A} + \mathbf{A}^{\mathrm{T}}) + \frac{1}{2}(\mathbf{A} - \mathbf{A}^{\mathrm{T}}) = \mathbf{A}$$

$$\mathbf{B}^{\mathrm{T}} = (\frac{1}{2}(\mathbf{A} + \mathbf{A}^{\mathrm{T}}))^{\mathrm{T}} = \frac{1}{2}(\mathbf{A}^{\mathrm{T}} + \mathbf{A}) = \frac{1}{2}(\mathbf{A} + \mathbf{A}^{\mathrm{T}}) = \mathbf{B}$$

$$\mathbf{C}^{\mathrm{T}} = (\frac{1}{2}(\mathbf{A} - \mathbf{A}^{\mathrm{T}}))^{\mathrm{T}} = \frac{1}{2}(\mathbf{A}^{\mathrm{T}} - \mathbf{A}) = -\frac{1}{2}(\mathbf{A} - \mathbf{A}^{\mathrm{T}}) = -\mathbf{C}$$

y, de otra parte, hay que probar también que **B**, **C** forman una solución única. Veamos: Si hubiera otra solución **B'**, **C'** se tendría

$$[7]\ \mathbf{A} = \mathbf{B}' + \mathbf{C}' \quad ,$$

con **B'** simétrica y **C'** antisimétrica. Restando ahora miembro a miembro [1] y [7] se llega fácilmente a

$$[8]\ \mathbf{B} - \mathbf{B}' = \mathbf{C}' - \mathbf{C}$$

Ambos miembros de [8] representan la misma matriz, que es a la vez simétrica y antisimétrica, de lo que se concluye que deben ser la matriz nula **O**. De ahí se deduce inmediatamente la unicidad de la solución, pues

$$\mathbf{B}' = \mathbf{B}$$

y

$$\mathbf{C}' = \mathbf{C}.$$

1.4 Si **B** es la parte simétrica de la matriz cuadrada **A** de orden n y **x** una matriz columna cualquiera de n elementos, pruébese que $\mathbf{x}^{\mathrm{T}}\mathbf{A}\mathbf{x} = \mathbf{x}^{\mathrm{T}}\mathbf{B}\mathbf{x}$

Este ejercicio muestra que la contribución de la parte antisimétrica **C** de **A** en la expresión $\mathbf{x}^T\mathbf{A}\mathbf{x}$ debe ser nula. Se tiene

$$[1]\ \mathbf{x}^T\mathbf{A}\mathbf{x} = \mathbf{x}^T(\mathbf{B}+\mathbf{C})\mathbf{x} = \mathbf{x}^T\mathbf{B}\mathbf{x} + \mathbf{x}^T\mathbf{C}\mathbf{x}\,,$$

pero el último término $\alpha = \mathbf{x}^T\mathbf{C}\mathbf{x}$ de [1] vale cero pues

$$\alpha = \alpha^T = (\mathbf{x}^T\mathbf{C}\mathbf{x})^T = \mathbf{x}^T\mathbf{C}^T(\mathbf{x}^T)^T = -\mathbf{x}^T\mathbf{C}\mathbf{x} = -\alpha\,,$$

luego [1] se simplifica a

$$\mathbf{x}^T\mathbf{A}\mathbf{x} = \mathbf{x}^T\mathbf{B}\mathbf{x}$$

1.5 Pruébese que si **A** es hermítica, el número $\mathbf{x}^H\mathbf{A}\mathbf{x}$ es real.

⧅⧅⧅⧅⧅⧅

Un simple análisis de tamaños prueba que el número $\alpha = \mathbf{x}^H\mathbf{A}\mathbf{x}$ es un escalar. Se demuestra que α es un número real ya que

$$\overline{\alpha} = \alpha^H = (\mathbf{x}^H\mathbf{A}\mathbf{x})^H = \mathbf{x}^H\mathbf{A}^H(\mathbf{x}^H)^H = \mathbf{x}^H\mathbf{A}\mathbf{x} = \alpha$$

(Se ha empleado en el desarrollo la identidad $\mathbf{A} = \mathbf{A}^H$ por ser **A** hermítica).

1.6 Por definición, una matriz hermítica **A** se dice *definido positiva* si el número real $\mathbf{x}^H\mathbf{A}\mathbf{x}$ es estrictamente mayor que cero para toda columna **x** no nula. Pruébese que si **A** es definido positiva, la identidad $\mathbf{A}\mathbf{x}_0 = \mathbf{0}$ implica $\mathbf{x}_0 = \mathbf{0}$.

⧅⧅⧅⧅⧅⧅

Si la columna $\mathbf{x}_0$ verifica

$$\mathbf{A}\mathbf{x}_0 = \mathbf{0}$$

multiplicando por la izquierda, miembro a miembro, por

$$\mathbf{x}_0^H$$

se tiene

$$\mathbf{x}_0^H\mathbf{A}\mathbf{x}_0 = \mathbf{x}_0^H\mathbf{0}\,,$$

y de ahí

$$\mathbf{x}_0^H\mathbf{A}\mathbf{x}_0 = 0\,,$$

de lo que se deduce, por ser **A** definido positiva, que $\mathbf{x}_0$ debe ser necesariamente la columna nula.

1.7 Demuéstrese que $\mathbf{x}^H\mathbf{x}$ es una cantidad real no negativa que vale cero si y sólo si $\mathbf{x} = \mathbf{0}$.

⧅⧅⧅⧅⧅⧅

Sea **x** la matriz columna compleja

$$\mathbf{x} = [a_1 - b_1 i \quad a_2 - b_2 i \quad \dots \quad a_n - b_n i]^T$$

Se tiene

$$\mathbf{x}^H\mathbf{x} = [a_1 - b_1 i \quad a_2 - b_2 i \quad \dots \quad a_n - b_n i]\begin{bmatrix} a_1 + b_1 i \\ a_2 + b_2 i \\ \dots \\ a_n + b_n i \end{bmatrix} =$$

$$\sum_{k=1}^{n}(a_k - b_k i)(a_k + b_k i) = \sum_{k=1}^{n}(a_k^2 + b_k^2) \geq 0$$

De otra parte, $\mathbf{x}^H\mathbf{x}$ vale cero si y sólo si $a_k = b_k = 0$, para k = 1, 2, ..., n, esto es cuando **x** es la columna nula.

Nota: La raíz cuadrada positiva de $\mathbf{x}^H\mathbf{x}$ se denomina la *norma euclídea* de **x**, utilizándose la notación

$$\|\mathbf{x}\|_2,$$

que se lee *2–norma* de **x**.

1.8 Pruébese que la matriz identidad **I** es hermítica y definido positiva.

Es patente que $\mathbf{I}^H = \mathbf{I}$, por lo que **I** es hermítica. Además, de la definición dada en el Ejercicio 1.6 se deduce que **I** es definido positiva pues $\mathbf{x}^H\mathbf{I}\mathbf{x} = \mathbf{x}^H\mathbf{x} > 0, \ \forall \mathbf{x} \neq \mathbf{0}$.

1.9 Por definición, una matriz hermítica **A** se dice semidefinido positiva si se cumple que la cantidad real $\mathbf{x}^H\mathbf{A}\mathbf{x}$ es mayor o igual que cero para toda columna **x**. Pruébese que si **B** es una matriz, no necesariamente cuadrada, la matriz $\mathbf{C} = \mathbf{B}^H\mathbf{B}$ es semidefinido positiva.

Una matriz semidefinido positiva **A** admite la posibilidad de que exista una columna no nula $\mathbf{x}_0$ para la que se cumpla

$$\mathbf{x}_0^H\mathbf{A}\mathbf{x}_0 = 0$$

En nuestro caso $\mathbf{C} = \mathbf{B}^H\mathbf{B}$ es hermítica, pues

$$\mathbf{C}^H = (\mathbf{B}^H\mathbf{B})^H = \mathbf{B}^H(\mathbf{B}^H)^H = \mathbf{B}^H\mathbf{B} = \mathbf{C}$$

Además es semidefinido positiva, ya que

$$\mathbf{x}^H\mathbf{C}\mathbf{x} = \mathbf{x}^H(\mathbf{B}^H\mathbf{B})\mathbf{x} = (\mathbf{x}^H\mathbf{B}^H)(\mathbf{B}\mathbf{x}) = (\mathbf{B}\mathbf{x})^H(\mathbf{B}\mathbf{x}) \geq 0, \ \forall \mathbf{x}$$

1.10 Demuéstrese que cada una de las tres clases de matrices siguientes: hermíticas, antihermíticas y unitarias son normales.

Es suficiente con probar que conmutan con su traspuesta hermítica. Veamos:

1) $\mathbf{A}$ hermítica $\rightarrow \mathbf{AA^H} = \mathbf{AA} = \mathbf{A^H A}$

2) $\mathbf{A}$ antihermítica $\rightarrow \mathbf{AA^H} = \mathbf{A(-A)} = \mathbf{(-A)A} = \mathbf{A^H A}$

3) $\mathbf{A}$ unitaria $\rightarrow \mathbf{AA^H} = \mathbf{AA^{-1}} = \mathbf{I} = \mathbf{A^{-1}A} = \mathbf{A^H A}$

1.11 Por definición, se llama matriz de *Householder* a una matriz $\mathbf{H}$ de la forma

$$\mathbf{H} = \mathbf{I} - 2\mathbf{ww^H}$$

siendo $\mathbf{w}$ una columna de 2–norma unidad. Pruébese que toda matriz de Householder $\mathbf{H}$ es a la vez hermítica y unitaria.

Se tiene

$$\|\mathbf{w}\|_2 = 1 \rightarrow \sqrt{\mathbf{w^H w}} = 1 \rightarrow \mathbf{w^H w} = 1$$

por lo que

$$\mathbf{H^H} = (\mathbf{I} - 2\mathbf{ww^H})^\mathbf{H} = \mathbf{I^H} - 2(\mathbf{w^H})^\mathbf{H}\mathbf{w^H} = \mathbf{I} - 2\mathbf{ww^H} = \mathbf{H}$$

y también

$$\mathbf{HH^H} = \mathbf{H^H H} = \mathbf{H}^2 = (\mathbf{I} - 2\mathbf{ww^H})^2 =$$

$$\mathbf{I} - 4\mathbf{ww^H} + 4\mathbf{w}(\mathbf{w^H w})\mathbf{w^H} =$$

$$\mathbf{I} - 4\mathbf{ww^H} + 4\mathbf{ww^H} = \mathbf{I}$$

Nota: Si $\mathbf{w}$ fuera una columna real tal que se cumpliera $\mathbf{w^T w} = 1$, entonces la matriz de Householder

$$\mathbf{H} = \mathbf{I} - 2\mathbf{ww^T}$$

sería real, simétrica y ortogonal.

1.12 Se define la *traza* de una matriz cuadrada $\mathbf{A}$ de orden n como la suma de los n elementos de su diagonal principal, esto es,

$$\text{Traza } \mathbf{A} = \sum_{k=1}^{n} a_{kk}$$

Demuéstrese que se verifican las tres propiedades siguientes:

$$1)\ \text{Traza}(\mathbf{A}+\mathbf{B}) = \text{Traza}\mathbf{A} + \text{Traza}\mathbf{B}$$
$$2)\ \text{Traza}(\alpha\mathbf{A}) = \alpha\text{Traza}\mathbf{A}$$
$$3)\ \text{Traza}(\mathbf{AB}) = \text{Traza}(\mathbf{BA})$$

⧅⧅⧅⧅⧅⧅

Veamos:

$$1)\ \text{Traza}(\mathbf{A}+\mathbf{B}) = \sum_{k=1}^{n}(a_{kk}+b_{kk}) = \sum_{k=1}^{n}a_{kk} + \sum_{k=1}^{n}b_{kk} = \text{Traza}\mathbf{A} + \text{Traza}\mathbf{B}$$

$$2)\ \text{Traza}(\alpha\mathbf{A}) = \sum_{k=1}^{n}(\alpha a_{kk}) = \alpha\sum_{k=1}^{n}a_{kk} = \alpha\text{Traza}\mathbf{A}$$

$$3)\ \text{Traza}(\mathbf{AB}) = \sum_{k=1}^{n}(\sum_{j=1}^{n}a_{kj}b_{jk}) = \sum_{j=1}^{n}(\sum_{k=1}^{n}b_{jk}a_{kj}) = \text{Traza}(\mathbf{BA})$$

En la tercera demostración se han intercambiado entre sí tanto los sumatorios como los factores a_{kj}, b_{jk}.

1.13 Sea **A** una matriz de tamaño m×n. Hállese la traza de la matriz $\mathbf{B} = \mathbf{A}^H\mathbf{A}$ en función de los elementos de **A**.

⧅⧅⧅⧅⧅⧅

Sea la matriz **A** dada por sus columnas

$$\mathbf{A} = \begin{bmatrix}\mathbf{u}_1 & \mathbf{u}_2 & \dots & \mathbf{u}_n\end{bmatrix}.$$

Se tiene

$$\mathbf{B} = \mathbf{A}^H\mathbf{A} = \begin{bmatrix}\mathbf{u}_1^H \\ \mathbf{u}_2^H \\ \dots \\ \mathbf{u}_n^H\end{bmatrix}\begin{bmatrix}\mathbf{u}_1 & \mathbf{u}_2 & \dots & \mathbf{u}_n\end{bmatrix} = \begin{bmatrix}\mathbf{u}_i^H\mathbf{u}_j\end{bmatrix}.$$

Los elementos diagonales de **B** son de la forma

$$b_{kk} = \mathbf{u}_k^H\mathbf{u}_k = \begin{bmatrix}\overline{a_{1k}} & \overline{a_{2k}} & \dots & \overline{a_{mk}}\end{bmatrix}\begin{bmatrix}a_{1k} \\ a_{2k} \\ \dots \\ a_{mk}\end{bmatrix} = \sum_{j=1}^{m}\left|a_{jk}\right|^2$$

por lo que

$$\text{Traza}\mathbf{B} = \sum_{k=1}^{n} b_{kk} = \sum_{k=1}^{n}\sum_{j=1}^{m} \left|a_{jk}\right|^2 ,$$

esto es, la suma de los cuadrados de los módulos de los elementos de **A**.

1.14 Utilizando las propiedades de la traza matricial, demuéstrese que no existen matrices cuadradas **A** y **B**, del mismo orden n, tales que

$$\mathbf{AB} - \mathbf{BA} = \mathbf{I}_n$$

Por reducción al absurdo. Si fuera verdad la identidad que se pretende demostrar, tomando miembro a miembro la traza, se llega a una identidad imposible

$$\text{Traza}(\mathbf{AB} - \mathbf{BA}) = \text{Traza}(\mathbf{I}_n) \rightarrow$$
$$\text{Traza}(\mathbf{AB}) - \text{Traza}(\mathbf{BA}) = n \rightarrow$$
$$0 = n$$

1.15 Pruébese que toda matriz triangular superior (o inferior), con los elementos de su diagonal principal igual a cero, es nilpotente.

Una matriz **N** triangular superior, como la indicada en el enunciado, es de la forma

$$\mathbf{N} = \begin{bmatrix} 0 & * & * & \cdots & * & * \\ 0 & 0 & * & \cdots & * & * \\ 0 & 0 & 0 & \cdots & * & * \\ \cdots & \cdots & \cdots & \cdots & \cdots & \cdots \\ 0 & 0 & 0 & \cdots & 0 & * \\ 0 & 0 & 0 & \cdots & 0 & 0 \end{bmatrix},$$

donde el símbolo * designa un elemento cualquiera. Es muy sencillo probar que

$$\mathbf{N}^2 = \begin{bmatrix} 0 & 0 & * & \cdots & * & * \\ 0 & 0 & 0 & \cdots & * & * \\ 0 & 0 & 0 & \cdots & * & * \\ \cdots & \cdots & \cdots & \cdots & \cdots & \cdots \\ 0 & 0 & 0 & \cdots & 0 & 0 \\ 0 & 0 & 0 & \cdots & 0 & 0 \end{bmatrix}, \quad \mathbf{N}^3 = \begin{bmatrix} 0 & 0 & 0 & \cdots & * & * \\ 0 & 0 & 0 & \cdots & * & * \\ 0 & 0 & 0 & \cdots & 0 & * \\ \cdots & \cdots & \cdots & \cdots & \cdots & \cdots \\ 0 & 0 & 0 & \cdots & 0 & 0 \\ 0 & 0 & 0 & \cdots & 0 & 0 \end{bmatrix}$$

$$\mathbf{N}^{n-1} = \begin{bmatrix} 0 & 0 & 0 & \dots & 0 & * \\ 0 & 0 & 0 & \dots & 0 & 0 \\ 0 & 0 & 0 & \dots & 0 & 0 \\ \dots & \dots & \dots & \dots & \dots & \dots \\ 0 & 0 & 0 & \dots & 0 & 0 \\ 0 & 0 & 0 & \dots & 0 & 0 \end{bmatrix}, \quad \mathbf{N}^n = \mathbf{O}_n,$$

de lo que se deduce que **N** es nilpotente, de índice de nilpotencia a lo sumo n. (La demostración para matrices triangulares inferiores es análoga).

1.16 Sea $\mathbf{A} = \mathbf{B}+\mathbf{C}$, donde **B** y **C** son matrices cuadradas de orden n, $\mathbf{C}^2 = \mathbf{O}_n$ y $\mathbf{BC} = \mathbf{CB}$. Demuéstrese, para todo número natural p>0, que

$$\mathbf{A}^{p+1} = \mathbf{B}^p(\mathbf{B} + (p+1)\mathbf{C})$$

Primer método: Por inducción sobre p. La propiedad es cierta para p = 1 ya que

$$\mathbf{A}^{1+1} = \mathbf{A}^2 = (\mathbf{B} + \mathbf{C})^2 = \mathbf{B}^2 + \mathbf{BC} + \mathbf{CB} + \mathbf{C}^2 =$$

$$\mathbf{B}^2 + 2\mathbf{BC} = \mathbf{B}(\mathbf{B} + 2\mathbf{C}) = \mathbf{B}^1(\mathbf{B} + (1+1)\mathbf{C})$$

Supuesta cierta la propiedad para p−1, esto es,

$$\mathbf{A}^p = \mathbf{B}^{p-1}(\mathbf{B} + p\mathbf{C})$$

se va a probar que es cierta para p: Multiplicando miembro a miembro por la derecha la anterior expresión por **A** se tiene

$$\mathbf{A}^{p+1} = \mathbf{A}^p\mathbf{A} = \mathbf{B}^{p-1}(\mathbf{B} + p\mathbf{C})(\mathbf{B} + \mathbf{C}) =$$

$$= \mathbf{B}^{p-1}(\mathbf{B}^2 + \mathbf{BC} + p\mathbf{CB} + p\mathbf{C}^2) =$$

$$= \mathbf{B}^{p-1}(\mathbf{B}^2 + (p+1)\mathbf{BC}) = \mathbf{B}^p(\mathbf{B} + (p+1)\mathbf{C})$$

que es lo que se quería probar.

Segundo método: Mediante el binomio de Newton aprovechando que las matrices **B** y **C** conmutan:

$$\mathbf{A}^{p+1} = (\mathbf{B} + \mathbf{C})^{p+1} = \binom{p+1}{0}\mathbf{B}^{p+1}\mathbf{C}^0 + \binom{p+1}{1}\mathbf{B}^p\mathbf{C}^1 + \binom{p+1}{2}\mathbf{B}^{p-1}\mathbf{C}^2 + \dots =$$

$$\mathbf{B}^{p+1} + (p+1)\mathbf{B}^p\mathbf{C} = \mathbf{B}^p(\mathbf{B} + (p+1)\mathbf{C})$$

En el paso de la primera a la segunda línea se ha utilizado la hipótesis $\mathbf{C}^2 = \mathbf{O}$ que tiene como consecuencia que también las potencias de **C**, con exponentes mayores que dos, son todas nulas.

1.17 Supuesto que **x**, **y** son dos matrices columna de n elementos y

$$\mathbf{A} = \mathbf{x}\mathbf{y}^T$$

pruébese que

$$\mathbf{A}^k = (\mathbf{x}^T\mathbf{y})^{k-1}\mathbf{A}$$

para todo número natural k>1.

⊠⊠⊠⊠⊠⊠

Por inducción sobre k: La propiedad es cierta para k = 2 ya que

$$\mathbf{A}^2 = (\mathbf{x}\mathbf{y}^T)(\mathbf{x}\mathbf{y}^T) = \mathbf{x}(\mathbf{y}^T\mathbf{x})\mathbf{y}^T = (\mathbf{y}^T\mathbf{x})(\mathbf{x}\mathbf{y}^T) = (\mathbf{x}^T\mathbf{y})^{2-1}\mathbf{A}$$

Nota: En este desarrollo se ha utilizado la equivalencia de la matriz $\mathbf{y}^T\mathbf{x}$ con el único escalar que contiene junto con la identidad

$$\mathbf{y}^T\mathbf{x} = \mathbf{x}^T\mathbf{y}$$

Supuesta la propiedad cierta para k−1 se tiene

$$\mathbf{A}^{k-1} = (\mathbf{x}^T\mathbf{y})^{k-2}\mathbf{A}$$

Multiplicando ahora miembro a miembro por la derecha por **A** se llega al resultado deseado

$$\mathbf{A}^k = (\mathbf{x}^T\mathbf{y})^{k-2}\mathbf{A}^2 = (\mathbf{x}^T\mathbf{y})^{k-2}(\mathbf{x}^T\mathbf{y})^1\mathbf{A} = (\mathbf{x}^T\mathbf{y})^{k-1}\mathbf{A},$$

válido para k estrictamente mayor que la unidad.

1.18 Hállese la inversa de la matriz triangular superior por bloques siguiente:

$$\mathbf{A} = \begin{bmatrix} \mathbf{I}_p & \mathbf{B} \\ \mathbf{O}_{q\times p} & \mathbf{I}_q \end{bmatrix},$$

donde **B** es una matriz p×q cualquiera.

⊠⊠⊠⊠⊠⊠

Se busca en realidad una inversa por bloques, de la misma forma que **A**, organizada en cuatro bloques matriciales **P**, **Q**, **R** y **S**, de modo que

$$\begin{bmatrix} \mathbf{I}_p & \mathbf{B} \\ \mathbf{O}_{q\times p} & \mathbf{I}_q \end{bmatrix}\begin{bmatrix} \mathbf{P} & \mathbf{Q} \\ \mathbf{R} & \mathbf{S} \end{bmatrix} = \begin{bmatrix} \mathbf{I}_p & \mathbf{O}_{p\times q} \\ \mathbf{O}_{q\times p} & \mathbf{I}_q \end{bmatrix} \rightarrow$$

$$\left.\begin{aligned} \mathbf{P} + \mathbf{B}\mathbf{R} &= \mathbf{I}_p \\ \mathbf{Q} + \mathbf{B}\mathbf{S} &= \mathbf{O}_{p\times q} \\ \mathbf{R} &= \mathbf{O}_{q\times p} \\ \mathbf{S} &= \mathbf{I}_q \end{aligned}\right\}$$

sistema matricial del que se deduce fácilmente

$$\mathbf{A}^{-1} = \begin{bmatrix} \mathbf{P} & \mathbf{Q} \\ \mathbf{R} & \mathbf{S} \end{bmatrix} = \begin{bmatrix} \mathbf{I}_p & -\mathbf{B} \\ \mathbf{O}_{q\times p} & \mathbf{I}_q \end{bmatrix}$$

1.19 Demuéstrese que si la matriz compleja

$$\mathbf{Q} = \mathbf{Q}_1 + i\mathbf{Q}_2$$

es unitaria, con $\mathbf{Q}_1$ y $\mathbf{Q}_2$ matrices reales, entonces es ortogonal la matriz real

$$\mathbf{Z} = \begin{bmatrix} \mathbf{Q}_1 & -\mathbf{Q}_2 \\ \mathbf{Q}_2 & \mathbf{Q}_1 \end{bmatrix}$$

⍓⍓⍓⍓⍓⍓

De la identidad $\mathbf{Q}^H\mathbf{Q} = \mathbf{I}$ se tiene

$$(\mathbf{Q}_1 + i\mathbf{Q}_2)^H(\mathbf{Q}_1 + i\mathbf{Q}_2) = \mathbf{I} + i\mathbf{O} \rightarrow$$

$$(\mathbf{Q}_1^T - i\mathbf{Q}_2^T)(\mathbf{Q}_1 + i\mathbf{Q}_2) = \mathbf{I} + i\mathbf{O} \rightarrow$$

$$(\mathbf{Q}_1^T\mathbf{Q}_1 + \mathbf{Q}_2^T\mathbf{Q}_2) + i(\mathbf{Q}_1^T\mathbf{Q}_2 - \mathbf{Q}_2^T\mathbf{Q}_1) = \mathbf{I} + i\mathbf{O} \rightarrow$$

$$\begin{cases} \mathbf{Q}_1^T\mathbf{Q}_1 + \mathbf{Q}_2^T\mathbf{Q}_2 = \mathbf{I} \\ \mathbf{Q}_1^T\mathbf{Q}_2 - \mathbf{Q}_2^T\mathbf{Q}_1 = \mathbf{O} \end{cases}$$

Este último paso es debido a que toda identidad entre matrices complejas equivale a dos identidades entre matrices reales: una identidad entre partes reales y otra entre partes imaginarias. Ahora ya se puede concluir fácilmente que se verifica

$$\mathbf{Z}^T\mathbf{Z} = \begin{bmatrix} \mathbf{Q}_1^T & \mathbf{Q}_2^T \\ -\mathbf{Q}_2^T & \mathbf{Q}_1^T \end{bmatrix}\begin{bmatrix} \mathbf{Q}_1 & -\mathbf{Q}_2 \\ \mathbf{Q}_2 & \mathbf{Q}_1 \end{bmatrix} = \begin{bmatrix} \mathbf{I} & \mathbf{O} \\ \mathbf{O} & \mathbf{I} \end{bmatrix} = \mathbf{I},$$

esto es, $\mathbf{Z}$ es una matriz ortogonal.

1.20 Por definición, la matriz *derivada* de una matriz $\mathbf{A} = [a_{ij}(t)]$, cuyos elementos son funciones derivables en la variable t, se define mediante

$$\frac{d\mathbf{A}}{dt} = \left[\frac{da_{ij}(t)}{dt}\right]$$

Si $\mathbf{B}$ y $\mathbf{C}$ son matrices cuadradas del mismo orden, con elementos funciones derivables en la variable t, pruébese que

$$\frac{d(\mathbf{BC})}{dt} = \frac{d\mathbf{B}}{dt}\mathbf{C} + \mathbf{B}\frac{d\mathbf{C}}{dt}$$

⍓⍓⍓⍓⍓⍓

Es consecuencia inmediata de las reglas de la derivación y de las del producto matricial. Nótese que no se puede alterar el orden de los factores en los productos de la identidad a probar.

1.21 Hállese la derivada de $\mathbf{A}^{-1}$, supuesto **A** regular, con elementos funciones derivables en la variable t, expresada en términos de $\mathbf{A}^{-1}$ y d**A**/dt.

Es una aplicación directa del ejercicio anterior:

$$\mathbf{A}\mathbf{A}^{-1} = \mathbf{I} \rightarrow$$

$$\frac{d(\mathbf{A}\mathbf{A}^{-1})}{dt} = \frac{d\mathbf{I}}{dt} \rightarrow$$

$$\frac{d\mathbf{A}}{dt}\mathbf{A}^{-1} + \mathbf{A}\frac{d\mathbf{A}^{-1}}{dt} = \mathbf{O} \rightarrow$$

$$\frac{d\mathbf{A}^{-1}}{dt} = -\mathbf{A}^{-1}\frac{d\mathbf{A}}{dt}\mathbf{A}^{-1}$$

1.22 Sea **K** una matriz real antisimétrica, y considérese la matriz

$$\mathbf{A} = (\mathbf{I} + \mathbf{K})(\mathbf{I} - \mathbf{K})^{-1}$$

Pruébese que **A** es una matriz ortogonal, siendo **I–K** regular.

Se trata de la llamada *transformación de Cayley* para **K**. En realidad, la regularidad de **I–K** (y también la de **I+K**) se deducen de la antisimetría de **K** (Para probar esta doble afirmación se requieren los resultados del Capítulo 2). La demostración puede seguir los siguientes pasos

$$\mathbf{A}\mathbf{A}^{T} = (\mathbf{I} + \mathbf{K})(\mathbf{I} - \mathbf{K})^{-1}\,((\mathbf{I} + \mathbf{K})(\mathbf{I} - \mathbf{K})^{-1})^{T} =$$

$$(\mathbf{I} + \mathbf{K})(\mathbf{I} - \mathbf{K})^{-1}\,((\mathbf{I} - \mathbf{K})^{-1})^{T}(\mathbf{I} + \mathbf{K})^{T} =$$

$$(\mathbf{I} + \mathbf{K})(\mathbf{I} - \mathbf{K})^{-1}\,((\mathbf{I} - \mathbf{K})^{T})^{-1}(\mathbf{I} - \mathbf{K}) =$$

$$(\mathbf{I} + \mathbf{K})(\mathbf{I} - \mathbf{K})^{-1}\,(\mathbf{I} + \mathbf{K})^{-1}(\mathbf{I} - \mathbf{K}) =$$

$$(\mathbf{I} + \mathbf{K})((\mathbf{I} + \mathbf{K})(\mathbf{I} - \mathbf{K}))^{-1}(\mathbf{I} - \mathbf{K}) =$$

$$(\mathbf{I} + \mathbf{K})((\mathbf{I} - \mathbf{K})(\mathbf{I} + \mathbf{K}))^{-1}(\mathbf{I} - \mathbf{K}) =$$

$$(\mathbf{I} + \mathbf{K})(\mathbf{I} + \mathbf{K})^{-1}\,(\mathbf{I} - \mathbf{K})^{-1}(\mathbf{I} - \mathbf{K}) = \mathbf{I}\,\mathbf{I} = \mathbf{I}$$

Nótese que en un paso dado se ha usado la identidad trivial

$$(\mathbf{I}+\mathbf{K})(\mathbf{I}-\mathbf{K})=(\mathbf{I}-\mathbf{K})(\mathbf{I}+\mathbf{K})$$

1.23 Una matriz cuadrada y real **M**, de orden q, se dice de *Markoff* si cumple las dos condiciones siguientes:

$$1)\ \ m_{ij}\geq 0,\ \ \forall i,j$$

$$2)\ \ \sum_{i=1}^{q} m_{ij}=1,\ \ \forall j$$

Demuéstrese que si **M** y **N** son matrices de Markoff, también lo son las matrices **P** de la forma

$$\mathbf{P}=\alpha\mathbf{M}+(1-\alpha)\mathbf{N},\ \ 0\leq\alpha\leq 1$$

Veamos que se cumplen las condiciones de Markoff para **P**. De una parte

$$p_{ij}=\alpha m_{ij}+(1-\alpha)n_{ij}\geq 0,\forall i,j\,,$$

debido a que todos los factores son positivos y de ahí que lo sea la suma. De otra parte

$$\sum_{i=1}^{q} p_{ij}=\alpha\sum_{i=1}^{q} m_{ij}+(1-\alpha)\sum_{i=1}^{q} n_{ij}=\alpha\times 1+(1-\alpha)\times 1=1,\ \ \forall j$$

Luego se cumplen las dos condiciones de las matrices de Markoff.

1.24 Resuélvase la ecuación polinomial

$$\begin{vmatrix} x & a & a & \dots & a \\ a & x & a & \dots & a \\ a & a & x & \dots & a \\ \dots & \dots & \dots & \dots & \dots \\ a & a & a & \dots & x \end{vmatrix}=0\,,$$

donde x es la incógnita, *a* es un parámetro real y la matriz del determinante es de orden n mayor que la unidad.

Se trata de una ecuación polinomial de grado n en la incógnita x, con coeficientes reales. Se va a desarrollar el determinante del primer miembro de la ecuación mediante operaciones elementales por filas para llegar al determinante de una matriz triangular superior, cuyo valor es el producto de los elementos de su diagonal principal:

$$\begin{vmatrix} x & a & a & \dots & a \\ a & x & a & \dots & a \\ a & a & x & \dots & a \\ \dots & \dots & \dots & \dots & \dots \\ a & a & a & \dots & x \end{vmatrix} = \begin{vmatrix} x+(n-1)a & a & a & \dots & a \\ x+(n-1)a & x & a & \dots & a \\ x+(n-1)a & a & x & \dots & a \\ \dots & \dots & \dots & \dots & \dots \\ x+(n-1)a & a & a & \dots & x \end{vmatrix} =$$

$$(x+(n-1)a)\begin{vmatrix} 1 & a & a & \dots & a \\ 1 & x & a & \dots & a \\ 1 & a & x & \dots & a \\ \dots & \dots & \dots & \dots & \dots \\ 1 & a & a & \dots & x \end{vmatrix} = (x+(n-1)a)\begin{vmatrix} 1 & a & a & \dots & a \\ 0 & x-a & 0 & \dots & 0 \\ 0 & 0 & x-a & \dots & 0 \\ \dots & \dots & \dots & \dots & \dots \\ 0 & 0 & 0 & \dots & x-a \end{vmatrix} =$$

$$(x+(n-1)a)(x-a)^{n-1} = 0,$$

de lo que se deduce que las n raíces de la ecuación dada son reales y hay dos distintas. La primera vale $x_1 = (1-n)a$ (raíz simple) y la segunda vale $x_2 = a$ (raíz múltiple, de multiplicidad $n-1$).

1.25 Exprésese el determinante de la matriz adjunta de una matriz regular **A** de orden n en función del determinante de **A**.

⍓⍓⍓⍓⍓⍓

Se parte de la identidad

$$\mathbf{A}\ \mathbf{AdjA} = \det\mathbf{A}\ \mathbf{I_n},$$

con det**A** distinto de cero. Tomando determinantes miembro a miembro y aplicando las propiedades de los determinantes se tiene:

$$\det(\mathbf{A}\ \mathbf{AdjA}) = \det(\det\mathbf{A}\ \mathbf{I_n}) \rightarrow$$

$$\det\mathbf{A}\ \det(\mathbf{AdjA}) = (\det\mathbf{A})^n \det\mathbf{I_n} \rightarrow$$

$$\det(\mathbf{AdjA}) = (\det\mathbf{A})^{n-1}$$

1.26 Demuéstrese que el determinante de una matriz antisimétrica de orden impar es nulo.

⍓⍓⍓⍓⍓⍓

Sea **A** una matriz antisimétrica de orden impar, por ejemplo n = 2k+1. Se tiene

$$\det\mathbf{A} = \det\mathbf{A}^T = \det(-\mathbf{A}) = \det((-1)\mathbf{A}) = (-1)^{2k+1}\det\mathbf{A} = -\det\mathbf{A} \rightarrow \det\mathbf{A} = 0.$$

1.27 ¿Para qué valores del parámetro real α se anula el determinante

$$\begin{vmatrix} 1 & \alpha & \alpha^2 & \alpha^3 \\ \alpha^3 & 1 & \alpha & \alpha^2 \\ x & \alpha^3 & 1 & \alpha \\ z & y & \alpha^3 & 1 \end{vmatrix} ?$$

Si a cada una de las tres últimas columnas se le resta la anterior multiplicada por α, en el orden cuarta, tercera y segunda, se obtiene el determinante de una matriz triangular inferior

$$\begin{vmatrix} 1 & \alpha & \alpha^2 & \alpha^3 \\ \alpha^3 & 1 & \alpha & \alpha^2 \\ x & \alpha^3 & 1 & \alpha \\ z & y & \alpha^3 & 1 \end{vmatrix} = \begin{vmatrix} 1 & 0 & 0 & 0 \\ \alpha^3 & 1-\alpha^4 & 0 & 0 \\ x & \alpha^3-\alpha x & 1-\alpha^4 & 0 \\ z & y-\alpha z & \alpha^3-\alpha y & 1-\alpha^4 \end{vmatrix} = (1-\alpha^4)^3,$$

determinante que se anula para los valores reales de $\alpha_1 = 1$ y $\alpha_2 = -1$.

1.28 Hállese el valor del determinante de orden n siguiente, donde a y b son parámetros reales:

$$D_n = \begin{vmatrix} a+b & a & 0 & \dots & 0 & 0 \\ b & a+b & a & \dots & 0 & 0 \\ 0 & b & a+b & \dots & 0 & 0 \\ \dots & \dots & \dots & \dots & \dots & \dots \\ 0 & 0 & 0 & \dots & a+b & a \\ 0 & 0 & 0 & \dots & b & a+b \end{vmatrix}$$

Se puede hallar por inducción sobre n: Para valores pequeños de n se tiene

$$D_1 = a+b$$
$$D_2 = a^2+ab+b^2$$
$$D_3 = a^3+a^2b+ab^2+b^3$$

Se intuye por tanto la ley general

$$D_n = a^n + a^{n-1}b + a^{n-2}b^2 + \dots + a^2b^{n-2} + ab^{n-1} + b^n$$

Se trata de un *polinomio homogéneo* de grado n en las variables a y b. Desarrollando D_n por la primera fila se llega fácilmente a la relación de recurrencia

$$D_n = (a+b)D_{n-1} - abD_{n-2},$$

donde D_{n-1} y D_{n-2} indican determinantes de la misma forma que el original, pero de órdenes n–1 y n–2, respectivamente. Supuesta la ley general valida para todo número natural k menor que n, con n mayor o igual que tres se tiene:

$$\begin{aligned}
&D_n = (a+b)D_{n-1} - abD_{n-2} = \\
&(a+b)(a^{n-1} + a^{n-2}b + a^{n-3}b^2 + \ldots + a^2b^{n-3} + ab^{n-2} + b^{n-1}) - \\
&ab(a^{n-2} + a^{n-3}b + a^{n-4}b^2 + \ldots + a^2b^{n-4} + ab^{n-3} + b^{n-2}) = \\
&a^n + a^{n-1}b + a^{n-2}b^2 + a^{n-3}b^3 + \ldots + a^3b^{n-3} + a^2b^{n-2} + ab^{n-1} + \\
&\qquad a^{n-1}b + a^{n-2}b^2 + a^{n-3}b^3 + \ldots + a^3b^{n-3} + a^2b^{n-2} + ab^{n-1} + b^n \\
&\qquad - a^{n-1}b - a^{n-2}b^2 - a^{n-3}b^3 - \ldots - a^3b^{n-3} - a^2b^{n-2} - ab^{n-1} = \\
&a^n + a^{n-1}b + a^{n-2}b^2 + a^{n-3}b^3 + \ldots + a^3b^{n-3} + a^2b^{n-2} + ab^{n-1} + b^n
\end{aligned}$$

Por tanto, siendo la ley cierta para n = 1, 2, lo será para n = 3;. siendo cierta para los valores de n = 1, 2, 3 lo será para n = 4; y así sucesivamente.

1.29 Demuéstrese la identidad

$$\det\begin{bmatrix} \mathbf{B} & \mathbf{O} \\ \mathbf{D} & \mathbf{C} \end{bmatrix} = \det\mathbf{B}\,\det\mathbf{C},$$

donde la matriz del primer miembro es una matriz triangular inferior por bloques, con **B** y **C** bloques cuadrados y **O** la matriz nula.

Aplicando la regla de Laplace. Si se fijan las filas de la matriz por bloques que corresponden a la matriz **B**, todos los menores de orden igual al de **B**, extraídos de las citadas filas son nulos, excepto –posiblemente– el propio menor det**B**, cuyo adjunto vale precisamente det**C**. El producto del menor det**B** por su adjunto det**C** resulta ser igual al determinante de la matriz por bloques inicial.

1.30 Se sabe que el producto particionado de una fila de k elementos

$$\mathbf{c}^{\mathbf{T}} = [c_1 \quad c_2 \quad \ldots \quad c_k]$$

por la matriz particionada de k filas

$$\mathbf{Y} = \begin{bmatrix} \mathbf{y}_1^{\mathbf{T}} \\ \mathbf{y}_2^{\mathbf{T}} \\ \ldots \\ \mathbf{y}_k^{\mathbf{T}} \end{bmatrix}$$

origina una *combinación lineal* de las filas de **Y**, dada por

$$\mathbf{c}^T\mathbf{Y} = [c_1 \quad c_2 \quad \dots \quad c_k]\begin{bmatrix} \mathbf{y}_1^T \\ \mathbf{y}_2^T \\ \dots \\ \mathbf{y}_k^T \end{bmatrix} = c_1\mathbf{y}_1^T + c_2\mathbf{y}_2^T + \dots + c_k\mathbf{y}_k^T$$

De un modo más general, las filas de la matriz **PY**, donde **P** tiene k columnas, están formadas por combinaciones lineales de las filas de **Y** con coeficientes aportados por las filas de **P**. Teniendo en cuenta lo indicado en los párrafos anteriores, pruébese que si **M** es una matriz cuadrada de orden 2n, de la forma

$$\mathbf{M} = \begin{bmatrix} \mathbf{A} & \mathbf{B} \\ \mathbf{C} & \mathbf{D} \end{bmatrix},$$

donde **A**, **B**, **C** y **D** son matrices cuadradas de orden n, con **D** regular, tales que **CD** = **C**, entonces det**M** = det(**AD**–**BC**).

No es difícil probar que restando a las filas ocupadas por **A** y **B** *combinaciones lineales* convenientes de las filas ocupadas por **C** y **D**, no se altera el valor del determinante. Tomamos como matriz **P** de coeficientes la matriz $\mathbf{BD}^{-1}$, luego

$$\det\mathbf{M} = \det\begin{bmatrix} \mathbf{A} & \mathbf{B} \\ \mathbf{C} & \mathbf{D} \end{bmatrix} = \det\begin{bmatrix} \mathbf{A} - (\mathbf{BD}^{-1})\mathbf{C} & \mathbf{B} - (\mathbf{BD}^{-1})\mathbf{D} \\ \mathbf{C} & \mathbf{D} \end{bmatrix} =$$

$$\det\begin{bmatrix} \mathbf{A} - \mathbf{BD}^{-1}\mathbf{C} & \mathbf{O} \\ \mathbf{C} & \mathbf{D} \end{bmatrix} = \det(\mathbf{A} - \mathbf{BD}^{-1}\mathbf{C}) \times \det\mathbf{D} =$$

$$\det(\mathbf{AD} - \mathbf{BD}^{-1}\mathbf{CD}) = \det(\mathbf{AD} - \mathbf{BD}^{-1}\mathbf{DC}) = \det(\mathbf{AD} - \mathbf{BC}).$$

1.31 Demuéstrese que si dos matrices cuadradas, ambas del mismo orden n, **A** y **B**, difieren solamente en la columna j–ésima, para un valor de j dado, entonces

$$\det(\mathbf{A} + \mathbf{B}) = 2^{n-1}(\det\mathbf{A} + \det\mathbf{B})$$

Las matrices **A** y **B** son de la forma

$$\mathbf{A} = [\mathbf{x}_1 \quad \dots \quad \mathbf{x}_{j-1} \quad \mathbf{u} \quad \mathbf{x}_{j+1} \quad \dots \quad \mathbf{x}_n]$$
$$\mathbf{B} = [\mathbf{x}_1 \quad \dots \quad \mathbf{x}_{j-1} \quad \mathbf{v} \quad \mathbf{x}_{j+1} \quad \dots \quad \mathbf{x}_n]$$

de donde

$$\det(\mathbf{A}+\mathbf{B}) = \det\begin{bmatrix} 2\mathbf{x}_1 & \dots & 2\mathbf{x}_{j-1} & \mathbf{u}+\mathbf{v} & 2\mathbf{x}_{j+1} & \dots & 2\mathbf{x}_n \end{bmatrix} =$$
$$2^{n-1}\det\begin{bmatrix} \mathbf{x}_1 & \dots & \mathbf{x}_{j-1} & \mathbf{u}+\mathbf{v} & \mathbf{x}_{j+1} & \dots & \mathbf{x}_n \end{bmatrix} =$$
$$2^{n-1}\left(\det\begin{bmatrix} \mathbf{x}_1 & \dots & \mathbf{x}_{j-1} & \mathbf{u} & \mathbf{x}_{j+1} & \dots & \mathbf{x}_n \end{bmatrix} + \det\begin{bmatrix} \mathbf{x}_1 & \dots & \mathbf{x}_{j-1} & \mathbf{v} & \mathbf{x}_{j+1} & \dots & \mathbf{x}_n \end{bmatrix}\right) =$$
$$2^{n-1}(\det\mathbf{A} + \det\mathbf{B})$$

1.32 ¿Cómo cambia el valor de un determinante si las columnas de la matriz se sitúan en orden inverso?

En realidad se trata de conocer cuántos intercambios entre columnas de la matriz original de orden n hay que hacer para pasar de la ordenación natural 1, 2, 3, ..., n a la ordenación inversa n, n–1, n–2, ..., 1. La columna n puede pasar al primer lugar intercambiándose sucesivamente con las n–1 primeras columnas; la columna n–1 pasa al segundo lugar mediante n–2 intercambios; la columna n–2 requiere n–3 intercambios, etc. El número total de intercambios entre columnas es por consiguiente

$$(n-1)+(n-2)+\dots+3+2+1=\frac{n(n-1)}{2}.$$

Cada intercambio entre columnas supone un cambio de signo en el valor del determinante inicial, por lo que el nuevo determinante valdrá el producto de

$$(-1)^{\frac{n(n-1)}{2}}$$

por el valor del determinante inicial.

1.33 Demuéstrese la identidad

$$1+\mathbf{v}^T\mathbf{u} = \det(\mathbf{I}_n + \mathbf{u}\mathbf{v}^T),$$

donde **u** y **v** son columnas cualesquiera de n elementos, partiendo de las dos identidades siguientes:

$$\begin{bmatrix} \mathbf{I}_n & \mathbf{0} \\ \mathbf{v}^T & 1 \end{bmatrix}\begin{bmatrix} \mathbf{I}_n & \mathbf{u} \\ -\mathbf{v}^T & 1 \end{bmatrix} = \begin{bmatrix} \mathbf{I}_n & \mathbf{u} \\ \mathbf{0}^T & 1+\mathbf{v}^T\mathbf{u} \end{bmatrix}$$

$$\begin{bmatrix} \mathbf{I}_n & \mathbf{u} \\ -\mathbf{v}^T & 1 \end{bmatrix}\begin{bmatrix} \mathbf{I}_n & \mathbf{0} \\ \mathbf{v}^T & 1 \end{bmatrix} = \begin{bmatrix} \mathbf{I}_n + \mathbf{u}\mathbf{v}^T & \mathbf{u} \\ \mathbf{0}^T & 1 \end{bmatrix}$$

Los primeros miembros de las identidades de partida son el producto matricial de las mismas matrices, pero cambiadas de orden. Poseen el mismo determinante, pues recuérdese que el determinante del producto matricial es producto de determinantes y ese cambio de orden indicado no afecta al resultado. Luego también los segundos miembros poseen el mismo determinante, esto es,

$$\det\begin{bmatrix} \mathbf{I_n} & \mathbf{u} \\ \mathbf{0}^T & 1+\mathbf{v}^T\mathbf{u} \end{bmatrix} = \det\begin{bmatrix} \mathbf{I_n}+\mathbf{uv}^T & \mathbf{u} \\ \mathbf{0}^T & 1 \end{bmatrix}$$

de donde aplicando el método de Laplace

$$\det\mathbf{I_n} \times (1+\mathbf{v}^T\mathbf{u}) = \det(\mathbf{I_n}+\mathbf{uv}^T)\times 1 \rightarrow$$
$$1+\mathbf{v}^T\mathbf{u} = \det(\mathbf{I_n}+\mathbf{uv}^T)$$

1.34 Hállese el determinante de la matriz

$$\begin{bmatrix} 1 & 1 & 1 & \dots & 1 \\ \log_{10}p & \log_{10}(p\times 10) & \log_{10}(p\times 100) & \dots & \log_{10}(p\times 10^{n-1}) \\ \log_{10}^2 p & \log_{10}^2(p\times 10) & \log_{10}^2(p\times 100) & \dots & \log_{10}^2(p\times 10^{n-1}) \\ \dots & \dots & \dots & \dots & \\ \log_{10}^{n-1}p & \log_{10}^{n-1}(p\times 10) & \log_{10}^{n-1}(p\times 100) & \dots & \log_{10}^{n-1}(p\times 10^{n-1}) \end{bmatrix},$$

siendo p>0.

Se trata de un determinante de Vandermonde, donde

$$\alpha_i = \log_{10}(p\times 10^{i-1}), \text{ para } i = 1,2,\dots,n$$

por lo que

$$V_n(\alpha_1,\alpha_2,\dots,\alpha_n) = \prod_{i>j}(\alpha_i-\alpha_j) = \prod_{i>j}(\log_{10}\frac{(p\times 10^{i-1})}{(p\times 10^{j-1})}) = \prod_{i>j}(i-j) =$$
$$(n-1)!(n-2)!(n-3)!3!2!1!$$

1.35 Hállese el valor del siguiente determinante de orden n+1, cuyos coeficientes están expresados mediante números combinatorios

$$D_{n+1} = \begin{vmatrix} \binom{m}{0} & \binom{m}{1} & \binom{m}{2} & \cdots & \binom{m}{n} \\ \binom{m+1}{0} & \binom{m+1}{1} & \binom{m+1}{2} & \cdots & \binom{m+1}{n} \\ \binom{m+2}{0} & \binom{m+2}{1} & \binom{m+2}{2} & \cdots & \binom{m+2}{n} \\ \cdots & \cdots & \cdots & \cdots & \cdots \\ \binom{m+n}{0} & \binom{m+n}{1} & \binom{m+n}{2} & \cdots & \binom{m+n}{n} \end{vmatrix}$$

◸◸◸◸◸◸

Se recuerda que los números combinatorios verifican las tres reglas siguientes:

$$\binom{p}{q} = \frac{p!}{(p-q)!\,q!}, \quad \binom{p}{0} = 1, \quad \binom{p+1}{q} - \binom{p}{q} = \binom{p}{q-1}$$

Restando a cada fila la anterior, empezando por la última y terminando en la segunda, se tiene:

$$D_{n+1} = \begin{vmatrix} 1 & \binom{m}{1} & \binom{m}{2} & \cdots & \binom{m}{n} \\ 0 & \binom{m}{0} & \binom{m}{1} & \cdots & \binom{m}{n-1} \\ 0 & \binom{m+1}{0} & \binom{m+1}{1} & \cdots & \binom{m+1}{n-1} \\ \cdots & \cdots & \cdots & \cdots & \cdots \\ 0 & \binom{m+n-1}{0} & \binom{m+n-1}{1} & \cdots & \binom{m+n-1}{n-1} \end{vmatrix}.$$

Desarrollando ahora por la primera columna se obtiene fácilmente la relación de recurrencia:

$$D_{n+1} = D_n$$

Puesto que $D_1 = 1$, se puede probar muy fácilmente, por inducción sobre n, que

$$D_{n+1} = 1, \quad \forall\, n \geq 1$$

1.12 Ejercicios propuestos

1.36 Se consideran dos matrices fila $\mathbf{u}^T$ y $\mathbf{v}^T$, de n elementos cada una, con sus elementos valiendo cero excepto los que ocupan los lugares concretos j y k, para j y k dados, con j menor que k, los cuales valen *a* y *b* para $\mathbf{u}^T$ y la unidad para $\mathbf{v}^T$, esto es,

$$\mathbf{u}^T = [0 \ \ ... \ \ a \ \ ... \ \ b \ \ ... \ \ 0], \ \mathbf{v}^T = [0 \ \ ... \ \ 1 \ \ ... \ \ 1 \ \ ... \ \ 0],$$

cumpliéndose además que

$$a + b \neq 1 .$$

Si $\mathbf{H}$ es la matriz $\mathbf{u}\mathbf{v}^T$ se pide:

1) Determínese **H** en función de *a* y *b*.

2) Hállese $\mathbf{H}^p$ en función de **H**, para p un número natural.

3) ¿Para qué valor de c se cumple que

$$(\mathbf{I} - \mathbf{H})^{-1} = \mathbf{I} - c\mathbf{H} ?$$

1.37 Dada la matriz

$$\mathbf{M} = \begin{bmatrix} 1 & 0 & 1 \\ 0 & 0 & 0 \\ 1 & 0 & 1 \end{bmatrix},$$

pruébese que

$$\mathbf{M}^n = 2^{n-1}\mathbf{M}$$

para todo número natural n mayor o igual que la unidad.

1.38 Dada la matriz

$$\mathbf{M} = \begin{bmatrix} \mathbf{A} & \mathbf{B} \\ \mathbf{C} & \mathbf{D} \end{bmatrix},$$

formada por cuatro bloques cuadrados de orden n, demuéstrese que $\mathbf{M}^{-1}$ viene dada por

$$\mathbf{M}^{-1} = \begin{bmatrix} (\mathbf{A} - \mathbf{B}\mathbf{D}^{-1}\mathbf{C})^{-1} & (\mathbf{C} - \mathbf{D}\mathbf{B}^{-1}\mathbf{A})^{-1} \\ (\mathbf{B} - \mathbf{A}\mathbf{C}^{-1}\mathbf{D})^{-1} & (\mathbf{D} - \mathbf{C}\mathbf{A}^{-1}\mathbf{B})^{-1} \end{bmatrix},$$

en el supuesto de que todas las matrices inversas que se indican existan.

1.39 Supuesto que las tres matrices **A**, **B** y **A+B** son regulares, demuéstrese que

$$(\mathbf{A}^{-1} + \mathbf{B}^{-1})^{-1} = \mathbf{A}(\mathbf{A} + \mathbf{B})^{-1}\mathbf{B} = \mathbf{B}(\mathbf{A} + \mathbf{B})^{-1}\mathbf{A}$$

1.40 Demuéstrese que toda matriz hermítica se puede escribir de modo único como suma de una matriz real simétrica y otra real antisimétrica, multiplicada esta última por el imaginario puro unidad.

1.41 Hállese $(\mathbf{J_a})^n$, siendo $\mathbf{J_a}$ la matriz elemental de Jordan de orden n, con el elemento *a* repetido a lo largo de su diagonal principal.

1.42 Demuéstrese la siguiente implicación:

$$(\mathbf{I}-\mathbf{A})^{-1}=\mathbf{I}+\mathbf{A}+\mathbf{A}^2+\ldots+\mathbf{A}^{k-1} \rightarrow \mathbf{A}^k=\mathbf{O}$$

1.43 Pruébese que si **S** es una matriz regular, entonces

$$\text{Traza}(\mathbf{S}^{-1}\mathbf{AS})=\text{Traza}(\mathbf{A}).$$

1.44 Pruébese que el producto de dos matrices simétricas es una matriz simétrica si y sólo si las matrices que se multiplican conmutan entre sí. ¿Cómo debería modificarse el enunciado anterior para matrices antisimétricas?

1.45 De una matriz **A**, cuadrada de orden n, se sabe que es regular y verifica la expresión

$$\mathbf{A}^2+\mathbf{I}=\mathbf{O}$$

Hállese $\mathbf{A}^{-1}$.

1.46 Estúdiese la regularidad de la matriz

$$\mathbf{A}=\begin{bmatrix} a & -b \\ b & a \end{bmatrix}$$

en función de los parámetros reales *a* y *b*.

1.47 Pruébese que si $\mathbf{H}=\text{diag}(\mathbf{A_1}, \mathbf{A_2}, \ldots, \mathbf{A_p})$ es una matriz diagonal por bloques, cuyos bloques diagonales son regulares, entonces

$$\mathbf{H}^{-1}=\text{diag}(\mathbf{A_1}^{-1}, \mathbf{A_2}^{-1}, \ldots, \mathbf{A_p}^{-1})$$

1.48 Pruébese que la suma (o producto) de matrices triangulares superiores (o inferiores) es una matriz triangular superior (o inferior). Pruébese asimismo que la inversa de una matriz triangular regular superior (o inferior) es una matriz triangular superior (o inferior).

1.49 Una matriz $\mathbf{A} = [a_{ij}]$ se dice de *Hessenberg superior* si $a_{ij} = 0$, para todo $i>j+1$. Demuéstrese que si **B** es triangular superior y **C** triangular superior de Hessenberg, entonces **BC** es triangular superior de Hessenberg.

1.50 Una columna **x** se dice de *probabilidad* si sus elementos son no negativos y su suma vale la unidad. Pruébese que la columna **Mx** es de probabilidad si **M** es una matriz de Markoff y **x** una columna de probabilidad.

1.51 Demuéstrese que toda matriz cuadrada **A** se puede escribir de la forma $\mathbf{A} = \mathbf{B}+i\mathbf{C}$, siendo **B** y **C** matrices hermíticas. ¿Es esta escritura única?

1.52 Por definición, el *producto de Kronecker* de dos matrices **A** y **B** es la matriz

$$\mathbf{A} \otimes \mathbf{B} = \lfloor a_{ij}\mathbf{B} \rfloor$$

Escríbase el producto de Kronecker en el caso particular de ser **A** la matriz cuadrada formada por unos y **B** la matriz identidad, ambas de orden dos.

1.53 Hállese el valor del siguiente determinante, desarrollándolo por filas y columnas

$$\begin{vmatrix} \frac{1}{2}(a-b-c) & a & a \\ b & \frac{1}{2}(-a+b-c) & b \\ c & c & \frac{1}{2}(-a-b+c) \end{vmatrix}.$$

1.54 Demuéstrese que si **A** y **B** son bloques matriciales cuadrados, entonces la matriz triangular superior por bloques

$$\mathbf{H} = \begin{bmatrix} \mathbf{A} & \mathbf{C} \\ \mathbf{O} & \mathbf{B} \end{bmatrix}$$

es regular si y sólo si **A** y **B** son regulares, siendo **O** la matriz nula. En este caso, hállese la matriz inversa de **H** y calcúlese el valor de su determinante.

1.55 Hállese el determinante de la inversa de la matriz de orden n siguiente

$$\mathbf{A} = \begin{bmatrix} 1 & a & 0 & 0 & \dots & 0 \\ 0 & 1 & a & 0 & \dots & 0 \\ 0 & 0 & 1 & a & \dots & 0 \\ \dots & \dots & \dots & \dots & \dots & \dots \\ 0 & 0 & 0 & 0 & 1 & a \\ 0 & 0 & 0 & 0 & 0 & 1 \end{bmatrix}.$$

1.56 Obténgase el valor del determinante de orden n+1 siguiente:

$$D_{n+1} = \det \begin{bmatrix} 1 & 1 & 1 & \dots & 1 \\ 1 & 1+a_1 & 1 & \dots & 1 \\ 1 & 1 & 1+a_2 & \dots & 1 \\ \dots & \dots & \dots & \dots & \dots \\ 1 & 1 & 1 & \dots & 1+a_n \end{bmatrix},$$

donde $a_1, a_2, \dots, a_n$ son parámetros reales.

1.57 Hállese el valor del determinante de orden n+1 dado por

$$D_{n+1} = \begin{vmatrix} a & a+b & a+2b & \dots & a+nb \\ -a & a & 0 & \dots & 0 \\ 0 & -a & a & \dots & 0 \\ \dots & \dots & \dots & \dots & \dots \\ 0 & 0 & 0 & \dots & a \end{vmatrix},$$

donde *a* y *b* son parámetros reales.

1.58 Si $\mathbf{A} = [a_{ij}(x)]$ es una matriz cuadrada de orden n, cuyos elementos son funciones reales de variable real, y derivables, sugiera una fórmula que exprese la derivada del determinante de **A** como suma de n determinantes.

1.59 Resuelva la ecuación polinomial en la variable x

$$\begin{vmatrix} a_1 & a_2 & a_3 & \dots & a_{n-1} & a_n(x+1) \\ a_1 & a_2 & a_3 & \dots & a_{n-1}(x+1) & a_n \\ a_1 & a_2 & a_3 & \dots & a_{n-1} & a_n \\ \dots & \dots & \dots & \dots & \dots & \dots \\ a_1 & a_2(x+1) & a_3 & \dots & a_{n-1} & a_n \\ a_1(x+1) & a_2 & a_3 & \dots & a_{n-1} & a_n \end{vmatrix} = 0,$$

donde $a_1, a_2, \dots, a_n$ son parámetros reales.

1.60 Obténgase, por relaciones de recurrencia, el determinante de la matriz de orden n siguiente:

$$\begin{bmatrix} 1+a^2 & a & 0 & \dots & 0 \\ a & 1+a^2 & a & .. & 0 \\ 0 & a & 1+a^2 & \dots & 0 \\ \dots & \dots & \dots & \dots & \dots \\ 0 & 0 & 0 & \dots & 1+a^2 \end{bmatrix}.$$

1.61 Hállese el valor del siguiente determinante de orden n

$$D_n = \begin{vmatrix} 1^2 & 2^2 & 3^2 & \dots & n^2 \\ 2^2 & 3^2 & 4^2 & \dots & (n+1)^2 \\ 3^2 & 4^2 & 5^2 & \dots & (n+2)^2 \\ \dots & \dots & \dots & \dots & \dots \\ n^2 & (n+1)^2 & (n+2)^2 & \dots & (2n-1)^2 \end{vmatrix}.$$

1.62 Supuesto que las matrices **A**, **B** y **A+B** sean regulares, demuéstrese la identidad

$$\det(\mathbf{A}^{-1}+\mathbf{B}^{-1}) = \frac{\det(\mathbf{A}+\mathbf{B})}{\det(\mathbf{AB})}.$$

1.63 Hállese el valor del determinante siguiente, según sea su orden n par o impar

$$D_n = \begin{vmatrix} a & b & 0 & \dots & 0 & 0 \\ 0 & a & b & \dots & 0 & 0 \\ 0 & 0 & a & \dots & 0 & 0 \\ \dots & \dots & \dots & \dots & \dots & \dots \\ 0 & 0 & 0 & \dots & a & b \\ b & 0 & 0 & \dots & 0 & a \end{vmatrix},$$

con *a* y *b* parámetros reales.

1.64 Obténgase el valor del siguiente determinante de orden n, con *a* y *b* parámetros reales.

$$D_n = \begin{vmatrix} a & b & b & \dots & b & b \\ -b & a & b & \dots & b & b \\ -b & -b & a & \dots & b & b \\ \dots & \dots & \dots & \dots & \dots & \dots \\ -b & -b & -b & \dots & a & b \\ -b & -b & -b & \dots & -b & a \end{vmatrix},$$

2

Sistemas de Ecuaciones Lineales

Este nuevo Capítulo introduce al lector en los sistemas de ecuaciones lineales. El enfoque es más teórico que numérico, aunque en ocasiones hace referencia a problemas que se plantean en la resolución práctica, más propios del Álgebra Lineal Numérica.

Interesa que el alumno se habitúe al procedimiento de eliminación de Gauss y comprenda las relaciones que existen entre el método de Gauss y la descomposición ***LU*** *de una matriz; también que vea la relación que hay entre el método de Gauss–Jordan y la forma normal escalonada por filas de una matriz. A lo largo del Capítulo las operaciones elementales sobre las filas de una matriz juegan un papel importante y los ejercicios completan algunos aspectos no abordados directamente en la exposición teórica.*

2.1 Introducción

Este Capítulo se dedica al estudio teórico de los sistemas de m ecuaciones lineales con n incógnitas, con coeficientes en el cuerpo conmutativo **K**, que resultan de la resolución de las ecuaciones matriciales lineales de la forma **Ax** = **b**.

Desde el punto de vista histórico son muy anteriores los sistemas de ecuaciones lineales a su formalización matricial, sin embargo se adopta este modo de proceder por conveniencia didáctica.

La ecuación **Ax** = **b** se puede escribir, indicando los elementos de las matrices que intervienen, mediante

$$\begin{bmatrix} a_{11} & a_{12} & \dots & a_{1n} \\ a_{21} & a_{22} & \dots & a_{2n} \\ \dots & \dots & \dots & \dots \\ a_{m1} & a_{m2} & \dots & a_{mn} \end{bmatrix} \begin{bmatrix} \alpha_1 \\ \alpha_2 \\ \dots \\ \alpha_n \end{bmatrix} = \begin{bmatrix} \beta_1 \\ \beta_2 \\ \dots \\ \beta_m \end{bmatrix}, \qquad [1.1]$$

de donde se deduce, al operar e identificar elementos, miembro a miembro, el sistema de m ecuaciones lineales con n incógnitas siguiente:

$$\begin{aligned} a_{11}\alpha_1 + a_{12}\alpha_2 + \dots + a_{1n}\alpha_n &= \beta_1 \\ a_{21}\alpha_1 + a_{22}\alpha_2 + \dots + a_{2n}\alpha_n &= \beta_2 \\ \dots \\ a_{m1}\alpha_1 + a_{m2}\alpha_2 + \dots + a_{mn}\alpha_n &= \beta_m \end{aligned} \qquad [1.2]$$

La matriz **A**, de tamaño m×n, recibe el nombre de *matriz del sistema*; la matriz **b**, de tamaño m×1, se llama *matriz de términos independientes* y la matriz particionada [**A b**], de tamaño m×(n+1), se suele denominar *matriz ampliada del sistema*, la cual lo representa completamente.

Si $\mathbf{x_0}$ es una matriz columna n×1 tal que se cumple la identidad

$$\mathbf{Ax_0} = \mathbf{b} \qquad [1.3]$$

se dice entonces que $\mathbf{x_0}$ es una *solución* de la ecuación matricial **Ax** = **b**. La citada ecuación se dice *compatible* o *incompatible* según posea al menos una solución o ninguna, respectivamente. Una ecuación compatible es *determinada* si la solución es única e *indeterminada* si admite más de una solución.

A la ecuación matricial lineal general **Ax** = **b** se le suele asociar la ecuación matricial lineal *homogénea*

$$\mathbf{Ax} = \mathbf{0}, \qquad [1.4]$$

donde **0** es la matriz columna nula. La ecuación matricial homogénea admite al menos la *solución trivial nula* **0**, pues se verifica que **A0** = **0**.

Las nociones de *sistema compatible* (o *incompatible*) y sistema compatible *determinado* (o *indeterminado*) son análogas a las de la ecuación matricial de partida. En concreto, se dice que los n escalares de **K**

$$\alpha_{10}, \alpha_{20}, \ldots, \alpha_{n0} \qquad [1.5]$$

constituyen una *solución* del sistema, si al sustituir las incógnitas por los correspondientes escalares se satisfacen todas y cada una de las ecuaciones del sistema. Obviamente si $\mathbf{x_0}$ es la matriz columna cuyos elementos forman la solución anterior, entonces se cumple la identidad $\mathbf{Ax_0} = \mathbf{b_0}$.

Por definición, el sistema *homogéneo* asociado al sistema *general* dado por [1.2] es

$$\begin{aligned} a_{11}\alpha_1 + a_{12}\alpha_2 + \ldots + a_{1n}\alpha_n &= 0 \\ a_{21}\alpha_1 + a_{22}\alpha_2 + \ldots + a_{2n}\alpha_n &= 0 \\ \ldots \\ a_{m1}\alpha_1 + a_{m2}\alpha_2 + \ldots + a_{mn}\alpha_n &= 0 \end{aligned} , \qquad [1.6]$$

resultado de anular los términos independientes. Obsérvese que todo sistema homogéneo es compatible, pues admite al menos la *solución trivial nula* 0, 0, ..., 0.

Las *operaciones elementales sobre las ecuaciones del sistema* son de tres *clases*:

Clase I: Intercambiar dos ecuaciones entre sí.

Clase II: Multiplicar una ecuación por un escalar no nulo.

Clase III: Sumar a una ecuación otra ecuación multiplicada previamente por un escalar.

Se dice que dos sistemas de ecuaciones lineales son *equivalentes* si y sólo si poseen el mismo conjunto de soluciones.

Proposición 2.1 "Las operaciones elementales sobre las ecuaciones de un sistema no alteran el conjunto de sus soluciones".

La demostración se deja como simple ejercicio. ❑

2.2 La ecuación matricial lineal Ax = b

Sea **A** una matriz de tamaño m×n y **b** una matriz columna de tamaño m×1, la ecuación

$$\mathbf{Ax} = \mathbf{b}, \qquad [2.1]$$

donde **x** es la matriz columna n×1 *incógnita*, recibe el nombre de *ecuación matricial lineal general.*

Por definición, el *núcleo* **N(A)** de una matriz **A**, de tamaño m×n y con elementos en **K**, es el conjunto de soluciones de la ecuación matricial homogénea asociada, esto es,

$$\mathbf{N(A)} = \{\mathbf{x} \in \mathbf{K}^{n\times 1} ; \mathbf{Ax} = \mathbf{0}\}, \qquad [2.2]$$

donde $\mathbf{K}^{n\times 1}$ denota el *espacio vectorial* formado por las matrices columna de n elementos en **K**. (Ver Figura 2.1).

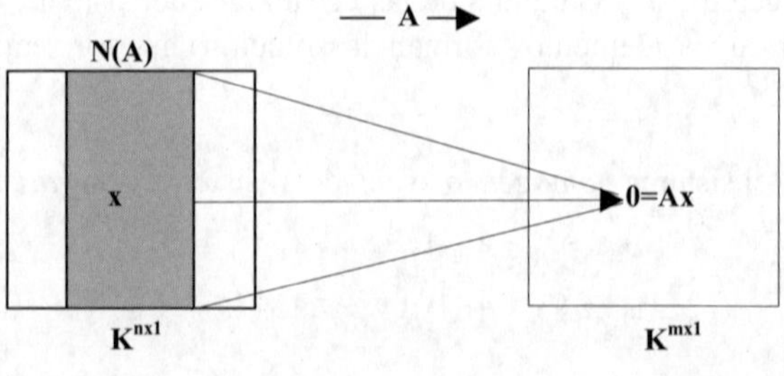

Figura 2.1

En la citada figura se considera la matriz **A** como un *operador* que transforma, por multiplicación matricial, cualquier columna de $\mathbf{K}^{n\times 1}$ en otra columna de $\mathbf{K}^{m\times 1}$. En particular el operador **A** transforma las columnas **x** de **N(A)** en la columna nula **0**, pues en ese caso $\mathbf{Ax} = \mathbf{0}$.

Si $\mathbf{Ax} = \mathbf{b}$ es una ecuación general compatible y $\mathbf{x_0}$ es una solución particular de la ecuación, se puede afirmar:

Proposición 2.2 "El conjunto $\mathbf{S_g}$ de soluciones de la ecuación general compatible es el resultado de sumar la solución particular $\mathbf{x_0}$ de la ecuación general a todas las soluciones de la ecuación homogénea asociada. Abreviadamente,

$$\mathbf{S_g} = \mathbf{x_0} + \mathbf{N(A)}\text{"}$$

La demostración tiene un directo y un recíproco:

Directo:

$$\mathbf{x_1} \in \mathbf{S_g} \rightarrow \mathbf{Ax_1} = \mathbf{b}, \text{ pero } \mathbf{Ax_0} = \mathbf{b}, \text{ luego } \mathbf{A(x_1 - x_0)} = \mathbf{0}. \text{ Esto es}$$

$$\mathbf{x_1} - \mathbf{x_0} \in \mathbf{N(A)} \rightarrow \mathbf{x_1} = \mathbf{x_0} + \mathbf{x_s}, \mathbf{x_s} \in \mathbf{N(A)} \rightarrow \mathbf{x_1} \in \mathbf{x_0} + \mathbf{N(A)}$$

Recíproco:

$$\mathbf{x_1} \in \mathbf{x_0} + \mathbf{N(A)} \rightarrow \mathbf{x_1} = \mathbf{x_0} + \mathbf{x_s}, \mathbf{x_s} \in \mathbf{N(A)} \rightarrow$$

$$\mathbf{Ax_1} = \mathbf{Ax_0} + \mathbf{Ax_s} \rightarrow \mathbf{Ax_1} = \mathbf{b} + \mathbf{0} \rightarrow \mathbf{Ax_1} = \mathbf{b} \rightarrow \mathbf{x_1} \in \mathbf{S_g} \ \square$$

La Proposición 2.2, recién demostrada, muestra cómo es el conjunto de soluciones de una ecuación matricial compatible. (Ver Figura 2.2).

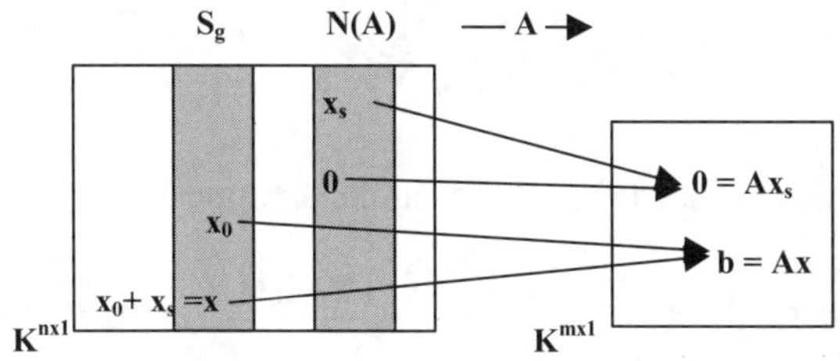

Figura 2.2

En la Figura 2.2 se observa que la matriz **A**, considerada como operador, transforma las columnas **x** de $\mathbf{S_g}$ en la columna **b** y que aquéllas son el resultado de sumar la solución particular $\mathbf{x_0}$ de $\mathbf{S_g}$ a las columnas $\mathbf{x_s}$ de **N(A)**.

Una consecuencia inmediata del presente teorema se establece en la siguiente proposición:

Proposición 2.3 "La ecuación general compatible **Ax** = **b** es determinada si y sólo si

$$\mathbf{N(A)} = \{\mathbf{0}\}\text{"}$$

La demostración es evidente. ❑

Podemos pasar a establecer un criterio de existencia de soluciones de la ecuación general **Ax** = **b** basándonos en lo siguiente:

Se llama *imagen* de una matriz **A** de tamaño m×n con elementos en **K** (ver Figura 2.3) al conjunto **R(A)** de matrices columna m×1 de la forma **y** = **Ax**, donde **x** es una matriz columna n×1 cualquiera, es decir,

$$\mathbf{R(A)} = \{\mathbf{y} \in \mathbf{K}^{m\times 1}; \mathbf{y} = \mathbf{Ax}, \mathbf{x} \in \mathbf{K}^{n\times 1}\} \qquad [2.3]$$

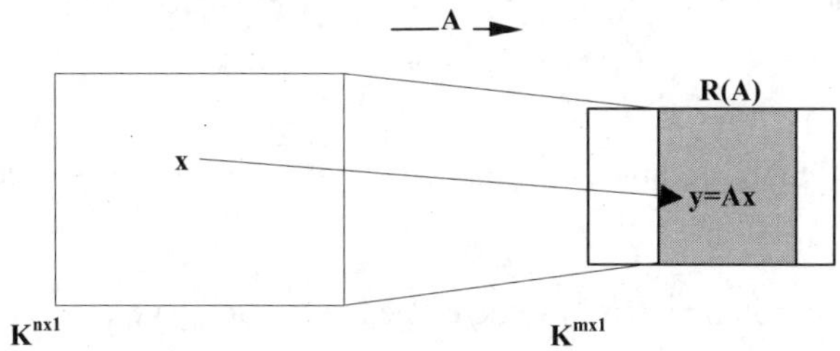

Figura 2.3

Nótese que si $[\mathbf{u}_1\ \mathbf{u}_2\ \ldots\ \mathbf{u}_n]$ es la matriz **A** particionada por columnas y **x** es la matriz columna definida por los n escalares $\alpha_1, \alpha_2, \ldots, \alpha_n$, entonces la matriz columna $\mathbf{y} = \mathbf{Ax}$, llamada *imagen* de **x** por **A**, viene dada por

$$\mathbf{y} = \mathbf{Ax} = \sum_{j=1}^{n} \alpha_j \mathbf{u}_j \qquad [2.4]$$

Se está ya en condiciones de demostrar la siguiente proposición:

Proposición 2.4 "La ecuación $\mathbf{Ax} = \mathbf{b}$ es compatible si y sólo si existen escalares $\alpha_{10}, \alpha_{20}, \ldots, \alpha_{n0}$ tales que

$$\mathbf{b} = \sum_{j=1}^{n} \alpha_{j0} \mathbf{u}_j \text{ "} \qquad [2.5]$$

Es obvio que la columna $\mathbf{x_0}$ dada por los escalares $\alpha_{10}, \alpha_{20}, \ldots, \alpha_{n0}$ es solución de la ecuación $\mathbf{Ax} = \mathbf{b}$, gracias a [2.4]. ❑

Finalmente, si la matriz **A** es regular, evidentemente $\mathbf{x_0} = \mathbf{A^{-1}b}$ es solución de $\mathbf{Ax} = \mathbf{b}$. Más adelante se justificará que, en este caso, la citada solución es única.

En este apartado sólo se consideran **R(A)** y **N(A)** como conjuntos de matrices columna. Su estructura como subespacios vectoriales lineales se hará patente en el Capítulo 3 dedicado a los espacios vectoriales.

Se va ahora a relacionar la existencia de inversas con las posibles soluciones de la ecuación matricial lineal general $\mathbf{Ax} = \mathbf{b}$, donde **A** es una matriz, de tamaño m×n, dada:

Proposición 2.5 "Si $\mathbf{Ax} = \mathbf{b}$ es una ecuación compatible y existe una inversa por la izquierda **L** de **A**, entonces la ecuación $\mathbf{Ax} = \mathbf{b}$ es determinada".

Por reducción al absurdo. Si $\mathbf{x_0}$ y $\mathbf{x_1}$ fueran dos soluciones distintas de la ecuación se tendría

$$\mathbf{Ax_0} = \mathbf{b}, \mathbf{Ax_1} = \mathbf{b} \to \mathbf{A}(\mathbf{x_1} - \mathbf{x_0}) = \mathbf{0} \to \mathbf{LA}(\mathbf{x_1} - \mathbf{x_0}) = \mathbf{L0} \to$$
$$\mathbf{I_n}(\mathbf{x_1} - \mathbf{x_0}) = \mathbf{0} \to \mathbf{x_1} = \mathbf{x_0} \ ❑$$

Proposición 2.6 "Si existe inversa por la derecha **R** de **A**, entonces la ecuación $\mathbf{Ax} = \mathbf{b}$ es compatible"

Obsérvese que la columna **Rb** es solución de la ecuación ya que

$$\mathbf{A}(\mathbf{Rb}) = (\mathbf{AR})\mathbf{b} = \mathbf{I_m b} = \mathbf{b} \ ❑$$

Nota importante: Puede suceder que no exista inversa por la derecha **R** de **A** y sin embargo que la ecuación **Ax** = **b** sea compatible, como se prueba con el siguiente ejemplo:

Ejemplo 2.1

El sistema **Ax** = **b**, siendo **A** y **b** las matrices

$$\mathbf{A} = \begin{bmatrix} 1 & 2 \\ 2 & 4 \end{bmatrix}, \mathbf{b} = \begin{bmatrix} 3 \\ 6 \end{bmatrix}$$

es un sistema compatible, pues existe la solución

$$\mathbf{x}_0 = \begin{bmatrix} 1 \\ 1 \end{bmatrix},$$

sin embargo no existe ninguna matriz inversa por la derecha **R** de **A**, como es muy fácil comprobar. ✶

Proposición 2.7 "Si existen ambas clases de inversa, por la izquierda **L** y por la derecha **R** de **A**, entonces la ecuación **Ax** = **b** es compatible y determinada".

Por existir **R**, la ecuación **Ax** = **b** es compatible. Siendo la ecuación compatible y existiendo **L**, la ecuación es determinada. De hecho la solución única es precisamente

$$\mathbf{x}_0 = \mathbf{A}^{-1}\mathbf{b} \quad \square$$

Finalmente, la obtención de una inversa por la derecha de **A**, de tamaño m×n, (si existe) se reduce a resolver m ecuaciones matriciales lineales, tal como se indica a continuación:

Escribiendo en **AR** = $\mathbf{I}_m$ las matrices **R** e $\mathbf{I}_m$ de forma particionada por columnas, se tiene:

$$\mathbf{A}[\mathbf{r}_1 \quad \mathbf{r}_2 \quad \ldots \quad \mathbf{r}_m] = [\mathbf{e}_1 \quad \mathbf{e}_2 \quad \ldots \quad \mathbf{e}_m] \qquad [2.6]$$

$$[\mathbf{Ar}_1 \quad \mathbf{Ar}_2 \quad \ldots \quad \mathbf{Ar}_m] = [\mathbf{e}_1 \quad \mathbf{e}_2 \quad \ldots \quad \mathbf{e}_m] \qquad [2.7]$$

de donde, igualando columnas, se tienen las m identidades siguientes

$$\mathbf{Ar}_j = \mathbf{e}_j, \; j = 1, 2, \ldots, m \qquad [2.8]$$

Es decir, la columna j–ésima de **R** debe ser solución de la ecuación matricial

$$\mathbf{Ax} = \mathbf{e}_j, \qquad [2.9]$$

por lo que para hallar **R** hará falta resolver m ecuaciones matriciales. Bastaría que una cualquiera de las m ecuaciones fuera incompatible para que no existiera **R** (La forma práctica de obtener **R** se abordará más adelante).

De otra parte, una inversa por la izquierda **L** de la matriz **A** (si existe) se puede obtener hallando una inversa por la derecha de $\mathbf{A}^T$, por el procedimiento anterior, y luego trasponiendo el resultado. (También se dejan para más adelante los aspectos prácticos de la obtención de **L**).

2.3 Operaciones elementales sobre matrices

Dada una matriz **A** de tamaño m×n, son también tres las clases de *operaciones elementales* sobre las filas (o columnas) de la matriz **A**:

Clase 1: Intercambiar entre sí dos filas (o columnas) i, j de **A**, con $i \neq j$.

Clase 2: Multiplicar los elementos de la fila (o columna) i de **A** por un escalar α, con $\alpha \neq 0$.

Clase 3: Sumar a los elementos de la fila (o columna) i de **A** los correspondientes elementos de la fila (o columna) j de **A**, multiplicados previamente por el escalar α, con $i \neq j$.

A cada operación elemental le corresponde una *matriz elemental asociada* y ello del siguiente modo, por definición: Si se efectúa la operación elemental por filas (o columnas) sobre las filas de $\mathbf{I_m}$ (o columnas de $\mathbf{I_n}$) se obtiene la matriz elemental asociada por filas (o columnas) a la citada operación elemental.

Ejemplo 2.2

Las tres matrices

$$\begin{bmatrix} 0 & 0 & 1 \\ 0 & 1 & 0 \\ 1 & 0 & 0 \end{bmatrix}, \begin{bmatrix} 1 & 0 & 0 \\ 0 & 1 & 0 \\ 0 & 0 & 5 \end{bmatrix}, \begin{bmatrix} 1 & 0 & 0 \\ 2 & 1 & 0 \\ 0 & 0 & 1 \end{bmatrix}$$

son elementales, ya sea por filas (intercambio de las filas 1^a y 3^a, producto del escalar 5 por la fila 3^a y suma a la fila 2ª dos veces la fila 1^a de una matriz 3×n cualquiera, respectivamente) ya sea por columnas (intercambio de las columnas 1^a y 3^a, producto del escalar 5 por la columna 3^a y suma a la columna 1ª dos veces la columna 2^a de una matriz m×3 cualquiera, respectivamente). ✶

Proposición 2.8 "La premultiplicación (o postmultiplicación) de una matriz **A** por una matriz elemental por filas (o columnas) realiza sobre **A** la correspondiente operación elemental".

La demostración es trivial y se deja como ejercicio para el lector. ❑

Ejemplo 2.3

Dada la matriz

$$\mathbf{A} = \begin{bmatrix} 1 & 2 & 3 & 4 \\ 5 & 6 & 7 & 8 \end{bmatrix}$$

y la matriz elemental por filas

$$\mathbf{F} = \begin{bmatrix} 0 & 1 \\ 1 & 0 \end{bmatrix}$$

asociada al intercambio de las filas primera y segunda, se tiene

$$\mathbf{FA} = \begin{bmatrix} 5 & 6 & 7 & 8 \\ 1 & 2 & 3 & 4 \end{bmatrix} = \mathbf{B}\,.$$

Obsérvese que las filas de **B** son las filas de **A** intercambiadas entre sí y que además **F** premultiplica a **A**. ✶

Análogamente se trabajaría en un ejemplo que afectase a las columnas de una matriz **A**: Si **G** fuera una matriz elemental por columnas entonces se debería efectuar el producto **AG** para efectuar la correspondiente operación elemental por columnas sobre **A** (en este caso **G** postmultiplicaría a **A**).

Proposición 2.9 "Las matrices elementales por filas (o columnas) son regulares, y sus inversas también son matrices elementales de la misma clase".

Denotando con $\mathbf{E}_{i,j}$, $\mathbf{E}_{a.i}$, $\mathbf{E}_{i+a.j}$ las matrices elementales, una de cada clase, correspondientes a cualquier posible operación elemental por filas (o columnas), se deja como simple ejercicio probar que

$$\mathbf{E}_{i,j}^{-1} = \mathbf{E}_{i,j}$$

$$\mathbf{E}_{a.i}^{-1} = \mathbf{E}_{a^{-1}.i}$$

$$\mathbf{E}_{i+a.j}^{-1} = \mathbf{E}_{i-a.j}$$

❑

Proposición 2.10 "El producto de matrices elementales es una matriz regular".

Ya que las matrices elementales son regulares y se sabe que las matrices regulares forman grupo respecto del producto matricial. ❑

Más adelante se demostrarán los dos resultados siguientes:

1º "Toda matriz regular se puede descomponer en el producto de matrices elementales", y

2º "Toda matriz singular se puede transformar en una matriz singular que posee al menos una fila nula y ello mediante operaciones elementales por filas".

Se van a utilizar estos resultados como ya probados, ya que desde el punto de vista pedagógico es mejor no posponer otros que se apoyan en ellos.

Yendo a otra cuestión, de la Proposición 2.1 y de lo indicado hasta el presente se deduce inmediatamente que si [**A b**] representa el sistema **Ax** = **b** y **F** es una matriz elemental por filas de orden m, entonces **F**[**A b**] = [**FA Fb**] representa el sistema equivalente (**FA**)**x** = **Fb**.

¿Qué sucede si se modifican las columnas de la matriz del sistema **Ax** = **b** mediante una matriz elemental por columnas **G**? Veamos: De **Ax** = **b** se deduce $(\mathbf{AG})(\mathbf{G}^{-1}\mathbf{x}) = \mathbf{b}$, esto es, el sistema **A′x′** = **b**, donde **A′** = **AG** y $\mathbf{x}' = \mathbf{G}^{-1}\mathbf{x}$. Recíprocamente, del sistema **A′x′** = **b** se deduce inmediatamente el sistema **Ax** = **b**. Los sistemas representados por **Ax** = **b** y **A′x′**= **b** no son necesariamente compatibles, sin embargo sus soluciones (si existen) están estrechamente relacionadas mediante la transformación **x** = **Gx′**.

2.4 Determinante del producto de matrices

Se está en condiciones de demostrar en la Proposición 2.16 un resultado que se indicó en las propiedades de los determinantes, en concreto, que el determinante del producto de dos matrices cuadradas es producto de determinante. Para ello se necesitan unas proposiciones previas:

Proposición 2.11 "Se cumplen las tres identidades siguientes

$$1)\ \det \mathbf{E_{ij}} = -1, \text{con } i \neq j$$

$$2)\ \det \mathbf{E_{ai}} = a, \text{con } a \neq 0$$

$$3)\ \det \mathbf{E_{i+aj}} = 1$$

correspondientes a las tres operaciones elementales."

1) $\mathbf{E_{ij}}$ resulta de intercambiar entre sí las filas (o columnas) i, j de $\mathbf{I_n}$, por lo que el determinante de $\mathbf{I_n}$ cambiará de signo, pasando de valer 1 a valer −1.

2) $\mathbf{E_{ai}}$ resulta de multiplicar la fila (o columna) i de $\mathbf{I_n}$ por el escalar *a*, por lo que el determinante de $\mathbf{I_n}$ quedará multiplicado por *a*, pasando de valer 1 a valer *a*.

3) $\mathbf{E_{i+aj}}$ resulta de sumar a la fila (o columna) i de $\mathbf{I_n}$ la fila (o columna) distinta j, multiplicada por el escalar *a*, por lo que el determinante de $\mathbf{I_n}$ no cambiará de valor y seguirá valiendo la unidad. ❑

Proposición 2.12 "Si **F** es una matriz asociada a una operación elemental por filas de cualquier clase, del mismo orden que la matriz cuadrada **A**, entonces

$$\det(\mathbf{FA}) = \det\mathbf{F}\ \det\mathbf{A}."$$

Para hacer la demostración se van a analizar los tres casos posibles:

1) Si **F** es de clase I, det(**FA**) = −det**A** = (−1)×det**A** = det**F** det**A**.

2) Si **F** es de clase II, con parámetro *a*, det(**FA**) = a×det**A** = det**F** det**A**.

3) Si, finalmente, **F** es de clase III, det(**FA**) = det**A** = 1×det**A** = det**F** det**A**. ❑

Proposición 2.13 "Si **G** es una matriz asociada a una operación elemental por columnas de cualquier clase, del mismo orden que la matriz cuadrada **A**, entonces

$$\det(\mathbf{AG}) = \det\mathbf{A}\ \det\mathbf{G}"$$

La demostración es análoga a la de la proposición anterior. ❑

Hasta el presente se ha concluido que el determinante del producto de una matriz asociada a una operación elemental por otra matriz cuadrada es el producto de sus determinantes, escribiendo las matrices que se multiplican en el orden adecuado. Se va a extender este resultado al producto de dos matrices cuadradas cualesquiera, probando previamente los siguientes resultados:

Proposición 2.14 "El determinante de una matriz regular es distinto de cero".

Si **A** es regular, es **A** producto de p matrices elementales, como ya ha sido indicado. Si éstas se denotan mediante $\mathbf{F}_1, \mathbf{F}_2, ..., \mathbf{F}_p$, se puede escribir

$$\det\mathbf{A} = \det(\mathbf{F}_1(\mathbf{F}_2(...(\mathbf{F}_{p-1}\mathbf{F}_p)...))) = \det\mathbf{F}_1\det(\mathbf{F}_2(...(\mathbf{F}_{p-1}\mathbf{F}_p)...)) =$$
$$\det\mathbf{F}_1\det\mathbf{F}_2...\det(\mathbf{F}_{p-1}\mathbf{F}_p)= \det\mathbf{F}_1\det\mathbf{F}_2 ... \det\mathbf{F}_{p-1}\det\mathbf{F}_p \neq 0\ ,$$

ya que los determinantes de las matrices elementales siempre son distintos de cero. ❑

Proposición 2.15 "El determinante de una matriz singular vale cero".

Sea **A** singular. Por ser **A** singular existe, como también ha sido indicado, una matriz regular **P**, producto de p matrices elementales $\mathbf{F}_1, \mathbf{F}_2, ..., \mathbf{F}_p$, que transforma **A** en la matriz singular **C** = **PA**, la cual posee al menos una fila nula, por lo que det**C** = 0. Se tiene, por consiguiente

$$0 = \det\mathbf{C} = \det(\mathbf{PA}) = \det(\mathbf{F}_1\mathbf{F}_2 ... \mathbf{F}_p\mathbf{A})= \det\mathbf{F}_1\det\mathbf{F}_2...\det\mathbf{F}_p\det\mathbf{A}$$

Debe ser det**A** = 0, ya que los determinantes de las matrices elementales siempre son distintos de cero. ❑

Proposición 2.16 "Si **A** y **B** son cuadradas y del mismo orden , entonces

$$\det(\mathbf{AB}) = \det\mathbf{A}\ \det\mathbf{B}"$$

La demostración distingue dos casos posibles: que **A** sea singular o que **A** sea regular.

Probemos primero que si **A** es singular, también es singular la matriz **AB**, en cuyo caso se cumple manifiestamente la proposición. Veamos: Sea **P** la matriz regular, producto de matrices elementales por filas, que transforma la matriz singular **A** en una matriz singular **C** = **PA** con al menos una fila nula. Si se efectúa el producto **P**(**AB**) se obtiene la matriz **D** = **P**(**AB**) = (**PA**)**B** = **CB** que también tiene al menos una fila nula (al menos la que resulta de multiplicar una fila nula de **C** por las columnas de **B**), luego debe ser **D** singular y su determinante tiene que valer cero, pues det**D** = det**P** det(**AB**), y det**D** = 0, pero det**P** es distinto de cero, de ahí que det(**AB**) = 0, esto es **AB** una matriz singular. La proposición se cumple puesto que det(**AB**) = 0 = 0×det**B** = det**A** det**B**.

Si por el contrario **A** es una matriz regular, es **A** el producto de p matrices elementales $\mathbf{F}_1, \mathbf{F}_2, ..., \mathbf{F}_p$. Se tiene por consiguiente,

$$\det(\mathbf{AB}) = \det(\mathbf{F}_1\mathbf{F}_2...\mathbf{F}_p\mathbf{B}) = \det\mathbf{F}_1\det\mathbf{F}_2...\det\mathbf{F}_p\det\mathbf{B} =$$

$$\det(\mathbf{F}_1\mathbf{F}_2...\mathbf{F}_p)\det\mathbf{B} = \det\mathbf{A}\det\mathbf{B} \ \square$$

2.5 El método de Gauss de las eliminaciones sucesivas

Consiste el método (en una primera aproximación) en *eliminar* de modo sistemático las incógnitas del sistema lineal, mediante operaciones elementales sobre las ecuaciones. En la práctica se trabaja directamente sobre las filas de la matriz ampliada mediante las correspondientes operaciones elementales. Se puede seguir el siguiente *algoritmo*, aunque más adelante se indicarán variantes del mismo:

El algoritmo presenta dos fases. Una primera *fase de eliminación*, por la que se eliminan de modo ordenado mediante ecuaciones que poseen un coeficiente no nulo —denominado *pivot*— incógnitas de las ecuaciones todavía no utilizadas en el proceso de eliminación; y —en caso de compatibilidad del sistema— una segunda *fase de sustitución hacia atrás*, por la que se despejan de las ecuaciones resultantes, las incógnitas correspondientes a los pivots, siguiendo un orden contrario al de su obtención.

Las ecuaciones que se utilizan en el proceso de eliminación se van marcando conforme se usan (solamente se pueden usar una vez). La falta de compatibilidad se detecta inmediatamente si durante el proceso se obtiene la ecuación contradictoria 0 = k, donde k es una constante no nula. La Figura 2.4 muestra el *diagrama de flujo* del *algoritmo* empleado.

Se va a seguir un ejemplo, paso a paso, con el fin de aclarar las etapas del método de Gauss en esta versión primitiva. Se trabajará directamente con la matriz ampliada de un cierto sistema de tres ecuaciones con cuatro incógnitas, sin especificar completamente sus valores numéricos. La notación * denota, en lo que sigue, un elemento cualquiera y la notación ≠ un elemento no nulo; los pivots elegidos se indican con el símbolo ⊗ y una ecuación marcada con el símbolo &. Los ceros indican elementos nulos.

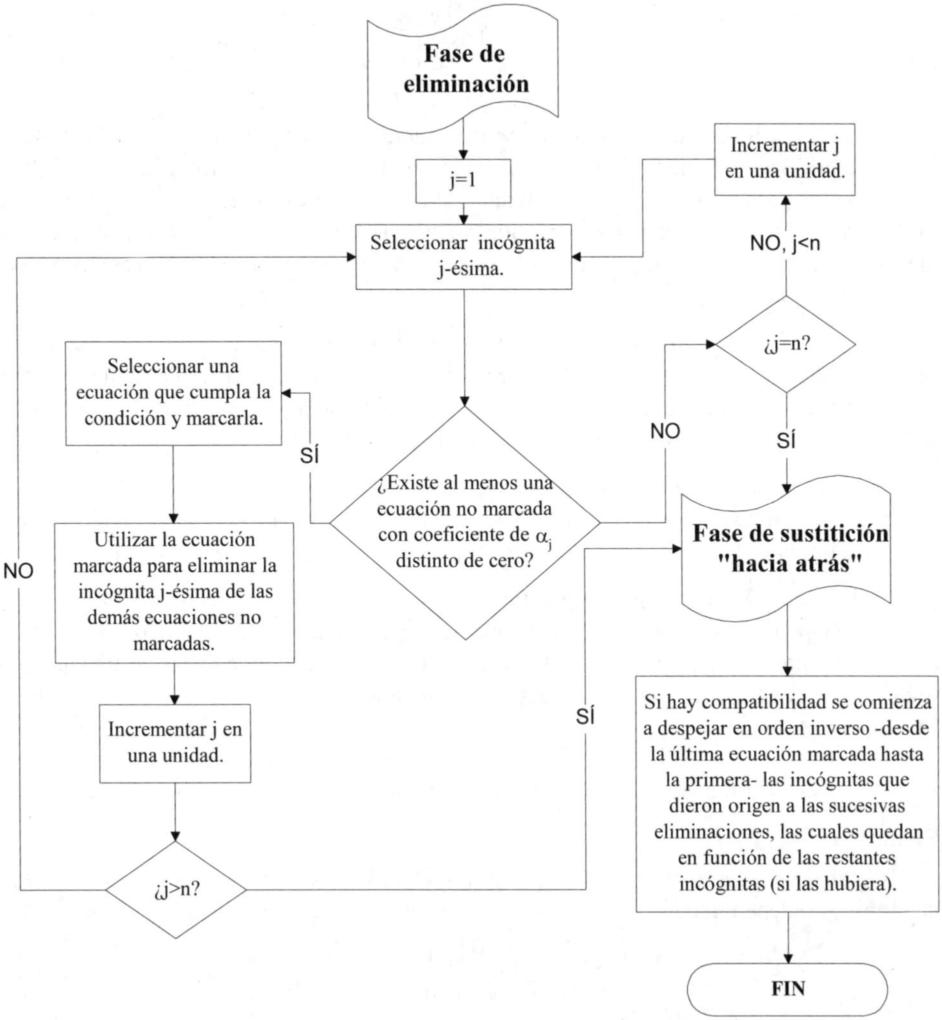

Figura 2.4

Ejemplo 2.4

$$\left[\begin{array}{cccc|c} 0 & 0 & * & * & * \\ \neq & * & * & * & * \\ \neq & * & * & * & * \end{array}\right] \overset{(1)}{\rightarrow} \& \left[\begin{array}{cccc|c} 0 & 0 & \neq & * & * \\ \otimes & * & * & * & * \\ 0 & 0 & \neq & * & * \end{array}\right] \overset{(2)}{\rightarrow}$$

$$\begin{array}{l}\& \\ \& \\ \end{array}\left[\begin{array}{cccc:c} 0 & 0 & \otimes & * & * \\ \otimes & * & * & * & * \\ 0 & 0 & 0 & \neq & * \end{array}\right] \xrightarrow{(3)} \begin{array}{l}\& \\ \& \\ \&\end{array}\left[\begin{array}{cccc:c} 0 & 0 & \otimes & * & * \\ \otimes & * & * & * & * \\ 0 & 0 & 0 & \otimes & * \end{array}\right]$$

Paso (1): Se ha elegido como pivot en la primera columna, de entre los dos posibles, el elemento que ocupa el lugar (2, 1) y se marca la segunda ecuación. Utilizando esta ecuación se elimina la primera incógnita de la tercera ecuación (no es necesario eliminar la citada incógnita en la primera ecuación, porque ya estaba eliminada). Obsérvese que en esta operación se ha eliminado casualmente la segunda incógnita de la tercera ecuación. Se pasa a la segunda columna.

Paso (2): No existe pivot asociado a la segunda incógnita en la segunda columna. (No se pueden elegir dos pivots en la misma ecuación). Se pasa a la tercera columna y se elige como pivot el elemento (1, 3), de entre los dos posibles; se marca la primera ecuación y se utiliza para eliminar la tercera incógnita de la tercera ecuación.

Paso (3): Se elige como pivot asociado a la cuarta incógnita el elemento (3, 4), él único posible, y se marca la tercera ecuación. Ya no se elimina ninguna incógnita. Finaliza aquí la etapa de eliminación.

No hay ninguna ecuación contradictoria, por lo que el sistema inicial es compatible y se pasa a la etapa de sustitución hacia atrás: Se despejan primero la cuarta incógnita, luego la tercera y finalmente la primera, en este orden, las cuales quedarán escritas en función de la segunda incógnita que cumple el papel de parámetro independiente del conjunto de soluciones. ✶

Veamos a continuación un ejemplo numérico concreto:

Ejemplo 2.5

Se trabaja directamente con las matrices ampliadas del sistema (la última columna es la de términos independientes, y los números entre paréntesis son los pivots seleccionados):

$$\left[\begin{array}{cccc:c} 1 & 1 & 2 & 4 & 5 \\ 1 & 1 & 1 & 1 & 2 \\ 1 & 1 & 1 & 3 & 4 \end{array}\right] \rightarrow \left[\begin{array}{cccc:c} (1) & 1 & 2 & 4 & 5 \\ 0 & 0 & -1 & -3 & -3 \\ 0 & 0 & -1 & -1 & -1 \end{array}\right] \rightarrow$$

$$\left[\begin{array}{cccc:c} (1) & 1 & 2 & 4 & 5 \\ 0 & 0 & (-1) & -3 & -3 \\ 0 & 0 & 0 & 2 & 2 \end{array}\right] \rightarrow \left[\begin{array}{cccc:c} (1) & 1 & 2 & 4 & 5 \\ 0 & 0 & (-1) & -3 & -3 \\ 0 & 0 & 0 & (2) & 2 \end{array}\right]$$

Con la primera ecuación se ha eliminado la primera incógnita de las ecuaciones segunda y tercera. (Obsérvese los dos ceros debajo del primer pivot, que vale la unidad). No existe un pivot para la segunda incógnita, pues son ceros los elementos de la segunda columna de las ecuaciones segunda y tercera. Pasando a la incógnita tercera, queda la segunda incógnita como parámetro del conjunto de soluciones. Con la segunda ecuación se ha eliminado la tercera incógnita de la tercera ecuación. (Obsérvese ahora el cero debajo del segundo pivot, que vale menos uno). Finalmente el tercer pivot, correspondiente a la cuarta incógnita vale dos. Con la tercera ecuación no se elimina la cuarta incógnita, pues no quedan ecuaciones sin haber sido utilizadas en el proceso de eliminación.

Haciendo sustitución hacia atrás del método, se despejan las incógnitas cuarta, tercera y primera, tal como se indica:

$$\begin{aligned} \alpha_4 &= 2/2 = 1 \\ \alpha_3 &= (-3 + 3\alpha_4)/(-1) = 0 \\ \alpha_1 &= 5 - \alpha_2 - 2\alpha_3 - 4\alpha_4 = 1 - \alpha_2 \end{aligned}$$

y haciendo

$$\alpha_2 = \lambda_1 ,$$

el único *parámetro* o incógnita *libre* del conjunto de soluciones, se llega definitivamente al conjunto de soluciones dado por

$$\begin{aligned} \alpha_1 &= 1 \quad -\lambda_1 \\ \alpha_2 &= \quad\quad \lambda_1 \\ \alpha_3 &= 0 \\ \alpha_4 &= 1 \end{aligned}$$

Los sistemas inicial y final de este ejemplo son equivalentes. Hay una simple infinidad de soluciones, que se obtienen dando valores al único parámetro *independiente* λ_1 del conjunto de soluciones. Nótese que el número total de parámetros independientes (en este caso uno) coincide con el número de incógnitas (cuatro) menos el número de pivots (tres). En su momento se comprenderá en qué sentido se puede hablar de "independencia" de parámetros en el conjunto de soluciones. Es obvio que si un sistema compatible origina tantos pivots como incógnitas, se trata de un sistema con solución única. ✶

A continuación se va a considerar con un cierto detalle este primer algoritmo, pero para un caso particular muy frecuente: el de un sistema de n ecuaciones lineales con n incógnitas, **Ax** = **b**, el cual verifica unas condiciones determinadas que se irán especificando en el momento oportuno.

Se utiliza la notación

$$\mathbf{A}^{(0)}\mathbf{x} = \mathbf{b}^{(0)} \qquad [5.1]$$

para denotar el sistema **Ax** = **b** inicial, antes de efectuar ninguna eliminación, por lo que, con la nueva notación, este sistema se escribirá:

$$\begin{aligned} a_{11}^{(0)}\alpha_1 + a_{12}^{(0)}\alpha_2 + ... + a_{1n}^{(0)}\alpha_n &= \beta_1^{(0)} \\ a_{21}^{(0)}\alpha_1 + a_{22}^{(0)}\alpha_2 + ... + a_{2n}^{(0)}\alpha_n &= \beta_2^{(0)} \\ &... \\ a_{n1}^{(0)}\alpha_1 + a_{n2}^{(0)}\alpha_2 + ... + a_{nn}^{(0)}\alpha_n &= \beta_n^{(0)} \end{aligned} \qquad [5.2]$$

Si se supone que

$$a_{11}^{(0)} \neq 0 \qquad [5.3]$$

se puede con la primera ecuación eliminar la primera incógnita de las ecuaciones segunda en adelante. Basta con que a la segunda ecuación se le reste un múltiplo conveniente l_{21} de la primera, a la tercera ecuación se le reste un múltiplo conveniente l_{31} de la primera, ..., a la n–ésima ecuación se le reste un múltiplo conveniente l_{n1} de la primera, donde

$$l_{i1} = \frac{a_{i1}^{(0)}}{a_{11}^{(0)}} \qquad [5.4]$$

para i>1, y se marca la primera ecuación. El nuevo sistema se puede escribir de la forma

$$\mathbf{A^{(1)}x = b^{(1)}} \qquad [5.5]$$

o bien

$$\begin{aligned} a_{11}^{(0)}\alpha_1 + a_{12}^{(0)}\alpha_2 + ... + a_{1n}^{(0)}\alpha_n &= \beta_1^{(0)} \\ a_{22}^{(1)}\alpha_2 + ... + a_{2n}^{(1)}\alpha_n &= \beta_2^{(1)} \\ &... \\ a_{n2}^{(1)}\alpha_2 + ... + a_{nn}^{(1)}\alpha_n &= \beta_n^{(1)} \end{aligned} \qquad [5.6]$$

Nótese que la primera columna de $\mathbf{A}^{(1)}$ es nula, excepto su primer elemento no nulo que es el primer pivot. Si denotamos con $\mathbf{F_{i1}}$, i>1, a las matrices elementales por filas de Clase 3 utilizadas para formar ceros en la primera columna de la matriz del sistema, se tiene

$$\mathbf{F_{n1}...F_{31}F_{21}A^{(0)} = A^{(1)}} \qquad [5.7]$$

$$\mathbf{F_{n1}...F_{31}F_{21}b^{(0)} = b^{(1)}} \qquad [5.8]$$

donde

$$\mathbf{F_{i1}} = \begin{bmatrix} 1 & 0 & ... & 0 & ... & 0 \\ 0 & 1 & ... & 0 & ... & 0 \\ ... & ... & ... & ... & ... & ... \\ -l_{i1} & 0 & ... & 1 & ... & 0 \\ ... & ... & ... & ... & ... & ... \\ 0 & 0 & ... & 0 & ... & 1 \end{bmatrix}, \text{ con } i > 1 \qquad [5.9]$$

Denotando ahora con $\mathbf{F}^{(1)}$ el producto

$$\mathbf{F^{(1)} = F_{n1}...F_{31}F_{21}} \qquad [5.10]$$

se tiene la identidad

$$\mathbf{F}^{(1)}\mathbf{A}^{(0)} = \mathbf{A}^{(1)} \qquad [5.11]$$

Supóngase ahora que se cumple la nueva condición

$$a_{22}^{(1)} \neq 0 \qquad [5.12]$$

Se puede con la segunda ecuación eliminar la segunda incógnita de las ecuaciones tercera en adelante. Basta con que a la tercera ecuación se le reste un múltiplo conveniente l_{32} de la segunda, a la cuarta ecuación se le reste un múltiplo conveniente l_{42} de la segunda,..., a la n–ésima ecuación se le reste un múltiplo conveniente l_{n2} de la segunda, donde

$$l_{i2} = \frac{a_{i2}^{(1)}}{a_{22}^{(1)}} \qquad [5.13]$$

para i>2, y se marca la segunda ecuación. El nuevo sistema se puede escribir de la forma

$$\mathbf{A}^{(2)}\mathbf{x} = \mathbf{b}^{(2)} \qquad [5.14]$$

o bien

$$\begin{aligned} a_{11}^{(0)}\alpha_1 + a_{12}^{(0)}\alpha_2 + a_{13}^{(0)}\alpha_3 + \ldots + a_{1n}^{(0)}\alpha_n &= \beta_1^{(0)} \\ a_{22}^{(1)}\alpha_2 + a_{23}^{(1)}\alpha_3 + \ldots + a_{2n}^{(1)}\alpha_n &= \beta_2^{(1)} \\ a_{33}^{(2)}\alpha_3 + \ldots + a_{3n}^{(2)}\alpha_n &= \beta_3^{(2)} \\ \ldots \\ a_{n3}^{(2)}\alpha_3 + \ldots + a_{nn}^{(2)}\alpha_n &= \beta_n^{(2)} \end{aligned} \qquad [5.15]$$

Nótese ahora que en la segunda columna de $\mathbf{A}^{(2)}$ aparecen ceros a partir del tercer elemento en adelante, y su segundo elemento es el segundo pivot. Si denotamos con $\mathbf{F}_{i2}$, i>2, a las matrices elementales por filas de Clase 3, utilizadas para formar ceros en la segunda columna de la matriz del sistema, se tiene

$$\mathbf{F}_{n2}\ldots\mathbf{F}_{42}\mathbf{F}_{32}\mathbf{A}^{(1)} = \mathbf{A}^{(2)} \qquad [5.16]$$

$$\mathbf{F}_{n2}\ldots\mathbf{F}_{42}\mathbf{F}_{32}\mathbf{b}^{(1)} = \mathbf{b}^{(2)} \qquad [5.17]$$

donde

$$\mathbf{F}_{i2} = \begin{bmatrix} 1 & 0 & \ldots & 0 & \ldots & 0 \\ 0 & 1 & \ldots & 0 & \ldots & 0 \\ \ldots & \ldots & \ldots & \ldots & \ldots & \ldots \\ 0 & -l_{i2} & \ldots & 1 & \ldots & 0 \\ \ldots & \ldots & \ldots & \ldots & \ldots & \ldots \\ 0 & 0 & \ldots & 0 & \ldots & 1 \end{bmatrix}, \quad i > 2 \qquad [5.18]$$

Denotando con $\mathbf{F}^{(2)}$ al producto

$$\mathbf{F}^{(2)} = \mathbf{F}_{n2} \ldots \mathbf{F}_{42} \mathbf{F}_{32} \quad [5.19]$$

se tiene la identidad

$$\mathbf{F}^{(2)} \mathbf{A}^{(1)} = \mathbf{A}^{(2)}. \quad [5.20]$$

Hasta el presente han sido eliminadas las incógnitas primera y segunda. Se puede proceder de un modo análogo hasta eliminar la incógnita (n–1)–ésima de la última ecuación. Todo ello será posible si además de [5.3] y [5.12] se cumplen las desigualdades

$$a_{33}^{(2)} \neq 0, \quad a_{44}^{(3)} \neq 0, \quad \ldots, \quad a_{n-1,n-1}^{(n-2)} \neq 0 \quad [5.21]$$

cuyos primeros miembros son los pivots tercero en adelante, hasta el (n–1)–ésimo. El sistema final reducido viene representado matricialmente por

$$\mathbf{A}^{(n-1)} \mathbf{x} = \mathbf{b}^{(n-1)}, \quad [5.22]$$

esto es, por el sistema triangularizado

$$\begin{aligned} a_{11}^{(0)} \alpha_1 + a_{12}^{(0)} \alpha_2 + a_{13}^{(0)} \alpha_3 + \ldots + a_{1n}^{(0)} \alpha_n &= \beta_1^{(0)} \\ a_{22}^{(1)} \alpha_2 + a_{23}^{(1)} \alpha_3 + \ldots + a_{2n}^{(1)} \alpha_n &= \beta_2^{(1)} \\ a_{33}^{(2)} \alpha_3 + \ldots + a_{3n}^{(2)} \alpha_n &= \beta_3^{(2)} \\ \ldots \\ a_{nn}^{(n-1)} \alpha_n &= \beta_n^{(n-1)} \end{aligned} \quad [5.23]$$

Si además se cumple la condición

$$a_{nn}^{(n-1)} \neq 0 \quad [5.24]$$

eso significa que existe el pivot n–ésimo, y el sistema [5.23] se puede resolver inmediatamente, por el procedimiento de sustitución hacia atrás. De la última ecuación se despeja la incógnita α_n; de la penúltima ecuación se despeja α_{n-1},..., y finalmente de la primera ecuación se despeja α_1.

Expresiones análogas a las [5.11] y [5.20] se obtienen en el proceso de eliminación y consideradas en conjunto son:

$$\mathbf{F}^{(1)} \mathbf{A}^{(0)} = \mathbf{A}^{(1)}, \quad \mathbf{F}^{(2)} \mathbf{A}^{(1)} = \mathbf{A}^{(2)}, \quad \ldots, \quad \mathbf{F}^{(n-1)} \mathbf{A}^{(n-2)} = \mathbf{A}^{(n-1)} \quad [5.25]$$

Este procedimiento para resolver $\mathbf{A}\,\mathbf{x} = \mathbf{b}$ no es general, y ello por dos razones:

a) Solamente sirve cuando el número de ecuaciones es igual al número de incógnitas, y

b) Obliga a que se verifiquen las n desigualdades siguientes

$$a_{11}^{(0)} \neq 0, a_{22}^{(1)} \neq 0, a_{33}^{(2)} \neq 0, a_{44}^{(3)} \neq 0, \ldots, a_{n,n}^{(n-1)} \neq 0 \quad [5.26]$$

es decir, que existan n pivots y que aparezcan ordenadamente a lo largo del procedimiento: el primer pivot en la primera incógnita y primera ecuación, el segundo pivot en la segunda incógnita y segunda ecuación, y así sucesivamente. Más adelante se analizarán casos más generales de utilización del método de Gauss, sin embargo estamos en condiciones para estudiar la descomposición **LU** de una matriz cuadrada **A** en el siguiente apartado.

2.6 Descomposición LU de A

Sea **A** la matriz cuadrada de orden n del apartado anterior, para la que se cumplen las n desigualdades [5.26]. De [5.25] se deduce inmediatamente que

$$\mathbf{F}^{(n-1)}...\mathbf{F}^{(2)}\mathbf{F}^{(1)}\mathbf{A}^{(0)} = \mathbf{A}^{(n-1)} \qquad [6.1]$$

Esta expresión relaciona la matriz $\mathbf{A} = \mathbf{A}^{(0)}$ del sistema inicial con la matriz triangular superior $\mathbf{U} = \mathbf{A}^{(n-1)}$ del sistema final reducido. Despejando **A** de [6.1] se tiene

$$\mathbf{A} = (\mathbf{F}^{(1)})^{-1}(\mathbf{F}^{(2)})^{-1}...(\mathbf{F}^{(n-1)})^{-1}\mathbf{U} \qquad [6.2]$$

o bien, denotando con **L** el producto de las matrices inversas que aparecen en [6.2], se puede escribir definitivamente

$$\mathbf{A} = \mathbf{LU} \qquad [6.3]$$

Se ha llegado a la importante *descomposición **LU*** de una matriz cuadrada **A**. En la siguiente proposición se enuncian las condiciones de existencia:

Proposición 2.17 "Sea **A** una matriz cuadrada de orden n, tal que en el proceso de eliminación de Gauss del sistema **Ax** = **b**, donde **b** es una columna cualquiera, se verifican las n condiciones

$$a_{11}^{(0)} \neq 0, a_{22}^{(1)} \neq 0, a_{33}^{(2)} \neq 0, a_{44}^{(3)} \neq 0, ..., a_{n,n}^{(n-1)} \neq 0,$$

entonces existe la descomposición **LU** de **A**, donde, de una parte, **L** es una matriz triangular inferior, con unos en su diagonal principal, y los elementos subdiagonales l_{ij}, para i>j, son los múltiplos usados en el proceso de eliminación de Gauss, y, de otra parte, **U** es una matriz triangular superior, con los n pivots de Gauss en su diagonal principal".

Nótese que para cada j posible, la matriz

$$\mathbf{F}^{(j)} = \mathbf{F}_{n,j}\mathbf{F}_{n-1,j}\cdots\mathbf{F}_{j+1,j}$$

es el producto de n–j matrices elementales por filas de Clase 3, cuyas inversas son de la misma clase que las matrices sin invertir, en las que cambia de signo el escalar bajo la diagonal principal debido a la inversión. Por consiguiente la inversa de $\mathbf{F}^{(j)}$ será de la forma

$$(\mathbf{F}^{(j)})^{-1} = \begin{bmatrix} 1 & ... & 0 & 0 & ... & 0 & 0 \\ ... & ... & ... & ... & ... & ... & ... \\ 0 & ... & 1 & 0 & ... & 0 & 0 \\ 0 & ... & l_{j+1,j} & 1 & ... & 0 & 0 \\ ... & ... & ... & ... & ... & ... & ... \\ 0 & ... & l_{n-1,j} & 0 & ... & 1 & 0 \\ 0 & ... & l_{nj} & 0 & ... & 0 & 1 \end{bmatrix}$$

y de ahí que la matriz **L** sea definitivamente la matriz triangular inferior

$$\mathbf{L} = (\mathbf{F}^{(1)})^{-1}(\mathbf{F}^{(2)})^{-1}...(\mathbf{F}^{(n-1)})^{-1} = \begin{bmatrix} 1 & 0 & 0 & ... & 0 \\ l_{21} & 1 & 0 & ... & 0 \\ l_{31} & l_{32} & 1 & ... & 0 \\ ... & ... & ... & ... & 0 \\ l_{n1} & l_{n2} & l_{n3} & ... & 1 \end{bmatrix}$$

Nótese, de otra parte, que la matriz **U** es la matriz del sistema reducido final del método de Gauss, antes de la sustitución hacia atrás, es decir, una matriz de la forma

$$\mathbf{U} = \begin{bmatrix} u_{11} & u_{12} & ... & u_{1n} \\ 0 & u_{22} & ... & u_{2n} \\ ... & ... & ... & ... \\ 0 & 0 & ... & u_{nn} \end{bmatrix},$$

con elementos en su diagonal principal los n pivots (distintos de cero)

$$u_{ii} = a_{ii}^{(i-1)}, \quad i = 1,...,n \,. \;\square$$

La matriz **U** es necesariamente regular, pues es triangular superior con elementos no nulos (los pivots) en su diagonal principal. Al ser **L** también regular, pues es triangular inferior con elementos no nulos (la unidad) en su diagonal principal, lo tiene que ser **A** (producto de dos matrices regulares). La regularidad de **A** es una condición necesaria (no suficiente) para la descomposición **LU** de **A**.

En lo que sigue se van a considerar algunas variantes de la descomposición **LU** de **A**, que son útiles en la práctica:

La descomposición LDU′ de A.

Es la primera variante, que se logra cuando lo que se persigue es una cierta "simetría" en la descomposición. En concreto:

Proposición 2.18 "Si **A** = **LU** es la descomposición **LU** de **A**, entonces **A** = **LDU′** es una nueva descomposición de **A**, donde **D** es una matriz diagonal, con los pivots en la diagonal principal, y **U′** es una matriz triangular superior, con unos en la diagonal principal".

Si se considera la matriz diagonal (regular)

$$\mathbf{D} = \mathrm{diag}(u_{11}, u_{22}, ..., u_{nn}),$$

se tiene

$$\mathbf{A} = \mathbf{LU} = \mathbf{LIU} = \mathbf{L}(\mathbf{DD}^{-1})\mathbf{U} = \mathbf{LD}(\mathbf{D}^{-1}\mathbf{U}) = \mathbf{LDU}',$$

donde $\mathbf{U}' = \mathbf{D}^{-1}\mathbf{U}$ es una matriz triangular superior, con unos en la diagonal principal. □

Se demuestra de modo sencillo que, en las condiciones de la Proposición 2.18, la descomposición **LDU′** de **A** es única, por lo que si **A** es una matriz simétrica se tiene la segunda variante de descomposición **LU** de **A**:

La descomposición $\mathbf{LDL^T}$ *de* ***A****.*

Esta descomposición tendrá especial importancia cuando se analicen las formas cuadráticas en el Capítulo 9. Se tiene el siguiente enunciado:

Proposición 2.19 "Si $\mathbf{A} = \mathbf{LDU'}$ es la descomposición **LDU′** de **A**, y **A** es una matriz simétrica, entonces $\mathbf{A} = \mathbf{LDL^T}$".

De $\mathbf{A} = \mathbf{LDU'}$ y de la simetría de **A** se deduce

$$\mathbf{A} = \mathbf{A}^T = (\mathbf{LDU'})^T = (\mathbf{U'})^T\mathbf{D}^T\mathbf{L}^T = (\mathbf{U'})^T\mathbf{D}\mathbf{L}^T.$$

La matriz $(\mathbf{U'})^T$ es triangular inferior con unos en la diagonal principal, la matriz $\mathbf{L}^T$ es triangular superior con unos en la diagonal principal, y la matriz **D** es diagonal. La unicidad de la descomposición **LDU′** de **A** exige que $(\mathbf{U'})^T = \mathbf{L}$ y $\mathbf{L}^T = \mathbf{U'}$, en definitiva, $\mathbf{A} = \mathbf{LDL^T}$.

❑

Si además de ser la matriz **A** simétrica es también real y con sus n pivots estrictamente mayores que cero, se tiene la tercera variante de la descomposición **LU** de **A**:

La descomposición de Cholesky $\mathbf{CC^T}$ *de* ***A****:*

Proposición 2.20 "Si $\mathbf{A} = \mathbf{LDL^T}$ es la descomposición $\mathbf{LDL^T}$ de la matriz real y simétrica **A**, con n pivots estrictamente mayores que cero, entonces $\mathbf{A} = \mathbf{CC^T}$, donde **C** es una matriz triangular inferior, con los elementos de su diagonal principal las raíces cuadradas positivas de los pivots".

Es $\mathbf{A} = \mathbf{LDL^T}$, donde $\mathbf{D} = \mathrm{diag}(u_{11}, u_{22}, ..., u_{nn})$, con $u_{ii}>0$, para i = 1, 2, ..., n. Sea

$$\mathbf{D_1} = \mathrm{diag}(\sqrt{u_{11}}, \sqrt{u_{22}}, ..., \sqrt{u_{nn}})$$

la matriz diagonal real formada por las raíces cuadradas positivas de los pivots, de modo que $\mathbf{D} = \mathbf{D_1}\mathbf{D_1}$. Luego $\mathbf{A} = \mathbf{LD_1D_1L^T} = (\mathbf{LD_1})(\mathbf{D_1}^T\mathbf{L}^T) = (\mathbf{LD_1})(\mathbf{LD_1})^T = \mathbf{CC^T}$, con $\mathbf{C} = \mathbf{LD_1}$ una matriz triangular inferior, de la que es muy fácil probar que su diagonal principal está formada por las raíces cuadradas positivas de los pivots. ❑

La descomposición **LU** de **A**, o sus variantes, pueden ser utilizadas eficientemente cuando se desean resolver sistemas de la forma $\mathbf{Ax} = \mathbf{b}$, donde **b** es una columna variable, todos ellos con la misma matriz del sistema **A**.

Veamos esto para la descomposición **LU** de **A**, caso de existir: resolviendo primero por *sustitución hacia adelante* el sistema triangular **Ly** = **b**, sistema del que se obtiene la solución $\mathbf{y_0}$; resolviendo a continuación por *sustitución hacia atrás* el sistema triangular **Ux** = $\mathbf{y_0}$, se obtiene definitivamente la solución $\mathbf{x_0}$ del sistema inicial **Ax** = **b**. Nótese que si cambiara la columna de términos independientes **b** no habría que repetir la fase de eliminación, que se hace una sola vez, en la descomposición **LU** de **A**: bastarían dos nuevas sustituciones una, hacia adelante y otra hacia atrás.

Ejemplo 2.6

La matriz

$$\mathbf{A} = \begin{bmatrix} 1 & 0 & 0 \\ 1 & 1 & 0 \\ 1 & 1 & 1 \end{bmatrix} \begin{bmatrix} 2 & 1 & 1 \\ 0 & 3 & 1 \\ 0 & 0 & 4 \end{bmatrix} = \begin{bmatrix} 2 & 1 & 1 \\ 2 & 4 & 2 \\ 2 & 4 & 6 \end{bmatrix}$$

posee una evidente descomposición **LU**, pues

$$\mathbf{L} = \begin{bmatrix} 1 & 0 & 0 \\ 1 & 1 & 0 \\ 1 & 1 & 1 \end{bmatrix} \text{ y } \mathbf{U} = \begin{bmatrix} 2 & 1 & 1 \\ 0 & 3 & 1 \\ 0 & 0 & 4 \end{bmatrix}.$$

La solución para la columna **b**, cuyos elementos valen 4, 8 y 12 se obtiene como se indica en los dos pasos siguientes:

Sustitución hacia adelante:

$$\mathbf{Ly} = \mathbf{b} \rightarrow \begin{bmatrix} 1 & 0 & 0 \\ 1 & 1 & 0 \\ 1 & 1 & 1 \end{bmatrix} \begin{bmatrix} \beta_1 \\ \beta_2 \\ \beta_3 \end{bmatrix} = \begin{bmatrix} 4 \\ 8 \\ 12 \end{bmatrix} \rightarrow$$

$$\beta_1 = 4$$
$$\beta_2 = 8 - \beta_1 = 4$$
$$\beta_3 = 12 - \beta_1 - \beta_2 = 4$$

esto es

$$\mathbf{y_0} = \begin{bmatrix} 4 & 4 & 4 \end{bmatrix}^{\mathbf{T}}.$$

Sustitución hacia atrás:

$$\mathbf{Ux} = \mathbf{y_0} \rightarrow \begin{bmatrix} 2 & 1 & 1 \\ 0 & 3 & 1 \\ 0 & 0 & 4 \end{bmatrix} \begin{bmatrix} \alpha_1 \\ \alpha_2 \\ \alpha_3 \end{bmatrix} = \begin{bmatrix} 4 \\ 4 \\ 4 \end{bmatrix} \rightarrow .$$

$$\alpha_3 = 4/4 = 1$$
$$\alpha_2 = (4-\alpha_3)/3 = 1$$
$$\alpha_1 = (4-\alpha_3-\alpha_2)/2 = 1$$

que conduce al resultado final

$$\mathbf{x}_0 = [1 \quad 1 \quad 1]^T \; \star$$

2.7 Pivotamientos parcial y total

La resolución numérica de sistemas de ecuaciones origina en la práctica problemas derivados de la división por escalares de valor absoluto "pequeño", entendiéndose por pequeño en comparación con el valor absoluto del correspondiente numerador. Se pueden obtener en tales divisiones resultados con pérdida de precisión numérica e incluso que excedan del valor máximo admisible en el ordenador utilizado (en inglés *overflow*).

Para evitar estos problemas en lo posible, lo más aconsejable es tomar como pivots elementos del mayor valor absoluto, siguiendo una de las dos posibles estrategias siguientes, las cuales modifican ligeramente el algoritmo hasta ahora presentado: una de *pivotamiento parcial* (elección como pivot en cada columna de un elemento no nulo de esa columna de mayor valor absoluto) y otra de *pivotamiento total* (elección como pivot de un elemento no nulo de mayor valor absoluto en las filas no marcadas).

La estrategia de pivotamiento parcial es la más utilizada de las dos, por lo que nos limitaremos sólo a ella. Se supone un sistema de la forma **Ax** = **b**, con **A** una matriz regular. En el *algoritmo* de pivotamiento parcial para la fase de eliminación, que se indica en la Figura 2.5, se usa un vector auxiliar **r** en el que se va guardando para cada pivot, excepto el último, el número de fila en el que se va encontrando; también se utiliza el vector auxiliar **w** para almacenar temporalmente algunos elementos de la fila del pivot que luego se necesitan en la eliminación. La variable μ va conteniendo sucesivamente los múltiplo de Gauss requeridos para las diferentes eliminaciones. Se lleva la cuenta, además, de lo que sucede en la columna **b** de términos independientes.

Como resultado del algoritmo se obtienen matrices **A** y **b** modificadas. La matriz **A** final tiene en su triángulo estrictamente inferior los múltiplos de Gauss usados en la eliminación; en su triángulo superior está el triángulo de la matriz triangular superior **U** del sistema reducido final; y en el vector **r** se guarda la información sobre qué intercambios de ecuaciones han tenido lugar. En la columna **b** se tienen los términos independientes en el sistema final reducido.

For $k = 1, \ldots, n-1$
Hallar p, con $k \leq p \leq n$, tal que $|a_{pk}| \geq |a_{ik}|$, para $i = k, \ldots, n$
$r_k \leftarrow p$ (Guardar p en **r**)
Intercambiar a_{kj} con a_{pj}, para $j = 1, \ldots, n$
Intercambiar b_k con b_p
$w_j \leftarrow a_{kj}$, con $j = k+1, \ldots, n$ (Guardar en **w** los a_{kj} de interés)

    For $i = k+1, \ldots, n$
    $\mu \leftarrow a_{ik}/a_{kk}$ (Calcular el múltiplo de Gauss)
    $a_{ik} \leftarrow \mu$ (Guardar el múltiplo de Gauss)
    $b_i \leftarrow b_i - \mu b_k$ (Modificar el elemento i de **b**)

        For $j = k+1, \ldots, n$
        $a_{ij} \leftarrow a_{ij} - \mu w_j$ (Modificar a_{ij})

Figura 2.5

Ejemplo 2.7

Se parte del sistema **Ax** = **b**, de tres ecuaciones con tres incógnitas, dado por su matriz ampliada

$$\begin{bmatrix} 1 & 6 & 7 & 2 \\ 2 & 5 & 8 & 5 \\ 3 & 4 & 0 & -1 \end{bmatrix},$$

que va a servir como almacén de datos.

El pivot de mayor valor absoluto de la primera columna está en la tercera fila y vale 3. Se intercambian las filas primera y tercera. La nueva matriz es

$$\begin{bmatrix} 3 & 4 & 0 & -1 \\ 2 & 5 & 8 & 5 \\ 1 & 6 & 7 & 2 \end{bmatrix}$$

Los múltiplos de Gauss para eliminar la primera incógnita de las ecuaciones segunda y tercera valen 2/3 y 1/3, y se guardan en las posiciones (2, 1) y (3, 1) de la matriz de almacenamiento, respectivamente. Estas eliminaciones modifican otros elementos de la citada matriz, de modo que pasa a ser

$$\begin{bmatrix} 3 & 4 & 0 & -1 \\ 2/3 & 7/3 & 8 & 17/3 \\ 1/3 & 14/3 & 7 & 7/3 \end{bmatrix}.$$

El pivot de mayor valor absoluto, de entre los posibles de la segunda columna está en la tercera fila y vale 14/3. Se intercambian las filas segunda y tercera. La matriz de almacenamiento modificada pasa a ser ahora

$$\begin{bmatrix} 3 & 4 & 0 & -1 \\ 1/3 & 14/3 & 7 & 7/3 \\ 2/3 & 7/3 & 8 & 17/3 \end{bmatrix}.$$

El múltiplo de Gauss para eliminar la segunda incógnita de la ecuación tercera vale 1/2 y se guarda en la posición (3, 2). La citada eliminación modifica otros elementos de la matriz de almacenamiento, de modo que pasa a ser

$$\begin{bmatrix} 3 & 4 & 0 & -1 \\ 1/3 & 14/3 & 7 & 7/3 \\ 2/3 & 1/2 & 9/2 & 9/2 \end{bmatrix}.$$

El sistema reducido final es de la forma **Ux** = **b**, donde

$$\mathbf{U} = \begin{bmatrix} 3 & 4 & 0 \\ 0 & 14/3 & 7 \\ 0 & 0 & 9/2 \end{bmatrix} \text{ y } \mathbf{b} = \begin{bmatrix} -1 \\ 7/3 \\ 9/2 \end{bmatrix}.$$

La solución $\mathbf{x}_0 = [1\ -1\ 1]^T$ se obtiene fácilmente mediante sustitución hacia atrás. La columna de información de intercambio de ecuaciones es en este caso $\mathbf{r} = [3\ 3]^T$. ✶

2.8 Descomposición LU de PA

En ocasiones la matriz regular **A** posee n pivots, como en el ejemplo anterior, pero no se toman en el orden requerido para poder hacer la descomposición **LU** de **A**. El algoritmo de pivotamiento parcial, con la información aportada por **r**, permite construir una matriz **P** de permutación, de modo que la matriz **PA** tenga descomposición **LU**. Nótese que si se denota con **P** la matriz de permutación que resulta de intercambiar la primera fila de $\mathbf{I}_n$ con su fila r_1, la segunda fila del resultado con su fila r_2, y así sucesivamente, hasta finalmente intercambiar la fila (n–1) del resultado con su fila r_{n-1}, el algoritmo anterior realizaría la descomposición **LU** de la matriz **PA**. El triángulo superior de **PA** quedaría sobreescrito por el triángulo superior de **U** y el triángulo estrictamente inferior de **PA** quedaría sobreescrito por el triángulo estrictamente inferior de **L**.

Ejemplo 2.8

Intercambiando entre sí las filas primera y tercera y luego las filas segunda y tercera de la matriz **A** del ejemplo anterior se tiene

$$\mathbf{A} = \begin{bmatrix} 1 & 6 & 7 \\ 2 & 5 & 8 \\ 3 & 4 & 0 \end{bmatrix} \rightarrow \begin{bmatrix} 3 & 4 & 0 \\ 2 & 5 & 8 \\ 1 & 6 & 7 \end{bmatrix} \rightarrow \begin{bmatrix} 3 & 4 & 0 \\ 1 & 6 & 7 \\ 2 & 5 & 8 \end{bmatrix} = \mathbf{PA}$$

donde **P** es la matriz de permutación

$$\mathbf{P}=\begin{bmatrix}1&0&0\\0&0&1\\0&1&0\end{bmatrix}\begin{bmatrix}0&0&1\\0&1&0\\1&0&0\end{bmatrix}=\begin{bmatrix}0&0&1\\1&0&0\\0&1&0\end{bmatrix}.$$

Nótese que las matrices **L** y **U** de la descomposición **LU** de **PA** se extraen inmediatamente de la matriz de almacenamiento obtenida en el ejemplo anterior, siendo

$$\mathbf{L}=\begin{bmatrix}1&0&0\\1/3&1&0\\2/3&1/2&1\end{bmatrix} \text{ y } \mathbf{U}=\begin{bmatrix}3&4&0\\0&14/3&7\\0&0&9/2\end{bmatrix}. \bigstar$$

Resolver **Ax** = **b** equivale en este caso, por consiguiente, a resolver **PAx** = **Pb**, esto es, **LUx** = **Pb**, mediante una sustitución hacia adelante y otra hacia atrás.

Ejemplo 2.9

La matriz

$$\mathbf{A}=\begin{bmatrix}0&0&6\\0&3&5\\1&2&4\end{bmatrix}$$

carece de descomposición **LU**, pero si **P** es la matriz permutación que intercambia las filas primera y tercera de **A**, entonces la nueva matriz

$$\mathbf{PA}=\begin{bmatrix}1&2&4\\0&3&5\\0&0&6\end{bmatrix}$$

evidentemente tiene descomposición **LU**. ★

2.9 La forma normal escalonada por filas

En lo sucesivo se va a necesitar el nuevo concepto de *forma normal escalonada por filas* de una matriz **A**, de tamaño m×n. Se trata de la matriz $\mathbf{N_A}$, también de tamaño m×n, de la forma

$$\mathbf{N_A}=\begin{bmatrix}0&\dots&0&1&*&\dots&*&0&*&\dots&*&\dots&0&*&\dots&*\\0&\dots&0&0&0&\dots&0&1&*&\dots&*&\dots&0&*&\dots&*\\\dots&\dots&\dots&\dots&\dots&\dots&\dots&\dots&\dots&\dots&\dots&\dots&\dots&\dots&\dots&\dots\\0&\dots&0&0&0&\dots&0&0&0&\dots&0&\dots&1&*&\dots&*\\0&\dots&0&0&0&\dots&0&0&0&\dots&0&\dots&0&0&\dots&0\\\dots&\dots&\dots&\dots&\dots&\dots&\dots&\dots&\dots&\dots&\dots&\dots&\dots&\dots&\dots&\dots\\0&\dots&0&0&0&\dots&0&0&0&\dots&0&\dots&0&0&\dots&0\end{bmatrix}\begin{matrix}\left.\begin{matrix}\\\\\\\\\end{matrix}\right\}r\\\left.\begin{matrix}\\\\\\\end{matrix}\right\}m-r\end{matrix} \qquad [9.1]$$

$$\qquad\qquad j_1) \qquad\qquad j_2) \qquad\qquad j_r)$$

que procede de la matriz **A** mediante tan solo operaciones elementales sobre las filas de **A**, donde:

1) La matriz reducida $\mathbf{N_A}$ posee r filas no nulas. El primer elemento distinto de cero de cada fila no nula vale la unidad. Hay, por consiguiente, r unos como primeros elementos no nulos en dichas filas: son los llamados *pivots normalizados*.

2) Las filas no nulas están "escalonadas" y ocupan los primeros lugares, esto es, si $j_1, j_2, ..., j_r$ son los números de columna donde se hallan los r pivots normalizados, entonces se cumple que $j_1<j_2<...<j_r$ y las m–r filas restantes son nulas; finalmente,

3) Los elementos situados encima de los pivots normalizados valen cero. En realidad las columnas donde se hallan los pivots normalizados son

$$\mathbf{e_1}, \mathbf{e_2}, ..., \mathbf{e_r}$$

Proposición 2.21 "La forma normal escalonada por filas $\mathbf{N_A}$ de una matriz **A** existe y es única".

Existencia:

Se puede obtener $\mathbf{N_A}$, partiendo de **A**, mediante operaciones elementales por filas consecutivas, y ello del modo siguiente: Sea j_1 el número de orden más pequeño de la primera columna no nula de **A**. Seleccionando un elemento no nulo de la citada columna (pivot) se intercambian entre sí la primera fila de **A** y la fila a la que pertenece el pivot (si fueran distintas), y a continuación se normaliza la nueva primera fila (esto es, se divide por el pivot). Utilizando la primera fila normalizada se forman ceros debajo del pivot normalizado (operaciones elementales por filas de Clase 3). Se logra así una matriz reducida $\mathbf{A_1}$, cuyas filas 2ª, 3ª, ..., mª forman una matriz $\mathbf{A'_1}$.

Se repite el proceso para $\mathbf{A_1}$: Sea j_2, $j_1<j_2$, el número de orden más pequeño de la primera columna no nula de $\mathbf{A'_1}$. Si se selecciona un elemento no nulo de la citada columna (pivot) se intercambian entre sí la primera fila de $\mathbf{A'_1}$ y la fila a la que pertenece el pivot pivot (si fueran distintas), y a continuación se normaliza la nueva primera fila. Utilizando la primera fila normalizada se forman ceros debajo y encima del pivot normalizado (operaciones elementales por filas de Clase 3). Se logra así una nueva matriz reducida $\mathbf{A_2}$, cuyas filas 3ª, ..., mª forman una matriz $\mathbf{A'_2}$.

El proceso se repite análogamente hasta obtener la matriz $\mathbf{A_r}$ cuyas filas de números de orden r+1, r+2, ..., m son nulas. Precisamente $\mathbf{A_r}$ es la forma normal escalonada por filas $\mathbf{N_A}$ de la matriz **A**.

Unicidad: Se deja su demostración para el lector. ❑

Nótese que el número r de filas no nulas de la forma normal escalonada por filas coincide con el número de pivots normalizados y es, a su vez, un *invariante* de la matriz inicial **A** frente a las operaciones elementales por filas. Más adelante el número r tomará un significado preciso como el *rango por filas* de la matriz **A**.

Ejemplo 2.10

Las tres matrices que se muestran a continuación son formas normales escalonadas por filas:

$$\begin{bmatrix} 0 & 1 & 2 & 0 & 3 \\ 0 & 0 & 0 & 1 & 4 \\ 0 & 0 & 0 & 0 & 0 \\ 0 & 0 & 0 & 0 & 0 \end{bmatrix}, \begin{bmatrix} 1 & 3 & 0 & 2 & 4 \\ 0 & 0 & 1 & 3 & 7 \end{bmatrix}, \begin{bmatrix} 1 & 0 \\ 0 & 1 \\ 0 & 0 \\ 0 & 0 \\ 0 & 0 \end{bmatrix}$$

Las tres poseen dos pivots normalizados. Obsérvese en cada caso el cero encima del segundo pivot normalizado. ✶

2.10 El método de Gauss–Jordan

Se trata de una variante del método de Gauss, analizado en párrafos anteriores, que, aunque requiere un mayor número de operaciones a realizar, evita la etapa de sustitución hacia atrás y posee además un cierto interés teórico–práctico.

El *método de Gauss–Jordan*, en primera aproximación, consiste en eliminar con la i–ésima ecuación, no utilizada todavía para la eliminación, la i–ésima incógnita de las *restantes* ecuaciones, con i = 1, 2, ..., n. Para lograr tal eliminación puede ser necesario intercambiar entre sí un par de ecuaciones. Si no es posible tal eliminación, se pasa a eliminar la siguiente incógnita. Cuando una ecuación ha sido utilizada para la eliminación de una incógnita se marca, no pudiendo volver a ser utilizada otra vez para eliminar. Al comienzo del método las ecuaciones están sin marcar.

Se va a estudiar con detalle el método de Gauss–Jordan para sistemas generales de m ecuaciones lineales con n incógnitas de la forma **Ax** = **b**, por lo que la matriz del sistema, **A**, será una matriz general de tamaño m×n.

El método parte de la matriz ampliada [**A b**], y consiste en reducir esta matriz a su forma normal escalonada por filas, mediante sólo transformaciones elementales por filas, obteniendo de ese modo una matriz de tamaño m×(n+1) de la forma

$$N[A\ \ b]=\begin{bmatrix} 0 & \dots & 0 & 1 & * & \dots & * & 0 & * & \dots & * & 0 & \dots & 0 & * & \dots & * \\ 0 & \dots & 0 & 0 & 0 & \dots & 0 & 1 & * & \dots & * & 0 & \dots & 0 & * & \dots & * \\ 0 & \dots & 0 & 0 & 0 & \dots & 0 & 0 & 0 & \dots & 0 & 1 & \dots & 0 & * & \dots & * \\ \dots & \dots & \dots & \dots & \dots & \dots & \dots & \dots & \dots & \dots & \dots & \dots & \dots & \dots & \dots & \dots & \dots \\ 0 & \dots & 0 & 0 & 0 & \dots & 0 & 0 & 0 & \dots & 0 & 0 & \dots & 1 & * & \dots & * \\ 0 & \dots & 0 & 0 & 0 & \dots & 0 & 0 & 0 & \dots & 0 & 0 & \dots & 0 & 0 & \dots & \alpha \\ \dots & \dots & \dots & \dots & \dots & \dots & \dots & \dots & \dots & \dots & \dots & \dots & \dots & \dots & \dots & \dots & \dots \\ 0 & \dots & 0 & 0 & 0 & \dots & 0 & 0 & 0 & \dots & 0 & 0 & \dots & 0 & 0 & \dots & 0 \end{bmatrix} \qquad [10.1]$$

donde en la última columna el escalar α vale cero o uno. Si α vale uno, los elementos * por encima de α necesariamente deben valer cero (en este caso se suele decir que hay "escalonamiento" en la última columna).

El escalonamiento en la última columna indica, caso de producirse, que el sistema de ecuaciones representado es incompatible, debido a la ecuación incompatible

$$0\alpha_1 + 0\alpha_2 + \dots + 0\alpha_n = 1 \qquad [10.2]$$

Si no hay escalonamiento en la última columna, se despejan las incógnitas que corresponden a los r pivots normalizados en función de las n–r restantes incógnitas, las cuales pasan a ser los llamados *parámetros independientes del conjunto de soluciones*. La existencia de tales parámetros indica que el sistema es indeterminado (determinado en caso contrario); dando valores a los parámetros se obtienen todas las soluciones en el caso indeterminado. Nótese que no es necesaria la sustitución hacia atrás en el método de Gauss–Jordan.

Ejemplo 2.11

Se supone que el sistema inicial a resolver es de 3 ecuaciones con 5 incógnitas y que al transformar su matriz ampliada, mediante operaciones elementales por filas, se llega a la forma normal escalonada por filas siguiente:

$$\begin{bmatrix} 0 & 1 & 2 & 0 & 3 & 5 \\ 0 & 0 & 0 & 1 & 4 & 1 \\ 0 & 0 & 0 & 0 & 0 & 0 \end{bmatrix}$$

Despejando las incógnitas segunda y cuarta en función de las restantes se obtiene el conjunto de soluciones dado por

$$\begin{aligned} \alpha_1 &= \lambda_1 \\ \alpha_2 &= 5 - 2\lambda_2 - 3\lambda_3 \\ \alpha_3 &= \lambda_2 \\ \alpha_4 &= 1 - 4\lambda_3 \\ \alpha_5 &= \lambda_3 \end{aligned}$$

Las incógnitas primera, tercera y quinta son los parámetros independientes del conjunto de soluciones, denotados aquí por λ_1, λ_2, λ_3. El sistema de ecuaciones inicial es compatible indeterminado con tres parámetros independientes. ✶

Al número total de parámetros independientes del conjunto de soluciones de un sistema compatible se le llama *grado de indeterminación* del sistema.

En general, si k es el grado de indeterminación del sistema **Ax** = **b**, el conjunto de soluciones podrá expresarse mediante

$$\begin{aligned} \alpha_1 &= \alpha_{10} + c_{11}\lambda_1 + c_{12}\lambda_2 + \ldots + c_{1k}\lambda_k \\ \alpha_2 &= \alpha_{20} + c_{21}\lambda_1 + c_{22}\lambda_2 + \ldots + c_{2k}\lambda_k \\ &\ldots \\ \alpha_n &= \alpha_{n0} + c_{n1}\lambda_1 + c_{n2}\lambda_2 + \ldots + c_{nk}\lambda_k \end{aligned} \qquad [10.3]$$

donde los coeficientes que aparecen son escalares. Denotando con

$$\mathbf{C} = \begin{bmatrix} c_{11} & c_{12} & \ldots c_{1k} \\ c_{21} & c_{22} & \ldots c_{2k} \\ & \ldots & \\ c_{n1} & c_{n2} & \ldots c_{nk} \end{bmatrix}, \quad \boldsymbol{\lambda} = \begin{bmatrix} \lambda_1 \\ \lambda_2 \\ \ldots \\ \lambda_k \end{bmatrix} \qquad [10.4]$$

entonces [10.3] se puede expresar matricialmente mediante

$$\mathbf{x} = \mathbf{x}_0 + \mathbf{C}\boldsymbol{\lambda} \qquad [10.5]$$

Se suele decir que la ecuación [10.5] representa *las ecuaciones paramétricas* y la ecuación **Ax** = **b** las *ecuaciones implícitas* del conjunto de soluciones.

Obsérvese que el número total de pivots del método de Gauss, anteriormente expuesto, es el mismo que el número total de pivots normalizados del método de Gauss–Jordan presentado en este apartado. Una vez obtenida la matriz triangular superior del método de Gauss, se pueden obtener las n primeras columnas de la forma normal escalonada por filas de la matriz ampliada [**A b**], dividiendo las filas no nulas por el pivot correspondiente y logrando ceros por encima de los pivots normalizados, mediante operaciones elementales por filas. El número r de filas no nulas de la forma triangular de Gauss reducida es el mismo que el número r de filas no nulas de la forma normal escalonada por filas de un sistema de ecuaciones equivalente.

Si el sistema **Ax** = **b** es compatible y determinado, la forma normal escalonada por filas de [**A b**] se puede expresar mediante la matriz particionada

$$\begin{bmatrix} \mathbf{I}_n & \mathbf{x}_0 \\ \mathbf{O}_{(m-n)xn} & \mathbf{0} \end{bmatrix} \qquad [10.6]$$

La solución única $\mathbf{x}_0$ del sistema aparece evidentemente en la columna de términos independientes de [10.6].

2.11 Cálculo de la inversa de una matriz regular

Se aporta en este apartado un procedimiento, basado en el método de Gauss–Jordan, para hallar la inversa de una matriz **A**, regular de orden n. En los ejercicios se explicará cómo usar este procedimiento para hallar las inversas por la derecha o por la izquierda (si existen) de una matriz **A** general.

Si $\mathbf{A}^{-1} = [\mathbf{x}_1\ \mathbf{x}_2\ ...\ \mathbf{x}_n]$ es la matriz inversa de la matriz regular **A**, se debe cumplir la identidad $\mathbf{AA}^{-1} = \mathbf{I}_n$. En notación particionada

$$\mathbf{A}[\mathbf{x}_1\ \mathbf{x}_2\ ...\ \mathbf{x}_n] = [\mathbf{e}_1\ \mathbf{e}_2\ ...\ \mathbf{e}_n] \qquad [11.1]$$

Es decir

$$\mathbf{Ax}_j = \mathbf{e}_j,\ j = 1, 2, ..., n. \qquad [11.2]$$

Las columnas $\mathbf{x}_j$ de $\mathbf{A}^{-1}$ deben ser, por consiguiente, soluciones de los n sistemas

$$\mathbf{Ax} = \mathbf{e}_j,\ \ j = 1, 2, ..., n, \qquad [11.3]$$

respectivamente.

Los n sistemas dados por [11.3] requieren las *mismas* operaciones elementales por filas sobre las matrices ampliadas, pues se debe lograr en todos ellos la forma escalonada por filas $[\mathbf{I}_n\ \mathbf{x}_j]$ partiendo de $[\mathbf{A}\ \mathbf{e}_j]$, con j = 1, 2, ..., n. La selección de las operaciones elementales está determinada por la matriz del sistema, en este caso **A**, común a todos los sistemas a resolver.

En la práctica, se resuelven *simultáneamente* los n sistemas de ecuaciones de [11.3], partiendo de la matriz ampliada $[\mathbf{A}\ \mathbf{e}_1\ \mathbf{e}_2\ ...\mathbf{e}_n]$ hasta llegar a la matriz ampliada y reducida $[\mathbf{I}_n\ \mathbf{x}_1\ \mathbf{x}_2\ ...\ \mathbf{x}_n]$. Es decir, se amplía por la derecha la matriz **A** con la matriz identidad de orden n y mediante operaciones elementales por filas se llega a la matriz identidad de orden n ampliada por la derecha con la matriz $\mathbf{A}^{-1}$, que precisamente es la matriz que se trata de obtener. Esquemáticamente

$$[\mathbf{A}\quad \mathbf{I}_n] \to ... \to [\mathbf{I}_n\quad \mathbf{A}^{-1}] \qquad [11.4]$$

Ejemplo 2.12

Para invertir la matriz regular

$$\mathbf{A} = \begin{bmatrix} 0 & 0 & 1 \\ 0 & 2 & 3 \\ 4 & 5 & 6 \end{bmatrix}$$

se procede como se indica a continuación:

$$\left[\begin{array}{ccc|ccc} 0 & 0 & 1 & 1 & 0 & 0 \\ 0 & 2 & 3 & 0 & 1 & 0 \\ 4 & 5 & 6 & 0 & 0 & 1 \end{array}\right] \to \left[\begin{array}{ccc|ccc} 4 & 5 & 6 & 0 & 0 & 1 \\ 0 & 2 & 3 & 0 & 1 & 0 \\ 0 & 0 & 1 & 1 & 0 & 0 \end{array}\right] \to$$

$$\left[\begin{array}{ccc|ccc} 4 & 5 & 0 & -6 & 0 & 1 \\ 0 & 2 & 0 & -3 & 1 & 0 \\ 0 & 0 & 1 & 1 & 0 & 0 \end{array}\right] \to \left[\begin{array}{ccc|ccc} 4 & 5 & 0 & -6 & 0 & 1 \\ 0 & 1 & 0 & -3/2 & 1/2 & 0 \\ 0 & 0 & 1 & 1 & 0 & 0 \end{array}\right] \to$$

$$\left[\begin{array}{ccc|ccc} 4 & 0 & 0 & 3/2 & -5/2 & 1 \\ 0 & 1 & 0 & -3/2 & 1/2 & 0 \\ 0 & 0 & 1 & 1 & 0 & 0 \end{array}\right] \to \left[\begin{array}{ccc|ccc} 1 & 0 & 0 & 3/8 & -5/8 & 1/4 \\ 0 & 1 & 0 & -3/2 & 1/2 & 0 \\ 0 & 0 & 1 & 1 & 0 & 0 \end{array}\right]$$

En definitiva,

$$\mathbf{A}^{-1} = \begin{bmatrix} 3/8 & -5/8 & 1/4 \\ -3/2 & 1/2 & 0 \\ 1 & 0 & 0 \end{bmatrix}$$

es la matriz inversa de **A**. ✶

2.12 Evaluación del número de operaciones

Es muy interesante, desde el punto de vista práctico, conocer de antemano cuánto va a "costar" resolver un sistema de ecuaciones lineales, invertir una matriz regular o efectuar otra clase de operaciones sobre matrices. Para ello se necesita obtener una estimación del número total de operaciones a realizar, es decir, determinar la *complejidad* del problema numérico que se va a abordar.

La complejidad suele depender del tamaño de las matrices que se manejan. Las matrices de órdenes de magnitud de centenares de filas y columnas aparecen con frecuencia en aplicaciones de la ingeniería a cálculo de estructuras, mecanismos, simulación de sistemas dinámicos, etc.

Así, por ejemplo, si n es el tamaño medio de las matrices que intervienen en un problema, y se estima una complejidad *lineal*, denotada O(n), al duplicar el tamaño se duplicará el número de operaciones y, por consiguiente, el tiempo necesario para resolverlo. Sin embargo, si la complejidad fuera *cuadrática*, denotada $O(n^2)$, al duplicar el tamaño se cuadruplicaría el tiempo de resolución. Si la complejidad fuera *cúbica*, denotada $O(n^3)$, el tiempo sería ocho veces el que se necesitaría antes de duplicar.

Se va a dar una estimación aproximada del número de operaciones que se necesitan para algunos problemas matriciales muy frecuentes, sin justificar los resultados. (La justificación puede encontrarse en cualquier texto de Álgebra Lineal Numérica). Las sumas y restas se consideran una misma operación, pues los ordenadores utilizan aproximadamente el mismo tiempo en realizarlas; un tiempo mayor, pero parecido entre sí, consumen las multiplicaciones y divisiones. La radicación es la operación más costosa y se contabiliza a parte:

Etapa de eliminación en el método de Gauss:

Se supone un sistema de n ecuaciones con n incógnitas $\mathbf{Ax} = \mathbf{b}$. La complejidad es $O(n^3)$ pues

Nº Sumas/Restas	$= (n^2-1)\times n/3 \approx n^3/3$
Nº Multiplicaciones	$= (n^2-1)\times n/3 \approx n^3/3$
Nº Divisiones	$= n\times(n-1)/2 \approx n^2/2$

Etapa de sustitución hacia atrás en el método de Gauss:

Se supone un sistema, ya reducido a la forma triangular superior de la forma $\mathbf{Ux} = \mathbf{c}$, de n ecuaciones con n incógnitas. La complejidad es $O(n^2)$ ya que

Nº Sumas/Restas	$= n\times(n-1)/2 \approx n^2/2$
Nº Multiplicaciones	$= n\times(n-1)/2 \approx n^2/2$
Nº Divisiones	$= n$

Solución de un sistema mediante la descomposición de Cholesky:

Se supone un sistema $\mathbf{Ax} = \mathbf{b}$, donde $\mathbf{A}$ es una matriz real, simétrica y definido positiva, por lo que la matriz $\mathbf{A}$ admite la descomposición de Cholesky que es de la forma $\mathbf{A} = \mathbf{CC}^T$, con $\mathbf{C}$ una matriz triangular inferior. El método, basado en la descomposición de Cholesky, consta de dos etapas: una de factorización y otra de dos sustituciones. La complejidad: es $O(n^3)$, como se desprende de los resultados siguientes.

Etapa de factorización:

Nº Sumas/Restas	$= n\times(n^2-1)/6 \approx n^3/6$
Nº Multiplicaciones	$= n\times(n^2-1)/6 \approx n^3/6$
Nº Divisiones	$= n\times(n-1)/2 \approx n^2/2$
Nº Raíces a extraer	$= n$

Etapa de las dos substituciones:

Nº Sumas/Restas	$= n\times(n-1) \approx n^2$
Nº Multiplicaciones	$= n\times(n-1) \approx n^2$
Nº Divisiones	$= 2n$

La factorización directa de $\mathbf{A}$, por resolución de la ecuación matricial $\mathbf{A} = \mathbf{XX}^T$ con un total de $n\times(n+1)/2$ incógnitas, se lleva la mayor parte de tiempo, comparativamente a las dos sustituciones necesarias a realizar para resolver el sistema $\mathbf{Cy} = \mathbf{b}$ (obteniendo $\mathbf{y}_0$) y $\mathbf{C}^T\mathbf{x} = \mathbf{y}_0$ (obteniendo $\mathbf{x}_0$).

Obsérvese un tiempo global aproximadamente mitad en la factorización, si se compara este resultado con el obtenido en el método de Gauss para una matriz cuadrada general. Esta drástica disminución de tiempo de cálculo se debe principalmente a la simetría de la matriz **A** del sistema.

Método de Gauss–Jordan:

Se supone un sistema de n ecuaciones con n incógnitas **Ax** = **b**. La complejidad es $O(n^3)$ pues

Nº Sumas/Restas $= n\times(n^2-1)/2 \approx n^3/2$
Nº Multiplicaciones/Divisiones $= n^2\times (n+1)/2 \approx n^3/2$

Nótese que es menos costoso computacionalmente el método de Gauss que el método de Gauss–Jordan. En éste el sumando más significativo es $n^3/2$, mientras que en aquél es $n^3/3$.

Inversión de una matriz cuadrada:

Se supone finalmente una matriz regular **A** de orden n. La complejidad de la inversión, usando la eliminación de Gauss y sustitución hacia atrás, también es $O(n^3)$ pues

Nº Sumas/Restas $= n\times(n-1/2)(n-1) \approx n^3$
Nº Multiplicaciones/Divisiones $= n^3$

Nota: Los resultados se han obtenido evaluando lo que cuesta la factorización **LU** de **PA** y lo que cuesta resolver los n pares de sistemas $\mathbf{Ly_j} = \mathbf{Pe_j}$, $\mathbf{Ux_j} = \mathbf{y_j}$, para j = 1, 2, ..., n.

2.13 Ejercicios resueltos

2.1 Se dice que las matrices columna reales **u** y **v** son ortogonales si

$$\langle \mathbf{u}, \mathbf{v} \rangle = \mathbf{u}^T\mathbf{v} = 0.$$

Analícese la siguiente afirmación: "Decir que $\mathbf{x}_0$ es una solución real de la ecuación matricial real $\mathbf{Ax} = \mathbf{0}$ equivale a decir que $\mathbf{x}_0$ es ortogonal a todas y cada una de las columnas de la matriz $\mathbf{A}^T$".

La afirmación es cierta, pues de la identidad $\mathbf{Ax}_0 = \mathbf{0}$ se concluye inmediatamente que

$$\mathbf{x}_0^T\mathbf{A}^T = \mathbf{0}^T.$$

Sea **A** de tamaño m×n. Denotando con $\mathbf{w}_1, \mathbf{w}_2, ..., \mathbf{w}_m$ las m columnas de $\mathbf{A}^T$ podemos escribir en forma particionada

$$\mathbf{x}_0^T[\mathbf{w}_1 \quad \mathbf{w}_2 \quad \ldots \quad \mathbf{w}_m] = [0 \quad 0 \quad \ldots \quad 0]$$

de ahí que

$$[\mathbf{x}_0^T\mathbf{w}_1 \quad \mathbf{x}_0^T\mathbf{w}_2 \quad \ldots \quad \mathbf{x}_0^T\mathbf{w}_m] = [0 \quad 0 \quad \ldots \quad 0],$$

luego

$$\mathbf{x}_0^T\mathbf{w}_1 = \mathbf{x}_0^T\mathbf{w}_2 = \ldots = \mathbf{x}_0^T\mathbf{w}_m = 0,$$

y por consiguiente $\mathbf{x}_0$ es ortogonal a las columnas de $\mathbf{A}^T$.

2.2 Hállense todas las matrices reales de orden dos cuyo cuadrado sea la matriz identidad.

Se trata de resolver la ecuación matricial $\mathbf{X}^2 = \mathbf{I}_2$ en el anillo de matrices cuadradas de orden dos. Además de las dos soluciones triviales $\mathbf{I}_2$ y $-\mathbf{I}_2$ existen infinitas soluciones. Veamos: Sea **X** la matriz incógnita

$$\mathbf{X} = \begin{bmatrix} a & b \\ c & d \end{bmatrix}.$$

De $\mathbf{X}^2 = \mathbf{I}_2$ se llega fácilmente al *sistema de ecuaciones no lineales* siguiente

$$\left.\begin{array}{l} a^2 + bc = 1 \\ b(a+d) = 0 \\ c(a+d) = 0 \\ d^2 + bc = 1 \end{array}\right\}$$

del que se deduce

$$\begin{array}{l} a = \pm d \\ b(\pm d + d) = 0 \\ c(\pm d + d) = 0 \\ d^2 + bc = 1 \end{array}$$

Las soluciones posibles son:

1) b=0, c=0 $\qquad d = \pm 1, a = \pm 1$

2) b=0, c$\neq$0 $\qquad d = \pm 1, a = -d$

3) b$\neq$0, c=0 $\qquad d = \pm 1, a = -d$

4) b$\neq$0, c$\neq$0 $\qquad a = -d, b = \dfrac{1-d^2}{c}$

2.3 Obténgase una solución para el sistema de dos ecuaciones matriciales con dos incógnitas

$$\begin{array}{l} \mathbf{AX+BY = C} \\ \mathbf{BX+AY = D} \end{array}$$

donde **A**, **B**, **C** y **D** son matrices cuadradas del mismo orden, **X** e **Y** matrices incógnita y las dos matrices **(A+B)** y **(A–B)** son regulares.

⊠⊠⊠⊠⊠⊠

$$\begin{array}{l} \mathbf{AX + BY = C} \\ \mathbf{BX + AY = D} \end{array} \rightarrow \begin{array}{l} \mathbf{(A+B)X + (B+A)Y = C + D} \\ \mathbf{(A-B)X + (B-A)Y = C - D} \end{array} \rightarrow$$

$$\begin{array}{l} \mathbf{(A+B)(X+Y) = C + D} \\ \mathbf{(A-B)(X-Y) = C - D} \end{array} \rightarrow \begin{array}{l} \mathbf{X + Y = (A+B)^{-1}(C+D) = E} \\ \mathbf{X - Y = (A-B)^{-1}(C-D) = F} \end{array} \rightarrow$$

$$\begin{array}{l} \mathbf{X = (E+F)/2} \\ \mathbf{Y = (E-F)/2} \end{array}$$

Una vez obtenida la posible solución se comprueba que lo es efectivamente, sustituyendo **X** e **Y** obtenidas en las ecuaciones iniciales.

2.4 ¿Dónde está el fallo del siguiente razonamiento?: "Sea **Ax** = **b** una ecuación *incompatible* y sea **L** una inversa por la izquierda de **A**. Multiplicando la ecuación por **L**, miembro a miembro, se tiene: **L(Ax)** = **Lb**, **(LA)x** = **Lb**, $\mathbf{I_n x} = \mathbf{Lb}$, **x** = **Lb**, es decir, la ecuación es compatible".

Si **Ax** = **b** es incompatible significa que la identidad no se cumple para ninguna columna **x**. No se puede tomar esa ecuación como punto de partida de posteriores identidades.

2.5 Si la ecuación **Ax** = **b** posee solución única, ¿puede suceder que la ecuación $\mathbf{Ax} = \mathbf{b_1}$ posea más de una solución?

No es posible. Recuérdese la estructura del conjunto de soluciones de una ecuación general compatible

$$\mathbf{S_g = x_0 + N(A)}$$

Si hay una solución o más de una, solamente **N(A)** lo determina.

2.6 Demuéstrese que para toda matriz **A** se verifica

$$\mathbf{R(A) \cap N(A^H) = \{0\}}.$$

$$\mathbf{x \in R(A) \cap N(A^H) \rightarrow \exists u; x = Au} \text{ y } \mathbf{A^H x = 0 \rightarrow}$$

$$\mathbf{A^H (Au) = 0 \rightarrow u^H A^H (Au) = u^H 0 \rightarrow}$$

$$\mathbf{(Au)^H (Au)} = 0 \rightarrow < \mathbf{Au, Au} >= 0 \rightarrow \|\mathbf{Au}\|_2^2 = 0 \rightarrow \mathbf{Au = 0 \rightarrow x = 0}$$

2.7 Pruébese que si **P** es una matriz idempotente de orden n, entonces toda matriz columna **x** de n elementos se puede expresar de modo único de la forma **x** = **u**+**v**, donde la columna **u** pertenece a **R(P)** y la columna **v** pertenece a **N(P)**. Se recuerda que la matriz cuadrada **P** es una matriz de idempotente si $\mathbf{P^2 = P}$.

Se va a descomponer **x** de la forma

$$\mathbf{x = Px + (x - Px)}$$

Haciendo **u** = **Px**, es evidente que **u** pertenece a **R**(**P**). Haciendo ahora **v** = **x**–**Px**, se tiene **Pv** = **P**(**x**–**Px**) = **Px**–$\mathbf{P}^2$**x** = **Px**–**Px** = **0**, luego **v** pertenece a **N**(**P**). Se ha probado que **x** es de la forma **u**+**v**, con **u** en **R**(**P**) y **v** en **N**(**P**). Esta descomposición es única, pues si **x** fuera de la forma **x** = **u**′+**v**′, con **u**′ en **R**(**P**) y **v**′ en **N**(**P**), se tendría la identidad **u**+**v** = **u**′+**v**′. La columna **w** = **u**–**u**′ = **v**′–**v** estaría simultáneamente en **R**(**P**) y **N**(**P**). Se prueba sin dificultad que la única columna que está simultáneamente en **R**(**P**) y **N**(**P**) es la columna nula, luego **u**′ = **u** y **v**′ = **v**, es decir, la descomposición de **x** indicada en el enunciado es única.

Nota: La Figura 2.6 ilustra la *proyección* de **x** sobre **R**(**P**) paralelamente a **N**(**P**):

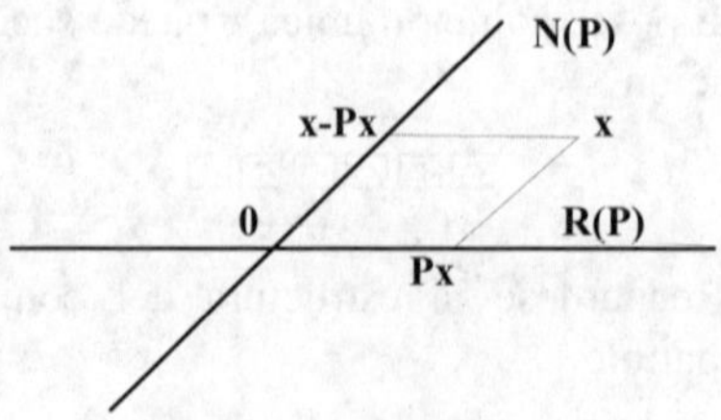

Figura 2.6

2.8 Se sabe que en un sistema homogéneo de n–1 ecuaciones lineales independientes con n incógnitas, el cociente α_i/α_j entre las incógnitas α_i y α_j se obtiene mediante la expresión

$$\frac{\alpha_i}{\alpha_j} = (-1)^{i+j}\frac{\Delta_i}{\Delta_j}$$

donde Δ_i y Δ_j son los menores que resultan de suprimir la columna i–ésima y la columna j–ésima de la matriz del sistema, respectivamente. Aprovéchese este resultado para hallar una raíz común de los dos polinomios $f(x) = x^2-4x-5$ y $g(x) = x^2-7x+10$.

⧅⧅⧅⧅⧅⧅

En realidad se trata de resolver un sistema de la forma

$$ax^2 + bx + c = 0$$

$$a'x^2 + b'x + c' = 0$$

Multiplicando ambas ecuaciones por la variable x se obtienen dos nuevas ecuaciones

$$ax^3 + bx^2 + cx = 0$$

$$a'x^3 + b'x^2 + c'x = 0$$

que no dependen linealmente de las primeras y que se satisfacen si y sólo si el sistema inicial es compatible. Se tiene por consiguiente el sistema

$$\begin{aligned} &ax^3 + bx^2 + cx = 0 \\ &ax^2 + bx + c = 0 \\ &a'x^3 + b'x^2 + c'x = 0 \\ &a'x^2 + b'x + c' = 0 \end{aligned}$$

que escrito matricialmente es de la forma

$$\begin{bmatrix} a & b & c & 0 \\ 0 & a & b & c \\ a' & b' & c' & 0 \\ 0 & a' & b' & c' \end{bmatrix} \cdot \begin{bmatrix} x^3 \\ x^2 \\ x \\ 1 \end{bmatrix} = \begin{bmatrix} 0 \\ 0 \\ 0 \\ 0 \end{bmatrix}$$

Se trata de un sistema homogéneo, el cual es indeterminado si y sólo si existe una raíz común x a ambos polinomios, por lo que la anulación del determinante de la matriz del sistema (la *resultante* de los polinomios) es condición necesaria y suficiente para poder afirmar la existencia de una raíz común. En el caso del problema planteado, la resultante de los polinomios dados es nula, ya que

$$\det \begin{bmatrix} 1 & -4 & -5 & 0 \\ 0 & 1 & -4 & -5 \\ 1 & -7 & 10 & 0 \\ 0 & 1 & -7 & 10 \end{bmatrix} = 0$$

Existirá, por lo tanto, una raíz común a ambos polinomios que se va a evaluar utilizando el resultado previo del enunciado. Eliminando la cuarta ecuación, por ser dependiente de las tres primeras, se tiene el sistema homogéneo de tres ecuaciones independientes siguiente:

$$\begin{bmatrix} 1 & -4 & -5 & 0 \\ 0 & 1 & -4 & -5 \\ 1 & -7 & 10 & 0 \end{bmatrix} \begin{bmatrix} x^3 \\ x^2 \\ x \\ 1 \end{bmatrix} = \begin{bmatrix} 0 \\ 0 \\ 0 \end{bmatrix}$$

del que se deduce x como cociente entre la primera y segunda incógnitas, aprovechando la afirmación inicial del enunciado

$$x = \frac{x^3}{x^2} = (-1)^{1+2} \frac{\det \begin{bmatrix} -4 & -5 & 0 \\ 1 & -4 & -5 \\ -7 & 10 & 0 \end{bmatrix}}{\det \begin{bmatrix} 1 & -5 & 0 \\ 0 & -4 & -5 \\ 1 & 10 & 0 \end{bmatrix}} = 5$$

2.9 Resuélvase en el cuerpo de los números reales, por el método de Gauss, el sistema de ecuaciones

$$\begin{aligned} x - 2y + 3z - 4t &= 4 \\ y - z + t &= -3 \\ x + 3y - 3t &= 1 \\ -7y + 3z - t &= 1 \end{aligned}$$

donde x, y, z, t son las cuatro incógnitas del sistema.

⊠⊠⊠⊠⊠⊠

a) Etapa de eliminación del método de Gauss: Partiendo de la matriz ampliada y usando operaciones elementales por filas se tiene

$$\left[\begin{array}{cccc|c} 1 & -2 & 3 & -4 & 4 \\ 0 & 1 & -1 & 1 & -3 \\ 1 & 3 & 0 & -3 & 1 \\ 0 & -7 & 3 & -1 & 1 \end{array}\right] \to \left[\begin{array}{cccc|c} 1 & -2 & 3 & -4 & 4 \\ 0 & 1 & -1 & 1 & -3 \\ 0 & 5 & -3 & 1 & -3 \\ 0 & -7 & 3 & -1 & 1 \end{array}\right] \to$$

$$\left[\begin{array}{cccc|c} 1 & -2 & 3 & -4 & 4 \\ 0 & 1 & -1 & 1 & -3 \\ 0 & 0 & 2 & -4 & 12 \\ 0 & -7 & 3 & -1 & 1 \end{array}\right] \to \left[\begin{array}{cccc|c} 1 & -2 & 3 & -4 & 4 \\ 0 & 1 & -1 & 1 & -3 \\ 0 & 0 & 2 & -4 & 12 \\ 0 & 0 & -4 & 6 & -20 \end{array}\right] \to$$

$$\left[\begin{array}{cccc|c} 1 & -2 & 3 & -4 & 4 \\ 0 & 1 & -1 & 1 & -3 \\ 0 & 0 & 2 & -4 & 12 \\ 0 & 0 & 0 & -2 & 4 \end{array}\right]$$

El sistema es compatible y determinado, pues, de una parte, no hay escalonamiento en la última columna y, de otra, el número de pivots coincide con el número de incógnitas.

b) Etapa de sustitución hacia atrás del método de Gauss: Partiendo del sistema ya triangularizado, se despeja de la cuarta ecuación la cuarta incógnita, de la tercera ecuación la tercera incógnita, etc. obteniendo

$$\begin{aligned} t &= 4/(-2) = -2 \\ z &= (12 + 4t)/2 = 2 \\ y &= -3 + z - t = 1 \\ x &= 4 + 2y - 3z + 4t = -8 \end{aligned}$$

La solución única del sistema es por consiguiente: –8, 1, 2, –2.

2.10 Resuélvase en el cuerpo de los números reales, por el método de Gauss–Jordan, el sistema de ecuaciones del Ejercicio 2.9.

Aprovechando la etapa de eliminación de Gauss en la resolución del ejercicio anterior, se parte de una matriz ampliada más reducida que la inicial, dada por

$$\left[\begin{array}{cccc|c} 1 & -2 & 3 & -4 & 4 \\ 0 & 1 & -1 & 1 & -3 \\ 0 & 0 & 2 & -4 & 12 \\ 0 & 0 & 0 & -2 & 4 \end{array}\right]$$

y se prosigue normalizando los pivots y logrando ceros sobre los pivots normalizados, comenzando por el último pivot, tal como se indica a continuación:

$$\left[\begin{array}{cccc|c} 1 & -2 & 3 & -4 & 4 \\ 0 & 1 & -1 & 1 & -3 \\ 0 & 0 & 2 & -4 & 12 \\ 0 & 0 & 0 & -2 & 4 \end{array}\right] \to \ldots \to \left[\begin{array}{cccc|c} 1 & -2 & 3 & 0 & -4 \\ 0 & 1 & -1 & 0 & -1 \\ 0 & 0 & 2 & 0 & 4 \\ 0 & 0 & 0 & 1 & -2 \end{array}\right]$$

$$\left[\begin{array}{cccc|c} 1 & -2 & 3 & 0 & -4 \\ 0 & 1 & -1 & 0 & -1 \\ 0 & 0 & 2 & 0 & 4 \\ 0 & 0 & 0 & 1 & -2 \end{array}\right] \to \ldots \to \left[\begin{array}{cccc|c} 1 & -2 & 0 & 0 & -10 \\ 0 & 1 & 0 & 0 & 1 \\ 0 & 0 & 1 & 0 & 2 \\ 0 & 0 & 0 & 1 & -2 \end{array}\right]$$

$$\left[\begin{array}{cccc|c} 1 & -2 & 0 & 0 & -10 \\ 0 & 1 & 0 & 0 & 1 \\ 0 & 0 & 1 & 0 & 2 \\ 0 & 0 & 0 & 1 & -2 \end{array}\right] \to \left[\begin{array}{cccc|c} 1 & 0 & 0 & 0 & -8 \\ 0 & 1 & 0 & 0 & 1 \\ 0 & 0 & 1 & 0 & 2 \\ 0 & 0 & 0 & 1 & -2 \end{array}\right]$$

Obsérvese la forma normal escalonada por filas que se ha obtenido, formada por la matriz identidad de orden 4, la cual está ampliada por la derecha con la columna que es solución única del sistema.

2.11 Resuélvase en el cuerpo de los números reales, por el procedimiento que se desee, el sistema de ecuaciones dado por

$$\frac{x_1}{a_1} = \frac{x_2}{a_2} = \ldots = \frac{x_n}{a_n},\ x_1 + x_2 + \ldots + x_n = \alpha,\ a_i \neq 0,\ i = 1, 2, \ldots, n\,,$$

donde $x_1, x_2, \ldots, x_n$ son las incógnitas y $a_1, a_2, \ldots, a_n, \alpha$ los *parámetros del sistema.*

En el ejercicio planteado, obsérvese que si se denota con q al cociente común x_i/a_i, para i = 1, 2, ..., n, se tiene, utilizando la n–ésima ecuación, la condición de compatibilidad

$$q\times(a_1+a_2+...+a_n) = \alpha$$

Analicemos la siguiente discusión:

1) Si $a_1+a_2+...+a_n \neq 0$, entonces $q = \alpha/(a_1+a_2+...+a_n)$, y de las n expresiones $x_i/a_i = q$, para los valores i = 1, 2, ..., n, se deduce la solución única del sistema

$$x_i = (\alpha a_i)/(a_1+a_2+...+a_n),\ i = 1, 2, ..., n.$$

2) Si $a_1+a_2+...+a_n = 0$, debe ser necesariamente $\alpha = 0$ para la compatibilidad del sistema, en cuyo caso la solución indeterminada vendría dada por qa_1, qa_2, ..., qa_n, donde q sería el único parámetro del conjunto de soluciones.

2.12 Discútase y resuélvase en el cuerpo de los números reales el sistema de ecuaciones

$$a^2x + ay + z = 1$$
$$x + ay + z = a$$
$$x + ay + a^2z = 1$$

donde x, y, z son las incógnitas y *a* es el parámetro del sistema.

⊠⊠⊠⊠⊠⊠

En general, dando valores a los parámetros de un sistema se obtienen sistemas diferentes, por lo que es lógico pensar que las soluciones dependerán de tales parámetros, y de ahí que haga falta una discusión sistemática de aquellos valores de los parámetros del sistema que hacen que sea éste compatible, y de entre estos valores, una discusión de aquellos que hacen que el sistema sea determinado.

En realidad las tareas de discusión de un sistema y de su resolución están estrechamente relacionadas: en la propia resolución del sistema se efectúa la discusión, debido a la necesidad de que los pivots utilizados sean no nulos. Cada imposición de tal naturaleza a un pivot, dependiente de los parámetros, bifurca la resolución del sistema a casos particulares, es decir, se está procediendo de hecho a la discusión del sistema.

En este problema se parte de la matriz ampliada y se procede mediante operaciones elementales por filas, seleccionando pivots que no dependan del parámetro (en la medida que ello sea posible). Si el pivot seleccionado depende del parámetro se considera no nulo; los valores del parámetro que anulan al pivot se estudian aparte y originan, como ya se ha indicado, la discusión:

$$\left[\begin{array}{ccc|c} a^2 & a & 1 & 1 \\ 1 & a & 1 & a \\ 1 & a & a^2 & 1 \end{array}\right] \to \ldots \to \left[\begin{array}{ccc|c} 1 & a & 1 & a \\ 1 & a & a^2 & 1 \\ a^2 & a & 1 & 1 \end{array}\right]$$

$$\left[\begin{array}{ccc|c} 1 & a & 1 & a \\ 1 & a & a^2 & 1 \\ a^2 & a & 1 & 1 \end{array}\right] \to \ldots \to \left[\begin{array}{ccc|c} 1 & a & 1 & a \\ 0 & 0 & a^2-1 & 1-a \\ 0 & a-a^3 & 1-a^2 & 1-a^3 \end{array}\right]$$

$$\left[\begin{array}{ccc|c} 1 & a & 1 & a \\ 0 & 0 & a^2-1 & 1-a \\ 0 & a-a^3 & 1-a^2 & 1-a^3 \end{array}\right] \to \ldots \to \left[\begin{array}{ccc|c} 1 & a & 1 & a \\ 0 & a(1-a^2) & 0 & 2-a-a^3 \\ 0 & 0 & a^2-1 & 1-a \end{array}\right]$$

Los valores de a que anulan alguno de los pivots son: 0, 1 y -1.

1) Si $a \neq 0$, $a \neq 1$, $a \neq -1$, el sistema posee tres pivots (no nulos) y es por consiguiente compatible determinado. La solución única que se obtiene (dependiente del parámetro a) es

$$-1/(a+1),\ (2-a-a^3)/a(1-a^2),\ -1/(a+1)$$

Es lógico que las incógnitas primera y tercera tomen los mismos valores por la "simetría" del problema respecto de esas incógnitas, es decir, si se intercambian las incógnitas x, z entre sí, se obtienen las mismas ecuaciones.

2) Si $a = 0$, se parte de la matriz ampliada

$$\left[\begin{array}{ccc|c} 1 & 0 & 1 & 0 \\ 0 & 0 & 0 & 2 \\ 0 & 0 & -1 & 1 \end{array}\right]$$

que indica la incompatibilidad del sistema (nótese la fila segunda).

3) Si $a = 1$, se parte de la matriz ampliada

$$\left[\begin{array}{ccc|c} 1 & 1 & 1 & 1 \\ 0 & 0 & 0 & 0 \\ 0 & 0 & 0 & 0 \end{array}\right]$$

El sistema es, en este caso, evidentemente compatible e indeterminado, con grado de indeterminación igual a dos. Las soluciones vienen dadas por

$$x = 1 - \lambda_1 - \lambda_2$$
$$y = \lambda_1$$
$$z = \lambda_2$$

4) Si a = −1, se tiene la matriz ampliada

$$\left[\begin{array}{ccc|c} 1 & -1 & 1 & -1 \\ 0 & 0 & 0 & 4 \\ 0 & 0 & 0 & 2 \end{array}\right]$$

que corresponde otra vez a un caso de incompatibilidad.

2.13 Se sabe que el sistema siguiente

$$\begin{aligned} bx + ay &= c \\ cx + az &= b \\ cy + bz &= a \end{aligned}$$

es compatible y determinado, donde x, y, z son las incógnitas y a, b, c los parámetros del sistema. Demuéstrese que el producto abc es distinto de cero.

⧅⧅⧅⧅⧅⧅

Se parte de la matriz ampliada

$$\left[\begin{array}{ccc|c} b & a & 0 & c \\ c & 0 & a & b \\ 0 & c & b & a \end{array}\right]$$

La discusión es como sigue: Si c fuera cero, se perdería un pivot y el sistema no podría ser determinado, luego debe ser c distinto de cero.

$$\left[\begin{array}{ccc|c} b & a & 0 & c \\ 1 & 0 & a/c & b/c \\ 0 & 1 & b/c & a/c \end{array}\right] \to \ldots \to \left[\begin{array}{ccc|c} 1 & 0 & a/c & b/c \\ 0 & 1 & b/c & a/c \\ b & a & 0 & c \end{array}\right]$$

$$\left[\begin{array}{ccc|c} 1 & 0 & a/c & b/c \\ 0 & 1 & b/c & a/c \\ b & a & 0 & c \end{array}\right] \to \left[\begin{array}{ccc|c} 1 & 0 & a/c & b/c \\ 0 & 1 & b/c & a/c \\ 0 & a & -(ab)/c & c-(b^2/c) \end{array}\right] \to$$

$$\left[\begin{array}{ccc|c} 1 & 0 & a/c & b/c \\ 0 & 1 & b/c & a/c \\ 0 & 0 & -2(ab)/c & c-(a^2+b^2)/c) \end{array}\right]$$

Si a o b fueran cero, se perdería un pivot y el sistema no podría ser determinado. Luego $a \neq 0$ y $b \neq 0$.

Definitivamente, el sistema es compatible determinado si y sólo si abc $\neq$ 0.

2.14 En el sistema del Ejercicio 2.13 anterior supóngase que son incógnitas lo que antes eran parámetros del sistema y parámetros del sistema lo que antes eran incógnitas. Discútase en el cuerpo de los números reales el nuevo sistema así obtenido: ¿para qué valores de los parámetros del nuevo sistema éste es determinado?

Las incógnitas son ahora a, b, c y los parámetros del sistema x, y, z. Se trata de un sistema homogéneo cuya matriz del sistema es

$$\begin{bmatrix} y & x & -1 \\ z & -1 & x \\ -1 & z & y \end{bmatrix}$$

Trabajando directamente sobre la matriz del sistema en lugar de la matriz ampliada (ya que la última columna de ésta siempre estará formada por ceros) se logran ceros sobre el elemento (3, 1), que vale −1,

$$\begin{bmatrix} y & x & -1 \\ z & -1 & x \\ -1 & z & y \end{bmatrix} \to \begin{bmatrix} 0 & x+yz & -1+y^2 \\ z & -1 & x \\ -1 & z & y \end{bmatrix} \to \begin{bmatrix} 0 & x+yz & -1+y^2 \\ 0 & -1+z^2 & x+yz \\ -1 & z & y \end{bmatrix}$$

Pasamos a la discusión: Si $z \neq 1$, $z \neq -1$, se reduce la matriz del sistema fácilmente a

$$\begin{bmatrix} 1 & -z & -y \\ 0 & 1 & (x+yz)/(-1+z^2) \\ 0 & 0 & -1+y^2-(x+yz)^2/(-1+z^2) \end{bmatrix}$$

de ahí que el sistema es compatible determinado supuesto

$$(-1+y^2)(-1+z^2) \neq (x+yz)^2$$

y compatible indeterminado en los restantes casos.

2.15 Obténgase la descomposición **LU** de la matriz **A** del sistema del Ejercicio 2.9.

La matriz **L** de la descomposición **LU** de **A** es triangular inferior y está formada por los múltiplos utilizados en el método de Gauss, que ya fueron obtenidos en el Ejercicio 2.9, debajo de la diagonal principal, que a su vez está formada por unos, esto es,

$$\mathbf{L} = \begin{bmatrix} 1 & 0 & 0 & 0 \\ 0 & 1 & 0 & 0 \\ 1 & 5 & 1 & 0 \\ 0 & -7 & -2 & 1 \end{bmatrix}$$

De otra parte, la matriz **U** es la matriz triangular superior del sistema triangularizado, una vez finalizada la fase de eliminación, es decir,

$$\mathbf{U} = \begin{bmatrix} 1 & -2 & 3 & -4 \\ 0 & 1 & -1 & 1 \\ 0 & 0 & 2 & -4 \\ 0 & 0 & 0 & -2 \end{bmatrix}$$

2.16 Utilícese la descomposición **LU** de **A**, efectuada en el Ejercicio 2.15 anterior, para resolver el sistema **Ax** = **b**, donde $\mathbf{b}^T = [1\ 1\ 1\ 1]$.

Primero se resuelve **Ly** = **b** por sustitución hacia adelante, obteniendo la solución $\mathbf{y}_0$, y a continuación se resuelve $\mathbf{Ux} = \mathbf{y}_0$ por sustitución hacia atrás:

$$\begin{aligned} \beta_1 &= 1 \\ \beta_2 &= 1 \\ \beta_3 &= 1 - \beta_1 - 5\beta_2 = -5 \\ \beta_4 &= 1 + 7\beta_2 + 2\beta_3 = -2 \end{aligned}$$

y

$$\begin{aligned} \alpha_4 &= (-2)/(-2) = 1 \\ \alpha_3 &= (-5 + 4\alpha_4)/2 = -1/2 \\ \alpha_2 &= 1 + \alpha_3 - \alpha_4 = -1/2 \\ \alpha_1 &= 1 + 2\alpha_2 - 3\alpha_3 + 4\alpha_4 = 11/2 \end{aligned}$$

La solución única del sistema es por consiguiente: 11/2, –1/2, –1/2, 1.

2.17 Hállese la descomposición **LDU′** de la matriz **A** del sistema del Ejercicio 2.9.

Partiendo de la descomposición **LU** de **A**, ya obtenida en el Ejercicio 2.15, hay que hallar una factorización de **U** de la forma **DU′**, donde **D** = diag(1, 1, 2, –2) y **U′** una matriz triangular superior, con unos en su diagonal principal. Si

$$\mathbf{U}' = \begin{bmatrix} 1 & x & u & w \\ 0 & 1 & y & v \\ 0 & 0 & 1 & z \\ 0 & 0 & 0 & 1 \end{bmatrix}$$

debe ser

$$\begin{bmatrix} 1 & -2 & 3 & -4 \\ 0 & 1 & -1 & 1 \\ 0 & 0 & 2 & -4 \\ 0 & 0 & 0 & -2 \end{bmatrix} = \begin{bmatrix} 1 & 0 & 0 & 0 \\ 0 & 1 & 0 & 0 \\ 0 & 0 & 2 & 0 \\ 0 & 0 & 0 & -2 \end{bmatrix} \begin{bmatrix} 1 & x & u & w \\ 0 & 1 & y & v \\ 0 & 0 & 1 & z \\ 0 & 0 & 0 & 1 \end{bmatrix}$$

de donde $x = -2$, $u = 3$, $w = -4$, $y = -1$, $v = 1$, $z = -2$, por lo que

$$\mathbf{U}' = \begin{bmatrix} 1 & -2 & 3 & -4 \\ 0 & 1 & -1 & 1 \\ 0 & 0 & 1 & -2 \\ 0 & 0 & 0 & 1 \end{bmatrix}$$

Se puede hallar directamente **U**′, de un modo más eficiente, haciendo el simple producto matricial $\mathbf{D}^{-1}\mathbf{U}$. En definitiva se ha llegado a la descomposición **LDU**′ de **A**.

2.18 Obténgase la descomposición $\mathbf{LDL}^{\mathrm{T}}$ de la matriz $\mathbf{B} = \mathbf{AA}^{\mathrm{T}}$, tomando como matriz **A** la del Ejercicio 2.9.

⌂⌂⌂⌂⌂⌂

Al ser la matriz $\mathbf{B} = \mathbf{AA}^{\mathrm{T}}$ real y simétrica, se puede seguir fácilmente un procedimiento de descomposición **LU** de **B**, del que se obtiene la matriz **L** y la matriz diagonal **D**, cuyos elementos diagonales forman la diagonal principal de **U**, con lo que se llega fácilmente a la descomposición $\mathbf{LDL}^{\mathrm{T}}$ de la matriz **B**.

2.19 Efectúese la descomposición de Cholesky de la matriz

$$\mathbf{A} = \begin{bmatrix} 1 & 1 & 1 & 1 \\ 1 & 2 & 2 & 2 \\ 1 & 2 & 3 & 3 \\ 1 & 2 & 3 & 4 \end{bmatrix}$$

⌂⌂⌂⌂⌂⌂

Se puede seguir el procedimiento indicado en la teoría o bien un procedimiento directo, tal como se indica a continuación:

Debe ser $\mathbf{A} = \mathbf{CC}^T$, con $\mathbf{C}$ una matriz triangular inferior, con elementos de su diagonal principal mayores que cero, en el supuesto que la matriz real y simétrica $\mathbf{A}$ sea definido positiva. Si

$$\mathbf{C} = \begin{bmatrix} c_{11} & 0 & 0 & 0 \\ c_{21} & c_{22} & 0 & 0 \\ c_{31} & c_{32} & c_{33} & 0 \\ c_{41} & c_{42} & c_{43} & c_{44} \end{bmatrix}$$

entonces

$$\begin{bmatrix} 1 & 1 & 1 & 1 \\ 1 & 2 & 2 & 2 \\ 1 & 2 & 3 & 3 \\ 1 & 2 & 3 & 4 \end{bmatrix} = \begin{bmatrix} c_{11} & 0 & 0 & 0 \\ c_{21} & c_{22} & 0 & 0 \\ c_{31} & c_{32} & c_{33} & 0 \\ c_{41} & c_{42} & c_{43} & c_{44} \end{bmatrix} \begin{bmatrix} c_{11} & c_{21} & c_{31} & c_{41} \\ 0 & c_{22} & c_{32} & c_{42} \\ 0 & 0 & c_{33} & c_{43} \\ 0 & 0 & 0 & c_{44} \end{bmatrix}$$

de donde

$$\begin{array}{llll} 1 = c_{11}^2 & 2 = c_{21}^2 + c_{22}^2 & 3 = c_{31}^2 + c_{32}^2 + c_{33}^2 & 4 = c_{41}^2 + c_{42}^2 + c_{43}^2 + c_{44}^2 \\ 1 = c_{11}c_{21} & 2 = c_{21}c_{31} + c_{22}c_{32} & 3 = c_{31}c_{41} + c_{32}c_{42} + c_{33}c_{43} & \\ 1 = c_{11}c_{31} & 2 = c_{21}c_{41} + c_{22}c_{42} & & \\ 1 = c_{11}c_{41} & & & \end{array}$$

Una resolución de este sistema *no lineal*, comenzando por la primera columna de ecuaciones, luego la segunda, etc., y tomando soluciones positivas en las raíces cuadradas, conduce fácilmente a la solución

$$\mathbf{C} = \begin{bmatrix} 1 & 0 & 0 & 0 \\ 1 & 1 & 0 & 0 \\ 1 & 1 & 1 & 0 \\ 1 & 1 & 1 & 1 \end{bmatrix}$$

y de ahí a la descomposición de Cholesky $\mathbf{CC}^T$ de la matriz $\mathbf{A}$.

2.20 Hállense todas las inversas por la derecha (caso de existir) de la matriz

$$\mathbf{A} = \begin{bmatrix} 1 & 1 & 1 & 1 & 1 \\ 0 & 1 & 1 & 1 & 1 \end{bmatrix}$$

Una inversa por la derecha $\mathbf{R}$ de $\mathbf{A}$, que es de tamaño 2×5, debe ser una matriz de tamaño 5×2 de la forma

$$\mathbf{R} = [\mathbf{x}_1\ \mathbf{x}_2]$$

Las dos columnas de **R** deben satisfacer las dos ecuaciones matriciales $\mathbf{Ax} = \mathbf{e}_1$, $\mathbf{Ax} = \mathbf{e}_2$, que se pueden resolver simultáneamente de la forma

$$\left[\begin{array}{ccccc|cc} 1 & 1 & 1 & 1 & 1 & 1 & 0 \\ 0 & 1 & 1 & 1 & 1 & 0 & 1 \end{array}\right] \to \left[\begin{array}{ccccc|cc} 1 & 0 & 0 & 0 & 0 & 1 & -1 \\ 0 & 1 & 1 & 1 & 1 & 0 & 1 \end{array}\right]$$

de donde se deduce

$$\mathbf{r}_1 = \begin{bmatrix} 1 \\ -\lambda_1 - \lambda_2 - \lambda_3 \\ \lambda_1 \\ \lambda_2 \\ \lambda_3 \end{bmatrix}, \mathbf{r}_2 = \begin{bmatrix} -1 \\ 1 - \varepsilon_1 - \varepsilon_2 - \varepsilon_3 \\ \varepsilon_1 \\ \varepsilon_2 \\ \varepsilon_3 \end{bmatrix}$$

y de ahí

$$\mathbf{R} = \begin{bmatrix} 1 & -1 \\ -\lambda_1 - \lambda_2 - \lambda_3 & 1 - \varepsilon_1 - \varepsilon_2 - \varepsilon_3 \\ \lambda_1 & \varepsilon_1 \\ \lambda_2 & \varepsilon_2 \\ \lambda_3 & \varepsilon_3 \end{bmatrix}$$

Por consiguiente la matriz **A** del enunciado posee inversas por la derecha, las cuales dependen de seis parámetros, tal como se deduce del resultado obtenido para la matriz **R**.

2.21 Resuélvase en el cuerpo de los números reales, por pivotamiento parcial, el sistema

$$2x + 4y + 8z = 16$$
$$4x + 12y + 32z = 80$$
$$8x + 36y + 128z = 400$$

⍓⍓⍓⍓⍓⍓

Se seleccionan como pivots los elementos de mayor valor absoluto en cada *columna* de la matriz del sistema, sin considerar los elementos que pertenecen a las filas ya utilizadas para la eliminación:

$$\left[\begin{array}{ccc|c} 2 & 4 & 8 & 16 \\ 4 & 12 & 32 & 80 \\ 8 & 36 & 128 & 400 \end{array}\right] \to \ldots \to \left[\begin{array}{ccc|c} 0 & -5 & -24 & -84 \\ 0 & -6 & -32 & -120 \\ 8 & 36 & 128 & 400 \end{array}\right]$$

$$\left[\begin{array}{ccc|c} 0 & -5 & -24 & -84 \\ 0 & -6 & -32 & -120 \\ 8 & 36 & 128 & 400 \end{array}\right] \to \ldots \to \left[\begin{array}{ccc|c} 0 & 0 & 8/3 & 16 \\ 0 & -6 & -32 & -120 \\ 8 & 36 & 128 & 400 \end{array}\right]$$

Se despejan z, y, x en el orden indicado, comenzando por la primera ecuación, y se halla fácilmente la solución única del sistema. Los pivots elegidos han sido en este caso: 8, –6 y 8/3.

2.22 Resuélvase en el cuerpo de los números reales, por pivotamiento total, el sistema de ecuaciones del Ejercicio 2.21 anterior.

Se seleccionan ahora como pivots los elementos de mayor valor absoluto de la *matriz* del sistema, sin considerar los elementos que pertenecen a las filas ya utilizadas para la eliminación:

$$\left[\begin{array}{ccc|c} 2 & 4 & 8 & 16 \\ 4 & 12 & 32 & 80 \\ 8 & 36 & 128 & 400 \end{array}\right] \to \ldots \to \left[\begin{array}{ccc|c} 3/2 & 7/4 & 0 & -9 \\ 2 & 3 & 0 & -20 \\ 8 & 36 & 128 & 400 \end{array}\right]$$

$$\left[\begin{array}{ccc|c} 3/2 & 7/4 & 0 & -9 \\ 2 & 3 & 0 & -20 \\ 8 & 36 & 128 & 400 \end{array}\right] \to \ldots \to \left[\begin{array}{ccc|c} 1/3 & 0 & 0 & 8/3 \\ 2 & 3 & 0 & -20 \\ 8 & 36 & 128 & 400 \end{array}\right]$$

Se despejan x, y, z en el orden indicado, comenzando por la primera ecuación, y se halla fácilmente la solución única del sistema. Los pivots seleccionados han sido los de valores 128, 3 y 1/3.

2.23 Resuélvase en el cuerpo de los números *complejos* el sistema siguiente:

$$(a + bi)x + (c - di)y = i$$

$$(a - bi)x + (c + di)y = -i$$

donde x, y son las incógnitas y a, b, c, d los parámetros *reales* del sistema, supuesto los coeficientes de la matriz del sistema son no nulos, y ad+bc distinto de cero, con $i^2 = -1$.

Las operaciones elementales admiten en este caso escalares complejos. Partiendo de la matriz ampliada del sistema se tiene:

$$\begin{bmatrix} a+bi & c-di & i \\ a-bi & c+di & -i \end{bmatrix} \to \begin{bmatrix} a+bi & c-di & i \\ a & c & 0 \end{bmatrix} \to$$

$$\begin{bmatrix} a+bi & c-di & i \\ 0 & c-(a/(a+bi))(c-di) & -(a/(a+bi))i \end{bmatrix} \rightarrow$$

$$\begin{bmatrix} a+bi & c-di & i \\ 0 & ad+bc & -a \end{bmatrix} \rightarrow$$

$$y = -a/(ad+bc)$$
$$x = (i-(c-di)y)/(a+bi) = c/(ad+bc)$$

y la solución definitiva x, y resulta ser una solución *real* que se ha obtenido por eliminación y sustitución hacia atrás.

2.24 Resuélvase, en el anillo de las matrices cuadradas de orden n con elementos reales, el sistema

$$\mathbf{X} + \mathbf{AY} = \mathbf{B}$$
$$\mathbf{AX} + \mathbf{Y} = \mathbf{C}$$

donde **I+A** e **I–A** son matrices regulares, **B** y **C** matrices cualesquiera y **X** e **Y** las incógnitas matriciales.

Se puede utilizar el método de Gauss, tomando como pivots matrices regulares, y teniendo en cuenta que al multiplicar una ecuación por una matriz se debe efectuar el producto por el mismo lado.

En este ejercicio se parte de que la matriz $(\mathbf{I}-\mathbf{A}^2) = (\mathbf{I}+\mathbf{A})(\mathbf{I}-\mathbf{A})$ es una matriz regular, por ser el producto de matrices regulares. Se opera en forma particionada multiplicando por la izquierda:

$$\begin{bmatrix} \mathbf{I} & \mathbf{A} & \mathbf{B} \\ \mathbf{A} & \mathbf{I} & \mathbf{C} \end{bmatrix} \rightarrow \begin{bmatrix} \mathbf{I} & \mathbf{A} & \mathbf{B} \\ \mathbf{O} & \mathbf{I}-\mathbf{A}^2 & \mathbf{C}-\mathbf{AB} \end{bmatrix} \rightarrow \begin{bmatrix} \mathbf{I} & \mathbf{A} & \mathbf{B} \\ \mathbf{O} & \mathbf{I} & (\mathbf{I}-\mathbf{A}^2)^{-1}(\mathbf{C}-\mathbf{AB}) \end{bmatrix} \rightarrow$$

$$\begin{bmatrix} \mathbf{I} & \mathbf{O} & \mathbf{B}-\mathbf{A}(\mathbf{I}-\mathbf{A}^2)^{-1}(\mathbf{C}-\mathbf{AB}) \\ \mathbf{O} & \mathbf{I} & (\mathbf{I}-\mathbf{A}^2)^{-1}(\mathbf{C}-\mathbf{AB}) \end{bmatrix}$$

de donde se deduce que

$$\mathbf{X} = \mathbf{B}-\mathbf{A}(\mathbf{I}-\mathbf{A}^2)^{-1}(\mathbf{C}-\mathbf{AB})$$
$$\mathbf{Y} = (\mathbf{I}-\mathbf{A}^2)^{-1}(\mathbf{C}-\mathbf{AB})$$

es la solución del sistema.

2.25 Hállese, por el procedimiento de Gauss–Jordan, la inversa de la matriz real

$$\mathbf{A} = \begin{bmatrix} 1 & a & a^2 & a^3 \\ 0 & 1 & a & a^2 \\ 0 & 0 & 1 & a \\ 0 & 0 & 0 & 1 \end{bmatrix}$$

dependiente del parámetro *a*.

Partiendo de la matriz ampliada

$$\left[\begin{array}{cccc|cccc} 1 & a & a^2 & a^3 & 1 & 0 & 0 & 0 \\ 0 & 1 & a & a^2 & 0 & 1 & 0 & 0 \\ 0 & 0 & 1 & a & 0 & 0 & 1 & 0 \\ 0 & 0 & 0 & 1 & 0 & 0 & 0 & 1 \end{array}\right] \rightarrow \ldots \rightarrow \left[\begin{array}{cccc|cccc} 1 & a & a^2 & 0 & 1 & 0 & 0 & -a^3 \\ 0 & 1 & a & 0 & 0 & 1 & 0 & -a^2 \\ 0 & 0 & 1 & 0 & 0 & 0 & 1 & -a \\ 0 & 0 & 0 & 1 & 0 & 0 & 0 & 1 \end{array}\right]$$

$$\left[\begin{array}{cccc|cccc} 1 & a & a^2 & 0 & 1 & 0 & 0 & -a^3 \\ 0 & 1 & a & 0 & 0 & 1 & 0 & -a^2 \\ 0 & 0 & 1 & 0 & 0 & 0 & 1 & -a \\ 0 & 0 & 0 & 1 & 0 & 0 & 0 & 1 \end{array}\right] \rightarrow \ldots \rightarrow \left[\begin{array}{cccc|cccc} 1 & a & 0 & 0 & 1 & 0 & -a^2 & 0 \\ 0 & 1 & 0 & 0 & 0 & 1 & -a & 0 \\ 0 & 0 & 1 & 0 & 0 & 0 & 1 & -a \\ 0 & 0 & 0 & 1 & 0 & 0 & 0 & 1 \end{array}\right]$$

$$\left[\begin{array}{cccc|cccc} 1 & a & 0 & 0 & 1 & 0 & -a^2 & 0 \\ 0 & 1 & 0 & 0 & 0 & 1 & -a & 0 \\ 0 & 0 & 1 & 0 & 0 & 0 & 1 & -a \\ 0 & 0 & 0 & 1 & 0 & 0 & 0 & 1 \end{array}\right] \rightarrow \left[\begin{array}{cccc|cccc} 1 & 0 & 0 & 0 & 1 & -a & 0 & 0 \\ 0 & 1 & 0 & 0 & 0 & 1 & -a & 0 \\ 0 & 0 & 1 & 0 & 0 & 0 & 1 & -a \\ 0 & 0 & 0 & 1 & 0 & 0 & 0 & 1 \end{array}\right]$$

se llega definitivamente a que la matriz inversa de **A** es

$$\mathbf{A}^{-1} = \begin{bmatrix} 1 & -a & 0 & 0 \\ 0 & 1 & -a & 0 \\ 0 & 0 & 1 & -a \\ 0 & 0 & 0 & 1 \end{bmatrix}$$

2.26 Elija una de las dos opciones que se le presentan para resolver el sistema $\mathbf{A}^2\mathbf{x} = \mathbf{b}$, justificando la contestación: O bien elevar **A** al cuadrado y resolver por Gauss, o bien otro método más eficiente que deberá indicar.

Es más eficiente, en general, resolver por Gauss el sistema $\mathbf{Ay} = \mathbf{b}$, y obtener la solución $\mathbf{y_0}$ resolver luego el sistema $\mathbf{Ax} = \mathbf{y_0}$, obteniendo la solución definitiva $\mathbf{x_0}$ para el sistema inicial. Se evita el cálculo de $\mathbf{A}^2$, costoso en número de operaciones, que puede introducir errores de redondeo al trabajar con aritmética no exacta dentro del ordenador. Además las operaciones elementales son las mismas en ambos sistemas a resolver.

2.27 ¿Bajo qué condiciones pertenecen a un mismo plano del espacio los cuatro puntos

$$P_1 \equiv (1, a, b), P_2 \equiv (0,1,c), P_3 \equiv (0,0,1), P_4 \equiv (c, b, a) \text{ ?}$$

⍓⍓⍓⍓⍓⍓

La ecuación general de un plano en el espacio es px+qy+rz+s = 0, donde la terna (p, q, r) es distinta de (0, 0, 0). Si los cuatro puntos están en el mismo plano entonces el sistema homogéneo de cuatro ecuaciones con cuatro incógnitas p, q, r y s

$$\begin{aligned} &p + aq + br + s = 0 \\ &q + cr + s = 0 \\ &r + s = 0 \\ &cp + bq + ar + s = 0 \end{aligned}$$

debe ser indeterminado. Operando con la matriz del sistema se tiene

$$\begin{bmatrix} 1 & a & b & 1 \\ 0 & 1 & c & 1 \\ 0 & 0 & 1 & 1 \\ c & b & a & 1 \end{bmatrix} \to \ldots \to \begin{bmatrix} 1 & a & b & 1 \\ 0 & 1 & c & 1 \\ 0 & 0 & 1 & 1 \\ 0 & 0 & 0 & d \end{bmatrix}$$

donde

$$d = 1 - (a + b + c) + ac + 2bc - ac^2$$

La anulación de d es condición necesaria y suficiente de indeterminación del sistema, luego los cuatro puntos están en el mismo plano si y sólo si

$$1 - (a + b + c) + ac + 2bc - ac^2 = 0$$

2.28 ¿Qué expresión deben verificar los parámetros reales α, β, γ para que el sistema homogéneo en las incógnitas x, y, z

$$\begin{aligned} &x + y\cos\gamma + z\cos\beta = 0 \\ &x\cos\gamma + y + z\cos\alpha = 0 \\ &x\cos\beta + y\cos\alpha + z = 0 \end{aligned}$$

sea indeterminado? Pruébese además que un caso particular de indeterminación viene dado por la expresión $\alpha+\beta+\gamma = 0$, con γ distinto de $k\pi$.

⍓⍓⍓⍓⍓⍓

Operando sobre las filas de la matriz del sistema se tiene

$$\begin{bmatrix} 1 & \cos\gamma & \cos\beta \\ \cos\gamma & 1 & \cos\alpha \\ \cos\beta & \cos\alpha & 1 \end{bmatrix} \to \ldots \to \begin{bmatrix} 1 & \cos\gamma & \cos\beta \\ 0 & 1-\cos^2\gamma & \cos\alpha - \cos\beta\cos\gamma \\ 0 & \cos\alpha - \cos\beta\cos\gamma & 1-\cos^2\beta \end{bmatrix}$$

Si se cumple $\cos^2\gamma \neq 1$ se continúa el proceso de eliminación

$$\begin{bmatrix} 1 & \cos\gamma & \cos\beta \\ 0 & 1-\cos^2\gamma & \cos\alpha - \cos\beta\cos\gamma \\ 0 & \cos\alpha - \cos\beta\cos\gamma & 1-\cos^2\beta \end{bmatrix} \to \begin{bmatrix} 1 & \cos\gamma & \cos\beta \\ 0 & 1-\cos^2\gamma & \cos\alpha - \cos\beta\cos\gamma \\ 0 & 0 & \delta \end{bmatrix}$$

donde

$$\delta = \frac{1-\cos^2\alpha - \cos^2\beta - \cos^2\gamma + 2\cos\alpha\cos\beta\cos\gamma}{1-\cos^2\gamma} \qquad (1)$$

El sistema será indeterminado si además se cumple que se anula el numerador de esta expresión.

2) Si se cumple $\cos^2\gamma = 1$, se parte de la matriz del sistema y se intercambian entre sí las filas segunda y tercera, se tiene

$$\begin{bmatrix} 1 & \varepsilon & \cos\beta \\ 0 & 0 & \cos\alpha - \varepsilon\cos\beta \\ 0 & \cos\alpha - \varepsilon\cos\beta & 1-\cos^2\beta \end{bmatrix} \to \begin{bmatrix} 1 & \varepsilon & \cos\beta \\ 0 & \cos\alpha - \varepsilon\cos\beta & 1-\cos^2\beta \\ 0 & 0 & \cos\alpha - \varepsilon\cos\beta \end{bmatrix}$$

donde

$$\varepsilon = \cos\gamma = \pm 1$$

El sistema será indeterminado si se cumple

a) $\cos\gamma = 1$, $\cos\alpha = \cos\beta$

o bien

b) $\cos\gamma = -1$, $\cos\alpha = -\cos\beta$.

De otra parte si $\alpha+\beta+\gamma = 0$, es fácil comprobar que el numerador de (1)

$$1-\cos^2\alpha - \cos^2\beta - \cos^2\gamma + 2\cos\alpha\cos\beta\cos\gamma$$

se anula, aprovechando la conocida identidad

$$\cos(a+b) = \cos a\cos b - \operatorname{sen} a \operatorname{sen} b$$

sin anularse el denominador de (1) por ser $\gamma \neq k\pi$.

2.14 Ejercicios propuestos

2.29 La matriz **A** verifica $\mathbf{A}^2 = \mathbf{A}$, y **b** es una matriz columna no nula tal que $\mathbf{Ab} = \mathbf{0}$. Demuéstrese que la ecuación $\mathbf{Ax} = \mathbf{b}$ es incompatible.

2.30 Demuéstrese que toda matriz de permutación es el producto de un número finito de matrices elementales de Clase I, intercambio de filas (o columnas); y recíprocamente.

2.31 Pruébese que, mediante operaciones elementales por filas, siempre es posible reducir una matriz de la forma $\mathbf{A} = \mathbf{uv}^T$ a una matriz **B** cuyas filas de la segunda en adelante son nulas, siendo **u** y **v** matrices columna de n elementos, con n>1.

2.32 Demuéstrese que una condición necesaria y suficiente para que exista descomposición **LU** de una matriz cuadrada **A** es que los menores principales angulares Δ_k de la matriz **A**, para los valores de k = 1, 2, ..., n, sean no nulos, en cuyo caso los pivots vienen dados por

$$u_{kk} = \frac{\Delta_k}{\Delta_{k-1}}$$

con k = 1, 2, ..., n y con el convenio $\Delta_0 = 1$.

2.33 Discútase y resuélvase, por separado, en el cuerpo de los números reales los dos sistemas lineales siguientes

$$\text{a)}\ \begin{array}{l} ax + y + z = 4 \\ x + by + z = 3 \\ x + 2by + z = 4 \end{array} \qquad \text{b)}\ \begin{array}{l} ax + by + 2z = 1 \\ ax + (2b-1)y + 3z = 1 \\ ax + by + (b+3)z = 2b - 1 \end{array}$$

donde a y b son parámetros del sistema, con x, y, z las incógnitas.

2.34 Discútase y resuélvase en el cuerpo de los números reales el sistema

$$x_i + x_{i+1} = i, \text{ para } i = 1, ..., n,$$

donde $x_1, x_2, ..., x_{n+1}$ son las incógnitas.

2.35 Hállese la inversa de la matriz de orden n siguiente:

$$\mathbf{A} = \begin{bmatrix} 0 & 1 & 1 & \dots & 1 \\ 1 & 0 & 1 & \dots & 1 \\ 1 & 1 & 0 & \dots & 1 \\ \dots & \dots & \dots & \dots & \dots \\ 1 & 1 & 1 & \dots & 0 \end{bmatrix}$$

2.36 Si una matriz **A** admite la descomposición de Cholesky $\mathbf{A} = \mathbf{C}\mathbf{C}^{\mathrm{T}}$, ¿cómo se puede aprovechar este hecho para resolver el sistema $\mathbf{Ax} = \mathbf{b}$? ¿Y para hallar la inversa de **A**?

2.37 Inspirándose en la inversión de una matriz regular por el método de Gauss–Jordan, ¿cómo se puede resolver eficientemente la ecuación matricial $\mathbf{AX} = \mathbf{B}$, por el método de Gauss, donde **A** es una matriz regular de orden n, **B** una matriz cualquiera de tamaño n×p y **X** la incógnita matricial?

2.38 ¿En qué condiciones, en el conjunto de soluciones del sistema de ecuaciones

$$\begin{aligned} y + az + bt &= 0 \\ -x + cz + dt &= 0 \\ ax + cy - et &= 0 \\ bx + dy + ez &= 0 \end{aligned}$$

se pueden tomar las dos incógnitas z, t como parámetros independientes?

2.39 De un sistema de tres ecuaciones con tres incógnitas en el cuerpo de los números reales se sabe que son ciertas las dos afirmaciones siguientes:

1) Las ternas de la forma p, q, 0 no son solución, excepto la terna 1, −1, 0.
2) La terna 1, 1, 1 es solución.

Hállense todas las soluciones del sistema.

2.40 ¿Para qué valores del parámetro real p se puede efectuar la descomposición de Cholesky de la matriz **A**, siendo

$$\mathbf{A} = \begin{bmatrix} p & 1 & 1 \\ 1 & p & 1 \\ 1 & 1 & p \end{bmatrix}?$$

2.41 Efectúese la descomposición de Cholesky de la matriz **A** del Ejercicio anterior 2.40 para los valores de p obtenidos.

2.42 ¿Qué origina un mayor número de operaciones: multiplicar dos matrices cuadradas de orden n o invertir una matriz regular de orden n por el método de Gauss?

2.43 Hállese la forma normal escalonada por filas de la matriz real

$$\mathbf{A} = \begin{bmatrix} 1 & -2 & 3 & 1 \\ 2 & a & 6 & 6 \\ -1 & 3 & a-3 & 0 \end{bmatrix}$$

en función del parámetro a y resuélvase el sistema homogéneo $\mathbf{Ax} = \mathbf{0}$.

2.44 Diseñe el algoritmo del método de Gauss–Jordan.

2.45 Discútase y resuélvase en el cuerpo de los números complejos **C** el sistema

$$\begin{gathered} x + iy + (1+i)z = 1 - i \\ (1+2i)x + 2iy = 1 \\ (1+i)x + (1+2i)y + (2+i)z = a + bi \end{gathered}$$

donde a y b son parámetros reales, con x, y, z las incógnitas complejas.

2.46 ¿Cómo se debe modificar el método de Gauss–Jordan para que, al resolver el sistema compatible $\mathbf{Ax} = \mathbf{b_0}$ con r pivots, se obtenga como matriz ampliada final

$$\begin{bmatrix} \mathbf{I}_r & * \\ \mathbf{O} & \mathbf{O} \end{bmatrix}$$

donde * denota un bloque matricial cualquiera?

2.47 ¿Existe una esfera, en el espacio euclídeo tridimensional ordinario, que pasa por los puntos

$$P_1 \equiv (1,1,1), P_2 \equiv (0,1,1), P_3 \equiv (1,1,0), P_4 \equiv (1,0,0) \ ?$$

Hállese en su caso la ecuación correspondiente.

2.48 Hállese una matriz de un sistema de tres ecuaciones lineales con tres incógnitas x, y, z, dependiente de los parámetros reales no nulos a, b, c (distintos entre sí dos a dos), de modo que

$$\frac{(b-1)(1-c)}{a(c-a)(a-b)}, \frac{(1-c)(a-1)}{b(a-b)(b-c)}, \frac{(a-1)(1-b)}{c(b-c)(c-a)}$$

sea solución del sistema, y la columna de términos independientes esté formada por elementos que valen la unidad.

2.49 Hállense todas las matrices **A**, reales y simétricas de orden dos, para las que el sistema **Ax** = **b** es compatible y ello para toda columna **b**.

2.50 Resuélvase la ecuación matricial $\mathbf{AX}+\mathbf{XB}^H = \mathbf{C}$, donde

$$\mathbf{A} = \begin{bmatrix} 0 & 1 \\ 1 & 0 \end{bmatrix}, \mathbf{B} = \begin{bmatrix} 1 & i \\ -i & 0 \end{bmatrix}, \mathbf{C} = \begin{bmatrix} i & -2i \\ 0 & 2i \end{bmatrix}$$

son matrices complejas conocidas.

2.51 Indíquese un procedimiento para resolver de modo eficiente el sistema homogéneo

$$\mathbf{Ax} = \mathbf{0},$$

siendo

$$\mathbf{A} = \mathbf{uv}^T,$$

con **u** y **v** dos columnas *no nulas* conocidas.

2.52 Hállese el conjunto de las inversas por la izquierda de la matriz **A** de tamaño n×2 siguiente

$$\mathbf{A} = \begin{bmatrix} 1 & 0 \\ 1 & 1 \\ \dots & \dots \\ 1 & 1 \\ 1 & 1 \end{bmatrix}$$

con n mayor o igual que dos

3

Espacios Vectoriales

Los espacios vectoriales, también llamados espacios lineales, constituyen una estructura matemática muy rica en aplicaciones prácticas. La mayor parte de problemas reales o se comportan linealmente o se linealizan para un tratamiento más sencillo en un cierto campo de aplicación. Las nociones fundamentales de combinación lineal, subespacio generado, dependencia o independencia lineal, bases, dimensión, suma e intersección de subespacios y descomposición de un espacio como suma directa de subespacios son absolutamente necesarias para comprender los espacios vectoriales y poderlos utilizar haciendo abstracción del espacio particular de que se trate.

3.1 Espacios vectoriales

Para la definición de *espacio vectorial* se parte de un conjunto E no vacío, cuyos elementos reciben el nombre de *vectores*, y del cuerpo de *escalares* **K**, que se limita en lo sucesivo o bien al cuerpo **R** de los números reales o bien al cuerpo **C** de los números complejos. Se supone además que el conjunto E está estructurado por dos operaciones binarias: La primera operación (+), denominada *suma vectorial*, hace corresponder a dos vectores cualesquiera x, y otro vector z, suma de x e y, escribiéndose z = x+y; la segunda operación (.), denominada *producto por escalares*, asocia a un escalar α y a un vector x cualesquiera un vector w producto de α por x, escribiéndose w = α.x, o de un modo más simplificado w = αx. (Ver Figura 3.1).

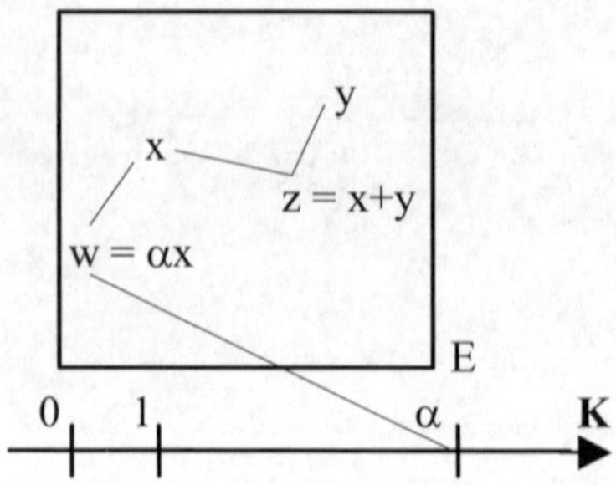

Figura 3.1

Se dice que (E,+,.) es *un espacio vectorial sobre **K***, respecto de las operaciones suma vectorial y producto por escalares, si se verifican las ocho propiedades siguientes:

1: $(x+y)+z = x+(y+z)$

2: $0+x = x+0 = x$

3: $x+(-x) = -x+x = 0$

4: $x+y = y+x$

5: $(\alpha\beta)x = \alpha(\beta x)$

6: $\alpha(x+y) = \alpha x+\alpha y$

7: $(\alpha+\beta)x = \alpha x+\beta x$

8: $1x = x$

Las cuatro primeras propiedades permiten afirmar que (E,+) es un grupo abeliano; las cuatro restantes propiedades hacen que (E,+,.) pase a tener estructura de espacio vectorial.

El vector 0 es el elemento neutro del grupo abeliano y recibe el nombre de *vector nulo* El vector –x, simétrico de x respecto de la suma vectorial, se llama *vector opuesto* de x. El escalar 1 de la propiedad octava es el elemento unidad del cuerpo **K** sobre el que está definido el espacio vectorial.

En la notación utilizada no hay confusión posible. Los vectores se denotan con letras latinas y los escalares con letras griegas. Además siempre se multiplican escalares por vectores y no vectores por escalares.

Proposición 3.1 "Se cumplen las siguientes tres propiedades inmediatas:

a) $0x = \alpha 0 = 0$

b) $(-\alpha)x = \alpha(-x) = -(\alpha x)$

c) La identidad $\alpha x = 0$ implica $\alpha = 0$ o bien $x = 0$".

Se dejan como simples ejercicios las demostraciones de las propiedades a) y b). Se demuestra la propiedad c): Si $\alpha = 0$, queda probada la implicación, y si $\alpha \neq 0$, también es cierta la implicación, pues existe α^{-1} y

$$\alpha^{-1}(\alpha x) = \alpha^{-1}0 \rightarrow (\alpha^{-1}\alpha)x = 0 \rightarrow 1x = 0 \rightarrow x = 0 \quad \square$$

Ejemplo 3.1

Se van a considerar una serie de casos particulares de espacios vectoriales que aparecerán con frecuencia de aquí en adelante:

1) $\mathbf{K}^{m\times n}$, el conjunto de matrices de tamaño m×n con elementos en **K**, es un espacio vectorial sobre **K**.

Efectivamente. Se cumplen las ocho propiedades de espacio vectorial para las matrices de tamaño m×n con elementos en **K**, con las operaciones suma matricial y producto por escalares (ver apartado 1.2). En este espacio la matriz $\mathbf{O}_{m\times n}$ es el vector nulo y la matriz $-\mathbf{A}$ es el vector opuesto de **A**.

2) $\mathbf{K}^p$, el conjunto cuyos elementos son p escalares ordenados de **K**, de la forma

$$(\alpha_1, \alpha_2, ..., \alpha_p),$$

es un espacio vectorial sobre **K**, con las operaciones *suma*

$$(\alpha_1, \alpha_2, ..., \alpha_p) + (\beta_1, \beta_2, ..., \beta_p) = (\alpha_1 + \beta_1, \alpha_2 + \beta_2, ..., \alpha_p + \beta_p)$$

y *producto por escalares*

$$\alpha(\alpha_1, \alpha_2, ..., \alpha_p) = (\alpha\alpha_1, \alpha\alpha_2, ..., \alpha\alpha_p)$$

En este espacio vectorial (0, 0, ..., 0) es el vector nulo, y $(-\alpha_1, -\alpha_2, ..., -\alpha_p)$ es el vector opuesto del vector $(\alpha_1, \alpha_2, ..., \alpha_p)$.

3) $\mathbf{K}_p[t]$, el conjunto de polinomios de grado a lo sumo p, con coeficientes en **K** y una variable t, de la forma

$$q(t) = \alpha_0 + \alpha_1 t + \alpha_2 t^2 + ... + \alpha_p t^p$$

es un espacio vectorial sobre **K**, con las operaciones ordinarias de *suma de polinomios* y *producto de escalares por polinomios*:

$$(\alpha_0 + \alpha_1 t + \alpha_2 t^2 + ... + \alpha_p t^p) +$$
$$(\beta_0 + \beta_1 t + \beta_2 t^2 + ... + \beta_p t^p) =$$
$$(\alpha_0 + \beta_0) + (\alpha_1 + \beta_1)t + (\alpha_2 + \beta_2)t^2 + ... + (\alpha_p + \beta_p)t^p$$

y

$$\alpha.(\alpha_0 + \alpha_1 t + \alpha_2 t^2 + ... + \alpha_p t^p) =$$
$$(\alpha.\alpha_0) + (\alpha.\alpha_1)t + (\alpha.\alpha_2)t^2 + ... + (\alpha.\alpha_p)t^p$$

El vector nulo es el *polinomio idénticamente nulo*, que se anula para todo valor de t

$$0(t) = 0 + 0t + 0t^2 + ... + 0t^p$$

y el vector opuesto del polinomio q(t) es el polinomio

$$-q(t) = -\alpha_0 - \alpha_1 t - \alpha_2 t^2 - ... - \alpha_p t^p$$

También es un espacio vectorial sobre **K** el conjunto de polinomios sin limitación de grado, con coeficientes en K y variable t, denotado por **K[t]**.

4) **F(I)**, el conjunto de las funciones reales definidas en un intervalo **I** de la recta real, de la forma

$$f : \mathbf{I} \rightarrow \mathbf{R}$$

es un espacio vectorial sobre **K**, respecto de las operaciones *suma de funciones*

$$(f + g)(x) = f(x) + g(x)$$

y *producto de un escalar por una función*

$$(\alpha.f)(x) = \alpha f(x)$$

Se deja para el lector las tareas de localizar el vector nulo y definir el opuesto de la función f en el citado espacio funcional. ✶

3.2 Subespacios vectoriales

Sea (E,+,.) un espacio vectorial sobre **K**, y F un subconjunto no vacío de E. Por definición, se dice que F es un *subespacio vectorial* de E si se cumplen las dos condiciones

$$\begin{aligned} &1)\ x, x' \in F \rightarrow x + x' \in F \\ &2)\ \alpha \in \mathbf{K}, x \in F \rightarrow \alpha x \in F \end{aligned} \qquad [2.1]$$

(Ver Figura 3.2).

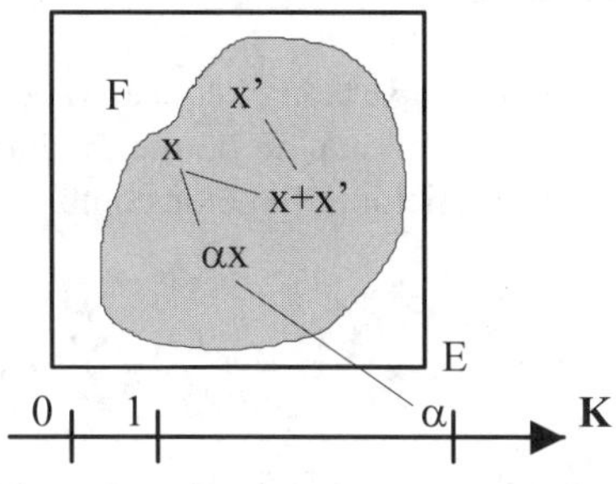

Figura 3.2

Obsérvese que el subespacio vectorial F posee estructura de espacio vectorial sobre **K**, con las operaciones recibidas del espacio vectorial E que lo contiene. Al operar con los vectores de F los resultados siguen estando en F; en particular el vector nulo de E pertenece a cualquier subespacio vectorial de E. De otra parte, las dos condiciones de subespacio vectorial se pueden reducir a una sola equivalente, dada por

$$\alpha, \alpha' \in \mathbf{K}, x, x' \in F \rightarrow \alpha x + \alpha' x' \in F \qquad [2.2]$$

Es fácil probar que las combinaciones lineales de vectores de F también son vectores de F (se deja su demostración para el lector).

Ejemplo 3.2

1) Las soluciones **N**(**A**) de la ecuación matricial homogénea **Ax** = **0**, donde **A** es una matriz de tamaño m×n con elementos en **K**, forman un subespacio vectorial de $\mathbf{K}^{n\times 1}$, ya que **N**(**A**) es no vacío (la columna nula **0** siempre es solución de la ecuación homogénea); **N**(**A**) está contenido en $\mathbf{K}^{n\times 1}$y se cumple la condición de subespacio vectorial

$$\alpha, \alpha' \in \mathbf{K}, \mathbf{x}, \mathbf{x}' \in \mathbf{N}(\mathbf{A}) \rightarrow \alpha \mathbf{x} + \alpha' \mathbf{x}' \in \mathbf{N}(\mathbf{A})$$

pues

$$\mathbf{A}(\alpha \mathbf{x} + \alpha' \mathbf{x}') = \alpha(\mathbf{A}\mathbf{x}) + \alpha'(\mathbf{A}\mathbf{x}') = \alpha \mathbf{0} + \alpha' \mathbf{0} = \mathbf{0}$$

2) $\mathbf{K}_p[\mathbf{t}]$ es un subespacio vectorial de **K**[**t**], lo que se prueba muy fácilmente (Se deja la demostración para el lector).

3) Todo espacio vectorial E posee los subespacios vectoriales triviales {0} y E. (Evidente). ✶

La definición dada de subespacio vectorial no es constructiva, en el sentido de que sólo sirve para saber si un subconjunto no vacío de E es o no es subespacio vectorial: no permite construir nuevos subespacios vectoriales de E. Cómo construir nuevos subespacios vectoriales es una cuestión que se comienza a analizar en el siguiente apartado.

3.3 Subespacios generados

Se considera inicialmente en este apartado el concepto de vector *combinación lineal* de p vectores de E dados, $x_1, x_2, ..., x_p$, el cual se define mediante p escalares $\alpha_1, \alpha_2, ..., \alpha_p$ previamente seleccionados. Por definición, el vector combinación lineal viene dado por la expresión

$$x = \alpha_i x_i + \alpha_2 x_2 + ... + \alpha_p x_p = \sum_{i=1}^{p} \alpha_i x_i \ , \qquad [3.1]$$

donde $\alpha_1, \alpha_2, ..., \alpha_p$ son los llamados *coeficientes* de la combinación lineal.

Se va a demostrar en la siguiente proposición que las combinaciones lineales gozan de la *propiedad transitiva*:

Proposición 3.2 "Si el vector x es combinación lineal de los vectores $x_1, x_2, ..., x_p$, y cada vector x_j, para $j = 1, 2, ..., p$, es combinación lineal de los vectores $y_1, y_2, ..., y_q$, entonces x es combinación lineal de los vectores $y_1, y_2, ..., y_q$".

Las expresiones siguientes prueban la verdad de la proposición:

$$x = \sum_{j=1}^{p} \alpha_j x_j = \sum_{j=1}^{p} \alpha_j (\sum_{i=1}^{q} \beta_{ij} y_i) = \sum_{i=1}^{q} (\sum_{j=1}^{p} \beta_{ij} \alpha_j) y_i = \sum_{i=1}^{q} \gamma_i y_i \ . \ \square$$

La Figura 3.3 puede ayudar a comprender mejor el alcance de la Proposición 3.2, donde las líneas que salen de un vector indican de qué vectores es combinación lineal:

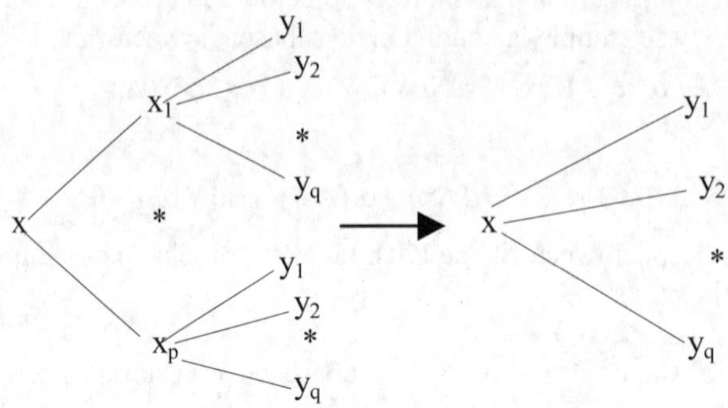

Figura 3.3

Obsérvese, en el desarrollo de la demostración realizada, cómo relacionar matricialmente los coeficientes de x relativos a los vectores $x_1, x_2, ..., x_p$ con los coeficientes de x relativos a los vectores $y_1, y_2, ..., y_q$, y ello mediante

$$\begin{bmatrix} \gamma_1 \\ \gamma_2 \\ \cdots \\ \gamma_q \end{bmatrix} = \begin{bmatrix} \beta_{11} & \beta_{12} & \cdots & \beta_{1p} \\ \beta_{21} & \beta_{22} & \cdots & \beta_{2p} \\ \cdots & \cdots & \cdots & \cdots \\ \beta_{q1} & \beta_{q2} & \cdots & \beta_{qp} \end{bmatrix} \begin{bmatrix} \alpha_1 \\ \alpha_2 \\ \cdots \\ \alpha_p \end{bmatrix} \quad [3.2]$$

Se está en condiciones de poder definir la noción de subespacio generado: Si (E,+,.) un espacio vectorial sobre **K** y $x_1, x_2, ..., x_p$ son p vectores de E dados, se define el *subespacio generado* por los citados vectores como el conjunto de todas sus combinaciones lineales, esto es, si se denota el subespacio generado mediante $[x_1, x_2, ..., x_p]$ se tiene la identidad

$$[x_1, x_2, ..., x_p] = \left\{ x \in E; x = \sum_{i=1}^{p} \alpha_i x_i, \alpha_i \in \mathbf{K},\ i = 1,2,...,p \right\} \quad [3.3]$$

(Ver Figura 3.4).

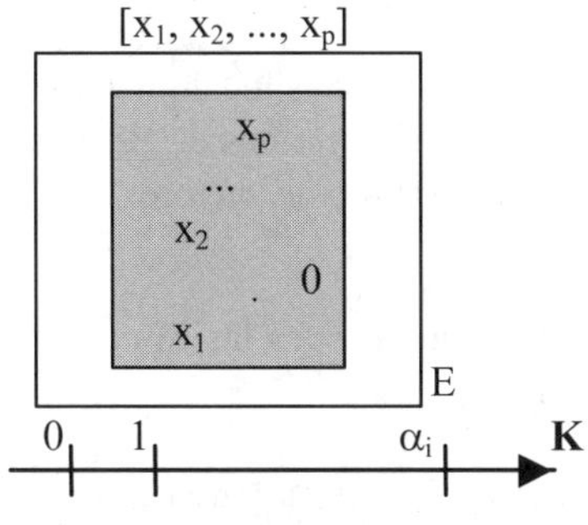

Figura 3.4

Proposición 3.3 "$[x_1, x_2, ..., x_p]$ es un subespacio vectorial de E".

Basta probar que se verifica la condición de subespacio vectorial, dada por [2.2], pues $[x_1, x_2, ..., x_p]$ está contenido en E y, además, es no vacío (el vector nulo es combinación lineal de cualquier colección de vectores). Veamos:

$$\alpha, \alpha' \in \mathbf{K},\ x, x' \in [x_1, x_2, ..., x_p] \rightarrow$$

$$\alpha x + \alpha' x' = \alpha \sum_{i=1}^{p} \alpha_i x_i + \alpha' \sum_{i=1}^{p} \alpha'_i x_i = \sum_{i=1}^{p} (\alpha\alpha_i + \alpha'\alpha'_i) x_i \rightarrow$$

$$\alpha x + \alpha' x' \in [x_1, x_2, ..., x_p].\ \square$$

Proposición 3.4 "Los vectores x_1, x_2, ..., x_p, generadores del subespacio, pertenecen al propio subespacio generado $[x_1,x_2,...,x_p]$ ".

Debido a que

$$x_i = 0x_1 + 0x_2 + ... + 1x_i + ... + 0x_p, \; i = 1,2,...,p \,. \; \square$$

Proposición 3.5 "$[x_1, x_2, ..., x_p]$ es el menos amplio de los subespacios vectoriales de E que cumplen la condición de contener a los vectores generadores".

El enunciado está dado en el sentido de la teoría de conjuntos. Sea F un subespacio vectorial de E tal que los vectores x_i pertenecen todos a F. Es muy fácil probar que cualquier vector que está en $[x_1, x_2, ..., x_p]$ necesariamente está en F, pues en un subespacio vectorial las combinaciones lineales de sus elementos pertenecen al propio subespacio. ❑

Por convenio se afirma que el *conjunto vacio* $\varnothing$ genera el *subespacio trivial nulo* $\{0\}$.

Por definición se dice que E es un espacio vectorial de *tipo finito* si está generado por un número finito de vectores, esto es, si existen vectores x_1, x_2, ..., x_p en número finito tales que $[x_1, x_2, ..., x_p] = E$, o lo que es lo mismo, si cualquier vector de E es combinación lineal de una colección finita de x_1, x_2, ..., x_p de vectores de E. No se debe confundir que E sea de tipo finito con que E posea un número finito de vectores.

Ejemplo 3.3

1) $\mathbf{K}^{m\times n}$ es un espacio de tipo finito, pues las m×n matrices $\mathbf{E}_{ij}$ lo generan (Véase la expresión [1.11] del Capítulo 1).

2) $\mathbf{K}^p$ es también de tipo finito, pues los p paréntesis del citado espacio, que son de la forma $e_i = (0, 0, ..., 1, ..., 0)$, $i = 1, 2, ..., p$, lo generan. Obsérvese que

$$(\alpha_1,\alpha_2,...,\alpha_p) = \alpha_1(1,0,...,0) + \alpha_2(0,1,...,0) + ... + \alpha_p(0,0,...,1) = \sum_{i=1}^{p} \alpha_i e_i \,.$$

3) $\mathbf{K}_p[t]$ es de tipo finito, pues los (p+1) polinomios 1, t, t^2, ..., t^p del citado espacio lo generan. En este caso se tiene

$$q(t) = \sum_{i=0}^{p} \alpha_i t^i$$

4) **K[t]** y **F(I)** *no* son de tipo finito, ya que no se pueden generar estos espacios con un número finito de polinomios o de funciones, respectivamente.

5) Si $\mathbf{x} = \mathbf{C}\lambda$ representa matricialmente el subespacio vectorial $\mathbf{N(A)}$ de soluciones de la ecuación homogénea $\mathbf{Ax} = \mathbf{0}$, entonces las matrices columna que forman la matriz $\mathbf{C}$

generan **N**(**A**), por lo que **N**(**A**) –considerado como espacio vectorial– es de tipo finito (véase en el apartado 2.9 del Capítulo 2 la expresión [10.5]).

6) Dada la matriz **A**, de tamaño m×n, también es de tipo finito el subespacio vectorial **R**(**A**), considerado como espacio vectorial. Es muy sencillo probar que las n columnas de **A** generan **R**(**A**). ✶

La noción de subespacio generado permite "construir" subespacios en un espacio vectorial. Para ello se toma una colección de vectores del espacio y se forman todas sus combinaciones lineales, es decir, el subespacio generado, el cual es un subespacio vectorial. Más adelante se verá que los subespacios de un espacio de tipo finito siempre se pueden construir de ese modo. También se considerarán otros procedimientos constructivos.

Finalmente una proposición, útil en la práctica:

Proposición 3.6 "Las operaciones elementales sobre una lista de vectores x_1, x_2, ..., x_p cualesquiera no alteran el subespacio generado".

Lo que hay que demostrar es:

$$1) \lfloor x_1,...,x_i,...,x_j,...,x_p \rfloor = \lfloor x_1,...,x_j,...,x_i,...,x_p \rfloor, \ i \neq j$$

$$2) \lfloor x_1,...,x_i,...,x_p \rfloor = \lfloor x_1,...,\alpha x_i,...,x_p \rfloor, \ \alpha \neq 0 \text{, y}$$

$$3) \lfloor x_1,...,x_i,...,x_p \rfloor = \lfloor x_1,...,x_i + \alpha x_j,...,x_p \rfloor, \ i \neq j$$

Se dejan los detalles de la demostración como ejercicio. ❑

3.4 Dependencia e independencia lineal

En un espacio vectorial, se dice que el vector x *depende linealmente* de la lista de vectores x_1, x_2, ..., x_p si x es combinación lineal de los vectores x_1, x_2, ..., x_p, esto es,

$$x \in \lfloor x_1, x_2,..., x_p \rfloor. \qquad [4.1]$$

De otra parte, se dice que la lista o colección de vectores x_1, x_2, ..., x_p es *linealmente dependiente* si existe algún vector x_k de la colección que sea combinación lineal de los *demás*, es decir, si

$$\exists x_k \in \lfloor x_1,..., x_{k-1}, x_{k+1},..., x_p \rfloor. \qquad [4.2]$$

Una colección de vectores $x_1,x_2,...,x_p$ se dice *linealmente independiente* si no es linealmente dependiente, esto es, si ningún vector de la colección es combinación lineal de los demás.

Proposición 3.7 "Una colección de vectores $x_1, x_2, ..., x_p$ es linealmente independiente si y sólo si el vector nulo se escribe *de modo único* como combinación lineal de los vectores de la colección".

Supóngase que la colección es linealmente independiente. El vector nulo siempre se puede escribir al menos como combinación lineal de cualquier colección de vectores, tomando todos los coeficientes de la combinación lineal que valgan cero. Si el vector nulo admitiera otra escritura

$$0 = \alpha_1 x_1 + ... + \alpha_k x_k + ... + \alpha_p x_p, \alpha_k \neq 0$$

debería haber al menos un coeficiente, por ejemplo el k–ésimo, distinto de cero y se podría despejar x_k como combinación lineal de los demás vectores de la colección, por lo que la colección de vectores inicial sería linealmente dependiente, contrariamente a la hipótesis. Luego si la colección es linealmente independiente la escritura del vector nulo es única.

Supóngase ahora que la colección es linealmente dependiente. En este caso existe al menos un vector combinación lineal de los demás, por ejemplo el x_k, de modo que

$$x_k = \beta_1 x_1 + ... + \beta_{k-1} x_{k-1} + \beta_{k+1} x_{k+1} + ... + \beta_p x_p,$$

de donde

$$0 = \beta_1 x_1 + ... + \beta_{k-1} x_{k-1} + (-1) x_k + \beta_{k+1} x_{k+1} + ... + \beta_p x_p,$$

y el vector nulo admite al menos dos escrituras diferentes (ésta y la trivial nula). ❑

En la práctica para saber si la colección de vectores $x_1, x_2, ..., x_p$ es linealmente independiente o dependiente se puede plantear la *ecuación*

$$0 = \alpha_1 x_1 + ... + \alpha_k x_k + ... + \alpha_p x_p, \qquad [4.3]$$

donde las incógnitas son $\alpha_1, \alpha_2, ..., \alpha_p$. Si la ecuación [4.3] posee como solución *única* la trivial nula 0, 0, ..., 0, entonces la colección de vectores es linealmente independiente; por el contrario, si la ecuación [4.3] admite *otra* solución distinta de la trivial nula, la colección de vectores es linealmente dependiente.

Ejemplo 3.4

1) Un vector x es una colección linealmente independiente si y sólo si es no nulo.

2) Dos vectores x, y forman una colección linealmente dependientes si y sólo si uno es múltiplo escalar del otro.

3) La colección $x_1, x_2, ..., 0, ..., x_p$ es linealmente dependiente por contener el vector nulo.

4) Las m×n matrices $\mathbf{E}_{ij}$ de $\mathbf{K}^{m\times n}$ forman una colección linealmente independiente. Nótese que

$$\sum_{i=1}^{m}\sum_{j=1}^{n}\alpha_{ij}\mathbf{E_{ij}} = \mathbf{O_{mxn}} \rightarrow \alpha_{ij} = 0, \forall i, j\,.$$

5) Los p vectores e_i de $\mathbf{K^p}$ forman una colección linealmente independiente. En este caso

$$\sum_{i=1}^{p}\alpha_i e_i = (0,0,...,0) \rightarrow \alpha_i = 0, i = 1,2,...,p\,.$$

6) Los p+1 polinomios t^i de $\mathbf{K_p[t]}$ forman una colección linealmente independiente. Obsérvese que

$$\sum_{i=0}^{p}\alpha_i t^i = 0(t) \rightarrow \alpha_i = 0, i = 0,1,2,...,p\,.\bigstar$$

Proposición 3.8 "Una colección de p vectores *no nulos* x_1, x_2, ..., x_p, con $p>1$, es linealmente dependiente si y sólo si existe al menos un vector combinación lineal de los *anteriores*".

Si los vectores x_1, x_2, ..., x_p son linealmente dependientes, existirán escalares α_i, no todos nulos, tales que

$$0 = \alpha_1 x_1 + ... + \alpha_k x_k + ... + \alpha_p x_p$$

Sea k el mayor valor del subíndice utilizado para el que $\alpha_k \neq 0$ y $\alpha_i = 0$, para todo $i>k$. Está claro que k existe y debe cumplir $1<k$ (no puede ser $k = 1$, pues se tendría el absurdo dado por $0 = \alpha_1 x_1$, con $\alpha_1 \neq 0$ y $x_1 \neq 0$). Se tiene pues $1<k$ y la identidad

$$0 = \alpha_1 x_1 + ... + \alpha_k x_k$$

de la que se puede despejar x_k como combinación lineal de los anteriores vectores, en este caso x_1, x_2, ..., x_{k-1}. Recíprocamente, si un vector es combinación lineal de los anteriores será combinación lineal de los demás (basta añadir los sumandos que faltan con coeficientes cero), y por consiguiente (por definición de dependencia lineal) la colección inicial de vectores será linealmente dependiente. ❑

Proposición 3.9 "Las operaciones elementales sobre una lista de vectores x_1, x_2, ..., x_p cualesquiera no alteran la dependencia o independencia lineal de la lista".

Se deja como ejercicio para el lector. ❑

Desde un punto de vista práctico, mediante operaciones elementales se puede determinar si una colección inicial de vectores es linealmente dependiente o linealmente independiente, así como obtener una colección de vectores linealmente independiente que generen el mismo subespacio que el generado por la colección inicial. Se analizarán estas cuestiones después de introducir el concepto de base vectorial. Antes se van a indicar cuatro proposiciones, útiles en la práctica, que también se dejan todas como ejercicios para el lector:

Proposición 3.10 "Cualquier colección de vectores extraída de una colección linealmente independiente es linealmente independiente".

Proposición 3.11 "Cualquier ampliación de una colección de vectores linealmente dependiente es linealmente dependiente".

Proposición 3.12 "Si a una colección de vectores se le añade un vector combinación lineal de la citada colección, no se altera el subespacio generado".

Proposición 3.13 "Si a una colección de vectores se le suprime un vector combinación lineal de los demás de la citada colección, no se altera el subespacio generado".

3.5 Bases de un espacio vectorial

Por definición, se llama *base* de un espacio vectorial E de tipo finito a una colección (ordenada) de vectores $x_1, x_2, ..., x_n$ de E que cumple dos condiciones:

1) La colección genera E, y
2) La colección es linealmente independiente en E.

Se van a considerar a continuación tres ejemplos de bases para espacios vectoriales:

Ejemplo 3.5

1) Las m×n matrices $\mathbf{E_{ij}}$ de $\mathbf{K^{m\times n}}$ forman una base de $\mathbf{K^{m\times n}}$.

2) Los p vectores e_i de $\mathbf{K^p}$ forman una base de $\mathbf{K^p}$.

3) Los p+1 polinomios t^i de $\mathbf{K_p[t]}$ forman una base de $\mathbf{K_p[t]}$. ✶

Las bases que aparecen en estos ejemplos reciben el nombre de *bases naturales* de los espacios vectoriales correspondientes.

Proposición 3.14 "Todo espacio vectorial E, de tipo finito y distinto de {0}, admite base (finita)".

Por ser E de tipo finito existirá en E una colección finita de vectores de E, por ejemplo, $x_1, x_2, ..., x_p$ que lo generan. Al menos uno de ellos debe ser no nulo, de lo contrario E sería el espacio trivial nulo {0}. Sin perder generalidad se puede suponer que todos los vectores de la colección generadora son no nulos (si un vector fuera nulo se podría suprimir sin alterar el espacio generado). Se va a proceder por etapas:

1ª Etapa: La colección $x_1, x_2, ..., x_p$ genera E.

a) Si $x_1, x_2, ..., x_p$ es linealmente independiente, entonces la colección $x_1, x_2, ..., x_p$ es una base de E, y aquí termina la demostración.

b) Si, por el contrario, $x_1, x_2, ..., x_p$ es linealmente dependiente, siendo los vectores no nulos, existirá un vector en la colección que sea combinación lineal de los anteriores, por ejemplo x_p. Si no fuera x_p, se intercambiaría con x_p de manera que ocupe el último lugar, sin alterar el espacio generado. Se tiene, por consiguiente, un vector x_p combinación lineal de los demás, luego se puede suprimir sin alterar el espacio generado, de modo que la colección $x_1, x_2, ..., x_{p-1}$ sigue generando E.

2ª Etapa: La colección $x_1, x_2, ..., x_{p-1}$ genera E.

a) Si $x_1, x_2, ..., x_{p-1}$ es linealmente independiente, entonces la colección $x_1, x_2, ..., x_{p-1}$ es una base de E, y aquí termina la demostración.

b) Si, por el contrario, $x_1, x_2, ..., x_{p-1}$ es linealmente dependiente, siendo los vectores no nulos, existirá un vector en la colección combinación lineal de los anteriores, por ejemplo x_{p-1}. Si no fuera x_{p-1}, se intercambiaría con x_{p-1} de manera que ocupe el último lugar, sin alterar el espacio generado. Se tiene, por consiguiente, un vector x_{p-1} combinación lineal de los demás, luego se puede suprimir sin alterar el espacio generado, de modo que la colección $x_1, x_2, ..., x_{p-2}$ sigue generando E.

Y así sucesivamente. El procedimiento termina a lo sumo en la

pª Etapa: La colección formado por el vector x_1 genera E, pero x_1 como colección es linealmente independiente, por ser x_1 un vector no nulo, luego x_1 es una base de E.

En definitiva siempre se concluye la existencia de una base extraída de la colección finita de vectores que genera el espacio vectorial. ❑

La demostración aportada es de naturaleza constructiva, es decir, da un procedimiento sistemático para *extraer* una base de una colección finita generadora del espacio. El espacio podría ser a su vez un subespacio de otro espacio más amplio. En la práctica, se eliminan los vectores de la colección generadora que sean combinación lineal de los anteriores hasta que no quede ninguno que cumpla esta condición.

Proposición 3.15 "Todo vector *se escribe* en una base dada *de modo único* como combinación lineal de los vectores de la base".

Sea x un vector y sea $x_1, x_2, ..., x_n$ una base de E. Por tratarse de una base, ésta genera el espacio, por lo que x se podrá escribir como combinación lineal de los vectores de la base. Además, la escritura de x es única debido a la independencia lineal de los vectores de la base. Veamos: si hubiera dos escrituras diferentes se tendría

$$x = \sum_{i=1}^{n} \alpha_i x_i,$$

$$x = \sum_{i=1}^{n} \alpha_i' x_i$$

Restando miembro a miembro ambas identidades se llega a

$$0 = \sum_{i=1}^{n} (\alpha_i' - \alpha_i) x_i$$

de lo que se deduce inmediatamente que $\alpha_i' = \alpha_i$, para i = 1, 2, ..., n, contrariamente a la hipótesis de doble escritura. ❑

Por definición, los coeficientes α_i, i = 1, 2, ..., n de la combinación lineal x en la base dada $x_1, x_2, ..., x_n$ reciben el nombre de *componentes* de x en la citada base.

La Proposición 3.15 garantiza que, fijada una base, las componentes de un vector existen y son únicas. Las componentes caracterizan al vector en dicha base y se dice que lo representan. A veces se usa como notación matricial

$$\mathbf{x}_{\{x_i\}} = \begin{bmatrix} \alpha_1 \\ \alpha_2 \\ \dots \\ \alpha_n \end{bmatrix} \qquad [5.1]$$

para indicar la matriz que representa al vector x en la base $x_1, x_2, ..., x_n$. Muchas veces se escribirá simplemente **x** si la base se sobreentiende, sin que haya confusión posible entre el vector x (que no depende de la base) y su representación matricial **x** (que sí depende, en general, de la base).

Ejemplo 3.6

1) Las componentes de la matriz $\mathbf{A} = [a_{ij}]$ de $\mathbf{K}^{m\times n}$, en la base natural, son precisamente los m×n elementos a_{ij} de la matriz.

2) Las componentes del paréntesis $(\alpha_1, \alpha_2, ..., \alpha_p)$ de $\mathbf{K}^p$, en la base natural, son precisamente los elementos $\alpha_1, \alpha_2, ..., \alpha_p$ que forman el paréntesis.

3) Las componentes de un polinomio de $\mathbf{K_p[t]}$, en la base natural, son los coeficientes del polinomio. ✶

Como ya se ha indicado, las componentes de un vector x dependen, en general, de la base del espacio seleccionada como tal. Si se considera otra base del espacio, por ejemplo la base $x'_1, x'_2, ..., x'_n$, las componentes del vector x se pueden expresar matricialmente mediante la matriz columna

$$\mathbf{x}_{\{x_i'\}} = \begin{bmatrix} \alpha_1' \\ \alpha_2' \\ \dots \\ \alpha_n' \end{bmatrix} \qquad [5.2]$$

Más adelante en este Capítulo se estudiará la relación que existe entre las componentes de un mismo vector en bases distintas.

3.6 Dimensión

Se define la *dimensión* de un espacio vectorial (o subespacio vectorial) de tipo finito como el número de vectores de cualquiera de sus bases. La definición presupone la invariancia del número de vectores de una base cualquiera del espacio (o subespacio), lo cual será probado más adelante. Se necesita previamente la siguiente proposición:

Proposición 3.16 "Si $x_1, x_2, ..., x_p$ es una colección de vectores no nulos generadores de un espacio (o subespacio), e $y_1, y_2, ..., y_k$ es una colección linealmente independiente de vectores en el espacio (o subespacio), entonces se pueden sustituir k vectores x_i de la colección inicial generadora por los k vectores $y_1, y_2, ..., y_k$ de la lista linealmente independiente sin alterar el espacio (o subespacio) generado. Además k no puede ser mayor que p".

Es el llamado *teorema de intercambio*. Sea F el espacio (o subespacio) generado por la lista $x_1, x_2, ..., x_p$. Se procede por etapas:

1ª Etapa: La colección $x_1, x_2, ..., x_p$ genera F.

La nueva colección $y_1, x_1, x_2, ..., x_p$ sigue generando F (pues el vector y_1 es combinación lineal de los $x_1, x_2, ..., x_p$), y debe ser linealmente dependiente (ya que hay un vector, el y_1, combinación lineal de los demás). Al ser los vectores no nulos (los $x_1, x_2, ..., x_p$ lo son por hipótesis, y el vector y_1 lo es por la independencia lineal de los $y_1, y_2, ..., y_k$) debe existir un vector combinación lineal de los anteriores. No puede ser y_1 (no hay anteriores), luego debe ser algún x_i. Supóngase x_p combinación lineal de los anteriores; si no lo fuera se intercambiaría con x_p. En un caso u otro se elimina el vector x_p sin alterar el espacio (o subespacio) generado F.

2ª Etapa: La colección $y_1, x_1, x_2, ..., x_{p-1}$ genera F.

La nueva colección $y_2, y_1, x_1, x_2, ..., x_{p-1}$ sigue generando F (pues el vector y_2 es combinación lineal de los vectores $y_1, x_1, x_2, ..., x_{p-1}$), y debe ser linealmente dependiente (ya que hay un vector, el y_2, combinación lineal de los demás). Al ser los vectores no nulos (los $x_1, x_2, ..., x_{p-1}$ lo son por hipótesis, y los vectores y_2, y_1 lo son por la independencia lineal de los vectores $y_1, y_2, ..., y_k$) debe existir un vector combinación lineal de los anteriores. No puede ser y_2 (no hay anteriores), tampoco y_1 (pues tendría que depender de y_2, y ello no es posible), luego debe ser algún x_i. Supóngase x_{p-1} combinación lineal de los anteriores; si no lo fuera se intercambiaría con x_{p-1}. En un caso u otro se elimina el vector x_{p-1} sin alterar el espacio (o subespacio) generado F.

Se seguiría con el proceso hasta finalizar la k^a Etapa, la cual permite concluir que los p vectores $y_k, ..., y_2, y_1, x_1, x_2, ..., x_{p-k}$ siguen generando F.

Hasta el presente se ha probado el teorema de intercambio: se han sustituido k vectores generadores por k vectores independientes sin alterar el espacio (o subespacio) generado.

Nótese que k no puede ser mayor que p, pues si así fuera se llegaría al siguiente absurdo: si se continua el proceso hasta la etapa p–ésima, al finalizar la misma los vectores $y_p, ..., y_2, y_1$ generarían F, pero existiría en F al menos el vector y_{p+1}, contrariamente a la hipótesis de independencia lineal de la lista $y_1, y_2, ..., y_k$. ❑

Se está ya en disposición de enunciar y demostrar el teorema central de este apartado:

Proposición 3.17 "El número de vectores base de un espacio vectorial de tipo finito es un invariante del espacio".

Sea $x_1, x_2, ..., x_n$ una base de un espacio vectorial de tipo finito E, distinto del trivial nulo, formada por n vectores. Si $x'_1, x'_2, ..., x'_m$ es otra base del mismo espacio, formada por m vectores, al ser la primera base generadora y la segunda linealmente independiente debe ser n mayor o igual que m. Ahora bien, al ser la segunda base generadora y la primera linealmente independiente debe ser m mayor o igual que n. Luego necesariamente m es igual a n. ❑

Está claro, por consiguiente, que la dimensión de un espacio (o subespacio) es un invariante. Por convenio, al espacio trivial nulo se le hace corresponder la dimensión cero.

Ejemplo 3.7

1) La dimensión de $\mathbf{K}^{m \times n}$ es m×n, pues la base natural posee m×n vectores.

2) La dimensión de $\mathbf{K}^p$ es p, ya que la base natural posee p vectores.

3) La dimensión de $\mathbf{K}_p[t]$ es p+1, pues la base natural posee p+1 vectores.

4) Las dimensiones de los espacios **K[t]** y **F(I)** no son finitas. (Nótese que todo espacio de dimensión finita es de tipo finito y recíprocamente). ✶

Se va a considerar ahora algunas afirmaciones que ayudan a comprender mejor la noción de dimensión

Proposición 3.18 "La dimensión de un espacio vectorial de tipo finito es el número máximo de vectores que pueden formar una colección linealmente independiente en el espacio".

Sea n la dimensión del espacio. Existen n vectores linealmente independientes y generadores (los de una base): Cualquier colección de más vectores que n no puede ser linealmente independiente, pues superaría en número a una colección generadora. ❑

Proposición 3.19 "La dimensión de un espacio vectorial de tipo finito es también el número mínimo de vectores que pueden formar una colección generadora del espacio".

Sea n la dimensión del espacio. Existen n vectores linealmente independientes y generadores (los de una base): Cualquier colección de menos vectores que n no puede ser generadora, pues sería superada en número por una colección linealmente independiente. ❑

En ambos Proposiciones 3.18 y 3.19 se aplica el resultado final del teorema del intercambio.

Proposición 3.20 "Sea n la dimensión del espacio E, y $x_1, x_2, ..., x_n$ tantos vectores como indica la dimensión, entonces la independencia lineal de la citada lista de vectores implica la generación del espacio".

Si la lista no fuera generadora del espacio habría al menos un vector x que no sería combinación lineal de los vectores de la lista de modo que la nueva lista $x_1, x_2, ..., x_n, x$, formada por n+1 vectores debería ser linealmente independiente y ello no es posible por la Proposición 3.18. ❑

Proposición 3.21 "Sea n la dimensión del espacio E, y $x_1, x_2, ..., x_n$ tantos vectores como indica la dimensión, entonces la generación del espacio por los vectores de la citada lista implica su independencia lineal".

Si la lista no fuera linealmente independiente habría al menos un vector x_k de la lista combinación lineal de los demás. Se podría suprimir y la nueva lista formada por n−1 vectores seguiría generando el espacio E y ello no es posible por la Proposición 3.19. ❑

Esta nuevas Proposiciones 3.20 y 3.21 reducen a la mitad el trabajo para decidir si una colección de tantos vectores como indica la dimensión del espacio es o no es una base del mismo. Basta probar que la colección genera el espacio o que la colección es linealmente independiente; no es necesario probar ambas cosas, pues en este caso particular la generación implica la independencia y la independencia implica la generación.

Proposición 3.22 "Toda base de un subespacio vectorial se puede completar hasta formar una base del espacio vectorial que lo contiene".

Es el llamado *teorema de la base incompleta*. Sea $y_1, y_2, ..., y_k$ una base de un subespacio F de E, y $x_1, x_2, ..., x_n$ una base de E. Es obvio que la dimensión de F no puede ser mayor que la dimensión de E. La demostración del teorema se realiza por etapas:

1ª Etapa: La colección $y_1, y_2, ..., y_k, x_1, x_2, ..., x_n$ genera E (ya lo generaba la colección $x_1, x_2, ..., x_n$, por formar una base de E); es una colección linealmente dependiente (los y_i dependen de los $x_1, x_2, ..., x_n$) y está formada por vectores no nulos (por pertenecer a sendas bases). Existe, por consiguiente, un vector combinación lineal de los anteriores, que no puede ser alguno de los y_i (por la independencia lineal de estos vectores); debe ser por tanto algún x_i. Supóngase x_n combinación lineal de los anteriores (si no lo fuera se intercambiaría el vector con x_n), pudiéndose eliminar el vector x_n sin alterar el espacio generado E.

2ª Etapa: La colección $y_1, y_2, ..., y_k, x_1, x_2, ..., x_{n-1}$ genera E, y está formada por vectores no nulos. Si la colección es linealmente independiente, se cumple el teorema, ya que en este caso se trata de una base del espacio E. Si por el contrario, la colección es linealmente dependiente, existe un vector combinación lineal de los anteriores, que no puede ser alguno de los y_i (por la independencia lineal de estos vectores); debe ser por tanto algún x_i. Supóngase x_{n-1} combinación lineal de los anteriores (si no lo fuera se intercambiaría el vector con x_{n-1}), pudiéndose eliminar el vector x_{n-1} sin alterar el espacio generado E.

Se sigue con el proceso, siempre concluyendo el teorema si se presenta la independencia lineal. A lo sumo se llegaría a que los vectores $y_1, y_2, ..., y_k$ generan el espacio E. Pero, al ser linealmente independientes, deben formar necesariamente una base de E, que no necesita ser completada por ningún vector. En este caso se tendría F = E. (Cuando la dimensión de F coincide con la de E, y F está contenido en E por ser subespacio vectorial, entonces F = E, pues cualquier base de F lo es de E, y recíprocamente). ❑

3.7 Cambio de base en un espacio vectorial

En este apartado se aborda la cuestión teórico–práctica de relacionar las componentes de un vector en dos bases diferentes: Sea x un vector de E, $u_1, u_2, ..., u_n$ una base de E (llamada *base antigua*) y $u'_1, u'_2, ..., u'_n$ otra base de E (llamada *base nueva*).

Sean $\alpha_1, \alpha_2, ..., \alpha_n$ las componentes de x en la base antigua y $\alpha'_1, \alpha'_2, ..., \alpha'_n$ las componentes de x en la base nueva. Si denotamos con s_{ij}, i = 1, 2, ..., n, las componentes del vector u'_j en la base antigua, y ello para j = 1, 2, ..., n, se tiene

$$x = \sum_{j=1}^{n} \alpha'_j u'_j = \sum_{j=1}^{n} \alpha'_j (\sum_{i=1}^{n} s_{ij} u_i) = \sum_{i=1}^{n} (\sum_{j=1}^{n} s_{ij} \alpha'_j) u_i \qquad [7.1]$$

pero

$$x = \sum_{i=1}^{n} \alpha_i u_i \qquad [7.2]$$

Identificando componentes de [7.1] y [7.2] , por tratarse de un mismo vector x escrito en una misma base, se obtiene para la componente i–ésima

$$\alpha_i = \sum_{j=1}^{n} s_{ij}\alpha'_j, i = 1,2,...,n \qquad [7.3]$$

Matricialmente se tiene

$$\begin{bmatrix} \alpha_1 \\ \alpha_2 \\ ... \\ \alpha_n \end{bmatrix} = \begin{bmatrix} s_{11} & s_{12} & ... & s_{1n} \\ s_{21} & s_{22} & ... & s_{2n} \\ ... & ... & ... & ... \\ s_{n1} & s_{n2} & ... & s_{nn} \end{bmatrix} \begin{bmatrix} \alpha'_1 \\ \alpha'_2 \\ ... \\ \alpha'_n \end{bmatrix} \qquad [7.4]$$

La matriz S = $[s_{ij}]$, cuadrada de orden n, recibe el nombre de *matriz cambio de base* o también *matriz de paso*. Sus columnas están formadas por las componentes de los vectores de la base nueva en la base antigua. Conocida la matriz de paso se pueden hallar las nuevas componentes en función de las antiguas, resolviendo el sistema dado en [7.4]. En un Capítulo posterior se probará que la matriz S cambio de base es regular y que toda matriz regular representa un cambio de base en el espacio. De otra parte, la expresión matricial [7.4] anterior admite una escritura más compacta dada por

$$\mathbf{x}_{\{u_i\}} = \mathbf{S}\mathbf{x}_{\{u'_j\}} \qquad [7.5]$$

Ejemplo 3.8

Si los dos vectores x, y forman una base de E, también forman una base de E los dos vectores x' = x+y, y' = 2x–y, como es muy sencillo probar. La matriz de paso viene dada aquí por

$$\mathbf{S} = \begin{bmatrix} 1 & 2 \\ 1 & -1 \end{bmatrix}.$$

Las componentes α, β del vector u = 3x–5y en la base x', y' satisfacen el sistema de ecuaciones dado por

$$\begin{bmatrix} 3 \\ -5 \end{bmatrix} = \begin{bmatrix} 1 & 2 \\ 1 & -1 \end{bmatrix} \begin{bmatrix} \alpha \\ \beta \end{bmatrix}$$

de modo que α = –7/3 y β = 8/3. En definitiva, u = (–7/3)x'+(8/3)y'. ✶

3.8 Vectores expresados en formas escalonadas

Se dice que los k vectores $y_1, y_2, ..., y_k$ están *expresados en forma escalonada regular*, en la base $x_1, x_2, ..., x_n$ de E, si se pueden escribir de la forma que se indica a continuación, donde la primera componente del primer vector es no nula, la segunda componente del segundo vector es no nula, y así hasta el último:

$$\begin{array}{ll} y_1 = \beta_{11}x_1 + \beta_{21}x_2 + ... + \beta_{k1}x_k + ... + \beta_{n1}x_n, & \beta_{11} \neq 0 \\ y_2 = \qquad \beta_{22}x_2 + ... + \beta_{k2}x_k + ... + \beta_{n2}x_n, & \beta_{22} \neq 0 \\ ... & \\ y_k = \qquad\qquad \beta_{kk}x_k + ... + \beta_{nk}x_n, & \beta_{kk} \neq 0 \end{array} \qquad [8.1]$$

Está claro que dada una colección de vectores cualesquiera y una base, su expresión en la citada base no tiene por qué ser escalonada regular. Más aún, no tiene por qué existir una base respecto de la cual la expresión de la citada colección de vectores sea escalonada regular.

Proposición 3.23 "Vectores expresados en forma escalonada regular forman una colección linealmente independiente. El recíproco no es cierto".

Con la notación anterior, se tiene:

$$0 = \sum_{j=1}^{k} \alpha_j y_j \rightarrow 0 = \sum_{j=1}^{k} \alpha_j (\sum_{i=j}^{n} \beta_{ij} x_i) \rightarrow$$

$$\begin{array}{r} (\beta_{11}\alpha_1)x_1 + \\ (\beta_{21}\alpha_1 + \beta_{22}\alpha_2)x_2 + \\ ... \\ (\beta_{k1}\alpha_1 + \beta_{k2}\alpha_2 + ... + \beta_{kk}\alpha_k)x_k + \\ ...= 0 \end{array}$$

La independencia lineal de los vectores base obliga necesariamente a que

$$\begin{array}{r} \beta_{11}\alpha_1 = 0 \\ \beta_{21}\alpha_1 + \beta_{22}\alpha_2 = 0 \\ ... \\ \beta_{k1}\alpha_1 + \beta_{k2}\alpha_2 + ... + \beta_{kk}\alpha_k = 0 \end{array}$$

Al ser los $\beta_{jj} \neq 0$, para j = 1, 2, ..., k, se deduce fácilmente, por sustitución hacia adelante, que $\alpha_j = 0$, para j =1, 2, ..., k, y de ahí se concluye la independencia lineal de los k vectores $y_1, y_2, ..., y_k$.❑

Las colecciones extraídas de colecciones de vectores expresados en forma escalonada regular reciben simplemente el nombre de *vectores expresados en forma escalonada*, las cuales también serán linealmente independientes, por ser subcolecciones de una colección linealmente independiente.

Ejemplo 3.9

1) Los tres vectores de $\mathbf{R}^4$, (1, 1, 1, 1), (0, 2, 2, 2), (0, 0, 3, 3), forman un escalonamiento regular, en la base natural, por lo que son una colección linealmente independiente.

2) Los dos vectores de $\mathbf{R}^4$, (1, 1, 1, 1), (0, 0, 3, 3), forman un escalonamiento (no regular) en la base natural, por lo que también son una colección linealmente independiente.

3) Los tres vectores de $\mathbf{R}^4$, (1, 1, 1, 1), (0, 0, 3, 3), (2, 1, 1, 1), *no* forman un escalonamiento en la base natural, pero de ahí no se puede concluir directamente su dependencia o independencia lineal.

Para ello se puede acudir a las operaciones elementales por columnas, escribiendo las componentes de los vectores en columnas, y transformarlos hasta obtener una forma escalonada por columnas o encontrar alguna columna nula; en el primer caso, se tendría independencia lineal, y en el segundo, dependencia lineal, para los vectores de partida.

En el caso 3) de este ejemplo, a la tercera columna de componentes se le resta dos veces la primera

$$\begin{array}{ccc} 1 & 0 & 2 \\ 1 & 0 & 1 \\ 1 & 3 & 1 \\ 1 & 3 & 1 \end{array} \rightarrow \begin{array}{ccc} 1 & 0 & 0 \\ 1 & 0 & -1 \\ 1 & 3 & -1 \\ 1 & 3 & -1 \end{array}$$

y se obtiene una forma escalonada por columnas (no regular). Esta segunda es linealmente independiente, por consiguiente los vectores iniciales también forman una colección linealmente independiente, ya que las operaciones elementales por columnas respetan la independencia lineal. ✶

Ejemplo 3.10

1) Los tres vectores de $\mathbf{R}^3$, (1, 2, 3), (4, 5, 6), (7, 8, 9), tampoco forman un escalonamiento en la base natural. Constituyen en este caso una colección linealmente dependiente, pues al operar por columnas se obtiene el vector nulo, que se reconoce por sus componentes nulas:

$$\begin{array}{ccc} 1 & 4 & 7 \\ 2 & 5 & 8 \\ 3 & 6 & 9 \end{array} \rightarrow \begin{array}{ccc} 1 & 0 & 7 \\ 2 & -3 & 8 \\ 3 & -6 & 9 \end{array} \rightarrow \begin{array}{ccc} 1 & 0 & 0 \\ 2 & -3 & -6 \\ 3 & -6 & -12 \end{array} \rightarrow \begin{array}{ccc} 1 & 0 & 0 \\ 2 & -3 & 0 \\ 3 & -6 & 0 \end{array}$$

Nótese que las mismas operaciones elementales realizadas permiten resolver un problema estrechamente relacionado con el anterior: el de hallar una base del subespacio generado por los tres vectores iniciales (1, 2, 3), (4, 5, 6), (7, 8, 9). Precisamente se obtiene la base (1, 2, 3), (0, –3, –6), resultado de eliminar el vector nulo de la colección de vectores finales (Recuérdese que las operaciones elementales respetan el subespacio generado y se puede suprimir el vector nulo de una colección de generadores sin alterarlo). ✶

En general, para hallar una base de un subespacio generado por una colección de vectores:

1º) Se escriben sus componentes en columna respecto de una base cualquiera del espacio, y

2º) Mediante operaciones elementales por columnas se obtiene la forma escalonada, eliminando cualquier columna nula que aparezca en el proceso. Los vectores resultantes forman la base que se buscaba.

Se analiza en el siguiente apartado las ecuaciones que representan los vectores de un subespacio vectorial dado, fijada bases convenientes.

3.9 Ecuaciones paramétricas e implícitas de un subespacio

Sea F un subespacio vectorial de E, con $y_1, y_2, ..., y_k$ una base de F y $x_1, x_2, ..., x_n$ una base de E. Los vectores x de F se pueden expresar simultáneamente en la base de F, mediante sus componentes $\lambda_1, \lambda_2, ..., \lambda_k$

$$x = \sum_{j=1}^{k} \lambda_j y_j \qquad [9.1]$$

y en la base de E, mediante sus componentes $\alpha_1, \alpha_2, ..., \alpha_n$

$$x = \sum_{i=1}^{n} \alpha_i x_i \ . \qquad [9.2]$$

(Ver Figura 3.5).

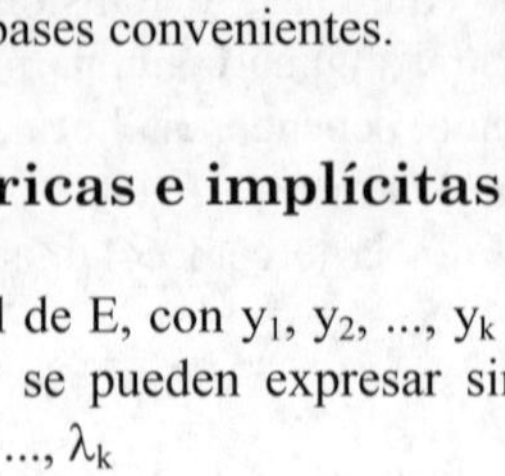

Figura 3.5

Es sencillo establecer la relación matricial entre ambas colecciones de componentes, si se conocen las componentes c_{ij} de los vectores y_j en la base de E, para j = 1, 2, ..., k.

Veamos: El vector x de F expresado en la base del espacio viene dado por [9.2] y el mismo vector x expresado en la base del subespacio se escribe como en [9.1], de donde identificando segundos miembros

$$x=\sum_{j=1}^{k}\lambda_j y_j=\sum_{j=1}^{k}\lambda_j(\sum_{i=1}^{n}c_{ij}x_i)=\sum_{i=1}^{n}(\sum_{j=1}^{k}c_{ij}\lambda_j)x_i \qquad [9.3]$$

Identificando la componente i–ésima de x en [9.2] con la componente i–ésima de x en [9.3], ambas referidas a la base del espacio, se puede escribir matricialmente

$$\begin{bmatrix}\alpha_1\\ \alpha_2\\ \ldots\\ \alpha_n\end{bmatrix}=\begin{bmatrix}c_{11} & c_{12} & \ldots & c_{1k}\\ c_{21} & c_{22} & \ldots & c_{2k}\\ & \ldots & & \\ c_{n1} & c_{n2} & \ldots & c_{nk}\end{bmatrix}\begin{bmatrix}\lambda_1\\ \lambda_2\\ \ldots\\ \lambda_k\end{bmatrix} \qquad [9.4]$$

expresión de la que se deducen inmediatamente unas ecuaciones llamadas *ecuaciones paramétricas* del subespacio vectorial F:

$$\begin{aligned}\alpha_1 &= c_{11}\lambda_1+c_{12}\lambda_2+\ldots+c_{1k}\lambda_k\\ \alpha_2 &= c_{21}\lambda_1+c_{22}\lambda_2+\ldots+c_{2k}\lambda_k\\ &\\ \alpha_n &= c_{n1}\lambda_1+c_{n2}\lambda_2+\ldots+c_{nk}\lambda_k\end{aligned} \qquad [9.5]$$

Dando valores a los llamados *parámetros independientes* $\lambda_1, \lambda_2, ..., \lambda_k$ se van obteniendo colecciones de escalares $\alpha_1, \alpha_2, ..., \alpha_n$ que representan a los vectores de F en la base de E.

Recíprocamente, si $\alpha_1, \alpha_2, ..., \alpha_n$ es una colección de escalares que representan, en una base de E, a un vector de F, entonces el sistema [9.5] posee solución única para las incógnitas $\lambda_1, \lambda_2, ..., \lambda_k$.

De otra parte, unas *ecuaciones implícitas* del subespacio vectorial F se obtienen al *eliminar* los k parámetros independientes $\lambda_1, \lambda_2, ..., \lambda_k$ de las n ecuaciones paramétricas de [9.5], llegando a un sistema lineal homogéneo de n–k *ecuaciones independientes* con n incógnitas $\alpha_1, \alpha_2, ..., \alpha_n$

$$\begin{aligned}a_{11}\alpha_1+a_{12}\alpha_2+\ldots+a_{1n}\alpha_n &= 0\\ a_{21}\alpha_1+a_{22}\alpha_2+\ldots+a_{2n}\alpha_n &= 0\\ \ldots &\\ a_{n-k,1}\alpha_1+a_{n-k,2}\alpha_2+\ldots+a_{n-k,n}\alpha_n &= 0\end{aligned} \qquad [9.6]$$

Se han deducido las ecuaciones implícitas de las ecuaciones paramétricas. El proceso inverso de obtener las ecuaciones paramétricas de las ecuaciones implícitas se puede realizar *resolviendo* el sistema homogéneo dado por las ecuaciones implícitas.

Nota: No se espere en el proceso inverso obtener las mismas ecuaciones paramétricas de partida, ya que los vectores de F pueden quedar expresados en otra base de F.

Ejemplo 3.11

Si F es el subespacio bidimensional de $\mathbf{R}^3$ generado por los dos vectores base (1, 2, 3), (0, 1, 1), se pueden hallar ecuaciones paramétricas e implícitas de F, en la base natural de $\mathbf{R}^3$, tal como se indica:

Las ecuaciones paramétricas de F, en la base natural de $\mathbf{R}^3$ y base de F dada, son

$$\alpha_1 = \lambda_1$$
$$\alpha_2 = 2\lambda_1 + \lambda_2$$
$$\alpha_3 = 3\lambda_1 + \lambda_2$$

ya que los vectores (1, 2, 3), (0, 1, 1) se expresan en la base natural de $\mathbf{R}^3$ mediante la matriz de coeficientes

$$\mathbf{C} = \begin{bmatrix} 1 & 0 \\ 2 & 1 \\ 3 & 1 \end{bmatrix}$$

De las ecuaciones paramétricas se deducen una sola ecuación implícita, al eliminar los dos parámetros λ_1, λ_2 de las tres ecuaciones. Como técnica de eliminación se puede seguir la basada en las formas escalonadas, en la que se impone la condición de que el vector genérico $(\alpha_1, \alpha_2, \alpha_3)$ sea combinación lineal de los vectores base del subespacio:

$$\begin{matrix} 1 & 0 & \alpha_1 & & 1 & 0 & 0 & & 1 & 0 & 0 \\ 2 & 1 & \alpha_2 & \rightarrow & 2 & 1 & \alpha_2 - 2\alpha_1 & \rightarrow & 2 & 1 & 0 \\ 3 & 1 & \alpha_3 & & 3 & 1 & \alpha_3 - 3\alpha_1 & & 3 & 1 & \alpha_3 - \alpha_2 - \alpha_1 \end{matrix}$$

Para que haya dependencia lineal de la tercera columna respecto de las dos primeras necesariamente se debe cumplir

$$-\alpha_1 - \alpha_2 + \alpha_3 = 0$$

Esta es la ecuación implícita obtenida. Si ahora se resuelve esta ecuación con tres incógnitas se pueden obtener otras ecuaciones paramétricas de F, distintas de las iniciales, por ejemplo:

$$\alpha_1 = -\varepsilon_1 + \varepsilon_2$$
$$\alpha_2 = \varepsilon_1 \qquad \ast$$
$$\alpha_3 = \varepsilon_2$$

3.10 Suma e intersección de subespacios

El punto de partida es ahora dos subespacios vectoriales F y G de un mismo espacio vectorial E. Se van a considerar, en lo que sigue, dos procedimientos para obtener nuevos subespacios vectoriales de E, uno basado en la suma y otro basado en la intersección de subespacios vectoriales:

Se define la *suma* de F y G, denotada F+G, como el conjunto de vectores de E que resultan de sumar los vectores de F con los de G, y ello de todas las maneras posibles, esto es,

$$F + G = \{x \in E; x = u + v, u \in F, v \in G\} \qquad [10.1]$$

De otra parte, se define la *intersección* de F y G como el conjunto de vectores de E comunes a F y a G. Se emplea la misma notación que en teoría de conjuntos, es decir,

$$F \cap G = \{w \in E; w \in F, w \in G\} \qquad [10.2]$$

(Ver Figura 3.6).

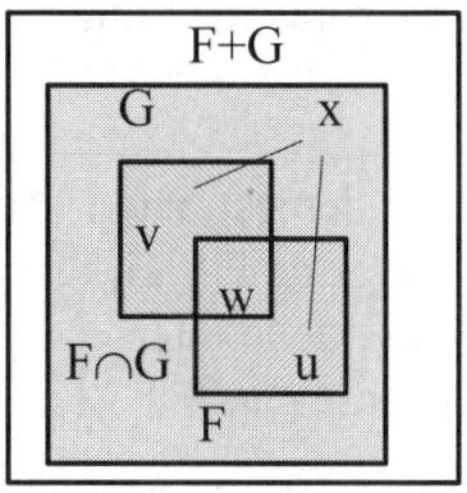

Figura 3.6

Proposición 3.24 "La suma y la intersección de dos subespacios vectoriales F y G de E son también subespacios vectoriales de E".

Se deja como simple ejercicio para el lector. Basta probar la condición de subespacio para la suma y la intersección, ya que ambas están contenidas en E, y son no vacías (contienen al menos el vector nulo). ❑

Nótese que:

1) La intersección de F y G está contenida en ambos subespacios F y G.

2) La suma de F y G contiene a ambos subespacios F y G.

3) Uniendo una base de F y otra de G se obtiene una colección de vectores que genera F+G, de la que se puede extraer una base de F+G por el procedimiento ya explicado anteriormente. (Las bases iniciales de F y G se pueden deducir inmediatamente de sus ecuaciones paramétricas).

4) Una base de la intersección de F y G se puede obtener uniendo las ecuaciones implícitas de F con las ecuaciones implícitas de G, y resolviendo a continuación el nuevo sistema lineal homogéneo así formado. Finalmente,

5) Si $\mathbf{Ax} = \mathbf{0}$ representa las ecuaciones implícitas de F y $\mathbf{x} = \mathbf{C}\lambda$ representa las ecuaciones paramétricas de G, entonces resolviendo la ecuación matricial $(\mathbf{AC})\lambda = \mathbf{0}$, se

pueden hallar las ecuaciones paramétricas de la intersección de F y G, introduciendo las soluciones de λ obtenidas en $\mathbf{x} = \mathbf{C}\lambda$.

Estas cuestiones se verán con más detalle en los ejercicios resueltos de este Capítulo.

Proposición 3.25 "Si F y G son subespacios vectoriales de un espacio vectorial E de dimensión finita, entonces se cumple que

$$\dim(F+G) = \dim F + \dim G - \dim(F \cap G),$$

esto es, la dimensión de la suma es suma de dimensiones menos la dimensión de la intersección".

Se indica el camino a seguir en la demostración, dejando los detalles como ejercicio para el lector: Sean p y q las dimensiones de F y G, respectivamente. Si k es la dimensión de la intersección, se selecciona una base de la intersección, denotada con $w_1, w_2, ..., w_k$. Se amplía la citada base hasta formar una base para F

$$w_1, w_2, ..., w_k, u_1, u_2, ..., u_{p-k}$$

y otra para G

$$w_1, w_2, ..., w_k, v_1, v_2, ..., v_{q-k}.$$

Se demuestra fácilmente que los vectores

$$u_1, u_2, ..., u_{p-k}, w_1, w_2, ..., w_k, v_1, v_2, ..., v_{q-k}$$

forman una base de F+G, de lo que se deduce inmediatamente que

$$\dim(F+G) = (p-k)+k+(q-k) = p+q-k,$$

esto es,

$$\dim(F+G) = \dim F + \dim G - \dim(F \cap G) \ \square$$

Ejemplo 3.12

En $\mathbf{R}^3$ los subespacios F y G, definidos en la base natural, el primero implícitamente por la ecuación $\alpha_1+\alpha_2+\alpha_3 = 0$ y el segundo paramétricamente por la base (1, 2, 3), (2, 1, 3) originan un subespacio suma, de dimensión 3 (el propio espacio $\mathbf{R}^3$), y un subespacio intersección de dimensión uno. Los subespacios F y G son ambos de dimensión dos y se verifica el resultado de la proposición anterior. ✶

Se puede generalizar la suma y la intersección de subespacios a más de dos subespacios vectoriales mediante las expresiones

$$F_1 + F_2 + ... + F_p = (F_1 + F_2 + ... + F_{p-1}) + F_p \qquad [10.3]$$

$$F_1 \cap F_2 \cap ... \cap F_p = (F_1 \cap F_2 \cap ... \cap F_{p-1}) \cap F_p \qquad [10.4]$$

Los resultados vuelven a ser subespacios vectoriales de E.

Un caso particular importante es el de dos subespacios cuya intersección se reduce al subespacio trivial nulo $\{0\}$. Se tiene la siguiente definición:

Se dice que la suma de dos subespacios vectoriales F y G es *directa*, escribiéndose $F \oplus G$ en lugar de F+G, si los vectores de la suma se escriben *de modo único* como suma de un vector de F y otro de G. La definición dada se puede extender a más de dos subespacios. Veamos: La suma de los p subespacios $F_1, F_2, ..., F_p$ es *directa* si

$$x = \sum_{i=1}^{p} u_i, u_i \in F_i, \; x = \sum_{i=1}^{p} u'_i, u'_i \in F_i \rightarrow u'_i = u_i, \text{ para } i = 1,2,...,p, \qquad [10.5]$$

esto es, los vectores de la suma directa gozan de la *propiedad de descomposición única.*

Nótese que la suma directa no es un modo diferente de sumar subespacios; el adjetivo *directa* hace referencia a que se cumple la anterior propiedad para todos los vectores de la suma.

Proposición 3.26 "La suma de p subespacios es directa si y sólo si el vector nulo goza de la propiedad de descomposición única"

Si la suma es directa todos los vectores de la suma cumplen la propiedad de descomposición única, luego el vector nulo, que está en la suma, también la cumple. Recíprocamente, si el vector nulo cumple la propiedad de descomposición única la suma es directa, pues

$$\left.\begin{aligned} x &= \sum_{i=1}^{p} u_i, u_i \in F_i \\ x &= \sum_{i=1}^{p} u'_i, u'_i \in F_i \end{aligned}\right\} \rightarrow 0 = \sum_{i=1}^{p} (u'_i - u_i), \text{ con } (u'_i - u_i) \in F_i, \text{ para } i = 1,2,...,p$$

que es una escritura del vector nulo, que por ser única necesariamente es la escritura trivial nula 0 = 0+0+...+0, de ahí que $u'_i = u_i$, para i = 1, 2, ..., p. ❑

Proposición 3.27 "La suma de p subespacios es directa si y sólo si las colecciones de p vectores no nulos, tomados uno de cada subespacio, son linealmente independientes".

Sea la suma $F_1+F_2+...+F_p$ y una colección de vectores no nulos $x_1, x_2, ..., x_p$ con x_i perteneciente a F_i, para i = 1, 2, ..., p. Si la suma $F_1+F_2+...+F_p$ es directa la colección de p vectores $x_1, x_2, ..., x_p$ no puede ser linealmente dependiente (habría dos escrituras diferentes del vector nulo).

Recíprocamente, si la colección de vectores no nulos $x_1, x_2, ..., x_p$, con x_i perteneciente a F_i, para i = 1, 2, ..., p, son linealmente independientes, el vector nulo posee escritura única y de ahí que la suma sea directa. ❑

Esta es la razón por la que a veces se dice de los subespacios cuya suma es directa que son *subespacios independientes*.

Proposición 3.28 "La suma de *dos* subespacios es directa si y sólo si su intersección es el subespacio trivial nulo $\{0\}$".

Se deja la demostración como ejercicio para el lector. ❑

Proposición 3.29 "La suma es directa si y sólo si la dimensión de la suma coincide con la suma de dimensiones".

Se deja la demostración como ejercicio para el lector. ❑

Proposición 3.30 "Al unir bases, una de cada subespacio, de subespacios cuya suma es directa se obtiene una base de la suma".

Se deja la demostración como ejercicio para el lector. ❑

Cuando la suma directa de subespacios distintos del trivial nulo coincide con el espacio vectorial E que los contiene, se dice que E está *descompuesto* en los subespacios que se suman. Uniendo bases de los subespacios sumando se obtiene, en este caso, una base del espacio E. Por definición, dado un subespacio F de E, un *complementario* de F es otro subespacio G de E tal que $F \oplus G = E$ (Ver figura 3.7).

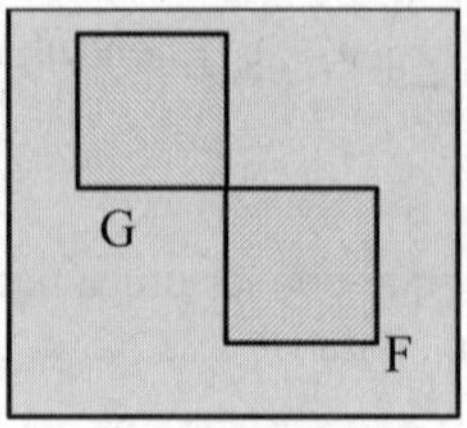

Figura 3.7

Para hallar un complementario de F se utiliza la técnica empleada en la demostración del teorema de la base incompleta:

1º) Se selecciona una base de F,

2º) Se amplía la base de F hasta obtener una base de E, y

3º) Los vectores que completan la base de F forman una base del complementario G.

En general, un subespacio dado posee más de un complementario. En particular, los subespacios triviales E y $\{0\}$ son complementarios el uno del otro.

3.11 Espacio vectorial cociente

Sea E un espacio vectorial sobre $\underline{\mathbf{K}}$ y F un subespacio vectorial de E. Dado un vector x cualquiera de E se define el conjunto $\bar{x} = x + F$ mediante

$$\bar{x} = \{y; y = x + u, u \in F\} \qquad [11.1]$$

es decir, $\bar{x} = x + F$ está formado por los resultados de sumar el vector x a todos los vectores u de F (Ver Figura 3.8).

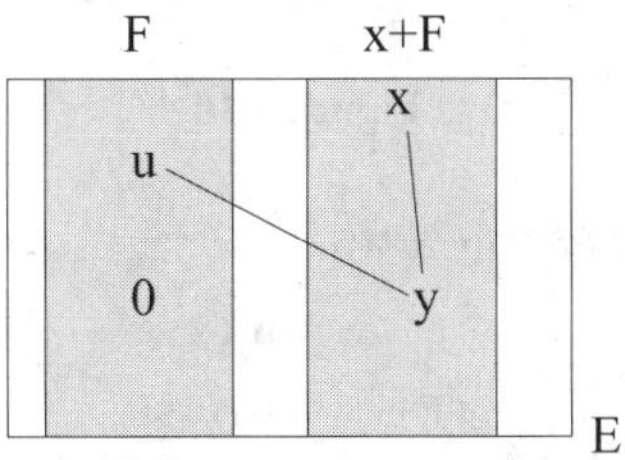

Figura 3.8

El conjunto $\bar{x} = x + F$ recibe el nombre de *clase módulo F* y el vector x se llama *representante de la clase*. En realidad, cualquier vector de la clase $\bar{x}$ la representa, en el sentido de que si z pertenece a $\bar{x}$ entonces $\bar{z} = \bar{x}$, como es muy fácil probar.

Se llama *espacio cociente de E módulo F*, el cual se denota E/F, al conjunto de todas las clases módulo F, es decir,

$$E / F = \{\bar{x}; \bar{x} = x + F, x \in F\}. \qquad [11.2]$$

Las clases constituyen una *partición* del espacio E (Ver Figura 3.9), esto es, se cumplen las tres condiciones siguientes: 1ª Las clases son no vacías, 2ª Las clases son disjuntas entre sí dos a dos, y 3ª La unión de las clases es el espacio total E.

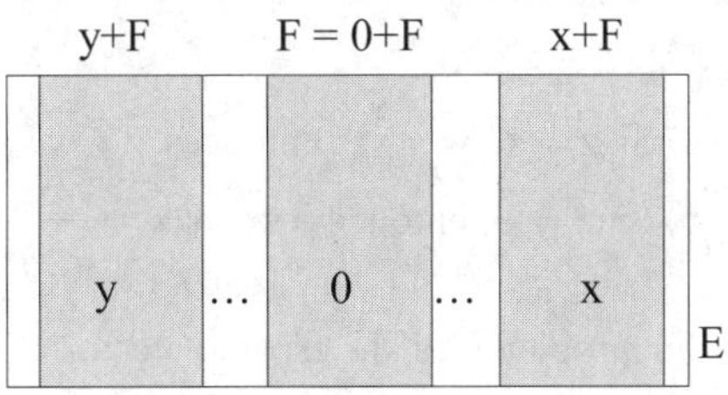

Figura 3.9

Se va a dotar al conjunto cociente E/F de estructura de espacio vectorial sobre **K** definiendo las dos operaciones siguientes (Ver Figuras 3.10 y 3.11):

1) *Suma de clases*

$$\overline{x} + \overline{y} = \overline{x + y} \qquad [11.3]$$

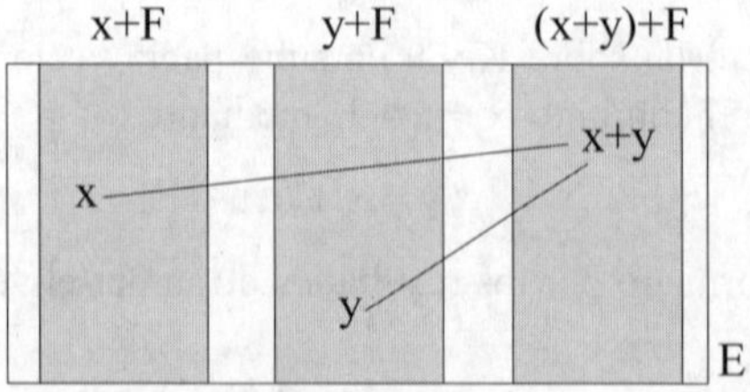

Figura 3.10

2) *Producto de un escalar por una clase*

$$\alpha\overline{x} = \overline{\alpha x} \qquad [11.4]$$

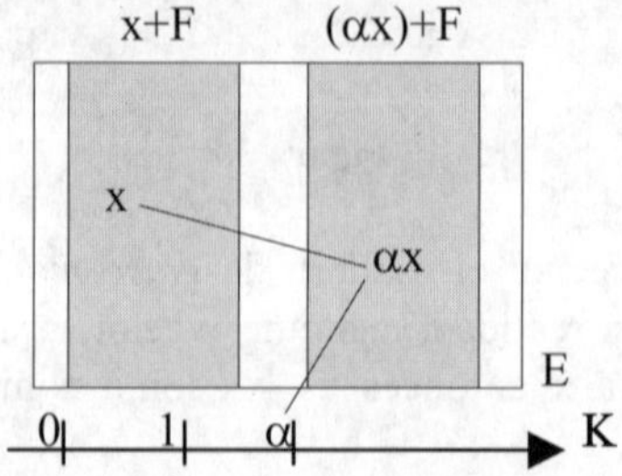

Figura 3.11

Es un ejercicio teórico (que se deja para el lector su demostración) probar las dos afirmaciones siguientes:

1º Las operaciones suma de clases y producto de un escalar por una clase están bien definidas, y ello en el sentido siguiente:

a) Si $\overline{z} = \overline{x},\ \overline{w} = \overline{y}$, entonces $\overline{z} + \overline{w} = \overline{x} + \overline{y}$

b) Si $\overline{z} = \overline{x}$, entonces $\alpha\overline{z} = \alpha\overline{x}$

2º Se cumplen las ocho propiedades de espacio vectorial dadas en la definición de espacio vectorial para E/F.

Ejemplo 3.13

Sea **A** una matriz de tamaño m×n con elementos en **K**. Las clases del espacio $\mathbf{K}^{n\times 1}$ módulo **N(A)** son los conjuntos de soluciones de los sistemas compatibles **Ax** = **b**, que, como ya se estudió en su momento, son de la forma $\mathbf{x_0}$+**N(A)**, tal que $\mathbf{Ax_0} = \mathbf{b}$. Se trata del espacio cociente $\mathbf{K}^{n\times 1}/\mathbf{N(A)}$. ✶

Proposición 3.31 "La dimensión del espacio cociente es la diferencia de dimensiones, esto es,

$$\dim(E/F) = \dim E - \dim F".$$

Sean E y F de dimensiones n y k, respectivamente. Se considera una base cualquiera de F, por ejemplo, $u_1, u_2, ..., u_k$, se amplía hasta formar una base $u_1, u_2, ..., u_k, u_{k+1}, u_{k+2}, ..., u_n$ de E. Se va a demostrar que las n–k clases representadas por $u_{k+1}, u_{k+2}, ..., u_n$ forman una base de E/F, con lo que queda probada la proposición inmediatamente:

1) Las clases $\overline{u_{k+1}}, \overline{u_{k+2}}, ..., \overline{u_n}$ generan E/F, pues

$$\underline{\bar{x}} \in E/F \to \underline{\bar{x}} = \overline{\sum_{i=1}^{n} \alpha_i u_i} = \overline{\sum_{i=1}^{k} \alpha_i u_i} + \overline{\sum_{i=k+1}^{n} \alpha_i u_i} = \bar{0} + \overline{\sum_{i=k+1}^{n} \alpha_i u_i} = \sum_{i=k+1}^{n} \alpha_i \overline{u_i}$$

2) Las clases $\overline{u_{k+1}}, \overline{u_{k+2}}, ..., \overline{u_n}$ forman una lista linealmente independiente en E/F, ya que

$$\sum_{i=k+1}^{n} \alpha_i \overline{u_i} = \bar{0} \to \overline{\sum_{i=k+1}^{n} \alpha_i u_i} = \bar{0} \to \sum_{i=k+1}^{n} \alpha_i u_i \in F \to \sum_{i=k+1}^{n} \alpha_i u_i = \sum_{i=1}^{k} \beta_i u_i$$

y por la independencia lineal de los vectores $u_1, u_2, ..., u_k, u_{k+1}, u_{k+2}, ..., u_n$ deben ser los coeficientes de esta última expresión nulos, en particular los α_i, i = k+1, ..., n. ❑.

3.12 Espacio vectorial producto

Sean ahora $E_1, E_2, ..., E_p$ espacios vectoriales sobre el mismo cuerpo de escalares **K**. Se considera el *producto cartesiano*

$$E_1 \times E_2 \times ... \times E_p = \{(x_1, x_2, ..., x_p); x_i \in E_i, i = 1,2,...,p\} \qquad [12.1]$$

al que se le puede dotar de estructura de espacio vectorial sobre K, con las operaciones *suma*

$$(x_1, x_2, ..., x_p) + (x_1', x_2', ..., x_p') = (x_1 + x_1', x_2 + x_2', ..., x_p + x_p') \qquad [12.2]$$

y *producto por un escalar*

$$\alpha(x_1, x_2, ..., x_p) = (\alpha x_1, \alpha x_2, ..., \alpha x_p) \qquad [12.3]$$

Es el llamado *espacio vectorial producto*. Los vectores de este espacio son paréntesis ordenados de p vectores, pertenecientes cada uno a uno de los p espacios que definen el espacio vectorial producto. El vector nulo en el citado espacio es el vector (0, 0, 0, ..., 0).

Proposición 3.32 "La dimensión del espacio vectorial producto es la suma de dimensiones de los espacios vectoriales factores".

Se considera el espacio producto E×F×...×G. Tomando una base de cada espacio:

$$B_E = u_1, u_2, ..., u_p,\ B_F = v_1, v_2, ..., v_q, ...,\ B_G = w_1, w_2, ..., w_r$$

es muy fácil probar (se deja como ejercicio) que los p+q+...+r vectores

$$(u_1,0,...,0),(u_2,0,...,0),...,(u_p,0,...,0),$$
$$(0,v_1,...,0),(0,v_2,...,0),...,(0,v_q,...,0),$$
$$...$$
$$(0,0,...,w_1),(0,0,...,w_2),...,(0,0,...,w_r)$$

forman una base de ExFx...xG, por lo que

$$\dim(E \times F \times ... \times G) = p + q + ... + r = \dim E + \dim F + ... \dim G \quad \square$$

Ejemplo 3.14

Sea E el espacio vectorial producto de $\mathbf{R}^{1\times 2}$ y $\mathbf{R}^{3\times 1}$. Se tiene

$$\dim E = \dim(\mathbf{R}^{1x2} x \mathbf{R}^{3x1}) = \dim \mathbf{R}^{1x2} + \dim \mathbf{R}^{3x1} = 2 + 3 = 5\,. \bigstar$$

3.13 Ejercicios resueltos

3.1 En el conjunto $\mathbf{R}^2$ se definen las operaciones siguientes:

$$(\alpha_1,\alpha_2)+(\beta_1,\beta_2)=(\alpha_1+\beta_1,\alpha_2+\beta_2)$$
$$\alpha*(\alpha_1,\alpha_2)=(\alpha*\alpha_1,0)$$

¿Es $\mathbf{R}^2$ un espacio vectorial sobre $\mathbf{R}$ respecto de las citadas operaciones?

Se sabe que el conjunto $\mathbf{R}^2$ es un espacio vectorial real respecto de las operaciones ordinarias. En el ejercicio propuesto, la primera operación es la ordinaria pero no así la segunda, denotada por un asterisco. El conjunto $\mathbf{R}^2$ con las citadas operaciones no posee la estructura de espacio vectorial, pues no se cumple la propiedad octava de espacio vectorial (entre otras), esto es, no se cumple $1.x = x, \forall x \in E$. En particular, la citada propiedad falla para el escalar unidad y el vector (1,1), ya que en nuestro caso $1*(1, 1) = (1, 0) \neq (1, 1)$.

3.2 Hállese una base de **C**, considerado **C** como espacio vectorial sobre **C** y otra base de **C**, considerado **C** como espacio vectorial sobre **R**. ¿Cuánto vale la dimensión de cada espacio vectorial?

Al ser, en general, $\mathbf{K}^n$ un espacio vectorial sobre **K** de dimensión n, respecto de las operaciones ordinarias, entonces será $\mathbf{C} = \mathbf{C}^1$ un espacio vectorial sobre **C** de dimensión uno. Una base de este espacio está formada por el número real unidad. Cualquier complejo α se puede expresar de la forma $\alpha = \alpha \times 1$.

Pero también **C** es un espacio vectorial sobre **R** de dimensión dos. Esta segunda afirmación se prueba seleccionando como base de este nuevo espacio la formada por los dos números complejos 1, i. Nótese ahora que cualquier complejo $\alpha = a+bi$ se puede expresar de la forma $\alpha = a\times 1+b\times i$, con a y b números reales.

3.3 Demuéstrese en un espacio vectorial las dos propiedades inmediatas siguientes:

a) $0x = \alpha 0 = 0$

b) $(-\alpha)x = \alpha(-x) = -(\alpha x)$

a) De una parte se tiene

$$x = 1x = (1+0)x = 1x + 0x = x + 0x \rightarrow -x + x = -x + (x + 0x) \rightarrow$$
$$0 = (-x + x) + 0x \rightarrow 0 = 0 + 0x \rightarrow 0 = 0x$$

y de otra

$$\alpha x = \alpha(x+0) = \alpha x + \alpha 0 \rightarrow -(\alpha x) + \alpha x = -(\alpha x) + (\alpha x + \alpha 0) \rightarrow$$

$$0 = (-(\alpha x) + \alpha x) + \alpha 0 \rightarrow 0 = 0 + \alpha 0 \rightarrow 0 = \alpha 0$$

b) Análogamente,

$$(-\alpha)x + (\alpha x) = (-\alpha + \alpha)x = 0x = 0$$

y

$$\alpha(-x) + (\alpha x) = \alpha(-x + x) = \alpha 0 = 0 .$$

3.4 Se consideran tres subconjuntos F, G y H de $\mathbf{R}^3$ formados por vectores (α_1, α_2, α_3) que verifican $\alpha_1+\alpha_2+\alpha_3 = 1$, $\alpha_1+\alpha_2+\alpha_3 = 0$, y $(\alpha_1)^2+(\alpha_2)^2+(\alpha_3)^2 = 1$, respectivamente.. ¿Son subespacios vectoriales de $\mathbf{R}^3$?

Los conjuntos F y H no son subespacios vectoriales, pues si lo fueran deberían tener como elemento el vector nulo del espacio, esto es, el (0, 0, 0) y no lo está porque no satisface la ecuación correspondiente. En cambio, el segundo conjunto G, definido por $\alpha_1+\alpha_2+\alpha_3 = 0$, sí que posee la estructura de subespacio vectorial: Los vectores de G son de R^3 y al menos existe en G el vector (0, 0, 0). Se verifica además las dos condiciones de subespacio vectorial

$$\alpha, \alpha' \in \mathbf{R}, (\alpha_1, \alpha_2, \alpha_3), (\alpha_1', \alpha_2', \alpha_3') \in F \rightarrow$$

$$\alpha(\alpha_1, \alpha_2, \alpha_3) + \alpha'(\alpha_1', \alpha_2', \alpha_3') \in F$$

como es muy fácil probar.

3.5 En un espacio vectorial se sabe de tres vectores x, y, z para los que existen tres escalares α, β, γ, con $\alpha\gamma \neq 0$, tales que se verifica la identidad $\alpha x+\beta y+\gamma z = 0$. Demuéstrese que el subespacio generado por los vectores x, y coincide con el subespacio generado por los vectores y, z, utilizando la propiedad transitiva de las combinaciones lineales.

Por ser necesariamente $\alpha \neq 0$ es x combinación lineal de y, z. Análogamente, por ser necesariamente $\gamma \neq 0$ es z combinación lineal de x, y. Basta con probar el siguiente par de afirmaciones:

Toda combinación lineal de x, y es combinación lineal de y, z. Veamos: Si el vector w es combinación lineal de los vectores x, y, al ser los vectores x, y combinación lineal de los vectores y, z, entonces w, por la propiedad transitiva de las combinaciones lineales, es combinación lineal de los vectores y, z. Nótese que y = $1 \times y + 0 \times z$.

Toda combinación lineal de y, z es combinación lineal de x, y. Veamos: Si el vector w es combinación lineal de los vectores y, z al ser los vectores y, z combinación lineal de los vectores x, y, entonces w, por la propiedad transitiva de las combinaciones lineales, es combinación lineal de los vectores x, y. Nótese que y = $0\times x+1\times y$.

En definitiva, ambos conjuntos de combinaciones lineales coinciden.

3.6 En el espacio vectorial $\mathbf{R}^4$ se considera el subespacio vectorial generado por los dos vectores (2, 3, 1, –5), (0, 2, –1, 3). Determínense los valores de los escalares p y q para los que el vector (2,p,3,–q) pertenece al citado subespacio.

Debe ser el vector (2, p, 3, –q) combinación lineal de los vectores (2,3,1,–5), (0,2,–1,3) para que pertenezca al subespacio generado por éstos. Operando mediante formas escalonadas en la base natural de $\mathbf{R}^4$ se tiene:

$$\begin{matrix} 2 & 0 & 2 \\ 3 & 2 & p \\ 1 & -1 & 3 \\ -5 & 3 & -q \end{matrix} \rightarrow \begin{matrix} 2 & 0 & 0 \\ 3 & 2 & p-3 \\ 1 & -1 & 2 \\ -5 & 3 & -q+5 \end{matrix} \rightarrow \begin{matrix} 2 & 0 & 0 \\ 3 & 2 & 0 \\ 1 & -1 & (1+p)/2 \\ -5 & 3 & (19-2q-3p)/2 \end{matrix}$$

Necesariamente para la dependencia lineal de los tres vectores han de ser nulos los elementos de la última columna:

$$(1+p)/2=0$$
$$(19-2q-3p)/2=0$$

es decir, $p=-1$ y $q=11$.

3.7 ¿Qué condición deben cumplir los números complejos α, β para que los dos vectores de $\mathbf{C}^2$ dados por (1, α), (1,β) sean linealmente dependientes en $\mathbf{C}^2$, considerado como espacio vectorial sobre **R**?

Que un vector sea múltiplo escalar del otro, esto es: o bien se cumple (1, α) = c(1, β) o bien (1, β) = d(1, α). En ambos casos se concluye necesariamente α = β. <u>*Nota*</u>: c y d son aquí números reales.

3.8 Mediante formas escaladas, ¿para qué valores del número real α es linealmente independiente la colección de tres vectores (α, 1, 0), (1, α, 1), (0, 1, α) en $\mathbf{R}^3$?

⧅⧅⧅⧅⧅⧅

Trabajando sobre las columnas, en la base canónica de $\mathbf{R}^3$, se tiene

$$\begin{matrix} \alpha & 1 & 0 \\ 1 & \alpha & 1 \\ 0 & 1 & \alpha \end{matrix} \to \begin{matrix} 0 & 1 & 0 \\ 1-\alpha^2 & \alpha & 1 \\ -\alpha & 1 & \alpha \end{matrix} \to \begin{matrix} 0 & 1 & 0 \\ 0 & \alpha & 1 \\ \alpha^3-2\alpha & 1 & \alpha \end{matrix}$$

Para la independencia lineal de los tres vectores debe cumplirse necesariamente $\alpha^3 - 2\alpha \neq 0$, es decir, $\alpha \neq 0, \alpha \neq \pm\sqrt{2}$.

3.9 Pruébese que si $x_1, x_2, ..., x_k$ es una lista linealmente independiente de E, también es linealmente independiente la lista $y_1, y_2, ..., y_k$ definidos los vectores por

$$y_i = \sum_{j=1}^{i} x_j, \; i = 1,2,...,k$$

⧅⧅⧅⧅⧅⧅

La lista $x_1, x_2, ..., x_k$, al ser linealmente independiente, forma una base del subespacio vectorial F de E que genera, el cual es de dimensión de dimensión k. Los vectores de la lista $y_1, y_2, ..., y_k$ se pueden transformar mediante operaciones elementales por columnas en otros vectores que se expresan en forma escalonada regular en la citada base:

$$\begin{matrix} 1 & 1 & ... & 1 \\ 0 & 1 & ... & 1 \\ ... & ... & ... & ... \\ 0 & 0 & ... & 1 \end{matrix} \to ... \to \begin{matrix} 1 & 0 & ... & 0 \\ 1 & 1 & ... & 0 \\ ... & ... & ... & ... \\ 1 & 1 & ... & 1 \end{matrix}$$

luego la colección $y_1, y_2, ..., y_k$ es linealmente independiente.

3.10 Hállese una base del subespacio vectorial F de $\mathbf{R}^{2\times2}$ formado por las matrices de la forma

$$\mathbf{X} = \begin{bmatrix} \alpha & \beta \\ -\beta & 0 \end{bmatrix}.$$

donde α y β son parámetros reales. Amplíese la base obtenida hasta formar una base de $\mathbf{R}^{2\times2}$. Hállese a continuación un subespacio complementario de F.

⧅⧅⧅⧅⧅⧅

Es un simple ejercicio probar que F es un subespacio vectorial de $\mathbf{R}^{2\times2}$: Obsérvese en primer lugar que F está generado por las matrices

$$\mathbf{X}_1 = \begin{bmatrix} 1 & 0 \\ 0 & 0 \end{bmatrix}, \mathbf{X}_2 = \begin{bmatrix} 0 & 1 \\ -1 & 0 \end{bmatrix}$$

ya que

$$\mathbf{X} = \begin{bmatrix} \alpha & \beta \\ -\beta & 0 \end{bmatrix} = \alpha \begin{bmatrix} 1 & 0 \\ 0 & 0 \end{bmatrix} + \beta \begin{bmatrix} 0 & 1 \\ -1 & 0 \end{bmatrix} = \alpha \mathbf{X}_1 + \beta \mathbf{X}_2$$

De otra parte, las dos matrices generadoras son linealmente independientes, pues en la base natural, formada por las matrices $\mathbf{E}_{11}$, $\mathbf{E}_{12}$, $\mathbf{E}_{21}$, $\mathbf{E}_{22}$, aquéllas se escriben en la forma escalonada regular por columnas:

$$\begin{array}{cc} 1 & 0 \\ 0 & 1 \\ 0 & -1 \\ 0 & 0 \end{array}$$

Luego las dos matrices generadoras forman una base de F.

Por lo que se refiere a la ampliación de la base de F obtenida se sigue la técnica general de: 1º Completar con la base natural del espacio, 2º Trabajar mediante formas escalonadas, y 3º Eliminar los vectores nulos obtenidos:

$$\begin{array}{cccccc} 1 & 0 & 1 & 0 & 0 & 0 \\ 0 & 1 & 0 & 1 & 0 & 0 \\ 0 & -1 & 0 & 0 & 1 & 0 \\ 0 & 0 & 0 & 0 & 0 & 1 \end{array} \rightarrow \begin{array}{cccccc} 1 & 0 & 0 & 0 & 0 & 0 \\ 0 & 1 & 0 & 1 & 0 & 0 \\ 0 & -1 & 0 & 0 & 1 & 0 \\ 0 & 0 & 0 & 0 & 0 & 1 \end{array} \rightarrow \begin{array}{cccccc} 1 & 0 & 0 & 0 & 0 & 0 \\ 0 & 1 & 0 & 0 & 0 & 0 \\ 0 & -1 & 0 & 1 & 1 & 0 \\ 0 & 0 & 0 & 0 & 0 & 1 \end{array} \rightarrow$$

$$\begin{array}{cccccc} 1 & 0 & 0 & 0 & 0 & 0 \\ 0 & 1 & 0 & 0 & 0 & 0 \\ 0 & -1 & 0 & 1 & 0 & 0 \\ 0 & 0 & 0 & 0 & 0 & 1 \end{array} \rightarrow \begin{array}{cccc} 1 & 0 & 0 & 0 \\ 0 & 1 & 0 & 0 \\ 0 & -1 & 1 & 0 \\ 0 & 0 & 0 & 1 \end{array}$$

Por consiguiente las dos matrices

$$\mathbf{X}_3 = \begin{bmatrix} 0 & 0 \\ 1 & 0 \end{bmatrix}, \mathbf{X}_4 = \begin{bmatrix} 0 & 0 \\ 0 & 1 \end{bmatrix}$$

amplían la base inicial y generan un subespacio complementario G del subespacio vectorial F. Al ser $\mathbf{X}_3$, $\mathbf{X}_4$ una lista claramente independientes, las dos matrices forman una base del complementario.

3.11 Demuéstrese que los polinomios 1, t+1, $(t+1)^2$, $(t+1)^3$, ..., $(t+1)^p$ forman una base de $\mathbf{K}_p[\mathbf{t}]$.

Obsérvese que, en la base natural 1, t, t^2, ..., t^p, los p+1 vectores polinomio dados 1, t+1, $(t+1)^2$, $(t+1)^3$, ..., $(t+1)^p$ se pueden expresar en la forma escalonada regular "invertida" por columnas

$$\begin{array}{cccccc}
1 & 1 & 1 & 1 & 1 & \cdots & \binom{p}{0} \\
0 & 1 & 2 & 3 & 4 & \cdots & \binom{p}{1} \\
0 & 0 & 1 & 3 & 6 & \cdots & \binom{p}{2} \\
0 & 0 & 0 & 1 & 4 & \cdots & \binom{p}{3} \\
0 & 0 & 0 & 0 & 1 & \cdots & \binom{p}{4} \\
\cdots & \cdots & \cdots & \cdots & \cdots & \cdots & \cdots \\
0 & 0 & 0 & 0 & 0 & \cdots & \binom{p}{p}
\end{array}$$

la cual también permite afirmar que los vectores expresados de ese modo forman una lista linealmente independientes.

Como hay un total de p+1 vectores polinomio, con p+1 la dimensión del espacio de polinomios $\mathbf{K_p[t]}$, entonces los polinomios dados forman una base del citado espacio (recuérdese que en este caso la independencia lineal implica la generación del espacio).

Nota: Las formas escalonadas "invertidas" por columnas tienen un tratamiento análogo a las que se han estado manejando hasta ahora; los elementos no nulos de la diagonal principal (también llamados "peldaños") aparecen en los mismos lugares pero los ceros por debajo y no por arriba de los peldaños.

3.12 Se sabe que el conjunto S de las matrices simétricas de orden n con elementos en **K** es un subespacio vectorial de $\mathbf{K}^{n\times n}$. Un resultado análogo se conoce para el conjunto T de las matrices antisimétricas. Demuéstrese que la suma directa de S y T es el espacio vectorial $\mathbf{K}^{n\times n}$. ¿Cuánto valen las dimensiones de S y T en función de n?

El resultado del Ejercicio 1.3 del Capítulo 1 conduce inmediatamente a que la suma directa de S y T coincide con el espacio vectorial $\mathbf{K}^{n\times n}$.

Se tiene además que

$$\dim S = (n^2 + n)/2$$
$$\dim T = (n^2 - n)/2$$

pues las matrices simétricas de orden n dependen de $(n^2+n)/2$ parámetros independientes y las antisimétricas del mismo orden dependen de $(n^2-n)/2$ parámetros independientes.

3.13 Se considera la base natural de $\mathbf{R}^4$, e_1, e_2, e_3, e_4. Hállese una base e'_1, e'_2, e'_3, e'_4 de modo que el subespacio F, definido implícitamente en la base inicial por la ecuación

$$\alpha_1 + \alpha_2 + \alpha_3 + \alpha_4 = 0\,,$$

se defina en la nueva base por la ecuación implícita

$$\alpha'_1 = 0\,.$$

⍓⍓⍓⍓⍓⍓

Bastaría con hacer un cambio de base dado por las ecuaciones

$$\begin{aligned} \alpha_1 &= \alpha'_1 - \alpha'_2 - \alpha'_3 - \alpha'_4 \\ \alpha_2 &= \alpha'_2 \\ \alpha_3 &= \alpha'_3 \\ \alpha_4 &= \alpha'_4 \end{aligned}$$

cuya matriz de paso es la matriz regular

$$\mathbf{S} = \begin{bmatrix} 1 & -1 & -1 & -1 \\ 0 & 1 & 0 & 0 \\ 0 & 0 & 1 & 0 \\ 0 & 0 & 0 & 1 \end{bmatrix}.$$

En estas condiciones se tiene:

$$\alpha_1 + \alpha_2 + \alpha_3 + \alpha_4 = \alpha'_1 = 0\,.$$

3.14 La segunda y tercera componentes de un vector x de $\mathbf{R}^3$ valen la unidad, en la base $e_1, e_1+e_2, e_1+e_2+e_3$, y la primera componente del citado vector vale también la unidad, en la base $e_1, e_1-e_2, e_1-e_2-e_3$. Hállese el citado vector.

⍓⍓⍓⍓⍓⍓

El vector x = (a, b, c) de $\mathbf{R}^3$ buscado cumple según el enunciado

$$(a, b, c) = pe_1+(e_1+e_2)+(e_1+e_2+e_3) = e_1+q(e_1-e_2)+r(e_1-e_2-e_3),$$

de lo que se deduce inmediatamente, identificando componente a componente en la base natural, que p = –3, q = –1, r = –1, luego x = (a, b, c) = (–1, 2, 1).

3.15 Sean F y G subespacios de $\mathbf{R}^5$ definidos en la base natural, el primero implícitamente por

$$\begin{aligned} \alpha_1 + \alpha_2 + \alpha_3 &= 0 \\ \alpha_1 + \alpha_2 + \alpha_4 &= 0 \end{aligned}$$

y el segundo paramétricamente por

$$\begin{aligned} \alpha_1 &= \lambda_1 \\ \alpha_2 &= \lambda_1 + \lambda_2 \\ \alpha_3 &= \lambda_1 + \lambda_2 \\ \alpha_4 &= \lambda_1 \qquad + \lambda_3 \\ \alpha_5 &= \lambda_1 \qquad + \lambda_3 \end{aligned}$$

Hállense sendas bases de los subespacios F y G, así como de los subespacios intersección y suma de F y G.

⊠⊠⊠⊠⊠⊠

Obsérvese que, aunque la variable α_5 no aparezca en las primeras ecuaciones, la citada variable existe.

Una base de F se puede hallar resolviendo el sistema dado por sus ecuaciones implícitas. Se obtiene en este caso de un modo sencillo el conjunto de soluciones

$$\begin{aligned} \alpha_1 &= -\varepsilon_1 - \varepsilon_2 \\ \alpha_2 &= \varepsilon_1 \\ \alpha_3 &= \qquad \varepsilon_2 \\ \alpha_4 &= \qquad \varepsilon_2 \\ \alpha_5 &= \qquad\qquad \varepsilon_3 \end{aligned}$$

del que se deduce inmediatamente la base de F:

$$(-1, 1, 0, 0, 0), (-1, 0, 1, 1, 0), (0, 0, 0, 0, 1).$$

Una base de G se deduce directamente de sus ecuaciones paramétricas obteniendo:

$$(1,1,1,1,1), (0,1,1,0,0), (0,0,0,1,1).$$

Una base de la intersección de F y G se puede hallar utilizando las ecuaciones implícitas de F junto con las ecuaciones paramétricas de G, tal como se indica:

$$\begin{matrix} \lambda_1 + (\lambda_1 + \lambda_2) + (\lambda_1 + \lambda_2) = 0 \\ \lambda_1 + (\lambda_1 + \lambda_2) + (\lambda_1 + \lambda_3) = 0 \end{matrix} \rightarrow \begin{matrix} 3\lambda_1 + 2\lambda_2 = 0 \\ 3\lambda_1 + \lambda_2 + \lambda_3 = 0 \end{matrix} \rightarrow$$

$$\begin{aligned} \lambda_1 &= -(2/3)\eta \\ \lambda_2 &= \quad \eta \\ \lambda_3 &= \quad \eta \end{aligned}$$

de donde

$$\begin{aligned} \alpha_1 &= \lambda_1 &&= -(2\eta)/3 \\ \alpha_2 &= \lambda_1 + \lambda_2 &&= \eta/3 \\ \alpha_3 &= \lambda_1 + \lambda_2 &&= \eta/3 \\ \alpha_4 &= \lambda_1 + \lambda_3 &&= \eta/3 \\ \alpha_5 &= \lambda_1 + \lambda_3 &&= \eta/3 \end{aligned}$$

son las ecuaciones paramétricas de la intersección de F y G.

Para hallar una base de F+G se unen las bases de F y G obtenidas y se eliminan los vectores que sean combinación lineal de los demás trabajando mediante formas escalonadas por columnas:

$$\begin{matrix} -1 & -1 & 0 & 1 & 0 & 0 \\ 1 & 0 & 0 & 1 & 1 & 0 \\ 0 & 1 & 0 & 1 & 1 & 0 \\ 0 & 1 & 0 & 1 & 0 & 1 \\ 0 & 0 & 1 & 1 & 0 & 1 \end{matrix} \rightarrow \ldots \rightarrow \begin{matrix} -1 & -1 & 0 & 3 & 0 & 1 \\ 1 & 0 & 0 & 0 & 1 & 0 \\ 0 & 1 & 0 & 0 & 1 & -1 \\ 0 & 1 & 0 & 0 & 0 & 0 \\ 0 & 0 & 1 & 0 & 0 & 0 \end{matrix} \rightarrow$$

$$\begin{matrix} -1 & -1 & 0 & 3 & 0 & 1 \\ 1 & 0 & 0 & 0 & 1 & 0 \\ 0 & 1 & 0 & 0 & 1 & -1 \\ 0 & 1 & 0 & 0 & 0 & 0 \\ 0 & 0 & 1 & 0 & 0 & 0 \end{matrix} \rightarrow \ldots \rightarrow \begin{matrix} -1 & -1 & 0 & 3 & 0 & 0 \\ 1 & 0 & 0 & 0 & 1 & 0 \\ 0 & 1 & 0 & 0 & 1 & 0 \\ 0 & 1 & 0 & 0 & 0 & 0 \\ 0 & 0 & 1 & 0 & 0 & 0 \end{matrix}$$

se llega a una forma escalonada invertida de la que se elimina el vector nulo, luego los vectores (−1, 1, 0, 0, 0), (−1, 0, 1, 1, 0), (0, 0, 0, 0, 1), (3, 0, 0, 0, 0), (0, 1, 1, 0, 0, 0) forman una base de la suma F+G. Obsérvese que la dimensión de la suma vale 5, valor que coincide con la suma de dimensiones menos la dimensión de la intersección.

3.16 Pruébese, mediante un contra ejemplo, que la unión conjuntista de dos subespacios vectoriales no tiene necesariamente que ser un subespacio vectorial.

En $\mathbf{R}^3$ la unión de los subespacios generados F = [(1, 2, 3)] y G = [(3, 2, 1)] no es un subespacio vectorial, pues el vector suma (1, 2, 3)+(3, 2, 1) = (4, 4, 4) no pertenece a la unión, y sin embargo pertenecen a la unión los vectores (1, 2, 3) y (3, 2, 1).

3.17 Demuéstrese que si E = F+G, donde F y G son subespacios vectoriales de E, y H es un complementario de $F \cap G$ en G, entonces E es la suma directa de F y H (Ver Figura 3.12).

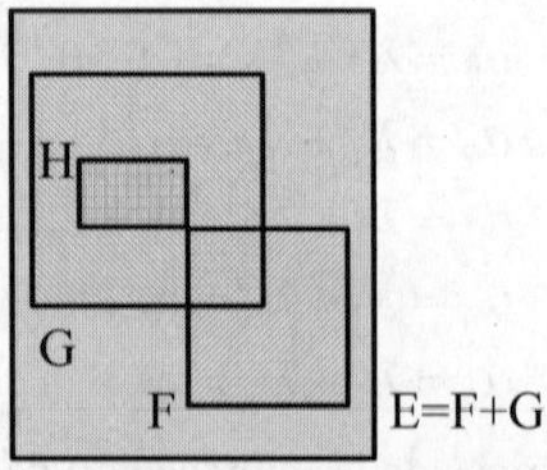

Figura 3.12

Se van a utilizar dos propiedades de la suma de subespacios, muy sencillas de demostrar:

1ª La suma de subespacios verifica la propiedad asociativa, y

2ª Si se suma a un subespacio otro contenido en él no se modifica el subespacio inicial.

En el ejercicio se tiene:

$$E = F + G = F + ((F \cap G) + H) = (F + (F \cap G)) + H = F + H\,.$$

Pero F y H solamente poseen el vector nulo en común, luego su suma es directa y se tiene definitivamente

$$E = F \oplus H\,.$$

3.18 Sea **S** la matriz del cambio de base, de la base $u_1, u_2, ..., u_n$ a la base $u'_1, u'_2, ..., u'_n$ de un mismo espacio vectorial E. ¿Cuál es la matriz de paso de la base $u'_1, u'_2, ..., u'_n$ a la base $u_1, u_2, ..., u_n$?

Sea **x** la matriz columna formada por las componentes de un vector x en la base inicial dada $u_1, u_2, ..., u_n$ y **x′** la matriz columna formada por las componentes del mismo vector x pero en la base final $u'_1, u'_2, ..., u'_n$. De $\mathbf{x} = \mathbf{S}\mathbf{x}'$, siendo **S** regular, se deduce inmediatamente $\mathbf{x}' = \mathbf{S}^{-1}\mathbf{x}$, luego $\mathbf{S}^{-1}$ es la matriz de paso pedida.

3.19 Estúdiese el espacio cociente $\mathbf{R}^3/[(1, 1, 1)]$.

Se trata de un espacio cociente de dimensión dos, pues

$$\dim(\mathbf{R}^3/[(1, 1, 1)]) = \dim\mathbf{R}^3 - \dim[(1, 1, 1)] = 3-1 = 2.$$

Ampliando el vector (1, 1, 1) con los vectores (1, 1, 0), (1, 0, 0) hasta formar una base de $\mathbf{R}^3$, entonces los vectores

$$\overline{(1,1,0)}, \overline{(1,0,0)}$$

forman una base del espacio cociente. Está claro que los vectores de una base son las dos clases de equivalencia siguientes:

$$\overline{(1,1,0)} = (1,1,0) + [(1,1,1)] = \{(1+\alpha, 1+\alpha, \alpha); \alpha \in R\}$$
$$\overline{(1,0,0)} = (1,0,0) + [(1,1,1)] = \{(1+\beta, \beta, \beta); \beta \in R\}$$

3.20 Sea F un subespacio (n–1)–dimensional de un espacio vectorial E de dimensión n. Si los vectores x, y son dos vectores cualesquiera de E, analícese la dependencia o independencia lineal de las clases x+F, y+F en E/F.

El espacio vectorial cociente E/F es de dimensión unidad pues

$$\dim(E/F) = \dim E - \dim F = n-(n-1) = 1,$$

luego necesariamente las dos clases x+F, y+F de E/F deben ser linealmente dependientes en E/F, cualesquiera que sean los vectores x, y de E.

3.21 Demuéstrese que los dos espacios vectoriales

$$(F+G)/G \text{ y } F/(F \cap G)$$

tienen la misma dimensión, supuesto F y G dos subespacios vectoriales de un mismo espacio vectorial de dimensión finita E.

De la identidad

$$\dim(F+G) = \dim F + \dim G - \dim(F \cap G)$$

se deduce

$$\dim(F+G) - \dim G = \dim F - \dim(F \cap G)$$

Siendo G subespacio de la suma de F y G, y la intersección de F y G subespacio de F, tienen sentido los espacios cociente correspondientes, por lo que de la anterior identidad se concluye

$$\dim (F+G)/G = \dim F/(F\cap G)$$

3.22 Obténgase una base y la dimensión del espacio vectorial producto $\mathbf{R}^2\times\mathbf{R}^3$.

La dimensión del producto es suma de dimensiones, esto es,

$$\dim(\mathbf{R}^2\times\mathbf{R}^3) = \dim\mathbf{R}^2+\dim\mathbf{R}^3 = 2+3 = 5.$$

Una base del espacio producto es

$$(e_1,0), (e_2,0), (0,e_1), (0,e_2), (0,e_3).$$

3.14 Ejercicios propuestos

3.23 En **R[t]** se consideran los subconjuntos F de polinomios q(t) que cumplen *una sola* de las cuatro condiciones siguientes:

1) El grado de q(t) vale cinco.
2) 3q(0) = q(1)
3) q(t) mayor o igual que cero, para todo valor de t.
4) q(t) = q(1–t), para todo valor de t.

¿Cuáles de los cuatro son subespacios vectoriales de **R[t]**?

3.24 Escríbase la matriz de $\mathbf{R}^{2\times 4}$ cuyos elementos valen la unidad como combinación lineal de las matrices

$$[\mathbf{I}_2 \quad \mathbf{O}_2],\ [\mathbf{O}_{2x1} \quad \mathbf{I}_2 \quad \mathbf{O}_{2x1}],\ [\mathbf{O}_2 \quad \mathbf{I}_2],\ [\mathbf{e}_2 \quad \mathbf{O}_2 \quad \mathbf{e}_1]$$

y hállese una base del subespacio generado por las citadas matrices.

3.25 Estúdiese si existe algún valor del escalar α para el que se verifique en $\mathbf{R}^3$ la identidad de subespacios generados siguiente:

$$[(0, 1, 1), (1, 0, 2), (-2, 3, -1)] = [(1, 1, 3), (-1, 4, \alpha)]$$

3.26 ¿Es cierto que si x, y, z son vectores que forman una lista linealmente independiente, también es linealmente independiente la lista formada por los vectores y+z, x+z, x+y, en un espacio vectorial real?

3.27 ¿Para qué valores del escalar α es de dimensión dos el subespacio de $\mathbf{R}^3$ generado por los tres vectores $(3-\alpha, -1, 0)$, $(-1, 2-\alpha, -1)$, $(0, -1, 3-\alpha)$?

3.28 Si los vectores $x_1, x_2, ..., x_n$ forman una base de E, ¿es otra base de E la formada por los vectores $x_1+x_2, x_2+x_3, ..., x_{n-1}+x_n, x_n+x_1$? <u>*Nota*</u>: Analícese el ejercicio según sea n par o impar.

3.29 Se sabe que las matrices **X** que conmutan con una matriz dada **A** forman un subespacio vectorial F del espacio que las contiene. Hállese una base de F, en el caso particular de ser $\mathbf{R}^{2\times 2}$ el espacio vectorial y

$$\mathbf{A} = \begin{bmatrix} 0 & 0 \\ 0 & 1 \end{bmatrix}.$$

3.30 Se sabe que $x_1, x_2, ..., x_n$ es una base de E y z un vector dado por

$$z = \alpha_1 x_1 + \alpha_2 x_2 + ... + \alpha_k x_k + ... + \alpha_n x_n, \alpha_k \neq 0$$

Pruébese que x_k se puede sustituir por z, obteniéndose una nueva base de E. Si un vector en la base inicial posee componentes 1, 1, ..., 1, ¿cuáles son sus componentes en la base nueva?

3.31 En el espacio vectorial $\mathbf{R}^4$ se considera el subespacio vectorial F dado implícitamente en la base natural por

$$\alpha_1 + \alpha_2 - \alpha_3 = 0$$
$$\alpha_1 + \alpha_2 + \alpha_3 + \alpha_4 = 0$$

Se selecciona la nueva base e_1-e_2, e_2-e_3, e_3-e_4, e_4. Hállense las ecuaciones de F en la nueva base.

3.32 Se sabe que $x_0, x_1, x_2, ..., x_n$ es una base de un espacio vectorial real E de dimensión n+1. Hállese un complementario del subespacio vectorial generado por los n vectores

$$y_i = x_i - x_0, \text{ con } i = 1, 2, ..., n.$$

3.33 Demuéstrese que si la dimensión de la suma de dos subespacios vectoriales de E es una unidad mayor que la dimensión de la intersección, entonces la suma coincide con uno de estos subespacios y la intersección con el otro.

3.34 Sean F y G dos subespacios vectoriales *distintos*, ambos de dimensión dos, de un espacio vectorial de dimensión tres. Hállese la dimensión de la intersección de F y G.

3.35 Estúdiese si la suma de los subespacios vectoriales **N(A)** y **R(A)**, para la matriz **A** del Ejercicio 3.29 anterior, es directa. ¿Se descompone $\mathbf{R}^{2x1}$ en **N(A)** y **R(A)**?

3.36 ¿Qué condiciones deben cumplir los coeficientes del polinomio

$$q(t) = \alpha_0 + \alpha_1 t + \alpha_2 t^2 + \alpha_3 t^3$$

para que q(t) pertenezca a algún subespacio complementario del subespacio vectorial

$$[1+t^2, t-t^3]?$$

3.37 Demuéstrese la identidad siguiente

$$(F+G)/(F \cap G) = (F/F \cap G) \oplus (G/F \cap G),$$

siendo F y G subespacios vectoriales de un mismo espacio vectorial E de dimensión finita.

3.38 Sea **F(I)** el espacio vectorial de las funciones reales definidas en el intervalo cerrado **I** = [0, 1] de la recta real. Sea F el subespacio de las funciones que se anulan en los extremos del citado intervalo y G el subespacio generado por las funciones f y g dadas por

$$f(x) = e^{x},\ g(x) = e^{-x}$$

Se pide hallar el subespacio suma y el subespacio intersección de los subespacios vectoriales F y G.

3.39 Pruébese que si E es la suma directa de F y G, y H es un subespacio cualquiera de E, entonces se cumple

$$2\dim H - \dim E \leq \dim (F \cap H) \oplus (G \cap H) \leq \dim H\ .$$

3.40 Estúdiese el espacio cociente $\mathbf{R}^{n\times n}$/S, donde S es el subespacio vectorial de las matrices simétricas.

3.41 Se consideran tres subespacios F, G y H de un espacio vectorial E de dimensión finita tales que:

$$F \cap G = F \cap H,\ F + G = F + H,\ G \subset H$$

Demuéstrese que G = H.

3.42 Hállese el espacio cociente $\mathbf{R}^{2\times 1}$/**N(A)**, siendo **A** la matriz de tamaño 3x2 con todos sus elementos iguales a la unidad.

3.43 Hállese una base del subespacio vectorial F de matrices de la forma

$$\mathbf{A} = \begin{bmatrix} -a+b+c & c & b \\ c & a-b+c & a \\ b & a & a+b-c \end{bmatrix}$$

y un subespacio complementario del citado subespacio, en $\mathbf{R}^{3\times 3}$.

4

Aplicaciones Lineales

En este nuevo Capítulo se van a considerar principalmente las transformaciones lineales de espacios vectoriales de dimensión finita. Previamente se abordan las aplicaciones en general y las aplicaciones lineales entre espacios vectoriales. Las nociones de isomorfismo lineal, matriz de una aplicación lineal, rango de una aplicación lineal conectan directamente con los conceptos básicos analizados en la teoría de espacios vectoriales y en el cálculo matricial. Muchos resultados en términos de aplicaciones lineales son análogos a los ya obtenidos para matrices.

Se introduce también en este Capítulo la noción de rango matricial. El conocimiento del rango ayuda a comprender mejor, entre otros temas: 1) Los sistemas de ecuaciones lineales, al identificar el rango de la matriz del sistema con el número de pivots del método de eliminación; 2) El conjunto de soluciones de un sistema compatible, al identificar el número de parámetros independientes con la nulidad de la matriz del sistema, cuyo valor coincide con el número de incógnitas menos el rango; 3) La estructura de las matrices regulares y su descomposición como producto de matrices elementales; 4) La descomposición de una matriz general de rango k como suma de k matrices de rango unidad, etc.

4.1 Noción de aplicación

Sean A y B dos conjuntos no vacíos. Se llama *relación* de A en B a cualquier subconjunto R del producto cartesiano A×B. Si el par ordenado (a, b) pertenece al conjunto R se dice que el elemento *a* de A *está relacionado* con el elemento *b* de B, por medio de la relación R, en cuyo caso se escribe aRb.

Ejemplo 4.1

Sean los dos conjuntos finitos $A = \{1,2,3\}$, $B = \{+,-\}$ y el subconjunto de A×B, $R = \{(2,-),(3,+),(3,-)\}$, el cual define una relación R de A en B. (Obsérvese que se puede escribir 2R–, 3R+, y 3R–).

La Figura 4.1 muestra esquemáticamente la llamada *gráfica de la relación* R formada por flechas que indican los elementos que están relacionados por R. ✶

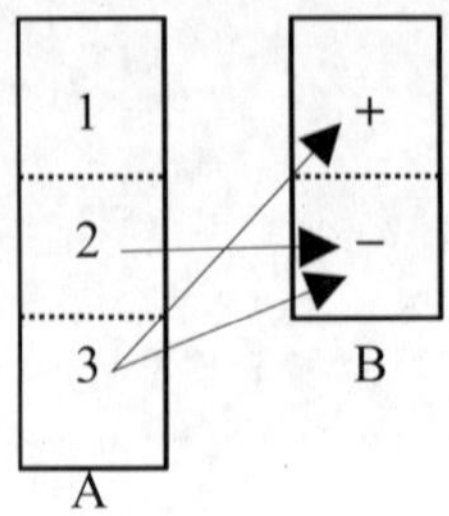

Figura 4.1

Conocida la relación R es fácil construir su gráfica. Recíprocamente, conocida la gráfica se conoce perfectamente la relación R.

Se llama *aplicación* del conjunto A en el conjunto B a una relación de A en B de modo que *a cada* elemento de A le corresponde *uno y sólo uno* de B, esto es: el subconjunto R de AxB es una aplicación de A en B si se cumplen simultáneamente las dos condiciones siguientes:

$$\begin{array}{l} 1)\ \forall a \in A \rightarrow \exists b \in B;\ aRb, \\ 2)\ aRb,\ aRb' \rightarrow b' = b \end{array} \qquad [1.1]$$

Ejemplo 4.2

En el caso del ejemplo anterior se concluye inmediatamente que R *no* es una aplicación de A en B, ya sea porque el elemento 1 no está relacionado con ningún elemento o bien porque el elemento 3 está relacionado con dos elementos diferentes. ✶

Ejemplo 4.3

Sin embargo, la nueva gráfica de la Figura 4.2 *sí* que define una aplicación de A en B. Nótese en este ejemplo que, aunque no hay ningún elemento de A que se relacione con el primer elemento de B, este hecho no contradice la definición dada de aplicación. ✶

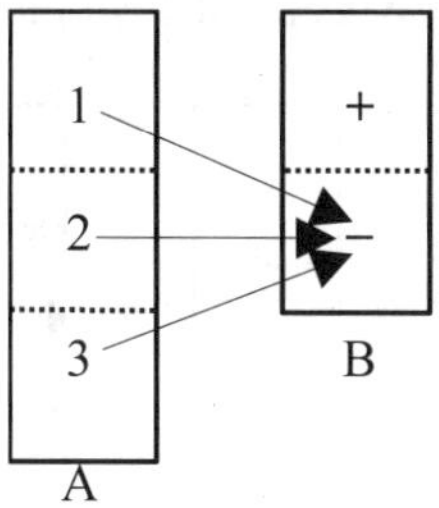

Figura 4.2

En el caso de ser R una aplicación de A en B se suele cambiar de notación y escribir $f : A \to B$ en lugar de $R \subset A \times B$. También se escribe b = f(a) en lugar de aRb, para denotar que *b* es *la imagen* de *a* (o bien que *a* es *una antiimagen* de *b*), respecto de f. El conjunto A se suele llamar *origen* o *dominio* y el conjunto B *final* o *codominio*. El conjunto de todas las imágenes de los elementos de A por f se denota f(A) y se llama *imagen de la aplicación*.

Se dice que una aplicación $f : A \to B$ es *inyectiva* si a elementos de A distintos corresponden imágenes distintas, esto es,

$$a \neq a' \to f(a) \neq f(a') \qquad [1.2]$$

o lo que es lo mismo, si cada elemento de B posee *a lo sumo* una antiimagen en A.

De otra parte, se dice que una aplicación $f : A \to B$ es *suprayectiva* si cada elemento de B posee *al menos* una antiimagen en A, esto es,

$$\forall b \in B \to \exists a \in A; f(a) = b \qquad [1.3]$$

Ejemplo 4.4

La aplicación representada por la gráfica de la Figura 4.2 no es ni inyectiva (los elementos 1, 2, 3 comparten imagen); tampoco es suprayectiva (el elemento + carece de antiimagen). ✶

Una aplicación

$$f : A \to B,$$

que es *a la vez* inyectiva y suprayectiva recibe el nombre de *biyectiva*. En este caso se dice que los conjuntos A y B son *equipotentes*.

Las aplicaciones biyectivas establecen una correspondencia biunívoca entre los elementos de A y de B, de modo que *a cada* elemento de A le corresponde *uno y sólo uno* de B, y recíprocamente, *a cada* elemento de B le corresponde *uno y sólo uno* de A.

Ejemplo 4.5

La Figura 4.3 muestra una biyección del conjunto A={1,2,3} en el conjunto B={+,–,x}, dada por su gráfica. ✶

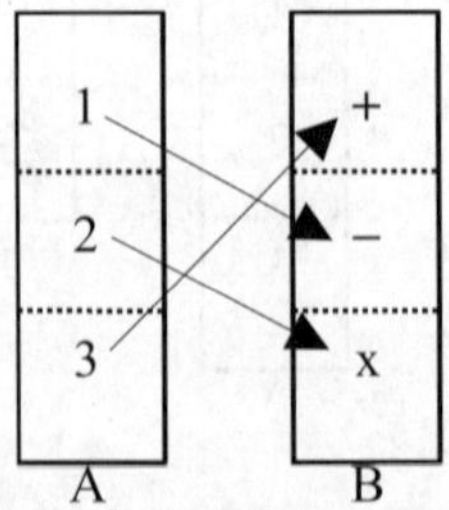

Figura 4.3

Dos conjuntos con un número finito de elementos que sean equipotentes poseen el mismo *cardinal*, y recíprocamente. En consecuencia ningún conjunto finito puede ser equipotente con ninguno de sus subconjuntos propios. Como se prueba en textos más avanzados, los conjuntos no finitos se caracterizan porque se pueden poner en biyección con al menos uno de sus subconjuntos propios.

Ejemplo 4.6

El conjunto **N** de los números naturales es infinito ya que, denotando con **N2** el conjunto de los cuadrados de los números naturales, la aplicación f de **N** en **N2**, definida por $f(n) = n^2$, es una biyección de **N** con **N2**, uno de sus subconjuntos propios. ✶

Toda aplicación $f : A \to B$ biyectiva permite definir la *aplicación inversa* $f^{-1} : B \to A$, de modo que $f^{-1}(b) = a$, supuesto $f(a) = b$. (Ver Figura 4.4).

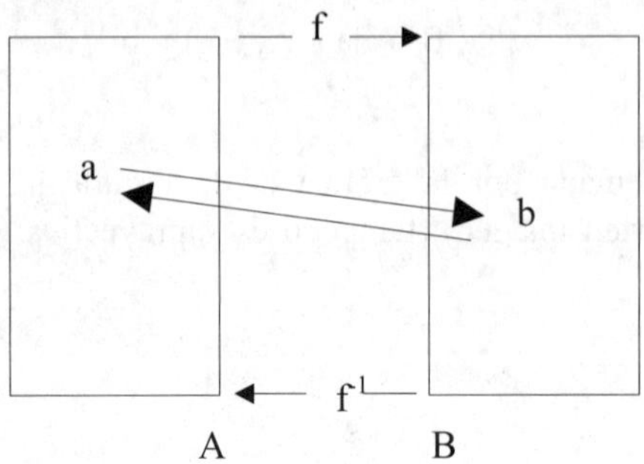

Figura 4.4

Por definición, las dos aplicaciones

$$f : A \to B, g : C \to D$$

son *iguales*, en cuyo caso se escribe f = g, si se cumplen simultáneamente las dos condiciones siguientes:

$$\begin{aligned} &1)\ A = C, B = D \\ &2)\ f(a) = g(a), \forall a \in A \end{aligned} \qquad [1.4]$$

Veamos ahora las siguientes aplicaciones:

1) Dado un conjunto A, se define la *aplicación identidad* en A como la aplicación $i_A : A \to A$ tal que $i_A(a) = a$. Es obvio que la aplicación i_A es biyectiva.

2) Dado un subconjunto B de A se define la *aplicación inclusión* de B en A como la aplicación $j : B \to A$ de modo que j(b) = b. Se prueba fácilmente que j es una aplicación inyectiva. Esta aplicación es *distinta* de la anterior, a no ser que B coincida con A.

3) Se define la *proyección de A sobre el conjunto cociente A/R* como la aplicación $\pi : A \to A/R$ tal que $\pi(a) = \overline{a}$, esto es, la aplicación π hace corresponder a cada elemento de A la clase que representa. Se demuestra fácilmente que la citada aplicación π está bien definida y es suprayectiva.

Dadas las dos aplicaciones

$$f : A \to B, g : B \to C$$

se define la *composición de f con g* como la aplicación

$$gof : A \to C$$

tal que

$$gof(a) = g(f(a)) \qquad [1.5]$$

La Figura 4.5 aclara esta nueva definición. Nótese el orden de escritura en gof: actúa primero la aplicación f y luego la aplicación g, sin embargo se escribe gof.

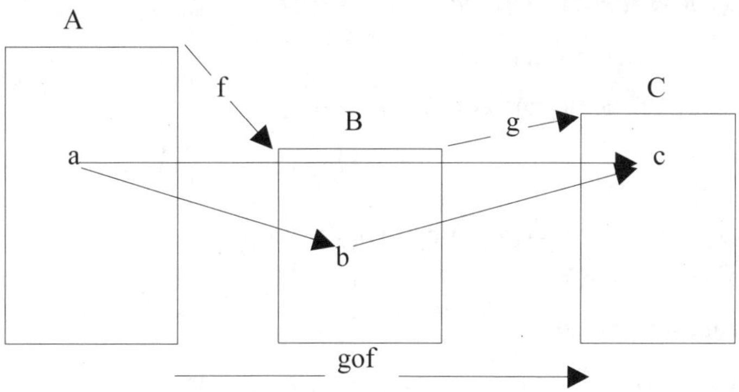

Figura 4.5

Nótese además que aunque g está definida sobre todo el conjunto B, sin embargo en la composición de f con g la aplicación g sólo actúa sobre f(A).

Ejemplo 4.7

La composición de la aplicación $f : R \to [-1,1]$, con la aplicación $g : [-1,1] \to R$, definidas por

$$f(x) = \cos(x), g(y) = y^3$$

es la aplicación $gof : R \to R$ dada por

$$gof(z) = g(f(z)) = g(\cos(z)) = \cos^3(z).$$

Nótese que en este caso es posible definir también la composición de g con f, obteniéndose un resultado completamente diferente. (Se deja el estudio de esta cuestión para el lector). ✶

Dada una aplicación f de A en B, se dice que la aplicación g de B en A es *una inversa por la izquierda* de f si se cumple la identidad

$$gof = i_A. \qquad [1.6]$$

Análogamente, se dice que la aplicación g de B en A es *una inversa por la derecha* de f si se cumple la identidad

$$fog = i_B. \qquad [1.7]$$

Si existen *ambas* clases de inversa se prueba fácilmente:

1) Que ambas inversas coinciden,
2) Que esta inversa común es única y,
3) Que se identifican con la aplicación inversa f^{-1} de f, ya introducida anteriormente (Se deja la demostración de estas afirmaciones para el lector).

Proposición 4.1 "La existencia de inversa por la izquierda de una aplicación $f{:}A\to B$ equivale a que la aplicación f es inyectiva"

Directo:

Si g es una inversa por la izquierda de f se tiene

$$gof = i_A$$

de donde

$$f(a) = f(a') \to g(f(a)) = g(f(a')) \to$$
$$gof(a) = gof(a') \to i_A(a) = i_A(a') \to a = a'$$

lo que prueba que f es inyectiva.

Recíproco:

Si f es inyectiva, entonces la aplicación g de B en A definida por las dos condiciones siguientes está bien definida y verifica claramente que $gof = i_A$.

1ª Si b pertenece a f(A), entonces g(b) = a tal que f(a) = b, y

2ª Si b no pertenece a f(A), entonces g(b) = a_0, donde a_0 es un elemento seleccionado cualquiera de A. ❑

Proposición 4.2 "La existencia de inversa por la derecha de una aplicación f:A→B equivale a que la aplicación f es suprayectiva"

Directo:

Si g es una inversa por la derecha de f se tiene

$$fog = i_B ,$$

de donde la ecuación

$$f(x) = b$$

admite al menos la solución

$$x = g(b)$$

para todo b de B, luego f es suprayectiva.

Recíproco:

Si f es suprayectiva, entonces la aplicación g de B en A definida por: g(b) = a, con *a* una antiimagen seleccionada de b por f, está bien definida y cumple que fog = i_B. ❑

Proposición 4.3 "La existencia de ambas clases de inversa de una aplicación f:A→B equivale a que f es biyectiva"

Consecuencia inmediata de las dos proposiciones anteriores. ❑

Se demuestran fácilmente las cuatro propiedades que se incluyen en la siguiente proposición:

Proposición 4.4

"1) Si f:A→B, g:B→C, h:C→D son tres aplicaciones, entonces se cumple la identidad ho(gof) = (hog)of (Propiedad asociativa de la composición).

2) Si f:A→B es una aplicación, entonces se verifican las identidades $i_B$of = f = foi_A

3) Si f:A→B es una aplicación biyectiva, entonces se cumplen las tres identidades siguientes: $f^{-1}$of = i_A, fof^{-1} = i_B, $(f^{-1})^{-1}$ = f

4) Si f:A→B, g:B→C son dos aplicaciones biyectivas, entonces gof es biyectiva y se cumple la identidad $(gof)^{-1}$ = f^{-1}og^{-1}".

Se dejan las demostraciones como ejercicios para el lector. ❑

Finalmente, se suele llamar *transformación* a una aplicación de un conjunto A en sí mismo. Nótese que el conjunto de transformaciones biyectivas de un conjunto A cualquiera posee estructura de grupo (en general no abeliano) respecto de la operación composición de aplicaciones.

4.2 Aplicaciones lineales

Sean ahora E y F espacios vectoriales sobre *el mismo* cuerpo conmutativo **K**. Se dice que la aplicación $f : E \rightarrow F$ es una *aplicación lineal* si se cumplen las dos condiciones siguientes:

$$\begin{aligned} &1)\ f(x+x') = f(x) + f(x'), \forall x, x' \in E \\ &2)\ f(\alpha x) = \alpha f(x), \forall \alpha \in \mathbf{K}, \forall x \in E \end{aligned} \quad [2.1]$$

La Figura 4.6 ilustra la situación para la aplicación lineal f:

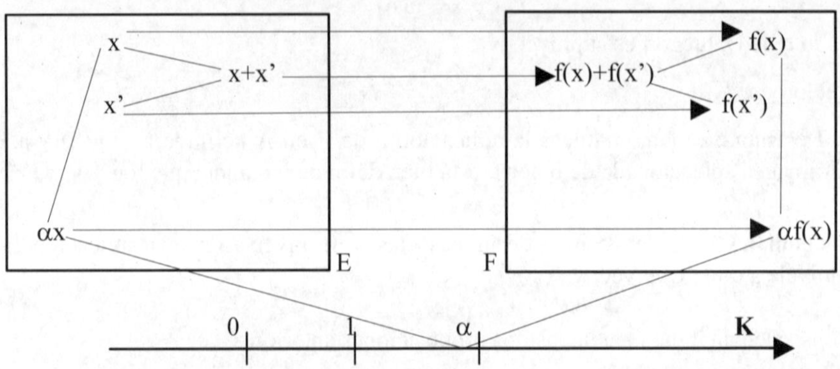

Figura 4.6

La condición 1) permite afirmar que la aplicación f es un *homomorfismo de grupos* (del grupo (E,+) en el grupo (F,+)). Con la condición 2) el homomorfismo de grupos f se constituye en aplicación lineal.

Ejemplo 4.8

1) La transformación identidad i_E definida sobre un espacio vectorial E es una transformación lineal.

2) La inclusión j de un subespacio vectorial F en un espacio vectorial E que lo contiene es una aplicación lineal.

3) La proyección π de un espacio vectorial E sobre el espacio vectorial cociente E/F, donde F es un subespacio vectorial de E, es una aplicación lineal. En este caso la relación de equivalencia R que determina el conjunto cociente viene dada por

$$xRx' \leftrightarrow x - x' \in F$$

Para probar que estas tres aplicaciones son lineales basta verificar que se cumple la definición de aplicación lineal para cada una de ellas. ✶

Las condiciones 1) y 2) de [2.1] son equivalentes a la única condición

$$3)\ f(\alpha x + \alpha' x') = \alpha f(x) + \alpha' f(x'), \forall \alpha, \alpha' \in \mathbf{K}, \forall x, x' \in E \qquad [2.2]$$

y ésta, a su vez, es equivalente a la condición más general

$$4)\ f(\sum_{i=1}^{p} \alpha_i x_i) = \sum_{i=1}^{p} \alpha_i f(x_i), \forall \alpha_i \in \mathbf{K}, \forall x_i \in E, p \geq 2\,, \qquad [2.3]$$

(lo cual es muy fácil de probar). La condición de aplicación lineal dada por [2.3] se puede traducir afirmando que las aplicaciones lineales "respetan" las combinaciones lineales, esto es, la imagen de una combinación lineal es combinación lineal de las imágenes, *con los mismos coeficientes*.

Proposición 4.5 "Sea $f:E\to F$ una aplicación lineal. Son ciertas las siguientes afirmaciones:

1) $f(0) = 0$
2) $f(-x) = -f(x)$, para todo x de E
3) Si H es un subespacio vectorial de E, entonces f(H) es un subespacio vectorial de F
4) Si f es además biyectiva, entonces f^{-1} también es una aplicación lineal (biyectiva)
5) Siendo f una aplicación lineal de E en F, si g es una aplicación lineal de F en G, entonces gof es una aplicación lineal de E en G".

Se deja como ejercicio para el lector probar que estas cinco afirmaciones son ciertas. ❑

Proposición 4.6 Teorema de *existencia y unicidad*: "Sean E y F dos espacios vectoriales definidos sobre el mismo **K**. Si los vectores $x_1, x_2, ..., x_n$ forman una base de E y los vectores $y_1, y_2, ..., y_n$ forman una lista cualquiera de F, entonces existe una única aplicación lineal $f:E\to F$ tal que $f(x_i) = y_i$, con $i = 1, 2, ..., n$".

Existencia:

La aplicación f de E en F definida por

$$f(x) = \sum_{i=1}^{n} \alpha_i y_i$$

con

$$x = \sum_{i=1}^{n} \alpha_i x_i$$

es claramente una aplicación lineal que cumple la condición $f(x_i) = y_i$, $i = 1, 2, ..., n$ del enunciado.

Unicidad:

Si existiera otra aplicación lineal g de E en F tal que $g(x_i) = y_i$, i =1, 2, ..., n, se tendría

$$g(x) = g(\sum_{i=1}^{n} \alpha_i x_i) = \sum_{i=1}^{n} \alpha_i g(x_i) = \sum_{i=1}^{n} \alpha_i y_i = f(x), \forall x \in E$$

de donde g = f. ❑

Este teorema equivale a la siguiente afirmación: "Una aplicación lineal está totalmente determinada si y sólo si se conocen las imágenes de los vectores de una base cualquiera del espacio vectorial origen".

Proposición 4.7 "Las aplicaciones lineales transforman listas linealmente dependientes en listas linealmente dependientes".

Su demostración es inmediata. ❑

Proposición 4.8 "Una aplicación lineal es inyectiva si y sólo si la ecuación f(x) = 0 posee solución única"

Directo:

Si f es lineal e inyectiva, la ecuación f(x) = 0 sólo puede tener como solución la trivial nula, de lo contrario el vector nulo poseería más de una antiimagen, contrariamente a la hipótesis de inyectividad para f.

Recíproco:

Si la solución de f(x) = 0 es única, tiene que ser la solución trivial nula. De la identidad $f(x) = f(x')$ se sigue $f(x - x') = 0 \rightarrow x - x' = 0 \rightarrow x' = x$ de ahí que f sea inyectiva. ❑

Proposición 4.9 "Las aplicaciones lineales inyectivas transforman listas linealmente independientes en listas linealmente independientes".

Sea f una aplicación lineal inyectiva de E en F y sea $x_1, x_2, ..., x_p$ una lista linealmente independiente de p vectores de E. La lista $f(x_1), f(x_2), ..., f(x_p)$ también es linealmente independiente en F, ya que

$$\sum_{i=1}^{p} \alpha_i f(x_i) = 0 \rightarrow f(\sum_{i=1}^{p} \alpha_i x_i) = 0 \rightarrow \text{(Por ser f inyectiva)}$$

$$\sum_{i=1}^{p} \alpha_i x_i = 0 \rightarrow \alpha_i = 0, i = 1,2,...,p \quad \text{(Por la independencia lineal de los } x_i\text{).} ❑$$

Una aplicación lineal biyectiva f de E en F recibe el nombre de *isomorfismo lineal*. Si existe un isomorfismo lineal f entre los espacios vectoriales E y F se dice que E y F son espacios vectoriales *isomorfos*, escribiéndose en este caso $E \cong F$. Una transformación lineal isomorfa de un espacio vectorial E recibe el nombre de *automorfismo lineal*. Es fácil probar que los automorfismos lineales de un espacio vectorial E forman grupo respecto de la composición de aplicaciones como operación.

Ejemplo 4.9

La aplicación f de $\mathbf{K}^{p+1}$ en $\mathbf{K}_p[t]$ definida por

$$f(\alpha_0,\alpha_1,\alpha_2,...,\alpha_p) = \alpha_0 + \alpha_1 t + \alpha_2 t^2 + ... + \alpha_p t^p$$

es claramente un isomorfismo lineal, por lo que ambos espacios vectoriales son isomorfos, pudiéndose escribir

$$\mathbf{K}^{p+1} \cong \mathbf{K}_p[t]. \bigstar$$

Dos espacios isomorfos se comportan "como si fueran el mismo espacio vectorial".

Proposición 4.10 "Dos espacios vectoriales de dimensión finita E y F, ambos definidos sobre el mismo **K**, son isomorfos si y sólo si poseen la misma dimensión"

Directo:

Si E es isomorfo con F, existirá un isomorfismo f de E en F de modo que si $x_1, x_2, ..., x_n$ es una base de E entonces $f(x_1), f(x_2), ..., f(x_n)$ es una base de F; en consecuencia E y F poseen la misma dimensión.

Recíproco:

Si E y F poseen la misma dimensión, la aplicación que transforma una base de E en una base de F (que existe y es única gracias al teorema de existencia y unicidad) es claramente un isomorfismo lineal. ❑

En definitiva, se puede afirmar que: "Todos los espacios vectoriales de la misma dimensión, definidos sobre el mismo cuerpo **K**, son isomorfos entre sí".

4.3 Núcleo e imagen de una aplicación lineal

Sea $f : E \to F$ una aplicación lineal. Se llama *núcleo* de la aplicación lineal f al conjunto

$$\mathrm{Nuc}\, f = \{x \in E; f(x) = 0\}$$

de las antiimágenes del vector nulo 0 de F por f. De otra parte, se denomina *imagen* de la aplicación lineal f al conjunto de las imágenes de los vectores de E por f

$$\mathrm{Im}\, f = \{y = f(x); x \in E\}.$$

La Figura 4.7 ilustra la situación:

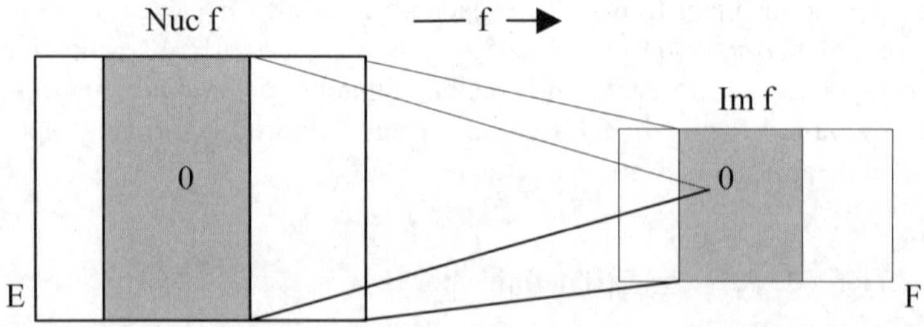

Figura 4.7

Se demuestra fácilmente que el núcleo es un subespacio vectorial de E y que la imagen es un subespacio vectorial de F.

Se llama *nulidad* de la aplicación lineal f a la dimensión del núcleo, y se denota por n(f); análogamente, se llama *rango* de la aplicación lineal f a la dimensión de la imagen, y se denota por r(f).

Proposición 4.11 "El espacio vectorial cociente E/Nuc f es isomorfo con el espacio vectorial imagen Imf".

Es suficiente probar que la aplicación

$$\overline{f} : E / \mathrm{Nuc}\, f \to \mathrm{Im}\, f$$

definida por

$$\overline{f}(\overline{x}) = f(x)$$

es un isomorfismo lineal. Veamos:

1º: La aplicación $\overline{f}$ es una verdadera aplicación (el resultado no depende del representante de clase elegido, para una misma clase), ya que

$$\overline{x'} = \overline{x} \to$$
$$x' - x \in \mathrm{Nuc}\, f \to x' = x + x_s, \text{ con } x_s \in \mathrm{Nuc}\, f \to f(x') = f(x + x_s) \to$$
$$f(x') = f(x) + f(x_s) \to f(x') = f(x) + 0 \to f(x') = f(x) \to \overline{f}(\overline{x'}) = \overline{f}(\overline{x})$$

2º: La aplicación $\overline{f}$ es lineal, pues

$$\overline{f}(\alpha\overline{x} + \alpha'\overline{x'}) = \overline{f}(\overline{\alpha x + \alpha' x'}) = f(\alpha x + \alpha' x') =$$
$$\alpha f(x) + \alpha' f(x') = \alpha\overline{f}(\overline{x}) + \alpha'\overline{f}(\overline{x'})$$

3º: La aplicación $\overline{f}$ es inyectiva, debido a que

$$\overline{f}(\overline{x}) = 0 \to f(x) = 0 \to x \in \mathrm{Nuc}\, f \to \overline{x} = \overline{0}$$

4º: Finalmente, la aplicación $\bar{f}$ es suprayectiva, ya que la ecuación

$$\bar{f}(\bar{x}) = y \in \operatorname{Im} f$$

admite como solución la clase $\overline{x_0}$ donde $f(x_0) = y$. ❑

Proposición 4.12 *Teorema de la dimensión*: "Para toda aplicación lineal f de E en F, donde E y F son espacios vectoriales de dimensión finita, se cumple la identidad

$$n(f)+r(f) = \dim E".$$

Recuérdese que dos espacios vectoriales isomorfos son de la misma dimensión y que la dimensión del espacio vectorial cociente es diferencia de dimensiones. Partiendo de que E/Nuc f es isomorfo con Im f se tiene

$$\begin{aligned}
&E / \operatorname{Nuc} f \cong \operatorname{Im} f \to \dim(E / \operatorname{Nuc} f) = \dim \operatorname{Im} f \to \\
&\dim E - \dim \operatorname{Nuc} f = \dim \operatorname{Im} f \to \\
&\dim E - n(f) = r(f) \to n(f) + r(f) = \dim E
\end{aligned}$$

❑

Ejemplo 4.10

Se considera el *operador* derivación

$$D : \mathbf{K}_p[t] \to \mathbf{K}_p[t]$$

que hace corresponder a cada polinomio el polinomio derivada, de modo que

$$D(q(t)) = q'(t)$$

(Aquí la notación con una tilde indica derivación respecto de la variable t). Se trata evidentemente de una transformación lineal del espacio de polinomios de grado a lo sumo p en la variable t. En este caso se tiene

$$\operatorname{Nuc} f = [1] \to n(f) = 1$$

$$\operatorname{Im} f = \mathbf{K}_{p-1}[t] \to r(f) = p$$

Nótese que

$$n(f) + r(f) = 1 + p = p + 1 = \dim \mathbf{K}_p[t].\ \star$$

4.4 Matriz de una aplicación lineal

Sea f una aplicación lineal de un espacio vectorial E de dimensión n en un espacio vectorial F de dimensión m. Dada una base para el espacio E, $B_E = u_1, u_2, ..., u_n$ y otra base para el espacio F, $B_F = v_1, v_2, ..., v_m$ se sabe, por el teorema de existencia y unicidad, que los n vectores $y_j = f(u_j)$, con j = 1, 2, ..., n determinan totalmente la aplicación lineal f.

Escribiendo por columnas las componentes de los citados vectores y_j, en la base fijada de F, se obtiene una matriz $\mathbf{A} = [a_{ij}]$, de tamaño m×n con elementos en $\mathbf{K}$

$$\mathbf{A} = \begin{bmatrix} a_{11} & a_{12} & \dots & a_{1n} \\ a_{21} & a_{22} & \dots & a_{2n} \\ \dots & \dots & \dots & \dots \\ a_{m1} & a_{m2} & \dots & a_{mn} \end{bmatrix}, \qquad [4.1]$$

que, por definición, es la *matriz de la aplicación lineal f* en las bases B_E, B_F. Nótese que la columna j–ésima de A está formada por las componentes de $f(u_j)$ en la base B_F.

Está claro que conocida la matriz **A** y fijadas las bases B_E, B_F se conoce totalmente la aplicación lineal f, ya que se conocen los transformados de los vectores de una base del espacio origen (recuérdese el teorema de existencia y unicidad). Recíprocamente, si se conoce la aplicación lineal f y se fijan sendas bases, una en cada espacio, se conoce la matriz **A** de f, en las bases fijadas, tal como ha sido definida la matriz de una aplicación lineal. Se suele decir que la matriz **A** *representa* a la aplicación lineal f en las bases dadas.

La obtención del vector imagen y = f(x), para un vector x dado, se simplifica notablemente, como se justifica a continuación, mediante la expresión matricial asociada $\mathbf{y} = \mathbf{Ax}$, donde la columna **y** contiene las componentes del vector y en la base B_F y la columna **x** contiene las componentes del vector x en la base B_E . Veamos:

$$y = f(x) \to \sum_{i=1}^{m} \beta_i v_i = f(\sum_{j=1}^{n} \alpha_j u_j) \to$$

$$\sum_{i=1}^{m} \beta_i v_i = \sum_{j=1}^{n} \alpha_j f(u_j) = \sum_{j=1}^{n} \alpha_j (\sum_{i=1}^{m} a_{ij} v_i) = \sum_{i=1}^{m} (\sum_{j=1}^{n} a_{ij} \alpha_j) v_i \to$$

$$\beta_i = \sum_{j=1}^{n} a_{ij} \alpha_j,\ i = 1,2,\dots,m \to \mathbf{y} = \mathbf{Ax} \qquad [4.2]$$

Ejemplo 4.11

La aplicación f de $\mathbf{R}^3$ en $\mathbf{R}^2$ definida por

$$f(a,b,c) = (a+b, b+c)$$

es evidentemente lineal. Su matriz **A**, en las bases canónicas, viene dada por

$$\mathbf{A} = \begin{bmatrix} 1 & 1 & 0 \\ 0 & 1 & 1 \end{bmatrix}$$

ya que

$$f(e_1) = e_1, f(e_2) = e_1 + e_2, f(e_3) = e_2$$

El cálculo de f(a, b, c) se puede obtener matricialmente mediante el simple producto matricial

$$\begin{bmatrix} 1 & 1 & 0 \\ 0 & 1 & 1 \end{bmatrix}\begin{bmatrix} a \\ b \\ c \end{bmatrix} = \begin{bmatrix} a+b \\ b+c \end{bmatrix}. \bigstar$$

¿Cómo cambia la matriz **A** de la aplicación lineal f cuando cambian las bases? Esta cuestión se va a analizar en lo que resta de apartado:

Si **A´** representa a la aplicación lineal f, pero en las nuevas bases

$$B'_E = u'_1, u'_2, ..., u'_n, B'_F = v'_1, v'_2, ..., v'_m,$$

S es la matriz cambio de base de la base B_E a la base B'_E, y **T** la matriz cambio de base de la base B_F a la base B'_F, se tienen las cuatro expresiones matriciales siguientes:

$$\begin{aligned} &(1)\ \mathbf{y} = \mathbf{Ax} \\ &(2)\ \mathbf{y}' = \mathbf{A}'\mathbf{x}' \\ &(3)\ \mathbf{x} = \mathbf{Sx}' \\ &(4)\ \mathbf{y} = \mathbf{Ty}' \end{aligned},$$

donde **x´**, **y´** denotan las matrices columna que representan a los vectores x, y en las nuevas bases, respectivamente. Las expresiones (3) y (4) corresponden a los cambios de base efectuados.

Partiendo de (1), mediante (3) y (4), se llega fácilmente a la expresión

$$(5)\ \mathbf{y}' = (\mathbf{T}^{-1}\mathbf{AS})\mathbf{x}'$$

que en realidad equivale a la expresión (2), lo que conduce necesariamente a la expresión buscada:

$$\mathbf{A}' = \mathbf{T}^{-1}\mathbf{AS}\,. \qquad [4.3]$$

Esta expresión relaciona la matriz **A** de f en las bases antiguas con la matriz **A'** de f en las bases nuevas a través de las matrices de paso **S** y **T**. Las matrices que representan a una misma aplicación lineal son *equivalentes* entre sí.

4.5 Matriz de una transformación lineal

Considérese ahora f una transformación lineal de un espacio vectorial E de dimensión n y sea $B_E = u_1, u_2, ..., u_n$, una base del citado espacio.

Escribiendo por columnas las componentes de los n vectores $y_j = f(u_j)$, j = 1, 2, ..., n, en la base fijada de E, se obtiene una matriz $\mathbf{A} = [a_{ij}]$, cuadrada de orden n, con elementos en **K**,

$$\mathbf{A} = \begin{bmatrix} a_{11} & a_{12} & \dots & a_{1n} \\ a_{21} & a_{22} & \dots & a_{2n} \\ \dots & \dots & \dots & \dots \\ a_{n1} & a_{n2} & \dots & a_{nn} \end{bmatrix} \quad [5.1]$$

que, por definición, es la *matriz de la transformación lineal f* en la base B_E. Nótese que la columna j–ésima de **A** está formada por las componentes de $f(u_j)$ en la base B_E.

La expresión matricial que permite obtener y = f(x) es idéntica a la ya obtenida para las aplicaciones lineales, esto es, **y** = **Ax**. Si se efectúa un cambio de base en el espacio vectorial E, de la base B_E a la base B'_E, dado por la matriz de cambio de base **S**, entonces la matriz **A´**, que representa a la transformación lineal f en la nueva base, se relaciona con la matriz **A** mediante la expresión matricial

$$\mathbf{A}' = \mathbf{S}^{-1}\mathbf{A}\mathbf{S}, \quad [5.2]$$

la cual se puede obtener o bien siguiendo un procedimiento análogo al que condujo a la fórmula [4.3] o bien como un caso particular de la citada fórmula, con **T** = **S**.

La expresión [5.2] relaciona la matriz **A** de f en la base antigua con la matriz **A'** de f en la base nueva a través de la matriz de paso **S**. Las matrices que representan a una misma transformación lineal son *semejantes* entre sí.

Ejemplo 4.12

Si la matriz que representa a una cierta transformación lineal f de $\mathbf{R}^3$ en la base canónica es

$$\mathbf{A} = \begin{bmatrix} 1 & 1 & 1 \\ 0 & 1 & 1 \\ 0 & 0 & 1 \end{bmatrix},$$

entonces la matriz que representa a la misma transformación lineal f en la nueva base

$$e_2 + e_3, e_1 + e_3, e_1 + e_2$$

es

$$\mathbf{A}' = \mathbf{S}^{-1}\mathbf{A}\mathbf{S} = \begin{bmatrix} 0 & 1 & 1 \\ 1 & 0 & 1 \\ 1 & 1 & 0 \end{bmatrix}^{-1} \begin{bmatrix} 1 & 1 & 1 \\ 0 & 1 & 1 \\ 0 & 0 & 1 \end{bmatrix} \begin{bmatrix} 0 & 1 & 1 \\ 1 & 0 & 1 \\ 1 & 1 & 0 \end{bmatrix} = \frac{1}{2} \begin{bmatrix} 1 & 0 & -1 \\ 1 & 2 & 1 \\ 3 & 2 & 3 \end{bmatrix}. \bigstar$$

4.6 Operaciones con aplicaciones lineales

Se prueba muy fácilmente que el conjunto L(E, F) de las aplicaciones lineales de E en F posee estructura de espacio vectorial sobre **K**, respecto de las operaciones suma de aplicaciones lineales y producto por un escalar, con f + g y α.f definidas mediante las expresiones

$$\begin{aligned}(f+g)(x) &= f(x)+g(x), \forall x \in E \\ (\alpha.f)(x) &= \alpha.f(x), \forall \alpha \in \mathbf{K}, \forall x \in E\end{aligned} \quad [6.1]$$

Los espacios vectoriales L(E,F) y $\mathbf{K}^{m\times n}$ son *isomorfos* entre sí a través del isomorfismo lineal φ que hace corresponder a cada aplicación lineal f su matriz en unas bases fijadas de antemano, de modo que φ(f) = **A**; la linealidad de φ significa que

$$\begin{aligned}\phi(f+g) &= \phi(f)+\phi(g) \\ \phi(\alpha.f) &= \alpha.\phi(f)\end{aligned} \quad [6.2]$$

Como consecuencia inmediata se tiene

$$\dim L(E,F) = \dim \mathbf{K}^{m\times n} = m\times n. \quad [6.3]$$

Análogamente, también se puede probar que el conjunto L(E) de las transformaciones lineales de E posee estructura de *anillo unitario*, respecto de las operaciones suma de transformaciones lineales y composición de transformaciones lineales, con f + g y gof definidas mediante las expresiones

$$\begin{aligned}(f+g)(x) &= f(x)+g(x), \forall x \in E \\ (gof)(x) &= g(f(x)), \forall x \in E\end{aligned} \quad [6.4]$$

Los elementos inversibles del anillo L(E) forman el *grupo de los automorfismos lineales* GL(E). Los anillos unitarios L(E) y $\mathbf{K}^{n\times n}$ son *isomorfos* entre sí a través del isomorfismo de anillos φ que hace corresponder a cada transformación lineal f su matriz en unas base fijada de antemano, esto es φ(f) = **A**; en este caso se tiene

$$\begin{aligned}\phi(f+g) &= \phi(f)+\phi(g) \\ \phi(gof) &= \phi(g).\phi(f)\end{aligned} \quad [6.5]$$

Si se denota con $\mathbf{GK_n}$ el grupo de las matrices regulares de orden n con elementos en **K**, entonces los grupos GL(E) y $\mathbf{GK_n}$ son isomorfos a través del isomorfismo de grupos φ que hace corresponder a cada automorfismo f su matriz en una base fijada de antemano, de modo que φ(f) = **A** ; en este caso es

$$\phi(gof) = \phi(g).\phi(f) \quad [6.6]$$

Se va a probar un resultado todavía pendiente de demostración:

Proposición 4.13 "Las matrices cambio de base son regulares".

Sea **S** la matriz cambio de base, de la base $x_1, x_2, ..., x_n$ a la base $x'_1, x'_2, ..., x'_n$, en un espacio vectorial E de dimensión n. La transformación lineal ψ de E, definida por $\psi(x_j) = x'_j$, con j = 1, 2, ..., n, es claramente un automorfismo de E, cuya matriz en la base inicial es precisamente **S**. Utilizando el isomorfismo de grupos φ de [6.6], que hace corresponder a cada automorfismo su matriz en la base inicial $x_1, x_2, ..., x_n$ se tiene

$$\mathbf{I_n}= \phi(i_E) = \phi(\psi o \psi^{-1}) = \phi(\psi).\phi(\psi^{-1}) = \mathbf{S}.\phi(\psi^{-1})$$
$$\mathbf{I_n}= \phi(i_E) = \phi(\psi^{-1} o \psi) = \phi(\psi^{-1}).\phi(\psi) = \phi(\psi^{-1}).\mathbf{S}$$

de lo que se deduce inmediatamente que la matriz $\phi(\psi^{-1})$ es la inversa de **S**, esto es, **S** es regular. ❑

Todo cambio de base está asociado a un *cambio admisible de variables*: de las componentes antiguas $\alpha_1,\alpha_2,...,\alpha_n$ a las componentes nuevas $\alpha'_1,\alpha'_2,...,\alpha'_n$. Se sabe que la relación entre las variables antiguas y nuevas viene dado por las *ecuaciones del cambio de base*:

$$\begin{aligned}
\alpha_1 &= s_{11}\alpha'_1 + s_{12}\alpha'_2 + ... + s_{1n}\alpha'_n \\
\alpha_2 &= s_{21}\alpha'_1 + s_{22}\alpha'_2 + ... + s_{2n}\alpha'_n \\
&... \\
\alpha_n &= s_{n1}\alpha'_1 + s_{n2}\alpha'_2 + ... + s_{nn}\alpha'_n
\end{aligned} \qquad [6.7]$$

donde la matriz $\mathbf{S} = [s_{ij}]$ de los coeficientes es la matriz del cambio de base, que es regular.

4.7 Rango de una matriz

La noción de *rango matricial* surge de un modo natural de considerar las dimensiones de los subespacios generados por las filas o por las columnas de una matriz. Se demostrará más adelante que ambas dimensiones coinciden y su valor es lo que se denomina *rango* de la matriz. Es muy fácil probar que el rango matricial coincide con el rango de la aplicación lineal que representa, fijados los espacios vectoriales y sendas bases.

De un modo equivalente: se puede decir que el rango de una matriz es el número máximo de filas linealmente independientes y también el número máximo de columnas linealmente independientes. En lo que sigue se adopta este segundo enfoque:

Se va a proceder de modo sistemático. Dada una matriz **A** de tamaño m×n con elementos en **K**, se llama *rango por filas* de **A** al número máximo de matrices fila de **A** linealmente independientes. Si se escribe **A** de modo particionado por filas

$$\mathbf{A} = \begin{bmatrix} \mathbf{v}_1^T \\ \mathbf{v}_2^T \\ ... \\ \mathbf{v}_m^T \end{bmatrix} \qquad [7.1]$$

y se denota por r_f al rango por filas de **A**, se tiene evidentemente

$$r_f = \dim\left[\mathbf{v}_1^T, \mathbf{v}_2^T, ..., \mathbf{v}_m^T\right]. \qquad [7.2]$$

Análogamente, se llama *rango por columnas* de **A** al número máximo de matrices columna de **A** linealmente independientes. Si se escribe **A** de modo particionado por columnas

$$\mathbf{A} = \begin{bmatrix} \mathbf{u}_1 & \mathbf{u}_2 & \dots & \mathbf{u}_n \end{bmatrix} \qquad [7.3]$$

y se denota por r_c al rango por columnas de A, se tiene

$$r_c = \dim\left[\mathbf{u}_1, \mathbf{u}_2, \dots, \mathbf{u}_n\right]. \qquad [7.4]$$

Se sabe que las operaciones elementales respetan la dependencia o independencia lineal de cualquier colección de vectores en un espacio vectorial. Las filas de **A** se pueden considerar como vectores de $\mathbf{K}^{1\times n}$ y las columnas de **A** como vectores de $\mathbf{K}^{m\times 1}$, por lo que las operaciones elementales por filas (o columnas) de **A** respetan la dependencia o independencia lineal de las filas (o columnas) de **A**.

Desde el punto de vista práctico, el rango por filas de **A** se puede hallar reduciendo la matriz **A** a su forma normal escalonada por filas; de otra parte, el rango por columnas de **A** se puede obtener reduciendo la matriz A a su *forma normal escalonada por columnas* (Esta nueva forma normal se define de modo análogo a la ya conocida forma normal escalonada por filas). El rango por filas (o columnas) de **A** coincide, en realidad, con el número de filas (o columnas) no nulas de la forma normal escalonada por filas (o columnas) de la matriz **A**.

Ejemplo 4.13

El rango por filas de la matriz

$$\mathbf{A} = \begin{bmatrix} 1 & 2 & 3 \\ 4 & 5 & 6 \\ 7 & 8 & 9 \end{bmatrix}$$

se puede obtener mediante operaciones elementales por filas

$$\begin{bmatrix} 1 & 2 & 3 \\ 4 & 5 & 6 \\ 7 & 8 & 9 \end{bmatrix} \to \dots \to \begin{bmatrix} 1 & 2 & 3 \\ 0 & -3 & -6 \\ 0 & -6 & -12 \end{bmatrix} \to \dots \to \begin{bmatrix} 1 & 0 & -1 \\ 0 & 1 & 2 \\ 0 & 0 & 0 \end{bmatrix} \to r_f = 2$$

y el rango por columnas mediante operaciones elementales por columnas

$$\begin{bmatrix} 1 & 2 & 3 \\ 4 & 5 & 6 \\ 7 & 8 & 9 \end{bmatrix} \to \dots \to \begin{bmatrix} 1 & 0 & 0 \\ 4 & -3 & -6 \\ 7 & -6 & -12 \end{bmatrix} \to \dots \to \begin{bmatrix} 1 & 0 & 0 \\ 0 & 1 & 0 \\ -1 & 2 & 0 \end{bmatrix} \to r_c = 2$$

Obsérvese la coincidencia de ambas clases de rango, por filas y por columnas. Nótese además que la forma normal escalonada por columnas de **A** coincide con la forma normal escalonada por filas de $\mathbf{A}^T$, resultado general para el caso de matrices cuadradas. ★

Proposición 4.14 "Las operaciones elementales consecutivas por filas, partiendo de una matriz **A**, respetan la dependencia o independencia lineal de cualquier colección de *columnas* de **A**".

Realizar operaciones elementales consecutivas por filas partiendo de **A** equivale a pre–multiplicar **A** por una matriz regular **F**, de manera que **A** se transforma en la matriz **FA**, dada en forma particionada por

$$\mathbf{FA} = [\mathbf{Fu}_1 \quad \mathbf{Fu}_2 \quad \dots \quad \mathbf{Fu}_n],$$

siendo la matriz **F** el producto de las correspondientes matrices elementales por filas. Si

$$\mathbf{u}_{j_1}, \mathbf{u}_{j_2}, \dots, \mathbf{u}_{j_k},\ 1 \le j_1 < j_2 < \dots < j_k \le n$$

es una colección de k columnas cualesquiera de **A**, se va a probar que cualquier solución de la ecuación

$$\alpha_1 \mathbf{u}_{j_1} + \alpha_2 \mathbf{u}_{j_2} + \dots + \alpha_k \mathbf{u}_{j_k} = \mathbf{0}$$

es solución de

$$\alpha_1 \mathbf{Fu}_{j_1} + \alpha_2 \mathbf{Fu}_{j_2} + \dots + \alpha_k \mathbf{Fu}_{j_k} = \mathbf{0}$$

y recíprocamente. Veamos:

Directo:

$$\alpha_{10} \mathbf{u}_{j_1} + \alpha_{20} \mathbf{u}_{j_2} + \dots + \alpha_{k0} \mathbf{u}_{j_k} = \mathbf{0} \rightarrow$$
$$\alpha_{10} \mathbf{Fu}_{j_1} + \alpha_{20} \mathbf{Fu}_{j_2} + \dots + \alpha_{k0} \mathbf{Fu}_{j_k} = \mathbf{F0} \rightarrow$$
$$\alpha_{10} \mathbf{Fu}_{j_1} + \alpha_{20} \mathbf{Fu}_{j_2} + \dots + \alpha_{k0} \mathbf{Fu}_{j_k} = \mathbf{0}$$

Recíproco:

$$\alpha_{10} \mathbf{Fu}_{j_1} + \alpha_{20} \mathbf{Fu}_{j_2} + \dots + \alpha_{k0} \mathbf{Fu}_{j_k} = \mathbf{0} \rightarrow$$
$$\mathbf{F}^{-1}(\alpha_{10} \mathbf{Fu}_{j_1} + \alpha_{20} \mathbf{Fu}_{j_2} + \dots + \alpha_{k0} \mathbf{Fu}_{j_k}) = \mathbf{F}^{-1}\mathbf{0} \rightarrow$$
$$\alpha_{10} \mathbf{u}_{j_1} + \alpha_{20} \mathbf{u}_{j_2} + \dots + \alpha_{k0} \mathbf{u}_{j_k} = \mathbf{0}$$

Queda probado lo afirmado, lo que significa que las k columnas iniciales de **A** y sus transformadas mediante operaciones elementales por filas forman colecciones que son o bien ambas linealmente independientes o bien ambas linealmente dependientes, y de ahí que se cumpla la proposición. ❑

Nota: Las operaciones elementales por filas sobre A *modifican*, en general, el subespacio **R**(**A**) generado por las columnas de **A**.

La proposición recién demostrada nos permite probar el teorema fundamental del rango matricial:

Proposición 4.15 "El rango por filas de una matriz coincide con el rango por columnas".

La proposición anterior permite concluir de modo inmediato que las operaciones elementales consecutivas por filas, partiendo de **A**, también respetan el rango por columnas de **A**. El rango por filas de **A** es el número de filas no nulas de su forma normal escalonada por filas, que coincide con el número de pivots normalizados. Las columnas asociadas a esos pivots son linealmente independientes, y cualquier otra columna se puede reducir a la columna nula mediante operaciones elementales por columnas. Luego el rango por columnas coincide con el rango por filas de la matriz **A**. ❑

Definitivamente se pueden identificar ambos rangos. En lo sucesivo se hablará simplemente de *rango matricial*, sin especificar si es por filas o por columnas, escribiendo r(**A**) para denotar el rango de **A**.

Proposición 4.16 "La trasposición no altera el rango matricial".

Ya que coinciden el número máximo de columnas independientes con el número máximo de filas independientes. ❑

Esta proposición significa que

$$r(\mathbf{A}) = r(\mathbf{A}^T). \qquad [7.5]$$

Ya que el rango de una matriz **A** de tamaño m×n es el número máximo de filas linealmente independientes de **A** y también el número máximo de columnas linealmente independientes de **A**, se deben cumplir las desigualdades

$$0 \leq r(\mathbf{A}) \leq \min\{m, n\} \qquad [7.6]$$

Otras desigualdades interesantes para el rango se considerarán en los ejercicios resueltos de este Capítulo.

Se está en condiciones de estudiar con más detalle los dos subespacios fundamentales de una matriz **A** de tamaño m×n con elementos en **K**: el *núcleo* de **A**, **N**(**A**), y la *imagen* de **A**, **R**(**A**), ya definidos en el Capítulo 2.

En el Capítulo 3 se demostró que **N**(**A**) era un subespacio vectorial de $\mathbf{K}^{n\times 1}$. Es un simple ejercicio, que se deja para el lector, probar que **R**(**A**) es un subespacio vectorial de $\mathbf{K}^{m\times 1}$. Está claro que **R**(**A**) es el subespacio generado por las columnas de **A**.

Los subespacios **N**(**A**) y **R**(**A**) reciben el nombre de *subespacios fundamentales* de **A**. En algunos textos a **N**(**A**) se le llama también *subespacio nulo* de **A** y a **R**(**A**) *subespacio de columnas* de **A**.

A la dimensión de **N**(**A**) se le suele llamar *nulidad* de **A**. Nótese que la dimensión de **R**(**A**) es el rango de **A**. Una base para **N**(**A**) y otra para **R**(**A**) se pueden lograr *simultáneamente* resolviendo por Gauss–Jordan el sistema **Ax** = **0**, como se indica en el siguiente ejemplo:

Ejemplo 4.14

Sea **A** la matriz dada por

$$\mathbf{A} = \begin{bmatrix} 1 & 2 & 3 \\ 4 & 5 & 6 \\ 7 & 8 & 9 \end{bmatrix}.$$

Si se resuelve por Gauss–Jordan el sistema **Ax** = **0**

$$\mathbf{A} = \begin{bmatrix} 1 & 2 & 3 \\ 4 & 5 & 6 \\ 7 & 8 & 9 \end{bmatrix} \rightarrow \ldots \rightarrow \begin{bmatrix} 1 & 0 & -1 \\ 0 & 1 & 2 \\ 0 & 0 & 0 \end{bmatrix}$$

las soluciones de **Ax** = **0** vienen dadas por

$$\begin{aligned} \alpha_1 &= \lambda_1 \\ \alpha_2 &= -2\lambda_1 \\ \alpha_3 &= \lambda_1 \end{aligned}$$

por lo que la columna

$$\begin{bmatrix} 1 \\ -2 \\ 1 \end{bmatrix}$$

es una base de **N**(**A**). De otra parte, los dos pivots de la forma normal escalonada por filas se hallan en las columnas primera y segunda, luego las columnas primera y segunda de la matriz *inicial* **A**

$$\begin{bmatrix} 1 \\ 4 \\ 7 \end{bmatrix}, \begin{bmatrix} 2 \\ 5 \\ 8 \end{bmatrix}$$

forman una colección máxima de matrices columna linealmente independientes en **R**(**A**), esto es, una base de **R**(**A**). En este ejemplo, por ser la matriz cuadrada **A** real de orden 3, ambos subespacios **N**(**A**) y **R**(**A**) lo son del mismo espacio vectorial $\mathbf{R}^{3x1}$. ✶

Las dimensiones de los subespacios fundamentales de **A** están estrechamente relacionadas como se indica a continuación:

Proposición 4.17 "Si se suma la nulidad y el rango de **A** se obtiene el número de columnas de **A**".

Sea s la nulidad de **A** y $\mathbf{x_1}, \mathbf{x_2}, ..., \mathbf{x_s}$ una base de **N**(**A**). Se amplía dicha base en $\mathbf{K}^{n\times 1}$ mediante las columnas $\mathbf{x_{s+1}}, \mathbf{x_{s+2}}, ..., \mathbf{x_n}$. Se va a probar que las n–s matrices columna

$$\mathbf{Ax_{s+1}}, \mathbf{Ax_{s+2}}, ..., \mathbf{Ax_n}$$

de $\mathbf{K}^{m\times 1}$ forman una base de **R**(**A**):

$$\mathbf{y} \in \mathbf{R}(\mathbf{A}) \rightarrow \mathbf{y} = \mathbf{Ax}, \text{con } \mathbf{x} \in \mathbf{K}^{n\times 1} \rightarrow \mathbf{y} = \mathbf{A}(\sum_{i=1}^{n} \alpha_i \mathbf{x_i}) \rightarrow$$

$$\mathbf{y} = \sum_{i=1}^{n} \alpha_i (\mathbf{Ax_i}) \rightarrow \mathbf{y} = \sum_{i=s+1}^{n} \alpha_i (\mathbf{Ax_i}),$$

lo que prueba que las n–s matrices columna

$$\mathbf{Ax_{s+1}}, \mathbf{Ax_{s+2}}, ..., \mathbf{Ax_n}$$

generan **R**(**A**). De otra parte, estas matrices columna son linealmente independientes, pues

$$\sum_{i=s+1}^{n} \alpha_i (\mathbf{Ax_i}) = \mathbf{0} \rightarrow \mathbf{A}(\sum_{i=s+1}^{n} \alpha_i \mathbf{x_i}) = \mathbf{0} \rightarrow \sum_{i=s+1}^{n} \alpha_i \mathbf{x_i} \in \mathbf{N}(\mathbf{A}) \rightarrow$$

$$\sum_{i=s+1}^{n} \alpha_i \mathbf{x_i} = \sum_{i=1}^{s} \alpha_i \mathbf{x_i} \rightarrow \alpha_i = 0, i = 1,2,..,s,s+1,...,n$$

debido a la independencia lineal de las columnas $\mathbf{x_i}$, con i = 1, 2, ..., n. En definitiva,

$$\dim \mathbf{R}(\mathbf{A}) = n - s = n - \dim \mathbf{N}(\mathbf{A})$$

luego

$$\dim \mathbf{N}(\mathbf{A}) + \dim \mathbf{R}(\mathbf{A}) = n$$

y se cumple el teorema. ❑

Ejemplo 4.15

Con los datos del ejemplo anterior se tiene

$$\dim \mathbf{N}(\mathbf{A}) = 1, \dim \mathbf{R}(\mathbf{A}) = 2 \text{ y } n = 3.$$

y se verifica el teorema. ✶

4.8 Rango y sistemas de ecuaciones lineales

Sea **Ax** = **b** la representación matricial de un sistema de m ecuaciones lineales con n incógnitas. Se recuerda que la incompatibilidad del sistema depende de si existe o no escalonamiento en la última columna de la matriz normal escalonada por filas de la matriz ampliada [**A b**]. Además, en caso de compatibilidad, el sistema es determinado o indeterminado según que sea el número de filas no nulas de la citada forma normal igual o menor al número de incógnitas, respectivamente. Se recuerda además cómo es la estructura del conjunto de soluciones en caso de compatibilidad:

$$\mathbf{S_g} = \mathbf{x_0}+\mathbf{N(A)} \qquad [8.1]$$

Con la nueva noción de rango, los resultados sobre existencia y compatibilidad se enuncian de modo diferente:

Proposición 4.18 *Teorema de Rouché–Frobenius*: "El sistema **Ax** = **b** es compatible si y sólo si r(**A**) = r([**A** **b**]). En tal caso, el sistema es determinado si r(**A**) = n, e indeterminado si r(**A**)<n, donde n es el número de incógnitas".

El rango de [**A** **b**] es a lo sumo una unidad mayor que el rango de **A**. Si no hubiera igualdad en los rangos habría escalonamiento en la última columna de la forma normal escalonada por filas de [**A** **b**], y recíprocamente, lo que prueba la primera parte del teorema.

Que el sistema sea determinado o indeterminado es consecuencia inmediata de la dimensión de **N**(**A**), que precisamente vale n–r(**A**) (recuérdese la estructura del conjunto de soluciones como una solución particular que se suma a todas las columnas de **N**(**A**)): por consiguiente, el sistema es determinado si r(**A**) = n, e indeterminado si r(**A**)<n, siendo n es el número de incógnitas. ❑

A la diferencia n–r(**A**) se le llama *grado de indeterminación* del sistema. Coincide con la *nulidad* de **A** y con el número de *parámetros independientes* del conjunto de soluciones.

4.9 Rango e inversas de una matriz

La noción de rango establecida en este Capítulo permite resolver algunas cuestiones que quedaron abiertas en el Capítulo 1 en torno a las inversas de una matriz. Sea **A** una matriz de tamaño m×n con elementos en **K**.

Proposición 4.19 "Existe inversa por la derecha **R** de **A** si y sólo si r(**A**) = m".

La existencia de la inversa por la derecha de **A** equivale a que los m sistemas de ecuaciones **Ax** = $\mathbf{e}_i$, con i = 1, 2, ..., m, sean compatibles.

Si el rango de **A** es m entonces las matrices ampliadas

$$[\mathbf{A} \quad \mathbf{e}_i],$$

mediante operaciones elementales por filas, se reducirán a su forma normal escalonada por filas, con m filas no nulas (no puede haber escalonamiento en la última columna), independientemente de los $\mathbf{e}_i$, luego los m sistemas **Ax** = $\mathbf{e}_i$ son compatibles y existe la inversa por la derecha de **A**.

Recíprocamente, si existe una inversa por la derecha **R** de **A**, sea el sistema **Ax** = **b**, con **b** = $\mathbf{F}^{-1}\mathbf{e}_m$ y **F** la matriz regular que resulta de multiplicar las matrices elementales que transforman **A** en su forma normal escalonada por filas. Por existir **R**, el sistema **Ax** = **b** es compatible, con al menos la solución **Rb**. Es r(**A**) menor o igual que m. Si r(**A**) fuera estrictamente menor que m, el sistema **Ax** = **b** sería incompatible, cayendo en un absurdo, ya que

$$\mathbf{F}[\mathbf{A} \quad \mathbf{b}] \rightarrow \lfloor \mathbf{FA} \quad \mathbf{F}(\mathbf{F}^{-1}\mathbf{e}_m) \rfloor \rightarrow [\mathbf{N}_A \quad \mathbf{e}_m],$$

donde $\mathbf{N}_A$ es la forma normal escalonada por filas de **A**. Si el número de filas no nulas de $\mathbf{N}_A$ (el rango de **A**) fuera estrictamente menor que m, se produciría escalonamiento en la última columna, pues el último elemento de $\mathbf{e}_m$ vale la unidad, y de ahí se concluiría que el sistema **Ax** = **b** es incompatible, contrariamente al hecho de ser compatible por la hipótesis de existir la inversa por la derecha **R** de **A**. Luego r(**A**) debe valer exactamente m. ❑

Proposición 4.20 "Existe inversa por la izquierda **L** de **A** si y sólo si r(**A**) = n".

L es una inversa por la izquierda de **A** si y sólo si $\mathbf{L}^T$ es una inversa por la derecha de la matriz $\mathbf{A}^T$, que es de tamaño n×m. Aplicando el resultado de la proposición anterior para $\mathbf{A}^T$ debe ser r($\mathbf{A}^T$) = n. Pero r(**A**) = r($\mathbf{A}^T$), luego r(**A**) = n equivale a la existencia de inversa por la izquierda de **A** . ❑

La Proposición 4.19 permite afirmar que si existe inversa por la izquierda de **A** debe ser m mayor o igual que n. Análogamente, la Proposición 4.20 permite afirmar que si existe inversa por la derecha de **A** debe ser m menor o igual que n. Está entonces claro que si existen ambas clases de inversa debe ser m = n, es decir, la matriz **A** debe ser necesariamente cuadrada.

Proposición 4.21 "Para una matriz cuadrada de orden n si existe inversa por la izquierda debe existir inversa por la derecha y, recíprocamente, si existe inversa por la derecha debe existir inversa por la izquierda".

Si existe **L**, el rango coincide con el número de columnas de **A**, que a su vez coincide con el número de filas de **A**, por ser la matriz **A** cuadrada, luego existe **R**. Recíprocamente, Si existe **R**, el rango coincide con el número de filas de **A**, que a su vez coincide con el número de columnas de **A**, luego existe **L**. ❑

Proposición 4.22 "Una matriz cuadrada es regular si y sólo si su rango coincide con su orden".

Sea **A** una matriz cuadrada de orden n. Si r(**A**) = n, existen ambas clases de inversa **L** y **R**. En una proposición del Capítulo 1 se probó que **L** = **R** = $\mathbf{A}^{-1}$, luego **A** es regular. Recíprocamente, si **A** es regular existen ambas clases de inversa, pues **L** = $\mathbf{A}^{-1}$ y **R** = $\mathbf{A}^{-1}$, luego el rango debe coincidir simultáneamente con el número de filas y de columnas de la matriz, es decir, con su orden. ❑

En la Figura 4.8 se resume las posibles situaciones que se pueden presentar con relación a la existencia de inversas de una matriz general **A** de tamaño m×n. El tamaño del cuadro sombreado representa el rango de la matriz.

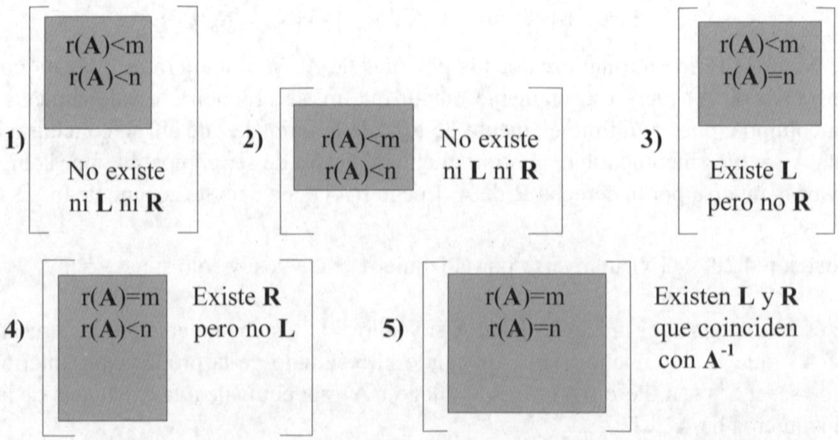

Figura 4.8

Se está ahora en disposición de probar un resultado que quedó pendiente de demostración en el Capítulo 2:

Proposición 4.23 "Toda matriz regular se puede descomponer como un producto de matrices elementales (la descomposición no es única)".

Si **A** es regular de orden n, su rango vale n y de ahí que su forma normal escalonada por filas sea $\mathbf{I_n}$. Existen, por consiguiente, p matrices elementales por filas $\mathbf{F_1}, \mathbf{F_2}, \ldots, \mathbf{F_p}$ (no necesariamente únicas) tales que

$$\mathbf{F_p \ldots F_2 F_1 A = I_n}$$

deduciéndose inmediatamente

$$\mathbf{A = F_1^{-1} F_2^{-1} \ldots F_p^{-1}}$$

La proposición queda probada ya que las inversas de las matrices elementales existen y son también matrices elementales. ❑

Una consecuencia de la proposición anterior es la siguiente:

Proposición 4.24 "La pre o post–multiplicación por una matriz regular no altera el rango matricial"

Efectivamente, ya que multiplicar por una matriz regular equivale a multiplicar por las matrices elementales en las que se descompone, las cuales no modifican el rango matricial (las operaciones elementales respetan el rango matricial). ❑

4.10 Rango y submatrices

Sea **A** una matriz de tamaño m×n y de rango k. Si se fijan p filas $i_1<i_2<...<i_p$ y q columnas $j_1<j_2<...<j_q$ de **A** se determina una *submatriz* **B** de **A**, de tamaño p×q, formada por los elementos de **A** que pertenecen a las filas y columnas seleccionadas. Esto es

$$\mathbf{B} = [b_{rs}] = [a_{i_r j_s}]$$

Proposición 4.25 "El rango de una submatriz **B** de **A** no es mayor que el rango de la matriz **A**".

Debe ser r(**B**) menor o igual que r(**A**), pues siempre es posible mediante operaciones elementales por filas y/o columnas, transformar **A** en la matriz particionada por bloques

$$\mathbf{F} = \begin{bmatrix} \mathbf{B} & \mathbf{C} \\ \mathbf{D} & \mathbf{E} \end{bmatrix}.$$

El número máximo de filas independientes de **B** (el rango de **B**) será menor o igual que el número máximo de filas independientes de [**B C**], el cual a su vez es menor o igual que el número máximo de filas independientes de **F** (igual al rango de **A**). ❑

Proposición 4.26 "Si **A** es una matriz de tamaño m×n y rango k, existe al menos una submatriz cuadrada **B** de **A** de orden k y rango k (regular). Todas las submatrices de **A**, cuadradas de órdenes estrictamente mayores que k, son singulares".

Una submatriz **B** de **A**, regular de orden k, se puede determinar en dos etapas:

1ª Se forma una submatriz **C** de **A** seleccionando k filas de **A** linealmente independientes y las n columnas de **A**, y

2ª Se forma **B** de **C** seleccionando las k filas de **C** y k columnas linealmente independientes de **C**, que existen por ser k el rango de **C**. En definitiva, la matriz **B** es cuadrada de orden k y rango k (regular) y submatriz de **A** por serlo de **C**.

De otra parte, se ha demostrado en la proposición anterior que no puede haber submatrices de **A** de rango mayor que el rango k de **A**. Luego cualquier submatriz cuadrada de **A** de orden mayor que k debe ser de rango a lo sumo k, esto es, singular. ❑

Se llama *característica* de una matriz **A** al orden de una submatriz regular de **A** que sea de orden máximo. De lo escrito hasta el presente se deduce inmediatamente que la característica de una matriz coincide con su rango.

Ejemplo 4.16

La siguiente matriz

$$\mathbf{A} = \begin{bmatrix} 1 & 2 & 3 \\ 4 & 5 & 6 \\ 7 & 8 & 9 \end{bmatrix}$$

es de característica igual a dos, pues existe un menor de orden dos no nulo, por ejemplo,

$$\begin{vmatrix} 1 & 2 \\ 4 & 5 \end{vmatrix} = -3$$

y el único menor de orden tres, el determinante de **A** vale cero. ✶

4.11 Ejercicios resueltos

4.1 Estúdiese la linealidad de las siguientes aplicaciones de $\mathbf{R}^p$ en $\mathbf{R}^q$, tomando p y q valores diferentes según sea el caso:

a) $f(\alpha,\beta)=(\alpha+\beta,\beta)$

b) $f(\alpha,\beta,\gamma)=2\alpha-3\beta+4\gamma$

c) $f(\alpha,\beta)=\alpha\beta$

d) $f(\alpha,\beta)=(\alpha+\beta,2)$

e) $f(\alpha,\beta)=(|\alpha|,0)$

⊠⊠⊠⊠⊠⊠

a) Se trata de una transformación lineal de $\mathbf{R}^2$ pues se cumple la condición de linealidad

$$\begin{aligned}&f(\varepsilon.(\alpha,\beta)+\varepsilon'.(\alpha',\beta'))=\\&f(\varepsilon\alpha+\varepsilon'\alpha',\varepsilon\beta+\varepsilon'\beta')=\\&((\varepsilon\alpha+\varepsilon'\alpha')+(\varepsilon\beta+\varepsilon'\beta'),\varepsilon\beta+\varepsilon'\beta')=\\&(\varepsilon(\alpha+\beta)+\varepsilon'(\alpha'+\beta'),\varepsilon\beta+\varepsilon'\beta')=\\&\varepsilon(\alpha+\beta,\beta)+\varepsilon'(\alpha'+\beta',\beta')=\\&\varepsilon.f(\alpha,\beta)+\varepsilon'.f(\alpha',\beta')\end{aligned}$$

b) En este caso de trata de una aplicación lineal de $\mathbf{R}^3$ en $\mathbf{R}$ (una *forma lineal* de $\mathbf{R}^3$) pues también se verifica la condición de linealidad.

$$f(\varepsilon.(\alpha,\beta,\gamma)+\varepsilon'.(\alpha',\beta',\gamma'))=\varepsilon.f(\alpha,\beta,\gamma)+\varepsilon'.f(\alpha',\beta',\gamma')$$

c) No es lineal esta aplicación de $\mathbf{R}^2$ en $\mathbf{R}$, ya que

$$9=f(3,3)=f((1,2)+(2,1))\neq 4=f(1,2)+f(2,1)$$

d) Tampoco esta transformación de $\mathbf{R}^2$ es lineal pues

$$f(0,0)=(0,2)\neq(0,0)$$

e) Lo mismo sucede con esta transformación de $\mathbf{R}^2$ que no es lineal pues

$$\begin{aligned}&f(-3.(1,1))=f(-3,-3)=(3,0)\neq\\&-3.f(1,1)=-3(1,0)=(-3,0)\end{aligned}$$

4.2 Demuéstrese que la transformación de $\mathbf{K}^{n\times n}$ definida por

$$f(\mathbf{A}) = \frac{1}{2}(\mathbf{A} + \mathbf{A}^{T})$$

es lineal. Hállese su núcleo y su imagen.

⧅⧅⧅⧅⧅⧅

En primer lugar la aplicación f es una transformación lineal de $\mathbf{K}^{n\times n}$ pues

$$f(\alpha\mathbf{A} + \beta\mathbf{B}) = \frac{1}{2}((\alpha\mathbf{A} + \beta\mathbf{B}) + (\alpha\mathbf{A} + \beta\mathbf{B})^{T}) =$$

$$\alpha\frac{1}{2}(\mathbf{A} + \mathbf{A}^{T}) + \beta\frac{1}{2}(\mathbf{B} + \mathbf{B}^{T}) = \alpha f(\mathbf{A}) + \beta f(\mathbf{B})$$

El núcleo de f viene dado por las matrices **X** que satisfacen la ecuación $f(\mathbf{X}) = \mathbf{O}_n$, o lo que es lo mismo, $\mathbf{X} = -\mathbf{X}^T$, es decir Nuc f está formado por todas las matrices antisimétricas de orden n. De otra parte la imagen de f está formada por todas las matrices **Y** que son de la forma $\mathbf{Y} = f(\mathbf{X})$, siendo **X** una matriz cuadrada cualquiera de orden n, esto es

$$\mathbf{Y} = \frac{1}{2}(\mathbf{X} + \mathbf{X}^{T})$$

la parte simétrica de **X**, por lo que Im f está formada por todas las matrices simétricas de orden n.

4.3 Se considera el espacio vectorial V de las funciones reales de una variable, definidas en la recta real, con las operaciones ordinarias suma de funciones y producto por un escalar. Si ϕ es la aplicación que hace corresponder a cada terna (a, b, c) de números reales la función

$$f_{(a,b,c)}$$

definida por

$$f_{(a,b,c)}(t) = a\,\text{sen}^2 t + b\cos^2 t + c, \text{ con } t \in \mathbf{R},$$

se pide:

a) Pruébese que ϕ es una aplicación lineal de $\mathbf{R}^3$ en V.

b) Hállense una base del núcleo y otra de la imagen de ϕ, analizando si ϕ es inyectiva o sobreyectiva.

c) Hállese

$$\phi^{-1}(U),$$

donde U es el subespacio vectorial de V de las funciones constantes.

⧅⧅⧅⧅⧅⧅

a) La linealidad de ϕ está garantizada debido a que

$$\phi(a,b,c) = a\mathrm{sen}^2 t + b\cos^2 t + c, \phi(d,e,f) = d\mathrm{sen}^2 t + e\cos^2 t + f \rightarrow$$

$$\alpha.\phi(a,b,c) + \beta.\phi(d,e,f) = (\alpha a + \beta d)\mathrm{sen}^2 t + (\alpha b + \beta e)\cos^2 t + (\alpha c + \beta f) =$$

$$\phi(\alpha.(a,b,c) + \beta.(d,e,f))$$

b) La ecuación $\phi(a, b, c) = 0(t)$, donde $0(t)$ es la función idénticamente nula, conduce a

$$a\,\mathrm{sen}^2 t + b\cos^2 t + c = 0, \forall t \in \mathbf{R}.$$

Para $t = 0$ y $t = \pi/2$ se tiene

$$b + c = 0$$

$$a + c = 0$$

de donde $b = a$, verificándose la identidad para todo valor de t si además $c = -a$. En definitiva, Nuc ϕ está formado por las ternas de números reales de la forma $(\alpha, \alpha, -\alpha)$. Una base del núcleo está formada por el vector $(1, 1, -1)$. Al ser la dimensión del núcleo la unidad, distinta de cero, la aplicación ϕ no es inyectiva.

De otra parte, la imagen de ϕ es el subespacio generado por las funciones linealmente independientes $\mathrm{sen}^2 t$, $\cos^2 t$. Veamos: Cualquier vector imagen se puede escribir como combinación lineal de $\mathrm{sen}^2 t$, $\cos^2 t$, pues

$$\phi(a,b,c) = a\,\mathrm{sen}^2 t + b\cos^2 t + c = (a+c)\mathrm{sen}^2 t + (b+c)\cos^2 t$$

La independencia lineal de la lista $\mathrm{sen}^2 t$, $\cos^2 t$ se deduce inmediatamente, ya que

$$\alpha\mathrm{sen}^2 t + \beta\cos^2 t = 0(t) \rightarrow$$

$$\alpha\mathrm{sen}^2 t + \beta\cos^2 t = 0, \forall t \in \mathbf{R} \rightarrow \alpha = \beta = 0$$

En definitiva, la lista $\mathrm{sen}^2 t$, $\cos^2 t$ es una base de la imagen de ϕ. La dimensión de la imagen es por tanto dos, menor que la dimensión infinito del espacio V de funciones, por consiguiente tampoco ϕ es sobreyectiva.

c) Las funciones constantes c, que forman el subespacio vectorial U, son imágenes de las ternas (a, a, c), por lo que una base del subespacio de las antiimágenes de U está formada por los vectores (1, 1, 0), (0, 0, 1).

4.4 Sea $f: \mathbf{C} \rightarrow \mathbf{C}$ la aplicación definida por $f(\alpha) = \alpha$. Pruébese que:

a) f es lineal si se considera **C** como espacio vectorial real.

b) f no es lineal si se considera **C** como espacio vectorial complejo.

⊠⊠⊠⊠⊠⊠

a) Si se toma **C** como un espacio vectorial sobre **R** se cumple la condición de linealidad para f, pues

$$f(a\alpha + b\beta) = \overline{a\alpha + b\beta} = a\overline{\alpha} + b\overline{\beta} = af(\alpha) + bf(\beta),\ \forall a, b \in \mathbf{R}.$$

b) En cambio, si se toma **C** como un espacio vectorial sobre **C** no se cumple la condición de linealidad para f, pues

$$f(\gamma\alpha + \delta\beta) = \overline{\gamma\alpha + \delta\beta} = \overline{\gamma\alpha} + \overline{\delta\beta} \neq \gamma\overline{\alpha} + \delta\overline{\beta} = \gamma f(\alpha) + \delta f(\beta)(\text{engeneral}), \text{con}\gamma, \delta \in \mathbf{C}$$

4.5 Se considera en $\mathbf{R}^3$ el subespacio vectorial F generado por los vectores x_1, x_2 , los cuales forman una lista linealmente independiente. Se construye la aplicación

$$f : \mathbf{R}^3 \to \mathbf{R}$$

definida mediante

$$\begin{cases} f(x) = \alpha + \beta, \text{ si } x = \alpha x_1 + \beta x_2 \\ f(x) = 0, \text{ si } x \notin F \end{cases}$$

Se pide:

a) ¿Es f lineal?

b) ¿Es lineal la *restricción* de f a F?

c) Hállese una aplicación lineal

$$g : \mathbf{R}^3 \to \mathbf{R}$$

tal que

$$\begin{cases} g(x) = \alpha + \beta, \text{ si } x = \alpha x_1 + \beta x_2 \\ g(x) = \gamma, \text{ si } x = \gamma x_3 \end{cases}$$

supuesto $G = [x_3]$ es un subespacio complementario de F.

a) No es f lineal sobre $\mathbf{R}^3$, ya que si $x = x_1 + x_2$, entonces $x \in F, x \neq 0$. Tomando un $y \notin F$ se tiene $x + y \notin F$. No se cumple la condición de linealidad pues

$$0 = f(x + y) \neq f(x) + f(y) = 2 + 0 = 2.$$

b) La restricción de f a F sí que es lineal, pues se conocen las imágenes de los vectores de la base de F, esto es,

$$f(x_1) = 1 + 0 = 1, f(x_2) = 0 + 1 = 1$$

(Recuérdese el teorema de existencia y unicidad).

c) La aplicación g está bien definida sobre $\mathbf{R}^3$ y es lineal, gracias al teorema citado. Se conocen las imágenes de los vectores base x_1, x_2, x_3 . Según el mismo teorema se tiene

$$g(x) = g(\alpha x_1 + \beta x_2 + \gamma x_3) = \alpha g(x_1) + \beta g(x_2) + \gamma g(x_3) =$$
$$\alpha.1 + \beta.1 + \gamma.1 = \alpha + \beta + \gamma$$

4.6 Dada la aplicación lineal

$$f : \mathbf{R_2}[t] \to \mathbf{R_1}[t]$$

definida por su matriz

$$\mathbf{A} = \begin{bmatrix} 1 & 2 & 1 \\ 2 & 1 & 2 \end{bmatrix}$$

en las bases $B_1 = 1, 1+t, t^2$, $B_2 = 1, 1+t$, se pide obtener las componentes de la imagen del vector polinomio

$$1 - t + t^2$$

en la base $B_3 = t, 1+t$.

⊠⊠⊠⊠⊠⊠

Las componentes de $1 - t + t^2$ en la base B_1 son evidentemente 2, −1 y 1. El producto matricial

$$\begin{bmatrix} 1 & 2 & 1 \\ 2 & 1 & 2 \end{bmatrix} \begin{bmatrix} 2 \\ -1 \\ 1 \end{bmatrix} = \begin{bmatrix} 1 \\ 5 \end{bmatrix}$$

permite concluir que las componentes de

$$f(1 - t + t^2)$$

en la base B_2 valen 1 y 5. Un simple problema de cambio de base, de la base B_2 a la base B_3, lleva a la solución definitiva −1 y 6 para las componentes de la imagen en la base B_3.

4.7 Dada la aplicación lineal

$$f_\alpha : \mathbf{R_n}[t] \to \mathbf{R},$$

dependiente del parámetro real α, definida por $f_\alpha(p(t)) = p(\alpha)$ obténgase una base de $\operatorname{Im} f_\alpha$.

⊠⊠⊠⊠⊠⊠

La imagen de f_α sólo puede poseer dimensión cero o uno, al ser la dimensión del segundo espacio la unidad. Pero $f_\alpha(1) = 1 \neq 0, \forall \alpha$, luego $\dim \operatorname{Im} f_\alpha = 1$, y una base de la imagen de f_α es el polinomio constante unidad.

4.8 Hállese una aplicación lineal f de $\mathbf{R}^3$ en $\mathbf{R}_2[t]$ que cumpla las tres condiciones siguientes:

$$f(e_1 + e_2) = 2t,\ f(1,0,1) = 1,\ f(e_2 + e_3) = 1 - t^2$$

⧅⧅⧅⧅⧅⧅

Se conocen las imágenes de los vectores de una base del primer espacio, luego por el teorema de existencia y unicidad existe una única aplicación lineal f que cumple las condiciones dadas. Su matriz en las bases $e_1 + e_2, e_1 + e_3, e_2 + e_3$ de $\mathbf{R}^3$ y natural 1, t, t^2 de $\mathbf{R}_2[t]$ es

$$\mathbf{A} = \begin{bmatrix} 0 & 1 & 1 \\ 2 & 0 & 0 \\ 0 & 0 & -1 \end{bmatrix}$$

y su matriz en las bases naturales de ambos espacios viene dada por

$$\mathbf{A}' = \mathbf{I}^{-1}\mathbf{AS} = \begin{bmatrix} 0 & 1 & 1 \\ 2 & 0 & 0 \\ 0 & 0 & -1 \end{bmatrix} \frac{1}{2} \begin{bmatrix} 1 & 1 & -1 \\ 1 & -1 & 1 \\ -1 & 1 & 1 \end{bmatrix} = \begin{bmatrix} 0 & 0 & 1 \\ 1 & 1 & -1 \\ 1/2 & -1/2 & -1/2 \end{bmatrix}$$

por lo que la imagen de (α,β,γ) se puede calcular mediante el producto matricial

$$\mathbf{A}' \begin{bmatrix} \alpha \\ \beta \\ \gamma \end{bmatrix} = \begin{bmatrix} 0 & 0 & 1 \\ 1 & 1 & -1 \\ 1/2 & -1/2 & -1/2 \end{bmatrix} \begin{bmatrix} \alpha \\ \beta \\ \gamma \end{bmatrix} = \begin{bmatrix} \gamma \\ \alpha + \beta - \gamma \\ \alpha/2 - \beta/2 - \gamma/2 \end{bmatrix}$$

de donde

$$f(\alpha,\beta,\gamma) = \gamma + (\alpha + \beta - \gamma)t + (\alpha/2 - \beta/2 - \gamma/2)t^2$$

4.9 Hállese el rango de la transformación lineal f de $\mathbf{R}^{2\times 2}$ definida por

$$f(\mathbf{X}) = \mathbf{AX} + \mathbf{XA}$$

donde **A** es la matriz

$$\mathbf{A} = \begin{bmatrix} 1 & 1 \\ 1 & 1 \end{bmatrix}.$$

⧅⧅⧅⧅⧅⧅

El rango es la dimensión de la imagen. La imagen de una matriz genérica

$$\mathbf{X} = \begin{bmatrix} a & b \\ c & d \end{bmatrix}$$

es

$$f(\mathbf{X}) = \mathbf{AX} + \mathbf{XA} = \begin{bmatrix} 1 & 1 \\ 1 & 1 \end{bmatrix}\begin{bmatrix} a & b \\ c & d \end{bmatrix} + \begin{bmatrix} a & b \\ c & d \end{bmatrix}\begin{bmatrix} 1 & 1 \\ 1 & 1 \end{bmatrix} = \begin{bmatrix} 2a+b+c & 2b+a+d \\ 2c+a+d & 2d+b+c \end{bmatrix}.$$

La imagen de f está generada por las imágenes de los vectores de la base natural del primer espacio, esto es, por

$$f(\mathbf{E}_{11}) = \begin{bmatrix} 2 & 1 \\ 1 & 0 \end{bmatrix}, f(\mathbf{E}_{12}) = \begin{bmatrix} 1 & 2 \\ 0 & 1 \end{bmatrix}, f(\mathbf{E}_{21}) = \begin{bmatrix} 1 & 0 \\ 2 & 1 \end{bmatrix}, f(\mathbf{E}_{22}) = \begin{bmatrix} 0 & 1 \\ 1 & 2 \end{bmatrix}$$

Al ser la cuarta matriz linealmente dependiente de las tres primeras –que forman una lista independiente– se puede suprimir, de manera que las tres matrices

$$\begin{bmatrix} 2 & 1 \\ 1 & 0 \end{bmatrix}, \begin{bmatrix} 1 & 2 \\ 0 & 1 \end{bmatrix}, \begin{bmatrix} 1 & 0 \\ 2 & 1 \end{bmatrix}$$

forman una base de la imagen, de ahí que el rango (la dimensión de la imagen) valga tres.

4.10 ¿Para qué valores de λ y μ la transformación lineal f de $\mathbf{R}^3$ definida mediante

$$f(e_1) = 2e_1$$
$$f(e_2) = e_1 + e_2 + \lambda e_3$$
$$f(e_3) = e_1 + \mu e_2 + \lambda e_3$$

posee rango dos?

El rango de una transformación lineal coincide con el rango de cualquier matriz que la represente. En la base canónica de $\mathbf{R}^3$ la matriz

$$\mathbf{A} = \begin{bmatrix} 2 & 1 & 1 \\ 0 & 1 & \mu \\ 0 & \lambda & \lambda \end{bmatrix}$$

representa la transformación lineal f. Operando sobre las filas de **A**, mediante operaciones elementales, no se altera el rango y se concluye que el rango de **A** (es decir el rango de f) vale dos, si $\lambda = 0$ o bien $\mu = 1$, y tres en los restantes casos.

4.11 Dado el automorfismo lineal f de $\mathbf{R}^3$, cuya matriz en la base canónica es

$$\mathbf{A} = \begin{bmatrix} -1 & 1 & 1 \\ 1 & -1 & 1 \\ 1 & 1 & -1 \end{bmatrix}$$

hállese la matriz del automorfismo inverso f^{-1} en la base $e_1, e_1 + e_2, e_1 + e_2 + e_3$.

La matriz de f^{-1} en la base canónica es $\mathbf{B} = \mathbf{A}^{-1}$. La matriz $\mathbf{B}'$ de f^{-1} en la nueva base $e_1, e_1 + e_2, e_1 + e_2 + e_3$ es $\mathbf{B}' = \mathbf{S}^{-1}\mathbf{B}\mathbf{S}$, donde **S** es la matriz de paso

$$\mathbf{S} = \begin{bmatrix} 1 & 1 & 1 \\ 0 & 1 & 1 \\ 0 & 0 & 1 \end{bmatrix}$$

En definitiva,

$$\mathbf{B}' = \begin{bmatrix} -1/2 & 0 & 0 \\ 0 & -1/2 & 0 \\ 1/2 & 1 & 1 \end{bmatrix}$$

4.12 Se sabe que la matriz **A** representa, en las bases canónicas, una aplicación lineal f de $\mathbf{R}^2$ en $\mathbf{R}^3$. Se efectúa un cambio de base en $\mathbf{R}^2$ y $\mathbf{A}'$ es la nueva matriz que representa a f en la base nueva de $\mathbf{R}^2$ y canónica de $\mathbf{R}^3$. Hállese la nueva base de $\mathbf{R}^2$.si

$$\mathbf{A} = \begin{bmatrix} 1 & 0 \\ 1 & 1 \\ 0 & 1 \end{bmatrix}, \mathbf{A}' = \begin{bmatrix} 0 & 1 \\ 1 & 1 \\ 1 & 0 \end{bmatrix}$$

La relación entre **A** y $\mathbf{A}'$ es $\mathbf{A}' = \mathbf{AS}$, donde **S** es la matriz de paso de la base canónica a la base nueva que se pide encontrar. De esta relación se concluye inmediatamente que

$$\mathbf{S} = \begin{bmatrix} 0 & 1 \\ 1 & 0 \end{bmatrix}$$

por lo que e_2, e_1 es la base pedida.

4.13 Se consideran las matrices **A**, **P**, **Q** y **R** que representan a un mismo isomorfismo lineal $f: E \rightarrow F$, fijados los pares de bases

$$B_E, B_F; B'_E, B'_F; B_E, B'_F; B'_E, B_F$$

respectivamente. Se pide relacionar en una misma expresión las matrices $\mathbf{A}^{-1}$, **P**, **Q** y **R**.

Se tienen las siguientes relaciones entre matrices

$$\mathbf{P} = \mathbf{T}^{-1}\mathbf{AS}$$

$$\mathbf{Q} = \mathbf{T}^{-1}\mathbf{A}$$

$$\mathbf{R} = \mathbf{AS}$$

de las que se pueden eliminar **S** y $\mathbf{T}^{-1}$, quedando la expresión pedida

$$\mathbf{P} = \mathbf{Q}\mathbf{A}^{-1}\mathbf{R}\,.$$

4.14 Sea E un espacio vectorial de dimensión finita n. Demuéstrese que si n es impar, no existe ninguna transformación lineal f de E que cumpla Nuc f = Im f.

Por reducción al absurdo. Se sabe que dim Nuc f + dim Im f = dim E. Si se cumpliera la identidad Nuc f = Im f, la dimensión de E debería ser par, contrariamente a la hipótesis de ser dim E impar.

4.15 Hállese una transformación lineal f de un espacio E de dimensión n = 2 que cumpla la identidad Nuc f = Im f.

Aquí la dimensión del espacio E es dos, un número par, por lo que la identidad Nuc f = Imf es posible, como se prueba con el siguiente ejemplo concreto: Sea **A** la matriz de f en una base de E. La identidad anterior equivale matricialmente a que **N**(**A**) = **R**(**A**) y de dim Nuc f + dim Im f = dim E = 2 se concluye inmediatamente que los subespacios **N**(**A**) y **R**(**A**) son ambos unidimensionales, por lo que la matriz **A** debe ser de una de las dos formas posibles

$$\mathbf{A} = \begin{bmatrix} a & \lambda a \\ b & \lambda b \end{bmatrix}, \text{ con } (a,b) \neq (0,0) \quad \text{o} \quad \mathbf{A} = \begin{bmatrix} \mu c & c \\ \mu d & d \end{bmatrix}, \text{ con } (c,d) \neq (0,0).$$

En el primer caso se debe cumplir

$$\begin{bmatrix} a & \lambda a \\ b & \lambda b \end{bmatrix} \begin{bmatrix} a \\ b \end{bmatrix} = \begin{bmatrix} 0 \\ 0 \end{bmatrix},$$

y en el segundo caso

$$\begin{bmatrix} \mu c & c \\ \mu d & d \end{bmatrix} \begin{bmatrix} c \\ d \end{bmatrix} = \begin{bmatrix} 0 \\ 0 \end{bmatrix}.$$

Una solución posible para el primer caso surge de hacer a = 1, b = 1, λ = −1, esto es, la transformación lineal f de E, cuya matriz **A** en una cierta base es

$$\mathbf{A} = \begin{bmatrix} 1 & -1 \\ 1 & -1 \end{bmatrix}.$$

4.16 Pruébese que si f es una *proyección* de E, esto es, una transformación lineal f de E que verifica $f^2 = f$, entonces $\text{Nuc}f \oplus \text{Im}f = E$.

Dado un vector x cualquiera de E se tiene la identidad $x = (x - f(x)) + f(x)$, donde evidentemente $x - f(x) \in \operatorname{Nuc} f$ y $f(x) \in \operatorname{Im} f$, por lo que $E = \operatorname{Nuc} f + \operatorname{Im} f$. La suma es directa, porque si w perteneciera a la intersección del núcleo e imagen, debería ser w necesariamente nulo, como se comprueba con facilidad.

4.17 Demuéstrese las propiedades siguientes para el rango matricial:

$$1)\ r(\alpha\mathbf{A}) = r(\mathbf{A}), \text{con } \alpha \neq 0$$

$$2)\ |r(\mathbf{A}) - r(\mathbf{B})| \leq r(\mathbf{A}+\mathbf{B}) \leq r(\mathbf{A}) + r(\mathbf{B})$$

$$3)\ r(\mathbf{BA}) \leq \min\{r(\mathbf{A}), r(\mathbf{B})\}$$

$$4)\ r(\overline{\mathbf{A}}) = r(\mathbf{A})$$

⧅⧅⧅⧅⧅⧅

1) Es evidente, pues $\mathbf{R}(\alpha\mathbf{A}) = \mathbf{R}(\mathbf{A})$, si $\alpha \neq 0$.

2) Se tiene

$$\mathbf{y} \in \mathbf{R}(\mathbf{A}+\mathbf{B}) \rightarrow \exists \mathbf{x};\ \mathbf{y} = (\mathbf{A}+\mathbf{B})\mathbf{x} \rightarrow \mathbf{y} = \mathbf{Ax} + \mathbf{Bx} \rightarrow \mathbf{y} \in \mathbf{R}(\mathbf{A}) + \mathbf{R}(\mathbf{B})$$

luego

$$r(\mathbf{A}+\mathbf{B}) = \dim \mathbf{R}(\mathbf{A}+\mathbf{B}) \leq \dim(\mathbf{R}(\mathbf{A}) + \mathbf{R}(\mathbf{B})) =$$
$$\dim \mathbf{R}(\mathbf{A}) + \dim \mathbf{R}(\mathbf{B}) - \dim(\mathbf{R}(\mathbf{A}) \cap \mathbf{R}(\mathbf{B})) \leq$$
$$\dim \mathbf{R}(\mathbf{A}) + \dim \mathbf{R}(\mathbf{B}) = r(\mathbf{A}) + r(\mathbf{B})$$

es decir,

$$r(\mathbf{A}+\mathbf{B}) \leq r(\mathbf{A}) + r(\mathbf{B})$$

De otra parte, al ser **A** = (**A**+**B**)–**B** se puede aplicar el resultado obtenido hasta el presente a la matriz **A** como suma de **A**+**B** y –**B**:

$$r(\mathbf{A}) = r((\mathbf{A}+\mathbf{B}) + (-\mathbf{B})) \leq r(\mathbf{A}+\mathbf{B}) + r(-\mathbf{B}) =$$
$$r(\mathbf{A}+\mathbf{B}) + r(-1\mathbf{B}) = r(\mathbf{A}+\mathbf{B}) + r(\mathbf{B})$$

de donde

$$r(\mathbf{A}+\mathbf{B}) \geq r(\mathbf{A}) - r(\mathbf{B})$$

Pero también es **B** = (**A**+**B**)–**A**. Un tratamiento análogo para la matriz **B** llevaría a que

$$r(\mathbf{A}+\mathbf{B}) \geq r(\mathbf{B}) - r(\mathbf{A})$$

luego en definitiva

$$r(\mathbf{A}+\mathbf{B}) \geq |r(\mathbf{A}) - r(\mathbf{B})|.$$

3) Se tiene en este apartado

$$\mathbf{z} \in \mathbf{R}(\mathbf{BA}) \to \exists \mathbf{x};\ \mathbf{z} = \mathbf{BAx} \to \exists \mathbf{y} = \mathbf{Ax};\ \mathbf{z} = \mathbf{By} \to \mathbf{z} \in \mathbf{R}(\mathbf{B})$$

de donde

$$\mathbf{R}(\mathbf{BA}) \subset \mathbf{R}(\mathbf{B}) \to \mathrm{r}(\mathbf{BA}) \leq \mathrm{r}(\mathbf{B}).$$

Ahora bien aprovechando el resultado establecido, y que la trasposición no altera el rango matricial se tiene

$$\mathrm{r}(\mathbf{BA}) = \mathrm{r}((\mathbf{BA})^{\mathrm{T}}) = \mathrm{r}(\mathbf{A}^{\mathrm{T}}\mathbf{B}^{\mathrm{T}}) \leq \mathrm{r}(\mathbf{A}^{\mathrm{T}}) = \mathrm{r}(\mathbf{A})$$

De

$$\mathrm{r}(\mathbf{BA}) \leq \mathrm{r}(\mathbf{B}),\ \mathrm{r}(\mathbf{BA}) \leq \mathrm{r}(\mathbf{A})$$

se concluye

$$\mathrm{r}(\mathbf{BA}) \leq \min\{\mathrm{r}(\mathbf{A}), \mathrm{r}(\mathbf{B})\}.$$

4) Ya que la conjugación no altera la independencia lineal, y como consecuencia tampoco altera el rango.

4.18 Demuéstrese que si **A** y **B** son matrices de tamaños m×n y p×m, respectivamente, y ambas matrices de rango m, entonces **BA** es de rango m.

La Figura 4.9 ayuda a la comprensión del enunciado.

Figura 4.9

Las dos formas normales, escalonada por columnas de **A** y escalonada por filas de **B**, son

$$\mathbf{N}_{\mathbf{A}} = \begin{bmatrix} \mathbf{I}_{\mathbf{m}} & \mathbf{O}_{\mathbf{mx(n-m)}} \end{bmatrix},\ \mathbf{N}_{\mathbf{B}} = \begin{bmatrix} \mathbf{I}_{\mathbf{m}} \\ \mathbf{O}_{\mathbf{(p-m)xm}} \end{bmatrix},$$

respectivamente. Existen, por consiguiente, matrices regulares **F** y **G** tales que **AF** = $\mathbf{N_A}$ y **GB** = $\mathbf{N_B}$. Recordando que las matrices regulares no alteran el rango en el producto matricial, se tiene

$$r(\mathbf{BA}) = r(\mathbf{GBAF}) = r(\mathbf{N_B N_A}) = r(\begin{bmatrix} \mathbf{I_m} \\ \mathbf{O_{(p-m)xm}} \end{bmatrix}[\mathbf{I_m} \quad \mathbf{O_{mx(n-m)}}]) =$$

$$r(\begin{bmatrix} \mathbf{I_m} & \mathbf{O_{mx(n-m)}} \\ \mathbf{O_{(p-m)xm}} & \mathbf{O_{(p-m)x(n-m)}} \end{bmatrix}) = m$$

4.19 Pruébese que si **A** es una matriz m×n, entonces se tiene la identidad $r(\mathbf{A^H A}) = r(\mathbf{A})$.

⊠⊠⊠⊠⊠⊠

La matriz $\mathbf{A^H A}$ es cuadrada de orden n, luego las dos matrices $\mathbf{A^H A}$ y **A** poseen el mismo número n de columnas. Se va a probar que los subespacios nulos de $\mathbf{A^H A}$ y de **A** coinciden, deduciéndose de este resultado la igualdad de los rangos, ya que su valor común es el número de columnas n al que se le resta la dimensión del subespacio nulo. Veamos:

$\mathbf{N(A)}$ está contenido en $\mathbf{N(A^H A)}$, pues

$$\mathbf{x} \in \mathbf{N(A)} \rightarrow \mathbf{Ax} = \mathbf{0} \rightarrow \mathbf{A^H Ax} = \mathbf{A^H 0} \rightarrow (\mathbf{A^H A})\mathbf{x} = \mathbf{0} \rightarrow \mathbf{x} \in \mathbf{N(A^H A)}$$

y

$\mathbf{N(A^H A)}$ está contenido en $\mathbf{N(A)}$, ya que

$$\mathbf{x} \in \mathbf{N(A^H A)} \rightarrow \mathbf{A^H Ax} = \mathbf{0} \rightarrow \mathbf{x^H A^H Ax} = \mathbf{x^H 0} \rightarrow$$

$$(\mathbf{Ax})^H \mathbf{Ax} = \mathbf{0} \rightarrow \|\mathbf{Ax}\|_2^2 = 0 \rightarrow \mathbf{Ax} = \mathbf{0} \rightarrow \mathbf{x} \in \mathbf{N(A)},$$

de donde $\mathbf{N(A^H A)} = \mathbf{N(A)}$.

4.20 Pruébese que si la matriz **A** de tamaño m×n es de rango n, entonces la matriz $\mathbf{A^H A}$ es regular.

⊠⊠⊠⊠⊠⊠

Por el resultado del ejercicio anterior se tiene $r(\mathbf{A^H A}) = r(\mathbf{A}) = n$, pero $\mathbf{A^H A}$ es cuadrada de orden n, luego $\mathbf{A^H A}$ es una matriz regular.

4.21 Demuéstrese que existen matrices regulares **F** y **G** tales que

$$\mathbf{FAG} = \begin{bmatrix} \mathbf{I_k} & \mathbf{O_{kx(n-k)}} \\ \mathbf{O_{(m-k)xk}} & \mathbf{O_{(m-k)x(n-k)}} \end{bmatrix},$$

donde **A** es una matriz de tamaño m×n y rango k.

⊠⊠⊠⊠⊠⊠

La matriz **F** es una matriz regular que transforma **A** en su forma normal escalonada por filas $\mathbf{FA} = \mathbf{N}_\mathbf{A}$ y la matriz **G** es una matriz regular de permutación que reordena las columnas de $\mathbf{N}_\mathbf{A}$ y las modifica para que se obtenga como bloque superior izquierdo la matriz identidad $\mathbf{I}_k$ y bloque superior derecho una matriz nula, permaneciendo nulos los bloques inferiores.

<u>Nota</u>: La matriz **FAG** dada en el enunciado de este ejercicio recibe el nombre de *forma normal* de **A**. Obsérvese que la forma normal de una matriz está determinada si se conocen el tamaño y el rango de la matriz.

4.22 En general se dice que dos matrices son *equivalentes* si poseen la misma forma normal. Pruébese que dos matrices **A** y **B** son equivalentes si y sólo si existen matrices regulares **P** y **Q** tales que $\mathbf{B} = \mathbf{PAQ}$.

Si existen matrices regulares **P** y **Q** tales que $\mathbf{B} = \mathbf{PAQ}$, entonces las matrices **A** y **B** son del mismo tamaño y poseen el mismo rango, luego son equivalentes, es decir, poseen la misma forma normal.

Recíprocamente: si son **A** y **B** equivalentes, entonces **A** y **B** poseen la misma forma normal **N**, luego existirán matrices regulares **F**, **G**, **H** y **J** tales que $\mathbf{FAG} = \mathbf{N}$ y $\mathbf{HBJ} = \mathbf{N}$. De la identidad $\mathbf{HBJ} = \mathbf{FAG}$, se deduce inmediatamente

$$\mathbf{B} = (\mathbf{H}^{-1}\mathbf{F})\mathbf{A}(\mathbf{G}\mathbf{J}^{-1}) = \mathbf{PAQ}$$

con **P** y **Q** matrices regulares, y se concluye el ejercicio.

4.23 Pruébese que la equivalencia matricial es una verdadera relación de equivalencia en el conjunto de matrices de igual tamaño con elementos en **K**.

Lo que se pretende demostrar es que se cumplen las propiedades *reflexiva, simétrica* y *transitiva* de la *Teoría de Conjuntos*. En lo sucesivo se va a usar la notación abreviada $\mathbf{A}\equiv\mathbf{B}$ para indicar que la matriz **A** es equivalente con la matriz **B**.

<u>Propiedad reflexiva:</u> $\mathbf{A}\equiv\mathbf{A}$
Pues si **A** es de tamaño m×n, se tiene $\mathbf{A} = \mathbf{I}_m\mathbf{A}\mathbf{I}_n$, con $\mathbf{I}_m$, $\mathbf{I}_n$ matrices regulares.

<u>Propiedad simétrica</u>: Si $\mathbf{A}\equiv\mathbf{B}$, entonces $\mathbf{B}\equiv\mathbf{A}$
De $\mathbf{PAQ} = \mathbf{B}$, con **P**, **Q** matrices regulares, se deduce inmediatamente $\mathbf{A} = \mathbf{RBS}$, con $\mathbf{R} = \mathbf{P}^{-1}$, $\mathbf{S} = \mathbf{Q}^{-1}$ matrices regulares.

Propiedad transitiva: Si $\mathbf{A}\equiv\mathbf{B}$, $\mathbf{B}\equiv\mathbf{C}$, entonces $\mathbf{A}\equiv\mathbf{C}$.

De $\mathbf{PAQ} = \mathbf{B}$, $\mathbf{RBS} = \mathbf{C}$, con $\mathbf{P}$, $\mathbf{Q}$, $\mathbf{R}$, $\mathbf{S}$ matrices regulares, se deduce inmediatamente $\mathbf{UAV} = \mathbf{C}$, con $\mathbf{U} = \mathbf{RP}$, $\mathbf{V} = \mathbf{QS}$ matrices regulares.

4.24 Demuéstrese que toda matriz **C** de tamaño p×n y rango m se puede transformar, mediante matrices de permutación **P** y **Q**, en la matriz **K** dada por

$$\mathbf{K} = \mathbf{PCQ} = \begin{bmatrix} \mathbf{E} & \mathbf{F} \\ \mathbf{G} & \mathbf{H} \end{bmatrix}$$

donde **E** es un bloque regular de orden m.

⌂⌂⌂⌂⌂⌂

Efectivamente. Se seleccionan m filas linealmente independientes de **C** y se efectúa una permutación de filas, mediante una matriz de permutación **P**, de modo que las m primeras filas de la matriz **PC** sean las seleccionadas. A continuación se permutan las columnas de la matriz **PC** obtenida, mediante una matriz de permutación **Q**, de manera que las m primeras columnas de **PCQ** contengan los m pivots del método de Gauss. Está claro que la submatriz **E** de **PCQ**, formada por las m primeras filas y las m primeras columnas, es un bloque regular de orden m.

4.25 Partiendo del resultado del Ejercicio 4.24 anterior, demuéstrese que toda matriz **C** de tamaño p×n y rango m es el producto **BA**, donde **B** es una matriz p×m y **A** es una matriz m×n, ambas de rango máximo m.

⌂⌂⌂⌂⌂⌂

Obsérvese en primer lugar que las p−m últimas filas de la matriz **K** del ejercicio anterior deben ser combinación lineal de las m primeras filas (si no lo fueran, el rango de **C**, coincidente con el de **K**, sería mayor que m), luego existe una matriz **S**, no necesariamente regular, tal que $\mathbf{G} = \mathbf{SE}$ y $\mathbf{H} = \mathbf{SF}$. Análogamente, las n−m últimas columnas de **K** deben ser combinación lineal de las m primeras columnas, luego existe una matriz **T**, no necesariamente regular, tal que $\mathbf{F} = \mathbf{ET}$ y $\mathbf{H} = \mathbf{GT}$.

Se tienen las identidades siguientes:

$$\mathbf{K} = \begin{bmatrix} \mathbf{E} & \mathbf{F} \\ \mathbf{G} & \mathbf{H} \end{bmatrix} = \begin{bmatrix} \mathbf{I_m} \\ \mathbf{S} \end{bmatrix} [\mathbf{E} \quad \mathbf{F}] = \begin{bmatrix} \mathbf{I_m} \\ \mathbf{S} \end{bmatrix} \mathbf{E} [\mathbf{I_m} \quad \mathbf{T}] = \begin{bmatrix} \mathbf{E} \\ \mathbf{G} \end{bmatrix} [\mathbf{I_m} \quad \mathbf{T}]$$

Nótese que $\mathbf{SET} = \mathbf{SF} = \mathbf{H}$.

Usando la primera descomposición de **K**, se obtiene fácilmente una descomposición de **C** que cumple las condiciones del enunciado de este ejercicio:

$$\mathbf{C} = \mathbf{P^{-1}KQ^{-1}} = (\mathbf{P^{-1}} \begin{bmatrix} \mathbf{I_m} \\ \mathbf{S} \end{bmatrix})([\mathbf{E} \quad \mathbf{F}]\mathbf{Q^{-1}}) = \mathbf{BA},$$

donde **B** es una matriz p×m y **A** es una matriz m×n, ambas claramente de rango máximo m.

4.26 Demuéstrese que la matriz $\mathbf{A} = \mathbf{uv}^T$ es de rango unidad, supuesto **u** y **v** matrices columna no nulas.

⍓⍓⍓⍓⍓⍓

Si la columna **u** o la columna **v** fueran la columna nula, entonces la matriz $\mathbf{A} = \mathbf{uv}^T$ sería evidentemente la matriz nula, que es de rango cero. Supóngase que ambas matrices columna **u** y **v** son no nulas, como exige el enunciado; en este caso deben poseer al menos un elemento distinto de cero, por ejemplo el i–ésimo α_i de **u** y el j–ésimo β_j de **v**, para unos valores de i, j *concretos*. El elemento (i, j) de **A** es $\alpha_i\beta_j$ distinto de cero, por lo que debe ser $r(\mathbf{A}) \geq 1$. Pero

$$r(\mathbf{A}) = r(\mathbf{uv}^T) \leq \min\{r(\mathbf{u}), r(\mathbf{v}^T)\} = \min\{1,1\} = 1,$$

luego necesariamente $r(\mathbf{A}) = 1$.

4.27 Demuéstrese que toda matriz **A** de tamaño m×n y rango k se puede expresar como suma de k matrices de rango unidad.

⍓⍓⍓⍓⍓⍓

Se parte de la forma normal de **A**, que al ser **A** de rango k, como es sabido, es de la forma

$$\mathbf{FAG} = \begin{bmatrix} \mathbf{I}_k & \mathbf{O}_{kx(n-k)} \\ \mathbf{O}_{(m-k)xk} & \mathbf{O}_{(m-k)x(n-k)} \end{bmatrix}$$

donde **F** y **G** son matrices regulares. Despejando **A** y escribiendo la forma normal como suma de las k matrices $\mathbf{E}_{ii}$, i = 1, 2, ..., k, de la base natural del espacio de matrices correspondiente, se tiene

$$\mathbf{A} = \mathbf{P}(\mathbf{E}_{11} + \mathbf{E}_{22} + ... + \mathbf{E}_{kk})\mathbf{Q} = \mathbf{PE}_{11}\mathbf{Q} + \mathbf{PE}_{22}\mathbf{Q} + ... + \mathbf{PE}_{kk}\mathbf{Q}$$

con $\mathbf{P} = \mathbf{F}^{-1}$ y $\mathbf{Q} = \mathbf{G}^{-1}$ matrices regulares. Las matrices $\mathbf{E}_{ii}$ son de rango unidad y por ser **P** y **Q** regulares también son matrices de rango unidad las k matrices $\mathbf{PE}_{ii}\mathbf{Q}$. Se concluye que **A** se puede escribir como suma de k matrices de rango unidad, siendo k el rango de **A**.

4.28 Pruébese que toda matriz de rango unidad es el producto de una matriz columna por una matriz fila, aprovechando el resultado establecido en el Ejercicio 4.25.

⍓⍓⍓⍓⍓⍓

Se sabe del Ejercicio 4.25 que si una matriz **C** de tamaño p×n es de rango m, existen matrices **A** m×n de rango m y **B** p×m de rango m tales que **C** = **BA**. En este caso m es la unidad, luego existen una matriz 1×n (fila), $\mathbf{A} = \mathbf{v}^T$, y una matriz p×1 (columna), **B** = **u**, tales que $\mathbf{C} = \mathbf{BA} = \mathbf{uv}^T$.

4.29 Sea **A** una matriz cuadrada de orden n y rango unidad. Demuéstrese que $\mathbf{A}^2 = \alpha\mathbf{A}$, para un cierto escalar α.

Utilizando el resultado del Ejercicio 4.28 anterior, la matriz **A** debe ser de la forma $\mathbf{A} = \mathbf{uv}^T$, ya que **A** es de rango unidad, con **u** y **v** columnas no nulas de n elementos. Se tiene

$$\mathbf{A}^2 = (\mathbf{uv}^T)(\mathbf{uv}^T) = \mathbf{u}(\mathbf{v}^T\mathbf{u})\mathbf{v}^T = (\mathbf{v}^T\mathbf{u})(\mathbf{uv}^T) = \alpha\mathbf{A},$$

donde $\alpha = \mathbf{v}^T\mathbf{u}$.

4.30 Se sabe de la matriz **A** que es de tamaño 4×2 y de la matriz **B** que es de tamaño 2×3. ¿Qué valores puede tomar el rango de la matriz **AB**?

El rango de **AB** es cero si **A** o bien **B** son la matriz nula. Se tienen las desigualdades siguientes para **A** y **B**, matrices ambas supuestas no nulas:

$$0 \le r(\mathbf{AB}) \le \min\{r(\mathbf{A}), r(\mathbf{B})\}$$
$$0 < r(\mathbf{A}) \le \min\{4,2\} = 2$$
$$0 < r(\mathbf{B}) \le \min\{2,3\} = 2$$

luego

$$0 \le r(\mathbf{AB}) \le 2$$

4.31 Escríbase la matriz regular

$$\mathbf{A} = \begin{bmatrix} 3 & 6 \\ 2 & 1 \end{bmatrix}$$

como el producto de matrices elementales por filas.

Primero se obtiene la forma normal de **A**, que en este caso es $\mathbf{I}_2$, mediante operaciones elementales por filas:

$$\begin{bmatrix}1 & -2\\0 & 1\end{bmatrix}\begin{bmatrix}1 & 0\\0 & -1/3\end{bmatrix}\begin{bmatrix}1 & 0\\-2 & 1\end{bmatrix}\begin{bmatrix}1/3 & 0\\0 & 1\end{bmatrix}\begin{bmatrix}3 & 6\\2 & 1\end{bmatrix}=\begin{bmatrix}1 & 0\\0 & 1\end{bmatrix}$$

y luego se despeja **A**

$$\mathbf{A}=\begin{bmatrix}3 & 6\\2 & 1\end{bmatrix}=\begin{bmatrix}3 & 0\\0 & 1\end{bmatrix}\begin{bmatrix}1 & 0\\2 & 1\end{bmatrix}\begin{bmatrix}1 & 0\\0 & -3\end{bmatrix}\begin{bmatrix}1 & 2\\0 & 1\end{bmatrix}.$$

4.32 Estúdiese el rango de la matriz real **H**,

$$\mathbf{H}=\begin{bmatrix}a & 0 & 0 & b\\b & a & 0 & 0\\0 & b & a & 0\\0 & 0 & b & a\end{bmatrix}$$

según los valores que toman los parámetros *a* y *b*.

Comienza la discusión:

1º Si a = 0, b = 0, es r(**H**) = 0
2º Si a ≠ 0, b = 0, es r(**H**) = 4
3º Si a = 0, b ≠ 0, es r(**H**) = 4
4º Si a ≠ 0, b ≠ 0, se tiene mediante operaciones elementales

$$\begin{bmatrix}a & 0 & 0 & b\\b & a & 0 & 0\\0 & b & a & 0\\0 & 0 & b & a\end{bmatrix}\to\ldots\to\begin{bmatrix}1 & 0 & 0 & b/a\\1 & a/b & 0 & 0\\0 & 1 & a/b & 0\\0 & 0 & 1 & a/b\end{bmatrix}$$

$$\begin{bmatrix}1 & 0 & 0 & b/a\\1 & a/b & 0 & 0\\0 & 1 & a/b & 0\\0 & 0 & 1 & a/b\end{bmatrix}\to\ldots\to\begin{bmatrix}0 & 0 & 0 & (b/a)-a^3/b^3\\1 & a/b & 0 & 0\\0 & 1 & a/b & 0\\0 & 0 & 1 & a/b\end{bmatrix}.$$

Luego el rango de **H** vale cuatro, a no ser que la expresión $(b/a)-a^3/b^3$ sea cero, para valores reales de a y b, es decir, cuando a = b o bien a = –b, en cuyo caso el rango de **H** vale tres.

4.33 Se parte de un resultado general, para matrices cuadradas **A** y **B** de orden n, que se supone ya establecido (*desigualdad de Sylvester*):

$$r(\mathbf{A})+r(\mathbf{B})-n\le r(\mathbf{AB})$$

Se parte asimismo de la identidad para una matriz **A** cuadrada cualquiera de orden n

$$(\mathbf{I_n} + \mathbf{A}) + (\mathbf{I_n} - \mathbf{A}) = 2\mathbf{I_n}$$

Si además **A** verifica $\mathbf{A}^2 = \mathbf{I_n}$, demuéstrese que

$$r(\mathbf{I_n}+\mathbf{A}) + r(\mathbf{I_n}-\mathbf{A}) = n.$$

De la identidad del enunciado se deduce

$$n = r(2\mathbf{I_n}) \leq r(\mathbf{I_n} + \mathbf{A}) + r(\mathbf{I_n} - \mathbf{A}) \tag{1}$$

y de la desigualdad general de Sylvester junto con la identidad particular

$$0 = r(\mathbf{O_n}) = r(\mathbf{I} - \mathbf{A}^2) = r((\mathbf{I_n} + \mathbf{A})(\mathbf{I_n} - \mathbf{A})) \geq r(\mathbf{I_n} + \mathbf{A}) + r(\mathbf{I_n} - \mathbf{A}) - n,$$

es decir,

$$n \geq r(\mathbf{I_n} + \mathbf{A}) + r(\mathbf{I_n} - \mathbf{A}) \tag{2}$$

Ambas desigualdades (1) y (2) llevan inmediatamente a la identidad deseada

$$n = r(\mathbf{I_n} + \mathbf{A}) + r(\mathbf{I_n} - \mathbf{A})$$

4.34 Hállense todas las inversas de la matriz real

$$\mathbf{A} = \begin{bmatrix} 1 & a \\ 1 & a \\ 1 & 1 \\ 1 & 1 \end{bmatrix}.$$

Es **A** una matriz 4×2. Si a = 1, es r(**A**) = 1, y no hay entonces ninguna clase de inversa, al ser el rango estrictamente menor que el número de columnas y el número de filas. Si a ≠ 1, es r(**A**) = 2, luego sólo existe en este caso inversa por la izquierda, al coincidir el rango con el número de columnas. Una inversa por la izquierda **L** de **A** para a ≠ 1 debe ser de la forma

$$\mathbf{L} = \begin{bmatrix} p & q & r & s \\ t & u & v & w \end{bmatrix}.$$

La ecuación matricial **LA** = $\mathbf{I_2}$, con **L** la matriz incógnita conduce a las ecuaciones lineales

$$p+q+r+s=1$$
$$ap+aq+r+s=0$$
$$t+u+v+w=0$$
$$at+au+v+w=1$$

sencillas de resolver, de las que se obtiene el conjunto de soluciones

$$p=\frac{1}{1-a}-\alpha$$
$$q=\alpha$$
$$r=\frac{a}{a-1}-\beta$$
$$s=\beta$$
$$t=\frac{1}{a-1}-\gamma$$
$$u=\gamma$$
$$v=\frac{1}{1-a}-\delta$$
$$w=\delta$$

Luego definitivamente

$$\mathbf{L}=\begin{bmatrix} \frac{1}{1-a}-\alpha & \alpha & \frac{a}{a-1}-\beta & \beta \\ \frac{1}{a-1}-\gamma & \gamma & \frac{1}{1-a}-\delta & \delta \end{bmatrix}.$$

4.35 En el sistema de n ecuaciones lineales con n incógnitas, representado matricialmente por **Ax = b**, efectúese una discusión de la existencia y unicidad de sus soluciones, acudiendo a la teoría del rango matricial.

⧅⧅⧅⧅⧅⧅

El rango de **A** a lo sumo vale n. Si r(**A**) = n, necesariamente r([**A b**]) = n, luego el sistema es, en este caso, compatible y determinado. Por el contrario, si r(**A**)<n, puede ser r([**A b**]) = r(**A**) o bien r([**A b**]) = r(**A**)+1; en el primer caso el sistema es compatible indeterminado y en el segundo caso el sistema es incompatible.

4.36 Pruébese que si la matriz real **A** es de tamaño m×n y rango n, entonces el sistema dado por $(\mathbf{A}^T\mathbf{A})\mathbf{x}=\mathbf{b}$ posee solución única.

⧅⧅⧅⧅⧅⧅

La matriz $\mathbf{A}^H\mathbf{A}$ coincide con la matriz $\mathbf{A}^T\mathbf{A}$, por ser **A** real, y es claramente regular de orden n. La solución única del sistema $(\mathbf{A}^T\mathbf{A})\mathbf{x} = \mathbf{b}$ vendrá dada por

$$\mathbf{x}_0 = (\mathbf{A}^T\mathbf{A})^{-1}\mathbf{b}.$$

4.37 Demuéstrese que si **B** es una matriz real antisimétrica de orden n, entonces el rango de $\mathbf{I}_n+\mathbf{B}$ es n, es decir, $\mathbf{I}_n+\mathbf{B}$ es una matriz regular. *Nota*: Se sugiere el *método de reducción al absurdo*, previa demostración de que

$$\mathbf{x}^T\mathbf{B}\mathbf{x} = 0, \forall \mathbf{x}$$

En primer lugar

$$\alpha = \mathbf{x}^T\mathbf{B}\mathbf{x} = \mathbf{x}^T(-\mathbf{B}^T)\mathbf{x} = -(\mathbf{x}^T\mathbf{B}^T\mathbf{x})^T = -(\mathbf{x}^T\mathbf{B}\mathbf{x}) = -\alpha \rightarrow \alpha = 0, \forall \mathbf{x}\text{, esto es,}$$

$$\mathbf{x}^T\mathbf{B}\mathbf{x} = 0, \forall \mathbf{x}\,.$$

De otra parte, el rango de $\mathbf{I}_n+\mathbf{B}$ es menor o igual que n. Si $\mathbf{I}_n+\mathbf{B}$ fuera de rango menor que n, sería una matriz singular. Existiría, por consiguiente al menos un vector $\mathbf{x}_0$ no nulo, el cual sería solución de la ecuación $(\mathbf{I}_n+\mathbf{B})\mathbf{x} = \mathbf{0}$, de donde $(\mathbf{I}_n+\mathbf{B})\mathbf{x}_0 = \mathbf{0}$, y de ahí que

$$\mathbf{x}_0 = -\mathbf{B}\mathbf{x}_0 \rightarrow \mathbf{x}_0^T\mathbf{x}_0 = -\mathbf{x}_0^T\mathbf{B}\mathbf{x}_0 \rightarrow \|\mathbf{x}_0\|_2^2 = 0 \rightarrow \mathbf{x}_0 = \mathbf{0}\,,$$

contrariamente al hecho de ser $\mathbf{x}_0$ no nulo. Luego el rango de $\mathbf{I}_n+\mathbf{B}$ necesariamente vale n.

4.38 Demuéstrese el enunciado del Ejercicio 4.37 anterior sustituyendo $\mathbf{I}_n+\mathbf{B}$ por $\mathbf{I}_n-\mathbf{B}$.

Se sigue una técnica similar, o bien se aplica el anterior enunciado a la matriz antisimétrica $\mathbf{C} = -\mathbf{B}$, con **B** también antisimétrica .

4.39 Con la misma notación que en el Ejercicio 4.25 y siguiendo la técnica explicada, hállense matrices de permutación **P** y **Q** para las que la matriz particionada $\mathbf{K} = \mathbf{PCQ}$ contiene un bloque superior izquierdo regular **E** de orden igual al rango de **C**, siendo

$$\mathbf{C} = \begin{bmatrix} 0 & 0 & 1 \\ 0 & 0 & 1 \\ 1 & 0 & 0 \\ 1 & 0 & 0 \end{bmatrix}.$$

El rango de **C** vale dos. Se elige como matriz de permutación **P** la que intercambia las filas segunda y tercera de **C**, de modo que las dos primeras filas de la matriz

$$\mathbf{PC} = \begin{bmatrix} 0 & 0 & 1 \\ 1 & 0 & 0 \\ 0 & 0 & 1 \\ 1 & 0 & 0 \end{bmatrix}$$

resultan ser linealmente independientes.

A continuación se elige como matriz **Q** la matriz de permutación que intercambia las columnas segunda y tercera de la matriz **PC**, de modo que las dos primeras columnas de la matriz

$$\mathbf{K} = \mathbf{PCQ} = \begin{bmatrix} 0 & 1 & 0 \\ 1 & 0 & 0 \\ 0 & 1 & 0 \\ 1 & 0 & 0 \end{bmatrix} = \begin{bmatrix} \mathbf{E} & \mathbf{F} \\ \mathbf{G} & \mathbf{H} \end{bmatrix}$$

que se obtiene sean también linealmente independientes.

Se ha logrado lo que se pretendía. Nótese que

$$\mathbf{E} = \begin{bmatrix} 0 & 1 \\ 1 & 0 \end{bmatrix}$$

es un bloque regular de orden igual al rango de **C**.

4.40 Siguiendo la técnica explicada en la resolución del Ejercicio 4.25, hállese una matriz **A** de tamaño 2×3 y otra matriz **B** de tamaño 4×2, ambas de rango dos, tales que **BA** = **C**, siendo **C** la matriz del Ejercicio 4.39.

Se va a obtener la descomposición de **K** en la forma

$$\mathbf{K} = \begin{bmatrix} \mathbf{E} & \mathbf{F} \\ \mathbf{G} & \mathbf{H} \end{bmatrix} = \begin{bmatrix} \mathbf{I}_2 \\ \mathbf{S} \end{bmatrix} \begin{bmatrix} \mathbf{E} & \mathbf{F} \end{bmatrix},$$

donde **S** es la matriz que establece la relación de dependencia lineal de las filas de [**G** **H**] respecto de las filas linealmente independientes de [**E** **F**]. En este caso **S** es la matriz identidad $\mathbf{I}_2$, pues [**G H**] = $\mathbf{I}_2$[**E F**] = [**E F**].

Utilizando la expresión

$$\mathbf{C} = \mathbf{P}^{-1}\mathbf{K}\mathbf{Q}^{-1} = (\mathbf{P}^{-1}\begin{bmatrix} \mathbf{I}_m \\ \mathbf{S} \end{bmatrix})([\mathbf{E} \quad \mathbf{F}]\mathbf{Q}^{-1}) = \mathbf{B}\mathbf{A},$$

donde m es el rango de **C**, esto es m=2, se tiene definitivamente

$$\mathbf{B} = \mathbf{P}^{-1}\begin{bmatrix} \mathbf{I}_2 \\ \mathbf{I}_2 \end{bmatrix} = \begin{bmatrix} 1 & 0 \\ 1 & 0 \\ 0 & 1 \\ 0 & 1 \end{bmatrix}$$

$$\mathbf{A} = [\mathbf{E} \quad \mathbf{F}]\mathbf{Q}^{-1} = \begin{bmatrix} 0 & 0 & 1 \\ 1 & 0 & 0 \end{bmatrix}$$

Nótese que **C=BA**, y las matrices **A** y **B** son de rango igual al rango de **C** y de tamaños los especificados en el enunciado.

4.41 Siguiendo la técnica explicada en la resolución del Ejercicio 4.27, efectúese la descomposición de la matriz

$$\mathbf{A} = \begin{bmatrix} 0 & 1 & 0 \\ 1 & 0 & 1 \\ 0 & 1 & 0 \end{bmatrix}$$

como suma de dos matrices de rango unidad.

⍓⍓⍓⍓⍓⍓

La matriz **A** es de rango dos. Se puede obtener la forma normal $\mathbf{N}_A$ de **A**

$$\mathbf{N}_A = \begin{bmatrix} 1 & 0 & 0 \\ 0 & 1 & 0 \\ 0 & 0 & 0 \end{bmatrix}$$

mediante las matrices regulares **F** y **G**, dadas por

$$\mathbf{F} = \begin{bmatrix} 0 & 1 & 0 \\ 1 & 0 & 0 \\ -1 & 0 & 1 \end{bmatrix}, \qquad \mathbf{G} = \begin{bmatrix} 1 & 0 & -1 \\ 0 & 1 & 0 \\ 0 & 0 & 1 \end{bmatrix},$$

de modo que **FAG** = **N**. Denotando con **P** y **Q** las inversas de **F** y **G**, respectivamente, siendo $\mathbf{N} = \mathbf{E}_{11}+\mathbf{E}_{22}$, se tiene

$$\mathbf{A} = \mathbf{P}\mathbf{E}_{11}\mathbf{Q} + \mathbf{P}\mathbf{E}_{22}\mathbf{Q} = \mathbf{B}_1 + \mathbf{B}_2,$$

donde $\mathbf{B}_1$ y $\mathbf{B}_2$ son las matrices de rango unidad siguientes

$$\mathbf{B}_1 = \begin{bmatrix} 0 & 0 & 0 \\ 1 & 0 & 1 \\ 0 & 0 & 0 \end{bmatrix}, \mathbf{B}_2 = \begin{bmatrix} 0 & 1 & 0 \\ 0 & 0 & 0 \\ 0 & 1 & 0 \end{bmatrix}.$$

4.42 ¿Para qué valores de los parámetros reales a y b la matriz

$$\mathbf{B} = \begin{bmatrix} a & b & a \\ b & a & b \\ a & b & a \end{bmatrix}$$

es equivalente con la matriz **A** del Ejercicio 4.41?

Para aquellos valores de a y b que hagan que la matriz **B** sea de rango dos, esto es, cuando los valores absolutos de a y b sean distintos entre sí.

4.43 Se dice que dos matrices cuadradas **A** y **B** son *semejantes* sí y solo sí existe una matriz regular **S** tal que $\mathbf{B} = \mathbf{S}^{-1}\mathbf{AS}$. Pruébese que la semejanza implica la equivalencia, pero la equivalencia no implica la semejanza.

Si **A** es semejante con **B**, entonces **A** es equivalente con **B**, ya que las matrices **S** y $\mathbf{S}^{-1}$ son regulares. La pre–multiplicación de **A** por $\mathbf{S}^{-1}$ y la post–multiplicación del resultado obtenido por **S** son operaciones matriciales que respetan el rango. De otra parte, existen matrices equivalentes que no son semejantes tales como

$$\mathbf{A} = \begin{bmatrix} 1 & 0 \\ 0 & 1 \end{bmatrix}, \mathbf{B} = \begin{bmatrix} 1 & 1 \\ 0 & 1 \end{bmatrix},$$

afirmación que se puede probar fácilmente por reducción al absurdo.

4.44 Pruébese que matrices que representan a una misma aplicación lineal son equivalentes entre sí. Análogamente, demuéstrese que matrices que representan a una misma transformación lineal son semejantes entre sí.

Si dos matrices **A** y **A′** representan a una misma aplicación lineal f de E en F, la primera en las bases B_E, B_F y la segunda en las bases B'_E, B'_F, entonces $\mathbf{A}' = \mathbf{T}^{-1}\mathbf{AS}$, donde **S** es la matriz de paso de B_E a B'_E y **T** es la matriz de paso de B_F a B'_F. Las matrices $\mathbf{T}^{-1}$ y **S** son ambas regulares, luego **A** es equivalente con **A′**.

Análogamente, si dos matrices **A** y **A´** representan a una misma transformación lineal f de E, la primera en la base B_E y la segunda en la base B'_E, entonces **A´** = $\mathbf{S}^{-1}\mathbf{A}\mathbf{S}$, donde **S** es la matriz de paso de B_E a B'_E. Las matriz **S** es regular, luego **A** es semejante con **A´**.

4.12 Ejercicios propuestos

4.45 Sean F y G dos subespacios vectoriales de un espacio vectorial E. Se considera la aplicación lineal f de F×G en E definida por f(u, v) = u+v, donde u y v son vectores cualesquiera de F y G, respectivamente, con $F \cap G = \{0\}$. Demuéstrese que f es un isomorfismo lineal de F×G en $F \oplus G$.

4.46 Demuéstrese que si f es una transformación lineal de E, entonces se cumplen las dos identidades siguientes

$$1)\ \mathrm{Nuc}f^{k} \subset \mathrm{Nuc}f^{k+1}$$

$$2)\ \mathrm{Im}f^{k} \supset \mathrm{Im}f^{k+1}$$

para k = 1, 2, 3, ... , donde

$$f^{0} = i_{E}$$

$$f^{k+1} = f^{k} o f, \forall k \in \mathbf{N}$$

4.47 Se dice que un subespacio vectorial F de E es *invariante* respecto de la transformación lineal f de E si $f(F) \subset F$, esto es: $u \in F \rightarrow f(u) \in F$. Pruébese que si x es un vector no nulo de E tal que, para un cierto valor k,

$$x, f(x), f^{2}(x), ..., f^{k-1}(x)$$

es una lista linealmente independiente en E que genera el vector $f^{k}(x)$, entonces el subespacio vectorial F, generado por la lista citada, es k–dimensional e invariante por f.

4.48 Estúdiese el núcleo de la transformación lineal f de $\mathbf{R}^2$ definida por

$$f(\alpha, \beta) = (a\alpha+b\beta, b\alpha+a\beta)$$

en función de los parámetros reales a y b. Indíquese cuándo f es un automorfismo de $\mathbf{R}^2$.

4.49 Una transformación lineal f de $\mathbf{R}^2$ transforma los vectores (1, −1), (0, 1) en los vectores (3, 2), (4, 6), respectivamente.

a) Hállese la matriz **A** de f en la base (1, 1), (2, 3), y

b) Si g es la transformación lineal definida por g(α, β) = (α+β, α−β), hállese la transformación lineal gof.

4.50 Se considera el subespacio vectorial F de $\mathbf{R}^{3\times 3}$ formado por las matrices de la forma

$$\mathbf{A}_{\alpha,\beta} = \begin{bmatrix} \alpha & 0 & \beta \\ 0 & \alpha & 0 \\ 0 & 0 & \alpha \end{bmatrix}$$

y la transformación f de F definida por

$$f(\mathbf{A}_{\alpha,\beta}) = \mathbf{A}_{\beta,\alpha}$$

Pruébese la linealidad de f y obténgase la matriz de f en una base conveniente de F.

4.51 ¿Representan la misma transformación lineal f de $\mathbf{R}^3$ las matrices

$$\mathbf{A} = \begin{bmatrix} 1 & 1 & 1 \\ 1 & 1 & 1 \\ 1 & 1 & 1 \end{bmatrix} \text{ y } \mathbf{B} = \begin{bmatrix} 0 & 1 & 0 \\ 0 & 0 & 1 \\ 0 & 0 & 0 \end{bmatrix} ?$$

Justifíquese la contestación.

4.52 Efectúese un estudio del rango y nulidad de la transformación lineal f de $\mathbf{R}^n$ definida por

$$f(e_i) = e_1 + e_i, \; i = 1,2,...,n .$$

4.53 Pruébese que si f es una *forma lineal* no nula, esto es, una aplicación lineal de un espacio vectorial E en el cuerpo **K** sobre el que está definido, la cual toma un valor no nulo al menos para un vector x_0 de E, entonces f es suprayectiva y la dimensión del núcleo de f es una unidad menor que la dimensión de E.

4.54 Demuéstrese que toda matriz cuadrada **A** de rango k se puede escribir de la forma

$$\mathbf{A} = \sum_{i=1}^{k} \mathbf{u}_i \mathbf{v}_i^T$$

4.55 Analícese a partir de qué valor del tamaño de la matriz se produce ahorro de memoria en un ordenador, si en lugar de almacenar una matriz cuadrada **A** de orden n y rango k, se almacenan las columnas $\mathbf{u_i}$, $\mathbf{v_i}$, i = 1, 2, ..., k, de la descomposición del Ejercicio 4.54 anterior.

4.56 Estúdiese el rango de la matriz **H** = diag(**A**, **B**), en función de los rangos de las matrices cuadradas **A** y **B**.

4.57 Pruébese que si **A** es una matriz real m×n de rango n, entonces la matriz $\mathbf{A}^T\mathbf{A}$ es definido positiva.

4.58 Hállese el rango de la matriz real

$$\mathbf{A} = \begin{bmatrix} \mathbf{I}_n & \mathbf{u} \\ \mathbf{u}^T & \alpha \end{bmatrix}$$

donde **u** es una columna de n elementos y α un parámetro real.

4.59 Hállense dos matrices **U**, de tamaño (n+1)×n, y **V**, de tamaño n×(n+1), ambas de rango n, tales que **UV** = **A**, siendo **A** la matriz del Ejercicio 4.58 anterior, cuando $\alpha = \mathbf{u}^T\mathbf{u}$.

4.60 ¿Qué dato hace falta conocer para saber las dimensiones de los subespacios fundamentales de la matriz no nula $\mathbf{A} = \mathbf{u}\mathbf{v}^T$?

4.61 Demuéstrense las propiedades reflexiva, simétrica y transitiva de la semejanza matricial.

4.62 Pruébese que si $\mathbf{A}^2 = \mathbf{A}$, donde **A** es una matriz cuadrada de orden n con elementos en **K**, entonces la suma directa de los subespacios fundamentales **R**(**A**) y **N**(**A**) es $\mathbf{K}^{n\times 1}$.

4.63 Estúdiese el rango de una matriz triangular superior (inferior) en función de su orden y del número de ceros en la diagonal principal.

4.64 Hállense dos matrices regulares **F** y **G** tales que $\mathbf{FAG} = \mathbf{I}_2$, donde **A** es la matriz

$$\mathbf{A} = \begin{bmatrix} 1 & 1/2 \\ 1/2 & 1/3 \end{bmatrix}$$

4.65 Analícese el rango de la matriz real **A**, en función del parámetro λ, dada por

$$\mathbf{A} = \begin{bmatrix} 1 & \lambda & 0 \\ \lambda & 1 & \lambda \\ 0 & \lambda & 1 \end{bmatrix}.$$

4.66 Hállense dos matrices columna **u** y **v**, tales que el producto $\mathbf{u}\mathbf{v}^T$ sea la matriz

$$\mathbf{A} = \begin{bmatrix} 1 & 2 & 3 \\ 2 & 4 & 6 \\ 3 & 6 & 9 \end{bmatrix}.$$

4.67 Demuéstrese la desigualdad de Sylvester

$$r(\mathbf{A}) + r(\mathbf{B}) - n \leq r(\mathbf{AB})$$

para matrices cuadradas de orden n.

4.68 Si $\mathbf{A}^2 = \mathbf{O}_n$, demuéstrese la desigualdad

$$n \geq 2r(\mathbf{A})$$

4.69 Pruébese que si $\mathbf{H}$ es una matriz cuadrada de orden n tal que $\mathbf{H}^2 = \mathbf{H}$, entonces

$$r(\mathbf{H}) + r(\mathbf{I}_n - \mathbf{H}) = n.$$

4.70 Pruébese que si $\mathbf{AB} = \mathbf{O}_n$, con $\mathbf{A}$ y $\mathbf{B}$ matrices cuadradas de orden n, entonces

$$r(\mathbf{A}) + r(\mathbf{B}) \leq n.$$

4.71 ¿Cómo se modifica el rango de una matriz cuando es pre–multiplicada por una matriz fila?

4.72 ¿Cómo se modifica el rango de una matriz cuadrada cuando es sumada a una matriz de la forma $\mathbf{uv}^T$?

5

Diagonalización por Semejanza

En este Capítulo se analiza completamente el problema de la diagonalización de una matriz cuadrada $\boldsymbol{A}$ *mediante una transformación de semejanza, esto es, el problema de obtener (si existe) una matriz regular* $\boldsymbol{S}$ *tal que la matriz* $\boldsymbol{D} = \boldsymbol{S}^{-1}\boldsymbol{A}\boldsymbol{S}$ *sea diagonal. Los conceptos de valor propio, vector propio y subespacio* $\boldsymbol{A}$*–invariante, polinomio anulador y polinomio mínimo de una matriz cuadrada son fundamentales. También se aborda en este Capítulo el estudio de la triangularización por semejanza de matrices cuadradas.*

Puesto que las matrices cuadradas representan, en una base dada, transformaciones lineales, la teoría desarrollada para matrices cuadradas se puede extender a las transformaciones lineales representadas por aquéllas (no se va a hacer aquí para evitar repeticiones innecesarias): Diagonalizar una transformación lineal f de E significa hallar una base de E (si existe) respecto de la cual la transformación lineal f admita representación diagonal.

5.1 Introducción

Se dice que la matriz cuadrada **A** es *semejante* con la matriz cuadrada **B**, ambas del mismo orden y con elementos en el mismo cuerpo **K**, si existe una matriz regular **S**, con elementos en **K**, tal que

$$\mathbf{B} = \mathbf{S}^{-1}\mathbf{A}\mathbf{S} \qquad [5.1]$$

escribiéndose en su caso **A¬B**.

La semejanza matricial es una *relación de equivalencia* sobre el conjunto $\mathbf{K}^{n\times n}$ de matrices cuadradas de orden n con elementos en **K**, pues se verifican las propiedades *reflexiva* (**A¬A**), *simétrica* (si **A¬B** entonces **B¬A**), y *transitiva* (si **A¬B** y **B¬C** entonces **A¬C**), las cuales caracterizan a tales relaciones.

El problema general que se pretende resolver en este nuevo Capítulo es doble y se puede formular como sigue: Dada una matriz cuadrada **A**, obtener una matriz **D** semejante con **A** que sea diagonal, y también obtener una matriz **T** semejante con **A** que sea triangular. No siempre existen las matrices **D** y **T** que resuelven el doble problema planteado.

Cuando existe una matriz diagonal **D** semejante con **A** se dice que la matriz **A** es *diagonalizable*; análogamente, cuando existe una matriz triangular **T** semejante con **A** se dice que la matriz **A** es *triangularizable*.

Si **A** es diagonalizable, *diagonalizar* **A** significa hallar una matriz diagonal **D** y una matriz regular **S** tales que

$$\mathbf{D} = \mathbf{S}^{-1}\mathbf{A}\mathbf{S} \qquad [5.2]$$

En este caso si

$$\mathbf{D} = \mathrm{diag}(\lambda_1, \lambda_2, ..., \lambda_n) \ \text{ y } \ \mathbf{S} = [\mathbf{x}_1 \quad \mathbf{x}_2 \quad ... \quad \mathbf{x}_n] \qquad [5.3]$$

se tiene de [5.2]

$$\mathbf{SD} = \mathbf{AS} \to [\mathbf{x}_1 \quad \mathbf{x}_2 \quad ... \quad \mathbf{x}_n]\mathrm{diag}(\lambda_1, \lambda_2, ..., \lambda_n) = \mathbf{A}[\mathbf{x}_1 \quad \mathbf{x}_2 \quad ... \quad \mathbf{x}_n] \to$$

$$\begin{array}{c} \mathbf{A}\mathbf{x}_1 = \lambda_1 \mathbf{x}_1 \\ \mathbf{A}\mathbf{x}_2 = \lambda_2 \mathbf{x}_2 \\ ... \\ \mathbf{A}\mathbf{x}_n = \lambda_n \mathbf{x}_n \end{array} \qquad [5.4]$$

esto es, las matrices columna $\mathbf{x}_1$, $\mathbf{x}_2$, ..., $\mathbf{x}_n$ (las cuales forman una base de $\mathbf{K}^{n\times 1}$ por ser la matriz **S** regular) se transforman, al ser multiplicadas por **A**, en las columnas $\lambda_1\mathbf{x}_1$, $\lambda_2\mathbf{x}_2$, ..., $\lambda_n\mathbf{x}_n$., respectivamente. Nótese que no se produce cambio de "dirección" al transformar mediante **A** los vectores de la citada base.

Recíprocamente, si existe una base $\mathbf{x_1}, \mathbf{x_2}, ..., \mathbf{x_n}$ de $\mathbf{K}^{n\times 1}$ formada por matrices columna tales que cumplen las expresiones [5.4], entonces la matriz regular **S** definida por las citadas columnas

$$\mathbf{S} = [\mathbf{x_1} \quad \mathbf{x_2} \quad ... \quad \mathbf{x_n}] \qquad [5.5]$$

y la matriz diagonal **D**, definida por los factores de multiplicidad $\lambda_1, \lambda_2, ..., \lambda_n$,

$$\mathbf{D} = \begin{bmatrix} \lambda_1 & 0 & ... & 0 \\ 0 & \lambda_2 & ... & 0 \\ .. & ... & ... & ... \\ 0 & 0 & ... & \lambda_n \end{bmatrix} \qquad [5.6]$$

resuelven el problema de diagonalización, esto se cumple la expresión [5.2].

Es evidente que en el problema *diagonalización por semejanza* de una matriz cuadrada **A** van a jugar un papel importante vectores no nulos **x** que se transforman mediante la matriz **A** según la expresión

$$\mathbf{Ax} = \lambda\mathbf{x} \qquad [5.7]$$

A tales vectores no nulos **x** se les llama *vectores propios* de **A**, y a los escalares λ se les llama *valores propios* de **A**. Definiciones más precisas se darán en el siguiente apartado.

Si la matriz cuadrada **A** no es diagonalizable por semejanza y se cumple una determinada condición (concretamente, que el número total de valores propios de **A** coincida con el orden de **A**), se puede reducir **A** por semejanza, ya sea a una matriz triangular **T** (superior o inferior) e incluso a una forma triangular más reducida **J**, llamada *forma canónica de Jordan*; esta forma es una matriz diagonal por bloques, cuyos bloques diagonales son *bloques elementales de Jordan*. (Esta segunda posibilidad será objeto del siguiente Capítulo).

De otra parte, en el proceso de reducción de la matriz **A** por semejanza a una matriz "más sencilla", hay que tener en cuenta si **K** es el cuerpo **R** de los números reales o el cuerpo **C** de los números complejos, pues la naturaleza del cuerpo de escalares influye notablemente en los resultados que se obtengan, como se comprobará más adelante.

Son numerosas las aplicaciones prácticas de la teoría de reducción de matrices por semejanza, entre las que destacan: el cálculo de las *funciones de matrices*, así como la solución de determinadas *ecuaciones diferenciales* que admiten tratamiento matricial o bien la obtención de *frecuencias y modos de resonancia* en circuitos eléctricos, sistemas mecánicos, etc.

5.2 Subespacios invariantes

Sea F un subespacio vectorial de $\mathbf{K}^{n\times 1}$ y **A** una matriz cuadrada de orden n con elementos en **K.** Se dice que F es *A–invariante* si

$$\mathbf{u} \in F \rightarrow \mathbf{Au} \in F, \qquad [2.1]$$

es decir, si la matriz **A** transforma los vectores de F en vectores de F (ver Figura 5.1).

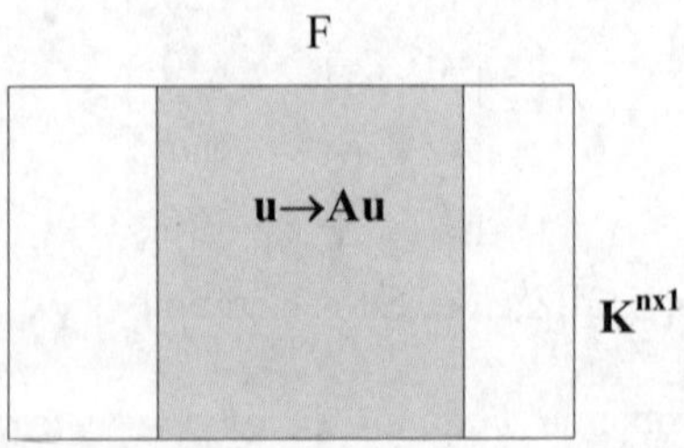

Figura 5.1

Ejemplo 5.1

Son subespacios **A**–invariantes, entre otros:

1) Los subespacios triviales {**0**} y $\mathbf{K}^{n\times 1}$, y
2) Los subespacios fundamentales **R(A)** y **N(A)**. $\mathbf{K}^{n\times 1}$ ★

Se está ya en condiciones de enunciar la siguiente proposición:

Proposición 5.1 "Si el espacio de matrices columna $\mathbf{K}^{n\times 1}$ es suma directa de k subespacios vectoriales **A**–invariantes no triviales, entonces la matriz **A** es semejante con una matriz diagonal por bloques, de k bloques diagonales; y recíprocamente".

Sea $\mathbf{K}^{n\times 1}$ suma directa de F_1, F_2, ..., F_k, con los F_i subespacios vectoriales de $\mathbf{K}^{n\times 1}$ **A**–invariantes, distintos de {**0**} y $\mathbf{K}^{n\times 1}$, para i = 1, 2, ..., k.

Sean

$$\mathbf{u}_1, \mathbf{u}_2, ..., \mathbf{u}_p, \mathbf{v}_1, \mathbf{v}_2, ..., \mathbf{v}_q, ..., \mathbf{w}_1, \mathbf{w}_2, ..., \mathbf{w}_r$$

bases de F_1, F_2, ..., F_k, respectivamente, las cuales, como se sabe, forman una base del espacio $\mathbf{K}^{n\times 1}$. Debido a la **A**–invariancia de los subespacios se tiene

$$\mathbf{Au}_1 = b_{11}\mathbf{u}_1 + b_{21}\mathbf{u}_2 + ... + b_{p1}\mathbf{u}_p$$
$$\mathbf{Au}_2 = b_{12}\mathbf{u}_1 + b_{22}\mathbf{u}_2 + ... + b_{p2}\mathbf{u}_p$$
$$...$$
$$\mathbf{Au}_p = b_{1p}\mathbf{u}_1 + b_{2p}\mathbf{u}_2 + ... + b_{pp}\mathbf{u}_p$$

$$\mathbf{Av_1} = c_{11}\mathbf{v_1} + c_{21}\mathbf{v_2} + ... + c_{q1}\mathbf{v_q}$$
$$\mathbf{Av_2} = c_{12}\mathbf{v_1} + c_{22}\mathbf{v_2} + ... + c_{q2}\mathbf{v_q}$$
$$...$$
$$\mathbf{Av_q} = c_{1q}\mathbf{v_1} + c_{2q}\mathbf{v_2} + ... + c_{qq}\mathbf{v_q}$$
$$......$$
$$\mathbf{Aw_1} = d_{11}\mathbf{w_1} + d_{21}\mathbf{w_2} + ... + d_{r1}\mathbf{w_r}$$
$$\mathbf{Aw_2} = d_{12}\mathbf{w_1} + d_{22}\mathbf{w_2} + ... + d_{r2}\mathbf{w_r}$$
$$...$$
$$\mathbf{Aw_r} = d_{1r}\mathbf{w_1} + d_{2r}\mathbf{w_2} + ... + d_{rr}\mathbf{w_r}$$

Si **S** es la matriz regular de orden n dada por

$$\mathbf{S} = \lfloor \mathbf{u_1} \quad \mathbf{u_2} \quad ... \quad \mathbf{u_p} \quad \mathbf{v_1} \quad \mathbf{v_2} \quad ... \quad \mathbf{v_q} \quad ... \quad \mathbf{w_1} \quad \mathbf{w_2} \quad ... \quad \mathbf{w_r} \rfloor$$

se prueba fácilmente que la matriz

$$\mathbf{AS} = \lfloor \mathbf{Au_1} \quad \mathbf{Au_2} \quad ... \quad \mathbf{Au_p} \quad \mathbf{Av_1} \quad \mathbf{Av_2} \quad ... \quad \mathbf{Av_q} \quad ... \quad \mathbf{Aw_1} \quad \mathbf{Aw_2} \quad ... \quad \mathbf{Aw_r} \rfloor$$

coincide con la matriz

$$\mathbf{S}\begin{bmatrix} \mathbf{B} & \mathbf{O} & ... & \mathbf{O} \\ \mathbf{O} & \mathbf{C} & ... & \mathbf{O} \\ ... & ... & ... & ... \\ \mathbf{O} & \mathbf{O} & \mathbf{O} & \mathbf{D} \end{bmatrix} = \mathbf{S}\ \mathrm{diag}(\mathbf{B}, \mathbf{C}, ..., \mathbf{D})$$

donde los bloques $\mathbf{B}=[b_{ij}]$, $\mathbf{C}=[c_{ij}]$, ..., $\mathbf{D}=[d_{ij}]$ son cuadrados de órdenes p, q, ..., r, respectivamente. En definitiva,

$$\mathrm{diag}(\mathbf{B}, \mathbf{C}, ..., \mathbf{D}) = \mathbf{S}^{-1}\mathbf{AS},$$

lo que prueba el enunciado directo de la proposición. El enunciado recíproco no ofrece ninguna dificultad, y se deja como simple ejercicio. ❑

La Proposición 5.1, recientemente establecida, sustituye el problema principal de la reducción de **A** por semejanza al problema equivalente de descomponer el espacio de matrices columna como suma directa de subespacios **A**–invariantes, no triviales, de dimensiones lo más reducidas posibles. Si todos los subespacios de la descomposición fueran 1–dimensionales, se habría logrado de ese modo la diagonalización de la matriz **A**.

5.3 Vectores propios y valores propios

Se va a estudiar en este apartado los subespacios vectoriales **A**–invariantes que se corresponden con un bloque que sea una matriz *diagonal*, en la matriz diagonal por bloques reducida de **A**, considerada en la Proposición 5.1 anterior. De entre ellos tienen una especial importancia los de dimensión unidad.

Por definición, se dice que la columna *no nula* $\mathbf{x}$ es *un vector propio* de la matriz **A,** de *valor propio* asociado el escalar λ *perteneciente* a **K**, si se cumple la identidad

$$\mathbf{Ax} = \lambda\mathbf{x} \qquad [3.1]$$

La definición dada precisa lo que se entiende por vector propio y por valor propio de una matriz **A**, estando ambas nociones estrechamente relacionadas. Nótese que:

1) El vector nulo $\mathbf{0}$ *no* es un vector propio, aunque verifique la identidad $\mathbf{A0} = \lambda\mathbf{0}$, para cualquier valor de λ.

2) A cada vector propio $\mathbf{x}$ le corresponde un único valor propio, ya que

$$\mathbf{Ax} = \lambda\mathbf{x},\ \mathbf{Ax} = \mu\mathbf{x} \rightarrow \mathbf{0} = (\lambda - \mu)\mathbf{x},\ \mathbf{x} \neq \mathbf{0} \rightarrow \lambda = \mu$$

3) Todo valor propio debe pertenecer a **K**. Esto explica que una matriz **A** pueda carecer de valores propios y, como consecuencia, también de vectores propios.

Ejemplo 5.2

La matriz real

$$\mathbf{A} = \begin{bmatrix} 0 & -1 \\ 1 & 0 \end{bmatrix}$$

carece de valores propios (y de vectores propios), pues no existe ningún número real λ para el que se cumpla la identidad

$$\mathbf{A}\begin{bmatrix} \alpha \\ \beta \end{bmatrix} = \lambda\begin{bmatrix} \alpha \\ \beta \end{bmatrix}$$

con

$$\begin{bmatrix} \alpha \\ \beta \end{bmatrix} \neq \begin{bmatrix} 0 \\ 0 \end{bmatrix}. \bigstar$$

El escalar cero *puede* ser valor propio de **A**. En este caso es necesario y suficiente que **N(A)** sea distinto del subespacio trivial nulo; los vectores no nulos de **N(A)** serían los vectores propios de **A**, con valor propio compartido el cero.

Por definición, si λ es un valor propio de **A**, se llama *subespacio propio*, de valor propio asociado λ, al conjunto

$$E_\lambda = \{\mathbf{x};\ \mathbf{Ax} = \lambda\mathbf{x}\} \qquad [3.2]$$

Proposición 5.2 "E_λ es un subespacio vectorial **A**–invariante, de dimensión mayor que cero, del espacio de matrices columna".

Su demostración se deja como ejercicio. ❑

Proposición 5.3 "La matriz **A** es diagonalizable si y sólo si el espacio de matrices columna $\mathbf{K}^{n\times 1}$ es la suma directa de subespacios propios".

Nótese que los bloques **B**, **C**, ..., **D** de la matriz reducida diagonal por bloques de la Proposición 5.1 son, en este caso, bloques diagonales, con el valor propio correspondiente repetido a lo largo de la diagonal principal de cada bloque.

Si E_{λ_1}, E_{λ_2}, ..., E_{λ_k} son los subespacios, propios de valores propios distintos entre sí dos a dos, con dimensiones respectivas s_1, s_2, ..., s_k, entonces la matriz diagonal **D** semejante con **A** viene dada por

$$\mathbf{D} = \text{diag}(\lambda_1, \lambda_1, ..., \lambda_1, \lambda_2, \lambda_2, ..., \lambda_2, ..., \lambda_k, \lambda_k, ..., \lambda_k)$$

donde λ_1 está repetido s_1 veces, λ_2 está repetido s_2 veces, ..., λ_k está repetido s_k veces, y además $s_1 + s_2 + ... + s_k = n$. ❑

Obsérvese que en el caso de ser **A** diagonalizable, la reunión de las bases de los subespacios propios forma una base del espacio de matrices columna $\mathbf{K}^{n\times 1}$, y que las columnas de la base así construida forman las columnas de la matriz regular **S** tal que

$$\mathbf{D} = \mathbf{S}^{-1}\mathbf{A}\mathbf{S} \qquad [3.3]$$

Ejemplo 5.3

La matriz real

$$\mathbf{A} = \begin{bmatrix} 2 & 1 \\ 0 & 2 \end{bmatrix}$$

no es diagonalizable, pues el único valor propio de **A** es $\lambda_1 = 2$, y el único subespacio propio E_{λ_1} tiene dimensión $s_1 = 1$. No es posible descomponer el espacio $\mathbf{R}^{2\times 1}$, de dimensión dos, como suma directa de subespacios propios. ✶

Ejemplo 5.4

La matriz real

$$\mathbf{A} = \begin{bmatrix} 1 & 1 \\ 1 & 1 \end{bmatrix}$$

es diagonalizable, pues posee dos valores propios distintos $\lambda_1 = 2$ y $\lambda_2 = 0$, con los subespacios propios E_{λ_1} y E_{λ_2}, ambos unidimensionales e independientes, de modo que

$$E_{\lambda_1} \oplus E_{\lambda_2} = \mathbf{R}^{2\times 1}. \ ✶$$

5.4 Obtención de los valores y vectores propios

En este apartado se va a mostrar cómo hallar los valores y vectores propios (si existen) de una matriz cuadrada **A**. Se requiere la nueva noción de *polinomio característico*, que surge de manera natural como resultado de la búsqueda de los valores propios de la matriz **A**:

Se sabe que una columna no nula $\mathbf{x_0}$ es un vector propio de **A** si y sólo si se cumple la identidad

$$(\mathbf{A}-\lambda_0\mathbf{I_n})\mathbf{x_0}=\mathbf{0} \qquad [4.1]$$

para un cierto valor λ_0 de **K**, o lo que es lo mismo, si y sólo si el sistema homogéneo

$$(\mathbf{A}-\lambda_0\mathbf{I_n})\mathbf{x}=\mathbf{0} \qquad [4.2]$$

admite soluciones distintas de la trivial nula, con λ_0 en **K**, esto es, se cumple

$$\det(\mathbf{A}-\lambda_0\mathbf{I_n})=0,\ \lambda_0\in\mathbf{K} \qquad [4.3]$$

La ecuación

$$\det(\mathbf{A}-\lambda\mathbf{I_n})=0 \qquad [4.4]$$

recibe el nombre de *ecuación característica* y el polinomio

$$\varphi_{\mathbf{A}}(\lambda)=\det(\mathbf{A}-\lambda\mathbf{I_n}) \qquad [4.5]$$

se llama *polinomio característico* de la matriz **A**.

Los valores propios de **A** son, por consiguiente, aquellos valores de **K** –si existen– que anulan el polinomio característico. El papel de **K** es crucial.

Ejemplo 5.5

El polinomio característico de la matriz

$$\mathbf{A}=\begin{bmatrix}0 & -1\\ 1 & 0\end{bmatrix}$$

es

$$\varphi_{\mathbf{A}}(\lambda)=\lambda^2+1,$$

el cual no se anula para ningún valor real de λ. La matriz **A**, considerada como una matriz real, carece de valores propios. Si, por el contrario, se considera la matriz **A** como una matriz compleja entonces sus valores propios son los imaginarios i y –i. ✶

Está claro, por el *teorema fundamental del Algebra*[*], que si **K** es el cuerpo **C** de los números complejos, entonces **A** posee *exactamente* n valores propios, donde n es el orden de la matriz. De otra parte, si **K** es el cuerpo **R** de los números reales, entonces **A** posee *a lo sumo* n valores propios. (En ambos casos se tienen en cuenta las multiplicidades de las soluciones de la ecuación característica para contabilizar el número total de valores propios).

---

[*] Teorema fundamental del Álgebra: *"Toda ecuación polinomial de grado n posee al menos una raíz en el cuerpo de los números complejos".*

Proposición 5.4 "Matrices semejantes poseen los mismos valores propios".

Ya que poseen el mismo polinomio característico, pues de

$$\mathbf{B} = \mathbf{S}^{-1}\mathbf{A}\mathbf{S} \rightarrow$$

se deduce

$$\begin{aligned}
&\varphi_{\mathbf{B}}(\lambda) = \det(\mathbf{B} - \lambda\mathbf{I_n}) = \\
&\det(\mathbf{S}^{-1}\mathbf{A}\mathbf{S} - \mathbf{S}^{-1}\lambda\mathbf{I_n}\mathbf{S}) = \\
&\det(\mathbf{S}^{-1}(\mathbf{A} - \lambda\mathbf{I_n})\mathbf{S}) = \\
&\det(\mathbf{S}^{-1})\det(\mathbf{A} - \lambda\mathbf{I_n})\det(\mathbf{S}) = \\
&\det(\mathbf{A} - \lambda\mathbf{I_n}) = \varphi_{\mathbf{A}}(\lambda)
\end{aligned}$$

❑.

Proposición 5.5 "Los valores propios de una matriz triangular superior (o inferior) son los elementos de su diagonal principal".

Se deja como simple ejercicio. ❑

Proposición 5.6 "Una condición *necesaria* de diagonalización de la matriz **A** es que **A** posea exactamente n valores propios, siendo n el orden de **A**".

Supóngase **A** diagonalizable, entonces **A** es semejante a una matriz diagonal **D**. Los valores propios de **A** y de **D** coinciden, por semejanza. Siendo los valores propios de **D** en total n, que son los elementos de su diagonal principal, también **A** tendrá en total n valores propios. ❑

Una vez asentado que los valores propios se hallan resolviendo la ecuación característica, los vectores propios se obtienen inmediatamente resolviendo el sistema homogéneo correspondiente para cada valor propio, esto es, si λ_0 es un valor propio de **A**, los vectores propios asociados a este valor propio son las soluciones *no nulas* del sistema homogéneo

$$(\mathbf{A} - \lambda_0\mathbf{I_n})\mathbf{x} = \mathbf{0} \qquad [4.6]$$

Si a las soluciones no nulas de [4.6] se añade la columna nula se obtiene el subespacio propio $E_{\lambda 0}$ correspondiente al valor propio λ_0. No se incluyen aquí ejemplos, pues estas cuestiones se abordan con detalle en los ejercicios resueltos de este Capítulo.

5.5 Estudio particular del polinomio característico

El polinomio característico de una matriz **A** de orden n es el determinante $\varphi_A(\lambda)$ dado por [4.5], que resulta ser un polinomio de grado n en la variable λ, como se prueba en la proposición siguiente:

Proposición 5.7 "El polinomio característico de **A** es un polinomio de grado n en la variable λ, de la forma

$$\varphi_{\mathbf{A}}(\lambda) = (-1)^n \lambda^n + (-1)^{n-1} \text{Traza}(\mathbf{A})\lambda^{n-1} + ... + \det(\mathbf{A}) \text{"}$$

Los dos grados más altos, n y n−1, para la variable λ en el polinomio característico, se obtienen en el sumando que resulta de multiplicar los elementos de la diagonal principal del determinante dado por el polinomio característico $\det(\mathbf{A}-\lambda\mathbf{I_n})$, esto es,

$$(a_{11} - \lambda)(a_{22} - \lambda)...(a_{nn} - \lambda)$$

Cualquier otro sumando, de los n! sumandos del desarrollo general del determinante citado, necesariamente aporta para λ un grado de a lo sumo n−2, ya que no pueden existir factores en un mismo sumando que pertenezcan a la misma fila o a la misma columna; por consiguiente, en cada uno de esos sumando habrá al menos dos factores que no contengan la variable λ.

De otra parte el término independiente del polinomio característico coincide con el valor que toma el polinomio cuando $\lambda = 0$, esto es,

$$\varphi_{\mathbf{A}}(0) = \det(\mathbf{A} - 0.\mathbf{I_n}) = \det(\mathbf{A})$$

En resumen:

$$\varphi_{\mathbf{A}}(\lambda) = (a_{11} - \lambda)(a_{22} - \lambda)...(a_{nn} - \lambda) + ... + \det(\mathbf{A})$$

o mejor, extrayendo los sumando de grados n y n−1 en la variable λ

$$\varphi_{\mathbf{A}}(\lambda) = (-1)^n \lambda^n + (-1)^{n-1} \text{Traza}(\mathbf{A})\lambda^{n-1} + ... + \det(\mathbf{A}) \quad \square$$

En general, se demuestra, en textos más avanzados de Álgebra Lineal, que

$$\varphi_{\mathbf{A}}(\lambda) = \sum_{i=0}^{n} (-1)^{n-i} \sigma_i \lambda^{n-i}, \qquad [5.1]$$

donde σ_i es la suma de los menores principales de orden i de la matriz **A**, con el convenio de que $\sigma_0 = 1$. Nótese que σ_1 = Traza(**A**) y σ_n = det**A**. Además, las relaciones entre los invariantes σ_i y las n *raíces* $\lambda_1, \lambda_2, ..., \lambda_n$ de la ecuación característica –reales o complejas– vienen expresadas por las célebres *fórmulas de Vieta*:

$$\sigma_1 = \sum_{i=1}^{n} \lambda_i = \lambda_1 + \lambda_2 + ... + \lambda_n$$

$$\sigma_2 = \sum_{i<j}^{n} \lambda_i \lambda_j = \lambda_1\lambda_2 + \lambda_1\lambda_3 + ... + \lambda_{n-1}\lambda_n$$

$$\sigma_3 = \sum_{i<j<k}^{n} \lambda_i \lambda_j \lambda_k = \lambda_1\lambda_2\lambda_3 + \lambda_1\lambda_2\lambda_4 + ... + \lambda_{n-2}\lambda_{n-1}\lambda_n \,. \qquad [5.2]$$

...

$$\sigma_n = \lambda_1\lambda_2\lambda_3 ... \lambda_n$$

5.6 Diagonalización por semejanza

Se sabe que el problema de la diagonalización por semejanza de una matriz cuadrada **A** equivale al problema de la descomposición del espacio de matrices columna como suma directa de subespacios propios, o lo que es lo mismo, al problema de la obtención de una base de vectores propios para el citado espacio. Se van a considerar unos enunciados que completan lo ya analizado hasta ahora y que arrojan una nueva luz en la cuestión:

Proposición 5.8 "Vectores propios correspondientes a valores propios distintos entre sí, dos a dos, forman una lista linealmente independiente"

Sean $\mathbf{x_1}$, $\mathbf{x_2}$, ..., $\mathbf{x_k}$ vectores propios, asociados a los valores propios distintos entre sí, dos a dos, λ_1, λ_2, ..., λ_k de la matriz **A**, respectivamente.

La demostración se realiza por reducción al absurdo: Si la lista $\mathbf{x_1}$, $\mathbf{x_2}$, ..., $\mathbf{x_k}$ es linealmente dependiente, sea s un valor tal que la lista $\mathbf{x_1}$, $\mathbf{x_2}$, ..., $\mathbf{x_s}$ es linealmente dependiente pero la lista $\mathbf{x_1}$, $\mathbf{x_2}$, ..., $\mathbf{x_{s-1}}$ es linealmente independiente. El valor de s es estrictamente mayor que la unidad, pues la lista de un vector formada tan solo por la columna no nula $\mathbf{x_1}$ es linealmente independiente.

Por la dependencia lineal de la lista $\mathbf{x_1}$, $\mathbf{x_2}$, ..., $\mathbf{x_s}$ deben existir escalares α_i, no todos iguales a cero, tales que

$$\alpha_1\mathbf{x_1} + \alpha_2\mathbf{x_2} + ... + \alpha_s\mathbf{x_s} = \mathbf{0}$$

En particular han de ser distintos de cero el escalar α_s y al menos un escalar α_j, $j<s$, ya que si α_s fuera cero sería linealmente dependiente la lista $\mathbf{x_1}$, $\mathbf{x_2}$, ..., $\mathbf{x_{s-1}}$, contrariamente a la hipótesis sobre s; de otra parte, siendo α_s distinto de cero, si todos los α_j, $j<s$, fueran nulos se tendría $\alpha_s\mathbf{x_s}=0$, pero α_s y $\mathbf{x_s}$ son ambos no nulos y su producto en este caso es el vector nulo (absurdo).

Multiplicando miembro a miembro por la matriz **A** la anterior identidad se llega a

$$\alpha_1\lambda_1\mathbf{x_1} + \alpha_2\lambda_2\mathbf{x_2} + ... + \alpha_s\lambda_s\mathbf{x_s} = \mathbf{0}$$

Un razonamiento análogo, partiendo de esta nueva identidad, conduce a que el valor propio λ_s y al menos un producto $\alpha_i\lambda_i$, $i<s$, deben ser necesariamente distintos de cero. Restando a la segunda identidad la primera, multiplicada previamente por λ_s, se tiene

$$\alpha_1(\lambda_1 - \lambda_s)\mathbf{x_1} + \alpha_2(\lambda_2 - \lambda_s)\mathbf{x_2} + ... + \alpha_{s-1}(\lambda_{s-1} - \lambda_s)\mathbf{x_{s-1}} = \mathbf{0},$$

que conduce al absurdo de la dependencia lineal de los vectores $\mathbf{x_1}$, $\mathbf{x_2}$,..., $\mathbf{x_{s-1}}$, por ser el coeficiente de $\mathbf{x_i}$ distinto de cero en esta última identidad (Recuérdese que los valores propios son en este caso distintos entre sí dos a dos). ❑

Proposición 5.9 "Una condición *suficiente* de diagonalización para una matriz cuadrada **A** de orden n es que posea n valores propios distintos entre sí, dos a dos".

Es consecuencia inmediata de la proposición anterior. Si se seleccionan vectores propios $\mathbf{x_1}$, $\mathbf{x_2}$,..., $\mathbf{x_n}$ asociados a los valores propios distintos entre sí, dos a dos, λ_1, λ_2, ..., λ_n, se obtiene una base de vectores propios para el espacio de matrices columna, es decir, **A** es diagonalizable. ❑

La condición anterior no es necesaria. Se va a enunciar una condición necesaria y suficiente de diagonalización que se apoya en el siguiente resultado:

Proposición 5.10 "La dimensión de un subespacio propio nunca es mayor que la multiplicidad del valor propio correspondiente".

Sea $E_{\lambda 0}$ el subespacio propio s–dimensional de **A**, de valor propio asociado λ_0 con multiplicidad algebraica m_0. El polinomio característico de **A** necesariamente es

$$\varphi_{\mathbf{A}}(\lambda) = (\lambda_0 - \lambda)^{m_0}\rho(\lambda),$$

con $\rho(\lambda_0)$ distinto de cero, y m_0 el número máximo de factores lineales $\lambda_0-\lambda$ que se pueden obtener en la descomposición factorial del polinomio característico. Sea $\mathbf{x_1}$, $\mathbf{x_2}$, ..., $\mathbf{x_s}$ una base de $E_{\lambda 0}$ y $\mathbf{x_1}$, $\mathbf{x_2}$, ..., $\mathbf{x_s}$, $\mathbf{x_{s+1}}$, $\mathbf{x_{s+2}}$, ..., $\mathbf{x_n}$ una base ampliada para el espacio de matrices columna. La matriz regular $\mathbf{S} = [\mathbf{x_1}\ \mathbf{x_2}\ ...\ \mathbf{x_s}\ \mathbf{x_{s+1}}\ \mathbf{x_{s+2}}\ ...\ \mathbf{x_n}]$ transforma por semejanza la matriz **A** en la matriz **B** triangular superior por bloques, de la forma

$$\mathbf{B} = \begin{bmatrix} \lambda_0\mathbf{I_s} & * \\ \mathbf{O} & \mathbf{C} \end{bmatrix},$$

donde **C** es un bloque cuadrado de orden n–s. Por ser **B** semejante con **A** se podrá utilizar **B** para obtener el polinomio característico de **A**

$$\varphi_{\mathbf{A}}(\lambda) = \varphi_{\mathbf{B}}(\lambda) = \det(\mathbf{B} - \lambda\mathbf{I_n}) = \det(\begin{bmatrix} (\lambda_0 - \lambda)\mathbf{I_s} & * \\ \mathrm{O} & \mathbf{C} - \lambda\mathbf{I_{n-s}} \end{bmatrix}) =$$

$$(\lambda_0 - \lambda)^s \det(\mathbf{C} - \lambda\mathbf{I_{n-s}}) = (\lambda_0 - \lambda)^s \eta(\lambda).$$

Esta expresión permite afirmar que, en la factorización del polinomio característico de **A**, al menos hay s factores lineales $\lambda_0-\lambda$ de un máximo posible de m_0, luego s no puede ser mayor que m_0. ❑

Proposición 5.11 "Una condición *necesaria y suficiente* para que una matriz cuadrada **A**, de orden n, con n valores propios repetidos o no, sea diagonalizable es que la dimensión de cada subespacio propio coincida con la multiplicidad del valor propio correspondiente".

Sean λ_1, λ_2, ..., λ_k los valores propios de **A** distintos entre sí, dos a dos, con multiplicidades respectivas m_1, m_2, ..., m_k, tales que

$$m_1 + m_2 + ... + m_k = n \quad .$$

Se sabe que

$$s_1 \leq m_1, s_2 \leq m_2, ..., s_k \leq m_k$$

por lo que

$$s_1 + s_2 + ... + s_k \leq n$$

La igualdad se obtiene si y sólo si

$$s_1 = m_1, s_2 = m_2, ..., s_k = m_k$$

lo que equivale a la diagonalización de la matriz **A**, ya que, en este caso y sólo en él, se logra una base de vectores propios para el espacio total, reuniendo bases de los subespacios propios (condición necesaria y suficiente de diagonalización) ❑

Las matrices que no se pueden diagonalizar por semejanza se denominan *matrices defectivas*. En el Capítulo siguiente se estudiará cómo reducirlas por semejanza a la forma de Jordan.

5.7 Teorema de Cayley-Hamilton

Antes de enunciar el teorema y demostrarlo, se introducen algunas definiciones nuevas:

Una *λ–matriz* es una matriz **A** cuyos elementos son polinomios $a_{ij}(\lambda)$ en la variable λ sin limitación de grado. Los coeficientes de tales polinomios pertenecen a un cuerpo conmutativo **K**. El *grado* de la λ–matriz es el grado del polinomio de mayor grado.

Ejemplo 5.6

La matriz característica $\mathbf{A}-\lambda\mathbf{I_n}$, con sus elementos diagonales polinomios de primer grado en la variable λ y los restantes elementos polinomios constantes, es una λ–matriz de primer grado. ✶

De otra parte, un *polinomio con coeficientes matriciales constantes*, en la variable λ, y de *grado* p se define mediante la expresión

$$\mathbf{A}_0 + \mathbf{A}_1\lambda + \mathbf{A}_2\lambda^2 + \ldots + \mathbf{A}_p\lambda^p, \mathbf{A}_p \neq \mathbf{O}_n \qquad [7.1]$$

donde los coeficientes son matrices cuadradas de orden n con coeficientes en **K**.

Es obvio que toda λ–matriz se puede representar como un polinomio con coeficientes matriciales constantes, y recíprocamente. El siguiente ejemplo ilustra esta afirmación que se deja su demostración general como simple ejercicio:

Ejemplo 5.7

La λ–matriz

$$\mathbf{A}(\lambda) = \begin{bmatrix} -1+\lambda-2\lambda^2 & \lambda+3\lambda^2 \\ -2 & 7\lambda^3 \end{bmatrix} =$$

$$\begin{bmatrix} -1 & 0 \\ -2 & 0 \end{bmatrix} + \begin{bmatrix} 1 & 1 \\ 0 & 0 \end{bmatrix}\lambda + \begin{bmatrix} -2 & 3 \\ 0 & 0 \end{bmatrix}\lambda^2 + \begin{bmatrix} 0 & 0 \\ 0 & 7 \end{bmatrix}\lambda^3 =$$

$$\mathbf{A}_0 + \mathbf{A}_1\lambda + \mathbf{A}_2\lambda^2 + \mathbf{A}_3\lambda^3$$

es una matriz con coeficientes matriciales constantes, de tercer grado. ✶

Proposición 5.12 (Teorema de *Cayley–Hamilton*): "Toda matriz cuadrada es raíz de su ecuación característica".

Sea **A** una matriz cuadrada de orden n y sea

$$\varphi_{\mathbf{A}}(\lambda) = c_0 + c_1\lambda + c_2\lambda^2 + \ldots + c_n\lambda^n$$

su polinomio característico. El teorema afirma que se cumple la identidad

$$c_0\mathbf{I}_n + c_1\mathbf{A} + c_2\mathbf{A}^2 + \ldots + c_n\mathbf{A}^n = \mathbf{O}_n.$$

Para demostrarlo, considérese la λ–matriz $\mathbf{A}-\lambda\mathbf{I}_n$ y aplíquese la fórmula general

$$\mathbf{A}\ \mathbf{Adj}\mathbf{A} = \det\mathbf{A}\ \mathbf{I}_n$$

a la citada λ–matriz, por lo que

$$(\mathbf{A}-\lambda\mathbf{I}_n)\,\mathbf{Adj}(\mathbf{A}-\lambda\mathbf{I}_n) = \det(\mathbf{A}-\lambda\mathbf{I}_n)\,\mathbf{I}_n$$

El desarrollo de la matriz adjunta de $\mathbf{A}-\lambda\mathbf{I}_n$ origina un polinomio matricial de grado n–1 de la forma

$$\mathbf{Adj}(\mathbf{A}-\lambda\mathbf{I}_n) = \mathbf{B}_0 + \mathbf{B}_1\lambda + \mathbf{B}_2\lambda^2 + \ldots + \mathbf{B}_{n-1}\lambda^{n-1}$$

donde las $\mathbf{B}_i$ son matrices constantes. Se tiene, por consiguiente, la identidad

$$(\mathbf{A}-\lambda\mathbf{I}_n).(\mathbf{B}_0 + \mathbf{B}_1\lambda + \mathbf{B}_2\lambda^2 + \ldots + \mathbf{B}_{n-1}\lambda^{n-1}) =$$

$$(c_0 + c_1\lambda + c_2\lambda^2 + \ldots + c_n\lambda^n).\mathbf{I}_n$$

Igualando miembro a miembro aquellos coeficientes matriciales que corresponden a la misma potencia para la variable λ se llega a las identidades

$$\begin{aligned} \mathbf{AB_0} &= c_0\mathbf{I_n} \\ \mathbf{AB_1} - \mathbf{B_0} &= c_1\mathbf{I_n} \\ \mathbf{AB_2} - \mathbf{B_1} &= c_2\mathbf{I_n} \\ &\ldots \\ -\mathbf{B_{n-1}} &= c_n\mathbf{I_n} \end{aligned}$$

Si ahora se multiplican por la izquierda, miembro a miembro, las n+1 identidades, sucesivamente por **I**, **A**, $\mathbf{A}^2$, ..., $\mathbf{A}^n$, respectivamente, se llega a

$$\begin{aligned} \mathbf{AB_0} &= c_0\mathbf{I_n} \\ \mathbf{A}^2\mathbf{B_1} - \mathbf{AB_0} &= c_1\mathbf{A} \\ \mathbf{A}^3\mathbf{B_2} - \mathbf{A}^2\mathbf{B_1} &= c_2\mathbf{A}^2 \\ &\ldots \\ -\mathbf{A}^n\mathbf{B_{n-1}} &= c_n\mathbf{A}^n \end{aligned}$$

Si, finalmente, se suman miembro a miembro todas las identidades se obtiene lo que se pedía demostrar:

$$\mathbf{O_n} = c_0\mathbf{I_n} + c_1\mathbf{A} + c_2\mathbf{A}^2 + \ldots + c_n\mathbf{A}^n \quad \square$$

El teorema de Cayley–Hamilton permite expresar la inversa de una matriz regular **A** como combinación lineal de sus potencias sucesivas

$$\mathbf{I}, \mathbf{A}, \mathbf{A}^2, \ldots, \mathbf{A}^{n-1}$$

en el espacio de matrices cuadradas, como se prueba en la siguiente proposición:

Proposición 5.13 "Si **A** es una matriz regular de orden n, entonces existen escalares α_0, α_1, α_2, ..., α_{n-1}, tales que $\mathbf{A}^{-1} = \alpha_0\mathbf{I} + \alpha_1\mathbf{A} + \alpha_2\mathbf{A}^2 + \ldots + \alpha_{n-1}\mathbf{A}^{n-1}$".

Despejando $\mathbf{A}^{-1}$ en la identidad

$$\mathbf{O_n} = c_0\mathbf{AA}^{-1} + c_1\mathbf{A} + c_2\mathbf{A}^2 + \ldots + c_n\mathbf{A}^n$$

se deduce inmediatamente

$$\mathbf{A}^{-1} = -\frac{1}{c_0}(c_1\mathbf{I} + c_2\mathbf{A} + c_3\mathbf{A}^2 + \ldots + c_n\mathbf{A}^{n-1}) = \alpha_0\mathbf{I} + \alpha_1\mathbf{A} + \alpha_2\mathbf{A}^2 + \ldots + \alpha_{n-1}\mathbf{A}^{n-1}$$

como se quería probar. Nótese que la división por el coeficiente c_0 es posible pues

$$c_0 = \det(\mathbf{A}) \neq 0 . \square$$

5.8 Polinomio mínimo de una matriz cuadrada

Un *polinomio anulador* de una matriz cuadrada **A** de orden n es un polinomio $\psi(\lambda)$ tal que $\psi(\mathbf{A}) = \mathbf{O_n}$. Nótese, gracias al teorema de Cayley–Hamilton, que el polinomio característico de **A** es un polinomio anulador de **A**, ya que $\varphi_A(\mathbf{A}) = \mathbf{O_n}$, distinto del polinomio idénticamente nulo, pues su grado es n.

Se llama *polinomio mínimo* de **A** a un polinomio anulador de **A**, $\mu(\lambda)$, distinto del polinomio idénticamente nulo, de grado el menor posible, con coeficiente principal la unidad.

Proposición 5.14 "El polinomio mínimo de **A** existe y es único. Además el polinomio mínimo de **A** es divisor de cualquier polinomio anulador de **A**; en particular, del polinomio característico de **A**".

Existencia:

Sea $\rho(\lambda)$ un polinomio anulador de **A**, distinto del idénticamente nulo. Al menos $\rho(\lambda)$ es $\varphi_A(\lambda)$. De entre todos los anuladores de **A**, distintos del idénticamente nulo, se selecciona uno que sea de menor grado posible y cuyo coeficiente principal valga la unidad, y se denota con $\mu(\lambda)$, con lo que queda probada la existencia de $\mu(\lambda)$.

Unicidad:

Si el polinomio $\mu'(\lambda)$ cumple las mismas condiciones que $\mu(\lambda)$, siendo polinomios distintos, entonces el polinomio diferencia $\mu'(\lambda)-\mu(\lambda)$ es un polinomio anulador de A, de menor grado que el grado de $\mu(\lambda)$ (absurdo) o bien el polinomio idénticamente nulo (imposible por ser los polinomios distintos), con lo que queda probada la unicidad de $\mu(\lambda)$.

Para probar el resto de la proposición, se efectúa ahora la división de $\rho(\lambda)$ por $\mu(\lambda)$ y se tiene

$$\rho(\lambda) = q(\lambda)\mu(\lambda) + r(\lambda),$$

donde el grado del resto $r(\lambda)$ es estrictamente menor que el grado de $\mu(\lambda)$ o bien $r(\lambda)$ es el polinomio idénticamente nulo. Debe ser cierto lo segundo, esto es, $r(\lambda) = 0(\lambda)$, pues de lo contrario el polinomio $r(\lambda)$, distinto del idénticamente nulo, sería un anulador de **A** , ya que

$$\rho(\mathbf{A}) = q(\mathbf{A})\mu(\mathbf{A}) + r(\mathbf{A}) \to \mathbf{O_n} = q(\mathbf{A})\mathbf{O_n} + r(\mathbf{A}) \to r(\mathbf{A}) = \mathbf{O_n}$$

y $r(\lambda)$ es de grado menor que el grado de $\mu(\lambda)$. Luego $r(\lambda) = 0(\lambda)$, y de la anterior identidad se deduce inmediatamente

$$\rho(\lambda) = q(\lambda)\mu(\lambda),$$

esto es, que $\mu(\lambda)$ es un divisor de $\rho(\lambda)$. De otra parte, al ser $(-1)^n\varphi_A(\lambda)$ un polinomio anulador de **A** , también debe ser $\mu(\lambda)$ divisor de $\varphi_A(\lambda)$. ❑

En las aplicaciones prácticas es mejor utilizar el polinomio mínimo, como anulador de una matriz cuadrada, que el polinomio característico, el cual, en general, es de grado mayor.

5.9 Reducción por semejanza a la forma triangular

En este apartado se analiza la triangularización de una matriz cuadrada **A** mediante una transformación de semejanza. Obsérvese primeramente que si la matriz cuadrada **A** es semejante a una matriz triangular **T** (superior o inferior), los valores propios de **A** aparecen en la diagonal principal de **T**; por lo que, para que **A** sea triangularizable por semejanza, **A** debe poseer tantos valores propios como indica su orden.

Proposición 5.15 "Toda matriz cuadrada **A** de orden n, con n valores propios, se puede reducir a una matriz triangular **T** superior (o inferior) mediante una matriz regular **S**, esto es, existe una matriz regular **S** tal que $\mathbf{S}^{-1}\mathbf{AS} = \mathbf{T}$, siendo **T** triangular superior (o inferior). Los valores propios de **A** forman la diagonal principal de **T** ".

Se va a hacer la demostración para **T** = **U** triangular superior. (El caso de **T** matriz triangular inferior se trata análogamente). Sea $\mathbf{x}_1$ un vector propio de **A**, de valor propio asociado λ_1, por lo que $\mathbf{Ax}_1 = \lambda_1\mathbf{x}_1$. Ampliando $\mathbf{x}_1$ se puede obtener (por el resultado ya conocido del teorema de la base incompleta) una base de $\mathbf{K}^{n\times 1}$ cuyas columnas forman la matriz regular **Q** siguiente:

$$\mathbf{Q} = [\mathbf{x}_1 \quad \mathbf{x}_2 \quad \ldots \quad \mathbf{x}_n] = [\mathbf{x}_1 \quad \mathbf{X}].$$

Recuérdese que la primera columna de una matriz se puede hallar efectuando el producto matricial de la matriz, en este caso **Q**, por la columna $\mathbf{e}_1$, es decir,

$$\mathbf{Qe}_1 = \mathbf{x}_1$$

lo que implica

$$\mathbf{Q}^{-1}\mathbf{x}_1 = \mathbf{e}_1$$

Transformando por semejanza **A** mediante **Q** se tiene

$$\mathbf{B} = \mathbf{Q}^{-1}\mathbf{AQ} = \mathbf{Q}^{-1}\mathbf{A}[\mathbf{x}_1 \quad \mathbf{X}] = \mathbf{Q}^{-1}[\mathbf{Ax}_1 \quad \mathbf{AX}] = [\lambda_1\mathbf{e}_1 \quad \mathbf{Q}^{-1}\mathbf{AX}] = \begin{bmatrix} \lambda_1 & \mathbf{b}^T \\ \mathbf{0} & \mathbf{A}_1 \end{bmatrix},$$

donde $\mathbf{A}_1$ es una matriz cuadrada de orden n–1 y $\mathbf{b}^T$ es una matriz fila de n–1 elementos. Los valores propios de $\mathbf{A}_1$ son los de **A**, con λ_1 disminuyendo en uno su multiplicidad algebraica.

Se va a proceder por inducción sobre el tamaño n de la matriz **A**: La proposición es evidentemente cierta para matrices cuadradas de orden n = 1. Supuesta cierta la proposición para matrices cuadradas de orden n–1 se va a probar que es cierta para matrices cuadradas de orden n.

La hipótesis de inducción permite asegurar que existe una matriz regular $\mathbf{S}_1$ que transforma la matriz $\mathbf{A}_1$ de orden n–1 a forma triangular superior $\mathbf{U}_1$, esto es,

$$\mathbf{S}_1^{-1}\mathbf{A}_1\mathbf{S}_1 = \mathbf{U}_1,$$

donde los elementos de su diagonal principal son los valores propios de $\mathbf{A}_1$. Formando la matriz regular

$$\mathbf{P} = \begin{bmatrix} \mathbf{1} & \mathbf{0}^T \\ \mathbf{0} & \mathbf{S}_1 \end{bmatrix}$$

se transforma la matriz **B** del modo siguiente:

$$\mathbf{P}^{-1}\mathbf{B}\mathbf{P} = \begin{bmatrix} \mathbf{1} & \mathbf{0}^T \\ \mathbf{0} & \mathbf{S}_1^{-1} \end{bmatrix} \begin{bmatrix} \lambda_1 & \mathbf{b}^T \\ \mathbf{0} & \mathbf{A}_1 \end{bmatrix} \begin{bmatrix} \mathbf{1} & \mathbf{0}^T \\ \mathbf{0} & \mathbf{S}_1 \end{bmatrix} =$$

$$\begin{bmatrix} \lambda_1 & \mathbf{b}^T\mathbf{S}_1 \\ \mathbf{0} & \mathbf{S}_1^{-1}\mathbf{A}_1\mathbf{S}_1 \end{bmatrix} = \begin{bmatrix} \lambda_1 & \mathbf{b}^T\mathbf{S}_1 \\ \mathbf{0} & \mathbf{U}_1 \end{bmatrix} = \mathbf{U}$$

donde **U** es una matriz triangular superior, con elementos en su diagonal principal los valores propios de **A**. En definitiva se tiene

$$\mathbf{P}^{-1}\mathbf{B}\mathbf{P} = \mathbf{U} \rightarrow \mathbf{P}^{-1}(\mathbf{Q}^{-1}\mathbf{A}\mathbf{Q})\mathbf{P} = \mathbf{U} \rightarrow (\mathbf{Q}\mathbf{P})^{-1}\mathbf{A}(\mathbf{Q}\mathbf{P}) = \mathbf{U} \rightarrow \mathbf{S}^{-1}\mathbf{A}\mathbf{S} = \mathbf{U},$$

esto es, la matriz cuadrada **A** de orden n es semejante con la matriz triangular superior **U** mediante la matriz regular **S** = **QP**, producto de las dos matrices regulares **Q** y **P** , donde los elementos diagonales de **U** son los valores propios de **A** ❑.

5.10 Diagonalización de una transformación lineal

Diagonalizar una transformación lineal f de un espacio vectorial E de dimensión finita n significa hallar una base

$$B'_E = x_1, x_2, ..., x_n,$$

respecto de la cual base f admita representación matricial diagonal

$$\mathbf{D} = \text{diag}(\lambda_1, \lambda_2, ..., \lambda_n).$$

El problema no siempre posee solución. Si **A** representa a f en la base $B_E = u_1, u_2, ..., u_n$ de E, la diagonalización de f equivale a que **A** sea semejante con la matriz diagonal **D** mediante la matriz **S** de paso de la base B_E la base B'_E, lo que se puede expresar de forma más sencilla, que **A** sea diagonalizable por semejanza. En caso de diagonalización de f, los elementos diagonales de **D**, $\lambda_1, \lambda_2, ..., \lambda_n$, son, por definición, todos los *valores propios de f* y la base $B'_E = x_1, x_2, ..., x_n$ está formada por *vectores propios de f* que satisfacen las identidades

$$\begin{aligned} f(x_1) &= \lambda_1 x_1 \\ f(x_2) &= \lambda_2 x_2 \\ &\dots \\ f(x_n) &= \lambda_n x_n \end{aligned} \qquad [10.1]$$

Obsérvese que los valores propios de f, que se pueden obtener hallando los valores propios de **A**, no dependen de la matriz **A**, esto es, no dependen de la base inicial B_E del espacio E, ya que matrices que representan a la misma transformación lineal son semejantes, y las matrices semejantes poseen los mismos valores propios.

Para obtener los vectores propios de f se debe resolver la ecuación vectorial indeterminada

$$f(x) = \lambda_0 x \qquad [10.2]$$

para cada valor propio λ_0 de f. Si se fija la base B_E de E, la anterior ecuación conduce directamente al sistema lineal homogéneo indeterminado ya estudiado:

$$(\mathbf{A} - \lambda_0 \mathbf{I_n})\mathbf{x} = \mathbf{0} \qquad [10.3]$$

Las soluciones no nulas de [10.3] son los vectores propios de **A**, de valor propio λ_0, y esas columnas contienen las componentes de los vectores propios de f en la base B_E, para el mismo valor propio λ_0.

Todas las definiciones y proposiciones establecidas en el problema de la diagonalización de una matriz cuadrada se pueden enunciar de un modo análogo en el problema de la diagonalización de una transformación lineal. No se va hacer así, pues, como ya se ha indicado, ambos problemas son equivalentes y ese modo de proceder conduciría a repeticiones innecesarias.

5.11 Ejercicios resueltos

5.1 Encuéntrese una descomposición del espacio de matrices columna $\mathbf{R}^{3\times 1}$ como suma directa de subespacios **A**–invariantes no triviales, siendo

$$\mathbf{A} = \begin{bmatrix} 1 & 1 & 0 \\ 2 & 3 & 0 \\ 0 & 0 & 4 \end{bmatrix}.$$

La propia estructura de **A**, como matriz diagonal por bloques, con dos bloques diagonales, el primero de orden dos y el segundo de orden uno, garantiza que $[\mathbf{e}_1, \mathbf{e}_2]$ y $[\mathbf{e}_3]$ son sendos subespacios **A**–invariantes, cuya suma directa es $\mathbf{R}^{3\times 1}$.

5.2 Demuéstrese que la existencia de un valor propio cero equivale a la falta de regularidad de la matriz.

$\mathbf{Ax} = 0\mathbf{x}$, para un $\mathbf{x}$ no nulo, implica que el sistema homogéneo $\mathbf{Ax} = \mathbf{0}$ es indeterminado, esto es, la matriz **A** es singular, y recíprocamente.

5.3 Pruébese que E_{λ_0} es un subespacio vectorial de dimensión mayor que cero, supuesto λ_0 un valor propio de **A**.

E_{λ_0} es el conjunto de soluciones del sistema homogéneo $(\mathbf{A}-\lambda_0\mathbf{I_n})\mathbf{x} = \mathbf{0}$, de ahí que sea un subespacio vectorial. De otra parte, E_{λ_0} está formado por al menos un vector propio (no nulo) y el vector nulo, de ahí que su dimensión sea al menos la unidad.

5.4 Demuéstrese que la matriz

$$\mathbf{A} = \begin{bmatrix} 1 & 1 \\ 0 & 1 \end{bmatrix}$$

no puede ser semejante con la matriz $\mathbf{I}_2$.

Si hubiera semejanza se tendría

$$\mathbf{S}^{-1}\mathbf{AS} = \mathbf{I}_2 \rightarrow \mathbf{A} = \mathbf{SI}_2\mathbf{S}^{-1} = \mathbf{I}_2$$

lo que es manifiestamente absurdo.

5.5 Demuéstrese que si λ_0 es un valor propio de **A**, entonces $f(\lambda_0)$ es un valor propio de $f(\mathbf{A})$, siendo $f(\lambda)$ un polinomio en la variable λ con coeficientes en **K**.

Sea $f(\lambda) = a_0+a_1\lambda+a_2\lambda^2+...+a_p\lambda^p$. Sea λ_0 un valor propio de **A** y $\mathbf{x_0}$ un vector propio asociado. Se tiene

$$\mathbf{I_n x_0} = 1\mathbf{x_0},\ \mathbf{Ax_0} = \lambda_0\mathbf{x_0} \rightarrow \mathbf{A}^j\mathbf{x_0} = \lambda_0^j\mathbf{x_0},\ \forall j \geq 1 \rightarrow$$
$$(a_0\mathbf{I} + a_1\mathbf{A} + a_2\mathbf{A}^2 + ... + a_p\mathbf{A}^p)\mathbf{x_0} =$$
$$(a_0 + a_1\lambda_0 + a_2\lambda_0^2 + ... + a_p\lambda_0^p)\mathbf{x_0} \rightarrow$$
$$f(\mathbf{A})\mathbf{x_0} = f(\lambda_0)\mathbf{x_0}$$

de lo que se deduce que $f(\lambda_0)$ es un valor propio de $f(\mathbf{A})$.

5.6 Hállense los valores propios de la matriz ortogonal

$$\mathbf{S} = \begin{bmatrix} \cos\theta & -\operatorname{sen}\theta & 0 \\ \operatorname{sen}\theta & \cos\theta & 0 \\ 0 & 0 & 1 \end{bmatrix}, 0 < \theta < \pi$$

a) En el cuerpo **C** de los números complejos, y
b) En el cuerpo **R** de los números reales.

La ecuación característica es

$$\begin{vmatrix} \cos\theta-\lambda & -\operatorname{sen}\theta & 0 \\ \operatorname{sen}\theta & \cos\theta-\lambda & 0 \\ 0 & 0 & 1-\lambda \end{vmatrix} =$$
$$(1-\lambda)\begin{vmatrix} \cos\theta-\lambda & -\operatorname{sen}\theta \\ \operatorname{sen}\theta & \cos\theta-\lambda \end{vmatrix} =$$
$$(1-\lambda)(\lambda^2 - 2\cos\theta\lambda + 1) = 0$$

cuyas soluciones son 1, $e^{\theta i}$, $e^{-\theta i}$.

a) Si **K** = **C**, entonces las tres soluciones son valores propios, en cambio, y
b) si **K** = **R**, sólo la solución real 1 es valor propio.

5.7 Hállese el polinomio característico y los valores propios de la matriz de permutación siguiente:

$$\mathbf{P} = \begin{bmatrix} 0 & 0 & 0 & 0 & 1 \\ 0 & 0 & 1 & 0 & 0 \\ 0 & 1 & 0 & 0 & 0 \\ 1 & 0 & 0 & 0 & 0 \\ 0 & 0 & 0 & 1 & 0 \end{bmatrix}.$$

⊠⊠⊠⊠⊠⊠

Las operaciones elementales no respetan, en general, los valores propios ni los vectores propios de una matriz. El cálculo directo del polinomio característico de la matriz **P** conduce a

$$\varphi_{\mathbf{P}}(\lambda) = \begin{vmatrix} -\lambda & 0 & 0 & 0 & 1 \\ 0 & -\lambda & 1 & 0 & 0 \\ 0 & 1 & -\lambda & 0 & 0 \\ 1 & 0 & 0 & -\lambda & 0 \\ 0 & 0 & 0 & 1 & -\lambda \end{vmatrix} = (1-\lambda)(\lambda^2-1)(\lambda^2+\lambda+1)$$

Los valores propios de **P** son $\lambda_1 = 1$ (doble) y $\lambda_2 = -1$ (simple), si se trabaja en el cuerpo de los números reales. Se añaden a estos valores los valores propios complejo conjugados

$$\lambda_3, \lambda_4 = (-1 \pm \sqrt{3}i)/2$$

si se trabaja en el cuerpo de los números complejos.

5.8 Discútase, en función de los valores reales de los parámetros a y b, la diagonalización por semejanza, en el cuerpo de los números reales, de la matriz

$$\mathbf{A} = \begin{bmatrix} a & b & 0 \\ 0 & -1 & 0 \\ 0 & 0 & 1 \end{bmatrix}.$$

⊠⊠⊠⊠⊠⊠

El polinomio característico de **A** es $\varphi_{\mathbf{A}}(\lambda) = (a-\lambda)(-1-\lambda)(1-\lambda)$. Resolviendo la ecuación característica, se obtienen las tres soluciones reales: a, −1 y 1. Comienza la discusión:

Caso 1) $a \neq \pm 1$

Los valores propios son, en este caso, *a*, 1, −1, simples, distintos entre sí, dos a dos. Ya que tres es el orden de **A**, se produce una condición suficiente de diagonalización. Hay tres subespacios propios 1−dimensionales, uno para cada valor propio distinto. Las bases para tales subespacios se obtienen como sigue:

1.1) Restando el valor propio *a* de la diagonal principal de **A**, se halla la matriz

$$\begin{bmatrix} 0 & b & 0 \\ 0 & -1-a & 0 \\ 0 & 0 & 1-a \end{bmatrix}$$

que representa un sistema homogéneo indeterminado. Una solución básica del sistema es

$$\mathbf{x_1} = \begin{bmatrix} 1 \\ 0 \\ 0 \end{bmatrix}.$$

1.2) Restando el valor propio 1 de los elementos de la diagonal principal de **A**, se halla la matriz

$$\begin{bmatrix} a-1 & b & 0 \\ 0 & -2 & 0 \\ 0 & 0 & 0 \end{bmatrix}$$

que representa un sistema homogéneo indeterminado. Una solución básica del sistema es

$$\mathbf{x_2} = \begin{bmatrix} 0 \\ 0 \\ 1 \end{bmatrix}$$

1.3) Restando el valor propio −1 de los elementos de la diagonal principal de **A**, se halla la matriz

$$\begin{bmatrix} a+1 & b & 0 \\ 0 & 0 & 0 \\ 0 & 0 & 2 \end{bmatrix}$$

que representa un sistema homogéneo indeterminado. Una solución básica del sistema es

$$\mathbf{x_3} = \begin{bmatrix} -b/(a+1) \\ 1 \\ 0 \end{bmatrix}$$

De lo que se deduce que la matriz regular

$$\mathbf{S} = \begin{bmatrix} 1 & 0 & -b/(a+1) \\ 0 & 0 & 1 \\ 0 & 1 & 0 \end{bmatrix}$$

diagonaliza la matriz **A** y la transforma por semejanza en la matriz diagonal

$$\mathbf{D} = \begin{bmatrix} a & 0 & 0 \\ 0 & 1 & 0 \\ 0 & 0 & -1 \end{bmatrix}$$

Caso 2) a = 1

Los valores propios son, en este caso, 1 (doble) y −1 (simple). Hay dos subespacios propios distintos, uno para cada valor propio. La matriz **A** es

$$\mathbf{A} = \begin{bmatrix} 1 & b & 0 \\ 0 & -1 & 0 \\ 0 & 0 & 1 \end{bmatrix}.$$

2.1) Restando el valor propio 1 de los elementos de la diagonal principal de **A**, se halla la matriz

$$\begin{bmatrix} 0 & b & 0 \\ 0 & -2 & 0 \\ 0 & 0 & 0 \end{bmatrix}$$

de rango unidad, que representa un sistema homogéneo indeterminado. Una solución básica del sistema es

$$\mathbf{x_1} = \begin{bmatrix} 1 \\ 0 \\ 0 \end{bmatrix}, \mathbf{x_2} = \begin{bmatrix} 0 \\ 0 \\ 1 \end{bmatrix}$$

2.2) Restando el valor propio −1 de los elementos de la diagonal principal de **A**, se halla la matriz

$$\begin{bmatrix} 2 & b & 0 \\ 0 & 0 & 0 \\ 0 & 0 & 2 \end{bmatrix}$$

de rango dos, que representa un sistema homogéneo indeterminado. Una solución básica del sistema es

$$\mathbf{x_3} = \begin{bmatrix} -b/2 \\ 1 \\ 0 \end{bmatrix}$$

De lo que se deduce que la matriz regular

$$\mathbf{S} = \begin{bmatrix} 1 & 0 & -b/2 \\ 0 & 0 & 1 \\ 0 & 1 & 0 \end{bmatrix}$$

diagonaliza la matriz **A** y la transforma por semejanza en la matriz diagonal

$$\mathbf{D} = \begin{bmatrix} 1 & 0 & 0 \\ 0 & 1 & 0 \\ 0 & 0 & -1 \end{bmatrix}$$

Caso 3) a = −1

Los valores propios son, en este caso, 1 (simple) y −1 (doble). Hay dos subespacios propios distintos, uno para cada valor propio. La matriz **A** es

$$\mathbf{A} = \begin{bmatrix} -1 & b & 0 \\ 0 & -1 & 0 \\ 0 & 0 & 1 \end{bmatrix}.$$

3.1) Restando el valor propio 1 de los elementos de la diagonal principal de **A**, se halla la matriz

$$\begin{bmatrix} -2 & b & 0 \\ 0 & -2 & 0 \\ 0 & 0 & 0 \end{bmatrix}$$

de rango dos, que representa un sistema homogéneo indeterminado. Una solución básica del sistema es

$$\mathbf{x}_1 = \begin{bmatrix} 0 \\ 0 \\ 1 \end{bmatrix}$$

3.2) Restando el valor propio −1 de los elementos de la diagonal principal de **A**, se halla la matriz

$$\begin{bmatrix} 0 & b & 0 \\ 0 & 0 & 0 \\ 0 & 0 & 2 \end{bmatrix}$$

de rango dos o uno –dependiendo del valor de b– la cual representa un sistema homogéneo indeterminado. Una solución básica del sistema es

$$\mathbf{x}_2 = \begin{bmatrix} 1 \\ 0 \\ 0 \end{bmatrix}$$

supuesto b distinto de cero (rango dos), en cuyo caso no es posible la diagonalización de **A**. (No se encuentra una base de vectores propios para el espacio vectorial de matrices columna reales de tres elementos. Nótese además que la dimensión del subespacio propio es estrictamente menor que la multiplicidad del valor propio para el valor propio −1). De otra parte, si b vale cero (rango uno), una solución básica del sistema homogéneo viene dada por

$$\mathbf{x}_2 = \begin{bmatrix} 1 \\ 0 \\ 0 \end{bmatrix}, \mathbf{x}_3 = \begin{bmatrix} 0 \\ 1 \\ 0 \end{bmatrix}$$

De lo que se deduce que la matriz regular

$$\mathbf{S} = \begin{bmatrix} 0 & 1 & 0 \\ 0 & 0 & 1 \\ 1 & 0 & 0 \end{bmatrix}$$

diagonaliza la matriz **A** y la transforma por semejanza en la matriz diagonal

$$\mathbf{D} = \begin{bmatrix} 1 & 0 & 0 \\ 0 & -1 & 0 \\ 0 & 0 & -1 \end{bmatrix}$$

5.9 Hállese el polinomio mínimo de la matriz

$$\mathbf{A} = \begin{bmatrix} 1 & 0 & 0 \\ 1 & 1 & 1 \\ 0 & 0 & 1 \end{bmatrix}$$

y compárese con su polinomio característico.

Un *primer método*: El polinomio característico de **A** es $\varphi_{\mathbf{A}}(\lambda) = -(\lambda-1)^3$. El polinomio mínimo de **A** debe ser divisor del característico, con coeficiente principal la unidad. Puede ser, por consiguiente, $\lambda-1$, $(\lambda-1)^2$ o $(\lambda-1)^3$. Es la matriz $\mathbf{A}-\mathbf{I}$ distinta de la matriz nula, pero $(\mathbf{A}-\mathbf{I})^2 = \mathbf{A}^2-2\mathbf{A}+\mathbf{I} = \mathbf{O}_3$, luego $(\lambda-1)^2$ es el polinomio mínimo de A.

Un *segundo método*: Se analiza si existe algún polinomio de primer grado, con coeficiente principal la unidad, que sea anulador de la matriz **A**, y se concluye que no, ya que si λ+a fuera anulador debería ser $\mathbf{A}+a\mathbf{I}_3 = \mathbf{O}_3$, esto es, **A** múltiplo escalar de $\mathbf{I}_3$ y ello no es cierto. Se analiza ahora si existe un polinomio de segundo grado de la forma $\lambda^2+a\lambda+b$ que sea anulador de **A**, esto es, $\mathbf{A}^2+a\mathbf{A}+b\mathbf{I}_3 = \mathbf{O}_3$, y se concluye fácilmente que debe ser a = −2 y b = 1. Definitivamente, $\lambda^2-2\lambda+1 = (\lambda-1)^2$ es el polinomio mínimo de **A**.

Obsérvese que el polinomio mínimo divide al polinomio característico, pero en este caso es distinto de él.

5.10 Utilícese el polinomio mínimo de la matriz **A** del ejercicio anterior para hallar la inversa de **A**.

⊠⊠⊠⊠⊠⊠

Se sabe que $\mathbf{A}^2-2\mathbf{A}+\mathbf{I}_3=\mathbf{O}_3$, luego, $\mathbf{A}(-\mathbf{A}+2\mathbf{I}_3)=\mathbf{I}_3$, esto es, $\mathbf{A}^{-1}=-\mathbf{A}+2\mathbf{I}_3$ y de ahí que

$$\mathbf{A}^{-1}=\begin{bmatrix}1 & 0 & 0\\ -1 & 1 & -1\\ 0 & 0 & 1\end{bmatrix}.$$

5.11 Si w es una raíz cúbica de la unidad, distinta de uno, pruébese que las matrices

$$\mathbf{A}=\begin{bmatrix}0 & 1 & 0\\ 0 & 0 & 1\\ 1 & 0 & 0\end{bmatrix},\ \mathbf{B}=\begin{bmatrix}1 & 0 & 0\\ 0 & w & 0\\ 0 & 0 & w^2\end{bmatrix}$$

son semejantes en **C**.

⊠⊠⊠⊠⊠⊠

Las tres raíces cúbicas de la unidad, que valen 1, w, w^2, están representadas en el plano complejo de Gauss (Ver Figura 5.2).

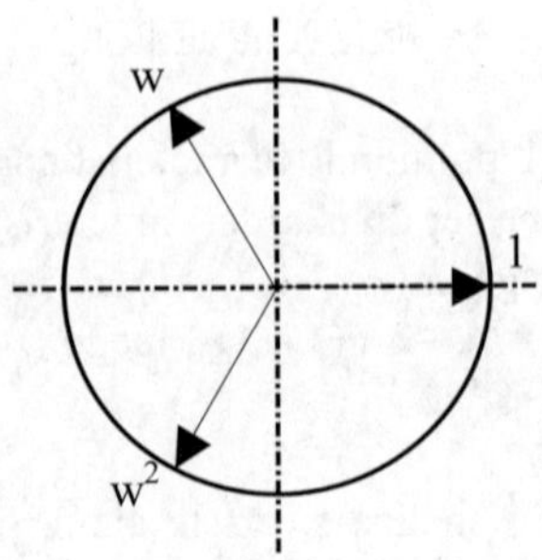

Figura 5.2

Efectivamente, **A** y **B** son matrices semejantes en el campo complejo: La matriz **A** es diagonalizable, pues sus valores propios son las tres raíces cúbicas de la unidad, distintas entre sí, dos a dos (condición suficiente de diagonalización) y **B** es una matriz diagonal con los valores propios de **A** en su diagonal principal. Se puede por tanto reducir **A** a **B** por semejanza, tomando como matriz regular **S** la formada por los vectores propios correspondientes a 1, w, w^2, y en ese mismo orden.

5.12 Si **A** y **B** son matrices cuadradas de orden n, demuéstrese que **AB** y **BA** poseen el mismo polinomio característico.

Se va a demostrar primeramente que las dos matrices

$$\mathbf{C} = \begin{bmatrix} \mathbf{AB} & \mathbf{O} \\ \mathbf{B} & \mathbf{O} \end{bmatrix} \quad \text{y} \quad \mathbf{D} = \begin{bmatrix} \mathbf{O} & \mathbf{O} \\ \mathbf{B} & \mathbf{BA} \end{bmatrix}$$

son semejantes: Tomando la matriz regular

$$\mathbf{S} = \begin{bmatrix} \mathbf{I} & \mathbf{A} \\ \mathbf{O} & \mathbf{I} \end{bmatrix}$$

cuya inversa es

$$\mathbf{S}^{-1} = \begin{bmatrix} \mathbf{I} & -\mathbf{A} \\ \mathbf{O} & \mathbf{I} \end{bmatrix}$$

se tiene

$$\mathbf{S}^{-1}\mathbf{C}\mathbf{S} = \begin{bmatrix} \mathbf{I} & \mathbf{A} \\ \mathbf{O} & \mathbf{I} \end{bmatrix}^{-1} \begin{bmatrix} \mathbf{AB} & \mathbf{O} \\ \mathbf{B} & \mathbf{O} \end{bmatrix} \begin{bmatrix} \mathbf{I} & \mathbf{A} \\ \mathbf{O} & \mathbf{I} \end{bmatrix} = \begin{bmatrix} \mathbf{O} & \mathbf{O} \\ \mathbf{B} & \mathbf{BA} \end{bmatrix} = \mathbf{D}$$

Al ser **C** y **D** semejantes deben poseer el mismo polinomio característico, $\varphi_{\mathbf{C}}(\lambda) = \varphi_{\mathbf{D}}(\lambda)$. Pero $\varphi_{\mathbf{C}}(\lambda) = \varphi_{\mathbf{AB}}(\lambda).(-\lambda)^n$ y $\varphi_{\mathbf{D}}(\lambda) = (-\lambda)^n.\varphi_{\mathbf{BA}}(\lambda)$ luego definitivamente $\varphi_{\mathbf{AB}}(\lambda) = \varphi_{\mathbf{BA}}(\lambda)$.

5.13 Demuéstrese que el polinomio

$$(-1)^n(a_0 + a_1\lambda + a_2\lambda^2 + \dots + a_{n-1}\lambda^{n-1} + \lambda^n)$$

es el polinomio característico de la matriz

$$\mathbf{A} = \begin{bmatrix} 0 & 1 & 0 & \dots & 0 \\ 0 & 0 & 1 & \dots & 0 \\ \dots & \dots & \dots & \dots & \dots \\ 0 & 0 & 0 & \dots & 1 \\ -a_0 & -a_1 & -a_2 & \dots & -a_{n-1} \end{bmatrix}$$

y que si λ_0 es un valor propio de **A**, entonces

$$\mathbf{x_0} = \begin{bmatrix} 1 & \lambda_0 & \lambda_0^2 & \dots & \lambda_0^{n-1} \end{bmatrix}^{\mathbf{T}}$$

es un vector propio de **A** de valor propio asociado λ_0.

La primera parte del ejercicio es un simple problema de desarrollo de un determinante, utilizando, por ejemplo, el *método de recurrencia*. La segunda parte se prueba directamente, comprobando que $\mathbf{Ax_0} = \lambda_0\mathbf{x_0}$.

5.14 Demuéstrese que cada valor propio λ_0 de una matriz cuadrada **A** de orden n en el campo complejo satisface al menos una de las n desigualdades siguientes:

$$\left|\lambda_0 - a_{ii}\right| \leq \sum_{j=1,\, j\neq i}^{n} \left|a_{ij}\right|,\ i = 1,2,\ldots,n \qquad (1)$$

Nota: El lugar geométrico del plano complejo de Gauss formado por números complejos c que cumplen

$$\left|c - a_{ii}\right| \leq \sum_{j=1,\, j\neq i}^{n} \left|a_{ij}\right| = r_i$$

para un valor de i dado, es un círculo de radio r_i centrado en a_{ii} (el llamado *círculo de Gershgorin*) (Ver Figura 5.3). El enunciado del problema afirma que todo valor propio de **A** pertenece al menos a uno de los círculos de Gershgorin definidos por las desigualdades (1).

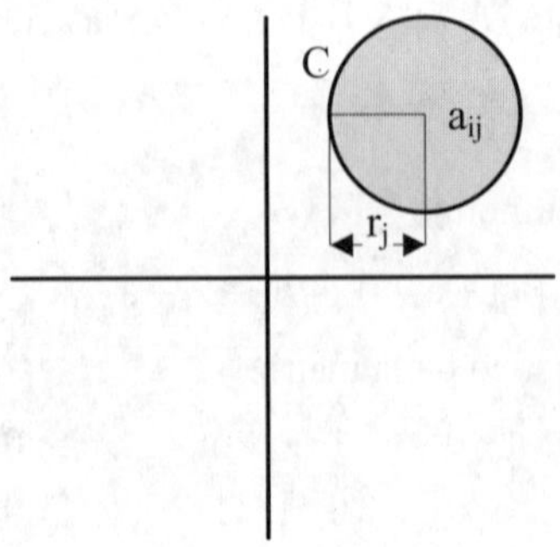

Figura 5.3

Sea $\mathbf{x}=[\alpha_1\ \alpha_2\ \ldots\alpha_n]^T$ un vector propio asociado a λ_0 y sea un α_i tal que

$$\left|\alpha_i\right| = \max_j \left|\alpha_j\right| > 0\,.$$

Puesto que $(\mathbf{A}-\lambda_0\mathbf{I})\mathbf{x} = \mathbf{0}$, identificando los elementos que ocupan el lugar i–ésimo de ambos miembros de la identidad, se tiene

$$(a_{ii}-\lambda_0)\alpha_i+\sum_{j\neq i}a_{ij}\alpha_j=0\rightarrow$$

$$|\lambda_0-a_{ii}|.|\alpha_i|=\left|\sum_{j\neq i}a_{ij}\alpha_j\right|\leq$$

$$\sum_{j\neq i}|a_{ij}|.|\alpha_j|\leq|\alpha_i|.\sum_{j\neq i}|a_{ij}|\rightarrow$$

$$|\lambda_0-a_{ii}|\leq\sum_{j\neq i}|a_{ij}|=r_i$$

tal como se quería probar, el valor propio λ_0 pertenece al menos a un círculo de Gershgorin.

5.15 ¿Se pueden utilizar los círculos de Gershgorin de $\mathbf{A}^T$ para acotar los valores propios de $\mathbf{A}$? Utilícense ambas clases de círculos, de $\mathbf{A}$ y de $\mathbf{A}^T$, para acotar en el plano complejo los valores propios de la matriz

$$\mathbf{A}=\begin{bmatrix}2&-3&2\\1&0&1\\-3&1&1\end{bmatrix}.$$

◸◸◸◸◸◸

Efectivamente. Los círculos de Gershgorin de $\mathbf{A}^T$ están definidos por

$$|c-a_{jj}|\leq\sum_{i=1,i\neq j}^{n}|a_{ij}|=r_j$$

y acotan los valores propios de $\mathbf{A}^T$, que son los mismos valores propios de $\mathbf{A}$.

En el ejemplo numérico del ejercicio se tienen tres círculos de Gershgorin para la matriz $\mathbf{A}$:

$$\begin{aligned}C_1&\equiv|c-2|\leq|-3|+|2|=5\\C_2&\equiv|c-0|\leq|1|+|1|=2\\C_3&\equiv|c-1|\leq|-3|+|1|=4\end{aligned}$$

y tres círculos de Gershgorin para la matriz $\mathbf{A}^T$:

$$\begin{aligned}C_1'&\equiv|c-2|\leq|1|+|-3|=4\\C_2'&\equiv|c-0|\leq|-3|+|1|=4\,.\\C_3'&\equiv|c-1|\leq|2|+|1|=3\end{aligned}$$

Los seis círculos se representan en el plano complejo de Gauss (Ver Figura 5.4). Los valores propios de **A** deben estar en la unión C de los círculos C_1, C_2, C_3 y en la unión C′ de los círculos C'_1, C'_2, C'_3. De hecho los valores propios de **A** valen, aproximadamente

$$1.548,\ 0.726+2.688\ i,\ 0.726-2.688\ i$$

y se hallan en la intersección de C y C′.

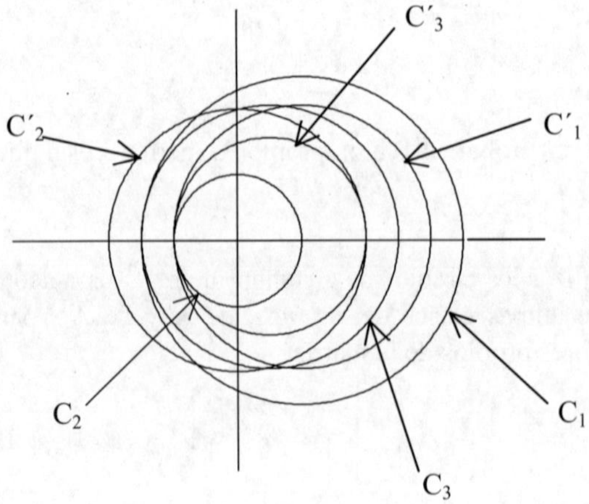

Figura 5.4

5.16 Redúzcase a la forma triangular superior por semejanza la matriz

$$\mathbf{A} = \begin{bmatrix} 2 & -1 & -1 \\ 2 & -1 & -2 \\ -1 & 1 & 2 \end{bmatrix}.$$

Se va a proceder tal como se ha explicado en el apartado teórico correspondiente. La matriz **A** posee un valor propio $\lambda_1 = 1$ (triple) y el subespacio propio asociado es de dimensión $s_1 = 2$, luego no hay posibilidad de diagonalización.

Tomando un vector propio de **A**

$$\mathbf{x_1} = \begin{bmatrix} 2 \\ 1 \\ 1 \end{bmatrix}$$

se amplía con dos columnas $\mathbf{x_2}$ y $\mathbf{x_3}$

$$\mathbf{x}_2 = \begin{bmatrix} 0 \\ 1 \\ 1 \end{bmatrix}, \mathbf{x}_3 = \begin{bmatrix} 0 \\ 0 \\ 1 \end{bmatrix}$$

hasta formar una base $\mathbf{x}_1$, $\mathbf{x}_2$, $\mathbf{x}_3$ del espacio de matrices columna de tres elementos reales. A continuación, se construye la matriz regular

$$\mathbf{Q} = [\mathbf{x}_1 \quad \mathbf{x}_2 \quad \mathbf{x}_3] = \begin{bmatrix} 2 & 0 & 0 \\ 1 & 1 & 0 \\ 1 & 1 & 1 \end{bmatrix}$$

Se forma a continuación la matriz

$$\mathbf{B} = \mathbf{Q}^{-1}\mathbf{A}\mathbf{Q} = \begin{bmatrix} 1 & -1 & -1/2 \\ 0 & -2 & -3/2 \\ 0 & 6 & 4 \end{bmatrix}.$$

La submatriz

$$\mathbf{A}_1 = \begin{bmatrix} -2 & -3/2 \\ 6 & 4 \end{bmatrix}$$

tiene un valor propio unidad (doble). Tomando un vector propio de $\mathbf{A}_1$

$$\mathbf{y}_1 = \begin{bmatrix} 1 \\ -2 \end{bmatrix}$$

se amplía con la columna

$$\mathbf{y}_2 = \begin{bmatrix} 0 \\ 1 \end{bmatrix}$$

hasta formar una base $\mathbf{y}_1$, $\mathbf{y}_2$ del espacio de matrices columna de dos elementos reales y, a continuación, se construye la matriz regular

$$\mathbf{S}_1 = [\mathbf{y}_1 \quad \mathbf{y}_2] = \begin{bmatrix} 1 & 0 \\ -2 & 1 \end{bmatrix}$$

de modo que

$$\mathbf{U}_1 = \mathbf{S}_1^{-1}\mathbf{A}_1\mathbf{S}_1 = \begin{bmatrix} 1 & -3/2 \\ 0 & 1 \end{bmatrix}$$

es ya triangular superior.

En definitiva, la matriz

$$\mathbf{P} = \begin{bmatrix} \mathbf{1} & \mathbf{0}^{\mathbf{T}} \\ \mathbf{0} & \mathbf{S}_1 \end{bmatrix} = \begin{bmatrix} 1 & 0 & 0 \\ 0 & 1 & 0 \\ 0 & -2 & 1 \end{bmatrix}$$

transforma la matriz **B** en la matriz triangular superior

$$\mathbf{U} = \mathbf{P}^{-1}\mathbf{BP} = \begin{bmatrix} 1 & 0 & -1/2 \\ 0 & 1 & -3/2 \\ 0 & 0 & 1 \end{bmatrix}.$$

Por consiguiente, la matriz inicial **A** es semejante con la matriz triangular **U** mediante la matriz regular

$$\mathbf{S} = \mathbf{QP} = \begin{bmatrix} 2 & 0 & 0 \\ 1 & 1 & 0 \\ 1 & -1 & 1 \end{bmatrix}$$

5.17 Sea **A** una matriz real cuadrada de orden dos, considerada como matriz compleja, con sus valores propios imaginarios conjugados

$$\left.\begin{aligned} \lambda_1 &= a + ib \\ \lambda_2 &= a - ib \end{aligned}\right\}, b \neq 0 .$$

Pruébese que **A** es semejante en el cuerpo de los números complejos con la matriz real

$$\mathbf{B} = \begin{bmatrix} a & b \\ -b & a \end{bmatrix}.$$

La matriz **B** posee los mismos valores propios que la matriz **A** en el cuerpo de los números complejos. Como los dos valores propios son distintos, ambas matrices se diagonalizan por semejanza a la misma matriz diagonal **D**, luego son semejantes entre sí.

5.18 Estúdiese la diagonalización de la transformación lineal f de E_3, espacio vectorial de vectores fijos con origen común un punto O del espacio afín ordinario, definida mediante

$$\begin{aligned} f(i) &= j + k \\ f(j) &= -i + j - k \\ f(k) &= i + j \end{aligned}$$

La matriz que representa a f en la base i, j, k es

$$\mathbf{A} = \begin{bmatrix} 0 & -1 & 1 \\ 1 & 1 & 1 \\ 1 & -1 & 0 \end{bmatrix},$$

con un valor propio real $\lambda_1 = -1$ y dos raíces propias imaginarias, conjugadas la una de la otra. No existe, por consiguiente, una matriz diagonal **D** semejante en **R** con **A**, por lo que la transformación lineal f no es diagonalizable en **R**.

5.19 Demuéstrese que si f es una transformación lineal involutiva de E, esto es, fof = i_E, entonces los valores propios de f valen +1 ó −1.

⍓⍓⍓⍓⍓⍓

Si **A** representa a f en una cierta base de E, se debe cumplir $\mathbf{A}^2 = \mathbf{I}$. Si λ es un valor propio de **A** (y por tanto de f) se tiene, para al menos una columna **x** no nula,

$$\mathbf{Ax} = \lambda\mathbf{x}$$

de ahí que, siendo **x** no nulo,

$$\mathbf{A}^2\mathbf{x} = \lambda(\mathbf{Ax}) \rightarrow$$

$$\mathbf{Ix} = \lambda^2\mathbf{x} \rightarrow \mathbf{x} = \lambda^2\mathbf{x} \rightarrow$$

$$(1-\lambda^2)\mathbf{x} = 0,\ \mathbf{x} \neq \mathbf{0} \rightarrow$$

$$(1-\lambda^2) = 0 \rightarrow \lambda = 1 \text{ ó } \lambda = -1$$

5.20 Hállese el polinomio mínimo de una matriz **A** idempotente que sea distinta de la matriz nula y de la identidad.

⍓⍓⍓⍓⍓⍓

Si **A** es idempotente se cumple $\mathbf{A}^2 = \mathbf{A}$. El polinomio mínimo de **A** debe ser divisor de cualquier polinomio anulador de **A**, como, por ejemplo, $\lambda^2-\lambda$, que lo es por ser $\mathbf{A}^2-\mathbf{A} = \mathbf{O}$. Luego el polinomio mínimo puede ser uno de los tres posibles: $\lambda-1$, λ o $\lambda^2-\lambda$. Si fuera $\lambda-1$ debería ser $\mathbf{A} = \mathbf{I}$, contrariamente a la hipótesis del enunciado; análogamente, si fuera λ debería ser $\mathbf{A} = \mathbf{O}$, también contra la hipótesis del enunciado; luego por exclusión de las dos primeras posibilidades el polinomio mínimo de **A** debe ser $\mu_{\mathbf{A}}(\lambda) = \lambda^2-\lambda$.

5.21 ¿Cómo es el polinomio característico de una matriz **A** involutiva de orden n?

⍓⍓⍓⍓⍓⍓

En el Ejercicio 5.19 anterior se ha visto que si **A** es involutiva, sus valores propios deben ser 1 o −1. Luego el polinomio característico de **A** debe ser de la forma

$$\varphi_{\mathbf{A}}(\lambda) = (-1)^n (\lambda - 1)^p (\lambda + 1)^q$$

con p y q no negativos, tales que p+q = n.

5.22 Pruébese que toda matriz **A** involutiva de orden p es diagonalizable por semejanza.

⧅⧅⧅⧅⧅⧅

Por ser **A** involutiva se sabe que sus valores propios son 1 o –1. Existe al menos uno de los subespacios propios **N(A–I)** o **N(A+I)**. Recordando el resultado del Ejercicio 4.33 del Capítulo 4, aplicable a matrices involutivas, se tiene

$$r(\mathbf{A}-\mathbf{I})+r(\mathbf{A}+\mathbf{I}) = p$$

de donde

$$(p-n(\mathbf{A}-\mathbf{I}))+(p-n(\mathbf{A}+\mathbf{I})) = p$$

de ahí que

$$n(\mathbf{A}-\mathbf{I})+n(\mathbf{A}+\mathbf{I}) = p.$$

Esto es, la suma de las dimensiones de los subespacios propios es la dimensión del espacio de matrices columna, luego siempre es posible obtener una base de vectores propios para el citado espacio, y por consiguiente **A** es diagonalizable.

5.23 Sabiendo que el polinomio característico de la matriz

$$\mathbf{A} = \begin{bmatrix} 0 & 1 & 0 & \dots & 0 \\ 0 & 0 & 1 & \dots & 0 \\ \dots & \dots & \dots & \dots & \dots \\ 0 & 0 & 0 & \dots & 1 \\ -c_0 & -c_1 & -c_2 & \dots & -c_{n-1} \end{bmatrix}$$

es

$$\mu_{\mathbf{A}}(\lambda) = (-1)^n (\lambda^n + c_{n-1}\lambda^{n-1} + \dots + c_1\lambda + c_0)$$

hállese una matriz cuadrada de orden 3, de la misma forma que **A**, que tenga como valores propios 1, 2 y 3.

⧅⧅⧅⧅⧅⧅

El polinomio característico de **A** debe ser en este caso particular

$\mu_{A}(\lambda) = (-1)^3(\lambda - 1)(\lambda - 2)(\lambda - 3) = (-1)^3(\lambda^3 - 6\lambda^2 + 11\lambda - 6)$, por lo que

$$\mathbf{A} = \begin{bmatrix} 0 & 1 & 0 \\ 0 & 0 & 1 \\ 6 & -11 & 6 \end{bmatrix}.$$

5.12 Ejercicios propuestos

5.24 Demuéstrese que a+b+c, r y s son los valores propios de la matriz

$$\mathbf{A} = \begin{bmatrix} a & b & c \\ a-r & b+r & c \\ a-s & b & c+s \end{bmatrix}$$

y hállense los vectores propios correspondientes, para el caso particular en que los valores propios son reales y distintos entre sí dos a dos.

5.25 Hállense los valores y vectores propios de la matriz real de orden n

$$\mathbf{A} = \begin{bmatrix} 1 & 1 & \dots & 1 \\ 1 & 1 & \dots & 1 \\ \dots & \dots & \dots & \dots \\ 1 & 1 & \dots & 1 \end{bmatrix}.$$

5.26 Sea **A** una matriz cuadrada de orden n tal que la suma de los elementos de cada fila es constante y vale k. Demuéstrese que k es un valor propio de la matriz **A** y que $\mathbf{x_0} = [1\ 1\ \dots\ 1]^T$ es un vector propio asociado.

5.27 Demuéstrese que los valores propios de una matriz nilpotente valen cero, y recíprocamente. Se recuerda que **A** es nilpotente si $\mathbf{A}^p = \mathbf{O}$, para un cierto p entero no negativo.

5.28 Demuéstrese que una matriz cuadrada es diagonalizable si y sólo si la suma de las dimensiones de los subespacios propios coincide con el orden de la matriz.

5.29 Hállese una matriz cuadrada no diagonalizable de orden dos cuyo cuadrado sea diagonalizable.

5.30 Demuéstrese que la matriz cuadrada no nula $\mathbf{A} = \mathbf{u}\mathbf{v}^T$ se puede diagonalizar si y sólo si el escalar $\mathbf{u}^T\mathbf{v}$ es distinto de cero.

5.31 Estúdiese en **R** la diagonalización por semejanza de la matriz

$$\mathbf{A} = \begin{bmatrix} b-c & -b & c \\ a & c-a & -c \\ -a & b & a-b \end{bmatrix}$$

en función de los parámetros a, b y c, teniendo en cuenta que deben cumplirse las dos identidades

$$ab + bc + ca = 0$$

$$a^2 + b^2 + c^2 = 1$$

5.32 De una matriz cuadrada real **A** de orden tres se sabe: Que el valor de su determinante es 30, que uno de sus valores propios vale 2, y que la suma de los otros valores propios vale 8. Hállese el polinomio característico de **A**, los valores propios desconocidos, y la matriz inversa de **A** sabiendo además que las tres columnas

$$\begin{bmatrix}1\\0\\1\end{bmatrix}, \begin{bmatrix}0\\1\\0\end{bmatrix}, \begin{bmatrix}0\\0\\1\end{bmatrix}$$

forman una base de vectores propios de **A**, asociados a los valores propios de **A** ordenados de menor a mayor valor.

5.33 Estúdiese en **R** la diagonalización por semejanza de la matriz

$$\mathbf{A} = \begin{bmatrix}0 & a & 0 & 0\\ b & 0 & 0 & 0\\ 0 & 0 & 0 & b\\ 0 & 0 & a & 0\end{bmatrix}$$

en función de los parámetros reales *a* y *b*, con $ab > 0$.

5.34 Pruébese que si λ_0 es un valor propio no nulo de **AB**, entonces λ_0 es un valor propio de **BA**.

5.35 Dada la matriz **A** real

$$\mathbf{A} = \begin{bmatrix}a & b\\ c & d\end{bmatrix}$$

hállense p y q, en función de los elementos de A, de modo que

$$\mathbf{A}^2 = p\mathbf{I} + q\mathbf{A}.$$

5.36 ¿Para qué valor de α es diagonalizable por semejanza, en **R**, la matriz

$$\mathbf{A}=\begin{bmatrix} -1/2 & \alpha\sqrt{2}/2 & 3/2 \\ -\sqrt{2}/2 & 1 & \sqrt{2}/2 \\ 1/2 & \alpha\sqrt{2}/2 & 1/2 \end{bmatrix}?$$

5.37 Obténgase $\mathbf{A}^{100}$, siendo

$$\mathbf{A}=\begin{bmatrix} 1 & -1 \\ -1 & 1 \end{bmatrix}$$

5.38 Hállese la forma general de una matriz real y simétrica de orden 2, cuyos valores propios son a y b.

5.39 Analícese la ecuación característica de la matriz de permutación de orden n

$$\mathbf{C}=[\mathbf{e_n} \quad \mathbf{e_1} \quad \mathbf{e_2} \quad \dots \quad \mathbf{e_{n-1}}]$$

y demuéstrese la identidad

$$\begin{bmatrix} a_0 & a_1 & a_2 & \dots & a_{n-1} \\ a_{n-1} & a_0 & a_1 & \dots & a_{n-2} \\ a_{n-2} & a_{n-1} & a_0 & \dots & a_{n-3} \\ \dots & \dots & \dots & \dots & \dots \\ a_1 & a_2 & a_3 & \dots & a_0 \end{bmatrix} = a_o\mathbf{I}+a_1\mathbf{C}+a_2\mathbf{C}^2+\dots+a_{n-1}\mathbf{C}^{\mathbf{n-1}}.$$

5.40 Pruébese que los valores propios de las matrices cuadradas **A** y $\mathbf{A}^T$ son idénticos.

5.41 Pruébese que si **A** es una matriz real y antisimétrica entonces las matrices **A+I** y **A–I** son regulares.

5.42 Pruébese, empleando el teorema de Cayley–Hamilton, que toda matriz cuadrada **A** de orden n, con un único valor propio cero de multiplicidad n, es nilpotente.

5.43 Pruébese que si **A** es una matriz regular de orden n, entonces todo subespacio F del espacio de matrices columna con n elementos que sea **A**–invariante es también $\mathbf{A}^{-1}$–invariante.

5.44 Siendo **A** cuadrada de orden n, se considera el siguiente algoritmo:

$$\mathbf{A_1} \leftarrow \mathbf{A},\, a_1 \leftarrow \frac{1}{1}\mathrm{Traza}(\mathbf{A_1}),\, \mathbf{B_1} \leftarrow \mathbf{A_1} - a_1\mathbf{I};$$

$$\mathbf{A_2} \leftarrow \mathbf{B_1}\mathbf{A},\, a_2 \leftarrow \frac{1}{2}\mathrm{Traza}(\mathbf{A_2}),\, \mathbf{B_2} \leftarrow \mathbf{A_2} - a_2\mathbf{I};$$

$$\mathbf{A_3} \leftarrow \mathbf{B_2}\mathbf{A},\, a_3 \leftarrow \frac{1}{3}\mathrm{Traza}(\mathbf{A_3}),\, \mathbf{B_3} \leftarrow \mathbf{A_3} - a_3\mathbf{I};$$

$$\ldots$$

$$\mathbf{A_n} \leftarrow \mathbf{B_{n-1}}\mathbf{A},\, a_n \leftarrow \frac{1}{n}\mathrm{Traza}(\mathbf{A_n}),\, \mathbf{B_n} \leftarrow \mathbf{A_n} - a_n\mathbf{I};$$

que permite obtener

$$\varphi_{\mathbf{A}}(\lambda) = (-1)^n(\lambda^n - a_1\lambda^{n-1} - a_2\lambda^{n-2} - \ldots - a_n)\,.$$

Utilícese para el caso particular

$$\mathbf{A} = \begin{bmatrix} 1 & 4 & 7 \\ 2 & 5 & 8 \\ 3 & 6 & 9 \end{bmatrix}.$$

6

La Forma Canónica de Jordan

En este Capítulo se resuelve el problema de reducir por semejanza a la forma canónica de Jordan ***J****, mediante una matriz regular* ***S****, una matriz cuadrada* ***A*** *de orden n, con n valores propios (repetidos o no). La matriz* ***J*** *es una matriz diagonal por bloques, cuyos bloques diagonales son matrices elementales de Jordan, de modo que* $\boldsymbol{S}^{-1}\boldsymbol{A}\boldsymbol{S}=\boldsymbol{J}$*. Las columnas de* ***S*** *forman la llamada base de Jordan, la cual resulta estar formada por cadenas de vectores propios generalizados de* ***A****, escritos los vectores de las cadenas en orden inverso.*

Para justificar las afirmaciones precedentes se introducen, además de los conceptos ya citados, de vector propio generalizado y de cadena, otros tales como polinomio mínimo de un vector, factores invariantes y divisores elementales. El tratamiento teórico seguido en este Capítulo aporta simultáneamente un método de obtención de las base de Jordan y de la propia forma canónica ***J****.*

Se cierra el Capítulo con una aplicación de la reducida de Jordan a la resolución de sistemas diferenciales homogéneos y se definen las funciones matriciales, en particular $e^{\boldsymbol{A}t}$*.*

6.1 Introducción

Se ha analizado en el Capítulo anterior la diagonalización de una matriz cuadrada **A** mediante una transformación de semejanza, y se ha visto que ello no siempre es posible: En el cuerpo de los números reales puede suceder que el número de valores propios sea menor que el orden de la matriz, en cuyo caso la diagonalización es imposible; en ambos cuerpos –real o complejo– la diagonalización tampoco es posible si la matriz es defectiva, esto es, si en algún subespacio propio la dimensión no coincide con la multiplicidad del valor propio correspondiente, en cuyo caso no existe una base de vectores propios para el espacio de matrices columna.

Se va a probar a lo largo de este Capítulo que si una matriz **A** de orden n posee n valores propios (repetidos o no) se puede reducir por semejanza a la *forma canónica de Jordan* **J**, la cual es una matriz diagonal por bloques, cuyos bloques diagonales son *matrices elementales de Jordan*, de la forma

$$\begin{aligned}\mathbf{J} = \text{diag}(&\mathbf{J}_{1,1}(\lambda_1), \mathbf{J}_{2,1}(\lambda_1), ..., \mathbf{J}_{s_1,1}(\lambda_1),\\ &\mathbf{J}_{1,2}(\lambda_2), \mathbf{J}_{2,2}(\lambda_2), ..., \mathbf{J}_{s_2,2}(\lambda_2),\\ &...\\ &\mathbf{J}_{1,k}(\lambda_k), \mathbf{J}_{2,k}(\lambda_k), ..., \mathbf{J}_{s_k,k}(\lambda_k))\end{aligned} \qquad [1.1]$$

donde λ_1, λ_2, ..., λ_k son los valores propios de **A** distintos entre sí, dos a dos, de multiplicidades respectivas m_1, m_2, ..., m_k, con

$$m_1+m_2+...+m_k = n$$

y

$$s_i = \dim(E_{\lambda_i}) = \dim \mathbf{N}(\mathbf{A} - \lambda_i \mathbf{I_n}) \leq m_i, \text{ con } i = 1,2,..., k \qquad [1.2]$$

Nótese en [1.1] que el número de bloques asociado a un mismo valor propio de **A** es la dimensión del subespacio propio asociado a ese valor propio.

Ejemplo 6.1

La matriz

$$\mathbf{J} = \text{diag}(\mathbf{J}_{1,1}(3), \mathbf{J}_{2,1}(3), \mathbf{J}_{1,2}(5)) = \left[\begin{array}{ccc|cc|c} 3 & 1 & 0 & 0 & 0 & 0\\ 0 & 3 & 1 & 0 & 0 & 0\\ 0 & 0 & 3 & 0 & 0 & 0\\ \hline 0 & 0 & 0 & 3 & 1 & 0\\ 0 & 0 & 0 & 0 & 3 & 0\\ \hline 0 & 0 & 0 & 0 & 0 & 5\end{array}\right]$$

podría ser la forma canónica de Jordan de una matriz **A**, cuadrada de orden seis, con valores propios distintos $\lambda_1 = 3$, $\lambda_2 = 5$, de multiplicidades respectivas $m_1 = 5$ y $m_2 = 1$, con dimensiones de los subespacios propios asociados $s_1 = 2$ y $s_2 = 1$. En este caso los bloques elementales de Jordan serían

$$\mathbf{J}_{1,1}(3) = \begin{bmatrix} 3 & 1 & 0 \\ 0 & 3 & 1 \\ 0 & 0 & 3 \end{bmatrix}, \mathbf{J}_{2,1}(3) = \begin{bmatrix} 3 & 1 \\ 0 & 3 \end{bmatrix}, \mathbf{J}_{1,2}(5) = [5]$$

La reducción por semejanza de la matriz **A** a la forma canónica de Jordan **J** significa que existe una matriz regular

$$\mathbf{S} = [\mathbf{x}_1 \quad \mathbf{x}_2 \quad \dots \quad \mathbf{x}_n] \qquad [1.3]$$

tal que

$$\mathbf{S}^{-1}\mathbf{AS} = \mathbf{J} \qquad [1.4]$$

Las columnas de **S** forman una base del espacio de matrices columna y, en general, no son vectores propios de la matriz **A**. A las columnas de **S** se les suele llamar *vectores propios generalizados* y se organizan en *cadenas*, una por cada bloque elemental de Jordan que aparece en la matriz de Jordan **J**. ✶

Ejemplo 6.2

Considérese la matriz **A** del ejemplo anterior. En este caso

$$\mathbf{S} = [\mathbf{x}_1 \quad \mathbf{x}_2 \quad \mathbf{x}_3 \quad \mathbf{x}_4 \quad \mathbf{x}_5 \quad \mathbf{x}_6].$$

De **AS** = **SJ** se sigue

$$\begin{aligned} \mathbf{Ax}_1 &= 3\mathbf{x}_1 \\ \mathbf{Ax}_2 &= \mathbf{x}_1 + 3\mathbf{x}_2 \\ \mathbf{Ax}_3 &= \mathbf{x}_2 + 3\mathbf{x}_3 \\ \mathbf{Ax}_4 &= 3\mathbf{x}_4 \\ \mathbf{Ax}_5 &= \mathbf{x}_4 + 3\mathbf{x}_5 \\ \mathbf{Ax}_6 &= 5\mathbf{x}_6 \end{aligned}$$

Nótese que $\mathbf{x}_1$, $\mathbf{x}_4$, y $\mathbf{x}_6$ son vectores propios de **A** pero no así $\mathbf{x}_2$, $\mathbf{x}_3$ y $\mathbf{x}_5$. Las columnas de **S** se organizan en tres cadenas, una para cada bloque elemental de Jordan:

Cadena 1:	$\mathbf{x}_3, \mathbf{x}_2, \mathbf{x}_1$
Cadena 2:	$\mathbf{x}_5, \mathbf{x}_4$
Cadena 3:	$\mathbf{x}_6$

Las relaciones que se cumplen para vectores de una misma cadena son las siguientes: Para los vectores de la *primera* cadena

$$\begin{aligned} (\mathbf{A} - 3\mathbf{I}_6)\mathbf{x}_3 &= \mathbf{x}_2 \\ (\mathbf{A} - 3\mathbf{I}_6)\mathbf{x}_2 &= \mathbf{x}_1 \\ (\mathbf{A} - 3\mathbf{I}_6)\mathbf{x}_1 &= \mathbf{0} \end{aligned}$$

para los vectores de la *segunda* cadena

$$(\mathbf{A} - 3\mathbf{I_6})\mathbf{x_5} = \mathbf{x_4}$$
$$(\mathbf{A} - 3\mathbf{I_6})\mathbf{x_4} = \mathbf{0}$$

y para el vector de la *tercera* cadena

$$(\mathbf{A} - 5\mathbf{I_6})\mathbf{x_6} = \mathbf{0}$$

De las anteriores expresiones se deduce inmediatamente que $\mathbf{x_3}$ es una solución no nula del sistema homogéneo

$$(\mathbf{A} - 3\mathbf{I_6})^3\mathbf{x} = \mathbf{0}$$

y $\mathbf{x_2}$, $\mathbf{x_5}$ son soluciones linealmente independientes del sistema homogéneo

$$(\mathbf{A} - 3\mathbf{I_6})^2\mathbf{x} = \mathbf{0}$$

Nótese que cada cadena genera un subespacio vectorial **A**–invariante. ✶

Conocida la matriz **A,** la obtención de las cadenas que forman la matriz regular **S** y que permiten reducir **A** a **J** por semejanza, no es tarea sencilla. Y a este fin se dedican los resultados de los siguientes apartados.

Está claro que si **A** es una matriz diagonalizable, entonces **J** es una matriz diagonal, y todos los bloques elementales de Jordan son de orden la unidad.

6.2 Vectores propios generalizados

Sea **A** una matriz cuadrada de orden n. Por definición, se dice que la columna no nula $\mathbf{x_0}$ es un *vector propio generalizado* de **A** de *índice* k si existe un numero natural k, mayor o igual que la unidad, tal que

$$(\mathbf{A} - \lambda_0\mathbf{I_n})^k\mathbf{x_0} = \mathbf{0}$$
$$(\mathbf{A} - \lambda_0\mathbf{I_n})^{k-1}\mathbf{x_0} \neq \mathbf{0} \qquad [2.1]$$

siendo λ_0 un valor propio de **A.**

De la definición se desprende que si k es la unidad, entonces $\mathbf{x_0}$ es un vector propio de **A** de valor propio asociado λ_0.

Ejemplo 6.3

Siguiendo el Ejemplo 6.2 del apartado anterior, $\mathbf{x_3}$ es un vector propio generalizado de índice tres; los vectores $\mathbf{x_2}$, $\mathbf{x_5}$ son vectores propios generalizados de índice dos, y los vectores $\mathbf{x_1}$, $\mathbf{x_4}$ y $\mathbf{x_6}$ son vectores propios generalizados de índice uno. ✶

Sea ahora $\mathbf{x_0}$ un vector propio generalizado de **A,** de índice k>1, y valor propio asociado λ_0. En lo que sigue se utilizará la notación **B** para indicar la matriz

$$\mathbf{B} = \mathbf{A} - \lambda_0\mathbf{I_n}$$

Se llama *cadena* generada por el vector propio generalizado $\mathbf{x_0}$ la siguiente lista ordenada de vectores

$$\mathbf{x_0}, \mathbf{Bx_0}, \mathbf{B^2x_0}, ..., \mathbf{B^{k-1}x_0}$$

Si $\mathbf{x_0}$ es de índice uno, la cadena que genera $\mathbf{x_0}$ está formada solamente por el citado vector propio $\mathbf{x_0}$.

Proposición 6.1 "Los k vectores de una cadena, generada por un vector propio generalizado $\mathbf{x_0}$ de índice k, forman una colección linealmente independiente".

Sea

$$\mathbf{x_0}, \mathbf{Bx_0}, \mathbf{B^2x_0}, ..., \mathbf{B^{k-1}x_0}$$

una cadena de índice k generada por el vector propio generalizado $\mathbf{x_0}$. Planteada la ecuación

$$\alpha_0\mathbf{x_0} + \alpha_1(\mathbf{Bx_0}) + \alpha_2(\mathbf{B^2x_0}) + ... + \alpha_{k-1}(\mathbf{B^{k-1}x_0}) = \mathbf{0}$$

si se multiplica miembro a miembro por $\mathbf{B^{k-1}}$ se obtiene

$$\alpha_0(\mathbf{B^{k-1}x_0}) = \mathbf{0}$$

pero

$$\mathbf{B^{k-1}x_0} \neq \mathbf{0}$$

de donde necesariamente $\alpha_0 = 0$. Multiplicando sucesivamente por $\mathbf{B^{k-2}}$, $\mathbf{B^{k-3}}$, ..., $\mathbf{B}$, $\mathbf{I}$ se concluye análogamente que $\alpha_1 = 0$, $\alpha_2 = 0$, ..., $\alpha_{k-2} = 0$, $\alpha_{k-1} = 0$. Definitivamente la cadena inicial es linealmente independiente. ❑

Ejemplo 6.4

Volviendo al ejemplo anterior, el vector $\mathbf{x_3}$ es un vector propio generalizado de índice tres y genera la cadena linealmente independiente

$$\mathbf{x_3}, \mathbf{B_1x_3} = \mathbf{x_2}, \mathbf{B_1^2x_3} = \mathbf{x_1}$$

donde

$$\mathbf{B_1} = \mathbf{A} - 3\mathbf{I_6}$$

Análogamente, el vector $\mathbf{x_5}$ es un vector propio generalizado de índice dos y genera la cadena linealmente independiente

$$\mathbf{x_5}, \mathbf{B_1x_5} = \mathbf{x_4}$$

Finalmente, el vector $\mathbf{x_6}$ es un vector propio generalizado de índice uno y genera la cadena linealmente independiente

$$\mathbf{x_6}. \bigstar$$

Proposición 6.2 "Los k vectores de una cadena, generada por un vector propio generalizado $\mathbf{x_0}$ de índice k, definen un subespacio vectorial k–dimensional y **A**–invariante".

Se considera la cadena linealmente independiente formada por los k vectores

$$\mathbf{x}_k = \mathbf{x}_0,\ \mathbf{x}_{k-1} = \mathbf{B}\mathbf{x}_0,\ \mathbf{x}_{k-2} = \mathbf{B}^2\mathbf{x}_0, \ldots, \mathbf{x}_1 = \mathbf{B}^{k-1}\mathbf{x}_0\,,$$

la cual evidentemente genera un subespacio k–dimensional.

Se tiene

$$\begin{aligned}
\mathbf{B}\mathbf{x}_1 &= \mathbf{0}\\
\mathbf{B}\mathbf{x}_2 &= \mathbf{x}_1\\
\mathbf{B}\mathbf{x}_3 &= \mathbf{x}_2\\
&\ldots\\
\mathbf{B}\mathbf{x}_k &= \mathbf{x}_{k-1}
\end{aligned}$$

o lo que es lo mismo,

$$\begin{aligned}
\mathbf{A}\mathbf{x}_1 &= \lambda_0\mathbf{x}_1\\
\mathbf{A}\mathbf{x}_2 &= \mathbf{x}_1 + \lambda_0\mathbf{x}_2\\
\mathbf{A}\mathbf{x}_3 &= \mathbf{x}_2 + \lambda_0\mathbf{x}_3\\
&\ldots\\
\mathbf{A}\mathbf{x}_k &= \mathbf{x}_{k-1} + \lambda_0\mathbf{x}_k
\end{aligned}$$

Ampliando los vectores

$$\mathbf{x}_1, \mathbf{x}_2, \ldots, \mathbf{x}_k$$

hasta formar una base del espacio de matrices columna se obtiene la matriz regular

$$\mathbf{Q} = \begin{bmatrix}\mathbf{x}_1 & \mathbf{x}_2 & \ldots & \mathbf{x}_k & \mathbf{Q}'\end{bmatrix}$$

donde **Q´** está formada por las columnas que amplían. Está claro que **Q** transforma la matriz **A** por semejanza en la matriz

$$\mathbf{Q}^{-1}\mathbf{A}\mathbf{Q} = \begin{bmatrix}\mathbf{J}_0(\lambda_0) & * \\ \mathbf{O} & \mathbf{C}\end{bmatrix}$$

siendo

$$\mathbf{J}_0(\lambda_0) = \begin{bmatrix}\lambda_0 & 1 & 0 & \ldots & 0\\ 0 & \lambda_0 & 1 & \ldots & 0\\ 0 & 0 & \lambda_0 & \ldots & 0\\ \ldots & \ldots & \ldots & \ldots & \ldots\\ 0 & 0 & 0 & \ldots & \lambda_0\end{bmatrix}$$

una matriz elemental de Jordan de orden k, y **C** un bloque cuadrado de orden n–k. De lo que se deduce inmediatamente que el subespacio generado por las columnas $\mathbf{x}_1$, $\mathbf{x}_2$, ..., $\mathbf{x}_k$ (idéntico al generado por la cadena inicial) es **A**–invariante ❑

Proposición 6.3 "Si un subespacio vectorial F es **A**–invariante, entonces F también es f(**A**)–invariante, siendo f(λ) un polinomio cualquiera con coeficientes en **K**".

Sea el polinomio de grado q en la variable λ

$$f(\lambda) = \alpha_0 + \alpha_1\lambda + \alpha_2\lambda^2 + \ldots + \alpha_q\lambda^q .$$

De

$$\mathbf{u} \in F \to \mathbf{Au} \in F$$

se deduce

$$\mathbf{u} \in F \to f(\mathbf{A})\mathbf{u} = (\alpha_0\mathbf{I_n} + \alpha_1\mathbf{A} + \alpha_2\mathbf{A}^2 + \ldots + \alpha_q\mathbf{A}^q)\mathbf{u} =$$

$$\alpha_0\mathbf{u} + \alpha_1\mathbf{Au} + \alpha_2\mathbf{A}^2\mathbf{u} + \ldots + \alpha_q\mathbf{A}^q\mathbf{u} \in F$$

pues f(**A**)**u** resulta ser la suma de q+1 sumandos pertenecientes al subespacio F. ❑

Una consecuencia inmediata de la proposición anterior es la siguiente:

Proposición 6.4 "Si F es un subespacio vectorial **A**–invariante, entonces F es **B**–invariante, y recíprocamente, siendo $\mathbf{B} = \mathbf{A} - \lambda_0\mathbf{I_n}$ y λ_0 un valor propio de **A**".

<u>Directo</u>:

Si F es **A**–invariante, tomando el polinomio $f(\lambda) = \lambda - \lambda_0$ se tiene que F es f(**A**)–invariante, esto es, F es **B**–invariante.

<u>Recíproco</u>:

Si F es **B**–invariante, tomando el polinomio $g(\lambda) = \lambda + \lambda_0$ se tiene que F es g(**B**)–invariante, esto es, F es **A**–invariante. ❑

Proposición 6.5 "Son ciertas las siguientes afirmaciones, con $\mathbf{B} = \mathbf{A} - \lambda_0\mathbf{I_n}$ y λ_0 un valor propio de **A**:

a) El subespacio vectorial generado por una cadena es el subespacio vectorial **A**–invariante (**B**–invariante) menos amplio que cumple la condición de contener al vector generador de la cadena, y

b) El conjunto de *todos* los vectores propios generalizados asociados a un mismo valor propio, al que se le añade el vector nulo, forma un subespacio vectorial **A**–invariante (**B**–invariante)"

Por la proposición anterior, afirmar que un subespacio es **A**–invariante equivale a afirmar que es **B**–invariante. Se deja como ejercicio para el lector demostrar los dos apartados de esta proposición. ❑

Es evidente que si existiera en el espacio de matrices columna de n elementos en **K** una base formada por la unión de cadenas de vectores propios generalizados (tomados sus vectores en orden inverso), entonces esos vectores base formarían una matriz regular **S** y se tendría $\mathbf{S}^{-1}\mathbf{AS} = \mathbf{J}$, la forma canónica de Jordan. Precisamente este es el resultado fundamental al que hay que llegar.

Ejemplo 6.5

Continuando con el Ejemplo de la introducción, empalmando las tres cadenas

$$\mathbf{x}_3, \mathbf{x}_2, \mathbf{x}_1 \quad \mathbf{x}_5, \mathbf{x}_4 \quad \mathbf{x}_6$$

previa inversión del orden de los vectores de las mismas, se obtiene la base

$$\mathbf{x}_1, \mathbf{x}_2, \mathbf{x}_3, \mathbf{x}_4, \mathbf{x}_5, \mathbf{x}_6$$

que permite formar la matriz regular

$$\mathbf{S} = [\mathbf{x}_1 \quad \mathbf{x}_2 \quad \mathbf{x}_3 \quad \mathbf{x}_4 \quad \mathbf{x}_5 \quad \mathbf{x}_6]$$

tal que $\mathbf{S}^{-1}\mathbf{AS} = \mathbf{J}$. ✶

Se llama *longitud de cadena* al número de vectores que forman una cadena dada. Así, la cadena

$$\mathbf{x}_0, \mathbf{B}\mathbf{x}_0, \mathbf{B}^2\mathbf{x}_0, \ldots, \mathbf{B}^{k-1}\mathbf{x}_0, \qquad [2.2]$$

generada por un vector propio generalizado $\mathbf{x}_0$ de índice k, es una cadena de longitud k.

En la siguiente proposición se va a probar que la cadena de longitud mayor, asociada al valor propio λ_0, está formada por p vectores, siendo p el menor número natural para el que se cumple la igualdad de rangos

$$r(\mathbf{B}^p) = r(\mathbf{B}^{p+1}), \qquad [2.3]$$

donde

$$\mathbf{B} = \mathbf{A} - \lambda_0 \mathbf{I}_n$$

Hace falta para ello un lema previo:

Proposición 6.6 (Lema): "Si **E** denota el espacio n–dimensional de matrices columna, son ciertas las dos afirmaciones siguientes:

a) Las dos sucesiones

$$\{\mathbf{0}\} \subset \mathbf{N}(\mathbf{B}) \subset \mathbf{N}(\mathbf{B}^2) \subset \mathbf{N}(\mathbf{B}^3) \subset \ldots \subset \mathbf{E}$$

y

$$\mathbf{E} \supset \mathbf{R}(\mathbf{B}) \supset \mathbf{R}(\mathbf{B}^2) \supset \mathbf{R}(\mathbf{B}^3) \supset \ldots \supset \{\mathbf{0}\}$$

están formadas por un número igual y finito de subespacios vectoriales distintos **A**–invariantes, y

b) Si la relación de contenido $\mathbf{N}(\mathbf{B}^j) \subset \mathbf{N}(\mathbf{B}^{j+1})$ es estricta para un determinado valor j, entonces también lo es la relación de contenido correspondiente $\mathbf{R}(\mathbf{B}^j) \supset \mathbf{R}(\mathbf{B}^{j+1})$; y recíprocamente".

a) Los subespacios $\mathbf{N}(\mathbf{B}^j)$ y $\mathbf{R}(\mathbf{B}^j)$ son **B**–invariantes para cualquier valor de j ya que

$$\mathbf{x} \in \mathbf{N}(\mathbf{B}^j) \rightarrow \mathbf{B}^j\mathbf{x} = \mathbf{0} \rightarrow \mathbf{B}^{j+1}\mathbf{x} = \mathbf{0} \rightarrow \mathbf{B}^j(\mathbf{B}\mathbf{x}) = \mathbf{0} \rightarrow \mathbf{B}\mathbf{x} \in \mathbf{N}(\mathbf{B}^j)$$

e

$$\mathbf{y} \in \mathbf{R}(\mathbf{B}^j) \rightarrow \exists \mathbf{z}; \mathbf{B}^j\mathbf{z} = \mathbf{y} \rightarrow \mathbf{B}^{j+1}\mathbf{z} = \mathbf{B}\mathbf{y} \rightarrow \mathbf{B}^j(\mathbf{B}\mathbf{z}) = \mathbf{B}\mathbf{y} \rightarrow \mathbf{B}\mathbf{y} \in \mathbf{R}(\mathbf{B}^j)$$

y por el resultado de la Proposición 6.4 anterior también son **A**–invariantes.

De otra parte se tiene

$$\mathbf{N}(\mathbf{B}^j) \subset \mathbf{N}(\mathbf{B}^{j+1})$$

pues

$$\mathbf{B}^j\mathbf{x} = \mathbf{0} \rightarrow \mathbf{B}^{j+1}\mathbf{x} = \mathbf{0}$$

Análogamente

$$\mathbf{R}(\mathbf{B}^j) \supset \mathbf{R}(\mathbf{B}^{j+1})$$

ya que

$$\mathbf{y} = \mathbf{B}^{j+1}\mathbf{x} \rightarrow \mathbf{y} = \mathbf{B}^j(\mathbf{B}\mathbf{x})$$

Las dos sucesiones dadas en el enunciado no pueden estar formadas por un número infinito de subespacios distintos, ya que, en la primera, las dimensiones son crecientes y están comprendidas entre cero y la dimensión n de **E**, y, en la segunda, las dimensiones son decrecientes y están comprendidas entre la dimensión n de **E** y cero.

b) La demostración de este segundo apartado del lema es consecuencia inmediata del teorema de la dimensión, que aplicado a este caso se expresa mediante

$$\dim \mathbf{N}(\mathbf{B}^j) + \dim \mathbf{R}(\mathbf{B}^j) = \dim \mathbf{E} = n\,,$$

válido para cualquier valor de j.

Finalmente, es fácil probar que, cuando se alcanza la identidad

$$\mathbf{N}(\mathbf{B}^j) = \mathbf{N}(\mathbf{B}^{j+1})\,,$$

o lo que es equivalente

$$\mathbf{R}(\mathbf{B}^j) = \mathbf{R}(\mathbf{B}^{j+1})\,,$$

para un determinado valor de j, entonces se mantiene la identidad para potencias superiores al citado valor. ❑

Proposición 6.7 "La cadena de longitud mayor, asociada al valor propio λ_0 está formada por p vectores, siendo p el menor número natural para el que se cumple la igualdad de rangos

$$r(\mathbf{B}^p) = r(\mathbf{B}^{p+1}),$$

donde

$$\mathbf{B} = \mathbf{A} - \lambda_0 \mathbf{I}_n".$$

Sea p un número natural tal que

$$r(\mathbf{B}^p) = r(\mathbf{B}^{p+1})$$

y

$$r(\mathbf{B}^{p-1}) > r(\mathbf{B}^p)$$

por lo que

$$\mathbf{R}(\mathbf{B}^p) = \mathbf{R}(\mathbf{B}^{p+1})$$

$$\mathbf{R}(\mathbf{B}^{p-1}) \underset{\neq}{\supset} \mathbf{R}(\mathbf{B}^p)$$

Aplicando el resultado del lema anterior se tiene de modo equivalente

$$\mathbf{N}(\mathbf{B}^p) = \mathbf{N}(\mathbf{B}^{p+1})$$

$$\mathbf{N}(\mathbf{B}^{p-1}) \underset{\neq}{\subset} \mathbf{N}(\mathbf{B}^p)$$

Estas dos últimas expresiones permiten afirmar que p es el mayor número natural para el existe un vector $\mathbf{x_0}$ no nulo tal que se cumplen simultáneamente las expresiones

$$\mathbf{B}^p \mathbf{x}_0 = \mathbf{0},$$

$$\mathbf{B}^{p-1} \mathbf{x}_0 \neq \mathbf{0}$$

lo que significa que $\mathbf{x_0}$ es generador de una cadena de longitud p, y además que p es la longitud de cadena máxima posible asociada al valor propio λ_0. ❑

De lo anterior se deduce que $\mathbf{N}(\mathbf{B}^p)$ es el subespacio vectorial formado por todos los vectores propios generalizados, asociados al valor propio λ_0, cuyas cadenas son de longitud a lo sumo p y al menos una de las cadenas posee exactamente p vectores. Más adelante se probará que la dimensión de $\mathbf{N}(\mathbf{B}^p)$ es precisamente la multiplicidad m del valor propio citado.

6.3 Polinomio mínimo de un vector

Sea **x** un matriz columna no nula cualquiera de n elementos en **K**. Se llama *subespacio cíclico* generado por el vector **x** al subespacio generado por los vectores de la sucesión

$$\mathbf{x}, \mathbf{Ax}, \mathbf{A}^2\mathbf{x}, \mathbf{A}^3\mathbf{x}, \dots . \qquad [3.1]$$

Al ser el espacio de matrices columna de dimensión finita n debe existir un valor q, no superior a n, para el que se cumple que la lista

$$\mathbf{x}, \mathbf{Ax}, \mathbf{A}^2\mathbf{x}, \mathbf{A}^3\mathbf{x}, \dots, \mathbf{A}^{q-1}\mathbf{x} \qquad [3.2]$$

es linealmente independiente y además

$$\mathbf{A}^q\mathbf{x} = \alpha_0\mathbf{x} + \alpha_1\mathbf{A}\mathbf{x} + \alpha_2\mathbf{A}^2\mathbf{x} + ... + \alpha_{q-1}\mathbf{A}^{q-1}\mathbf{x} \qquad [3.3]$$

Nótese que en estas condiciones el subespacio cíclico es q–dimensional y **A**–invariante. Una base del mismo viene dada por la lista [3.2].

Se llama *polinomio anulador* de **x** a un polinomio f(λ) tal que

$$f(\mathbf{A})\mathbf{x} = \mathbf{0} \qquad [3.4]$$

Un tratamiento análogo al que se realizó para matrices cuadradas conduce a los tres siguientes resultados, todos ellos fáciles de probar:

1) El polinomio anulador de **x**, de menor grado, con coeficiente principal la unidad (*polinomio mínimo* de **x**) viene dado por el polinomio de grado q

$$\mu_{\mathbf{x}}(\lambda) = -\alpha_0 - \alpha_1\lambda - \alpha_2\lambda^2 - ... - \alpha_{q-1}\lambda^{q-1} + \lambda^q \qquad [3.5]$$

2) El polinomio mínimo $\mu_{\mathbf{x}}(\lambda)$ de **x** es único y divide a cualquier polinomio anulador de **x**.

3) En particular, el polinomio mínimo $\mu_{\mathbf{x}}(\lambda)$ de **x** divide al polinomio mínimo $\mu_{\mathbf{A}}(\lambda)$ de **A** y también al polinomio característico $\varphi_{\mathbf{A}}(\lambda)$ de **A**.

De entre los subespacios cíclicos interesan especialmente los generados por cadenas de vectores propios generalizados. Es fácil probar que si

$$\mathbf{x}_0, \mathbf{B}\mathbf{x}_0, \mathbf{B}^2\mathbf{x}_0, ..., \mathbf{B}^{k-1}\mathbf{x}_0 \qquad [3.6]$$

es la cadena generada por un vector propio generalizado $\mathbf{x}_0$ de índice k, entonces la citada cadena genera el subespacio cíclico generado por $\mathbf{x}_0$. Se tiene la siguiente proposición:

Proposición 6.8 "El polinomio mínimo de un vector propio generalizado $\mathbf{x}_0$ de índice k es

$$\mu_{\mathbf{x}_0}(\lambda) = (\lambda-\lambda_0)^k".$$

El polinomio

$$\mu_{\mathbf{x}_0}(\lambda) = (\lambda - \lambda_0)^k$$

es un polinomio, con coeficiente principal la unidad, anulador de $\mathbf{x}_0$, pues

$$\mu_{\mathbf{x}_0}(\mathbf{A})\mathbf{x}_0 = (\mathbf{A} - \lambda_0\mathbf{I}_n)^k\mathbf{x}_0 = \mathbf{B}^k\mathbf{x}_0 = \mathbf{0}$$

y además cualquier otro anulador de $\mathbf{x}_0$ de menor grado debería ser de la forma

$$(\lambda - \lambda_0)^j, \text{ con } j < k$$

Pero ello no es posible, pues

$$(\mathbf{A} - \lambda_0 \mathbf{I_n})^j \mathbf{x_0} = \mathbf{B}^j \mathbf{x_0} \neq \mathbf{0}, \text{ con } j < k \quad \square$$

Proposición 6.9 "Si

$$\mu_{\mathbf{A}}(\lambda) = (\lambda - \lambda_0)^p \, h(\lambda), \text{ con } h(\lambda_0) \neq 0$$

es el polinomio mínimo de **A**, con λ_0 un valor propio de **A**, entonces p es la longitud máxima de cadena asociada al citado valor propio".

En primer lugar, en las condiciones del enunciado, cualquier cadena debe poseer a lo sumo p vectores, ya que el polinomio mínimo del vector que la genera es de la forma

$$(\lambda - \lambda_0)^k$$

y debe dividir a $\mu_{\mathbf{A}}(\lambda)$ sin poder dividir a $h(\lambda)$.

De otra parte debe existir un vector **u** tal que

$$(\mathbf{A} - \lambda_0 \mathbf{I_n})^{p-1} h(\mathbf{A})\mathbf{u} \neq \mathbf{0},$$

ya que, de no ser así, $\mu(\lambda)$ no podría ser polinomio mínimo de **A**. Sea

$$\mathbf{x_0} = h(\mathbf{A})\mathbf{u}$$

Se comprueba inmediatamente que

$$(\mathbf{A} - \lambda_0 \mathbf{I_n})^{p-1} \mathbf{x_0} \neq \mathbf{0}$$

$$(\mathbf{A} - \lambda_0 \mathbf{I_n})^{p} \mathbf{x_0} = \mathbf{0}$$

esto es, $\mathbf{x_0}$ es un vector propio generalizado de índice p, el cual genera una cadena de longitud máxima p. $\square$

Finalmente se van a probar en este apartado dos proposiciones que se van a necesitar más adelante:

Proposición 6.10 "Las raíces del polinomio característico $\varphi(\lambda)$ y del polinomio mínimo $\mu(\lambda)$ de una matriz cuadrada **A** coinciden, aunque pueden diferir en multiplicidad".

Lo que se trata de probar es que si

$$\varphi(\lambda) = (-1)^n (\lambda - \lambda_1)^{m_1} (\lambda - \lambda_2)^{m_2} ... (\lambda - \lambda_k)^{m_k}$$

es el polinomio característico de **A,** con λ_1, λ_2, ..., λ_k los valores propios de **A**, distintos entre sí, dos a dos, de multiplicidades respectivas m_1, m_2, ..., m_k, entonces el polinomio mínimo de **A** es de la forma

$$\mu(\lambda) = (\lambda - \lambda_1)^{p_1}(\lambda - \lambda_2)^{p_2} ... (\lambda - \lambda_k)^{p_k}$$

con

$$1 \le p_i \le m_i, \text{ con } i = 1,2,...,k .$$

Las desigualdades

$$p_i \le m_i, \text{ con } i = 1,2,...,k$$

son evidentes, pues el polinomio mínimo de **A** divide a su polinomio característico.

Sea ahora λ_i un valor propio cualquiera de **A** y $\mathbf{x_i}$ un vector propio asociado. Se tiene, al dividir $\mu(\lambda)$ por $(\lambda - \lambda_i)$,

$$\mu(\lambda) = s(\lambda)(\lambda - \lambda_i) + \mu(\lambda_i)$$

De ahí que

$$\mu(\mathbf{A})\mathbf{x_i} = s(\mathbf{A})(\mathbf{A} - \lambda_i \mathbf{I_n})\mathbf{x_i} + \mu(\lambda_i)\mathbf{x_i}$$

Pero

$$\mu(\mathbf{A})\mathbf{x_i} = \mathbf{0},$$
$$(\mathbf{A} - \lambda_i \mathbf{I_n})\mathbf{x_i} = \mathbf{0},$$
$$\mathbf{x_i} \ne \mathbf{0}$$

luego

$$\mu(\lambda_i) = 0$$

por lo que

$$\mu(\lambda) = s(\lambda)(\lambda - \lambda_i)$$

Esto significa que en la descomposición del polinomio mínimo en factores lineales debe aparecer al menos un factor de la forma $(\lambda - \lambda_i)$, es decir, se cumplen las desigualdades restantes

$$1 \le p_i, \text{ con } i = 1,2,...,k \quad \square$$

Proposición 6.11 "Si $\mu_x(\lambda)$ es el polinomio mínimo de un vector **x**, de la forma

$$\mu_x(\lambda) = \sigma_1(\lambda)\sigma_2(\lambda)...\sigma_m(\lambda)$$

con $\sigma_1(\lambda)$, $\sigma_2(\lambda)$, ..., $\sigma_m(\lambda)$ polinomios primos entre sí, dos a dos, entonces el vector **x** se puede escribir de la forma

$$\mathbf{x} = \mathbf{x_1} + \mathbf{x_2} + ... + \mathbf{x_m}$$

con $\sigma_1(\lambda)$, $\sigma_2(\lambda)$,...,$\sigma_1(\lambda)$ los polinomios mínimos de $\mathbf{x_1}$, $\mathbf{x_2}$, ..., $\mathbf{x_m}$, respectivamente".

Se realizará la demostración para m = 2. La demostración general se haría por inducción sobre m y se deja como ejercicio.

Sea, por consiguiente,

$$\mu_{\mathbf{x}}(\lambda) = \sigma_1(\lambda)\sigma_2(\lambda)$$

el polinomio mínimo de **x**. Por ser $\sigma_1(\lambda), \sigma_2(\lambda)$ primos entre sí, deben existir dos polinomios $h_1(\lambda)$ y $h_2(\lambda)$ tales que

$$\sigma_1(\lambda)h_1(\lambda) + \sigma_2(\lambda)h_2(\lambda) = 1$$

De donde

$$\sigma_1(\mathbf{A})h_1(\mathbf{A}) + \sigma_2(\mathbf{A})h_2(\mathbf{A}) = \mathbf{I_n}$$

y de ahí

$$\sigma_1(\mathbf{A})h_1(\mathbf{A})\mathbf{x} + \sigma_2(\mathbf{A})h_2(\mathbf{A})\mathbf{x} = \mathbf{x}$$

Definiendo ahora

$$\mathbf{x_1} = \sigma_2(\mathbf{A})h_2(\mathbf{A})\mathbf{x},$$
$$\mathbf{x_2} = \sigma_1(\mathbf{A})h_1(\mathbf{A})\mathbf{x}$$

se tiene

$$\mathbf{x} = \mathbf{x_1} + \mathbf{x_2}$$

Está claro que $\sigma_1(\lambda)$ es un anulador de $\mathbf{x_1}$, pues

$$\sigma_1(\mathbf{A})\mathbf{x_1} = \sigma_1(\mathbf{A})\sigma_2(\mathbf{A})h_2(\mathbf{A})\mathbf{x} = h_2(\mathbf{A})\mu_{\mathbf{x}}(\mathbf{A})\mathbf{x} = h_2(\mathbf{A})\mathbf{0} = \mathbf{0}$$

y, análogamente, $\sigma_2(\lambda)$ es un anulador de $\mathbf{x_2}$ ya que

$$\sigma_2(\mathbf{A})\mathbf{x_2} = \sigma_2(\mathbf{A})\sigma_1(\mathbf{A})h_1(\mathbf{A})\mathbf{x} = h_1(\mathbf{A})\mu_{\mathbf{x}}(\mathbf{A})\mathbf{x} = h_1(\mathbf{A})\mathbf{0} = \mathbf{0}\,.$$

(Recuérdese que las potencias de **A** conmutan entre sí).

Las demostraciones de que $\sigma_1(\lambda)$ es el polinomio mínimo de $\mathbf{x_1}$ y $\sigma_2(\lambda)$ es el polinomio mínimo de $\mathbf{x_2}$ se dejan como ejercicio. ❑

En el apartado siguiente se va a proporcionar un método de obtención de una base, para el espacio n–dimensional de matrices columna, formada empalmando cadenas de vectores propios generalizados y escritos los vectores de cada cadena en orden inverso. Se deja para un nuevo apartado su justificación teórica.

6.4 Método de obtención de una base de Jordan

Se llama *índice del valor propio* λ_0 a la longitud p_0 de la cadena más larga asociada al valor propio λ_0. Una *base de Jordan* es una base del espacio de matrices columna formada por la unión de cadenas linealmente independientes, con sus vectores escritos en orden inverso. Está claro que una base de Jordan define una matriz regular **S** tal que $\mathbf{S}^{-1}\mathbf{AS}$ es la matriz **J** de Jordan. La existencia de la base de Jordan se demostrará en el siguiente apartado. Aquí se aporta tan solo un método de obtención de la citada base y un ejemplo práctico de aplicación.

La *obtención* de la base de Jordan sigue los siguientes pasos, supuesto un total de n valores propios:

1) Se hallan los k valores propios distintos de **A,** λ_1, λ_2, ..., λ_k, de multiplicidades respectivas m_1, m_2, ..., m_k.

2) Para cada valor propio distinto λ_i de **A,** de multiplicidad m_i, se calcula el índice p_i y se hallan m_i vectores propios generalizados, asociados al valor propio λ_i, tal como se indica:

En primer lugar se busca un vector propio generalizado **u** de índice $k_{\mathbf{u}} = p_i$ (menor o igual que m_i) y se construye la cadena correspondiente de longitud máxima $k_{\mathbf{u}}$; a continuación si $k_{\mathbf{u}}$ es estrictamente menor que m_i se busca un vector propio generalizado **v**, linealmente independiente con **u**, de índice $k_{\mathbf{v}}$ (menor o igual que $m_i - k_{\mathbf{u}}$) de mayor valor posible y se construye la cadena correspondiente; se continúa análogamente hasta encontrar un vector propio generalizado **w**, de índice $k_{\mathbf{w}}$ tal que

$$m_i = k_{\mathbf{u}} + k_{\mathbf{v}} + ... + k_{\mathbf{w}} \qquad [4.1]$$

Más adelante se probará que esto siempre es posible. Tal como se ha procedido se tiene además

$$m_i \geq p_i = k_{\mathbf{u}} \geq k_{\mathbf{v}} \geq ... \geq k_{\mathbf{w}} \geq 1 \qquad [4.2]$$

También se probará más adelante que el número total de cadenas correspondientes al valor propio λ_i coincide con la dimensión s_i del subespacio propio asociado. Si se unen las s_i cadenas, escritas en orden inverso, se forma la lista $\mathbf{L_i}$ linealmente independiente (afirmación que será demostrada posteriormente) de m_i vectores propios generalizados dada por:

$$\begin{aligned} \mathbf{L_i} \equiv\ & \mathbf{B_i^{k_u-1}u}, \mathbf{B_i^{k_u-2}u}, ..., \mathbf{B_i u}, \mathbf{u}, \\ & \mathbf{B_i^{k_v-1}v}, \mathbf{B_i^{k_v-2}v}, ..., \mathbf{B_i v}, \mathbf{v}, \\ & ..., \\ & \mathbf{B_i^{k_w-1}w}, \mathbf{B_i^{k_w-2}w}, ..., \mathbf{B_i w}, \mathbf{w} \end{aligned} \quad , \qquad [4.3]$$

donde

$$\mathbf{B_i} = \mathbf{A} - \lambda_i \mathbf{I_n} \qquad [4.4]$$

O bien, cambiando de notación,

$$\begin{aligned} \mathbf{L_i} \equiv\ & \mathbf{x}_1, \mathbf{x}_2, ..., \mathbf{x}_{k_u-1}, \mathbf{x}_{k_u}, \\ & \mathbf{y}_1, \mathbf{y}_2, ..., \mathbf{y}_{k_v-1}, \mathbf{y}_{k_v}, \\ & ..., \\ & \mathbf{z}_1, \mathbf{z}_2, ..., \mathbf{z}_{k_w-1}, \mathbf{z}_{k_w} \end{aligned} \qquad [4.5]$$

Evidentemente se tendrán las siguientes relaciones entre vectores

$$\begin{cases} \mathbf{Ax}_1 = \lambda_i \mathbf{x}_1 \\ \mathbf{Ax}_2 = \mathbf{x}_1 + \lambda_i \mathbf{x}_2 \\ \mathbf{Ax}_3 = \mathbf{x}_2 + \lambda_i \mathbf{x}_3 \\ \dots \\ \mathbf{Ax}_{\mathbf{k}_u} = \mathbf{x}_{\mathbf{k}_u - 1} + \lambda_i \mathbf{x}_{\mathbf{k}_u} \end{cases}$$

$$\begin{cases} \mathbf{Ay}_1 = \lambda_i \mathbf{y}_1 \\ \mathbf{Ay}_2 = \mathbf{y}_1 + \lambda_i \mathbf{y}_2 \\ \mathbf{Ay}_3 = \mathbf{y}_2 + \lambda_i \mathbf{y}_3 \\ \dots \\ \mathbf{Ay}_{\mathbf{k}_v} = \mathbf{y}_{\mathbf{k}_v - 1} + \lambda_i \mathbf{y}_{\mathbf{k}_v} \end{cases} \qquad [4.6]$$

$$\dots$$

$$\begin{cases} \mathbf{Az}_1 = \lambda_i \mathbf{z}_1 \\ \mathbf{Az}_2 = \mathbf{z}_1 + \lambda_i \mathbf{z}_2 \\ \mathbf{Az}_3 = \mathbf{z}_2 + \lambda_i \mathbf{z}_3 \\ \dots \\ \mathbf{Az}_{\mathbf{k}_w} = \mathbf{z}_{\mathbf{k}_w - 1} + \lambda_i \mathbf{z}_{\mathbf{k}_w} \end{cases}$$

que se corresponden con los bloques elementales de Jordan

$$\mathbf{J}_{1,i}(\lambda_i), \mathbf{J}_{2,i}(\lambda_i), \dots, \mathbf{J}_{s_i,i}(\lambda_i) \qquad [4.7]$$

de órdenes respectivos k_u, k_v, ..., k_w.

3) Finalmente, se unen las k listas $\mathbf{L}_i$ de cadenas –una para cada valor propio distinto– y se obtiene la base de Jordan buscada

$$\mathbf{L} \equiv \mathbf{L}_1, \mathbf{L}_2, \dots, \mathbf{L}_k \qquad [4.8]$$

Esto último requiere que la unión de las k listas $\mathbf{L}_i$ conduzca a una lista linealmente independiente, afirmación que se probará más adelante.

Ejemplo 6.6

Dada la matriz

$$\mathbf{A} = \begin{bmatrix} 3 & -1 & 1 & 1 & 0 & 0 \\ 1 & 1 & -1 & -1 & 0 & 0 \\ 0 & 0 & 2 & 0 & 1 & 1 \\ 0 & 0 & 0 & 2 & -1 & -1 \\ 0 & 0 & 0 & 0 & 1 & 1 \\ 0 & 0 & 0 & 0 & 1 & 1 \end{bmatrix}$$

de valores propios $\lambda_1 = 2$ (quíntuple) y $\lambda_2 = 0$ (simple), se tiene, para el primer valor propio, $\mathbf{B_1} = \mathbf{A} - 2\mathbf{I_6}$ y la sucesión de rangos siguiente:

$$\begin{aligned} r_0 &= r(\mathbf{B_1^0}) = 6 > \\ r_1 &= r(\mathbf{B_1^1}) = 4 > \\ r_2 &= r(\mathbf{B_1^2}) = 2 > \\ r_3 &= r(\mathbf{B_1^3}) = 1 = \\ r_4 &= r(\mathbf{B_1^4}) = 1 \end{aligned}$$

por lo que $p_1 = 3$ es la longitud máxima de cadena asociada al primer valor propio. Se tiene por tanto la sucesión

$$\{\mathbf{0}\} \subset \mathbf{N(B_1)} \subset \mathbf{N(B_1^2)} \subset \mathbf{N(B_1^3)} = \mathbf{N(B_1^4)} \subset \mathbf{R}^{6x1}$$

con

$$\begin{aligned} \dim \mathbf{N(B_1)} &= \dim \mathbf{R}^{6\times1} - r_1 = 6 - 4 = 2, \\ \dim \mathbf{N(B_1^2)} &= \dim \mathbf{R}^{6\times1} - r_2 = 6 - 2 = 4, \\ \dim \mathbf{N(B_1^3)} &= \dim \mathbf{R}^{6\times1} - r_3 = 6 - 1 = 5 \end{aligned}$$

(Ver Figura 6.1).

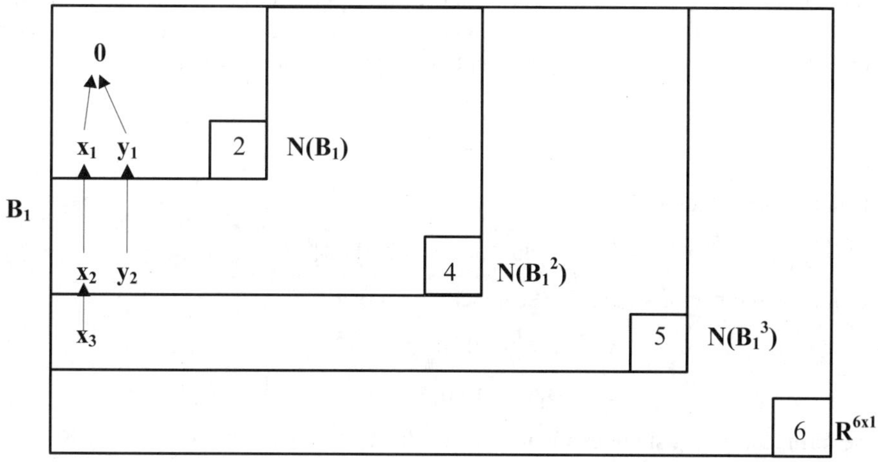

Figura 6.1

En la citada Figura 6.1, los números encerrados en pequeños cuadrados indican la dimensión del subespacio correspondiente. Las dos cadenas, que están representadas en la figura, se pueden obtener como sigue:

En primer lugar se busca, para el primer valor propio, un vector propio generalizado de índice tres, esto es, un vector **u** que cumpla las dos condiciones siguientes

$$\mathbf{B}_1^3\mathbf{u} = \mathbf{0}$$

$$\mathbf{B}_1^2\mathbf{u} \neq \mathbf{0}$$

Una solución es

$$\mathbf{u} = [0 \quad 0 \quad 1 \quad 0 \quad 0 \quad 0]^T$$

Con el vector **u** obtenido se genera la cadena

$$\mathbf{x}_3 = \mathbf{u} = [0 \quad 0 \quad 1 \quad 0 \quad 0 \quad 0]^T$$

$$\mathbf{x}_2 = \mathbf{B}_1\mathbf{u} = [1 \quad -1 \quad 0 \quad 0 \quad 0 \quad 0]^T$$

$$\mathbf{x}_1 = \mathbf{B}_1^2\mathbf{u} = [2 \quad 2 \quad 0 \quad 0 \quad 0 \quad 0]^T$$

No es posible encontrar otro generador de índice tres, independiente con **u**, ya que, de ser así, las dos cadenas generadas formarían al unirse una lista linealmente independiente de seis vectores en el subespacio de

$$\mathbf{N}(\mathbf{B}_1^3)$$

que es de dimensión cinco.

Se busca ahora, para el primer valor propio, un vector propio generalizado **v**, linealmente independiente con $\mathbf{x}_2$, que además sea de índice dos, esto es, un vector **v** linealmente independiente con $\mathbf{x}_2$ que cumpla las dos condiciones siguientes:

$$\mathbf{B}_1^2\mathbf{v} = \mathbf{0}$$

$$\mathbf{B}_1\mathbf{v} \neq \mathbf{0}$$

Una posible solución es

$$\mathbf{v} = [0 \quad 0 \quad 1 \quad -1 \quad 1 \quad 1]^T$$

Con el nuevo vector **v** obtenido se genera la cadena

$$\mathbf{y}_2 = \mathbf{v} = [0 \quad 0 \quad 1 \quad -1 \quad 1 \quad 1]^T$$

$$\mathbf{y}_1 = \mathbf{B}_1\mathbf{v} = [0 \quad 0 \quad 2 \quad -2 \quad 0 \quad 0]^T$$

Se forma ahora la lista linealmente independiente

$$\mathbf{L}_1 \equiv \mathbf{x}_1, \mathbf{x}_2, \mathbf{x}_3, \mathbf{y}_1, \mathbf{y}_2$$

resultante de la unión de las dos cadenas, con los vectores de cada cadena escritos en orden inverso.

Nótese que los vectores de $\mathbf{L}_1$ forman una base de

$$\mathbf{N}(\mathbf{B}_1^3)$$

y que los vectores $\mathbf{x}_1$, $\mathbf{y}_1$ forman una base del subespacio propio $\mathbf{N(B_1)}$, de valor propio asociado $\lambda_1 = 2$.

Se tiene, para el segundo valor propio, $\mathbf{B_2} = \mathbf{A}-0\mathbf{I_6} = \mathbf{A}$ y la sucesión de rangos siguiente:

$$r'_0 = r(\mathbf{B}_2^0) = 6 >$$
$$r'_1 = r(\mathbf{B}_2^1) = 5 =$$
$$r'_2 = r(\mathbf{B}_2^2) = 5$$

por lo que $p_2 = 1$ es la longitud máxima de cadena asociada al segundo valor propio. Se tiene la sucesión

$$\{\mathbf{0}\} \subset \mathbf{N}(\mathbf{B}_2) = \mathbf{N}(\mathbf{B}_2^2) \subset \mathbf{R}^{6\times1}$$

con

$$\dim \mathbf{N}(\mathbf{B}_2) = \dim \mathbf{R}^{6\times1} - r'_1 = 6 - 5 = 1$$

(Ver Figura 6.2).

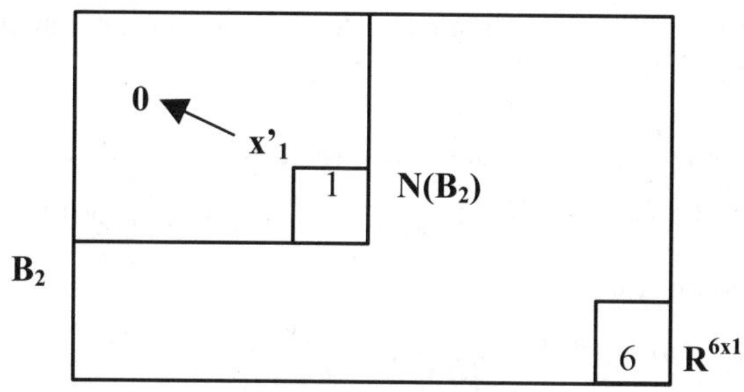

Figura 6.2

Para el segundo valor propio $\lambda_2 = 0$, se localiza un vector propio generalizado de índice la unidad, esto es, un vector propio $\mathbf{u}'$ de $\mathbf{A}$, el cual cumple

$$\mathbf{B}_2\mathbf{u}' = \mathbf{0}$$
$$\mathbf{u}' \neq \mathbf{0}$$

Una solución es el vector

$$\mathbf{u}' = \begin{bmatrix} 0 & 0 & 0 & 0 & 1 & -1 \end{bmatrix}^{\mathbf{T}}$$

el cual genera la cadena $\mathbf{x}'_1 = \mathbf{u}'$ y forma la lista linealmente independiente

$$\mathbf{L}_2 \equiv \mathbf{x}'_1$$

Uniendo las listas $\mathbf{L}_1$ y $\mathbf{L}_2$ formadas de ese modo se obtiene finalmente la base de Jordan

$$\mathbf{L} \equiv \mathbf{L}_1, \mathbf{L}_2 \equiv \mathbf{x}_1, \mathbf{x}_2, \mathbf{x}_3, \mathbf{y}_1, \mathbf{y}_2, \mathbf{x}'_1$$

Definitivamente, la matriz regular

$$\mathbf{S}=\begin{bmatrix}\mathbf{x}_1 & \mathbf{x}_2 & \mathbf{x}_3 & \mathbf{y}_1 & \mathbf{y}_2 & \mathbf{x'}_1\end{bmatrix}=\begin{bmatrix}2 & 1 & 0 & 0 & 0 & 0\\ 2 & -1 & 0 & 0 & 0 & 0\\ 0 & 0 & 1 & 2 & 1 & 0\\ 0 & 0 & 0 & -2 & -1 & 0\\ 0 & 0 & 0 & 0 & 1 & 1\\ 0 & 0 & 0 & 0 & 1 & -1\end{bmatrix}$$

es tal que $\mathbf{S}^{-1}\mathbf{A}\mathbf{S}=\mathbf{J}$, donde

$$\mathbf{J}=\left[\begin{array}{ccc|cc|c}2 & 1 & 0 & 0 & 0 & 0\\ 0 & 2 & 1 & 0 & 0 & 0\\ 0 & 0 & 2 & 0 & 0 & 0\\ \hline 0 & 0 & 0 & 2 & 1 & 0\\ 0 & 0 & 0 & 0 & 2 & 0\\ \hline 0 & 0 & 0 & 0 & 0 & 0\end{array}\right]$$

es la forma canónica de Jordan de la matriz **A**, única, salvo permutaciones de los bloques elementales de Jordan.

Nótese, en este ejemplo, que el polinomio característico de **A** es

$$\varphi(\lambda)=(-1)^6(\lambda-\lambda_1)^{m_1}(\lambda-\lambda_2)^{m_2}=(\lambda-2)^5\lambda$$

y el polinomio mínimo de **A** es

$$\mu(\lambda)=(\lambda-\lambda_1)^{p_1}(\lambda-\lambda_2)^{p_2}=(\lambda-2)^3\lambda$$

En la matriz de Jordan **J** existen dos bloques elementales de Jordan ($s_1 = 2$) para el primer valor propio (el mayor de los cuales es de tamaño $p_1 = 3$) y un bloque elemental de Jordan ($s_2 = 1$) para el segundo valor propio (de tamaño $p_2 = 1$). Además la suma de tamaños de los bloques asociados a cada valor propio

$$k_{\mathbf{u}}+k_{\mathbf{v}}=3+2=5=m_1$$
$$k_{\mathbf{u'}}=1=m_2$$

coincide con la multiplicidad respectiva. ✶

En el siguiente apartado se va a probar la existencia de la base de Jordan, que fundamente el procedimiento aportado para su obtención .

6.5 Justificación teórica

La existencia de la base de Jordan se puede probar mediante las siguientes proposiciones. Previamente se recuerda que si λ_i es un valor propio de índice p_i, entonces

$$\mathbf{N}(\mathbf{B}_\mathbf{i}^{p_i})$$

es el subespacio vectorial **A**–invariante ($\mathbf{B_i}$–invariante) que contiene *todos* los vectores propios generalizados, asociados al citado valor propio, y el vector nulo, con $\mathbf{B_i} = \mathbf{A} - \lambda_i \mathbf{I_n}$.

Proposición 6.12 "La suma de los q subespacios invariantes

$$\mathbf{N}(\mathbf{B_1}^{p_1}),\ \mathbf{N}(\mathbf{B_2}^{p_2}),\ ...,\ \mathbf{N}(\mathbf{B_q}^{p_q})$$

es una suma directa, siendo

$$\lambda_1, \lambda_2, ..., \lambda_q$$

valores propios de **A,** distintos entre sí, dos a dos, y

$$p_1, p_2, ..., p_q$$

sus índices respectivos".

Basta probar que la ecuación

$$\mathbf{0} = \alpha_1 \mathbf{x_1} + \alpha_2 \mathbf{x_2} + ... + \alpha_q \mathbf{x_q} \qquad (1)$$

con

$$\mathbf{x_i} \in \mathbf{N}(\mathbf{B_i}^{p_i}), \text{ para } i = 1,2,...,q$$

conduce a que los escalares α_i valen necesariamente cero:

Sea k_i el índice del vector $\mathbf{x_i}$, con $1 \le k_i \le p_i$, para $i = 1,2,...,q$, y sea el polinomio

$$h(\lambda) = (\lambda - \lambda_1)^{k_1} (\lambda - \lambda_2)^{k_2} ... (\lambda - \lambda_q)^{k_q}.$$

Considérese los q polinomios

$$h_i(\lambda) = \frac{h(\lambda)}{\lambda - \lambda_i}, \text{ con } i = 1,2,...,q.$$

Multiplicando (1) miembro a miembro por $h_i(\mathbf{A})$ se tiene

$$\mathbf{0} = \alpha_i h_i(\mathbf{A}) \mathbf{x_i}.$$

Pero

$$h_i(\mathbf{A}) \mathbf{x_i} \ne \mathbf{0},$$

ya que el polinomio $h_i(\lambda)$ no es divisible por el polinomio $(\lambda - \lambda_i)^{k_i}$, el cual es el polinomio mínimo de $\mathbf{x_i}$, luego necesariamente $\alpha_i = 0$ para i=1, 2, ..., q. ❑

Proposición 6.13 "La suma directa de los k subespacios invariantes

$$\mathbf{N}(\mathbf{B_1}^{p_1}),\ \mathbf{N}(\mathbf{B_2}^{p_2}),\ ...,\ \mathbf{N}(\mathbf{B_q}^{p_q})$$

llena el espacio n–dimensional de matrices columna, siendo λ_1, λ_2, ..., λ_k *todos* los valores propios de **A**, distintos entre sí, dos a dos, y p_1, p_2, ..., p_k sus índices respectivos".

Es suficiente con demostrar que cualquier columna **x** es combinación lineal de columnas extraídas de los k subespacios invariantes del enunciado:

Sea

$$\mu_{\mathbf{x}}(\lambda) = (\lambda - \lambda_1)^{k_1}(\lambda - \lambda_2)^{k_2}...(\lambda - \lambda_q)^{k_q}$$

el polinomio mínimo de **x** (Por comodidad demostrativa se ha supuesto que en su factorización intervienen los q primeros valores propios distintos de **A**). Los polinomios

$$(\lambda - \lambda_i)^{k_i}, (\lambda - \lambda_j)^{k_j}, \text{con } i \neq j$$

son primos entre sí, luego se puede aplicar el resultado de la Proposición 6.11, esto es, existen vectores $\mathbf{x_i}$ tales que

$$\mathbf{x} = \mathbf{x_1} + \mathbf{x_2} + ... + \mathbf{x_q}$$

y

$$(\lambda - \lambda_i)^{k_i}$$

es el polinomio mínimo de $\mathbf{x_i}$. Evidentemente $\mathbf{x_i}$ pertenece a

$$\mathbf{N}(\mathbf{B}_i^{p_i})$$

para i = 1, 2, ..., q. ❑

Proposición 6.14 "Utilizando la notación anterior, se tiene que la dimensión del subespacio invariante $\mathbf{N}(\mathbf{B}_i^{p_i})$ coincide con la multiplicidad m_i del valor propio λ_i correspondiente".

Al ser el espacio de matrices columna **E** suma directa de los k subespacios invariantes

$$\mathbf{N}(\mathbf{B}_i^{p_i})$$

existirá una matriz regular **R** tal que $\mathbf{R}^{-1}\mathbf{A}\mathbf{R}$ es la matriz diagonal por bloques

$$\begin{bmatrix} \mathbf{A_1} & \mathbf{O} & ... & \mathbf{O} \\ \mathbf{O} & \mathbf{A_2} & ... & \mathbf{O} \\ ... & ... & ... & ... \\ \mathbf{O} & \mathbf{O} & ... & \mathbf{A_k} \end{bmatrix}$$

de manera que se cumple

$$\mathbf{R}^{-1}\mathbf{x}_i = \begin{bmatrix} \mathbf{0} \\ \dots \\ \mathbf{u}_i \\ \dots \\ \mathbf{0} \end{bmatrix},$$

con

$$(\lambda - \lambda_i)^{k_i}$$

el polinomio mínimo de $\mathbf{u}_i$ *relativo* a $\mathbf{A}_i$, para i=1, 2, ..., k.

El orden t_i de la matriz $\mathbf{A}_i$ coincide con la dimensión del subespacio invariante

$$\mathbf{N}(\mathbf{B}_i^{p_i}).$$

Ahora bien, también el orden t_i de $\mathbf{A}_i$ debe coincidir con el grado de su polinomio característico, el cual tiene que ser necesariamente de la forma

$$\varphi_{\mathbf{A}_i}(\lambda) = (-1)^{t_i}(\lambda - \lambda_i)^{t_i}, \text{ con } t_i \geq k_i$$

Se sabe, por ser **A** diagonal por bloques, que el polinomio característico de **A** es el producto de los polinomios característicos de los bloques diagonales, esto es,

$$\varphi(\mathbf{A}) = \varphi_{\mathbf{A}_1}(\lambda)\varphi_{\mathbf{A}_2}(\lambda)\dots\varphi_{\mathbf{A}_k}(\lambda)$$

Pero

$$\varphi(\mathbf{A}) = (-1)^n(\lambda - \lambda_1)^{m_1}(\lambda - \lambda_2)^{m_2}\dots(\lambda - \lambda_k)^{m_k}$$

luego necesariamente $t_i = m_i$, esto es, la dimensión de

$$\mathbf{N}(\mathbf{B}_i^{p_i})$$

coincide con la multiplicidad m_i del valor propio correspondiente, para i = 1, 2, ..., k. ❑

De lo escrito hasta el presente se deduce que la base de Jordan que se pretende obtener estará formada por n vectores que se organizan en m_1 vectores propios generalizados pertenecientes al primer subespacio invariante, por m_2 vectores propios generalizados pertenecientes al segundo subespacio invariante, y así sucesivamente.

En lo que sigue se va a centrar la atención en uno cualquiera de los k subespacios invariantes anteriores, con simplificación de las notaciones empleadas hasta el momento. Se denota con $\mathbf{N}(\mathbf{B}^p)$ el citado subespacio, de dimensión m, asociado al valor propio λ_0, de multiplicidad m, con $\mathbf{B} = \mathbf{A} - \lambda_0\mathbf{I}_n$. (Se recuerda que p es el índice del valor propio). Se utilizará la notación más abreviada $F_i = \mathbf{N}(\mathbf{B}^i)$ para los subespacios nulos de las sucesivas potencias de **B**, i = 0, 1, 2, ..., p. Nótese la sucesión de inclusiones estrictas

$$F_0 \subset F_1 \subset F_2 \subset \dots \subset F_p. \qquad [5.1]$$

Está claro que en $F_1–F_0$ se hallan los vectores propios generalizados que forman cadenas de longitud unidad, en $F_2–F_1$ se hallan los vectores propios generalizados que forman cadenas de longitud dos, y así sucesivamente, en $F_p–F_{p-1}$ se hallan los vectores propios generalizados que forman cadenas de longitud máxima p.

Es evidente que el conjunto $F_j–F_{j-1}$ no es un subespacio vectorial, para ningún valor de j. Sin embargo, denotando con d_j la dimensión de F_j, siempre es posible seleccionar $f_j = d_j–d_{j-1}$ vectores linealmente independientes

$$\mathbf{w}_1, \mathbf{w}_2, \ldots, \mathbf{w}_{f_j}$$

de modo que

$$F_{j-1} \oplus \left[\mathbf{w}_1, \mathbf{w}_2, \ldots, \mathbf{w}_{f_j}\right] = F_j \qquad [5.2]$$

(Esta afirmación es consecuencia inmediata del teorema de la base incompleta). (Ver Figura 6.3).

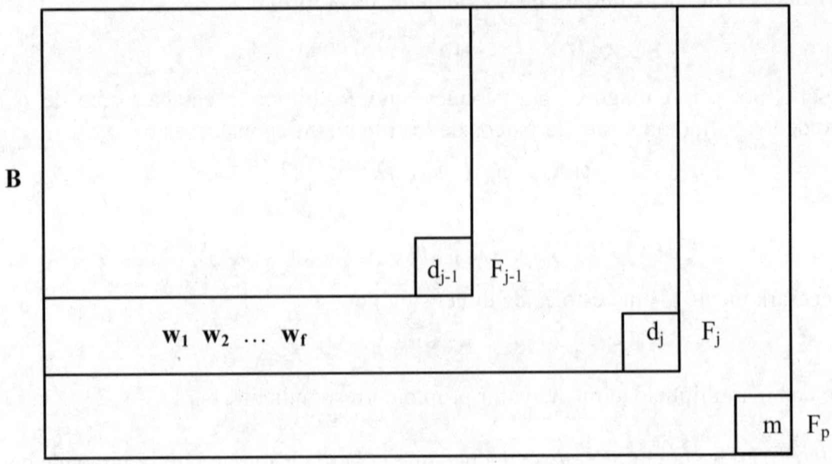

Figura 6.3

Proposición 6.15 "Los transformados, mediante la matriz **B**, de vectores $\mathbf{w}_1$, $\mathbf{w}_2$, ..., $\mathbf{w}_i$ que forman una lista linealmente independiente en el conjunto $F_j–F_{j-1}$, forman una lista linealmente independiente en el conjunto $F_{j-1}–F_{j-2}$, siendo $j>1$".

La nueva Figura 6.4 ilustra la situación:

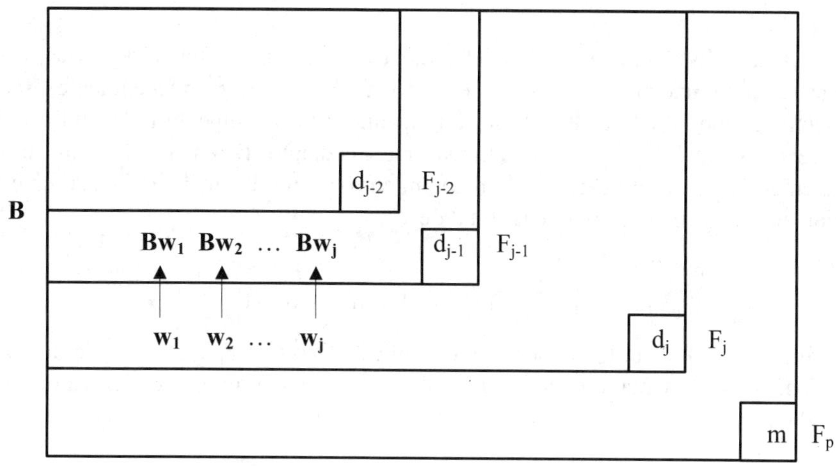

Figura 6.4

En primer lugar, cada vector de la lista dada, por pertenecer a $F_j - F_{j-1}$, genera una cadena de longitud j. Sus transformados por **B** definen cadenas de longitud j–1, y por consiguiente pertenecerán a $F_{j-1} - F_{j-2}$. De otra parte los vectores

$$\mathbf{Bw_1}, \mathbf{Bw_2}, ..., \mathbf{Bw_i}$$

forman una lista linealmente independiente, ya que de la ecuación

$$\sum_{k=1}^{i} \alpha_k (\mathbf{Bw_k}) = \mathbf{0}$$

se deduce inmediatamente

$$\mathbf{B}(\sum_{k=1}^{i} \alpha_k \mathbf{w_k}) = \mathbf{0}$$

Ahora bien, la intersección de **N(B)** = F_1 con $F_j - F_{j-1}$, para j>1, está formada sólo por el vector nulo, luego

$$\sum_{k=1}^{i} \alpha_k \mathbf{w_k} = \mathbf{0}$$

La independencia lineal de los vectores $\mathbf{w_k}$ obliga necesariamente a que los escalares α_k sean cero, para k =1, 2, ..., i. Definitivamente los vectores

$$\mathbf{Bw_1}, \mathbf{Bw_2}, ..., \mathbf{Bw_i}$$

forman una lista linealmente independiente. ❑

Se está ya en condiciones de formar una base, para el subespacio invariante F_p, que esté formada por cadenas, mediante el siguiente *procedimiento*:

Se toma una lista linealmente independiente $\mathbf{L_p}$ de f_p vectores de $F_p–F_{p-1}$ y se transforma a continuación mediante **B** en la lista linealmente independiente $\mathbf{BL_p}$. A continuación se amplía la lista $\mathbf{BL_p}$ hasta formar una lista linealmente independiente $\mathbf{L_{p-1}}$ de f_{p-1} vectores de $F_{p-1}–F_{p-2}$ y se transforma mediante **B** en la lista linealmente independiente $\mathbf{BL_{p-1}}$, continuando el procedimiento de modo análogo, hasta la última ampliación en F_1. Al final se obtiene un total de

$$\begin{aligned} & f_p + f_{p-1} + ... + f_2 + f_1 = \\ & (d_p - d_{p-1}) + (d_{p-1} - d_{p-2}) + ... + (d_2 - d_1) + (d_1 - d_0) = d_p = m \end{aligned} \quad [5.3]$$

vectores formando una lista linealmente independiente, base de F_p, por ser m la dimensión de F_p. (Téngase en cuenta que $d_0 = 0$ y que m es la multiplicidad del valor propio correspondiente).

En la lista anterior hay:

f_p cadenas de longitud p,
$f_{p-1}–f_p$ cadenas de longitud p–1,
$f_{p-2} –f_{p-1}$ cadenas de longitud p–2,
..., ...
$f_1– f_2$ cadenas de longitud 1

[5.4]

En total el número de cadenas es

$$f_p + (f_{p-1} - f_p) + (f_{p-2} - f_{p-1}) + ... + (f_1 - f_2) = f_1 = d_1 = s, \quad [5.5]$$

esto es, la dimensión s del subespacio propio **N**(**B**). (Ver Figura 6.5).

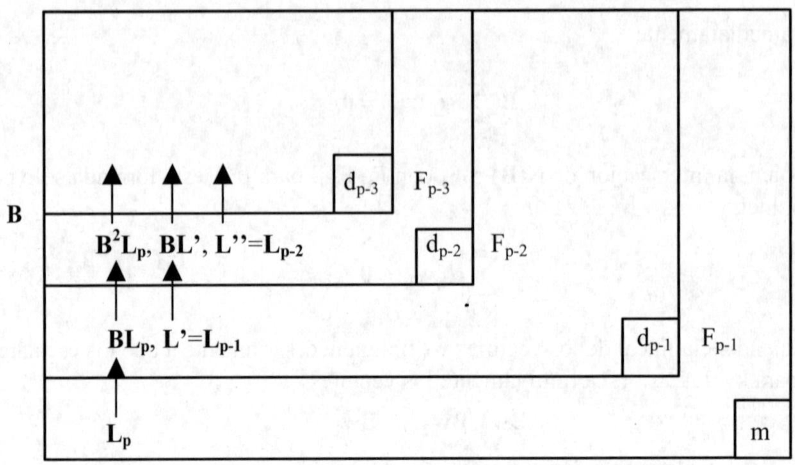

Figura 6.5

Proposición 6.16 "Toda matriz cuadrada **A,** con un número de valores propios (repetidos o no) igual a su orden, es semejante a una matriz de Jordan **J**, única salvo el orden de los bloques elementales de Jordan en que se descompone **J**".

Ha sido ya probado, en la Proposición 6.13, que la suma directa de los subespacios invariantes

$$\mathbf{N}(\mathbf{B}_1^{p_1}), \mathbf{N}(\mathbf{B}_2^{p_2}), \ldots, \mathbf{N}(\mathbf{B}_k^{p_k})$$

llena el espacio n–dimensional de matrices columna. Por el procedimiento anterior se puede obtener, para cada subespacio invariante, una base formada por cadenas de vectores propios generalizados. Está claro que si se unen todas las cadenas, escribiendo los vectores de cada cadena en orden inverso, se obtiene una base de Jordan que determina una matriz regular **S** tal que $\mathbf{S}^{-1}\mathbf{AS}$ es la matriz de Jordan **J**.

A cada cadena le corresponde un bloque elemental de Jordan. La matriz **J** está definida, por consiguiente, salvo el orden de los bloques elementales. ❑

6.6 Divisores elementales

Se presenta en este apartado otro método para determinar la forma canónica de Jordan **J** de una matriz cuadrada **A,** basado en la teorías de las λ–matrices y de los determinantes. No se pretende conocer la base de Jordan sino tan solo cómo es la matriz **J** de Jordan.

Las *operaciones elementales sobre λ–matrices* son de tres clases y se definen del siguiente modo:

1) Intercambiar entre sí dos filas (o dos columnas) cualesquiera,
2) Multiplicar una fila (o columna) por un escalar no nulo, y
3) A una fila (o columna) sumarle otra multiplicada por un polinomio en la variable λ.

Se demuestra laboriosamente (la demostración se puede hallar en otros textos de Álgebra Lineal) que toda λ–matriz $\mathbf{M}(\lambda) = [m_{ij}(\lambda)]$, cuadrada de orden n, se puede reducir mediante operaciones elementales a la forma canónica diagonal

$$\mathbf{D}(\lambda) = \text{diag}(e_1(\lambda), e_2(\lambda), \ldots, e_n(\lambda)), \qquad [6.1]$$

siendo sus elementos diagonales polinomios en la variable λ; los no nulos tienen su coeficiente principal la unidad y son divisores del siguiente (si existe).

Los citados polinomios $e_i(\lambda)$, i = 1, 2, ..., n, reciben el nombre de *factores invariantes* de **M**(λ). En general, los factores invariantes serán de la forma

$$1, 1, \ldots, 1, e_p(\lambda), e_{p+1}(\lambda), \ldots, e_r(\lambda), 0, 0, \ldots, 0, \qquad [6.2]$$

donde en [6.2] se pone de relieve que si el polinomio constante unidad es un factor invariante debe aparecer en los primero lugares y si el polinomio idénticamente nulo es un factor invariante debe aparecer en los últimos lugares. Por definición el *rango* r de $\mathbf{M}(\lambda)$ es el número total de factores invariantes distintos del polinomio idénticamente nulo. De otra parte, se dice que dos λ–matrices son *equivalentes* si poseen los mismos factores invariantes. Se prueba con facilidad que la equivalencia entre λ–matrices es una verdadera relación de equivalencia.

Ejemplo 6.7

Si una matriz $\mathbf{M}(\lambda)$ cuadrada de orden cuatro es equivalente a la matriz diagonal

$$\mathbf{D}(\lambda)=\begin{bmatrix}1 & 0 & 0 & 0\\ 0 & \lambda(1+\lambda) & 0 & 0\\ 0 & 0 & \lambda^5(1+\lambda)^3 & 0\\ 0 & 0 & 0 & 0\end{bmatrix}$$

entonces

$$1,\lambda(1+\lambda),\lambda^5(1+\lambda)^3,0$$

son sus factores invariantes y su rango vale tres. ✶

De las propiedades de los determinantes se deduce inmediatamente que las operaciones elementales sobre las λ–matrices dejan invariantes los menores extraídos de ellas. Por definición, se llama *factor determinante* de $\mathbf{M}(\lambda)$, de orden k, k no superior al rango r, al máximo común divisor $d_k(\lambda)$ de todos los menores de orden k extraídos de $\mathbf{M}(\lambda)$, con coeficiente principal la unidad. Por convenio $d_0(\lambda) = 1$.

De la definición dada, recordando que los menores de orden j de una matriz se pueden expresar en función de los menores de orden j–1, se desprende que cada factor determinante divide al siguiente. Además, ya que las operaciones elementales respetan los menores, también respetan los factores determinantes, pudiéndose establecer entre factores invariantes y factores determinantes las siguientes relaciones:

$$\begin{aligned} d_1(\lambda) &= e_1(\lambda)\\ d_2(\lambda) &= e_1(\lambda)e_2(\lambda)\\ &\dots\\ d_r(\lambda) &= e_1(\lambda)e_2(\lambda)\dots e_r(\lambda)\end{aligned} \qquad [6.3]$$

de las que se deducen

$$e_k(\lambda)=\frac{d_k(\lambda)}{d_{k-1}(\lambda)},\ \text{con } k=1,2,\dots,r \qquad [6.4]$$

Las expresiones [6.4] permiten obtener los factores invariantes si se conocen los factores determinantes.

Por definición, los *factores invariantes* y los *factores determinantes* de una matriz cuadrada $\mathbf{A} = [a_{ij}]$ (cuyos elementos a_{ij} son escalares de $\mathbf{K}$) son los factores invariantes y los factores determinantes de la λ–matriz

$$\lambda \mathbf{I}_n - \mathbf{A} \qquad [6.5]$$

Ejemplo 6.8

Los factores determinantes de la matriz

$$\mathbf{A} = \begin{bmatrix} 3 & 1 & -1 \\ 0 & 2 & 0 \\ 1 & 1 & 1 \end{bmatrix}$$

son los factores determinantes de la λ–matriz

$$\lambda \mathbf{I}_3 - \mathbf{A} = \begin{bmatrix} \lambda - 3 & -1 & 1 \\ 0 & \lambda - 2 & 0 \\ -1 & -1 & \lambda - 1 \end{bmatrix}$$

Los diferentes menores de orden uno valen

$$1, -1, \lambda - 3, \lambda - 2, \lambda - 1, 0$$

y su máximo común divisor es

$$d_1(\lambda) = 1$$

Los diferentes menores de orden dos valen

$$\pm(\lambda - 2), (\lambda - 3)(\lambda - 2), (\lambda - 2)(\lambda - 1), (\lambda - 2)^2, 0$$

y su máximo común divisor es

$$d_2(\lambda) = \lambda - 2$$

El único menor de orden tres, que coincide con su máximo común divisor, es

$$d_3(\lambda) = (\lambda - 2)^3$$

Calculados los factores determinantes, los factores invariantes son de inmediato cálculo y valen

$$e_1(\lambda) = \frac{d_1(\lambda)}{d_0(\lambda)} = \frac{1}{1} = 1$$

$$e_2(\lambda) = \frac{d_2(\lambda)}{d_1(\lambda)} = \frac{\lambda - 2}{1} = \lambda - 2 \qquad \bigstar$$

$$e_3(\lambda) = \frac{d_3(\lambda)}{d_2(\lambda)} = \frac{(\lambda - 2)^3}{\lambda - 2} = (\lambda - 2)^2$$

Nótese, en general, que el último factor determinante de $\mathbf{A}$

$$d_n(\lambda) = (-1)^n \varphi_{\mathbf{A}}(\lambda) \qquad [6.6]$$

es el polinomio característico de **A** multiplicado por el coeficiente $(-1)^n$, esto es, un polinomio de grado n en la variable λ, luego la λ–matriz $\lambda\mathbf{I_n}-\mathbf{A}$ es de rango n, y de ahí que toda matriz cuadrada de orden n posea exactamente n factores invariantes no nulos.

Se está ya en disposición de poder dar la definición siguiente, para una matriz cuadrada **A** de orden n, con precisamente n valores propios (repetidos o no): Se llaman *divisores elementales* de la matriz **A** a los *factores irreducibles* de la descomposición factorial de los factores invariantes de **A,** elevados a la máxima potencia.

Siendo los factores invariantes divisores del último factor invariante, lo serán del polinomio característico de la matriz **A,** por lo que la descomposición factorial de un factor invariante e(λ) de **A,** distinto del polinomio constante unidad, será de la forma

$$e(\lambda) = (\lambda - a)^{k_a}(\lambda - b)^{k_b}...(\lambda - c)^{k_c}, \text{siendo } k_a \geq 1, k_b \geq 1, ..., k_c \geq 1, \qquad [6.7]$$

con a, b, ..., c valores propios de **A,** distintos entre sí, dos a dos.

De la definición dada se desprende que

$$(\lambda - a)^{k_a}, (\lambda - b)^{k_b}, ..., (\lambda - c)^{k_c} \qquad [6.8]$$

son los divisores elementales de **A**.

Ejemplo 6.9

Continuando con el ejemplo anterior se tiene que $(\lambda-2)$ y $(\lambda-2)^2$ son los divisores elementales de **A**. ✶

En lo que sigue, se cierra este apartado con una serie de afirmaciones, de las que se omite su demostración, las cuales se pueden encontrar en textos más avanzados de Álgebra Lineal:

1) A cada divisor elemental

$$(\lambda - \lambda_0)^{k_0} \qquad [6.9]$$

de la matriz **A** le corresponde, en la forma canónica de Jordan **J**, un bloque elemental de Jordan $\mathbf{J}(\lambda_0)$, de orden k_0, y recíprocamente.

2) Los divisores elementales de una matriz **A** diagonal por bloques resultan de reunir los divisores elementales de sus bloques diagonales.

3) La suma de los grados de los factores invariantes (y de los divisores elementales) de una matriz cuadrada **A** de orden n vale n.

4) El polinomio mínimo de una matriz cuadrada **A** coincide con el último factor invariante, esto es,

$$\mu_{\mathbf{A}}(\lambda) = e_n(\lambda) = \frac{d_n(\lambda)}{d_{n-1}(\lambda)} \qquad [6.10]$$

5) El polinomio mínimo de una matriz diagonal por bloques es el mínimo común múltiplo de los polinomios mínimos de sus bloques diagonales.

6) El polinomio mínimo de un bloque elemental de Jordan $\mathbf{J}(\lambda_0)$, de orden k_0, coincide con su polinomio característico multiplicado por $(-1)^{k_0}$, en cuyo caso los factores invariantes son

$$1,1,\ldots,1,(\lambda-\lambda_0)^{k_0}$$

7) Una matriz cuadrada **A** es diagonalizable, si y sólo si su polinomio mínimo se descompone en factores lineales *simples*, esto es, **A** es diagonalizable si y sólo si

$$\mu_{\mathbf{A}}(\lambda)=(\lambda-\lambda_1)(\lambda-\lambda_2)\ldots(\lambda-\lambda_k), \qquad [6.11]$$

donde

$$\lambda_1,\lambda_2,\ldots,\lambda_k \qquad [6.12]$$

son los valores propios de **A** distintos entre sí, dos a dos.

8) Dos matrices **A** y **B**, cuadradas de orden n, con n valores propios comunes son semejantes si y sólo si poseen los mismos factores invariantes (o los mismos divisores elementales).

Ejemplo 6.10

Se consideran los dos bloques matriciales

$$\mathbf{A_1}=\begin{bmatrix}1&-4&-1&-4\\2&0&5&-4\\-1&1&-2&3\\-1&4&-1&6\end{bmatrix},\quad \mathbf{A_2}=\begin{bmatrix}0&1&0\\-4&4&0\\-2&1&2\end{bmatrix}$$

Ambas matrices definen la matriz diagonal por bloques

$$\mathbf{A}=\operatorname{diag}(\mathbf{A_1},\mathbf{A_2})$$

Si se calculan los divisores elementales de $\mathbf{A_1}$ se obtiene

$$(\lambda-1)^3,(\lambda-2)$$

y si se calculan los divisores elementales de $\mathbf{A_2}$ se obtiene

$$(\lambda-2),(\lambda-2)^2$$

de donde los divisores elementales de la matriz **A** son

$$(\lambda-1)^3,(\lambda-2),(\lambda-2),(\lambda-2)^2$$

A cada divisor elemental le corresponde un bloque elemental de Jordan, por lo que la matriz **A** es semejante con la forma canónica de Jordan **J** dada por

$$\mathbf{J} = \left[\begin{array}{ccc|c|c|cc} 1 & 1 & & & & & \\ & 1 & 1 & & & & \\ & & 1 & & & & \\ \hline & & & 2 & & & \\ \hline & & & & 2 & & \\ \hline & & & & & 2 & 1 \\ & & & & & & 2 \end{array}\right]$$

(Los elementos de **J** no expresamente indicados valen cero).
Nótese que el polinomio característico de **A** es

$$\varphi_{\mathbf{A}}(\lambda) = -(\lambda - 1)^3(\lambda - 2)^4$$

y su polinomio mínimo

$$\mu_{\mathbf{A}}(\lambda) = -(\lambda - 1)^3(\lambda - 2)^2$$

de menor grado. Ello es debido a que hay más de un bloque elemental de Jordan asociado a un mismo valor propio. ✶

En el próximo apartado se va a considerar como aplicación de la teoría desarrollada hasta el presente la obtención de las soluciones de sistemas de ecuaciones diferenciales lineales con coeficientes constantes.

6.7 Aplicación a sistemas diferenciales homogéneos

Se considera el siguiente sistema diferencial homogéneo

$$\begin{aligned} \frac{dx_1}{dt} &= a_{11}x_1 + a_{12}x_2 + \dots + a_{1n}x_n \\ \frac{dx_2}{dt} &= a_{21}x_1 + a_{22}x_2 + \dots + a_{2n}x_n \\ &\dots \\ \frac{dx_n}{dt} &= a_{n1}x_1 + a_{n2}x_2 + \dots + a_{nn}x_n \end{aligned} \qquad [7.1]$$

donde las funciones $x_i(t)$ son derivables respecto de la variable real t y los coeficientes a_{ij} son constantes reales, para i, j = 1, 2, ..., n. Se pretende resolver en este apartado el problema de hallar n funciones $x_i(t)$ que satisfagan simultáneamente las n *ecuaciones diferenciales* de [7.1] y las n *condiciones iniciales*

$$x_i(0) = x_{i0}, \text{ con } i = 1,2,\dots,n\,. \qquad [7.2]$$

Para ello se puede utilizar la teoría de la reducción a la forma canónica de Jordan de la matriz $\mathbf{A}=[a_{ij}]$ real, cuadrada de orden n, formada por los coeficientes del sistema diferencial dado. Con la notación matricial

$$\mathbf{x} = \begin{bmatrix} x_1(t) \\ x_2(t) \\ \dots \\ x_n(t) \end{bmatrix}, \quad \mathbf{x_0} = \begin{bmatrix} x_{10} \\ x_{20} \\ \dots \\ x_{n0} \end{bmatrix} \qquad [7.3]$$

las ecuaciones [7.1] se escriben

$$\frac{d\mathbf{x}}{dt} = \mathbf{A}\mathbf{x} \qquad [7.4]$$

y las condiciones [7.2] se escriben

$$\mathbf{x}(0) = \mathbf{x_0} \qquad [7.5]$$

A expresiones similares se llega si se parte, no de un sistema diferencial, sino de una *ecuación diferencial ordinaria*, de grado n, con coeficientes reales y constantes de la forma

$$\frac{d^n u}{dt^n} + a_{n-1}\frac{d^{n-1}u}{dt^{n-1}} + a_{n-2}\frac{d^{n-2}u}{dt^{n-2}} + \dots + a_1\frac{du}{dt} + a_0 u = 0\,, \qquad [7.6]$$

con u = u(t), que se pretende resolver para las n *condiciones iniciales* siguientes

$$\begin{aligned} & u(0) = u_0 \\ & \frac{du}{dt}(0) = u_1 \\ & \frac{d^2u}{dt^2}(0) = u_2 \\ & \dots \\ & \frac{d^{n-1}u}{dt^{n-1}}(0) = u_{n-1} \end{aligned} \qquad [7.7]$$

En este caso u(t) es una función real en la variable t, al menos de clase $\mathbf{C}^n$, esto es, n veces derivable en un cierto entorno abierto del origen y con la última derivada continua en el citado entorno. Efectuando el siguiente cambio de notación

$$\begin{aligned} & x_1 = u \\ & x_2 = \frac{du}{dt} \\ & x_3 = \frac{d^2u}{dt^2} \\ & \dots \\ & x_n = \frac{d^{n-1}u}{dt^{n-1}} \end{aligned} \qquad [7.8]$$

se llega al sistema diferencial homogéneo equivalente

$$\begin{aligned}
\frac{dx_1}{dt} &= x_2 \\
\frac{dx_2}{dt} &= x_3 \\
&\dots \\
\frac{dx_{n-1}}{dt} &= x_n \\
\frac{dx_n}{dt} &= -a_0x_1 - a_1x_2 - a_2x_3 \dots - a_{n-1}x_n
\end{aligned} \tag{7.9}$$

con las condiciones

$$\begin{aligned}
x_1(0) &= u_0 \\
x_2(0) &= u_1 \\
&\dots \\
x_n(0) &= u_{n-1}
\end{aligned} \tag{7.10}$$

De nuevo se obtienen las ecuaciones [7.4] y [7.5], pero esta vez con

$$\mathbf{A} = \begin{bmatrix} 0 & 1 & 0 & \dots & 0 \\ 0 & 0 & 1 & \dots & 0 \\ \dots & \dots & \dots & \dots & \dots \\ 0 & 0 & 0 & \dots & 1 \\ -a_0 & -a_1 & -a_2 & \dots & -a_{n-1} \end{bmatrix}. \tag{7.11}$$

En definitiva, en ambos casos se trata de resolver el sistema diferencial

$$\frac{d\mathbf{x}}{dt} = \mathbf{Ax}$$

sujeto a las condiciones iniciales

$$\mathbf{x}(0) = \mathbf{x_0}.$$

En lo sucesivo se supone que la matriz **A** posee n valores propios (repetidos o no).

<u>Primer caso:</u> **A** diagonalizable.

En este caso la matriz de Jordan **J** es una matriz diagonal **D**, con los valores propios de **A** en su diagonal principal. Sea **S** la matriz regular formada por la correspondiente base de vectores propios de **A**. Se tiene, denotando con **y** la matriz columna $\mathbf{S^{-1}x}$,

$$\frac{d\mathbf{x}}{dt} = \mathbf{Ax} \rightarrow \frac{d(\mathbf{Sy})}{dt} = \mathbf{A(Sy)} \rightarrow \frac{d\mathbf{y}}{dt} = (\mathbf{S^{-1}AS})\mathbf{y} \rightarrow \frac{d\mathbf{y}}{dt} = \mathbf{Dy} \tag{7.12}$$

$$\mathbf{x}(0) = \mathbf{x_0} \rightarrow \mathbf{Sx}(0) = \mathbf{Sx_0} \rightarrow \mathbf{y}(0) = \mathbf{y_0}. \tag{7.13}$$

Se ha logrado la desconexión de las variables en las ecuaciones diferenciales iniciales Ya se puede proceder a la integración por separado de cada una de las n ecuaciones representadas por [7.12], esto es, a la integración de las n ecuaciones diferenciales

$$\frac{dy_i}{dt} = \lambda_i y_i, \quad i = 1,2,...,n \qquad [7.14]$$

sujetas a las n condiciones

$$y_i(0) = y_{i0}, \; i = 1,2,...,n \,. \qquad [7.15\}$$

De [7.14] y [7.15] se obtiene

$$\frac{dy_i}{y_i} = \lambda_i dt \rightarrow \int_{y_{i0}}^{y_i} \frac{dy_i}{y_i} = \int_0^t \lambda_i dt \rightarrow \ln\frac{y_i}{y_{i0}} = \lambda_i t \rightarrow y_i = y_{i0}e^{\lambda_i t}, \; i = 1,2,...,n \,. \qquad [7.16]$$

Si se define ahora la *matriz exponencial* $e^{\mathbf{D}t}$ como la matriz diagonal

$$e^{\mathbf{D}t} = \mathrm{diag}(e^{\lambda_1 t}, e^{\lambda_2 t}, ..., e^{\lambda_n t}) \qquad [7.17]$$

se puede escribir

$$\mathbf{y} = e^{\mathbf{D}t}\mathbf{y_0} \qquad [7.18]$$

Si se vuelve a la notación inicial, a través de la relación $\mathbf{x} = \mathbf{S}\mathbf{y}$, se tiene

$$\mathbf{x} = \mathbf{S}e^{\mathbf{D}t}\mathbf{S}^{-1}\mathbf{x_0} \,. \qquad [7.19]$$

Si finalmente se define la *matriz exponencial* $e^{\mathbf{A}t}$ como la matriz

$$e^{\mathbf{A}t} = \mathbf{S}e^{\mathbf{D}t}\mathbf{S}^{-1} \qquad [7.20]$$

se tiene la solución al problema planteado, dada matricialmente por

$$\mathbf{x} = e^{\mathbf{A}t}\mathbf{x_0} \qquad [7.21]$$

<u>Segundo caso:</u> **A** no diagonalizable, con un total de n valores propios.

Un tratamiento análogo conduce a n ecuaciones diferenciales que se pueden expresar matricialmente por

$$\frac{d\mathbf{y}}{dt} = \mathbf{J}\mathbf{y} \qquad [7.22]$$

con las condición matricial

$$\mathbf{y}(0) = \mathbf{y_0}, \qquad 7.23]$$

donde **J** es la forma canónica de Jordan para la matriz **A**.

De nuevo se han desconectado las variables para bloques elementales de Jordan distintos, pero no para variables asociadas a un mismo bloque elemental, y ello mediante la matriz **S**, cuyas columnas son la base de Jordan, tal que $\mathbf{S}^{-1}\mathbf{A}\mathbf{S} = \mathbf{J}$.

En este caso la integración se realiza bloque a bloque, tal como se indica a continuación: Supóngase un bloque elemental de Jordan $\mathbf{J_0}$, de tamaño k, asociado al valor propio λ_0, y al que le corresponden las variables $y_1, y_2, ..., y_k$. Se tiene

$$\begin{aligned} \frac{dy_1}{dt} &= \lambda_0 y_1 + y_2 \\ \frac{dy_2}{dt} &= \lambda_0 y_2 + y_3 \\ &\dots \\ \frac{dy_{k-1}}{dt} &= \lambda_0 y_{k-1} + y_k \\ \frac{dy_k}{dt} &= \lambda_0 y_k \end{aligned} \qquad [7.24]$$

Comenzando la integración por la última ecuación e introduciendo el resultado obtenido para y_k en la penúltima; integrando a continuación la penúltima ecuación e introduciendo el resultado obtenido para y_{k-1} en la antepenúltima, y así sucesivamente, hasta llegar a integrar la primera ecuación, se llega a las siguientes expresiones:

$$\begin{aligned} \mathbf{y_1} &= e^{\lambda_0 t}(\mathbf{y_{10}} + \frac{t}{1!}\mathbf{y_{20}} + \frac{t^2}{2!}\mathbf{y_{30}} + ... + \frac{t^{k-1}}{(k-1)!}\mathbf{y_{k0}}) \\ \mathbf{y_2} &= e^{\lambda_0 t}(\mathbf{y_{20}} + \frac{t}{1!}\mathbf{y_{30}} + ... + \frac{t^{k-2}}{(k-2)!}\mathbf{y_{k0}}) \\ &\dots \\ \mathbf{y_k} &= e^{\lambda_0 t}\mathbf{y_{k0}} \end{aligned} \qquad [7.25]$$

o bien, si se define la *matriz exponencial* $e^{\mathbf{J_0}t}$ mediante

$$e^{\mathbf{J_0}t} = e^{\lambda_0 t}\begin{bmatrix} 1 & t/1! & t^2/2! & ... & t^{k-1}/(k-1)! \\ 0 & 1 & t/1! & ... & t^{k-2}/(k-2)! \\ 0 & 0 & 1 & ... & t^{k-3}/(k-3)! \\ ... & ... & ... & ... & ... \\ 0 & 0 & 0 & ... & 1 \end{bmatrix} \qquad [7.26]$$

se llega a que

$$\mathbf{y^{(0)}} = e^{\mathbf{J_0}t}\mathbf{y_0^{(0)}} \qquad [7.27]$$

donde la notación se refiere a las k variables y_i.

Se está ya en condiciones de definir la *exponencial matricial* $e^{\mathbf{J}t}$ como la matriz diagonal por bloques

$$e^{\mathbf{J}t} = \mathrm{diag}(e^{\mathbf{J_1}t}, e^{\mathbf{J_2}t}, ..., e^{\mathbf{J_q}t}), \qquad [7.28]$$

donde

$$\mathbf{J_1}, \mathbf{J_2}, ..., \mathbf{J_q} \qquad [7.29]$$

son los q bloques elementales de Jordan que definen la matriz de Jordan **J**. La matriz exponencial e^{Jt} resuelve definitivamente el problema pues de [7.27] se deduce, aplicando este resultado a cada bloque elemental,

$$\mathbf{y} = e^{\mathbf{J}t}\mathbf{y}_0 \qquad [7.30]$$

Un tratamiento similar al ya realizado para el primer caso de **A** diagonalizable conduce a lo siguiente:

Si se vuelve a la notación inicial, a través de la relación **x** = **Sy**, se tiene

$$\mathbf{x} = \mathbf{S}e^{\mathbf{J}t}\mathbf{S}^{-1}\mathbf{x}_0 \qquad [7.31]$$

y si se define ahora la *matriz exponencial* e^{At} como la matriz

$$e^{\mathbf{A}t} = \mathbf{S}e^{\mathbf{J}t}\mathbf{S}^{-1} \qquad [7.32]$$

se tiene la solución al problema planteado, dada matricialmente por

$$\mathbf{x} = e^{\mathbf{A}t}\mathbf{x}_0 \qquad [7.33]$$

Ejemplo 6.11

Se considera el sistema diferencial

$$\frac{d\mathbf{x}}{dt} = \mathbf{A}\mathbf{x}$$

dado por la matriz

$$\mathbf{A} = \begin{bmatrix} 3 & -1 & 1 & 1 & 0 & 0 \\ 1 & 1 & -1 & -1 & 0 & 0 \\ 0 & 0 & 2 & 0 & 1 & 1 \\ 0 & 0 & 0 & 2 & -1 & -1 \\ 0 & 0 & 0 & 0 & 1 & 1 \\ 0 & 0 & 0 & 0 & 1 & 1 \end{bmatrix}$$

de la que ya se conoce la forma de Jordan

$$\mathbf{J} = \begin{bmatrix} 2 & 1 & 0 & 0 & 0 & 0 \\ 0 & 2 & 1 & 0 & 0 & 0 \\ 0 & 0 & 2 & 0 & 0 & 0 \\ 0 & 0 & 0 & 2 & 1 & 0 \\ 0 & 0 & 0 & 0 & 2 & 0 \\ 0 & 0 & 0 & 0 & 0 & 0 \end{bmatrix}$$

y la base de Jordan, cuyas columnas forman la matriz regular

$$\mathbf{S}=\begin{bmatrix}2 & 1 & 0 & 0 & 0 & 0\\ 2 & -1 & 0 & 0 & 0 & 0\\ 0 & 0 & 1 & 2 & 1 & 0\\ 0 & 0 & 0 & -2 & -1 & 0\\ 0 & 0 & 0 & 0 & 1 & 1\\ 0 & 0 & 0 & 0 & 1 & -1\end{bmatrix}$$

Se tiene en este ejemplo

$$\mathbf{J}=\text{diag}(\mathbf{J_1},\mathbf{J_2},\mathbf{J_3}),$$

$$e^{\mathbf{J}t}=\text{diag}(e^{\mathbf{J_1}t},e^{\mathbf{J_2}t},e^{\mathbf{J_3}t})$$

$$e^{\mathbf{J_1}t}=e^{2t}\begin{bmatrix}1 & t & t^2/2\\ 0 & 1 & t\\ 0 & 0 & 1\end{bmatrix}$$

$$e^{\mathbf{J_2}t}=e^{2t}\begin{bmatrix}1 & t\\ 0 & 1\end{bmatrix}$$

$$e^{\mathbf{J_3}t}=[1]$$

por lo que

$$e^{\mathbf{A}t}=\mathbf{S}e^{\mathbf{J}t}\mathbf{S}^{-1}$$

y

$$\mathbf{x}=e^{\mathbf{A}t}\mathbf{x_0}$$

es la solución al sistema, con $\mathbf{x_0}$ la matriz columna que contiene las condiciones iniciales, las cuales, una vez fijadas, determinan una solución concreta para el sistema diferencial. ✶

6.8 Funciones de matrices

La matriz exponencial $e^{\mathbf{A}t}$, dada en [7.32], para matrices cuadradas de orden n con n valores propios, o bien en [7.20], para matrices diagonalizables, es, en realidad, un caso particular de función matricial f(**A**), donde $f(\lambda)=e^{\lambda t}$ es una función exponencial concreta.

En lo que sigue **A** es una matriz real. Se suele definir la función matricial f(**A**), para una función general f(λ), suficientemente derivable respecto de la variable λ, del modo siguiente: Sea

$$\mu(\lambda)=(\lambda-\lambda_1)^{p_1}(\lambda-\lambda_2)^{p_2}...(\lambda-\lambda_k)^{p_k} \qquad [8.1]$$

el polinomio mínimo de **A,** descompuesto en factores lineales. Los valores escalares

$$((f^{(j_i)}(\lambda_i),\ 0\le j_i<p_i),\ i=1,2,...,k)\,, \qquad [8.2]$$

que se supone están definidos para la función f(λ) y sus derivadas, reciben el nombre de *valores de f(λ) sobre el espectro de **A*** (La notación $f^{(j)}(\lambda_i)$ significa derivar f(λ), respecto de la variable λ, j veces consecutivas y evaluar la derivada obtenida para $\lambda = \lambda_i$).

Por definición, si g(λ) es el polinomio de interpolación de Lagrange–Sylvester dado mediante

$$g(\lambda) = \sum_{i=1}^{k} \frac{\mu(\lambda)}{(\lambda - \lambda_i)^{p_i}} (\alpha_{0i} + \alpha_{1,i}(\lambda - \lambda_i) + \alpha_{2,i}(\lambda - \lambda_i)^2 + \ldots + \alpha_{p_i-1,i}(\lambda - \lambda_i)^{p_i-1}) \quad [8.3]$$

el cual toma los mismos valores que f(λ) sobre el espectro de **A,** entonces la *función matricial* f(**A**) se identifica con la función polinomial g(**A**), esto es,

$$f(\mathbf{A}) = g(\mathbf{A}) \quad , \quad [8.4]$$

Para que g(λ) tome los mismos valores que f(λ) sobre el espectro de **A,** es condición necesaria y suficiente que los coeficientes de [8.3] coincidan con los p_i primeros coeficientes del *desarrollo de Taylor* de la función

$$\frac{f(\lambda)(\lambda - \lambda_i)^{p_i}}{\mu(\lambda)} \quad [8.5]$$

en serie de potencias de $(\lambda - \lambda_i)$, i = 1, 2, ..., k. Esta afirmación es laboriosa de probar y se omite (Se puede encontrar en textos más avanzados).

Ejemplo 6.12

La matriz

$$\mathbf{A} = \begin{bmatrix} 12 & 9 & 0 & 0 \\ 4 & 3 & 0 & 0 \\ 0 & 0 & 15 & 1 \\ 0 & 0 & 0 & 15 \end{bmatrix}$$

tiene como polinomio mínimo

$$\mu(\lambda) = \lambda(\lambda - 15)^2$$

Si se considera la función

$$f(\lambda) = \sqrt{\lambda}$$

está claro que están definidos sus valores sobre el espectro de **A** y estos son

$$f(0) = 0$$

$$f(15) = \sqrt{15}$$

$$f'(15) = \frac{1}{2\sqrt{15}}$$

El primer sumando del desarrollo en serie de potencias de λ de la función

$$\frac{\sqrt{\lambda}}{(\lambda - 15)^2}$$

es evidentemente nulo. De otra parte, los dos primeros sumandos del desarrollo en serie de potencias de $(\lambda-15)$ de la función

$$\frac{\sqrt{\lambda}}{\lambda}$$

vienen dados por

$$\frac{\sqrt{15}}{15}-\frac{\sqrt{15}}{450}(\lambda-15)$$

El polinomio de interpolación es, por consiguiente,

$$g(\lambda)=\lambda\left(\frac{\sqrt{15}}{15}-\frac{\sqrt{15}}{450}(\lambda-15)\right)=-\frac{\sqrt{15}}{450}\lambda^2+\frac{\sqrt{15}}{10}\lambda$$

de donde

$$\sqrt{\mathbf{A}}=g(\mathbf{A})=-\frac{\sqrt{15}}{450}\mathbf{A}^2+\frac{\sqrt{15}}{10}\mathbf{A}$$

esto es, haciendo operaciones

$$\sqrt{\mathbf{A}}=\begin{bmatrix} 3.09839 & 2.32379 & 0 & 0 \\ 1.0328 & 0.774597 & 0 & 0 \\ 0 & 0 & 3.87298 & 0.129099 \\ 0 & 0 & 0 & 3.87298 \end{bmatrix}.\bigstar$$

En lo que sigue se va a probar que la definición dada en [7.32] para la matriz exponencial $e^{\mathbf{A}t}$, que incluye la definición particular de $e^{\mathbf{A}t}$ para matrices diagonalizables dada en [7.20], coincide con la definición general de función matricial dada en [8.4], tomando $f(\lambda)=e^{\lambda t}$:

Proposición 6.17 "Si $\mathbf{J_0}$ es un bloque elemental de Jordan, de orden k, asociado al valor propio λ_0, entonces

$$e^{\mathbf{J}_0 t}=e^{\lambda_0 t}\begin{bmatrix} 1 & t/1! & t^2/2! & \ldots & t^{k-1}/(k-1)! \\ 0 & 1 & t/1! & \ldots & t^{k-2}/(k-2)! \\ 0 & 0 & 1 & \ldots & t^{k-3}/(k-3)! \\ \ldots & \ldots & \ldots & \ldots & \ldots \\ 0 & 0 & 0 & \ldots & 1 \end{bmatrix}"$$

Por ser $\mathbf{J_0}$ un bloque elemental de Jordan el polinomio mínimo coincide con su polinomio característico, esto es,

$$\mu(\lambda)=(\lambda-\lambda_0)^k$$

El polinomio de interpolación $g(\lambda)$ está formado por los k primeros sumandos del desarrollo de $f(\lambda)=e^{\lambda t}$ en serie de potencias de $(\lambda-\lambda_0)$, es decir,

$$g(\lambda) = f(\lambda_0) + \frac{f^{(1)}(\lambda_0)}{1!}(\lambda - \lambda_0) + \frac{f^{(2)}(\lambda_0)}{2!}(\lambda - \lambda_0)^2 + \ldots + \frac{f^{(k-1)}(\lambda_0)}{(k-1)!}(\lambda - \lambda_0)^{k-1} =$$

$$e^{\lambda_0 t} + \frac{te^{\lambda_0 t}}{1!}(\lambda - \lambda_0) + \frac{t^2 e^{\lambda_0 t}}{2!}(\lambda - \lambda_0)^2 + \ldots + \frac{t^{k-1} e^{\lambda_0 t}}{(k-1)!}(\lambda - \lambda_0)^{k-1}$$

de donde, denotando con $\mathbf{H_0}$ la matriz nilpotente $\mathbf{J_0}-\lambda_0\mathbf{I_k}$, que es de índice k, se tiene

$$e^{\mathbf{J_0}t} = g(\mathbf{J_0}t) = e^{\lambda_0 t}(\mathbf{I_k} + \frac{t}{1!}\mathbf{H_0} + \frac{t^2}{2!}\mathbf{H_0^2} + \ldots + \frac{t^{k-1}}{(k-1)!}\mathbf{H_0^{k-1}})$$

Teniendo en cuenta que

$$\mathbf{H_0} = \begin{bmatrix} & 1 & & & \\ & & 1 & & \\ & & & 1 & \\ & & & & \ldots \\ & & & & 1 \\ & & & & \end{bmatrix}, \mathbf{H_0^2} = \begin{bmatrix} & & 1 & & \\ & & & 1 & \\ & & & & \ldots \\ & & & & 1 \\ & & & & \\ & & & & \end{bmatrix}, \ldots, \mathbf{H_0^{k-1}} = \begin{bmatrix} & & & & 1 \\ & & & & \\ & & & & \\ & & & & \\ & & & & \\ & & & & \end{bmatrix}$$

donde los elementos que no se indican valen cero, se llega fácilmente a la identidad pedida

$$e^{\mathbf{J_0}t} = e^{\lambda_0 t}\begin{bmatrix} 1 & t/1! & t^2/2! & \ldots & t^{k-1}/(k-1)! \\ 0 & 1 & t/1! & \ldots & t^{k-2}/(k-2)! \\ 0 & 0 & 1 & \ldots & t^{k-3}/(k-3)! \\ \ldots & \ldots & \ldots & \ldots & \ldots \\ 0 & 0 & 0 & \ldots & 1 \end{bmatrix} \square$$

Proposición 6.18 "Si $\mathbf{J} = \text{diag}(\mathbf{J_1}, \mathbf{J_2}, \ldots, \mathbf{J_q})$ es la matriz de Jordan determinada por los q bloques elementales $\mathbf{J_1}, \mathbf{J_2}, \ldots, \mathbf{J_q}$, entonces $f(\mathbf{J}) = \text{diag}(f(\mathbf{J_1}), f(\mathbf{J_2}), \ldots, f(\mathbf{J_q}))$ ".

Se deja la demostración como ejercicio para el lector. ❑

Proposición 6.19 "Si la matriz **A** es semejante con la matriz de Jordan **J**, de modo que $\mathbf{S^{-1}AS} = \mathbf{J}$, y $f(\lambda)$ es una función en la variable λ para la que está definida $f(\mathbf{A})$, entonces

$$f(\mathbf{A})=\mathbf{S}\, f(\mathbf{J})\, \mathbf{S}^{-1}".$$

Si **A** es semejante con **J**, de modo que $\mathbf{S^{-1}AS} = \mathbf{J}$, es fácil probar que las potencias de **A** son semejantes con las correspondientes potencias de **J**, y de ahí que cualquier polinomio en **A** es semejante con el mismo polinomio en **J.** En particular, si $g(\lambda)$ es el polinomio de interpolación –que sólo depende de $f(\lambda)$ y del polinomio mínimo, el cual es común a **A** y a **J** por semejanza– se tiene $g(\mathbf{A}) = \mathbf{S}\, g(\mathbf{J})\, \mathbf{S}^{-1}$, de donde inmediatamente se concluye que $f(\mathbf{A}) = \mathbf{S}\, f(\mathbf{J})\, \mathbf{S}^{-1}$ ❑

Proposición 6.20 "Si J = diag($\mathbf{J_1}$, $\mathbf{J_2}$, ..., $\mathbf{J_q}$) es la forma canónica de Jordan de **A,** de modo que $\mathbf{S^{-1}AS = J}$, entonces

$$e^{\mathbf{A}t} = \mathbf{S}e^{\mathbf{J}t}\mathbf{S}^{-1} = \mathbf{S}\mathrm{diag}(e^{\mathbf{J}_1 t}, e^{\mathbf{J}_2 t}, ..., e^{\mathbf{J}_q t})\mathbf{S}^{-1}\text{"}.$$

Es una consecuencia inmediata de las Proposiciones 6.18 y 6.19, tomando como función f(λ) la función

$$f(\lambda) = e^{\lambda t} \quad \square$$

6.9 Ejercicios resueltos

6.1 Dada la matriz de Jordan

$$\mathbf{A} = \begin{bmatrix} 3 & 1 & & & & & \\ & 3 & 1 & & & & \\ & & 3 & & & & \\ & & & 3 & 1 & & \\ & & & & 3 & & \\ & & & & & 2 & 1 \\ & & & & & & 2 \end{bmatrix}$$

hállense los bloques elementales de Jordan, que están asociados a cada valor propio λ_i, mediante el cálculo de los rangos de las potencias de $(\mathbf{A}-\lambda_i\mathbf{I}_7)$.

Al ser la matriz **A** una matriz de Jordan, sus bloques diagonales

$$\mathbf{J}_1 = \begin{bmatrix} 3 & 1 & \\ & 3 & 1 \\ & & 1 \end{bmatrix}, \mathbf{J}_2 = \begin{bmatrix} 3 & 1 \\ & 3 \end{bmatrix}, \mathbf{J}_3 = \begin{bmatrix} 2 & 1 \\ & 2 \end{bmatrix}$$

son evidentemente bloques elementales de Jordan.

Sin embargo a esta misma conclusión se va a llegar utilizando las fórmulas que permiten calcular cuántas cadenas hay –y sus longitudes respectivas– para cada valor propio de la matriz **A**:

Los valores propios de **A** son $\lambda_1 = 3$ (quíntuple) y $\lambda_2 = 2$ (doble). La dimensión s_1 del primer subespacio propio es estrictamente menor que la multiplicidad m_1 del valor propio correspondiente, pues

$$s_1 = \dim \mathbf{N}(\mathbf{A} - 3\mathbf{I}_7) = 2 < m_1 = 5,$$

de donde **A** no es diagonalizable. Siendo $s_1 = 2$, habrá un total de dos cadenas asociadas al primer valor propio (dos bloques elementales de Jordan). De otra parte, la dimensión s_2 del segundo subespacio propio también es menor que la multiplicidad m_2 del valor propio correspondiente, ya que

$$s_2 = \dim \mathbf{N}(\mathbf{A} - 2\mathbf{I}_7) = 1 < m_2 = 2$$

Siendo $s_2 = 1$, habrá una sola cadena asociada al segundo valor propio (un bloque elemental de Jordan).

Primer valor propio: Calculando los rangos de las potencias sucesivas de ($\mathbf{A}$−3$\mathbf{I}_7$), hasta que se produzca la igualdad, se tiene

$$r_0 = r((\mathbf{A}-3\mathbf{I}_7)^0) = r(\mathbf{I}_7) = 7 >$$
$$r_1 = r((\mathbf{A}-3\mathbf{I}_7)^1) = 5 >$$
$$r_2 = r((\mathbf{A}-3\mathbf{I}_7)^2) = 3 >$$
$$r_3 = r((\mathbf{A}-3\mathbf{I}_7)^3) = 2 =$$
$$r_4 = r((\mathbf{A}-3\mathbf{I}_7)^4) = 2$$

por lo que p_1 = 3 (el tamaño del bloque elemental de Jordan de orden máximo asociado al primer valor propio).

Utilizando la notación

$$d_i = \dim \mathbf{N}(\mathbf{A}-3\mathbf{I}_7)^i$$

se tiene

$$d_0 = 7 - r_0 = 0 <$$
$$d_1 = 7 - r_1 = 2 <$$
$$d_2 = 7 - r_2 = 4 <$$
$$d_3 = 7 - r_3 = 5$$

de donde

$$f_3 = d_3 - d_2 = 5 - 4 = 1$$
$$f_2 = d_2 - d_1 = 4 - 2 = 2$$
$$f_1 = d_1 - d_0 = 2 - 0 = 2$$

y de ahí que:

nº de cadenas de longitud tres =
nº de bloques elementales de Jordan de orden tres $= f_3 = 1$

nº de cadenas de longitud dos =
nº de bloques elementales de Jordan de orden dos $= f_2 - f_3 = 2 - 1 = 1$

nº de cadenas de longitud uno =
nº de bloques elementales de Jordan de orden uno $= f_1 - f_2 = 2 - 2 = 0$.

Segundo valor propio: Calculando los rangos de las potencias sucesivas de ($\mathbf{A}$−2$\mathbf{I}_7$), hasta que se produzca la igualdad, se tiene (con la misma notación de antes)

$$
\begin{aligned}
r_0 &= r((\mathbf{A} - 2\mathbf{I}_7)^0) = r(I_7) = 7 > \\
r_1 &= r((\mathbf{A} - 2\mathbf{I}_7)^1) = 6 > \\
r_2 &= r((\mathbf{A} - 2\mathbf{I}_7)^2) = 5 = \\
r_3 &= r((\mathbf{A} - 2\mathbf{I}_7)^3) = 5
\end{aligned}
$$

por lo que $p_2 = 2$ (el tamaño del bloque elemental de Jordan de orden máximo asociado al segundo valor propio). Se tiene ahora

$$
\begin{aligned}
d_0 &= 7 - r_0 = 0 < \\
d_1 &= 7 - r_1 = 1 < \\
d_2 &= 7 - r_2 = 2
\end{aligned}
$$

de donde

$$
\begin{aligned}
f_2 &= d_2 - d_1 = 2 - 1 = 1 \\
f_1 &= d_1 - d_0 = 1 - 0 = 1
\end{aligned}
$$

y de ahí que:

nº de cadenas de longitud dos =
nº de bloques elementales de Jordan de orden dos $= f_2 = 1$

nº de cadenas de longitud uno =
nº de bloques elementales de Jordan de orden uno $= f_1 - f_2 = 1 - 1 = 0$.

6.2 Hállese la forma canónica de Jordan de la matriz

$$
\mathbf{A} = \begin{bmatrix} 0 & 0 & 0 & 0 & 1 & 0 \\ 0 & 0 & 1 & 1 & 0 & -1 \\ 0 & 0 & 0 & 0 & 0 & 0 \\ 0 & 0 & 0 & 0 & 0 & 0 \\ 0 & 0 & 1 & 0 & 0 & -1 \\ 0 & 0 & 0 & 0 & 0 & 0 \end{bmatrix}
$$

Se trata en este caso de una matriz **A** nilpotente. Los valores propios de **A** valen cero, esto es $\lambda_1 = 0$ y $m_1 = 6$. Las potencias sucesivas de la matriz $(\mathbf{A}-0\mathbf{I}_6)$ coinciden con las potencias sucesivas de **A**. Se tiene:

$$
\begin{aligned}
r_0 &= r(\mathbf{A^0}) = r(\mathbf{I_6}) = 6 > \\
r_1 &= r(\mathbf{A^1}) = 3 > \\
r_2 &= r(\mathbf{A^2}) = 1 > \\
r_3 &= r(\mathbf{A^3}) = 0 = \\
r_4 &= r(\mathbf{A^4}) = 0
\end{aligned}
$$

de lo que se deduce inmediatamente que el número total de bloques elementales de Jordan es $s_1 = 3$ y el tamaño del bloque elemental de Jordan de orden máximo es $p_1 = 3$.

Un tratamiento similar al ya realizado en el ejercicio anterior conduce a la forma canónica de Jordan

$$
\mathbf{J} = \begin{bmatrix} 0 & 1 & & & & \\ & 0 & 1 & & & \\ & & 0 & & & \\ & & & 0 & 1 & \\ & & & & 0 & \\ & & & & & 0 \end{bmatrix}
$$

con tres bloques elementales de Jordan, de órdenes respectivos tres, dos y uno.

6.3 Hállese una base de Jordan para la matriz del Ejercicio 6.2.

La figura 6.6 resume lo que se pretende obtener

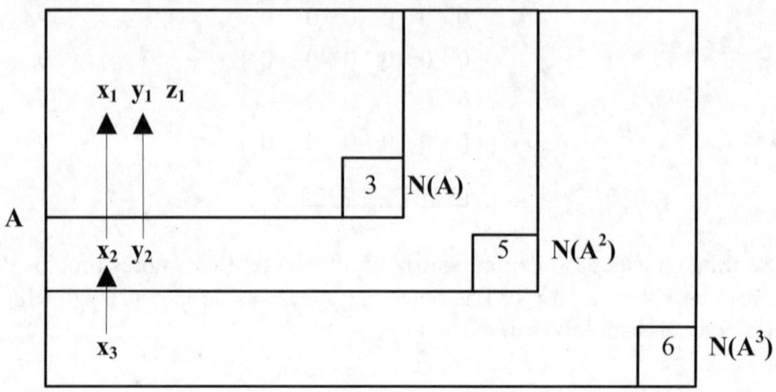

Figura 6.6

En primer lugar se busca una base de $\mathbf{N}(\mathbf{A}^2)$ y se amplía con el vector $\mathbf{x}_3$ hasta formar una base de $\mathbf{N}(\mathbf{A}^3)$, que en este caso coincide con el espacio de matrices columna. Se construye la cadena generada por $\mathbf{x}_3$

$$\mathbf{x}_3, \mathbf{x}_2 = \mathbf{A}\mathbf{x}_3, \mathbf{x}_1 = \mathbf{A}\mathbf{x}_2$$

A continuación se busca una base de $\mathbf{N}(\mathbf{A})$ que contenga el vector $\mathbf{x}_1$ y se amplía con el vector $\mathbf{x}_2$ y un nuevo vector $\mathbf{y}_2$, hasta lograr formar una base de $\mathbf{N}(\mathbf{A}^2)$. Se construye la nueva cadena

$$\mathbf{y}_2, \mathbf{y}_1 = \mathbf{A}\mathbf{y}_2$$

Finalmente, se amplía en $\mathbf{N}(\mathbf{A})$ la lista $\mathbf{x}_1$, $\mathbf{y}_1$ con el vector $\mathbf{z}_1$ hasta formar una base de $\mathbf{N}(\mathbf{A})$. La base de Jordan será, por consiguiente

$$\mathbf{x}_1, \mathbf{x}_2, \mathbf{x}_3, \mathbf{y}_1, \mathbf{y}_2, \mathbf{z}_1$$

La resolución numérica se especifica en lo que sigue:

a) Una base de $\mathbf{N}(\mathbf{A}^2)$:

$$\begin{bmatrix}1 & 0 & 0 & 0 & 0 & 0\end{bmatrix}^{\mathbf{T}},$$
$$\begin{bmatrix}0 & 1 & 0 & 0 & 0 & 0\end{bmatrix}^{\mathbf{T}},$$
$$\begin{bmatrix}0 & 0 & 1 & 0 & 0 & 1\end{bmatrix}^{\mathbf{T}},$$
$$\begin{bmatrix}0 & 0 & 0 & 1 & 0 & 0\end{bmatrix}^{\mathbf{T}},$$
$$\begin{bmatrix}0 & 0 & 0 & 0 & 1 & 0\end{bmatrix}^{\mathbf{T}}$$

b) Un vector $\mathbf{x}_3$ que amplía la base de $\mathbf{N}(\mathbf{A}^2)$ anterior hasta formar una base de $\mathbf{N}(\mathbf{A}^3)$:

$$\mathbf{x}_3 = \begin{bmatrix}0 & 0 & 0 & 0 & 0 & 1\end{bmatrix}^{\mathbf{T}}$$

c) La cadena generada por $\mathbf{x}_3$:

$$\mathbf{x}_3 = \begin{bmatrix}0 & 0 & 0 & 0 & 0 & 1\end{bmatrix}^{\mathbf{T}},$$
$$\mathbf{x}_2 = \mathbf{A}\mathbf{x}_3 = \begin{bmatrix}0 & -1 & 0 & 0 & -1 & 0\end{bmatrix}^{\mathbf{T}},$$
$$\mathbf{x}_1 = \mathbf{A}\mathbf{x}_2 = \begin{bmatrix}-1 & 0 & 0 & 0 & 0 & 0\end{bmatrix}^{\mathbf{T}}$$

d) Una base de $\mathbf{N}(\mathbf{A})$ que incluye el vector $\mathbf{x}_1$:

$$\begin{bmatrix}-1 & 0 & 0 & 0 & 0 & 0\end{bmatrix}^{\mathbf{T}},$$
$$\begin{bmatrix}0 & 1 & 0 & 0 & 0 & 0\end{bmatrix}^{\mathbf{T}},$$
$$\begin{bmatrix}0 & 0 & 1 & 0 & 0 & 1\end{bmatrix}^{\mathbf{T}}$$

e) Un vector $\mathbf{y}_2$ que amplía la base anterior de $\mathbf{N}(\mathbf{A})$, junto con el vector $\mathbf{x}_2$, hasta formar una base de $\mathbf{N}(\mathbf{A}^2)$:

$$\mathbf{y}_2 = \begin{bmatrix}0 & 0 & 0 & 1 & 0 & 0\end{bmatrix}^{\mathbf{T}}$$

f) La cadena generada por $\mathbf{y}_2$:

$$\mathbf{y}_2 = [0 \quad 0 \quad 0 \quad 1 \quad 0 \quad 0]^T,$$
$$\mathbf{y}_1 = \mathbf{A}\mathbf{y}_2 = [0 \quad 1 \quad 0 \quad 0 \quad 0 \quad 0]^T$$

g) Un vector $\mathbf{z}_1$ que completa la lista linealmente independiente $\mathbf{x}_1$, $\mathbf{y}_1$ hasta formar una base de $\mathbf{N}(\mathbf{A})$:

$$\mathbf{z}_1 = [0 \quad 0 \quad 1 \quad 0 \quad 0 \quad 1]^T$$

En definitiva, las columnas de la matriz regular

$$\mathbf{S} = [\mathbf{x}_1 \quad \mathbf{x}_2 \quad \mathbf{x}_3 \quad \mathbf{y}_1 \quad \mathbf{y}_2 \quad \mathbf{z}_1] =$$

$$\begin{bmatrix} -1 & 0 & 0 & 0 & 0 & 0 \\ 0 & -1 & 0 & 1 & 0 & 0 \\ 0 & 0 & 0 & 0 & 0 & 1 \\ 0 & 0 & 0 & 0 & 1 & 0 \\ 0 & -1 & 0 & 0 & 0 & 0 \\ 0 & 0 & 1 & 0 & 0 & 1 \end{bmatrix}$$

forman la base de Jordan pedida, de modo que

$$\mathbf{S}^{-1}\mathbf{A}\mathbf{S} = \mathbf{J}$$

6.4 De una matriz cuadrada **A** de orden dos se sabe que es nilpotente y distinta de la matriz nula. Averígüese la forma canónica de Jordan de la citada matriz.

Si la matriz **A** es nilpotente sus valores propios necesariamente valen cero. En este caso **A** posee el valor propio cero (doble). El polinomio característico de **A** es

$$\varphi(\lambda) = \lambda^2$$

por lo que el polinomio mínimo de **A** debe ser

$$\mu(\lambda) = \lambda \quad \text{o bien} \quad \mu(\lambda) = \lambda^2 .$$

El exponente de λ en el polinomio mínimo indica el tamaño máximo de bloque elemental de Jordan presente en **J**. No puede ser el polinomio mínimo igual a λ, ya que **J** sería la matriz nula y por semejanza también lo sería **A**, contradiciendo el enunciado. Luego necesariamente

$$\mu(\lambda) = \lambda^2 ,$$

lo que indica que existe un bloque elemental de Jordan de orden dos que coincide con **J**. En definitiva

$$\mathbf{J} = \begin{bmatrix} 0 & 1 \\ 0 & 0 \end{bmatrix}$$

6.5 Utilizando divisores elementales hállese la forma canónica de Jordan de la matriz

$$\mathbf{A} = \begin{bmatrix} -1 & 1 & 0 \\ 0 & 2 & 4 \\ 0 & 0 & -1 \end{bmatrix}.$$

Si se calculan los factores determinantes se obtiene fácilmente

$$d_1(\lambda) = 1,\ d_2(\lambda) = 1,\ d_3(\lambda) = (\lambda+1)^2(\lambda-2)$$

que coinciden en este caso con los factores invariantes

$$e_1(\lambda) = 1,\ e_2(\lambda) = 1, e_3(\lambda) = (\lambda+1)^2(\lambda-2)$$

Del tercer factor invariante se obtienen los divisores elementales

$$(\lambda+1)^2,\ (\lambda-2)$$

que representan los dos bloques elementales de Jordan

$$\begin{bmatrix} -1 & 1 \\ & -1 \end{bmatrix} \text{ y } [2]$$

Definitivamente

$$\mathbf{J} = \begin{bmatrix} -1 & 1 & \\ & -1 & \\ & & 2 \end{bmatrix}$$

es la forma canónica de Jordan pedida.

6.6 ¿Son semejantes las matrices

$$\mathbf{A} = \begin{bmatrix} -6 & -21 & -18 \\ 1 & 4 & 3 \\ 1 & 3 & 3 \end{bmatrix},\quad \mathbf{B} = \begin{bmatrix} 9 & -4 & -3 \\ 15 & -6 & -6 \\ 8 & -4 & -2 \end{bmatrix}?$$

Los factores invariantes de **A** y de **B** (una vez calculados) se comprueba que coinciden y valen:

$$e_1(\lambda) = 1,\ e_2(\lambda) = 1,\ e_3(\lambda) = \lambda^2(\lambda-1).$$

Luego **A** y **B** comparten la misma forma canónica de Jordan que, en este caso, es

$$\mathbf{J} = \begin{bmatrix} 0 & 1 & \\ & 0 & \\ & & 1 \end{bmatrix}.$$

La semejanza de la matrices **A** y **B** con **J** implica necesariamente la semejanza de **A** y **B** entre sí.

6.7 Obténgase todas las formas canónicas de Jordan posibles (salvo el orden de los bloques elementales) de una matriz real **A** de orden cuatro, con cuatro valores propios reales (repetidos o no).

Si las letras a, b, c, d denotan números reales distintos entre sí, dos a dos, entonces las formas canónicas de Jordan posibles, organizadas en grupos, son las siguientes:

Grupo 1):

$$\begin{bmatrix} a & & & \\ & b & & \\ & & c & \\ & & & d \end{bmatrix}$$

Grupo 2):

$$\begin{bmatrix} a & 1 & & \\ & a & & \\ & & b & \\ & & & c \end{bmatrix}, \begin{bmatrix} a & & & \\ & a & & \\ & & b & \\ & & & c \end{bmatrix}$$

Grupo 3):

$$\begin{bmatrix} a & 1 & & \\ & a & & \\ & & b & 1 \\ & & & b \end{bmatrix}, \begin{bmatrix} a & 1 & & \\ & a & & \\ & & b & \\ & & & b \end{bmatrix}, \begin{bmatrix} a & & & \\ & a & & \\ & & b & \\ & & & b \end{bmatrix}$$

Grupo 4):

$$\begin{bmatrix} a & 1 & & \\ & a & 1 & \\ & & a & \\ & & & b \end{bmatrix}, \begin{bmatrix} a & 1 & & \\ & a & & \\ & & a & \\ & & & b \end{bmatrix}, \begin{bmatrix} a & & & \\ & a & & \\ & & a & \\ & & & b \end{bmatrix}$$

Grupo 5):

$$\begin{bmatrix} a & 1 & & \\ & a & 1 & \\ & & a & 1 \\ & & & a \end{bmatrix}, \begin{bmatrix} a & 1 & & \\ & a & 1 & \\ & & a & \\ & & & a \end{bmatrix}, \begin{bmatrix} a & 1 & & \\ & a & & \\ & & a & 1 \\ & & & a \end{bmatrix},$$

$$\begin{bmatrix} a & 1 & & \\ & a & & \\ & & a & \\ & & & a \end{bmatrix}, \begin{bmatrix} a & & & \\ & a & & \\ & & a & \\ & & & a \end{bmatrix}$$

6.8 Demuéstrese que toda matriz cuadrada **A**, tal que $\mathbf{A}^2 = \mathbf{A}$, es diagonalizable.

Un polinomio anulador de **A** es

$$\lambda^2 - \lambda$$

ya que $\mathbf{A}^2 - \mathbf{A} = \mathbf{O}$. El polinomio mínimo de **A** debe ser divisor del anterior polinomio anulador, por lo que las posibilidades para $\mu(\lambda)$ son cualquiera de las tres siguientes:

$$\lambda,\ \lambda - 1,\ \lambda(\lambda - 1)$$

En las tres posibilidades para $\mu(\lambda)$, el polinomio mínimo se descompone en factores simples, luego los bloques elementales de Jordan son de orden la unidad, esto es, **A** es una matriz diagonalizable.

6.9 Encuéntrese las posibles formas canónicas de Jordan de una matriz **A** cuadrada de orden seis cuyo polinomio mínimo es

$$(\lambda + 2)^2 (\lambda - 1)$$

y su polinomio característico contiene el factor irreducible

$$(\lambda + 2)^4 .$$

Las posibles formas canónicas de Jordan son en este caso las dos siguientes:

$$\begin{bmatrix} -2 & 1 & & & & \\ & -2 & & & & \\ & & -2 & 1 & & \\ & & & -2 & & \\ & & & & 1 & \\ & & & & & 1 \end{bmatrix}, \begin{bmatrix} -2 & 1 & & & & \\ & -2 & & & & \\ & & -2 & & & \\ & & & -2 & & \\ & & & & 1 & \\ & & & & & 1 \end{bmatrix}$$

6.10 Dada la matriz

$$\mathbf{A} = \begin{bmatrix} a & b \\ 0 & c \end{bmatrix}$$

demuéstrese, con a≠c, que

$$\mathbf{A}^k = \begin{bmatrix} a^k & b\left(\dfrac{a^k - c^k}{a - c}\right) \\ 0 & c^k \end{bmatrix}.$$

Se puede realizar la demostración por inducción sobre k. Sabiendo que el polinomio característico de **A** es un anulador de **A** se tiene:

$$\mathbf{A}^2 = (a + c)\mathbf{A} - ac\mathbf{I}_2$$

<u>*Nota*:</u> Se recuerda que

$$\frac{a^k - c^k}{a - c} = a^{k-1} + a^{k-2}c + a^{k-3}c^2 + \ldots + c^{k-1}$$

para *a* distinto de *c*. Los detalles de la resolución completa del ejercicio se dejan para el lector.

6.11 Sea **H** una matriz nilpotente de orden seis y de índice de nilpotencia tres. ¿Cuánto pueden valer las dimensiones de **N(H)** y de $\mathbf{N(H^2)}$?

Las dimensiones de **N(H)** y de $\mathbf{N(H^2)}$, compatibles con los datos del enunciado, corresponden a las tres posibles formas canónicas de Jordan

$$\begin{bmatrix} 0 & 1 & & & & \\ & 0 & 1 & & & \\ & & 0 & & & \\ & & & 0 & 1 & \\ & & & & 0 & 1 \\ & & & & & 0 \end{bmatrix}, \begin{bmatrix} 0 & 1 & & & & \\ & 0 & 1 & & & \\ & & 0 & & & \\ & & & 0 & 1 & \\ & & & & 0 & \\ & & & & & 0 \end{bmatrix}, \begin{bmatrix} 0 & 1 & & & & \\ & 0 & 1 & & & \\ & & 0 & & & \\ & & & 0 & & \\ & & & & 0 & \\ & & & & & 0 \end{bmatrix}$$

y son, teniendo en cuenta las cadenas de vectores propios generalizados y las inclusiones

$$\mathbf{N(H)} \subset \mathbf{N(H^2)} \subset \mathbf{N(H^3)} = \mathbf{E}$$

las tres siguientes:

a) 2 y 4

b) 3 y 5

c) 4 y 5

6.12 Resuélvase la ecuación diferencial

$$\frac{d^3u(t)}{dt^3} + 4\frac{d^2u(t)}{dt^2} + \frac{du(t)}{dt} - 6u(t) = 0,$$

donde u(t) es una función real de variable real t.

Haciendo el cambio de notación

$$x_1(t) = u(t)$$

$$x_2(t) = \frac{dx_1(t)}{dt} = \frac{du(t)}{dt}$$

$$x_3(t) = \frac{dx_2(t)}{dt} = \frac{d^2u(t)}{dt^2}$$

se tiene el sistema diferencial homogéneo equivalente

$$\frac{dx_1}{dt} = x_2(t)$$

$$\frac{dx_2}{dt} = x_3(t)$$

$$\frac{dx_3}{dt} = 6x_1(t) - x_2(t) - 4x_3(t)$$

que se escribe matricialmente de la forma

$$\begin{bmatrix} dx_1(t)/dt \\ dx_2(t)/dt \\ dx_3(t)/dt \end{bmatrix} = \begin{bmatrix} 0 & 1 & 0 \\ 0 & 0 & 1 \\ 6 & -1 & -4 \end{bmatrix} \begin{bmatrix} x_1(t) \\ x_2(t) \\ x_3(t) \end{bmatrix}$$

o bien de forma más compacta

$$\frac{d\mathbf{x}(t)}{dt} = \mathbf{A}\mathbf{x}(t)$$

La matriz **A** resulta ser diagonalizable mediante la matriz regular

$$\mathbf{S} = \begin{bmatrix} 1 & 1 & 1 \\ 1 & -2 & -3 \\ 1 & 4 & 9 \end{bmatrix}, \text{ de modo que}$$

$$\mathbf{S}^{-1}\mathbf{A}\mathbf{S} = \begin{bmatrix} 1 & 0 & 0 \\ 0 & -2 & 0 \\ 0 & 0 & -3 \end{bmatrix} = \mathbf{D}$$

Una solución viene dada por

$$\mathbf{x}(t) = \mathbf{S}e^{\mathbf{D}t}\mathbf{S}^{-1}\mathbf{x_0}$$

donde $\mathbf{x_0}$ representa las condiciones iniciales de x(t) para t = 0. Si

$$\mathbf{S}^{-1}\mathbf{x_0} = \begin{bmatrix} \alpha \\ \beta \\ \gamma \end{bmatrix}$$

se tiene definitivamente

$$\begin{bmatrix} x_1(t) \\ x_2(t) \\ x_3(t) \end{bmatrix} = \alpha e^{t} \begin{bmatrix} 1 \\ 1 \\ 1 \end{bmatrix} + \beta e^{-2t} \begin{bmatrix} 1 \\ -2 \\ 4 \end{bmatrix} + \gamma e^{-3t} \begin{bmatrix} 1 \\ -3 \\ 9 \end{bmatrix}.$$

Pero $u(t) = x_1(t)$, luego

$$u(t) = \alpha e^{t} + \beta e^{-2t} + \gamma e^{-3t}$$

es la solución general de la ecuación diferencial planteada.

6.13 ¿Cuánto vale $e^{\mathbf{A}}$ siendo

$$\mathbf{A} = \begin{bmatrix} 0 & 1 & 0 \\ 0 & 0 & 1 \\ 6 & -1 & -4 \end{bmatrix}?$$

⍓⍓⍓⍓⍓⍓

En este caso se tiene

$$\mathbf{S}=\begin{bmatrix}1 & 1 & 1\\ 1 & -2 & -3\\ 1 & 4 & 9\end{bmatrix} \text{ y } \mathbf{S}^{-1}=\frac{1}{12}\begin{bmatrix}6 & 5 & 1\\ 12 & -8 & -4\\ -6 & 3 & 3\end{bmatrix}$$

por lo que

$$e^{\mathbf{A}}=\mathbf{S}e^{\mathbf{D}}\mathbf{S}^{-1}=\frac{1}{12}\begin{bmatrix}1 & 1 & 1\\ 1 & -2 & -3\\ 1 & 4 & 9\end{bmatrix}\begin{bmatrix}e & 0 & 0\\ 0 & e^{-2} & 0\\ 0 & 0 & e^{-3}\end{bmatrix}\begin{bmatrix}6 & 5 & 1\\ 12 & -8 & -4\\ -6 & 3 & 3\end{bmatrix}=$$

$$\frac{1}{12e^{3}}\begin{bmatrix}-6+12e+6e^{4} & 3-8e+5e^{4} & 3-4e+e^{4}\\ 18-24e+6e^{4} & -9+16e+5e^{4} & -9+8e+e^{4}\\ -54+48e+6e^{4} & 27-32e+5e^{4} & 27-16e+e^{4}\end{bmatrix}.$$

6.14 Se sabe que las dos series matriciales

$$\sum_{k=0}^{\infty}\frac{(-1)^{k}\mathbf{A}^{2k}}{(2k)!},\ \sum_{k=0}^{\infty}\frac{(-1)^{k}\mathbf{A}^{2k+1}}{(2k+1)!}$$

representan las funciones matriciales $\cos(\mathbf{A}), \operatorname{sen}(\mathbf{A})$, respectivamente, para una matriz cuadrada y real $\mathbf{A}$. Hállense las citadas funciones matriciales para la matriz

$$\mathbf{A}=\begin{bmatrix}0 & 1 & 0\\ 0 & 0 & 1\\ 0 & 0 & 0\end{bmatrix}$$

Se sabe que

$$\mathbf{H}^{2}=\begin{bmatrix}0 & 0 & 1\\ 0 & 0 & 0\\ 0 & 0 & 0\end{bmatrix},\mathbf{H}^{3}=\begin{bmatrix}0 & 0 & 0\\ 0 & 0 & 0\\ 0 & 0 & 0\end{bmatrix}\rightarrow.$$

$$\cos(\mathbf{H})=\sum_{k=0}^{1}\frac{(-1)^{k}\mathbf{H}^{2k}}{(2k)!}=\mathbf{I}_{3}-\frac{1}{2}\mathbf{H}^{2}=\begin{bmatrix}1 & 0 & -1/2\\ 0 & 1 & 0\\ 0 & 0 & 1\end{bmatrix}$$

$$\operatorname{sen}(\mathbf{H})=\sum_{k=0}^{0}\frac{(-1)^{k}\mathbf{H}^{2k+1}}{(2k+1)!}=\mathbf{H}=\begin{bmatrix}0 & 1 & 0\\ 0 & 0 & 1\\ 0 & 0 & 0\end{bmatrix}$$

6.10 Ejercicios propuestos

6.15 Demuéstrese que toda matriz nilpotente posee el valor propio cero con multiplicidad igual a su orden, y recíprocamente.

6.16 Pruébese que si una matriz **A** posee el valor propio λ_0, de multiplicidad igual al orden de **A**, entonces $\mathbf{A}-\lambda_0\mathbf{I}$ es una matriz nilpotente.

6.17 Se sabe de una matriz **A** que su polinomio característico es

$$\varphi(\lambda) = -(\lambda - a)^{11}$$

y además se sabe que

$$r(\mathbf{A} - a\mathbf{I}) = 7$$

$$r(\mathbf{A} - a\mathbf{I})^{2} = 4$$

$$r(\mathbf{A} - a\mathbf{I})^{3} = 2$$

$$r(\mathbf{A} - a\mathbf{I})^{4} = 0$$

Hállese una forma canónica de Jordan para **A**, siendo *a* un parámetro real.

6.18 Hállese una matriz regular **S** tal que $\mathbf{S}^{-1}\mathbf{A}\mathbf{S} = \mathbf{J}$, siendo **J** una forma canónica de Jordan para la matriz

$$\mathbf{A} = \begin{bmatrix} 0 & 1 & 1 & 1 \\ 0 & 0 & 1 & 1 \\ 0 & 0 & 0 & 1 \\ 0 & 0 & 0 & 0 \end{bmatrix}$$

6.19 Pruébese que si **A** es la matriz elemental de Jordan de orden k de la forma

$$\mathbf{A} = \begin{bmatrix} a & 1 & & \dots & & \\ & a & 1 & \dots & & \\ & & a & \dots & & \\ & & & \dots & \dots & \dots \\ & & & & a & 1 \\ & & & & & a \end{bmatrix}$$

y

$$p(\lambda) = a_0 + a_1\lambda + a_2\lambda^2 + \dots + a_q\lambda^q$$

es un polinomio en la variable λ, entonces

$$p(\mathbf{A}) = \begin{bmatrix} p(a) & p'(a)/1! & p''(a)/2! & \dots & p^{(k-2)}(a)/(k-2)! & p^{(k-1)}(a)/(k-1)! \\ & p(a) & p'(a)/1! & \dots & p^{(k-3)}(a)/(k-3)! & p^{(k-2)}(a)/(k-2)! \\ & & p(a) & \dots & p^{(k-4)}(a)/(k-4)! & p^{(k-3)}(a)/(k-3)! \\ & & & \dots & \dots & \dots \\ & & & & p(a) & p'(a)/1! \\ & & & & & p(a) \end{bmatrix}$$

6.20 Hállese $e^{\mathbf{A}}$ siendo

$$\mathbf{A} = \begin{bmatrix} 0 & 0 & 1 \\ 0 & 0 & 1 \\ 1 & 1 & 1 \end{bmatrix}$$

6.21 Pruébese que para toda matriz cuadrada **A**, con valores propios reales, se tiene la identidad

$$\cos^2(\mathbf{A}) + \operatorname{sen}^2(\mathbf{A}) = \mathbf{I}\,.$$

6.22 Hállese $e^{\mathbf{A}t}$ siendo

$$\mathbf{A} = \begin{bmatrix} 0 & 1 \\ 1 & 0 \end{bmatrix}.$$

6.23 Se sabe que

$$(\mathbf{I_n} - \mathbf{A})^{-1} = \sum_{k=0}^{\infty} \mathbf{A}^k$$

supuesto que todos los valores propios de la matriz cuadrada **A** de orden n pertenecen al interior del círculo unidad del plano complejo de Gauss. Hállese una aproximación de $(\mathbf{I}-\mathbf{A})^{-1}$, tomando los cuatro primeros términos de la serie matricial anterior, siendo **A** la matriz cuadrada de orden n siguiente

$$\mathbf{A} = \begin{bmatrix} 0 & 1/n & \dots & 1/n \\ 1/n & 0 & \dots & 1/n \\ \dots & \dots & \dots & \dots \\ 1/n & 1/n & \dots & 0 \end{bmatrix}$$

6.24 Pruébese que una matriz cuadrada **A** de orden n definida en **K** es diagonalizable si y sólo si todas las raíces del factor invariante $e_n(\lambda)$ son simples y pertenecen a **K**.

6.25 Demuéstrese que las matrices **A** y $\mathbf{A}^T$ son semejantes, supuesto que **A** es una matriz cuadrada.

6.26 Hállense los factores invariantes y los divisores elementales de la matriz

$$\mathbf{A} = \begin{bmatrix} 0 & 1 & 0 \\ 1 & 0 & 0 \\ 0 & 0 & 0 \end{bmatrix}$$

6.27 Demuéstrese que si **A** es una matriz cuadrada y f(λ) es una función para la que f(**A**) está definida, entonces $f(\mathbf{A}^T) = f(\mathbf{A})^T$.

6.28 Demuéstrese que para toda matriz real, simétrica y definido positiva **A** tiene sentido la expresión

$$\sqrt{\mathbf{A}}\,.$$

6.29 Resuélvase el sistema diferencial

$$\frac{d\mathbf{x}}{dt} = \begin{bmatrix} 1 & 1 & 1 \\ 2 & 1 & -1 \\ 0 & -1 & 1 \end{bmatrix} \mathbf{x}$$

donde **x** es la columna

$$\mathbf{x} = \begin{bmatrix} x_1(t) \\ x_2(t) \\ x_3(t) \end{bmatrix}.$$

7

Espacios con Producto Escalar

Se estudian en este Capítulo los espacios vectcoriales con producto escalar. La noción de producto escalar y de 2–norma ya se introdujo en el primer Capítulo para el espacio de matrices columna; aquí se extiende el producto escalar a espacios de dimensión finita cualesquiera y se presenta la noción de norma inducida por un producto escalar general.

Las nociones de base ortonormal, proyección ortogonal sobre un subespacio y complemento ortogonal son fundamentales. El método de ortogonalización de Gram–Schmidt tiene interés en sí mismo y también en las aplicaciones. Se introducen los nuevos conceptos de descomposición en valor singular de una matriz e inversa generalizada, aplicándolos al problema de los mínimos cuadrados y a la proyección ortogonal sobre los subespacios fundamentales de una matriz.

7.1 Espacios con producto escalar

En lo sucesivo sea E un espacio vectorial sobre **K**, donde **K** es el cuerpo de los números complejos o el cuerpo de los números reales. Por definición un *producto escalar* sobre E es una aplicación

$$<,>: \text{ExE} \to \mathbf{K}$$

de E×E sobre **K** que hace corresponder a cada par ordenado (x, y) de vectores de E un escalar de **K**

$$<x,y>,$$

que recibe el nombre de *producto escalar de x por y*, cumpliéndose las siguientes *propiedades*:

$$1) < \alpha x + \beta y, z >= \overline{\alpha} < x, z > + \overline{\beta} < y, z >,$$
$$< x, \beta y + \gamma z >= \beta < x, y > + \gamma < x, z >$$
$$2) < x, y >= \overline{< y, x >}$$
$$3) < x, x > \geq 0, \forall x \in E$$
$$< x, x >= 0 \text{ si y sólo si } x = 0$$

Un espacio vectorial complejo, dotado de un producto escalar tal como el definido, recibe el nombre de *espacio vectorial unitario*. Si, por el contrario, el espacio vectorial fuera real, recibe éste el nombre de *espacio vectorial euclídeo*, y, en este caso, las *propiedades* de definición se expresan de modo más sencillo mediante

$$4) < \alpha x + \beta y, z >= \alpha < x, z > + \beta < y, z >,$$
$$< x, \beta y + \gamma z >= \beta < x, y > + \gamma < x, z >$$
$$5) < x, y >=< y, x >$$
$$6) < x, x > \geq 0, \forall x \in E$$
$$< x, x >= 0 \text{ si y sólo si } x = 0$$

Las tres propiedades 4), 5) y 6) permiten afirmar que todo *producto escalar euclídeo* es una *forma bilineal, simétrica y definido positiva*. Las formas bilineales serán estudiadas más adelante en el Capítulo 9 dedicado a las formas cuadráticas.

Ejemplo 7.1

1) En el espacio vectorial complejo $\mathbf{C}^{n\times 1}$ de matrices columna de n elementos la expresión

$$< \mathbf{x}, \mathbf{y} >= \mathbf{x}^{\mathbf{H}} \mathbf{y}$$

define un producto escalar complejo. Si el espacio vectorial es el real $\mathbf{R}^{n\times 1}$, el producto escalar anterior se convierte en el producto escalar real

$$< \mathbf{x}, \mathbf{y} >= \mathbf{x}^{\mathbf{T}} \mathbf{y}$$

2) En el espacio vectorial complejo $\mathbf{C}^{m\times n}$ de matrices de tamaño m×n la expresión

$$< \mathbf{A}, \mathbf{B} >= \text{Traza}(\mathbf{A}^H \mathbf{B})$$

define un producto escalar complejo. Análogamente, la expresión

$$< \mathbf{A}, \mathbf{B} >= \text{Traza}(\mathbf{A}^T \mathbf{B})$$

define un producto escalar real en $\mathbf{R}^{m \times n}$.

3) En el espacio vectorial complejo $\mathbf{C_p[t]}$ de polinomios de grado a lo sumo p en la variable t la expresión

$$< q(t), r(t) >= \int_a^b \overline{q(t)} r(t) dt$$

define un producto escalar complejo, donde [a, b] es un intervalo cerrado de la recta real. Análogamente, la expresión

$$< q(t), r(t) >= \int_a^b q(t) r(t) dt$$

define un producto escalar real en $\mathbf{R_p[t]}$.

4) Finalmente, en el espacio vectorial complejo $\mathbf{C^p}$ de *paréntesis* de p números complejos la expresión

$$< (\alpha_1, \alpha_2, ..., \alpha_p), (\beta_1, \beta_2, ..., \beta_p) >= \sum_{i=1}^{p} \overline{\alpha_i} \beta_i$$

define un producto escalar complejo. De un modo análogo en $\mathbf{R^p}$ la expresión

$$< (\alpha_1, \alpha_2, ..., \alpha_p), (\beta_1, \beta_2, ..., \beta_p) >= \sum_{i=1}^{p} \alpha_i \beta_i$$

define un producto escalar real. ✶

7.2 Ortogonalidad y norma inducida

Sea E un espacio vectorial con producto escalar < , >. Se dice que el vector x es *ortogonal* con el vector y si

$$< x, y >= 0 \qquad [2.1]$$

(La noción de ortogonalidad es simétrica, en el sentido que si x es ortogonal con y, también y es ortogonal con x).

Es muy fácil probar que el vector nulo es ortogonal a todos los vectores del espacio y, recíprocamente, el único vector ortogonal a todos los vectores del espacio es el vector nulo.

Una base $u_1, u_2, ..., u_n$ de E se llama *ortogonal* si los vectores que la forman son ortogonales entre sí dos a dos, esto es, si

$$< u_i, u_j >= 0, \forall i \neq j \qquad [2.2]$$

Proposición 7.1 "Vectores no nulos $x_1, x_2, ..., x_k$, ortogonales entre sí dos a dos, forman una colección linealmente independiente".

Planteada la ecuación

$$\alpha_1 x_1 + \alpha_2 x_2 + ... + \alpha_k x_k = 0$$

si se multiplica escalarmente, miembro a miembro, la citada ecuación por el vector x_j, la ortogonalidad con los demás vectores de la lista conduce necesariamente a que

$$\alpha_j < x_j, x_j >= 0$$

Al ser x_j no nulo, debe ser $\alpha_j = 0$, necesariamente, para j =1, 2, ..., k. ❑

Todo producto escalar permite definir una *norma* mediante la expresión

$$\|x\| = +\sqrt{< x, x >} \qquad [2.3]$$

Es la llamada norma *inducida por el producto escalar*. Es un simple ejercicio probar que con esta definición se cumplen las tres *propiedades* que definen una norma, esto es:

$$\begin{aligned} &1)\ \|x\| \geq 0, \forall x \\ &\quad \|x\| = 0 \text{ si y sólo si } x = 0 \\ &2)\ \|x + y\| \leq \|x\| + \|y\|,\ \forall x, y \\ &3)\ \|\alpha x\| = |\alpha|\|x\|,\ \forall \alpha, \forall x \end{aligned} \qquad [2.4]$$

a excepción de la segunda, que es mejor demostrarla apoyándose en la *desigualdad de Cauchy–Schwartz*, que se enuncia y demuestra a continuación:

Proposición 7.2 "El módulo del producto escalar es menor o igual que el producto de las normas inducidas de los vectores que se multiplican escalarmente, esto es,

$$|\langle x, y \rangle| \leq \|x\|\|y\| \text{"}$$

La igualdad evidentemente se cumple si $<x, y> = 0$. En el caso que $<x, y> \neq 0$, se tiene, para todo valor de α, la desigualdad siguiente:

$$0 \leq \|x + \alpha y\|^2 =< x + \alpha y, x + \alpha y >=< x, x > +\bar{\alpha} < y, x > +\alpha < x, y > +\bar{\alpha}\alpha < y, y >.$$

esto es

$$0 \leq \|x\|^2 + \overline{\alpha < x, y >} + \alpha < x, y > +\bar{\alpha}\alpha\|y\|^2.$$

Tomando ahora como valor particular de α

$$\alpha = -\frac{\|x\|^2}{<x,y>}$$

se tiene

$$\alpha <x,y>= -\|x\|^2$$

$$\bar{\alpha}\alpha = \frac{\|x\|^4}{|<x,y>|^2}$$

de donde

$$0 \le \|x\|^2 - 2\|x\|^2 + \frac{\|x\|^4}{|\langle x,y\rangle|^2}\|y\|^2 \to 1 \le \frac{\|x\|^2}{|\langle x,y\rangle|^2}\|y\|^2 \to$$

$$|\langle x,y\rangle|^2 \le \|x\|^2\|y\|^2 \to |\langle x,y\rangle| \le \|x\|\|y\|$$

y llega a la desigualdad propuesta en el enunciado. ❑

Esta desigualdad permite definir el *ángulo* θ entre los dos vectores *reales* no nulos x, y mediante

$$\cos\theta = \frac{<x,y>}{\|x\|\|y\|} \qquad [2.5]$$

y de ahí se obtiene la conocida fórmula

$$<x,y>= \|x\|\|y\|\cos\theta \qquad [2.6]$$

Obsérvese que el cociente en [2.5] es una cantidad real que toma valores entre −1 y +1, gracias a la desigualdad de Cauchy–Schwartz.

Se dice que un vector w está *normalizado* si su norma vale la unidad, es decir, si se cumple $<w, w> = 1$. Un vector no nulo x se puede normalizar multiplicándolo por el inverso de su norma. Si w está normalizado se tiene evidentemente

$$\|w\|^2 =< w,w >= 1 \qquad [2.7]$$

Una base $w_1, w_2, ..., w_n$ de E se llama *ortonormal* si los vectores que la forman son ortogonales entre sí dos a dos y están normalizados, esto es, si se cumple

$$< w_i, w_j >= \delta_{ij} \qquad [2.8]$$

La importancia de las bases ortonormales se verá más adelante. De momento obsérvese lo sencillo que es hallar las componentes de un vector x en una base ortonormal $w_1, w_2, ..., w_n$: para ello basta efectuar los productos escalares $<w_i, x>$, sin necesidad de resolver ningún sistema de ecuaciones, pues

$$x = \sum_{j=1}^{n} \alpha_j w_j \rightarrow \alpha_i = \langle w_i, x \rangle, i = 1,2,...,n \,. \qquad [2.9]$$

Ejemplo 7.2

1) En $\mathbf{K}^p$ la base natural e_1, e_2, ..., e_p es una base ortonormal, respecto del producto escalar ordinario

$$\langle (\alpha_1, \alpha_2, ..., \alpha_p), (\beta_1, \beta_2, ..., \beta_p) \rangle = \sum_{i=1}^{p} \overline{\alpha_i} \beta_i \,.$$

2) En $\mathbf{K}^{m\times n}$ la base natural $\mathbf{E}_{11}$, ..., $\mathbf{E}_{mn}$ es una base ortonormal respecto del producto escalar ordinario

$$\langle \mathbf{A}, \mathbf{B} \rangle = \text{Traza}(\mathbf{A}^H \mathbf{B}) \,.$$

3) En $\mathbf{K}^{n\times 1}$ la base natural $\mathbf{e}_1$, $\mathbf{e}_2$, ..., $\mathbf{e}_n$ es una base ortonormal respecto del producto escalar ordinario

$$\langle \mathbf{x}, \mathbf{y} \rangle = \mathbf{x}^H \mathbf{y} \quad \bigstar$$

La noción de *ortogonalidad* se puede extender de un modo natural a dos subespacios F y G de un espacio vectorial E con producto escalar. Por definición, se dice que F y G son *subespacios ortogonales* entre sí, si se cumple

$$x \in F, y \in G \rightarrow \langle x, y \rangle = 0 \qquad [2.10]$$

escribiéndose en su caso $F \perp G$. Está claro que si F y G son ortogonales y distintos del subespacio trivial nulo entonces la suma de F y G es directa.

7.3 Expresión matricial del producto escalar

Sea E un espacio vectorial con producto escalar $\langle \, , \, \rangle$, y sea x_1, x_2, ..., x_n una base cualquiera de E. El producto escalar de dos vectores x, y cualesquiera se puede expresar matricialmente si se conocen sus componentes en la base dada y los productos escalares de los vectores base entre sí, ya que si se denota con g_{ij} el producto escalar $\langle x_i, x_j \rangle$ se tiene

$$\langle x, y \rangle = \langle \sum_{i=1}^{n} \alpha_i x_i, \sum_{j=1}^{n} \beta_j x_j \rangle = \sum_{i=1}^{n} \sum_{j=1}^{n} \overline{\alpha_i} \beta_j \langle x_i, x_j \rangle \rightarrow$$

$$\langle x, y \rangle = \sum_{i=1}^{n} \sum_{j=1}^{n} g_{ij} \overline{\alpha_i} \beta_j \qquad [3.1]$$

La matriz cuadrada **G** de orden n, llamada *matriz de Gram* y definida por

$$\mathbf{G} = \left[g_{ij}\right] = \begin{bmatrix} <x_1, x_1> & <x_1, x_2> & \dots & <x_1, x_n> \\ <x_2, x_1> & <x_2, x_2> & \dots & <x_2, x_n> \\ \dots & \dots & \dots & \dots \\ <x_n, x_1> & <x_n, x_2> & \dots & <x_n, x_n> \end{bmatrix} \qquad [3.2]$$

es una matriz hermítica y definido positiva (afirmación muy fácil de probar), la cual determina la llamada *métrica* del espacio. Se tiene, trabajando matricialmente

$$<x, y> = \sum_{i=1}^{n}\sum_{j=1}^{n} g_{ij}\overline{\alpha_i}\beta_j = \left[\overline{\alpha_1} \quad \overline{\alpha_2} \quad \dots \quad \overline{\alpha_n}\right]\mathbf{G}\begin{bmatrix} \beta_1 \\ \beta_2 \\ \dots \\ \beta_n \end{bmatrix} = \mathbf{x}^{\mathbf{H}}\mathbf{G}\mathbf{y} \qquad [3.3]$$

Ahora ya se puede escribir la norma inducida de un vector x cualquiera mediante

$$\|x\| = +\sqrt{<x, x>} = +\sqrt{\mathbf{x}^{\mathbf{H}}\mathbf{G}\mathbf{x}} \qquad [3.4]$$

En el caso particular importante en el que la base del espacio vectorial E sea una base ortonormal, la matriz de la métrica se reduce a la matriz identidad $\mathbf{I_n}$ y las fórmulas [3.3] y [3.4] se simplifican notablemente, quedando:

$$<x, y> = \mathbf{x}^{\mathbf{H}}\mathbf{y} \qquad [3.5]$$

$$\|x\| = +\sqrt{\mathbf{x}^{\mathbf{H}}\mathbf{x}} \qquad [3.6]$$

respectivamente. Obsérvese que en una base ortonormal "todo sucede como si el producto escalar fuera el ordinario".

Se va a analizar ahora cómo cambia la matriz de Gram cuando se efectúa un cambio de base en el espacio. Previamente se da la siguiente definición:

Se dice que dos matrices **A** y **B** son *congruentes* si existe una matriz regular **S** tal que $\mathbf{S^H A S} = \mathbf{B}$. La congruencia matricial es una relación de equivalencia en el anillo de matrices cuadradas. Si el cuerpo de escalares es el real, la congruencia se expresa por medio de la expresión $\mathbf{S^T A S} = \mathbf{B}$.

Proposición 7.3 "Si se efectúa un cambio de base dado por la matriz de paso **S**, la nueva matriz de Gram **G′** es congruente con la antigua **G**, de modo que $\mathbf{G'} = \mathbf{S^H G S}$".

Denotando con **x′**, **y′** las matrices de los vectores x, y en la base nueva y con **x**, **y** las matrices de los citados vectores en la base antigua se tiene

$$<\mathbf{x}, \mathbf{y}> = \mathbf{x}^{\mathbf{H}}\mathbf{G}\mathbf{y} = (\mathbf{S}\mathbf{x}')^{\mathbf{H}}\mathbf{G}(\mathbf{S}\mathbf{y}') = \mathbf{x}'^{\mathbf{H}}(\mathbf{S}^{\mathbf{H}}\mathbf{G}\mathbf{S})\mathbf{y}' = \mathbf{x}'^{\mathbf{H}}\mathbf{G}'\mathbf{y}'$$

de donde

$$\mathbf{G}' = \mathbf{S}^{\mathbf{H}}\mathbf{G}\mathbf{S}\ . \ \square$$

7.4 Vector proyección ortogonal

Sea F un subespacio vectorial de dimensión k de un espacio vectorial n–dimensional E, y sea $w_1, w_2, ..., w_k$ una base ortonormal de F. Se define el *vector proyección ortogonal* de un vector x del espacio vectorial E sobre el subespacio F como el vector π_x dado por

$$\pi_x = \sum_{j=1}^{k} < w_j, x > w_j \qquad [4.1]$$

(Ver Figura 7.1)

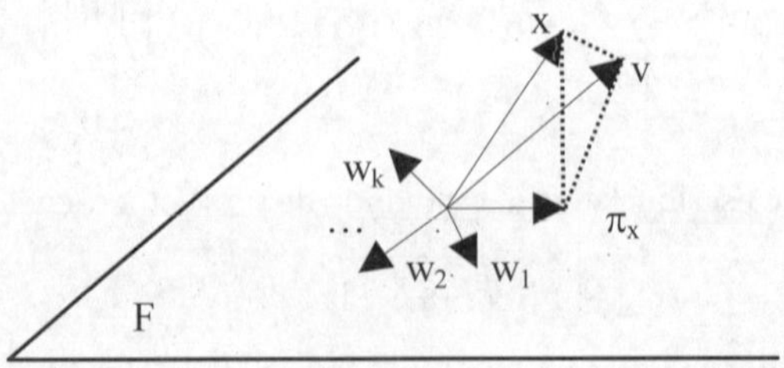

Figura 7.1

Nótese que las componentes de π_x en la base ortonormal de F son los productos escalares de los vectores de la citada base por x. Además π_x es un vector de F. Se va demostrar a continuación que π_x es verdaderamente la proyección ortogonal del vector x sobre F, también en el sentido geométrico de la expresión. Para ello se define la *distancia* entre los vectores x e y como la norma del vector diferencia x–y, esto es,

$$d(x,y) = \|x - y\| \qquad [4.2]$$

Proposición 7.4 "El vector $x-\pi_x$ es ortogonal a todos los vectores de F, y de todos los vectores v de F, el vector π_x es el único que hace mínima la distancia al vector x, esto es, se cumplen las tres identidades siguientes

$$<v, x-\pi_x> = 0, \ \forall v \in F$$

$$\| x-\pi_x \| \leq \| x-v \|, \ \forall v \in F$$

$$v \in F, \ \| x-v \| = \| x-\pi_x \| \rightarrow v = \pi_x".$$

El vector $x-\pi_x$ es ortogonal a los vectores de la base ortonormal $w_1, w_2, ..., w_k$ de F, pues para i = 1, 2, ..., k se tiene

$$< w_i, x - \pi_x > = < w_i, x > - < w_i, \sum_{j=1}^{k} < w_j, x > w_j > =$$

$$< w_i, x > - \sum_{j=1}^{k} < w_j, x >< w_i, w_j > = < w_i, x > - \sum_{j=1}^{k} < w_j, x > \delta_{ij} = < w_i, x > - < w_i, x > = 0$$

y de ahí se concluye inmediatamente que $x-\pi_x$ es ortogonal a todos los vectores de F. De otra parte, aprovechando el *teorema de Pitágoras* (que es válido en espacios con producto escalar, como es muy fácil probar) para los vectores ortogonales $x-\pi_x$ y π_x-v, con v un vector cualquiera de F, se tiene

$$\forall v \in F, \|x - v\|^2 = \|(x - \pi_x) + (\pi_x - v)\|^2 = \|x - \pi_x\|^2 + \|\pi_x - v\|^2 \geq \|x - \pi_x\|^2$$

Nótese además que el mínimo valor del cuadrado de la distancia entre x y v se obtiene si y sólo si $v = \pi_x$. ❑

Es bueno considerar las dos identidades siguientes:

$$\pi_{(x+y)} = \pi_x + \pi_y$$
$$\pi_{\alpha x} = \alpha \pi_x \qquad [4.3]$$

muy sencillas de probar y que más adelante tomarán un significado preciso en la teoría de proyecciones ortogonales.

En resumen, para hallar el vector proyección ortogonal de un vector x sobre el subespacio F: 1º) Se obtiene una base ortonormal de F (por ejemplo, por el método que se explica en siguiente apartado), 2º) Se realizan los productos escalares de los vectores de la base ortonormal hallada por el vector x, y 3º) Se obtiene π_x utilizando la fórmula [4.1].

7.5 Método de ortogonalización de Gram–Schmidt

En este apartado se va a probar, como resultado principal, que todo espacio vectorial con producto escalar posee base ortonormal. La demostración es constructiva, en el sentido de que se aporta un procedimiento, *el método de ortogonalización de Gram–Schmidt*, para obtener una base ortonormal, partiendo de una base cualquiera del espacio vectorial. El método citado es aplicable también para obtener bases ortonormales de subespacios vectoriales.

Proposición 7.5 "Todo espacio vectorial con producto escalar posee base ortonormal".

Sea $x_1, x_2, ..., x_n$ una base cualquiera de E. Se denotará con F_i el subespacio generado por los vectores $x_1, x_2, ..., x_i$, es decir,

$$\begin{aligned} F_1 &= [x_1] \\ F_2 &= [x_1, x_2] \\ &\dots \\ F_n &= [x_1, x_2, \dots, x_n] = E \end{aligned},$$

y se denotará con π_{x_i} el vector proyección ortogonal de x_i sobre F_{i-1} para $i>1$.

Se va a formar una base ortonormal w_1, w_2, ..., w_n de E mediante el siguiente *algoritmo*:

1. $u_1 = x_1, w_1 = \frac{u_1}{\|u_1\|}$
2. $i = 2$
3. Si $i > n$ Stop. En caso contrario .

   $u_i = x_i - \pi_{x_i}, w_i = \frac{u_i}{\|u_i\|}$
4. $i \leftarrow i + 1$. Ir a 3.

Es muy sencillo probar (se deja como ejercicio) que los vectores u_i, para $i>1$, no se anulan, y los vectores w_1, w_2, ..., w_i forman una base ortonormal de F_i para $i = 1, 2, ..., n$. En particular, los vectores w_1, w_2, ..., w_n forman una base ortonormal de $F_n = E$, con lo que queda probado el teorema. ❑

De la demostración anterior se deduce que

$$[w_1, w_2, ..., w_i] = [x_1, x_2, ..., x_i] = F_i, \forall i . \quad [5.1]$$

El método de Gram–Schmidt, expuesto en esta demostración, se puede ilustrar gráficamente para espacios de dimensiones uno, dos y tres (Ver Figuras 7.2, 7.3 y 7.4, respectivamente).

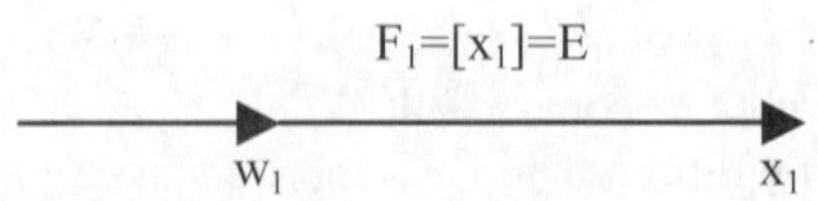

Figura 7.2

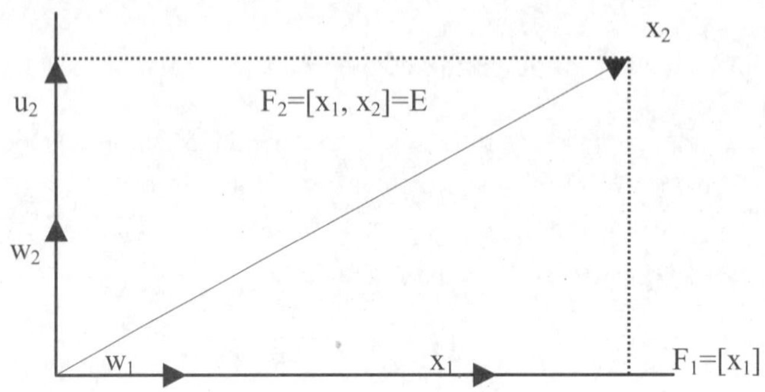

Figura 7.3

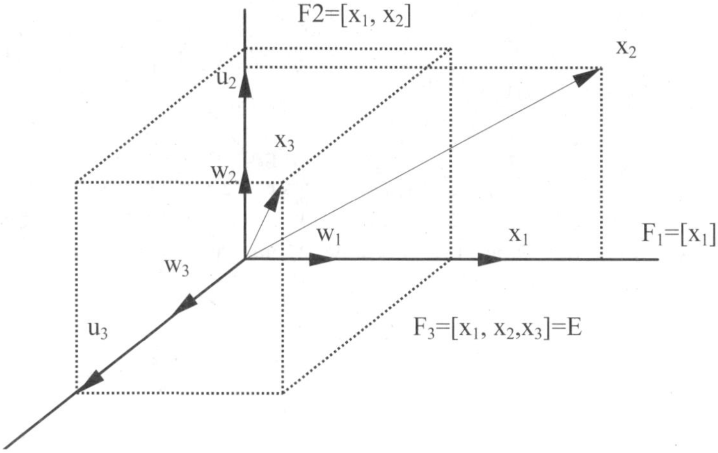

Figura 7.4

Obsérvese que si la base de partida cambia, se obtiene en general otra base ortonormal; si la base de partida es ortonormal, no se obtiene una nueva base ortonormal sino la de partida. Nótese además que el método funciona por etapas y en cada etapa se respetan los vectores ya ortonormalizados obtenidos en las etapas anteriores. Utilizando la notación

$$\alpha_{ij} = < w_i, x_j >, i < j$$

se puede seguir la marcha del algoritmo para la obtención de una base ortonormal del espacio, partiendo de una base del mismo, mediante las expresiones

$$u_1 = x_1$$

$$w_1 = \frac{u_1}{\|u_1\|}$$

$$u_2 = x_2 - \alpha_{12} w_1$$

$$w_2 = \frac{u_2}{\|u_2\|}$$

$$u_3 = x_3 - \alpha_{13} w_1 - \alpha_{23} w_2 \qquad [5.2]$$

$$w_3 = \frac{u_3}{\|u_3\|}$$

$$\ldots$$

$$u_n = x_n - \alpha_{1n} w_1 - \alpha_{2n} w_2 - \ldots - \alpha_{n-1,n} w_{n-1}$$

$$w_n = \frac{u_n}{\|u_n\|}$$

Los ejercicios resueltos del Capítulo ayudarán a comprender mejor el método de ortogonalización, desde el punto de vista práctico.

7.6 Complemento ortogonal

Dado un subespacio F de un espacio vectorial E con producto escalar < , >, se define el *complemento ortogonal* de F como el conjunto de vectores de E ortogonales a todos los de F. Para denotar el complemento ortogonal de F se emplea la notación $F^{\perp}$. Se demuestra de un modo sencillo que el complemento ortogonal $F^{\perp}$ es un subespacio vectorial de E. Está claro que

$$\begin{aligned} E^{\perp} &= \{0\} \\ \{0\}^{\perp} &= E \end{aligned}.$$

Además

$$(F^{\perp})^{\perp} = F .$$

Proposición 7.6 "El complemento ortogonal de F es un subespacio complementario de F".

Lo que se pretende demostrar es que la suma directa de F y $F^{\perp}$ coincide con E. En primer lugar, el complemento ortogonal de F es un complementario de F, ya que si la lista $x_1, x_2, ..., x_k$ es una base cualquiera de F, las k condiciones independientes

$$<x_i, x>=0, \; i = 1, 2, ..., k$$

determinan los vectores x del complemento ortogonal. Estas k condiciones se traducen en k ecuaciones lineales homogéneas independientes de la forma

$$\mathbf{x_i}^{\mathbf{H}}\mathbf{G}\mathbf{x} = 0, \; i = 1, 2, ..., k,$$

con **G** la matriz de la métrica. El conjunto de soluciones depende de n–k parámetros, es decir la dimensión del complemento ortogonal. De otra parte, el único vector común a F y $F^{\perp}$ es el vector nulo. En consecuencia $F \oplus F^{\perp} = E$ ❑.

Una base del complemento ortogonal se puede obtener resolviendo el anterior sistema homogéneo de ecuaciones lineales. Una base *ortonormal* del complemento ortogonal se puede hallar como consecuencia del *teorema de la base ortonormal incompleta*, que se enuncia y demuestra a continuación:

Proposición 7.7 "Toda base ortonormal de un subespacio F se puede completar hasta formar una base ortonormal del espacio vectorial E que lo contiene. Los vectores que completan la base de F forman una base ortonormal del complemento ortogonal de F".

Sea $w_1, w_2, ..., w_k$ una base ortonormal de F. Mediante el teorema de la base incompleta de la teoría de espacios vectoriales se puede ampliar la base de F hasta formar una base w_1,

$w_2, ..., w_k, x_{k+1}, x_{k+2}, ..., x_n$ de E. Partiendo de esta base, y mediante el procedimiento de ortogonalización de Gram–Schmidt, se llega a la base ortonormal de E, $w_1, w_2, ..., w_k, w_{k+1}, w_{k+2}, ..., w_n$. Es muy fácil probar que los vectores $w_{k+1}, w_{k+2}, ..., w_n$ forman una base del complemento ortogonal de F. ❑

Por consiguiente, para obtener una base ortonormal del complemento ortogonal $F^{\perp}$ de un subespacio k–dimensional F, en un espacio n–dimensional E:

1°) Se selecciona una base cualquiera de F,

2°) Se amplía esa base hasta formar una base cualquiera de E, y

3°) Se utiliza la base ampliada en el método de Gram–Schmidt para obtener una base ortonormal de E, y 4°) Los n–k últimos vectores de la base ortonormal obtenida forman una base ortonormal del complemento ortogonal de F.

7.7 Matrices unitarias y ortogonales

Una matriz cuadrada y compleja **Q** se dice *unitaria* si

$$\mathbf{Q}^{-1} = \mathbf{Q}^{H}.$$

Análogamente, una matriz cuadrada y real **Q** se dice *ortogonal* si

$$\mathbf{Q}^{-1} = \mathbf{Q}^{T}.$$

Las matrices unitarias verifican

$$\mathbf{A}\mathbf{A}^{H} = \mathbf{A}^{H}\mathbf{A} = \mathbf{I}$$

y las ortogonales cumplen

$$\mathbf{A}\mathbf{A}^{T} = \mathbf{A}^{T}\mathbf{A} = \mathbf{I}.$$

Es sencillo probar que una matriz cambio de base de una base ortonormal a otra base ortonormal es unitaria si el espacio con producto escalar E es complejo (ortogonal si E es real). En lo que sigue se va a considerar el espacio vectorial $\mathbf{K}^{n\times 1}$ de matrices columna (reales o complejas) dotado del producto escalar ordinario.

Proposición 7.8 "Las columnas de una matriz unitaria (ortogonal en el caso real) forman una base ortonormal del espacio de matrices columna".

Sea $\mathbf{Q} = [\mathbf{w}_1\ \mathbf{w}_2\ ...\ \mathbf{w}_n]$ una matriz unitaria (ortogonal en caso de ser $\mathbf{K} = \mathbf{R}$). Por ser **Q** regular, sus n columnas son linealmente independientes y forman una base del espacio n–dimensional de matrices columna.

Se tiene, en el caso general complejo,

$$\mathbf{Q}^{\mathbf{H}}\mathbf{Q} = \mathbf{I}_{\mathbf{n}} = [\delta_{ij}] \rightarrow \begin{bmatrix} \mathbf{w}_1^{\mathbf{H}} \\ \mathbf{w}_2^{\mathbf{H}} \\ \dots \\ \mathbf{w}_n^{\mathbf{H}} \end{bmatrix} [\mathbf{w}_1 \quad \mathbf{w}_2 \quad \dots \quad \mathbf{w}_n] = [\mathbf{w}_i^{\mathbf{H}}\mathbf{w}_j] = [\delta_{ij}] \rightarrow$$

$$\mathbf{w}_i^{\mathbf{H}}\mathbf{w}_j = \delta_{ij},$$

luego la base $w_1, w_2, ..., w_n$ es ortonormal. Una demostración análoga se haría en el caso real, sustituyendo la traspuesta hermítica por la traspuesta ordinaria. ❑

Proposición 7.9 "El valor absoluto de los elementos de una matriz unitaria (ortogonal en el caso real) no es mayor que la unidad".

Sea $\mathbf{Q} = [\mathbf{w}_1\ \mathbf{w}_2\ ...\ \mathbf{w}_n]$ una matriz unitaria (ortogonal en caso de ser $\mathbf{K} = \mathbf{R}$). Denotando con $q_{1j}, q_{2j}, ..., q_{nj}$ los elementos de la columna j–ésima de $\mathbf{Q}$, de la identidad $\mathbf{w}_j^{\mathbf{H}}\mathbf{w}_j = 1$ en el caso complejo se deduce inmediatamente

$$\sum_{i=1}^{n} |q_{ij}|^2 = 1$$

y de ahí que

$$|q_{1j}|^2 \leq 1, |q_{2j}|^2 \leq 1, ..., |q_{nj}|^2 \leq 1,$$

luego

$$|q_{1j}| \leq 1, |q_{2j}| \leq 1, ..., |q_{nj}| \leq 1$$

y ello para j=1, 2, ..., n. ❑

<u>*Nota:*</u> Esta proposición asegura que si se llevan a cabo transformaciones de **A** con matrices unitarias (o bien ortogonales reales) **P** y **Q**, de la forma **PAQ**, los elementos de **A** son multiplicados por factores acotados en valor absoluto por la unidad. Este hecho tiene gran importancia numérica pues evita multiplicar por números de valor absoluto elevado, con el peligro de superar los valores máximos admisibles del ordenador que se utiliza. La afirmación precedente también es válida para el caso particular en el que **P** sea la inversa de **Q**, la cual es a su vez una matriz unitaria (o bien ortogonal real).

Proposición 7.10 "Si **Q** es una matriz unitaria (o bien ortogonal real) entonces
1) $<\mathbf{Qx}, \mathbf{Qy}> = <\mathbf{x}, \mathbf{y}>, \forall \mathbf{x}, \mathbf{y}$
2) $\|\mathbf{Qx}\| = \|\mathbf{x}\|, \forall \mathbf{x}$ ".

Se deja como ejercicio la demostración para el lector. ❑

Nota: Este enunciado significa que las matrices unitarias (o bien ortogonales reales) respetan el producto escalar ordinario y la norma inducida por dicho producto escalar. Como consecuencia también respetan el ángulo entre dos columnas reales no nulas.

Proposición 7.11 "Los valores propios de una matriz **Q** unitaria (o bien ortogonal real) poseen módulo unidad".

Se parte de

$$\mathbf{Q}\mathbf{x}_0 = \lambda_0 \mathbf{x}_0 \rightarrow \mathbf{x}_0^H \mathbf{Q}^H = \overline{\lambda_0} \mathbf{x}_0^H$$

de donde multiplicando miembro a miembro se tiene

$$\mathbf{x}_0^H (\mathbf{Q}^H \mathbf{Q}) \mathbf{x}_0 = \overline{\lambda_0} \lambda_0 \mathbf{x}_0^H \mathbf{x}_0 \rightarrow \mathbf{x}_0^H \mathbf{x}_0 (1 - |\lambda_0|^2) = 0 \rightarrow |\lambda_0|^2 = 1 \rightarrow |\lambda_0| = 1$$

ya que

$$\mathbf{x}_0^H \mathbf{x}_0 = \|\mathbf{x}_0\|^2 > 0,$$

por ser $\mathbf{x}_0$ no nulo. ❑

7.8 Descomposición en valor singular

Para llegar al resultado principal de este apartado se requiere la noción de *2–norma de una matriz* cuadrada real **C** cualquiera, definida por

$$\|\mathbf{C}\|_2 = \sup_{\|\mathbf{x}\|=1} \|\mathbf{C}\mathbf{x}\|. \qquad [8.1]$$

Se demuestra fácilmente que se cumplen las siguientes *propiedades*:

$$\begin{aligned} &1)\ \|\mathbf{C}\|_2 \geq 0, \forall \mathbf{C}, \\ &\quad \|\mathbf{C}\|_2 = 0 \text{ si y sólo si } \mathbf{C} = \mathbf{O} \\ &2)\ \|\mathbf{C}+\mathbf{D}\|_2 \leq \|\mathbf{C}\|_2 + \|\mathbf{D}\|_2, \forall \mathbf{C}, \mathbf{D} \\ &3)\ \|\gamma\mathbf{C}\|_2 = |\gamma| \|\mathbf{C}\|_2, \forall \gamma, \mathbf{C} \\ &4)\ \|\mathbf{C}\mathbf{x}\| \leq \|\mathbf{C}\|_2 \|\mathbf{x}\|, \forall \mathbf{C}, \mathbf{x} \end{aligned} \qquad [8.2]$$

y que las matrices ortogonales respetan la 2–norma en el producto matricial.

Sea **A** una matriz m×n real de rango r. Se verifica el siguiente importante resultado:

Proposición 7.12 "Existen dos matrices ortogonales $\mathbf{P} = [\mathbf{u}_1\ \mathbf{u}_2 \ldots \mathbf{u}_m]$ y $\mathbf{Q} = [\mathbf{v}_1\ \mathbf{v}_2 \ldots \mathbf{v}_n]$, tales que

$$\mathbf{P}^T \mathbf{A} \mathbf{Q} = \begin{bmatrix} \boldsymbol{\Sigma}_+ & \mathbf{O} \\ \mathbf{O} & \mathbf{O} \end{bmatrix}$$

con

$$\Sigma_+ = \mathrm{diag}(\sigma_1, \sigma_2, ..., \sigma_r) \text{ y } \sigma_1 \geq \sigma_2 \geq ... \geq \sigma_r > 0".$$

Sea **A** una matriz real no nula de tamaño m×n. Por ser el conjunto de matrices columna con norma unidad un *compacto* y la norma una función *continua* debe existir una columna **z**, de norma unidad, tal que

$$\|\mathbf{Az}\| = \sup_{\|\mathbf{x}\|=1} \|\mathbf{Ax}\| = \|\mathbf{A}\|_2 > 0$$

(Resultado tomado del Análisis Matemático). Sea ahora la columna **y**, de norma unidad, dada por

$$\mathbf{y} = (\mathbf{Az})/\|\mathbf{Az}\|$$

Se tiene evidentemente

$$\mathbf{Az} = \sigma\mathbf{y},$$

donde σ indica la 2–norma de **A**.

Ampliando por separado las dos columnas **y**, **z** hasta formar sendas bases ortonormales, se obtienen dos matrices ortogonales

$$\mathbf{P} = [\mathbf{y}\ \mathbf{P}_1] \text{ y } \mathbf{Q} = [\mathbf{z}\ \mathbf{Q}_1].$$

La matriz $\mathbf{B} = \mathbf{P}^T\mathbf{AQ}$ es de la forma

$$\mathbf{B} = \begin{bmatrix} \mathbf{y}^T \\ \mathbf{P}_1^T \end{bmatrix} \mathbf{A}[\mathbf{z} \quad \mathbf{Q}_1] = \begin{bmatrix} \mathbf{y}^T\mathbf{Az} & \mathbf{y}^T\mathbf{AQ}_1 \\ \mathbf{P}_1^T\mathbf{Az} & \mathbf{P}_1^T\mathbf{AQ}_1 \end{bmatrix} = \begin{bmatrix} \sigma\mathbf{y}^T\mathbf{y} & \mathbf{y}^T\mathbf{AQ}_1 \\ \sigma\mathbf{P}_1^T\mathbf{y} & \mathbf{P}_1^T\mathbf{AQ}_1 \end{bmatrix} = \begin{bmatrix} \sigma & \mathbf{w}^T \\ \mathbf{0} & \mathbf{A}_1 \end{bmatrix}$$

donde $\mathbf{A}_1$ es una matriz de tamaño (m–1) × (n–1). De otra parte, siendo

$$\left\|\mathbf{B}\begin{bmatrix} \sigma \\ \mathbf{w} \end{bmatrix}\right\|^2 = \left\|\begin{bmatrix} \sigma & \mathbf{w}^T \\ \mathbf{0} & \mathbf{A}_1 \end{bmatrix}\begin{bmatrix} \sigma \\ \mathbf{w} \end{bmatrix}\right\|^2 = \left\|\begin{bmatrix} \sigma^2 + \mathbf{w}^T\mathbf{w} \\ \mathbf{A}_1\mathbf{w} \end{bmatrix}\right\|^2 \geq \left\|\begin{bmatrix} \sigma^2 + \mathbf{w}^T\mathbf{w} \\ \mathbf{0} \end{bmatrix}\right\|^2 = (\sigma^2 + \mathbf{w}^T\mathbf{w})^2$$

y

$$\|\mathbf{B}\|_2 \left\|\begin{bmatrix} \sigma \\ \mathbf{w} \end{bmatrix}\right\| \geq \left\|\mathbf{B}\begin{bmatrix} \sigma \\ \mathbf{w} \end{bmatrix}\right\|$$

se tendrá

$$\|\mathbf{B}\|_2^2 \geq \sigma^2 + \mathbf{w}^T\mathbf{w}$$

Pero

$$\|\mathbf{A}\|_2^2 = \|\mathbf{B}\|_2^2 = \sigma^2$$

luego debe ser $\mathbf{w}^T\mathbf{w} = 0$, esto es, $\mathbf{w} = \mathbf{0}$. Un razonamiento inductivo sobre el número m de filas de la matriz **A** cierra la demostración. ❑

Nota: Los r valores estrictamente positivos $\sigma_1, \sigma_2, ..., \sigma_r$, ordenados de mayor a menor valor, reciben el nombre de *valores singulares* de **A**. De otra parte, denotando con **svd(A)** la matriz $\mathbf{P^TAQ}$, que recibe el nombre de *descomposición en valor singular* de **A**, la expresión

$$\mathbf{A} = \mathbf{P}\ \mathbf{svd(A)}\ \mathbf{Q}^T \qquad [8.3]$$

es la *factorización en valor singular* de **A**.

Ejemplo 7.3

La matriz

$$\begin{bmatrix} 5 & 0 & 0 & 0 \\ 0 & 2 & 0 & 0 \\ 0 & 0 & 0 & 0 \end{bmatrix}$$

podría corresponder a la descomposición en valor singular de una cierta matriz **A** de tamaño 3×4, con valores singulares

$$\sigma_1 = 5, \sigma_2 = 2. \ \ast$$

Proposición 7.13 "Con la notación del teorema anterior, si

$$\sigma_1 \geq \sigma_2 \geq ... \geq \sigma_r > 0$$

son los valores singulares de la matriz **A**, entonces:

1) $r(\mathbf{A}) = r$

2) $\mathbf{N(A)} = [\mathbf{v}_{r+1}, \mathbf{v}_{r+2}, ..., \mathbf{v}_n]$

3) $\mathbf{R(A)} = [\mathbf{u}_1, \mathbf{u}_2, ..., \mathbf{u}_r]$

4) $\mathbf{A} = \sum_{i=1}^{r} \mathbf{u}_i \mathbf{v}_i^T$

5) $\|\mathbf{A}\|_2 = \sigma_1$"

La Figura 7.5 puede ayudar a comprender mejor el alcance del enunciado y la demostración de los diferentes apartados de la proposición:

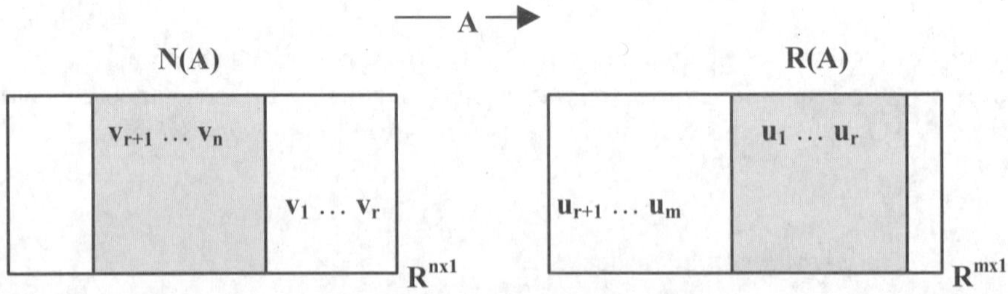

Figura 7.5

1) Ya que las matrices ortogonales no alteran el rango en el producto por ser regulares, entonces de la identidad

$$\mathbf{A} = \mathbf{P}\ \mathbf{svd}(\mathbf{A})\ \mathbf{Q}^T$$

se deduce inmediatamente que **A** es de rango r al ser de rango r la matriz **svd**(**A**).

2) La dimensión de **N**(**A**) debe ser necesariamente n–r, por ser **A** de rango r. Las n–r columnas

$$\mathbf{v}_{r+1}, \mathbf{v}_{r+2}, \ldots, \mathbf{v}_n$$

son linealmente independientes y pertenecen a **N**(**A**), pues de **AQ** = **P svd**(**A**) se deduce que $\mathbf{Av}_i = \mathbf{0}$, para i = r+1, r+2, ..., n, luego las n–r columnas $\mathbf{v}_{r+1}, \mathbf{v}_{r+2}, \ldots, \mathbf{v}_n$ forman una base de **N**(**A**).

3) Se sabe que los transformados por **A** de las columnas que amplían una base del núcleo forman una base de **R**(**A**). La colección de r matrices columna

$$\mathbf{Av}_1, \mathbf{Av}_2, \ldots, \mathbf{Av}_r$$

será, por tanto, una base de **R**(**A**). Ahora bien, de **AQ** = **P svd**(**A**) se deduce que $\mathbf{Av}_i = \sigma_i\mathbf{u}_i$, para i = 1, 2, ..., r, luego las r columnas

$$\sigma_1\mathbf{u}_1, \sigma_2\mathbf{u}_2, \ldots, \sigma_r\mathbf{u}_r$$

forman una base de **R**(**A**). Al ser los $\sigma_i>0$, y por tanto no nulos, también forman una base de **R**(**A**) las r columnas

$$\mathbf{u}_1, \mathbf{u}_2, \ldots, \mathbf{u}_r$$

4) Trabajando de modo particionado con la expresión $\mathbf{A} = \mathbf{P}\ \mathbf{svd}(\mathbf{A})\ \mathbf{Q}^T$ se llega inmediatamente a la identidad que se trata de probar.

5) Finalmente, este resultado se deduce de la propia demostración de la Proposición 7.12, al identificar el primer valor singular σ_1 con el valor σ utilizado en la demostración citada. ❑.

Nota: El *significado geométrico de los valores singulares* de una matriz **A** es el siguiente: Los valores singulares coinciden con los semiejes no nulos del hiperelipsoide

$$\{\mathbf{y} = \mathbf{Ax}; \|\mathbf{x}\| = 1\} \qquad [8.4].$$

que resulta de deformar la hiperesfera de radio unidad mediante la matriz **A**.

7.9 El problema de los mínimos cuadrados

La resolución de un sistema de m ecuaciones lineales con n incógnitas **Ax** = **b** lleva consigo generalmente dos clases de dificultades: Una primera de *incompatibilidad*, cuando el sistema está *sobredeterminado*, para m>n; y una segunda de *indeterminación*, cuando el sistema está *subdeterminado*, para m<n. En ambos casos se plantea un importante problema, conocido en la bibliografía con el nombre de *problema de los mínimos cuadrados*, el cual se puede enunciar inicialmente así: Híllese una matriz columna $\mathbf{x}_0$ tal que

$$\|\mathbf{Ax}_0 - \mathbf{b}\| = \min_{\mathbf{x}} \|\mathbf{Ax} - \mathbf{b}\| \qquad [9.1]$$

Si el sistema **Ax** = **b** es compatible, **b** pertenece al subespacio de columnas de **A**, y cualquier solución $\mathbf{x}_0$ del sistema es solución del problema de mínimos cuadrados, pues $\mathbf{Ax}_0 - \mathbf{b} = \mathbf{0}$. Si, por el contrario, el sistema **Ax** = **b** es incompatible ello significa que **b** no pertenece al subespacio de columnas de **A**, en cuyo caso se puede resolver el problema de mínimos cuadrados, buscando un $\mathbf{x}_0$ tal que $\mathbf{Ax}_0$ sea la proyección ortogonal $\pi_\mathbf{b}$ de **b** sobre **R**(**A**). (Ver Figura 7.6).

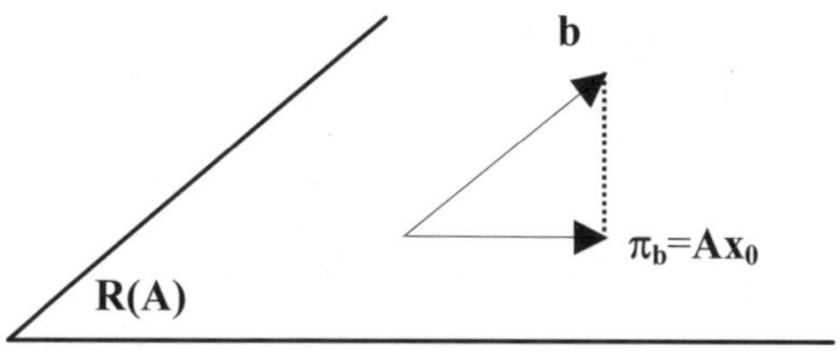

Figura 7.6

El $\mathbf{x}_0$ encontrado de ese modo puede que no sea único, por lo que interesará en particular, de entre todas las soluciones posibles al problema, una solución que verifique una condición adicional que la caracterice, por ejemplo, una solución cuya norma sea mínima.

En lo sucesivo se va a denotar con **x*** a dicha solución óptima, de norma mínima, verificándose las dos identidades siguientes:

$$\begin{aligned} &\mathbf{Ax}^* = \pi_\mathbf{b} \\ &\mathbf{Ax}_0 = \pi_\mathbf{b} \rightarrow \|\mathbf{x}^*\| \le \|\mathbf{x}_0\| \end{aligned} \qquad [9.2]$$

Se suele llamar *residuo* a la matriz columna **Ax–b**, donde **x** es una columna cualquiera. Con la nueva noción de residuo, el problema de mínimos cuadrados se puede enfocar de una manera equivalente a la hasta ahora presentada: Minimizar el cuadrado de la norma del residuo (suma de cuadrados de sus componentes), mediante una columna de norma mínima, en el caso particular de que **A** sea real.

Obsérvese que, siguiendo este nuevo enfoque, la función a minimizar sería una función f de variable vectorial **x** con valores reales, dada por

$$f(\mathbf{x}) = \|\mathbf{Ax} - \mathbf{b}\|^2 = (\mathbf{Ax} - \mathbf{b})^T(\mathbf{Ax} - \mathbf{b}) = \mathbf{x}^T(\mathbf{A}^T\mathbf{A})\mathbf{x} - 2\mathbf{b}^T\mathbf{Ax} + \mathbf{b}^T\mathbf{b} \qquad [9.3]$$

Se demuestra en la siguiente proposición que un $\mathbf{x_0}$ que minimice la función anterior debe cumplir las ecuaciones

$$(\mathbf{A}^T\mathbf{A})\mathbf{x} = \mathbf{A}^T\mathbf{b} \qquad [9.4]$$

llamadas *ecuaciones normales* del problema de los mínimos cuadrados.

Proposición 7.14 "Una solución al problema de mínimos cuadrados **Ax = b** que minimice la norma del residuo **Ax–b** debe verificar las ecuaciones normales $(\mathbf{A}^T\mathbf{A})\mathbf{x} = \mathbf{A}^T\mathbf{b}$, y recíprocamente".

Que $\mathbf{x_0}$ sea una solución que minimiza la norma del residuo **Ax–b** equivale a que $\mathbf{Ax_0}$ sea la proyección ortogonal $\pi_\mathbf{b}$ de **b** sobre **R**(**A**), esto es, que $\mathbf{Ax_0}$–**b** sea ortogonal a todas las columnas de **R**(**A**), o lo que es lo mismo,

$$(\mathbf{Ax})^T(\mathbf{Ax_0} - \mathbf{b}) = 0, \forall \mathbf{x}.$$

Esta expresión equivale a

$$\mathbf{x}^T(\mathbf{A}^T\mathbf{Ax_0} - \mathbf{A}^T\mathbf{b}) = 0, \forall \mathbf{x}$$

esto es

$$\mathbf{A}^T\mathbf{Ax_0} - \mathbf{A}^T\mathbf{b} = \mathbf{0}. \ \square$$

Para resolver las ecuaciones normales se proponen dos procedimientos: Un método directo y otro basado en la descomposición en valor singular de **A**:

a) <u>Resolución directa del problema</u>

Se toma como punto de partida el sistema **Ax = b**, con **A** una matriz m×n, sin restringir los valores que puedan tomar m y n. Se distinguen tres casos, según sea el rango de **A**:

<u>Primer caso:</u> r(**A**) = n

Debe ser necesariamente m mayor o igual a n. Al ser r(**A**) = n, la matriz $\mathbf{A}^T\mathbf{A}$ es una matriz regular de orden n luego las ecuaciones normales [9.4] tienen por solución única

$$\mathbf{x}^* = (\mathbf{A}^T\mathbf{A})^{-1}\mathbf{A}^T\mathbf{b} \qquad [9.5]$$

precisamente la solución al problema de mínimos cuadrados.

Segundo caso: r(**A**) = m

Debe ser necesariamente m menor o igual a n. Al ser r(**A**) = m, el sistema **Ax** = **b** será compatible. De todas las soluciones posibles, se toma aquella cuya norma sea mínima. Utilizando resultados del Análisis Matemático se demuestra, en la siguiente proposición, que en este caso

$$\mathbf{x}^* = \mathbf{A}^T(\mathbf{A}\mathbf{A}^T)^{-1}\mathbf{b} \qquad [9.6]$$

es la solución al problema de mínimos cuadrados.

Proposición 7.15 "Si **A** es de tamaño m×n y rango m, entonces la solución de norma mínima del sistema compatible **Ax** = **b** viene dada por la expresión dada en [9.6]".

Mediante el *método de los multiplicadores de Lagrange*: Se desea minimizar la función $\mathbf{x}^T\mathbf{x}$, sujeta a la restricción **Ax** = **b**. Denotando con λ una matriz columna que contiene los m multiplicadores de Lagrange λ_i, i = 1, 2, ..., m, el problema de minimización planteado equivale a minimizar la función

$$s(\mathbf{x}, \lambda) = \mathbf{x}^T\mathbf{x} + 2\lambda^T(\mathbf{b} - \mathbf{A}\mathbf{x}),$$

donde el coeficiente 2 se toma por conveniencia.

Igualando a cero las derivadas parciales de esta función respecto de las n componentes de **x**, y también respecto de las m componentes de λ, tomadas todas como variables reales, se llega fácilmente a la expresión $\mathbf{x} = \mathbf{A}^T\lambda$. Pero **Ax** = **b** implica $\mathbf{A}\mathbf{A}^T\lambda = \mathbf{b}$. Siendo la matriz $\mathbf{A}\mathbf{A}^T$ evidentemente regular, se tendrá $\lambda = (\mathbf{A}\mathbf{A}^T)^{-1}\mathbf{b}$, luego definitivamente

$$\mathbf{x}^* = \mathbf{A}^T(\mathbf{A}\mathbf{A}^T)^{-1}\mathbf{b}$$

es la solución de norma mínima buscada. ❑.

Tercer caso: r(**A**)<n y r(**A**)<m

Se sabe que si **A** es m×n de rango k, existen dos matrices **B** y **C**, también de rango k, **B** de tamaño m×k y **C** de tamaño k×n, tales que **A** = **BC**.

Partiendo de las ecuaciones normales se tiene:

$$\mathbf{A}^T\mathbf{A}\mathbf{x} = \mathbf{A}^T\mathbf{b} \to (\mathbf{BC})^T(\mathbf{BC})\mathbf{x} = (\mathbf{BC})^T\mathbf{b} \to \mathbf{C}^T(\mathbf{B}^T\mathbf{B})\mathbf{C}\mathbf{x} = \mathbf{C}^T\mathbf{B}^T\mathbf{b} \to$$

$$(\mathbf{CC^T})(\mathbf{B^T B})\mathbf{Cx} = (\mathbf{CC^T})\mathbf{B^T b}$$

y al ser $\mathbf{CC^T}$ y $\mathbf{B^T B}$ matrices regulares, se llega fácilmente a la ecuación

$$\mathbf{Cx} = (\mathbf{B^T B})^{-1}\mathbf{B^T b} \qquad (1)$$

y toda solución de las ecuaciones normales es solución de (1).

Recíprocamente, partiendo de la ecuación (1) se llega a las ecuaciones normales, como se demuestra a continuación:

$$\mathbf{Cx} = (\mathbf{B^T B})^{-1}\mathbf{B^T b} \to \mathbf{BCx} = \mathbf{B}(\mathbf{B^T B})^{-1}\mathbf{B^T b} \to$$
$$\mathbf{Ax} = \mathbf{B}(\mathbf{B^T B})^{-1}\mathbf{B^T b} \to \mathbf{A^T Ax} = (\mathbf{BC})^{\mathbf{T}}\mathbf{B}(\mathbf{B^T B})^{-1}\mathbf{B^T b} \to$$
$$(\mathbf{A^T A})\mathbf{x} = \mathbf{C^T}(\mathbf{B^T B})(\mathbf{B^T B})^{-1}\mathbf{B^T b} \to (\mathbf{A^T A})\mathbf{x} = \mathbf{C^T B^T b} \to$$
$$(\mathbf{A^T A})\mathbf{x} = \mathbf{A^T b}$$

y toda solución de la ecuación (1) es solución de las ecuaciones normales.

Ahora bien, en la ecuación (1) la matriz **C** es de tamaño k×n y de rango k, luego aplicando el resultado general establecido en el segundo caso de este apartado se llega definitivamente a la solución del problema de mínimos cuadrados

$$\mathbf{x}^* = \mathbf{C^T}(\mathbf{CC^T})^{-1}(\mathbf{B^T B})^{-1}\mathbf{B^T b} \qquad [9.7]$$

Nótese que esta fórmula engloba a los dos casos anteriormente estudiados, tomando, en el primer caso **B = A**, $\mathbf{C} = \mathbf{I_n}$, y en el segundo caso $\mathbf{B} = \mathbf{I_m}$, **A = C**. La fórmula [9.7] también se puede escribir así:

$$\mathbf{x}^* = \mathbf{C^T}(\mathbf{B^T AC^T})^{-1}\mathbf{B^T b} \qquad [9.8]$$

Ya que la solución única de un sistema **Ax = b**, siendo **A** una matriz regular, se puede expresar por $\mathbf{A^{-1}b}$, siendo $\mathbf{A^{-1}}$ la inversa de **A**, se puede definir análogamente una matriz $\mathbf{A^+}$, de modo que $\mathbf{A^+ b}$ sea la solución **x*** al problema de mínimos cuadrados **Ax = b**, *para toda posible columna **b***, en cuyo caso $\mathbf{A^+}$ y **x*** serían de la forma

$$\mathbf{A^+} = \mathbf{C^T}(\mathbf{B^T AC^T})^{-1}\mathbf{B^T} \qquad [9.9]$$

$$\mathbf{x}^* = \mathbf{A^+ b}\,. \qquad [9.10]$$

La matriz $\mathbf{A^+}$, de tamaño n×m, definida en [9.9] recibe el nombre de *inversa generalizada* de **A**, y juega un papel relevante en numerosas aplicaciones.

b) <u>Resolución mediante la descomposición en valor singular</u>

El cálculo de $(\mathbf{A^T A})^{-1}$ en [9.5] o bien el cálculo de $(\mathbf{AA^T})^{-1}$ en [9.6] origina problemas numéricos. Un problema similar ocurre en la inversión de la matriz de [9.9]. Es por esta razón por lo que se propone la utilización de otros métodos tales como el basado en la descomposición en valor singular de **A**, para ser usada en el problema de mínimos cuadrados.

Sea **A** una matriz real m×n de rango r, con

$$\mathbf{A} = \sum_{i=1}^{r} \sigma_i \mathbf{u}_i \mathbf{v}_i^T \qquad [9.11]$$

la factorización en valor singular de **A**. Recordando la propiedad 4) de la Proposición 7.13 se tiene:

Proposición 7.16 "La solución óptima de norma mínima del problema de mínimos cuadrados **Ax** = **b** viene dada por la expresión

$$\mathbf{x}^* = \sum_{i=1}^{r} \frac{\mathbf{u}_i^T \mathbf{b}}{\sigma_i} \mathbf{v}_i \text{ ''}$$

Para cualquier matriz columna **x** de n elementos, denotando con β_i la i–ésima componente de $\mathbf{Q}^T\mathbf{x}$, se cumple

$$\|\mathbf{Ax}-\mathbf{b}\|^2 = \|\mathbf{P}^T\mathbf{AQ}(\mathbf{Q}^T\mathbf{x})-\mathbf{P}^T\mathbf{b}\|^2 = \left\| \mathbf{svd}(\mathbf{A}) \begin{bmatrix} \beta_1 \\ \beta_2 \\ \dots \\ \beta_n \end{bmatrix} - \begin{bmatrix} \mathbf{u}_1^T\mathbf{b} \\ \mathbf{u}_2^T\mathbf{b} \\ \dots \\ \mathbf{u}_m^T\mathbf{b} \end{bmatrix} \right\|^2 =$$

$$\left\| \begin{bmatrix} \sigma_1\beta_1 - \mathbf{u}_1^T\mathbf{b} \\ \sigma_2\beta_2 - \mathbf{u}_2^T\mathbf{b} \\ \dots \\ \sigma_r\beta_r - \mathbf{u}_r^T\mathbf{b} \\ -\mathbf{u}_{r+1}^T\mathbf{b} \\ -\mathbf{u}_{r+2}^T\mathbf{b} \\ \dots \\ -\mathbf{u}_m^T\mathbf{b} \end{bmatrix} \right\|^2 = \sum_{i=1}^{r} (\sigma_i\beta_i - \mathbf{u}_i^T\mathbf{b})^2 + \sum_{i=r+1}^{m} (\mathbf{u}_i^T\mathbf{b})^2$$

de lo que se deduce que el mínimo de la expresión se alcanza cuando

$$\beta_i = \frac{\mathbf{u}_i^T\mathbf{b}}{\sigma_i}, \text{ para } i = 1,2,\dots,r \,.$$

Haciendo ahora ceros las n–r restantes componentes de $\mathbf{Q}^T\mathbf{x}$ (para minimizar la norma de la solución al problema de mínimos cuadrados) se llega a

$$\mathbf{x}^* = \mathbf{Q}\begin{bmatrix}\beta_1\\ \beta_2\\ \ldots\\ \beta_n\end{bmatrix} = \begin{bmatrix}\mathbf{v}_1 & \mathbf{v}_2 & \ldots & \mathbf{v}_n\end{bmatrix}\begin{bmatrix}\beta_1\\ \ldots\\ \beta_r\\ 0\\ \ldots\\ 0\end{bmatrix} = \sum_{i=1}^{r}\frac{\mathbf{u}_i^T\mathbf{b}}{\sigma_i}\mathbf{v}_i\,. \square$$

Proposición 7.17 "Si se denota con Σ^+ la matriz cuadrada de orden r

$$\boldsymbol{\Sigma}^+ = \mathrm{diag}(\sigma_1^{-1}, \sigma_2^{-1}, \ldots, \sigma_r^{-1}),$$

entonces la inversa generalizada de **A** viene dada por la matriz de tamaño n×m siguiente:

$$\mathbf{A}^+ = \mathbf{Q}\begin{bmatrix}\boldsymbol{\Sigma}^+ & \mathbf{O}\\ \mathbf{O} & \mathbf{O}\end{bmatrix}\mathbf{P}^T\text{"}$$

Se parte de

$$\mathbf{Q}\begin{bmatrix}\boldsymbol{\Sigma}^+ & \mathbf{O}\\ \mathbf{O} & \mathbf{O}\end{bmatrix}\mathbf{P}^T\mathbf{b} = \sum_{i=1}^{r}\frac{\mathbf{u}_i^T\mathbf{b}}{\sigma_i}\mathbf{v}_i = \mathbf{x}^*$$

y ello para toda posible columna **b**, luego

$$\mathbf{A}^+ = \mathbf{Q}\begin{bmatrix}\boldsymbol{\Sigma}^+ & \mathbf{O}\\ \mathbf{O} & \mathbf{O}\end{bmatrix}\mathbf{P}^T.$$

(En este paso se ha supuesto que la inversa generalizada $\mathbf{A}^+$ es única. Un estudio más avanzado de $\mathbf{A}^+$ se puede encontrar en otros textos). □

Nótese que Σ^+ es la inversa generalizada de Σ_+. Está claro además que si una matriz **A** es regular se cumple $\mathbf{A}^+ = \mathbf{A}^{-1}$.

En resumen: Conocida la factorización en valor singular de **A** se tiene

$$\mathbf{A} = \mathbf{P}\,\mathbf{svd}(\mathbf{A})\,\mathbf{Q}^T \qquad [9.12]$$

de lo que se deduce

$$\mathbf{A}^+ = \mathbf{Q}\,\mathbf{svd}(\mathbf{A})^+\,\mathbf{P}^T \qquad [9.13]$$

y de ahí la solución al problema de mínimos cuadrados de norma mínima

$$\mathbf{x}^* = \mathbf{A}^+\mathbf{b} \qquad [9.14]$$

7.10 Proyecciones ortogonales e inversas generalizadas

Sea **A** una matriz real m×n de rango r. La *matriz proyección ortogonal* **P** sobre **R**(**A**) se define como una matriz **P** cuadrada de orden m tal que para toda columna **b** de m elementos la columna **Pb** es la proyección ortogonal de **b** sobre **R**(**A**).

Proposición 7.18 "La matriz $\mathbf{P} = \mathbf{AA}^+$ es la matriz proyección ortogonal sobre **R**(**A**)".

Se recuerda que una solución $\mathbf{x}_0$ que minimiza la norma del residuo del problema de mínimos cuadrados $\mathbf{Ax} = \mathbf{b}$ debe verificar $\mathbf{Ax}_0 = \pi_\mathbf{b}$, donde $\pi_\mathbf{b}$ es la proyección ortogonal de **b** sobre el subespacio **R**(**A**) de matrices columna de **A**. En particular también la solución óptima $\mathbf{x}^*$ de norma mínima cumplirá la identidad $\mathbf{Ax}^* = \pi_\mathbf{b}$. Ahora bien, $\mathbf{x}^* = \mathbf{A}^+\mathbf{b}$, luego $(\mathbf{AA}^+)\mathbf{b} = \pi_\mathbf{b}$, lo que significa que la matriz $\mathbf{P} = \mathbf{AA}^+$ es la matriz proyección ortogonal sobre **R**(**A**). ❑

<u>*Nota:*</u> La matriz proyección ortogonal **P** obtenida no es una matriz ortogonal; se trata de una matriz idempotente, simétrica y cumple además la identidad **R**(**P**) = **R**(**A**), como es muy fácil probar.

Proposición 7.19 "La matriz $\mathbf{Q} = \mathbf{A}^+\mathbf{A}$ es la matriz proyección ortogonal sobre $\mathbf{R}(\mathbf{A}^T)$".

Aprovechando el resultado anterior, tomando $\mathbf{A}^T$ en lugar de **A**: $\mathbf{Q} = \mathbf{A}^T(\mathbf{A}^T)^+$ es la matriz proyección ortogonal sobre $\mathbf{R}(\mathbf{A}^T)$, esto es, $\mathbf{Q} = \mathbf{Q}^T = (\mathbf{A}^T(\mathbf{A}^+)^T)^T = \mathbf{A}^+\mathbf{A}$. ❑

Proposición 7.20 "La matriz $\mathbf{R} = \mathbf{I} - \mathbf{A}^+\mathbf{A}$ es la matriz proyección ortogonal sobre **N**(**A**)".

Se deja la demostración como ejercicio. ❑

Con estos resultados se puede abordar el problema general de hallar todas las soluciones que minimizan la norma del residuo $\mathbf{Ax} - \mathbf{b}$ del problema de mínimos cuadrados $\mathbf{Ax} = \mathbf{b}$, mediante el nuevo resultado establecido en la siguiente proposición:

Proposición 7.21 "Las soluciones que minimizan la norma del residuo, en el problema de mínimos cuadrados, vienen dadas por la expresión

$$\mathbf{x} = \mathbf{A}^+\mathbf{b} + (\mathbf{I} - \mathbf{A}^+\mathbf{A})\mathbf{w},$$

donde **w** es una columna arbitraria".

En primer lugar, obsérvese que una columna **x** que cumpla la anterior expresión, minimiza la norma del residuo, pues

$$\mathbf{Ax} = \mathbf{A}(\mathbf{A}^+\mathbf{b}) + (\mathbf{A} - \mathbf{AA}^+\mathbf{A})\mathbf{w} = (\mathbf{AA}^+)\mathbf{b} + \mathbf{Ow} = \pi_\mathbf{b}\,.$$

Sea ahora $\mathbf{x}$ una solución al problema planteado, de la forma $\mathbf{x} = \mathbf{A}^+\mathbf{b}+\mathbf{v}$, donde $\mathbf{v}$ verifica $\mathbf{Av} = \mathbf{0}$, ya que $\mathbf{Av} = \mathbf{A}(\mathbf{x}-\mathbf{A}^+\mathbf{b}) = \mathbf{Ax}-(\mathbf{AA}^+)\mathbf{b} = \mathbf{0}$, luego $\mathbf{v}$ pertenece a $\mathbf{N}(\mathbf{A})$ y se puede considerar por tanto proyección ortogonal de un cierto $\mathbf{w}$ arbitrario mediante la matriz proyección ortogonal sobre $\mathbf{N}(\mathbf{A})$ dada por $\mathbf{I}-\mathbf{A}^+\mathbf{A}$, esto es, $\mathbf{v} = (\mathbf{I}-\mathbf{A}^+\mathbf{A})\mathbf{w}$. Definitivamente se tiene

$$\mathbf{x} = \mathbf{A}^+\mathbf{b}+(\mathbf{I}-\mathbf{A}^+\mathbf{A})\mathbf{w}$$

y queda probado el teorema. ❑

La Figura 7.7 puede ayudar a comprender mejor el enunciado y la demostración del teorema.

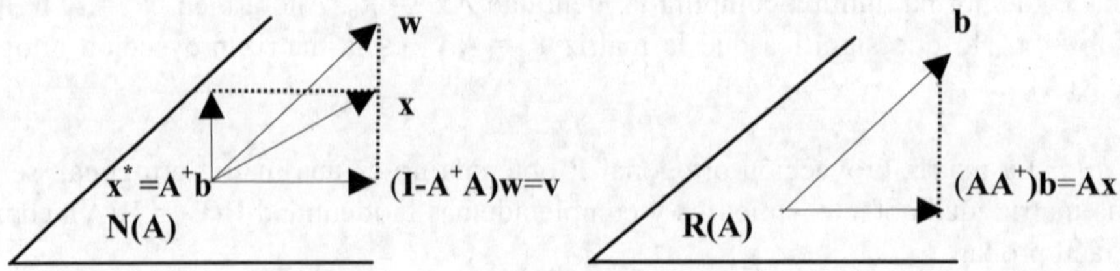

Figura 7.7

7.11 Ejercicios resueltos

7.1 Demuéstrese que la expresión

$$\alpha_1\beta_1 + \alpha_1\beta_2 + \alpha_2\beta_1 + \alpha_2\beta_2$$

no define un producto escalar euclídeo en $\mathbf{R}^2$.

La expresión dada representaría un producto escalar euclídeo entre los vectores (α_1, α_2) y (β_1, β_2) si, además de cumplirse las dos primeras propiedades de bilinealidad y simetría (cosa fácil de probar), se cumpliera también la tercera propiedad de definición positiva. Esto último no es cierto, ya que al multiplicar (α_1, α_2) por (α_1, α_2) según la expresión dada se obtiene

$$\alpha_1^2 + 2\alpha_1\alpha_2 + \alpha_2^2 = (\alpha_1 + \alpha_2)^2 \geq 0,$$

y este resultado puede ser cero, sin que (α_1, α_2) tenga por qué ser el vector nulo (0, 0). Tómese por ejemplo el par ordenado (1, −1).

7.2 Demuéstrese que los ejemplos 2) y 3) del apartado 7.1 de este Capítulo definen sendos productos escalares euclídeos sobre los correspondientes espacios vectoriales reales.

En el ejemplo 2), la expresión

$$< \mathbf{A}, \mathbf{B} >= \text{Traza}(\mathbf{A}^\mathbf{T}\mathbf{B})$$

define un producto escalar euclídeo sobre $\mathbf{R}^{\mathbf{m}\times\mathbf{n}}$ pues:

$$< \alpha\mathbf{A} + \beta\mathbf{B}, \mathbf{C} >= \text{Traza}((\alpha\mathbf{A} + \beta\mathbf{B})^\mathbf{T}\mathbf{C}) =$$

$$\alpha\text{Traza}(\mathbf{A}^\mathbf{T}\mathbf{C}) + \beta\text{Traza}(\mathbf{B}^\mathbf{T}\mathbf{C}) = \alpha < \mathbf{A}, \mathbf{C} > +\beta < \mathbf{B}, \mathbf{C} >$$

Análogamente se demuestra que

$$< \mathbf{A}, \beta\mathbf{B} + \gamma\mathbf{C} >= \beta < \mathbf{A}, \mathbf{B} > +\gamma < \mathbf{A}, \mathbf{C} >$$

De otra parte

$$< \mathbf{A}, \mathbf{B} >= \text{Traza}(\mathbf{A}^\mathbf{T}\mathbf{B}) = \text{Traza}((\mathbf{A}^\mathbf{T}\mathbf{B})^\mathbf{T}) = \text{Traza}(\mathbf{B}^\mathbf{T}\mathbf{A}) =< \mathbf{B}, \mathbf{A} >$$

y

$$< \mathbf{A}, \mathbf{A} >= \text{Traza}(\mathbf{A}^\mathbf{T}\mathbf{A}) = \sum_{i=1, j=1}^{n} a_{ij}^2 \geq 0, \ \forall \mathbf{A}$$

$$< \mathbf{A}, \mathbf{A} >= 0 \rightarrow a_{ij} = 0, \ \forall i, j \rightarrow \mathbf{A} = \mathbf{O}$$

En el ejemplo 3), también la expresión

$$<q(t), r(t)>= \int_a^b q(t)r(t)dt$$

define un producto escalar euclídeo sobre $\mathbf{R_p[t]}$, pues partiendo de las propiedades de la integral definida se demuestra que

$$<\alpha q(t)+\beta r(t), s(t)>= \alpha <q(t), s(t)> +\beta <r(t), s(t)>$$

$$<q(t), \beta r(t)+\gamma s(t)>= \beta <q(t), r(t)> +\gamma <q(t), s(t)>$$

$$<q(t), r(t)>=<r(t), q(t)>,$$

y también la tercera propiedad de definición positiva, ya que

$$<q(t), q(t)>= \int_a^b q(t)^2 dt \geq 0, \forall q(t)$$

$$<q(t), q(t)>= 0 \rightarrow q(t)=0, \forall t \in [a,b] \rightarrow q(t)=0(t)$$

Nota: Recuérdese que un polinomio se anula en un número finito de puntos, a no ser que se trate del polinomio idénticamente nulo.

7.3 Demuéstrese que es cierta la siguiente afirmación. "El vector nulo es ortogonal a todos los vectores del espacio, y, recíprocamente, el único vector ortogonal a todos los vectores del espacio es el vector nulo".

⊠⊠⊠⊠⊠⊠

Directo:

$$<x,0>=<x,0x>=0<x,x>=0, \forall x$$

Recíproco:

$$<x,y>=0, \forall x \rightarrow <y,y>=0 \rightarrow y=0$$

debido a la propiedad de definición positiva del producto escalar.

7.4 Pruébense las propiedades [2.4] de la norma inducida por un producto escalar.

⊠⊠⊠⊠⊠⊠

Primera propiedad:

$$\|x\|^2 =<x,x> \geq 0, \forall x \rightarrow \|x\| \geq 0, \forall x$$

$$\|x\|=0 \rightarrow <x,x>=0 \rightarrow x=0$$

Segunda propiedad:

$$\|x+y\|^2 =<x+y, x+y>=<x,x>+<x,y>+<y,x>+<y,y>=$$

$$\|x\|^2 + <x,y> + \overline{<x,y>} + \|y\|^2 = \|x\|^2 + 2\,\mathrm{Re}(<x,y>) + \|y\|^2 \leq$$

$$\|x\|^2 + 2|<x,y>| + \|y\|^2 \leq \|x\|^2 + 2\|x\|\|y\| + \|y\|^2 = (\|x\| + \|y\|)^2 \rightarrow$$

$$\|x + y\| \leq \|x\| + \|y\|$$

Tercera propiedad:

$$\|ax\|^2 = <\alpha x, \alpha x> = \overline{\alpha}\alpha <x,x> = |\alpha|^2 \|x\|^2 \rightarrow \|\alpha x\| = |\alpha|\|x\|.$$

7.5 ¿Es posible reconstruir el producto escalar, conocida la norma inducida? Explíquese cómo.

⧅⧅⧅⧅⧅⧅

Efectivamente, pues

$$<y,x> = \frac{1}{4}(\|x+y\|^2 - \|x-y\|^2 + i\|x+iy\|^2 - i\|x-iy\|^2).$$

7.6 Escríbase el cuadrado de la desigualdad de Cauchy–Schwartz, para los cuatro espacios reales con producto escalar de los ejemplos del apartado 7.1 de este Capítulo.

⧅⧅⧅⧅⧅⧅

$$1)\ |\mathbf{x}^T\mathbf{y}|^2 \leq (\mathbf{x}^T\mathbf{x})(\mathbf{y}^T\mathbf{y})$$

$$2)\ |\mathrm{Traza}(\mathbf{A}^T\mathbf{B})|^2 \leq \mathrm{Traza}(\mathbf{A}^T\mathbf{A})\mathrm{Traza}(\mathbf{B}^T\mathbf{B})$$

$$3)\ \left|\int_a^b q(t)r(t)dt\right|^2 \leq \int_a^b q(t)^2 dt \int_a^b r(t)^2 dt$$

$$4)\ \left|\sum_{i=1}^p \alpha_i\beta_i\right|^2 \leq (\sum_{i=1}^p \alpha_i^2)(\sum_{i=1}^p \beta_i^2)$$

7.7 Pruébese que se obtiene la igualdad en la desigualdad de Cauchy–Schwartz $|<x,y>| \leq \|x\|\|y\|$ si y sólo si los vectores x, y son linealmente dependientes.

⧅⧅⧅⧅⧅⧅

Si x, y son linealmente dependientes, entonces uno es múltiplo escalar del otro. La igualdad se cumple obviamente si x = 0. Supóngase que $y = \alpha x$, con $x \neq 0$, entonces

$$< x,y >^2 = (< x,\alpha x >)^2 = \alpha^2 < x,x >^2 = \frac{\|y\|^2}{\|x\|^2}\|x\|^4 = \|x\|^2\|y\|^2 \to |< x,y >| = \|x\|\|y\|.$$

Recíprocamente, si se cumple la igualdad para $x \neq 0$, se tiene

$$|< x,y >| = \|x\|\|y\|$$

De la ecuación que permite estudiar la dependencia o independencia lineal de vectores

$$\alpha x + \beta y = 0 \to < x,\alpha x + \beta y > = < x,0 > \to \alpha < x,x > + \beta < x,y > = 0 \to$$

$$|\beta||< x,y >| = |\alpha|\|x\|^2 \to |\beta|\|x\|\|y\| = |\alpha|\|x\|^2 \to \left|\frac{\alpha}{\beta}\right| = \frac{\|y\|}{\|x\|}$$

se deduce la dependencia lineal de los vectores x, y.

7.8 Enúnciese y demuéstrese el teorema de Pitágoras.

Enunciado: "Si los vectores x, y son ortogonales, entonces

$$\|x + y\|^2 = \|x\|^2 + \|y\|^2 \text{"}.$$

<u>Demostración:</u>

$$\|x + y\|^2 = < x + y, x + y > =$$
$$< x,x > + < x,y > + < y,x > + < y,y > =$$
$$\|x\|^2 + 0 + 0 + \|y\|^2 = \|x\|^2 + \|y\|^2$$

7.9 Demuéstrese la *desigualdad de Bessel*, en un espacio n–dimensional E con producto escalar, la cual viene dada por

$$\sum_{i=1}^{k} |< w_i, x >|^2 \le \|x\|^2$$

donde x es un vector y w_1, w_2, ..., w_k es una base ortonormal de un subespacio F de E.

Nótese que el primer miembro de la desigualdad de Bessel es el cuadrado de la norma de la proyección ortogonal π_x de x sobre F, pues

$$\pi_x = \sum_{i=1}^{k} < w_i, x > w_i$$

al ser la base de F ortonormal. Ya se sabe que

$$\|\pi_x\| \leq \|x\|$$

concluyéndose inmediatamente la desigualdad.

7.10 Demuéstrese que en un espacio con producto escalar los vectores $x_1, x_2, ..., x_k$ forman una lista linealmente independiente si y sólo si la *matriz de Gram* **G** es regular.

⊠⊠⊠⊠⊠⊠

Los vectores $x_1, x_2, ..., x_k$ forman una lista linealmente dependiente si y sólo si la ecuación $0 = \alpha_1 x_1+\alpha_2 x_2+...+\alpha_k x_k$ es indeterminada para las incógnitas α_i. Multiplicando escalarmente la ecuación, miembro a miembro por la izquierda, sucesivamente por $x_1, x_2, ..., x_k$ se obtiene un sistema homogéneo, de matriz del sistema la matriz de Gram:

$$\begin{bmatrix} <x_1,x_1> & <x_1,x_2> & ... & <x_1,x_k> \\ <x_2,x_1> & <x_2,x_2> & ... & <x_2,x_k> \\ ... & ... & ... & ... \\ <x_k,x_1> & <x_k,x_2> & ... & <x_k,x_k> \end{bmatrix} \begin{bmatrix} \alpha_1 \\ \alpha_2 \\ ... \\ \alpha_k \end{bmatrix} = \begin{bmatrix} 0 \\ 0 \\ ... \\ 0 \end{bmatrix}.$$

Este sistema es determinado si y sólo si su matriz, que es la de Gram, es regular.

7.11 Demuéstrese que en un espacio vectorial con producto escalar se cumple la identidad

$$\|x+y\|^2 + \|x-y\|^2 = 2(\|x\|^2 + \|y\|^2)$$

⊠⊠⊠⊠⊠⊠

Se tiene claramente

$$\|x+y\|^2 + \|x-y\|^2 = <x+y,x+y> + <x-y,x-y> =$$
$$<x,x> + <x,y> + <y,x> + <y,y> +$$
$$<x,x> - <x,y> - <y,x> + <y,y> =$$
$$2(<x,x> + <y,y>) = 2(\|x\|^2 + \|y\|^2)$$

7.12 Hállese un polinomio en $\mathbf{R_2[t]}$ que sea ortogonal a los dos polinomios 1+t,1−t y cuya norma sea la unidad respecto del producto escalar

$$<q(t),r(t)> = \int_0^1 q(t)r(t)dt$$

⊠⊠⊠⊠⊠⊠

Sea $s(t) = a+bt+ct^2$ el polinomio buscado, con a, b, c coeficientes reales. Se debe cumplir:

$$0 = < s(t), 1+t > = \int_0^1 (a+bt+ct^2)(1+t)dt = \int_0^1 (a+(a+b)t+(b+c)t^2+ct^3)dt =$$

$$at + \frac{(a+b)t^2}{2} + \frac{(b+c)t^3}{3} + \frac{ct^4}{4}\Big|_0^1 = a + \frac{a+b}{2} + \frac{b+c}{3} + \frac{c}{4}$$

$$0 = < s(t), 1-t > = \int_0^1 (a+bt+ct^2)(1-t)dt = \int_0^1 (a+(-a+b)t+(-b+c)t^2-ct^3)dt =$$

$$at + \frac{(-a+b)t^2}{2} + \frac{(-b+c)t^3}{3} - \frac{ct^4}{4}\Big|_0^1 = a + \frac{-a+b}{2} + \frac{-b+c}{3} - \frac{c}{4}$$

$$1 = < s(t), s(t) > = \int_0^1 (a+bt+ct^2)^2 dt = \int_0^1 (a^2+2abt+(b^2+2ac)t^2+2bct^3+c^2t^4)dt =$$

$$a^2t + abt^2 + \frac{(b^2+2ac)t^3}{3} + \frac{bct^4}{2} + \frac{c^2t^5}{5}\Big|_0^1 = a^2 + ab + \frac{b^2+2ac}{3} + \frac{bc}{2} + \frac{c^2}{5}$$

Las ecuaciones a resolver son, por consiguiente,

$$0 = 18a + 10b + 7c$$

$$0 = 6a + 2b + c$$

$$30 = 30a^2 + 10b^2 + 6c^2 + 30ab + 20ac + 15bc$$

las cuales constituyen un sistema *no* lineal. Resolviendo el sistema lineal formado por las dos primeras ecuaciones, se tiene el conjunto de soluciones

$$a = \lambda/6$$

$$b = -\lambda$$

$$c = \lambda$$

e introduciendo las soluciones obtenidas en la tercera ecuación se determinan los valores de λ que resuelven el problema. Se obtienen de ese modo los dos valores

$$\lambda = \pm 6\sqrt{5},$$

que originan como solución al problema los dos polinomios siguientes

$$s(t) = \pm(\sqrt{5} - 6\sqrt{5}t + 6\sqrt{5}t^2).$$

7.13 Resuélvase el Ejercicio anterior 7.12 utilizando el método de Gram–Schmidt.

Los tres polinomios $x_1 = 1+t$, $x_2 = 1-t$, $x_3 = t^2$ forman una base del espacio de polinomios $\mathbf{R}_2[t]$. Se puede utilizar para obtener una base ortonormal del citado espacio, mediante el procedimiento de ortogonalización de Gram–Schmidt:

$$u_1 = x_1 = 1+t \quad \|u_1\| = \ldots = \sqrt{\frac{7}{3}} \quad w_1 = \frac{u_1}{\|u_1\|} = \sqrt{\frac{3}{7}}(1+t)$$

$$\alpha_{12} = \langle w_1, x_2 \rangle = \ldots = \frac{2}{3}\sqrt{\frac{3}{7}}$$

$$u_2 = x_2 - \alpha_{12} w_1 = \ldots = \frac{1}{7}(5-9t) \quad \|u_2\| = \ldots = \frac{\sqrt{7}}{7} \quad w_2 = \frac{u_2}{\|u_2\|} = \frac{\sqrt{7}}{7}(5-9t)$$

$$\alpha_{13} = \langle w_1, x_3 \rangle = \ldots = \frac{\sqrt{21}}{12}$$

$$\alpha_{23} = \langle w_2, x_3 \rangle = \ldots = -\frac{\sqrt{7}}{12}$$

$$u_3 = x_3 - \alpha_{13} w_1 - \alpha_{23} w_2 = \ldots = \frac{1}{6} - t + t^2$$

$$\|u_3\| = \ldots = \sqrt{\frac{1}{180}}$$

$$w_3 = \frac{u_3}{\|u_3\|} = \sqrt{180}\left(\frac{1}{6} - t + t^2\right)$$

obteniendo como soluciones las ya obtenidas en el ejercicio anterior

$$s(t) = \pm w_3 = \pm(\sqrt{5} - 6\sqrt{5}t + 6\sqrt{5}t^2)\,.$$

7.14 En el espacio con producto escalar del Ejercicio 7.12, hállese la métrica del espacio en la base 1, t, t^2. Utilícese la métrica para obtener el producto escalar $\langle 1+t, 1-t \rangle$ y también la norma del polinomio $1+t+t^2$.

⊠⊠⊠⊠⊠⊠

La métrica viene dada por la matriz de Gram $\mathbf{G} = [\langle x_i, x_j \rangle]$, donde $x_1 = 1$, $x_2 = t$, $x_3 = t^2$, esto es,

$$\mathbf{G} = \begin{bmatrix} 1 & 1/2 & 1/3 \\ 1/2 & 1/3 & 1/4 \\ 1/3 & 1/4 & 1/5 \end{bmatrix}.$$

Gracias a la métrica se pueden calcular matricialmente

$$< 1+t, 1-t >= \begin{bmatrix} 1 & 1 & 0 \end{bmatrix} \mathbf{G} \begin{bmatrix} 1 \\ -1 \\ 0 \end{bmatrix} = 2/3$$

y

$$\left\| 1+t+t^2 \right\| = (< 1+t+t^2, 1+t+t^2 >)^{1/2} = \left(\begin{bmatrix} 1 & 1 & 1 \end{bmatrix} \mathbf{G} \begin{bmatrix} 1 \\ 1 \\ 1 \end{bmatrix} \right)^{1/2} = \sqrt{37/10}$$

7.15 Si se denota con w_1, w_2, w_3 la base ortonormal, obtenida en el Ejercicio 7.13, hállese el producto escalar $<w_1+w_2, w_2-2w_3>$ y también la norma del polinomio $w_1+w_2+w_3$.

⊠⊠⊠⊠⊠⊠

En una base ortonormal, el producto escalar es "como si fuera el ordinario", luego

$$< w_1 + w_2, w_2 - 2w_3 >= \begin{bmatrix} 1 & 1 & 0 \end{bmatrix} \begin{bmatrix} 0 \\ 1 \\ -2 \end{bmatrix} = 1$$

$$\left\| w_1 + w_2 + w_3 \right\| = \left(\begin{bmatrix} 1 & 1 & 1 \end{bmatrix} \begin{bmatrix} 1 \\ 1 \\ 1 \end{bmatrix} \right)^{1/2} = \sqrt{3}$$

Nótese que, al ser la base ortonormal, la matriz de Gram es, en este caso, la matriz identidad.

7.16 Hállese la proyección ortogonal de la matriz

$$\mathbf{A} = \begin{bmatrix} 1 & 1 \\ 1 & 1 \end{bmatrix}$$

sobre el subespacio vectorial generado por la matriz $\mathbf{B} = \mathbf{E_{12}} + \mathbf{E_{21}}$, en $\mathbf{R}^{2\times 2}$ y con el producto escalar $<\mathbf{X},\mathbf{Y}> = \text{Traza}(\mathbf{X}^T\mathbf{Y})$.

⊠⊠⊠⊠⊠⊠

Una base ortonormal del subespacio vectorial unidimensional generado por la matriz **B** viene dada por la matriz

$$\mathbf{W_1} = \frac{\mathbf{B}}{\|\mathbf{B}\|} = \frac{1}{\sqrt{2}} \begin{bmatrix} 0 & 1 \\ 1 & 0 \end{bmatrix}.$$

La proyección ortogonal buscada será por consiguiente

$$\pi_A = \alpha_1 \mathbf{W_1} =< \mathbf{W_1}, \mathbf{A} > \mathbf{W_1} = \begin{bmatrix} 0 & 1 \\ 1 & 0 \end{bmatrix} = \mathbf{B}$$

7.17 Pruébese que el complemento ortogonal de la suma (intersección) de dos subespacios vectoriales es la intersección (suma) de sus complementos ortogonales.

⧅⧅⧅⧅⧅⧅

Lo que se trata de demostrar es el siguiente par de identidades:

$$1)\ (F+G)^{\perp} = F^{\perp} \cap G^{\perp}$$

$$2)\ (F \cap G)^{\perp} = F^{\perp} + G^{\perp}$$

Veamos:

$$y \in (F+G)^{\perp} \rightarrow < x, y >= 0,\ \forall x \in F+G\ .$$

En particular F y G están contenidos en F+G, luego

$$< u, y >= 0, \forall u \in F \rightarrow y \in F^{\perp}$$

$$< v, y >= 0, \forall v \in G \rightarrow y \in G^{\perp}$$

por lo que $y \in F^{\perp} \cap G^{\perp}$ .Recíprocamente,

$$y \in F^{\perp} \cap G^{\perp} \rightarrow y \in F^{\perp}, y \in G^{\perp} \rightarrow$$

$$< u, y >= 0,\ \forall u \in F, < v, y >= 0,\ \forall v \in G \rightarrow$$

$$< x = u + v, y >= 0,\ \forall x \in F+G \rightarrow y \in (F+G)^{\perp}$$

Queda probada la primera identidad. La segunda identidad se demuestra análogamente.

7.18 Resuélvase, por el método de los mínimos cuadrados, el sistema de n ecuaciones con dos incógnitas reales α_1,α_2, n>2, dado por

$$\alpha_1 + \alpha_2 = i, \text{ con } i = 1, 2, ..., n$$

⧅⧅⧅⧅⧅⧅

La matriz **A** del sistema es de tamaño n×2 y de rango unidad, menor que el número de columnas que vale dos. Obsérvese que la matriz **A** es el producto de dos matrices **B** y **C**, también de rango unidad:

$$\mathbf{A} = \begin{bmatrix} 1 & 1 \\ 1 & 1 \\ \ldots & \ldots \\ 1 & 1 \end{bmatrix} = \begin{bmatrix} 1 \\ 1 \\ \ldots \\ 1 \end{bmatrix} \begin{bmatrix} 1 & 1 \end{bmatrix} = \mathbf{BC}$$

La matriz **b** es la columna $[1\ 2\ ...\ n]^T$. Se puede usar la fórmula general

$$\mathbf{x}^* = \mathbf{C}^T(\mathbf{C}\mathbf{C}^T)^{-1}(\mathbf{B}^T\mathbf{B})^{-1}\mathbf{B}^T\mathbf{b}$$

de manera que

$$\mathbf{x}^* = \begin{bmatrix}1\\1\end{bmatrix}\left(\begin{bmatrix}1 & 1\end{bmatrix}\begin{bmatrix}1\\1\end{bmatrix}\right)^{-1}\left(\begin{bmatrix}1 & 1 & ... & 1\end{bmatrix}\begin{bmatrix}1\\1\\...\\1\end{bmatrix}\right)^{-1}\begin{bmatrix}1 & 1 & ... & 1\end{bmatrix}\begin{bmatrix}1\\2\\...\\n\end{bmatrix}$$

Haciendo operaciones queda

$$\mathbf{x}^* = \frac{1+n}{4}\begin{bmatrix}1\\1\end{bmatrix} = \begin{bmatrix}\alpha_1\\\alpha_2\end{bmatrix}$$

7.19 Del sistema indeterminado de 2 ecuaciones con 2k+1 incógnitas, con k>1,

$$\alpha_1 + \alpha_2 + ... + \alpha_{2k} + \alpha_{2k+1} = 1$$
$$\alpha_2 + ... + \alpha_{2k} = 1$$

hállese la solución de norma mínima.

⊠⊠⊠⊠⊠⊠

El sistema dado es compatible, indeterminado, y equivalente al sistema

$$\alpha_1 + \alpha_{2k+1} = 0$$
$$\alpha_2 + ... + \alpha_{2k} = 1$$

que se puede expresar matricialmente por **Ax = b**, donde

$$\mathbf{A} = \begin{bmatrix}1 & 0 & ... & 0 & 1\\0 & 1 & ... & 1 & 0\end{bmatrix}, \mathbf{b} = \begin{bmatrix}0\\1\end{bmatrix}$$

Aplicando la fórmula

$$\mathbf{x}^* = \mathbf{A}^T(\mathbf{A}\mathbf{A}^T)^{-1}\mathbf{b}$$

se tiene la solución buscada

$$\mathbf{x}^* = \frac{1}{2k-1}\begin{bmatrix}0\\1\\1\\...\\1\\1\\0\end{bmatrix}$$

7.20 Se considera una función de tres variables $y = f(x_1, x_2, x_3)$, que corresponde a las medidas experimentales de un cierto fenómeno físico, y se supone que esta función sigue un comportamiento lineal, esto es,

$$y = a + bx_1 + cx_2 + dx_3 .$$

Se han tomado diez medidas experimentales, que se indican en la tabla siguiente

x_1	1	2	3	3	2	1	1	2	3	0
x_2	1	1	1	2	2	2	0	0	0	1
x_3	0	0	0	1	2	1	3	1	0	1
y	2.1	2.9	3.5	6.0	6.0	3.9	4.1	2.9	3.0	2.1

Determínese a, b, c y d de modo que la suma de cuadrados

$$\sum_{j=1}^{10}(y_j - a - bx_{1j} - cx_{2j} - dx_{3j})^2$$

sea mínima.

<u>*Nota:*</u> El subíndice j se refiere a la medida j–ésima realizada.

El problema equivale a resolver por mínimos cuadrados el sistema dado por

$$\begin{bmatrix} 1 & 1 & 1 & 0 \\ 1 & 2 & 1 & 0 \\ 1 & 3 & 1 & 0 \\ 1 & 3 & 2 & 1 \\ 1 & 2 & 2 & 2 \\ 1 & 1 & 2 & 1 \\ 1 & 1 & 0 & 3 \\ 1 & 2 & 0 & 1 \\ 1 & 3 & 0 & 0 \\ 1 & 0 & 1 & 1 \end{bmatrix} \begin{bmatrix} a \\ b \\ c \\ d \end{bmatrix} = \begin{bmatrix} 2.1 \\ 2.9 \\ 3.5 \\ 6.0 \\ 6.0 \\ 3.9 \\ 4.1 \\ 2.9 \\ 3.0 \\ 2.1 \end{bmatrix}$$

La matriz del sistema es de rango cuatro y coincide el rango con el número de incógnitas, las cuales son a, b, c, d. Se puede usar la fórmula

$$\mathbf{x}^* = (\mathbf{A}^T\mathbf{A})^{-1}\mathbf{A}^T\mathbf{b}$$

obteniendo la solución

$$\mathbf{x}^* = \begin{bmatrix} a \\ b \\ c \\ d \end{bmatrix} = \begin{bmatrix} 0.0684 \\ 0.9211 \\ 0.9833 \\ 1.0446 \end{bmatrix}$$

7.21 Obténgase la inversa generalizada de la matriz

$$\mathbf{A} = \begin{bmatrix} 2 & 3 & 3 & 2 \\ 1 & 1 & 1 & 1 \\ 2 & 3 & 3 & 2 \\ 1 & 1 & 1 & 1 \end{bmatrix} = \begin{bmatrix} 1 & 1 \\ 1 & 0 \\ 1 & 1 \\ 1 & 0 \end{bmatrix} \begin{bmatrix} 1 & 1 & 1 & 1 \\ 1 & 2 & 2 & 1 \end{bmatrix}$$

La matriz **A** es cuadrada de orden cuatro y de rango dos, de la forma **A** = **BC**, con **B** y **C** de rango máximo dos. Se puede aplicar directamente la fórmula

$$\mathbf{A}^+ = \mathbf{C}^T (\mathbf{B}^T \mathbf{A} \mathbf{C}^T)^{-1} \mathbf{B}^T$$

y obtener la inversa generalizada de **A**. El resultado es

$$\mathbf{A}^+ = -\frac{1}{4} \begin{bmatrix} 1 & -3 & 1 & -3 \\ -1 & 2 & -1 & 2 \\ -1 & 2 & -1 & 2 \\ 1 & -3 & 1 & -3 \end{bmatrix}$$

7.22 Resuélvase el problema de mínimos cuadrados **Ax** = **b**, siendo **A** la matriz

$$\mathbf{A} = \begin{bmatrix} 1 & 1 & 1 \\ 1 & 0 & 1 \\ 1 & 1 & 1 \\ 1 & 0 & 1 \end{bmatrix}$$

cuya factorización en valor singular

$$\mathbf{A} = \mathbf{P}\,\mathbf{svd(A)}\,\mathbf{Q}^T$$

es de la forma

$$\mathbf{A} = \begin{bmatrix} -0.557 & -0.435 & * & * \\ -0.435 & 0.557 & * & * \\ -0.557 & -0.435 & * & * \\ -0.435 & 0.557 & * & * \end{bmatrix} \begin{bmatrix} 3.02 & 0 & 0 \\ 0 & 0.936 & 0 \\ 0 & 0 & 0 \\ 0 & 0 & 0 \end{bmatrix} \begin{bmatrix} -0.657 & -0.369 & -0.657 \\ 0.260 & -0.929 & 0.260 \\ * & * & * \end{bmatrix}$$

y **b** es la matriz columna dada por $\mathbf{b}^T = [0\ 1\ 1\ 0]$.

Se puede usar la fórmula

$$\mathbf{x}^* = \sum_{i=1}^{r} \frac{\mathbf{u_i^T b}}{\sigma_i} \mathbf{v_i}$$

para obtener directamente la solución al problema de mínimos cuadrados:

$$\mathbf{x}^* = \frac{-0.992}{3.02}\begin{bmatrix} -0.657 \\ -0.369 \\ -0.657 \end{bmatrix} + \frac{0.122}{0.936}\begin{bmatrix} 0.260 \\ -0.929 \\ 0.260 \end{bmatrix} = \begin{bmatrix} 0.2496 \\ 0.00012 \\ 0.2496 \end{bmatrix}$$

Si las operaciones se hubieran realizado con aritmética exacta, se tendría la solución exacta

$$\mathbf{x}^* = \begin{bmatrix} 1/4 \\ 0 \\ 1/4 \end{bmatrix}$$

7.23 Hállese la inversa generalizada de la matriz **A** del Ejercicio 7.22 anterior.

Se usa aquí la expresión $\mathbf{A}^+ = \mathbf{Q}\ \mathbf{svd}(\mathbf{A})^+\ \mathbf{P}^{\mathrm{T}}$, donde

$$\mathbf{Q} = \begin{bmatrix} -0.657 & 0.260 & * \\ -0.369 & -0.929 & * \\ -0.657 & 0.260 & * \end{bmatrix}, \mathbf{svd}(\mathbf{A})^+ = \begin{bmatrix} 1/3.02 & 0 & 0 & 0 \\ 0 & 1/0.936 & 0 & 0 \\ 0 & 0 & 0 & 0 \end{bmatrix}$$

y

$$\mathbf{P}^{\mathrm{T}} = \begin{bmatrix} -0.557 & -0.435 & -0.557 & -0.435 \\ -0.435 & 0.557 & -0.435 & 0.557 \\ * & * & * & * \\ * & * & * & * \end{bmatrix}$$

La inversa generalizada es por consiguiente

$$\mathbf{A}^+ = \begin{bmatrix} 0.00034 & 0.2493 & 0.00034 & 0.2493 \\ 0.4998 & -0.4996 & 0.4998 & -0.4996 \\ 0.00034 & 0.2493 & 0.00034 & 0.2493 \end{bmatrix}.$$

Si se hubiera usado aritmética exacta se tendría la solución exacta dada por

$$\mathbf{A}^+ = \begin{bmatrix} 0 & 1/4 & 0 & 1/4 \\ 1/2 & -1/2 & 1/2 & -1/2 \\ 0 & 1/4 & 0 & 1/4 \end{bmatrix}$$

7.24 Demuéstrese que la inversa generalizada de **A**

$$\mathbf{A}^+ = \mathbf{C}^{\mathrm{T}}(\mathbf{B}^{\mathrm{T}}\mathbf{A}\mathbf{C}^{\mathrm{T}})^{-1}\mathbf{B}^{\mathrm{T}}$$

cumple las cuatro propiedades:

$$1)\ \mathbf{AA^+A} = \mathbf{A},$$
$$2)\ \mathbf{A^+AA^+} = \mathbf{A^+},$$
$$3)\ (\mathbf{AA^+})^{\mathbf{T}} = \mathbf{AA^+}$$
$$4)\ (\mathbf{A^+A})^{\mathbf{T}} = \mathbf{A^+A}$$

⊠⊠⊠⊠⊠⊠

$$1)\ \mathbf{AA^+A} = (\mathbf{BC})(\mathbf{C^T}(\mathbf{B^T AC^T})^{-1}\mathbf{B^T})(\mathbf{BC}) =$$
$$\mathbf{B}((\mathbf{CC^T})^{-1})^{-1}(\mathbf{B^T BCC^T})^{-1}((\mathbf{B^T B})^{-1})^{-1}\mathbf{C} =$$
$$\mathbf{B}((\mathbf{B^T B})^{-1}(\mathbf{B^T B})(\mathbf{CC^T})(\mathbf{CC^T})^{-1})^{-1}\mathbf{C} =$$
$$\mathbf{B}(\mathbf{I}\,\mathbf{I})^{-1}\mathbf{C} = \mathbf{BC} = \mathbf{A}$$

2) Se resuelve análogamente al apartado anterior.

$$3)\ (\mathbf{AA^+})^{\mathbf{T}} = (\mathbf{A^+})^{\mathbf{T}}\mathbf{A^T} = (\mathbf{C^T}(\mathbf{B^T AC^T})^{-1}\mathbf{B^T})^{\mathbf{T}}(\mathbf{BC})^{\mathbf{T}} =$$
$$\mathbf{B}(\mathbf{CA^T B})^{-1}\mathbf{CC^T B^T} = \mathbf{B}((\mathbf{CC^T})(\mathbf{B^T B}))^{-1}\mathbf{CC^T B^T} =$$
$$\mathbf{B}(\mathbf{B^T B})^{-1}(\mathbf{CC^T})^{-1}\mathbf{CC^T B^T} =$$
$$\mathbf{B}(\mathbf{B^T B})^{-1}\mathbf{B^T}$$

y

$$\mathbf{AA^+} = \mathbf{BCC^T}((\mathbf{B^T B})(\mathbf{CC^T}))^{-1}\mathbf{B^T} = \mathbf{B}(\mathbf{B^T B})^{-1}\mathbf{B^T}$$

luego

$$(\mathbf{AA^+})^{\mathbf{T}} = \mathbf{AA^+}$$

4) Se resuelve análogamente al apartado anterior.

<u>Nota:</u> Se demuestra en textos más avanzados que la única matriz que cumple las cuatro propiedades del enunciado es la inversa generalizada.

7.25 Demuéstrese las siguientes propiedades de la inversa generalizada:

$$1)\,(\mathbf{A}^+)^+ = \mathbf{A}$$

$$2)\,(\mathbf{A}^T)^+ = (\mathbf{A}^+)^T$$

$$3)\,r(\mathbf{A}) = r(\mathbf{A}^+) = r(\mathbf{A}\mathbf{A}^+) = r(\mathbf{A}^+\mathbf{A})$$

$$4)\,r(\mathbf{A}) = n \rightarrow \mathbf{A}^+\mathbf{A} = \mathbf{I}_n$$

$$5)\,r(\mathbf{A}) = m \rightarrow \mathbf{A}\mathbf{A}^+ = \mathbf{I}_m$$

$$6)\,\mathbf{R},\mathbf{S} \text{ matrices ortogonales} \rightarrow (\mathbf{RAS})^+ = \mathbf{S}^T\mathbf{A}^+\mathbf{R}^T$$

⍓⍓⍓⍓⍓⍓

1) La inversa generalizada de $\mathbf{A}^+$ es la única matriz $\mathbf{Y}$ que cumple las expresiones

a) $\mathbf{A}^+\mathbf{Y}\mathbf{A}^+=\mathbf{A}^+$

b) $\mathbf{Y}\mathbf{A}^+\mathbf{Y}=\mathbf{Y}$

c) $(\mathbf{A}^+\mathbf{Y})^T=\mathbf{A}^+\mathbf{Y}$

d) $(\mathbf{Y}\mathbf{A}^+)^T=\mathbf{Y}\mathbf{A}^+$

es decir $\mathbf{Y} = \mathbf{A}$.

2) Se sabe que si $\mathbf{A} = \mathbf{BC}$, con $\mathbf{B}$ de tamaño m×k, $\mathbf{C}$ de tamaño k×n, y

$$r(\mathbf{A}) = r(\mathbf{B}) = r(\mathbf{C}) = k,$$

entonces

$$\mathbf{A}^+ = \mathbf{C}^T(\mathbf{C}\mathbf{C}^T)^{-1}(\mathbf{B}^T\mathbf{B})^{-1}\mathbf{B}^T = \mathbf{C}^T(\mathbf{B}^T\mathbf{B}\mathbf{C}\mathbf{C}^T)^{-1}\mathbf{B}^T = \mathbf{C}^T(\mathbf{B}^T\mathbf{A}\mathbf{C}^T)^{-1}\mathbf{B}^T \quad (1)$$

Aplicando este resultado a $\mathbf{A}^T = \mathbf{C}^T\mathbf{B}^T$ se tiene

$$(\mathbf{A}^T)^+ = \mathbf{B}(\mathbf{C}\mathbf{A}^T\mathbf{B})^{-1}\mathbf{C} \quad (2)$$

luego trasponiendo miembro a miembro (1) se llega a la identidad pedida

$$(\mathbf{A}^+)^T = (\mathbf{C}^T(\mathbf{B}^T\mathbf{A}\mathbf{C}^T)^{-1}\mathbf{B}^T)^T = \mathbf{B}(\mathbf{C}\mathbf{A}^T\mathbf{B})^{-1}\mathbf{C} = (\mathbf{A}^T)^+$$

3) Debido a que las matrices ortogonales, al ser regulares, no alteran el rango al multiplicar a otra matriz, se tiene:

$$\mathbf{A} = \mathbf{P}\,\mathbf{svd}(\mathbf{A})\,\mathbf{Q}^T \rightarrow r(\mathbf{A}) = r(\mathbf{svd}(\mathbf{A}))$$

Análogamente,

$$\mathbf{A}^+ = \mathbf{Q}\,\mathbf{svd}(\mathbf{A})^+\,\mathbf{P}^T \rightarrow r(\mathbf{A}^+) = r(\mathbf{svd}(\mathbf{A})^+).$$

Pero

$$r(\mathbf{svd}(\mathbf{A})) = r(\mathbf{svd}(\mathbf{A})^+)$$

luego

$$r(\mathbf{A}) = r(\mathbf{A}^+)$$

De otra parte

$$r(\mathbf{AA}^+) = r(\mathbf{svd}(\mathbf{A})\,\mathbf{svd}(\mathbf{A})^+) = r(\mathbf{A}) = r(\mathbf{svd}(\mathbf{A})^+\,\mathbf{svd}(\mathbf{A})) = r(\mathbf{A}^+\mathbf{A})$$

4) Se tiene la identidad

$$r(\mathbf{A}) = n \to \mathbf{A} = \mathbf{P}\begin{bmatrix}\Sigma_+ \\ \mathbf{O}\end{bmatrix}\mathbf{Q}^T$$

Nótese que en este caso

$$\mathbf{A}^+ = \mathbf{Q}\begin{bmatrix}\Sigma^+ & \mathbf{O}\end{bmatrix}\mathbf{P}^T$$

con

$$\Sigma^+ = (\Sigma_+)^{-1}$$

luego

$$\mathbf{A}^+\mathbf{A} = \mathbf{Q}\begin{bmatrix}\Sigma^+ & \mathbf{O}\end{bmatrix}\mathbf{P}^T\mathbf{P}\begin{bmatrix}\Sigma_+ \\ \mathbf{O}\end{bmatrix}\mathbf{Q}^T = \mathbf{Q}\begin{bmatrix}\Sigma^+ & \mathbf{O}\end{bmatrix}\begin{bmatrix}\Sigma_+ \\ \mathbf{O}\end{bmatrix}\mathbf{Q}^T = \mathbf{Q}\mathbf{I}_n\mathbf{Q}^T = \mathbf{Q}\mathbf{Q}^T = \mathbf{I}_n .$$

5) Este apartado se resuelve de modo análogo al anterior.

6) Es fácil ver que $\mathbf{Z} = \mathbf{S}^T\mathbf{A}^+\mathbf{R}^T$ cumple las propiedades

a) $(\mathbf{RAS})\mathbf{Z}(\mathbf{RAS})=\mathbf{RAS}$

b) $\mathbf{Z}(\mathbf{RAS})\mathbf{Z}=\mathbf{Z}$

c) $((\mathbf{RAS})\mathbf{Z})^T=(\mathbf{RAS})\mathbf{Z}$

d) $(\mathbf{Z}(\mathbf{RAS}))^T=\mathbf{Z}(\mathbf{RAS})$

que definen de modo único la inversa generalizada.

7.26 Hállese la proyección ortogonal de la columna **b** sobre el subespacio generado por las columnas de la matriz

$$\mathbf{A} = \begin{bmatrix} 1 & 1 & 1 \\ 1 & 0 & 1 \\ 1 & 1 & 1 \\ 1 & 0 & 1 \end{bmatrix}$$

siendo $\mathbf{b}^T = [1\ 2\ 2\ 3]$.

◸◸◸◸◸◸

La inversa generalizada de la matriz **A** de este ejercicio es la matriz

$$\mathbf{A}^+ = \begin{bmatrix} 0 & 1/4 & 0 & 1/4 \\ 1/2 & -1/2 & 1/2 & -1/2 \\ 0 & 1/4 & 0 & 1/4 \end{bmatrix}$$

(resultado ya obtenido en el Ejercicio 7.23) por lo que

$$\mathbf{P}=\mathbf{AA}^{+}=\begin{bmatrix}1&1&1\\1&0&1\\1&1&1\\1&0&1\end{bmatrix}\begin{bmatrix}0&1/4&0&1/4\\1/2&-1/2&1/2&-1/2\\0&1/4&0&1/4\end{bmatrix}=\frac{1}{2}\begin{bmatrix}1&0&1&0\\0&1&0&1\\1&0&1&0\\0&1&0&1\end{bmatrix}$$

es la matriz proyección ortogonal sobre **R**(**A**). De donde

$$\mathbf{Pb}=\frac{1}{2}\begin{bmatrix}1&0&1&0\\0&1&0&1\\1&0&1&0\\0&1&0&1\end{bmatrix}\begin{bmatrix}1\\2\\2\\3\end{bmatrix}=\begin{bmatrix}3/2\\5/2\\3/2\\5/2\end{bmatrix}$$

es la proyección ortogonal buscada .

7.27 ¿Qué soluciones minimizan la norma del residuo en el problema de mínimos cuadrados **Ax** = **b**, siendo **A** y **b** las matrices del Ejercicio 7.22?

⧅⧅⧅⧅⧅⧅

Se usa aquí la expresión

$$\mathbf{x}=\mathbf{A}^{+}\mathbf{b}+(\mathbf{I}-\mathbf{A}^{+}\mathbf{A})\mathbf{w}$$

y el resultado del Ejercicio 7.23:

Se tiene que

$$\mathbf{x}=\begin{bmatrix}0&1/4&0&1/4\\1/2&-1/2&1/2&-1/2\\0&1/4&0&1/4\end{bmatrix}\begin{bmatrix}0\\1\\1\\0\end{bmatrix}+\begin{bmatrix}1/2&0&-1/2\\0&0&0\\-1/2&0&1/2\end{bmatrix}\begin{bmatrix}\alpha\\\beta\\\gamma\end{bmatrix}=\begin{bmatrix}1/4+(1/2)\alpha-(1/2)\gamma\\0\\1/4-(1/2)\alpha+(1/2)\gamma\end{bmatrix}$$

es la solución general al problema. Nótese que para valores nulos de los parámetros se obtiene la solución óptima de norma mínima

$$x^{*}=\begin{bmatrix}1/4\\0\\1/4\end{bmatrix}$$

7.12 Ejercicios propuestos

7.28 Pruébese que si x, y son dos vectores de igual norma, de un espacio vectorial real con producto escalar, entonces los dos vectores x+y, x−y son ortogonales.

7.29 Demuéstrese la *identidad de Parseval*, en un espacio n–dimensional E con producto escalar, dada por

$$\sum_{i=1}^{n} |< w_i, x >|^2 = \|x\|^2,$$

donde x es un vector y $w_1, w_2, ..., w_n$ es una base ortonormal de E.

7.30 Pruébese que la matriz **G** de Gram es definido positiva, esto es, es una matriz hermítica que verifica

$$\mathbf{x}^H \mathbf{G}\mathbf{x} > 0$$

para todo $\mathbf{x} \neq \mathbf{0}$.

7.31 Demuéstrese las identidades siguientes:

$$\pi_{(x+y)} = \pi_x + \pi_y$$

$$\pi_{\alpha x} = \alpha \pi_x$$

7.32 Pruébese que los vectores u_i, i = 1, 2, ..., n del método de Gram–Schmidt no se anulan, y además que los vectores $w_1, w_2, ..., w_i$ forman una base ortonormal de $F_i = [x_1, x_2, ..., x_i]$, para i = 1, 2, ..., n.

7.33 Hállese una base ortonormal del espacio vectorial $\mathbf{R}_3[\mathbf{t}]$, partiendo de la base natural 1, t, t^2, t^3, y el producto escalar dado por

$$< q(t), r(t) >= \int_{-1}^{1} q(t) r(t) dt.$$

7.34 Tomando como punto de partida la base ortonormal obtenida en el Ejercicio 7.33 anterior, hállese la proyección ortogonal del polinomio $1+t+t^3$ sobre el subespacio vectorial F generado por los vectores primero y tercero de la citada base ortonormal. Hállese también la proyección ortogonal del mismo vector, pero ahora sobre el complemento ortogonal de F.

7.35 Hállese una base ortonormal del espacio vectorial euclídeo ordinario $\mathbf{R}^n$ partiendo de la base e_1, e_1+e_2, ..., $e_1+e_2+...+e_n$ y utilizando el método de Gram–Schmidt.

7.36 Estúdiese la dependencia o independencia lineal de los vectores de $\mathbf{R}^3$

$$(1, 2, 3), (3, 2, 1), (4, 4, 4)$$

utilizando la matriz de Gram.

7.37 Pruébese la falsedad de la siguiente afirmación en un espacio vectorial unitario: "Dos vectores x, y son ortogonales si y sólo si se cumple el teorema de Pitágoras, esto es,

$$\|x+y\|^2 = \|x\|^2 + \|y\|^2 \text{"}$$

7.38 Hállese la distancia entre dos vectores x, y que forman una base ortonormal.

7.39 ¿Existe algún valor del parámetro real α para el que la matriz

$$\mathbf{G} = \begin{bmatrix} \alpha & 1 & 1 \\ 1 & 0 & 0 \\ 1 & 0 & 0 \end{bmatrix}$$

define una métrica en $\mathbf{R}^3$?

7.40 Hállense todas las matrices que representan a una proyección ortogonal sobre un subespacio unidimensional de $\mathbf{R}^2$.

7.41 Demuéstrese que las tres afirmaciones siguientes son equivalentes entre sí:

a) **A** es una matriz unitaria

b) $<\mathbf{Ax}, \mathbf{Ay}> = <\mathbf{x}, \mathbf{y}>$

c) La norma de **Ax** es igual a la norma de **x**.

7.42 Pruébese que para cualesquiera matrices columna **x**, de n elementos, e **y**, de m elementos, se verifica la identidad

$$<\mathbf{Ax}, \mathbf{y}> = <\mathbf{x}, \mathbf{A}^H \mathbf{y}>$$

donde **A** es una matriz de tamaño m×n. Nótese que si **A** es además hermítica se verifica

$$<\mathbf{Ax}, \mathbf{y}> = <\mathbf{x}, \mathbf{Ay}>$$

7.43 Pruébese que se cumplen las dos identidades

$$1)\ \mathbf{N}(\mathbf{A}^{\mathbf{H}}) = \mathbf{R}(\mathbf{A})^{\perp}$$

$$2)\ \mathbf{R}(\mathbf{A}^{\mathbf{H}}) = \mathbf{N}(\mathbf{A})^{\perp}$$

para una matriz **A** de tamaño m×n.

7.44 Demuéstrese que si **A** es una matriz cuadrada regular, entonces la inversa de **A** coincide con su inversa generalizada.

7.45 Hállense matrices **A** y **B** "sencillas" que *no* cumplen alguna de las identidades

$$(\mathbf{AB})^{+} = \mathbf{B}^{+}\mathbf{A}^{+}$$

$$\mathbf{AA}^{+} = \mathbf{A}^{+}\mathbf{A}$$

$$(\mathbf{A}^{\mathbf{p}})^{+} = (\mathbf{A}^{+})^{\mathbf{p}}.$$

7.46 Si $\mathbf{P} = \mathbf{AA}^{+}$ es la matriz proyección ortogonal sobre **R**(**A**), con **A** una matriz real m×n, pruébese las siguientes afirmaciones: 1) **P** es simétrica, 2) **P** es idempotente, y 3) **R**(**P**) = **R**(**A**).

7.47 Obténganse las proyecciones ortogonales de la matriz columna $\mathbf{b} = [1\ \ 2]^{\mathrm{T}}$ sobre **R**(**A**) y sobre **N**(**A**), siendo **A** la matriz cuadrada de orden dos cuyos elementos valen la unidad.

7.48 ¿Cuál es la inversa generalizada de la matriz cuadrada **A** de orden dos cuyos elementos valen la unidad?

7.49 Hállense todas las soluciones que minimizan la norma de **Ax** = **b**, tomando como datos los del Ejercicio 7.47

7.50 Conocida la descomposición en valor singular de una matriz cuadrada **A** de orden n y rango r, aprovéchese este resultado para resolver eficientemente la ecuación matricial

$$\mathbf{AX} = \begin{bmatrix} \mathbf{I}_r & \mathbf{O} \\ \mathbf{O} & \mathbf{O} \end{bmatrix}$$

7.51 ¿Cuánto valen los valores singulares de una matriz **P** de proyección ortogonal? Resuélvase el problema de mínimos cuadrados **Px** = **b**.

8

Transformaciones Unitarias

La triangularización de una matriz cuadrada mediante una transformación unitaria es paso previo para el estudio de su diagonalización mediante una transformación unitaria. Se demuestra en el texto que las matrices normales y sólo ellas admiten semejante diagonalización. Se analiza a continuación la descomposición espectral de una matriz normal y, en particular, de una matriz real y simétrica, cuestiones ambas de gran interés en las aplicaciones.

Entre las matrices normales destacan las hermíticas, y entre las hermíticas las reales y simétricas. Para estas últimas se estudia la diagonalización mediante una transformación ortogonal real, tema que conecta directamente con la diagonalización de formas cuadráticas reales, el cual será abordará en el siguiente Capítulo.

Como aplicación directa de la diagonalización ortogonal de matrices reales y simétricas se halla la descomposición en valor singular de ***A****. Se introduce asimismo la descomposición* ***QR*** *de* ***A*** *y las matrices de Householder.*

8.1 Introducción

Por definición, se dice que la matriz cuadrada **A** es *unitariamente semejante* con la matriz cuadrada **B** si existe una matriz unitaria **S** tal que

$$\mathbf{S}^{\mathbf{H}}\mathbf{A}\mathbf{S} = \mathbf{B} \qquad [1.1]$$

Obsérvese que en este caso **A** es semejante con **B** mediante la matriz regular **S** que verifica

$$\mathbf{S}^{-1} = \mathbf{S}^{\mathbf{H}} \qquad [1.2]$$

Es muy fácil probar que la relación de semejanza unitaria cumple las tres *propiedades reflexiva, simétrica y transitiva.* El problema central de este Capítulo es estudiar en qué condiciones una matriz cuadrada **A** se puede diagonalizar mediante una matriz unitaria **S**, esto es, en qué condiciones existe una matriz unitaria **S** que verifique

$$\mathbf{S}^{-1}\mathbf{A}\mathbf{S} = \mathbf{S}^{\mathbf{H}}\mathbf{A}\mathbf{S} = \mathbf{D} = \text{diag}(\lambda_1, \lambda_2, ..., \lambda_n)\,. \qquad [1.3]$$

Todos los resultados sobre diagonalización establecidos en el Capítulo 5 son aplicables al problema particular de diagonalización que aquí nos ocupa. En primer lugar se va a tratar el problema de la triangularización unitaria de una matriz cuadrada y a continuación el de diagonalización unitaria. En este Capítulo las matrices se consideran definidas en el cuerpo **C** de los número complejos, mientras no se indique expresamente otra cosa. Al final se tratará de los dos casos especialmente importantes: el de las matrices hermíticas y el de las matrices reales simétricas.

8.2 Reducción a la forma triangular mediante una matriz unitaria

El resultado principal de este apartado se contiene el siguiente teorema:

Proposición 8.1 (*De Schur*) "Toda matriz cuadrada **A** se puede reducir por semejanza a una forma triangular superior mediante una matriz unitaria **S**, esto es, existe una matriz unitaria **S** tal que $\mathbf{S}^{-1}\mathbf{A}\mathbf{S} = \mathbf{S}^{\mathbf{H}}\mathbf{A}\mathbf{S} = \mathbf{U}$, siendo **U** una matriz triangular superior con los elementos de su diagonal principal los valores propios de **A**".

Sea $\mathbf{w}_1$ un vector propio de **A**, de norma unidad y de valor propio asociado λ_1, por lo que $\mathbf{A}\mathbf{w}_1 = \lambda_1\mathbf{w}_1$. Ampliando $\mathbf{w}_1$, gracias al teorema de la base ortonormal incompleta, se puede obtener una base ortonormal de $\mathbf{C}^{\mathbf{n}\times\mathbf{1}}$, cuyas columnas forman la matriz unitaria **Q** siguiente:

$$\mathbf{Q} = \begin{bmatrix}\mathbf{w}_1 & \mathbf{w}'_2 & \dots & \mathbf{w}'_n\end{bmatrix} = \begin{bmatrix}\mathbf{w}_1 & \mathbf{W}\end{bmatrix}$$

Nótese que

$$\mathbf{w}_1^{\mathbf{H}}\mathbf{w}_1 = 1,$$

$$\mathbf{w}_1^{\mathbf{H}}\mathbf{w}'_j = 0, \forall j > 1$$

Transformando **A** mediante **Q** se tiene

$$\mathbf{B} = \mathbf{Q}^{\mathrm{H}}\mathbf{A}\mathbf{Q} = \begin{bmatrix} \mathbf{w}_1^{\mathrm{H}} \\ \mathbf{W}^{\mathrm{H}} \end{bmatrix} \mathbf{A}\begin{bmatrix} \mathbf{w}_1 & \mathbf{W} \end{bmatrix} = \begin{bmatrix} \lambda_1 & * \\ \mathbf{0} & \mathbf{W}^{\mathrm{H}}\mathbf{A}\mathbf{W} \end{bmatrix} = \begin{bmatrix} \lambda_1 & * \\ \mathbf{0} & \mathbf{A}_1 \end{bmatrix}$$

Se va a proceder por inducción sobre el tamaño n de la matriz **A**: La proposición es cierta para matrices de orden n = 1. Supuesta cierta la proposición para matrices de orden n–1 se va a probar que es cierta para matrices de orden n. La hipótesis de inducción permite asegurar que existe una matriz unitaria $\mathbf{S}_1$ que transforma la matriz $\mathbf{A}_1$ de orden n–1 a forma triangular superior $\mathbf{U}_1$, esto es,

$$\mathbf{S}_1^{\mathrm{H}}\mathbf{A}_1\mathbf{S}_1 = \mathbf{U}_1,$$

con la diagonal principal de $\mathbf{U}_1$ los valores propios de $\mathbf{A}_1$, que son los de **A** excepto λ_1. Formando la matriz unitaria

$$\mathbf{P} = \begin{bmatrix} 1 & \mathbf{0}^{\mathrm{H}} \\ \mathbf{0} & \mathbf{S}_1 \end{bmatrix}$$

se transforma a continuación la matriz **B** del modo siguiente:

$$\mathbf{P}^{\mathrm{H}}\mathbf{B}\mathbf{P} = \begin{bmatrix} 1 & \mathbf{0}^{\mathrm{H}} \\ \mathbf{0} & \mathbf{S}_1^{\mathrm{H}} \end{bmatrix}\begin{bmatrix} \lambda_1 & * \\ \mathbf{0} & \mathbf{A}_1 \end{bmatrix}\begin{bmatrix} 1 & \mathbf{0}^{\mathrm{H}} \\ \mathbf{0} & \mathbf{S}_1 \end{bmatrix} =$$

$$\begin{bmatrix} \lambda_1 & ** \\ \mathbf{0} & \mathbf{S}_1^{\mathrm{H}}\mathbf{A}_1\mathbf{S}_1 \end{bmatrix} = \begin{bmatrix} \lambda_1 & ** \\ \mathbf{0} & \mathbf{U}_1 \end{bmatrix} = \mathbf{U}$$

donde **U** es una matriz triangular superior, con elementos en su diagonal principal los valores propios de **A**. En definitiva se tiene

$$\mathbf{P}^{\mathrm{H}}\mathbf{B}\mathbf{P} = \mathbf{U} \rightarrow \mathbf{P}^{\mathrm{H}}(\mathbf{Q}^{\mathrm{H}}\mathbf{A}\mathbf{Q})\mathbf{P} = \mathbf{U} \rightarrow (\mathbf{Q}\mathbf{P})^{\mathrm{H}}\mathbf{A}(\mathbf{Q}\mathbf{P}) = \mathbf{U} \rightarrow \mathbf{S}^{\mathrm{H}}\mathbf{A}\mathbf{S} = \mathbf{U}$$

luego **A** ha quedado triangularizada mediante la matriz unitaria **S** = **QP**, producto de dos matrices unitarias. ❑

<u>*Nota:*</u> El teorema de Schur también es cierto para la triangularización a una forma triangular inferior **L** (La demostración sigue un curso análogo).

8.3 Diagonalización mediante una matriz unitaria

Sea **A** una matriz cuadrada de orden n. Se va a probar que la clase de matrices diagonalizables por semejanza unitaria coincide con la clase de las matrices normales. Para ello se necesita el siguiente resultado previo:

Proposición 8.2 "Toda matriz normal es diagonalizable mediante una matriz unitaria".

Sea **A** una matriz normal, esto es, $\mathbf{AA^H} = \mathbf{A^HA}$. Reduciendo la matriz **A** a forma triangular superior **U** mediante una matriz unitaria **S** se tiene $\mathbf{S^HAS} = \mathbf{U}$. Nótese que **U** también es una matriz normal, ya que

$$\mathbf{UU^H} = (\mathbf{SAS^H})(\mathbf{SAS^H})^{\mathbf{H}} = \mathbf{SAS^HSA^HS^H} = \mathbf{S}(\mathbf{AA^H})\mathbf{S^H} = \mathbf{S}(\mathbf{A^HA})\mathbf{S^H} = ... = \mathbf{U^HU}$$

Se va a probar que la matriz **U**, en realidad, es una matriz diagonal **D**, con lo que **A** es diagonalizable: Identificando los elementos de la diagonal principal de $\mathbf{UU^H}$ con los de la diagonal principal de $\mathbf{U^HU}$ se tiene:

$$\sum_{k=1}^{n} u_{1k}\overline{u_{1k}} = \overline{u_{11}}u_{11} \to \sum_{k=1}^{n} |u_{1k}|^2 = |u_{11}|^2 \to u_{1k} = 0, \forall k > 1$$

$$\sum_{k=2}^{n} u_{2k}\overline{u_{2k}} = \overline{u_{22}}u_{22} \to \sum_{k=2}^{n} |u_{2k}|^2 = |u_{22}|^2 \to u_{2k} = 0, \forall k > 2$$

$$......$$

$$\sum_{k=n-1}^{n} u_{n-1,k}\overline{u_{n-1,k}} = \overline{u_{n-1,n-1}}u_{n-1,n-1} \to \sum_{k=n-1}^{n} |u_{n-1,k}|^2 = |u_{n-1,n-1}|^2 \to u_{n-1,n} = 0$$

En resumen, $u_{ij} = 0$ para todo j>i, pero al ser **U** triangular superior debe ser $u_{ij} = 0$ para todo i>j. En definitiva, **U** es una matriz diagonal **D**, y por consiguiente la matriz normal **A** es diagonalizable mediante una matriz unitaria. ❑

También es cierto el recíproco:

Proposición 8.3 "Toda matriz diagonalizable mediante una matriz unitaria es normal".

Sea $\mathbf{S^HAS} = \mathbf{D}$ una matriz diagonal, con **S** unitaria. Despejando **A** se comprueba fácilmente que $\mathbf{AA^H} = \mathbf{A^HA}$, esto es, **A** es normal. ❑

De las dos proposiciones anteriores se desprende que "una matriz es unitariamente diagonalizable si y sólo si es normal". Nótese que al tratar de triangularizar mediante una matriz unitaria una matriz normal lo que se obtiene es una matriz diagonal. Además, entre las matrices normales se cuentan las matrices hermíticas, antihermíticas, unitarias, diagonales, etc., de ahí la importancia del estudio realizado.

8.4 Descomposición espectral de una matriz normal

Sea **A** una matriz normal. Se ha demostrado en el apartado 8.3 anterior que la matriz **A** es diagonalizable por semejanza mediante una matriz unitaria

$$\mathbf{S} = [\mathbf{w_1} \quad \mathbf{w_2} \quad ... \quad \mathbf{w_n}],$$

de modo que $\mathbf{S^HAS}$ es una matriz diagonal **D**. Se tiene,

$$\mathbf{A} = \mathbf{SDS^H} = \begin{bmatrix}\mathbf{w_1} & \mathbf{w_2} & \dots & \mathbf{w_n}\end{bmatrix} \begin{bmatrix} \lambda_1 & & & \\ & \lambda_2 & & \\ & & \dots & \\ & & & \lambda_n \end{bmatrix} \begin{bmatrix} \mathbf{w_1^H} \\ \mathbf{w_2^H} \\ \dots \\ \mathbf{w_n^H} \end{bmatrix} = \sum_{i=1}^{n} \lambda_i \mathbf{w_i w_i^H} \qquad [4.1]$$

donde

$$\lambda_1, \lambda_2, \dots, \lambda_n$$

son los valores propios de **A**, repetidos o no.

Si se considera ahora la nueva notación

$$\lambda_1, \lambda_2, \dots, \lambda_k$$

para indicar los valores propios de **A**, *distintos entre sí dos a dos*, con multiplicidades respectivas

$$m_1, m_2, \dots, m_k,$$

entonces la matriz **A** se puede escribir de la forma

$$\mathbf{A} = \lambda_1 \sum_{i=1}^{m_1} \mathbf{w_i w_i^H} + \lambda_2 \sum_{i=m_1+1}^{m_1+m_2} \mathbf{w_i w_i^H} + \dots + \lambda_k \sum_{i=n-m_k+1}^{n} \mathbf{w_i w_i^H} = \lambda_1 \mathbf{P_1} + \lambda_2 \mathbf{P_2} + \dots + \lambda_k \mathbf{P_k}, \qquad [4.2]$$

donde las matrices

$$\mathbf{P_1}, \mathbf{P_2}, \dots, \mathbf{P_k}$$

son las matrices proyección ortogonal sobre los subespacios propios

$$E_{\lambda_1} = \mathbf{N}(\mathbf{A} - \lambda_1 \mathbf{I}), E_{\lambda_2} = \mathbf{N}(\mathbf{A} - \lambda_2 \mathbf{I}), \dots, E_{\lambda_k} = \mathbf{N}(\mathbf{A} - \lambda_k \mathbf{I}) \qquad [4.3]$$

(afirmación esta última que se deja como ejercicio). La descomposición

$$\mathbf{A} = \lambda_1 \mathbf{P_1} + \lambda_2 \mathbf{P_2} + \dots + \lambda_k \mathbf{P_k} \qquad [4.4]$$

recibe el nombre de *descomposición espectral de* **A**.

Proposición 8.4 "Las matrices $\mathbf{P_1}$, $\mathbf{P_2}$, ..., $\mathbf{P_k}$ verifican las cinco propiedades siguientes:

1) $\mathbf{P_j}^{\mathbf{H}} = \mathbf{P_j}$, $\forall j$;

2) $\mathbf{P_j}^2 = \mathbf{P_j}$, $\forall j$;

3) $\mathbf{P_j P_m} = \mathbf{O}$, $\forall j \neq m$;

4) $\sum_{j=1}^{k} \mathbf{P_j} = \mathbf{I}$, y

5) $\mathbf{AP_j} = \lambda_j \mathbf{P_j}$, $\forall j$"

Nótese que las columnas

$$\mathbf{w}_1, \mathbf{w}_2, \ldots, \mathbf{w}_n$$

de **S** constituyen una base ortonormal por lo que

$$\mathbf{w}_k^H \mathbf{w}_l = \delta_{kl}$$

De otra parte las matrices $\mathbf{P}_j$ son de la forma

$$\mathbf{P}_j = \sum_{i=p}^{q} \mathbf{w}_i \mathbf{w}_i^H$$

1) La primera propiedad equivale a afirmar que las matrices $\mathbf{P}_j$ son hermíticas. Veamos:

$$\mathbf{P}_j^H = (\sum_{i=p}^{q} \mathbf{w}_i \mathbf{w}_i^H)^H = \sum_{i=p}^{q} (\mathbf{w}_i \mathbf{w}_i^H)^H = \sum_{i=p}^{q} \mathbf{w}_i \mathbf{w}_i^H = \mathbf{P}_j$$

2) La segunda propiedad permite afirmar que las matrices $\mathbf{P}_j$ son idempotentes. En efecto:

$$\mathbf{P}_j^2 = (\sum_{i=p}^{q} \mathbf{w}_i \mathbf{w}_i^H)^2 = \sum_{i=p}^{q} \mathbf{w}_i (\mathbf{w}_i^H \mathbf{w}_i) \mathbf{w}_i^H = \sum_{i=p}^{q} \mathbf{w}_i \delta_{ii} \mathbf{w}_i^H = \sum_{i=p}^{q} \mathbf{w}_i \mathbf{w}_i^H = \mathbf{P}_j$$

3) Las dos primeras propiedades juntas permiten afirmar que las matrices $\mathbf{P}_i$ son matrices proyección ortogonal. La tercera propiedad permite afirmar a su vez que estas proyecciones ortogonales son mutuamente ortogonales. Efectivamente: Para j distinto de m se tiene

$$\mathbf{P}_j \mathbf{P}_m = (\sum_{i=p}^{q} \mathbf{w}_i \mathbf{w}_i^H)(\sum_{l=r}^{s} \mathbf{w}_l \mathbf{w}_l^H) = \sum_{i=p}^{q} \sum_{l=r}^{s} \mathbf{w}_i (\mathbf{w}_i^H \mathbf{w}_l) \mathbf{w}_l^H = \sum_{i=p}^{q} \sum_{l=r}^{s} \mathbf{w}_i \delta_{il} \mathbf{w}_l^H = \mathbf{O}$$

pues el subíndice i siempre es distinto del subíndice l.

4) Finalmente, para toda columna **x** se tiene

$$(\sum_{j=1}^{k} \mathbf{P}_j)\mathbf{x} = (\sum_{i=1}^{m_1} \mathbf{w}_i \mathbf{w}_i^H + \sum_{i=m_1+1}^{m_1+m_2} \mathbf{w}_i \mathbf{w}_i^H + \ldots + \sum_{i=n-m_k+1}^{n} \mathbf{w}_i \mathbf{w}_i^H)\mathbf{x} =$$

$$\sum_{i=1}^{m_1} \mathbf{w}_i (\mathbf{w}_i^H \mathbf{x}) + \sum_{i=m_1+1}^{m_1+m_2} \mathbf{w}_i (\mathbf{w}_i^H \mathbf{x}) + \ldots + \sum_{i=n-m_k+1}^{n} \mathbf{w}_i (\mathbf{w}_i^H \mathbf{x}) =$$

$$\sum_{i=1}^{m_1} \mathbf{w}_i \alpha_i + \sum_{i=m_1+1}^{m_1+m_2} \mathbf{w}_i \alpha_i + \ldots + \sum_{i=n-m_k+1}^{n} \mathbf{w}_i \alpha_i = \mathbf{x} \rightarrow \sum_{j=1}^{k} \mathbf{P}_j = \mathbf{I}$$

ya que las columnas de $\mathbf{P}_j$ son vectores propios asociados al mismo valor propio λ_j. ❑

8.5 Diagonalización unitaria de una matriz hermítica

Se sabe ya que las matrices hermíticas, por ser normales, son diagonalizables mediante una matriz unitaria. Aparece aquí un nuevo resultado, de gran interés teórico y práctico, dado por la siguiente proposición:

Proposición 8.5 "Los valores propios de una matriz hermítica son números reales".

Sea λ un valor propio de una matriz hermítica **A** y **x** un vector propio asociado al citado valor propio. Se tiene

$$\mathbf{Ax} = \lambda\mathbf{x} \rightarrow <\mathbf{x}, \mathbf{Ax}> = <\mathbf{x}, \lambda\mathbf{x}> \rightarrow \mathbf{x}^{\mathbf{H}}\mathbf{Ax} = \lambda\mathbf{x}^{\mathbf{H}}\mathbf{x}$$

Pero por ser **A** hermítica es $\mathbf{x}^{\mathbf{H}}\mathbf{Ax}$ un número real. Siendo $\mathbf{x}^{\mathbf{H}}\mathbf{x}$ un número real mayor que cero, por ser **x** vector propio y por tanto no nulo, se puede expresar λ como un cociente de números reales

$$\lambda = \frac{\mathbf{x}^{\mathbf{H}}\mathbf{Ax}}{\mathbf{x}^{\mathbf{H}}\mathbf{x}}$$

de ahí que λ sea un número real. ❑

De la proposición anterior, y recordando el *teorema fundamental del Álgebra*, se puede concluir como consecuencia inmediata que toda matriz hermítica de orden n posee *exactamente* n valores propios *reales*, repetidos o no.

<u>*Nota:*</u> Si **z** es una columna *cualquiera,* no nula, el cociente real

$$\frac{\mathbf{z}^{\mathbf{H}}\mathbf{Az}}{\mathbf{z}^{\mathbf{H}}\mathbf{z}} \qquad [5.1]$$

recibe el nombre de *cociente de Rayleigh.* El resultado de la siguiente proposición es válido para matrices normales (y como consecuencia para las matrices hermíticas), debido a la descomposición ortogonal del espacio en suma directa de los subespacios propios.

Sin embargo se aporta una interesante demostración para matrices hermíticas, con base en el resultado de la anterior proposición 5.1:

Proposición 8.6 "Dos vectores propios de una matriz hermítica, asociados a valores propios distintos, son ortogonales entre sí".

Sean λ y μ dos valores propios distintos de la matriz hermítica **A**, con **x** e **y** vectores propios asociados, respectivamente. Se tiene, teniendo en cuenta que λ y μ son números reales,

$$\mathbf{Ax} = \lambda\mathbf{x}, \rightarrow <\mathbf{y}, \mathbf{Ax}> = <\mathbf{y}, \lambda\mathbf{x}> \rightarrow <\mathbf{Ay}, \mathbf{x}> = \lambda <\mathbf{y}, \mathbf{x}>$$

$$\mathbf{Ay} = \mu\mathbf{y}, \rightarrow < \mathbf{x}, \mathbf{Ay} > = < \mathbf{x}, \mu\mathbf{y} > \rightarrow < \mathbf{x}, \mathbf{Ay} > = \mu < \mathbf{x}, \mathbf{y} > \rightarrow$$

$$\overline{< \mathbf{x}, \mathbf{Ay} >} = \overline{\mu < \mathbf{x}, \mathbf{y} >} \rightarrow < \mathbf{Ay}, \mathbf{x} > = \mu < \mathbf{y}, \mathbf{x} >$$

Restando ahora miembro a miembro las dos últimas identidades obtenidas se tiene

$$0 = (\lambda - \mu) < \mathbf{y}, \mathbf{x} >, \lambda \neq \mu \rightarrow < \mathbf{y}, \mathbf{x} > = 0$$

con lo que los vectores **x**, **y** son mutuamente ortogonales. ❑

Los subespacios propios de una matriz normal (y como caso particular hermítica) son ortogonales entre sí dos a dos, respecto del producto escalar complejo ordinario en el espacio de matrices columna $\mathbf{C}^{n\times1}$.

Una base ortonormal de vectores propios de la matriz normal **A** (y como caso particular hermítica), para el espacio de matrices columna $\mathbf{C}^{n\times1}$, se puede obtener uniendo bases ortonormales de cada subespacio propio. Cada una de estas bases ortonormales se puede obtener a su vez por el método de Gram–Schmidt.

8.6 El caso particular de una matriz real y simétrica

Se va a estudiar en este apartado un caso muy frecuente en la práctica: el de la diagonalización de una matriz real y simétrica **A** de orden n. En estas condiciones la matriz **A** es una matriz hermítica y por consiguiente normal, y de ahí que sea diagonalizable por medio de una matriz unitaria. Además, por ser hermítica, son de aplicación los resultados establecidos en el apartado anterior 8.5 anterior.

El problema que se plantea aquí es si es posible encontrar una matriz unitaria real (es decir, ortogonal real) que diagonalice **A**. La respuesta es afirmativa y se concreta en el siguiente resultado fundamental:

Proposición 8.7 "Toda matriz real y simétrica es diagonalizable mediante una matriz ortogonal real"

Sea **A** real y simétrica de orden n. Por ser **A** hermítica los n valores propios de **A** son reales. Considérese en primer lugar un valor propio cualquiera λ de **A**, y sea **x** = **a**+**ib** un vector propio asociado (en general complejo), donde las columnas **a** y **b** son reales, con i indicando el imaginario puro unidad. No pueden ser **a** y **b** columnas simultáneamente nulas, pues **x** es una columna no nula. De **Ax** = λ**x** se deduce inmediatamente **Aa** = λ**a**, **Ab** = λ**b**, por lo que o bien **a** o bien **b** deben ser vectores propios *reales* de **A**, de valor propio λ, en caso de ser no nulos. En definitiva: a cada valor propio λ de **A** le corresponde al menos un vector propio *real*: o bien **a**, o bien **b**, o ambos.

Sea $\mathbf{x}_1$ un vector propio *real* de valor propio λ_1. Normalizándolo se tiene un vector propio de norma unidad $\mathbf{w}_1$, por lo que $\mathbf{Aw}_1 = \lambda_1\mathbf{w}_1$. Ampliando $\mathbf{w}_1$ se puede obtener, por el teorema de la base ortonormal incompleta, una base ortonormal de $\mathbf{R}^{n\times 1}$, respecto del producto escalar *real* ordinario, cuyas columnas forman la matriz ortogonal real

$$\mathbf{Q} = [\mathbf{w}_1 \quad \mathbf{w}'_2 \quad \dots \quad \mathbf{w}'_n] = [\mathbf{w}_1 \quad \mathbf{W}]$$

Nótese que

$$\mathbf{w}_1^T \mathbf{w}_1 = 1, \qquad \mathbf{w}_1^T \mathbf{w}'_j = 0, \forall j > 1 .$$

Transformando **A** mediante **Q** se obtiene la matriz real y simétrica

$$\mathbf{B} = \mathbf{Q}^T \mathbf{A} \mathbf{Q} = \begin{bmatrix} \mathbf{w}_1^T \\ \mathbf{W}^T \end{bmatrix} \mathbf{A} [\mathbf{w}_1 \quad \mathbf{W}] = \begin{bmatrix} \lambda_1 & \mathbf{w}_1^T \mathbf{A} \mathbf{W} \\ \mathbf{0} & \mathbf{W}^T \mathbf{A} \mathbf{W} \end{bmatrix} = \begin{bmatrix} \lambda_1 & \mathbf{0}^T \\ \mathbf{0} & \mathbf{A}_1 \end{bmatrix}.$$

Se va a proceder por inducción sobre el tamaño n de la matriz **A**: La proposición es cierta para matrices reales de orden n = 1. Supuesta cierta la proposición para matrices reales y simétricas de orden n–1 se va a probar que es cierta para matrices reales y simétricas de orden n. La hipótesis de inducción permite asegurar que existe una matriz ortogonal real $\mathbf{S}_1$ que transforma la matriz $\mathbf{A}_1$ real y simétrica de orden n–1 a forma diagonal $\mathbf{D}_1$, esto es,

$$\mathbf{S}_1^T \mathbf{A}_1 \mathbf{S}_1 = \mathbf{D}_1 .$$

Formando la matriz ortogonal real

$$\mathbf{P} = \begin{bmatrix} 1 & \mathbf{0}^T \\ \mathbf{0} & \mathbf{S}_1 \end{bmatrix}$$

se transforma a continuación **B** en la matriz

$$\mathbf{P}^T \mathbf{B} \mathbf{P} = \begin{bmatrix} 1 & \mathbf{0}^T \\ \mathbf{0} & \mathbf{S}_1^T \end{bmatrix} \begin{bmatrix} \lambda_1 & \mathbf{0}^T \\ \mathbf{0} & \mathbf{A}_1 \end{bmatrix} \begin{bmatrix} 1 & \mathbf{0}^T \\ \mathbf{0} & \mathbf{S}_1 \end{bmatrix} =$$

$$\begin{bmatrix} \lambda_1 & \mathbf{0}^T \\ \mathbf{0} & \mathbf{S}_1^T \mathbf{A}_1 \mathbf{S}_1 \end{bmatrix} = \begin{bmatrix} \lambda_1 & \mathbf{0}^T \\ \mathbf{0} & \mathbf{D}_1 \end{bmatrix} = \mathbf{D}$$

donde **D** es una matriz diagonal. En definitiva se tiene que

$$\mathbf{P}^T \mathbf{B} \mathbf{P} = \mathbf{D} \rightarrow \mathbf{P}^T (\mathbf{Q}^T \mathbf{A} \mathbf{Q}) \mathbf{P} = \mathbf{D} \rightarrow (\mathbf{Q}\mathbf{P})^T \mathbf{A} (\mathbf{Q}\mathbf{P}) = \mathbf{D} \rightarrow \mathbf{S}^T \mathbf{A} \mathbf{S} = \mathbf{D}$$

luego la matriz real y simétrica **A** ha quedado diagonalizada mediante la matriz ortogonal real **S** = **QP**. Los elementos de la diagonal principal de **D** son evidentemente los valores propios de **A**. ❑

En la práctica la matriz ortogonal **S** se obtiene formando una base ortonormal de vectores propios para el espacio $\mathbf{R}^{n\times 1}$, al unir bases ortonormales de cada subespacio propio. Estas bases se pueden hallar en cada subespacio propio utilizando el método de Gram–Schmidt.

8.7 Aplicación a la descomposición en valor singular de A

Sea **A** una matriz real de tamaño m×n y rango r>0, con $\mathbf{A} = \mathbf{P}\ \mathbf{svd}(\mathrm{A})\ \mathbf{Q}^{\mathbf{T}}$ su factorización en valor singular. La matrices $\mathbf{B} = \mathbf{AA}^{\mathbf{T}}$ y $\mathbf{C} = \mathbf{A}^{\mathbf{T}}\mathbf{A}$ son reales, simétricas, de órdenes respectivos m y n, y ambas de rango r, por lo que existirá una matriz ortogonal real de orden m que diagonaliza **B** en la matriz diagonal $\mathbf{D}_{\mathbf{B}}$ y una matriz ortogonal real de orden n que diagonaliza **C** en la matriz diagonal $\mathbf{D}_{\mathbf{C}}$. En ambos casos se toman los valores propios, tanto de **B** como de **C**, ordenados de mayor a menor valor. Se tiene la siguiente proposición:

Proposición 8.8 "Los valores singulares $\sigma_1 \geq \sigma_2 \geq ... \geq \sigma_r > 0$ de la matriz real **A** son las raíces cuadradas positivas de los valores propios no nulos $\mu_1 \geq \mu_2 \geq ... \geq \mu_r > 0$ de la matriz $\mathbf{B} = \mathbf{AA}^{\mathbf{T}}$ (o de la matriz $\mathbf{C} = \mathbf{A}^{\mathbf{T}}\mathbf{A}$)".

Se tiene

$$\mathbf{P}^{\mathbf{T}}\mathbf{BP} = \mathbf{P}^{\mathbf{T}}(\mathbf{AA}^{\mathbf{T}})\mathbf{P} = (\mathbf{P}^{\mathbf{T}}\mathbf{AQ})(\mathbf{Q}^{\mathbf{T}}\mathbf{A}^{\mathbf{T}}\mathbf{P}) = (\mathbf{P}^{\mathbf{T}}\mathbf{AQ})(\mathbf{P}^{\mathbf{T}}\mathbf{AQ})^{\mathbf{T}} = \mathbf{svd(A)}\ \mathbf{svd(A)}^{\mathbf{T}} =$$

$$\mathrm{diag}(\sigma_1^2, \sigma_1^2, ..., \sigma_1^2, 0, ..., 0) = \mathrm{diag}(\mu_1, \mu_2, ..., \mu_r, 0, ..., 0) = \mathbf{D}_{\mathbf{B}}$$

con $\mu_1 \geq \mu_2 \geq ... \mu_r > 0$ los valores propios no nulos de **B**.

Análogamente,

$$\mathbf{Q}^{\mathbf{T}}\mathbf{CQ} = \mathbf{Q}^{\mathbf{T}}(\mathbf{A}^{\mathbf{T}}\mathbf{A})\mathbf{Q} = (\mathbf{Q}^{\mathbf{T}}\mathbf{A}^{\mathbf{T}}\mathbf{P})(\mathbf{P}^{\mathbf{T}}\mathbf{AQ}) = (\mathbf{P}^{\mathbf{T}}\mathbf{AQ})^{\mathbf{T}}(\mathbf{P}^{\mathbf{T}}\mathbf{AQ}) = \mathbf{svd(A)}^{\mathbf{T}}\ \mathbf{svd(A)} =$$

$$\mathrm{diag}(\sigma_1^2, \sigma_1^2, ..., \sigma_1^2, 0, ..., 0) = \mathrm{diag}(\mu_1, \mu_2, ..., \mu_r, 0, ..., 0) = \mathbf{D}_{\mathbf{C}}$$

con $\mu_1 \geq \mu_2 \geq ... \mu_r > 0$ los valores propios no nulos de **C**.

(los cuales que coinciden con los valores propios no nulos de **B**).

De las identidades

$$\mu_1 = \sigma_1^2, \mu_2 = \sigma_2^2, ..., \mu_r = \sigma_r^2$$

se deduce

$$\sigma_1 = \sqrt{\mu_1}, \sigma_2 = \sqrt{\mu_2}, ..., \sigma_r = \sqrt{\mu_r}\ ,$$

esto es, las raíces cuadradas positivas de los valores propios no nulos de $\mathbf{B} = \mathbf{AA}^{\mathbf{T}}$ (o de $\mathbf{C} = \mathbf{A}^{\mathbf{T}}\mathbf{A}$) son los valores singulares de la matriz **A**, ordenados de mayor a menor. ❑

<u>Nota:</u> Las matrices ortogonales **P** y **Q** de la factorización en valor singular de **A** son matrices ortogonales que diagonalizan a **B** y a **C**, respectivamente, con los r pares de condiciones adicionales

$$\mathbf{A}\mathbf{v}_i = \sigma_i\mathbf{u}_i,\ \mathbf{A}^{\mathbf{T}}\mathbf{u}_i = \sigma_i\mathbf{v}_i, \text{ con } i = 1, 2, ..., r, \qquad [7.1]$$

donde

$$\mathbf{P} = \begin{bmatrix}\mathbf{u}_1 & ... & \mathbf{u}_r & ... & \mathbf{u}_m\end{bmatrix}$$

y

$$\mathbf{Q} = [\mathbf{v}_1 \quad \ldots \quad \mathbf{v}_r \quad \ldots \quad \mathbf{v}_n].$$

Obsérvese que la 2–norma de la matriz **A** es σ_1, la cual coincide con la raíz cuadrada positiva de μ_1, esto es, del valor propio de mayor valor de **B** (o bien de **C**).

En el caso particular de ser **A** una matriz real y simétrica, su 2–norma coincide con el valor absoluto del valor propio de **A** de mayor valor absoluto, afirmación que se deja como ejercicio para el lector.

8.8 Descomposición QR de A

En este apartado se va a considerar la descomposición **QR** de una matriz **A**, de gran interés en el cálculo matricial.

Proposición 8.9 "Dada una matriz **A,** real de tamaño m×n, con m≥n, existe una matriz ortogonal **Q** de orden m tal que

$$\mathbf{Q}^T\mathbf{A} = \begin{bmatrix} \mathbf{R} \\ \mathbf{O} \end{bmatrix}$$

siendo **R** una matriz triangular superior de orden n cuyos elementos en su diagonal principal son no negativos y **O** la matriz nula de tamaño conveniente".

La demostración se hace por inducción sobre el número n de columnas de la matriz **A**. Si n = 1, la matriz **A** se reduce a una columna **u**. Si **u** = **0**, se toma **Q = I**. Si por el contrario $\mathbf{u} \neq \mathbf{0}$, entonces se toma como matriz **Q** una matriz ortogonal, cuya primera columna es la columna normalizada

$$\mathbf{u}/\|\mathbf{u}\|_2,$$

y se tiene

$$\mathbf{Q}^T\mathbf{A} = \mathbf{Q}^T\mathbf{u} = \begin{bmatrix} \|\mathbf{u}\|_2 \\ \mathbf{0} \end{bmatrix}$$

cumpliéndose el teorema.

Supóngase ahora cierto el teorema para matrices con n–1 columnas. Sea **A** una matriz de n columnas, con n>1, cuya primera columna sea **u. Si u = 0**, se define **S = I**. Si, por el contrario, $\mathbf{u} \neq \mathbf{0}$, entonces se define como matriz **S** una matriz ortogonal cuya primera columna es la columna normalizada

$$\mathbf{u}/\|\mathbf{u}\|_2.$$

Si se particiona **A** de la forma **A** = [**u B**], se tiene

$$\mathbf{S}^{\mathrm{T}}\mathbf{A} = \begin{bmatrix} \|\mathbf{u}\|_2 & \mathbf{v}^{\mathrm{T}} \\ \mathbf{0} & \mathbf{A}_1 \end{bmatrix}$$

Por hipótesis de inducción, al estar $\mathbf{A}_1$ formada por n−1 columnas, existe una matriz ortogonal $\mathbf{Q}_1$ tal que

$$\mathbf{Q}_1^{\mathrm{T}}\mathbf{A}_1 = \begin{bmatrix} \mathbf{R}_1 \\ \mathbf{O} \end{bmatrix},$$

donde $\mathbf{R}_1$ es una matriz triangular superior con elementos no negativos en su diagonal principal.

Haciendo $\mathbf{Q} = \mathbf{S}\,\mathrm{diag}(1, \mathbf{Q}_1)$, se tiene definitivamente

$$\mathbf{Q}^{\mathrm{T}}\mathbf{A} = \mathrm{diag}(1, \mathbf{Q}_1^{\mathrm{T}})\mathbf{S}^{\mathrm{T}}\mathbf{A} = \begin{bmatrix} 1 & \mathbf{0}^{\mathrm{T}} \\ \mathbf{0} & \mathbf{Q}_1^{\mathrm{T}} \end{bmatrix}\begin{bmatrix} \|\mathbf{u}\|_2 & \mathbf{v}^{\mathrm{T}} \\ \mathbf{0} & \mathbf{A}_1 \end{bmatrix} =$$

$$\begin{bmatrix} \|\mathbf{u}\|_2 & \mathbf{v}^{\mathrm{T}} \\ \mathbf{0} & \mathbf{Q}_1^{\mathrm{T}}\mathbf{A}_1 \end{bmatrix} = \begin{bmatrix} \|\mathbf{u}\|_2 & \mathbf{v}^{\mathrm{T}} \\ \mathbf{0} & \mathbf{R}_1 \\ \mathbf{0} & \mathbf{O} \end{bmatrix} = \begin{bmatrix} \mathbf{R} \\ \mathbf{O} \end{bmatrix}$$

obteniendo de ese modo una matriz de la forma indicada en el teorema. ❑

<u>Nota:</u> $\mathbf{Q}^{\mathrm{T}}\mathbf{A} = \begin{bmatrix} \mathbf{R} \\ \mathbf{O} \end{bmatrix}$ recibe el nombre de *descomposición **QR*** de **A**.

Proposición 8.10 "Si **A** es una matriz real de tamaño m×n, con m≥n, y el rango de **A** es n, entonces $\mathbf{A} = \mathbf{Q}_\mathbf{A}\mathbf{R}$, donde **R** es una matriz triangular superior de orden n con elementos en su diagonal principal mayores que cero y las n columnas de la matriz $\mathbf{Q}_\mathbf{A}$ forman una base ortonormal de **R**(**A**)".

Si se particiona la matriz ortogonal **Q** de la Proposición 8.9 anterior, que es de orden m, en dos matrices $\mathbf{Q}_\mathbf{A}$ y $\mathbf{Q}_\mathbf{B}$, de modo que $\mathbf{Q}_\mathbf{A}$ recoge las n primeras columnas de **Q**, se tiene

$$\mathbf{Q} = [\mathbf{Q}_\mathbf{A}\ \mathbf{Q}_\mathbf{B}].$$

Al ser **A** de rango n y $\mathbf{Q}^{\mathrm{T}}$ regular, debe ser también regular la matriz triangular superior **R** de orden n que resulta de realizar el producto $\mathbf{Q}^{\mathrm{T}}\mathbf{A}$, luego los n elementos de su diagonal principal no negativos tampoco pueden ser nulos. La expresión

$$\mathbf{A} = \mathbf{Q}\begin{bmatrix} \mathbf{R} \\ \mathbf{O} \end{bmatrix} = \begin{bmatrix} \mathbf{Q}_\mathbf{A} & \mathbf{Q}_\mathbf{B} \end{bmatrix}\begin{bmatrix} \mathbf{R} \\ \mathbf{O} \end{bmatrix} = \mathbf{Q}_\mathbf{A}\mathbf{R}$$

permite cerrar la demostración. Las columnas de **A** generan el mismo subespacio vectorial **R**(**A**) que las columnas de $\mathbf{Q}_\mathbf{A}$, pues aquellas se deducen de éstas mediante operaciones elementales, debido a la matriz regular **R**. De otra parte, las columnas de $\mathbf{Q}_\mathbf{A}$ forman una base ortonormal de **R**(**A**) por formar parte de una matriz ortogonal **Q**, cuyas columnas forman a su vez una base ortonormal del espacio de matrices columna de m elementos reales. ❑

<u>Nota:</u> La expresión $\mathbf{A} = \mathbf{Q}_A\mathbf{R}$ recibe el nombre de *factorización **QR*** de **A**. Se demuestra fácilmente que las columnas de $\mathbf{Q}_B$ forman una base ortonormal del complemento ortogonal de **R**(**A**).

8.9 Aplicación al problema de mínimos cuadrados

Conocida la factorización **QR** de **A**, el problema de los mínimos cuadrados **Ax** = **b** se puede resolver más eficientemente, evitando la resolución directa de las ecuaciones normales, si se sigue el procedimiento que se explica a continuación:

Se considera la descomposición **QR** de una matriz **A** de tamaño m×n, con m mayor o igual que n y de rango n, dada por

$$\mathbf{Q}^T\mathbf{A} = \begin{bmatrix} \mathbf{R} \\ \mathbf{O} \end{bmatrix} \qquad [9.1]$$

Por ser **A** de rango máximo n, entonces la matriz triangular superior **R** de orden n también es regular. Se va a denotar con **u** y **v** dos matrices columna, la primera de n elementos y la segunda de m–n elementos, de manera que

$$\mathbf{Q}^T\mathbf{b} = \begin{bmatrix} \mathbf{u} \\ \mathbf{v} \end{bmatrix} \qquad [9.2]$$

Se tiene

$$\|\mathbf{Ax} - \mathbf{b}\|^2 = \|\mathbf{Q}^T\mathbf{Ax} - \mathbf{Q}^T\mathbf{b}\|^2 = \left\|\begin{bmatrix} \mathbf{R} \\ \mathbf{O} \end{bmatrix}\mathbf{x} - \begin{bmatrix} \mathbf{u} \\ \mathbf{v} \end{bmatrix}\right\|^2 = \|\mathbf{Rx} - \mathbf{u}\|^2 + \|\mathbf{v}\|^2, \forall \mathbf{x}. \qquad [9.3]$$

Es obvio que la solución única, que minimiza la expresión, es la solución $\mathbf{x}^*$ del sistema triangular superior

$$\mathbf{Rx} = \mathbf{u} \qquad [9.4]$$

8.10 Matrices de simetría de Householder

Una *matriz real de **S** de Householder* se define mediante la expresión

$$\mathbf{H} = \mathbf{I}_n - 2\mathbf{uu} \qquad [10.1]$$

donde **u** es una columna de n elementos reales y de norma unidad. Se demuestra fácilmente que la matriz **H** es simétrica y ortogonal. El significado geométrico de **H** es muy simple: La matriz **H** transforma una columna **x** cualquiera en su simétrica **Hx** respecto del subespacio vectorial formado por los vectores ortogonales a **u**, de norma unidad (ver Figura 8.1):

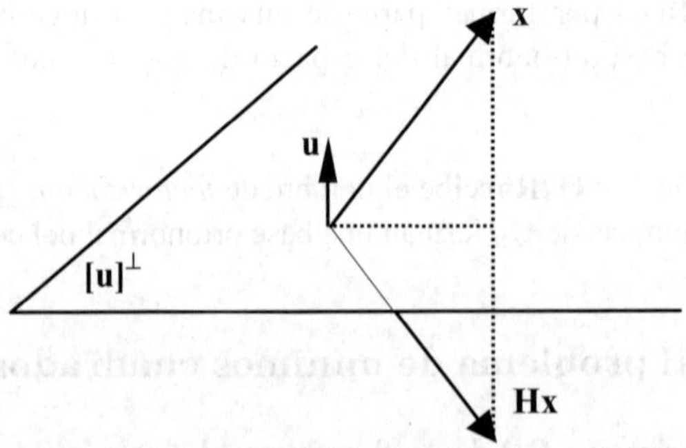

Figura 8.1

Se va a resolver ahora un problema práctico, del que se necesitará más adelante su solución, y que se enuncia de la forma siguiente:

Proposición 8.11 "Dada una columna **x** no nula, siempre es posible hallar una columna **u** de norma unidad, de modo que **Hx** sea proporcional a la columna $\mathbf{e}_1$, donde **H** es la matriz de Householder definida por **u**". (Ver Figura 8.2).

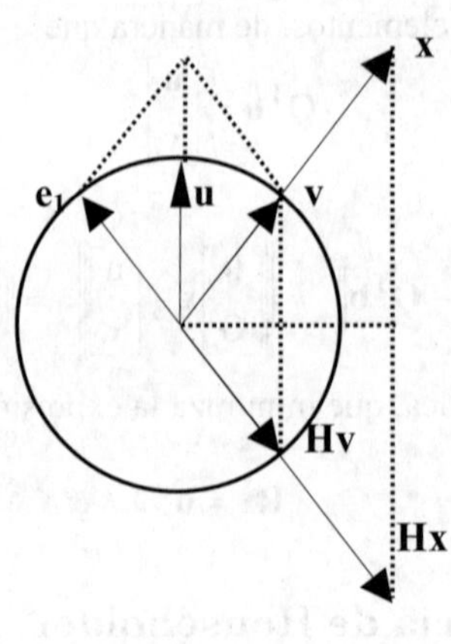

Figura 8.2

En primer lugar se forma el vector de norma unidad

$$\mathbf{v} = \pm \frac{\mathbf{x}}{\|\mathbf{x}\|} \ ,$$

eligiendo el signo de manera que la primera componente γ_1 de **v** sea no negativa. Luego, con el vector **u** de norma unidad dado por

$$\mathbf{u} = \frac{\mathbf{v} + \mathbf{e}_1}{\|\mathbf{v} + \mathbf{e}_1\|}$$

se construye la matriz de Householder $\mathbf{H} = \mathbf{I}_n - 2\mathbf{u}\mathbf{u}^T$. Obsérvese que $\mathbf{Hv} = -\mathbf{e}_1$, ya que

$$\mathbf{Hv} = (\mathbf{I} - 2\mathbf{u}\mathbf{u}^T)\mathbf{v} = \mathbf{v} - 2\frac{(\mathbf{v} + \mathbf{e}_1)(\mathbf{v} + \mathbf{e}_1)^T\mathbf{v}}{\|\mathbf{v} + \mathbf{e}_1\|^2} = \mathbf{v} - 2\frac{(\mathbf{v} + \mathbf{e}_1)(1 + \gamma_1)}{\mathbf{v}^T\mathbf{v} + 2\mathbf{e}_1^T\mathbf{v} + \mathbf{e}_1^T\mathbf{e}_1} =$$

$$\mathbf{v} - 2\frac{(\mathbf{v} + \mathbf{e}_1)(1 + \gamma_1)}{2 + 2\gamma_1} = \mathbf{v} - (\mathbf{v} + \mathbf{e}_1) = -\mathbf{e}_1 .$$

Se deduce inmediatamente que

$$\mathbf{Hx} = \pm\|\mathbf{x}\|(\mathbf{Hv}) = \mp\|\mathbf{x}\|\mathbf{e}_1 ,$$

y de ahí la proporcionalidad afirmada entre $\mathbf{Hx}$ y $\mathbf{e}_1$. ❑

Ejemplo 8.1

$$\text{Si } \mathbf{x} = \begin{bmatrix} 3 \\ 4 \end{bmatrix} \to \mathbf{v} = \begin{bmatrix} 3/5 \\ 4/5 \end{bmatrix} \to \mathbf{u} = \frac{\begin{bmatrix} 8 \\ 4 \end{bmatrix}}{\sqrt{80}} \to \mathbf{H} = \mathbf{I}_2 - 2\mathbf{u}\mathbf{u}^T = \begin{bmatrix} 1 & 0 \\ 0 & 1 \end{bmatrix} - \frac{1}{40}\begin{bmatrix} 64 & 32 \\ 32 & 16 \end{bmatrix} \to$$

$$\mathbf{H} = \frac{1}{5}\begin{bmatrix} -3 & -4 \\ -4 & 3 \end{bmatrix}.$$

Nótese que

$$\mathbf{Hx} = \begin{bmatrix} -5 \\ 0 \end{bmatrix} = -5\mathbf{e}_1 . \; \star$$

8.11 Descomposición QR de A y matrices de Householder

Hasta el presente no se ha aportado ningún procedimiento sistemático y práctico para efectuar la descomposición **QR** de una matriz **A** real de tamaño m×n y rango n, con m mayor o igual que n. Se está ya en disposición de poder utilizar a lo sumo n matrices consecutivas de Householder, $\mathbf{H}_i$, las cuales son simétricas y ortogonales, convenientemente elegidas para triangularizar la matriz **A**, esto es,

$$\mathbf{H}_n \ldots \mathbf{H}_2\mathbf{H}_1\mathbf{A} = \begin{bmatrix} \mathbf{R} \\ \mathbf{O} \end{bmatrix} \qquad [11.1]$$

siendo **R** una matriz triangular superior, con los elementos de su diagonal principal mayores que cero, y de ahí obtener la factorización **QR** de **A**

$$\mathbf{A} = (\mathbf{H}_n \ldots \mathbf{H}_2\mathbf{H}_1)^T\begin{bmatrix} \mathbf{R} \\ \mathbf{O} \end{bmatrix} \to \mathbf{A} = \mathbf{Q}\begin{bmatrix} \mathbf{R} \\ \mathbf{O} \end{bmatrix} \qquad [11.2]$$

donde **Q** es una matriz ortogonal.

El proceso se explica mejor siguiendo un ejemplo particular de una matriz **A** de tamaño 5×3, donde se supone ya han sido usadas dos matrices de Householder, de manera que

$$\mathbf{H_2H_1A} = \begin{bmatrix} * & * & * \\ 0 & * & * \\ 0 & 0 & \bullet \\ 0 & 0 & \bullet \\ 0 & 0 & \bullet \end{bmatrix}$$

Los ceros de la primera columna se deben a la pre–multiplicación por la matriz $\mathbf{H_1}$ y los ceros de la segunda columna se deben a la pre–multiplicación por la matriz $\mathbf{H_2}$.

Se sabe que existe una matriz de Householder $\mathbf{H_3'}$ de orden 3 tal que

$$\mathbf{H_3'}\begin{bmatrix} \bullet \\ \bullet \\ \bullet \end{bmatrix} = \begin{bmatrix} * \\ 0 \\ 0 \end{bmatrix}$$

Tomando la nueva matriz de Householder de orden 5

$$\mathbf{H_3} = \begin{bmatrix} \mathbf{I_2} & \mathbf{O} \\ \mathbf{O} & \mathbf{H_3'} \end{bmatrix}$$

se tendrá definitivamente

$$\mathbf{H_3H_2H_1A} = \begin{bmatrix} * & * & * \\ 0 & * & * \\ 0 & 0 & * \\ 0 & 0 & 0 \\ 0 & 0 & 0 \end{bmatrix} = \begin{bmatrix} \mathbf{R} \\ \mathbf{O} \end{bmatrix}$$

y de ahí la factorización **QR** de **A**

$$\mathbf{A} = (\mathbf{H_3H_2H_1})^{\mathbf{T}}\begin{bmatrix} \mathbf{R} \\ \mathbf{O} \end{bmatrix} = \mathbf{Q}\begin{bmatrix} \mathbf{R} \\ \mathbf{O} \end{bmatrix}.$$

Obsérvese que al ser **A** de rango máximo n, la matriz cuadrada de orden n, $\mathbf{A^TA}$, que es real y simétrica, también es definido positiva. Admite por tanto la matriz $\mathbf{A^TA}$ la descomposición de Cholesky, la cual se puede obtener fácilmente de la factorización **QR** de **A**, pues

$$\mathbf{A^TA} = (\mathbf{Q}\begin{bmatrix} \mathbf{R} \\ \mathbf{O} \end{bmatrix})^{\mathbf{T}}\mathbf{Q}\begin{bmatrix} \mathbf{R} \\ \mathbf{O} \end{bmatrix} = \begin{bmatrix} \mathbf{R^T} & \mathbf{O^T} \end{bmatrix}(\mathbf{Q^TQ})\begin{bmatrix} \mathbf{R} \\ \mathbf{O} \end{bmatrix} = \begin{bmatrix} \mathbf{R^T} & \mathbf{O^T} \end{bmatrix}\begin{bmatrix} \mathbf{R} \\ \mathbf{O} \end{bmatrix} = \mathbf{R^TR} = \mathbf{CC^T},$$

con $\mathbf{C} = \mathbf{R^T}$ una matriz triangular inferior con elementos de la diagonal principal estrictamente mayores que cero.

8.12 Descomposición QR de A y el método de Gram–Schmidt

Finalmente, en este apartado se va a hacer uso del método de Gram–Schmidt para obtener la descomposición **QR** de una matriz **A** real m×n de rango n:

El espacio vectorial con producto escalar es, en este caso, $\mathbf{R}^{m\times 1}$ con el producto escalar ordinario

$$<\mathbf{x},\mathbf{y}>=\mathbf{x}^T\mathbf{y}. \qquad [12.1]$$

Denotando con $\mathbf{x}_1, \mathbf{x}_2, ..., \mathbf{x}_n$ las columnas de **A**, éstas forman una base del subespacio **R**(**A**) de dimensión n. Al obtener una base ortonormal $\mathbf{w}_1, \mathbf{w}_2, ..., \mathbf{w}_n$ de **R**(**A**), por el método de Gram–Schmidt, se llega sin dificultad a las siguientes expresiones:

$$\begin{aligned}
\mathbf{x}_1 &= \|\mathbf{u}_1\|\mathbf{w}_1 \\
\mathbf{x}_2 &= \alpha_{12}\mathbf{w}_1 + \|\mathbf{u}_2\|\mathbf{w}_2 \\
\mathbf{x}_3 &= \alpha_{13}\mathbf{w}_1 + \alpha_{23}\mathbf{w}_2 + \|\mathbf{u}_3\|\mathbf{w}_3 \qquad [12.2]\\
&\dots \\
\mathbf{x}_n &= \alpha_{1n}\mathbf{w}_1 + \alpha_{2n}\mathbf{w}_2 + \dots + \alpha_{n-1,n}\mathbf{w}_{n-1} + \|\mathbf{u}_n\|\mathbf{w}_n
\end{aligned}$$

En realidad se han obtenido las columnas de **A** como combinación lineal de los vectores de la base ortonormal, los cuales generan el mismo subespacio de columnas **R**(**A**).

Las expresiones [12.2] se pueden escribir

$$\mathbf{A}=\begin{bmatrix}\mathbf{x}_1 & \mathbf{x}_2 & \mathbf{x}_3 & \dots & \mathbf{x}_n\end{bmatrix}=\begin{bmatrix}\mathbf{w}_1 & \mathbf{w}_2 & \mathbf{w}_3 & \dots & \mathbf{w}_n\end{bmatrix}\begin{bmatrix}\|u_1\| & \alpha_{12} & \alpha_{13} & \dots & \alpha_{1n}\\ 0 & \|u_2\| & \alpha_{23} & \dots & \alpha_{2n}\\ 0 & 0 & \|u_3\| & \dots & \alpha_{3n}\\ \dots & \dots & \dots & \dots & \dots\\ 0 & 0 & 0 & 0 & \|u_n\|\end{bmatrix},$$

esto es,

$$\mathbf{A}=\mathbf{QR} \qquad [12.3]$$

donde **Q** es una matriz m×n cuyas columnas forman una base ortonormal de **R(A)** y **R** es una matriz triangular superior regular de orden n, cuyos elementos diagonales son obviamente todos estrictamente mayores que cero.

Se ha llegado, por consiguiente, a la factorización **QR** de **A**, mediante el método de Gram–Schmidt. Está claro que la factorización **QR** de **A**, en las condiciones de este apartado, es única.

8.13 Ejercicios resueltos

8.1 Pruébese que la relación de semejanza unitaria cumple las tres propiedades reflexiva, simétrica y transitiva.

Es **A** unitariamente semejante con **A**, pues $\mathbf{I}^H\mathbf{A}\mathbf{I} = \mathbf{A}$ con **I** unitaria. De otra parte, si **A** es unitariamente semejante con **B** entonces **B** es unitariamente semejante con **A**, ya que de $\mathbf{S}^H\mathbf{A}\mathbf{S} = \mathbf{B}$, con **S** unitaria, se deduce inmediatamente $(\mathbf{S}^H)^H\ \mathbf{B}\mathbf{S}^H = \mathbf{A}$, con $\mathbf{S}^H$ unitaria. Finalmente, si **A** es unitariamente semejante con **B** y **B** es unitariamente semejante con **C**, entonces **A** es unitariamente semejante con **C**, ya que de $\mathbf{S}^H\mathbf{A}\mathbf{S} = \mathbf{B}$, con **S** unitaria y $\mathbf{T}^H\mathbf{B}\mathbf{T} = \mathbf{C}$, con **T** unitaria se deduce que $(\mathbf{S}\mathbf{T})^H\mathbf{A}(\mathbf{S}\mathbf{T}) = \mathbf{C}$, con la matriz **ST** unitaria.

8.2 Diagonalícese, mediante una matriz ortogonal, la matriz real y simétrica $\mathbf{A} = \mathbf{u}\mathbf{u}^T$, siendo $\mathbf{u}^T = [1\ 1\ 1\ 1]$.

Por ser **A** una matriz real y simétrica es diagonalizable mediante una matriz ortogonal. Los valores propios de **A** valen: 0 (triple) y 4 (simple).

Una base de vectores propios para el primer subespacio propio se obtiene fácilmente y es

$$\mathbf{x}_1 = \begin{bmatrix} -1 \\ 1 \\ 0 \\ 0 \end{bmatrix}, \mathbf{x}_2 = \begin{bmatrix} -1 \\ 0 \\ 1 \\ 0 \end{bmatrix}, \mathbf{x}_3 = \begin{bmatrix} -1 \\ 0 \\ 0 \\ 1 \end{bmatrix}$$

Partiendo de esta base, se podría utilizar el método de ortogonalización de Gram–Schmidt para obtener una base ortonormal del citado subespacio propio. No se ha hecho así en este ejercicio, optando por el siguiente procedimiento: Las columnas de la forma $\mathbf{x} = [a\ b\ c\ d]^T$ del subespacio propio cumplen la condición de que la suma de sus elementos vale cero, esto es,

$$a+b+c+d = 0$$

Se selecciona, de las columnas solución de este sistema homogéneo, una primera columna $\mathbf{u}_1 = [-1\ 1\ 0\ 0]^T$ del subespacio. Una segunda columna $\mathbf{u}_2$ debe cumplir la anterior ecuación y ser ortogonal a $\mathbf{u}_1$, esto es,

$$a+b+c+d = 0$$
$$-a+b = 0$$

Se selecciona, de las columnas solución de este nuevo sistema homogéneo, una segunda columna $\mathbf{u}_2 = [1\ \ 1\ \ -2\ \ 0]^T$ del subespacio. Una tercera columna $\mathbf{u}_3$ debe cumplir las anteriores ecuaciones y ser ortogonal a $\mathbf{u}_2$, esto es,

$$a+b+c+d = 0$$

$$-a+b = 0$$

$$a+b-2c = 0$$

Se selecciona, de las columnas solución del sistema homogéneo obtenido, una tercera columna $\mathbf{u}_3=[1\ \ 1\ \ 1\ \ -3]^T$ del subespacio. Normalizando, está claro que las matrices columna

$$\mathbf{w}_1 = \frac{1}{\sqrt{2}}\begin{bmatrix}-1\\1\\0\\0\end{bmatrix}, \mathbf{w}_2 = \frac{1}{\sqrt{6}}\begin{bmatrix}1\\1\\-2\\0\end{bmatrix}, \mathbf{w}_3 = \frac{1}{\sqrt{12}}\begin{bmatrix}1\\1\\1\\-3\end{bmatrix}$$

forman una base ortonormal del subespacio propio de valor propio cero.

Para el subespacio propio de valor propio cuatro se obtiene el vector propio normalizado

$$\mathbf{w}_4 = \frac{1}{2}[1\ \ 1\ \ 1\ \ 1]^T.$$

En definitiva la matriz ortogonal

$$\mathbf{S} = \begin{bmatrix}-1/\sqrt{2} & 1/\sqrt{6} & 1/\sqrt{12} & 1/2\\ 1/\sqrt{2} & 1/\sqrt{6} & 1/\sqrt{12} & 1/2\\ 0 & -2/\sqrt{6} & 1/\sqrt{12} & 1/2\\ 0 & 0 & -3/\sqrt{12} & 1/2\end{bmatrix}$$

diagonaliza la matriz **A** de modo que

$$\mathbf{S}^T\mathbf{A}\mathbf{S} = \begin{bmatrix}0&0&0&0\\0&0&0&0\\0&0&0&0\\0&0&0&4\end{bmatrix} = \mathbf{D}$$

8.3 Efectúese la descomposición espectral de la matriz **A** del ejercicio 8.2 anterior.

A es una matriz real y simétrica, por consiguiente normal, de ahí que exista su descomposición espectral. Lo que se trata de hallar en este ejercicio son los valores propios distintos de **A**, que en este caso valen

$$\lambda_1 = 0 \text{ y } \lambda_2 = 4,$$

y las matrices proyección ortogonal $\mathbf{P_1}$ y $\mathbf{P_2}$, dadas por

$$\mathbf{P_1} = \mathbf{w_1 w_1^T} + \mathbf{w_2 w_2^T} + \mathbf{w_3 w_3^T}$$
$$\mathbf{P_2} = \mathbf{w_4 w_4^T}$$

de modo que

$$\mathbf{A} = \lambda_1 \mathbf{P_1} + \lambda_2 \mathbf{P_2},$$

utilizando la notación de la teoría. Con los datos del ejercicio anterior se obtiene

$$\mathbf{P_1} = \frac{1}{4}\begin{bmatrix} 3 & -1 & -1 & -1 \\ -1 & 3 & -1 & -1 \\ -1 & -1 & 3 & -1 \\ -1 & -1 & -1 & 3 \end{bmatrix} \text{ y } \mathbf{P_2} = \frac{1}{4}\begin{bmatrix} 1 & 1 & 1 & 1 \\ 1 & 1 & 1 & 1 \\ 1 & 1 & 1 & 1 \\ 1 & 1 & 1 & 1 \end{bmatrix}.$$

8.4 Compruébese que se verifican las propiedades de la Proposición 4.1 para las matrices proyección ortogonal obtenidas en la descomposición espectral de la matriz **A** del ejercicio 8.3 anterior

⍓⍓⍓⍓⍓⍓

En primer lugar, las matrices $\mathbf{P_1}$ y $\mathbf{P_2}$ del ejercicio anterior son claramente simétricas e idempotentes. Además se tiene

$$\mathbf{P_1 P_2} = \mathbf{O}$$
$$\mathbf{P_1} + \mathbf{P_2} = \mathbf{I}$$
$$\mathbf{AP_1} = \mathbf{O} = 0\mathbf{P}_1$$
$$\mathbf{AP_2} = 4\mathbf{P_2}$$

como es muy fácil probar.

8.5 Pruébese que si

$$\mathbf{A} = \lambda_1 \mathbf{P_1} + \lambda_2 \mathbf{P_2} + \ldots + \lambda_k \mathbf{P_k}$$

es la descomposición espectral de la matriz normal **A** y

$$f(\lambda) = \alpha_0 + \alpha_1 \lambda + \alpha_2 \lambda^2 + \ldots + \alpha_p \lambda^p$$

es un polinomio cualquiera en la variable λ, entonces

$$f(\mathbf{A}) = f(\lambda_1)\mathbf{P_1} + f(\lambda_2)\mathbf{P_2} + \ldots + f(\lambda_k)\mathbf{P_k}.$$

⍓⍓⍓⍓⍓⍓

Se tiene

$$\mathbf{P_1} + \mathbf{P_2} + ... + \mathbf{P_k} = \mathbf{I} \qquad [0]$$
$$\lambda_1 \mathbf{P_1} + \lambda_2 \mathbf{P_2} + ... + \lambda_k \mathbf{P_k} = \mathbf{A} \qquad [1]$$
$$(\sum \lambda_i \mathbf{P_i})(\sum \lambda_j \mathbf{P_j}) = \sum \lambda_i^2 \mathbf{P_i^2} \rightarrow$$
$$\lambda_1^2 \mathbf{P_1} + \lambda_2^2 \mathbf{P_2} + ... + \lambda_k^2 \mathbf{P_k} = \mathbf{A}^2 \qquad [2]$$
$$... \qquad ...$$
$$(\sum \lambda_i^{p-1} \mathbf{P_i})(\sum \lambda_j \mathbf{P_j}) = \sum \lambda_i^p \mathbf{P_i^2} \rightarrow$$
$$\lambda_1^p \mathbf{P_1} + \lambda_2^p \mathbf{P_2} + ... + \lambda_k^p \mathbf{P_k} = \mathbf{A}^p \qquad [p]$$

Multiplicando las expresiones [0], [1], [2], ..., [p] miembro a miembro por los coeficientes

$$\alpha_0, \alpha_1, \alpha_2, .., \alpha_p$$

y sumando todas las expresiones obtenidas se obtiene la identidad requerida

$$f(\mathbf{A}) = f(\lambda_1)\mathbf{P_1} + f(\lambda_2)\mathbf{P_2} + ... + f(\lambda_k)\mathbf{P_k}.$$

8.6 Pruébese que si

$$\mathbf{A} = \lambda_1 \mathbf{P_1} + \lambda_2 \mathbf{P_2} + ... + \lambda_k \mathbf{P_k}$$

es la descomposición espectral de la matriz normal **A** entonces se cumple

$$\mathbf{P_i} = \prod_{j \neq i} (\mathbf{A} - \lambda_j \mathbf{I}) / \prod_{j \neq i} (\lambda_i - \lambda_j), \text{ con } i = 1,2,...,k$$

◪◪◪◪◪◪

Considérese el polinomio de interpolación

$$f_i(\lambda) = \prod_{j \neq i} (\lambda - \lambda_j) / \prod_{j \neq i} (\lambda_i - \lambda_j)$$

que cumple

$$f_i(\lambda_j) = \delta_{ij}$$

Se tiene la expresión

$$f_i(\mathbf{A}) = \prod_{j \neq i} (\mathbf{A} - \lambda_j \mathbf{I}) / \prod_{j \neq i} (\lambda_i - \lambda_j)$$

pero el resultado del ejercicio anterior permite escribir

$$f_i(\mathbf{A}) = f_i(\lambda_1)\mathbf{P_1} + f_i(\lambda_2)\mathbf{P_2} + ... + f_i(\lambda_i)\mathbf{P_i} + ... + f_i(\lambda_k)\mathbf{P_k} =$$
$$0\mathbf{P_1} + 0\mathbf{P_2} + ... + 1\mathbf{P_i} + ... + 0\mathbf{P_k} = \mathbf{P_i}$$

8.7 Utilícese el resultado del ejercicio 8.6 para obtener las matrices proyección ortogonal sobre los subespacios propios de la matriz real y simétrica

$$\mathbf{A} = \begin{bmatrix} 2 & -1 & -1 \\ -1 & 2 & -1 \\ -1 & -1 & 2 \end{bmatrix}$$

⊠⊠⊠⊠⊠⊠

Los valores propios de **A** son $\lambda_1 = 0$ (simple) y $\lambda_2 = 3$ (doble). Los polinomios de interpolación son

$$f_1(\lambda) = \frac{\lambda - 3}{0 - 3} = -\frac{\lambda - 3}{3},\ f_2(\lambda) = \frac{\lambda - 0}{3 - 0} = \frac{\lambda}{3}$$

de donde

$$\mathbf{P_1} = f_1(\mathbf{A}) = -\frac{\mathbf{A} - 3\mathbf{I}}{3} = \frac{1}{3}\begin{bmatrix} 1 & 1 & 1 \\ 1 & 1 & 1 \\ 1 & 1 & 1 \end{bmatrix},\ \mathbf{P_2} = f_2(\mathbf{A}) = \frac{\mathbf{A}}{3} = \frac{1}{3}\begin{bmatrix} 2 & -1 & -1 \\ -1 & 2 & -1 \\ -1 & -1 & 2 \end{bmatrix}.$$

8.8 Tomando como matriz **A** la del ejercicio 8.7 anterior hállese f(**A**) siendo

$$f(\lambda) = -3 + 2\lambda - \lambda^2$$

⊠⊠⊠⊠⊠⊠

Los valores propios de **A** son $\lambda_1 = 0$ (simple) y $\lambda_2 = 3$ (doble). En este caso se tiene

$$f(\mathbf{A}) = f(\lambda_1)\mathbf{P_1} + f(\lambda_2)\mathbf{P_2}.$$

Las matrices proyección $\mathbf{P_1}$ y $\mathbf{P_2}$ ya han sido calculadas en el ejercicio 8.7 anterior, de donde

$$f(\mathbf{A}) = -3\mathbf{P_1} + (-6)\mathbf{P_2} = \begin{bmatrix} -5 & 1 & 1 \\ 1 & -5 & 1 \\ 1 & 1 & -5 \end{bmatrix}$$

8.9 Hállense los valores propios y una base ortonormal de $\mathbf{C}^{2\times 1}$ formada por vectores propios de la matriz hermítica

$$\mathbf{A} = \begin{bmatrix} 1 & 2 + i \\ 2 - i & -3 \end{bmatrix}$$

⊠⊠⊠⊠⊠⊠

Se obtienen como soluciones de la ecuación característica los dos valores propios reales –4 y 2. Una base ortonormal de vectores propios se calcula inmediatamente al resolver los correspondientes sistemas homogéneos en **C**, obteniendo las dos columnas

$$\sqrt{\frac{5}{6}}\begin{bmatrix} -(2+i)/5 \\ 1 \end{bmatrix}, \frac{1}{\sqrt{6}}\begin{bmatrix} 2+i \\ 1 \end{bmatrix}$$

8.10 Se considera una matriz hermítica $\mathbf{C} = \mathbf{A}+i\mathbf{B}$, donde **A** es una matriz real simétrica y **B** una matriz real antisimétrica. Demuéstrese que:

a) Si λ_0 es un valor propio de **C**, entonces λ_0 es un valor propio de la matriz real y simétrica

$$\mathbf{H} = \begin{bmatrix} \mathbf{A} & -\mathbf{B} \\ \mathbf{B} & \mathbf{A} \end{bmatrix}$$

y recíprocamente.

b) Si $\mathbf{x} = \mathbf{u}+i\mathbf{v}$ es un vector propio de **C**, entonces $[\mathbf{u}\ \mathbf{v}]^{\mathbf{T}}$ es un vector propio de **H**, y recíprocamente. Finalmente,

c) Aplíquense los resultados anteriores para hallar los valores y vectores propios de la matriz hermítica

$$\mathbf{C} = \begin{bmatrix} 1 & 0 \\ 0 & 1 \end{bmatrix} + i\begin{bmatrix} 0 & -1 \\ 1 & 0 \end{bmatrix}$$

Los apartados a) y b) se resuelven directamente considerando las equivalencias siguientes:

$$\mathbf{Cx} = \lambda_0 \mathbf{x} \equiv (\mathbf{A}+i\mathbf{B})(\mathbf{u}+i\mathbf{v}) = \lambda_0(\mathbf{u}+i\mathbf{v}) \equiv \left\{\begin{matrix} \mathbf{Au}-\mathbf{Bv} = \lambda_0\mathbf{u} \\ \mathbf{Bu}+\mathbf{Av} = \lambda_0\mathbf{v} \end{matrix}\right\} \equiv$$

$$\begin{bmatrix} \mathbf{A} & -\mathbf{B} \\ \mathbf{B} & \mathbf{A} \end{bmatrix}\begin{bmatrix} \mathbf{u} \\ \mathbf{v} \end{bmatrix} = \lambda_0\begin{bmatrix} \mathbf{u} \\ \mathbf{v} \end{bmatrix}$$

y

$$\mathbf{x} = \mathbf{u}+i\mathbf{v} \neq \mathbf{0} \equiv \begin{bmatrix} \mathbf{u} \\ \mathbf{v} \end{bmatrix} \neq \begin{bmatrix} \mathbf{0} \\ \mathbf{0} \end{bmatrix}$$

El apartado c) es una simple aplicación. Los valores propios de **H** son cero (doble) y dos (doble), luego los valores propios de **C** son cero (simple) y dos (simple). Los vectores propios de **H** son de la forma $[-\alpha\ \beta\ \beta\ \alpha]^{\mathbf{T}}$ y $[\gamma\ -\delta\ \delta\ \gamma]^{\mathbf{T}}$, por lo que los vectores propios de **C** serán de la forma

$$\begin{bmatrix}-\alpha\\ \beta\end{bmatrix}+i\begin{bmatrix}\beta\\ \alpha\end{bmatrix},\begin{bmatrix}\gamma\\ -\delta\end{bmatrix}+i\begin{bmatrix}\delta\\ \gamma\end{bmatrix}$$

8.11 Sea **H** una matriz hermítica. Demuéstrese que el mayor valor propio de **H** viene dado por la expresión

$$\lambda_{max} = \max_{\mathbf{z}\neq \mathbf{0}} \frac{\mathbf{z}^{\mathbf{H}}\mathbf{H}\mathbf{z}}{\mathbf{z}^{\mathbf{H}}\mathbf{z}}$$

en la que interviene el *cociente de Rayleigh*.

Por ser **H** hermítica, sus valores propios son reales y **H** es diagonalizable, con una base ortonormal de vectores propios $\mathbf{w_1}$, $\mathbf{w_2}$, ..., $\mathbf{w_n}$, de valores propios asociados λ_1, λ_2, ..., λ_n, respectivamente. No se pierde generalidad en la demostración si se supone que λ_1 es el valor propio mayor. Se va a probar que

$$\lambda_1 = \max_{\|\mathbf{u}\|=1}(\mathbf{u}^{\mathbf{H}}\mathbf{H}\mathbf{u}).$$

Por ser **u** un vector normalizado y la base ortonormal se tiene

$$\mathbf{u} = c_1\mathbf{w_1} + c_2\mathbf{w_2} + c_n\mathbf{w_n}$$

$$1 = \|\mathbf{u}\|_2^2 = |c_1|^2 + |c_2|^2 + \ldots + |c_n|^2$$

de ahí que

$$\mathbf{u}^{\mathbf{H}}\mathbf{H}\mathbf{u} = (\sum_{i=1}^{n}\overline{c_i}\mathbf{w_i^H})\mathbf{H}(\sum_{j=1}^{n}c_j\mathbf{w_j}) = (\sum_{i=1}^{n}\overline{c_i}\mathbf{w_i^H})(\sum_{j=1}^{n}c_j\lambda_j\mathbf{w_j}) =$$

$$\sum_{i=1}^{n}\overline{c_i}c_i\lambda_i \le \lambda_1\sum_{i=1}^{n}\overline{c_i}c_i = \lambda_1\sum_{i=1}^{n}|c_i|^2 = \lambda_1$$

De hecho, el máximo λ_1 se alcanza precisamente para $\mathbf{u} = \mathbf{w_1}$. En definitiva,

$$\lambda_{max} = \lambda_1 = \max_{\|\mathbf{u}\|=1}(\mathbf{u}^{\mathbf{H}}\mathbf{H}\mathbf{u}) = \max_{\mathbf{z}\neq \mathbf{0}} \frac{\mathbf{z}^{\mathbf{H}}\mathbf{H}\mathbf{z}}{\mathbf{z}^{\mathbf{H}}\mathbf{z}}$$

8.12 Utilícese la teoría de la diagonalización de una matriz real y simétrica, mediante una matriz ortogonal, para hallar la descomposición en valor singular de la matriz real

$$\mathbf{A} = \begin{bmatrix}0 & 1 & 1\\ 1 & 1 & 0\end{bmatrix}$$

Sea $\mathbf{P}^T\mathbf{A}\mathbf{Q} = \mathbf{svd}(\mathbf{A})$ la descomposición en valor singular de la matriz **A**, de tamaño 2x3 y rango 2, donde **P** y **Q** son las matrices ortogonales indicadas en el apartado 8.7 de este Capítulo. En este caso se tiene

$$\mathbf{B} = \mathbf{A}\mathbf{A}^T = \begin{bmatrix} 0 & 1 & 1 \\ 1 & 1 & 0 \end{bmatrix} \begin{bmatrix} 0 & 1 \\ 1 & 1 \\ 1 & 0 \end{bmatrix} = \begin{bmatrix} 2 & 1 \\ 1 & 2 \end{bmatrix}.$$

1) Diagonalizando ortogonalmente la matriz $\mathbf{B} = \mathbf{A}\mathbf{A}^T$ se obtienen:

a) Los dos valores propios (no nulos) 3 y 1, ordenados de mayor a menor, por lo que, al ser estos estrictamente mayores que cero, sus raíces cuadradas positivas serán los valores singulares no nulos de la matriz **A**, esto es,

$$\sigma_1 = \sqrt{3}, \sigma_2 = 1, \text{ y}$$

b) Una matriz ortogonal **P** que diagonaliza **B**, viene dada por

$$\mathbf{P} = \frac{1}{\sqrt{2}} \begin{bmatrix} 1 & -1 \\ 1 & 1 \end{bmatrix}$$

2) Diagonalizando ortogonalmente la matriz $\mathbf{C} = \mathbf{A}^T\mathbf{A}$ se obtienen:

a) Los valores propios 3, 1 y 0, y

b) Una matriz ortogonal **Q** que diagonaliza **C**, dada por

$$\mathbf{Q} = \begin{bmatrix} 1/\sqrt{6} & 1/\sqrt{2} & 1/\sqrt{3} \\ 2/\sqrt{6} & 0 & -1/\sqrt{3} \\ 1/\sqrt{6} & -1/\sqrt{2} & 1/\sqrt{3} \end{bmatrix}$$

Las raíces cuadradas positivas de los valores propios no nulos de **C** son los valores singulares de la matriz **A**. Definitivamente:

$$\mathbf{svd}(\mathbf{A}) = \begin{bmatrix} \sqrt{3} & 0 & 0 \\ 0 & 1 & 0 \end{bmatrix} \text{ y } \mathbf{A} = \mathbf{P}\,\mathbf{svd}(\mathbf{A})\,\mathbf{Q}^T$$

es la descomposición en valor singular de **A**. Nota: Se han tomado las dos primeras columnas de **P** y de **Q** para que se cumplan además las condiciones adicionales [7.1] del apartado 8.7 de este Capítulo.

8.13 Dada una matriz **A** de tamaño m×n y rango r, pruébese que los r valores propios no nulos de $\mathbf{B} = \mathbf{A}\mathbf{A}^H$ y los r valores propios no nulos de $\mathbf{C} = \mathbf{A}^H\mathbf{A}$ coinciden en valor y multiplicidad.

Las matrices cuadradas de orden m+n

$$\mathbf{C} = \begin{bmatrix} \mathbf{AA}^H & \mathbf{O}_{m\times n} \\ \mathbf{A}^H & \mathbf{O}_n \end{bmatrix} \text{ y } \mathbf{D} = \begin{bmatrix} \mathbf{O}_m & \mathbf{O}_{m\times n} \\ \mathbf{A}^H & \mathbf{A}^H\mathbf{A} \end{bmatrix}$$

son semejantes mediante la matriz regular

$$\mathbf{S} = \begin{bmatrix} \mathbf{I}_m & \mathbf{A} \\ \mathbf{O}_{n\times m} & \mathbf{I}_n \end{bmatrix}$$

cuya inversa es

$$\mathbf{S}^{-1} = \begin{bmatrix} \mathbf{I}_m & -\mathbf{A} \\ \mathbf{O}_{n\times m} & \mathbf{I}_n \end{bmatrix}$$

puesto que

$$\mathbf{S}^{-1}\mathbf{C}\mathbf{S} = \mathbf{D}.$$

En consecuencia, los valores propios de **C** y **D** coinciden. Se tiene

$$\varphi_{\mathbf{C}}(\lambda) = \varphi_{\mathbf{AA}^H}(\lambda)\,(-\lambda)^n$$

y

$$\varphi_{\mathbf{D}}(\lambda) = (-\lambda)^m\,\varphi_{\mathbf{A}^H\mathbf{A}}(\lambda)$$

de donde se deduce que los valores propios no nulos de **C** coinciden con los valores propios no nulos de $\mathbf{AA}^H$ (en valor y multiplicidad), y los valores propios no nulos de **D** coinciden con los valores propios no nulos de $\mathbf{A}^H\mathbf{A}$ (en valor y multiplicidad). Luego, los valores propios no nulos de $\mathbf{AA}^H$ coinciden con los valores propios no nulos de $\mathbf{A}^H\mathbf{A}$ (en valor y multiplicidad).

8.14 Demuéstrese que si **A** es una matriz real y simétrica, entonces su 2–norma coincide con el valor absoluto del valor propio de **A** de mayor valor absoluto.

⊠⊠⊠⊠⊠⊠

Se sabe que la 2–norma de **A** es el valor singular de mayor valor, esto es,

$$\sigma_1 = \sqrt{\mu_1}\,,$$

donde μ_1 es el valor propio de $\mathbf{AA}^T$ (o bien de $\mathbf{A}^T\mathbf{A}$) de mayor valor. En este caso $\mathbf{AA}^T = \mathbf{A}^T\mathbf{A} = \mathbf{A}^2$, por lo que los valores propios no nulos de $\mathbf{AA}^T$ (o bien de $\mathbf{A}^T\mathbf{A}$)

$$\mu_1 \geq \mu_2 \geq \ldots \mu_r > 0\,,$$

que son los cuadrados de los valores singulares de **A**, se relacionan con los valores propios no nulos de **A**,

$$\lambda_1, \lambda_2, \ldots, \lambda_r\,,$$

con

$$|\lambda_1| \geq |\lambda_2| \geq ... \geq |\lambda_r|,$$

por medio de las r expresiones

$$\lambda_1^2 = \mu_1, \lambda_2^2 = \mu_2, ..., \lambda_r^2 = \mu_r,$$

de donde

$$\sigma_1 = \sqrt{\mu_1} = \sqrt{\lambda_1^2} = |\lambda_1|.$$

8.15 Conocida la descomposición **QR** de una matriz cuadrada **A**, ¿cómo se puede aprovechar eficientemente para resolver el sistema **Ax** = **b**?

De **Ax** = **b** se tiene **QRx** = **b** y de ahí **Rx** = $\mathbf{Q}^T\mathbf{b}$. Basta con resolver mediante la vuelta atrás del método de Gauss el sistema triangular que resulta.

8.16 Se conoce la descomposición **QR** de la matriz **A**, dada por

$$\mathbf{A} = \mathbf{Q}\begin{bmatrix}\mathbf{R}\\ \mathbf{O}\end{bmatrix} = \begin{bmatrix} 1/2 & -1/\sqrt{2} & 0 & 1/2 \\ 1/2 & 0 & -1/\sqrt{2} & -1/2 \\ 1/2 & 0 & 1/\sqrt{2} & -1/2 \\ 1/2 & 1/\sqrt{2} & 0 & 1/2 \end{bmatrix}\begin{bmatrix} 1 & 1 & 1 \\ 0 & 1 & 1 \\ 0 & 0 & 1 \\ 0 & 0 & 0 \end{bmatrix}.$$

Resuélvase el problema de mínimos cuadrados, con **Ax** = **b**, y $\mathbf{b}^T = [1\ 1\ 1\ 1]$.

Se va a seguir el método explicado en el apartado 8.9 de este Capítulo:

$$\begin{bmatrix}\mathbf{u}\\ \mathbf{v}\end{bmatrix} = \mathbf{Q}^T\mathbf{b} = \begin{bmatrix}2\\0\\0\\0\end{bmatrix} \rightarrow \mathbf{u} = \begin{bmatrix}2\\0\\0\end{bmatrix}, \mathbf{v} = [0]$$

Resolviendo por vuelta atrás del método de Gauss el sistema triangular **Rx** = **u**, con

$$\mathbf{R} = \begin{bmatrix} 1 & 1 & 1 \\ 0 & 1 & 1 \\ 0 & 0 & 1 \end{bmatrix}$$

se llega a la solución

$$\mathbf{x}^* = \begin{bmatrix} 2 \\ 0 \\ 0 \end{bmatrix}$$

8.17 Efectúese la descomposición **QR** de la matriz **A**, mediante matrices de Householder, siendo

$$\mathbf{A} = \begin{bmatrix} 1 & 0 & 0 \\ 1 & 1 & 0 \\ 1 & 1 & 1 \\ 1 & 1 & 1 \end{bmatrix}$$

Siguiendo lo explicado en la teoría se puede obtener la matriz de Householder,

$$\mathbf{H}_1 = \frac{1}{6} \begin{bmatrix} -3 & -3 & -3 & -3 \\ -3 & 5 & -1 & -1 \\ -3 & -1 & 5 & -1 \\ -3 & -1 & -1 & 5 \end{bmatrix}$$

tal que:

$$\mathbf{H}_1\mathbf{A} = \frac{1}{6} \begin{bmatrix} -12 & -9 & -6 \\ 0 & 3 & -2 \\ 0 & 3 & 4 \\ 0 & 3 & 4 \end{bmatrix}$$

Se busca ahora una matriz de Householder $\mathbf{H}_2'$ de orden 3 que transforme la columna $[3\ 3\ 3]^T$ en la columna $[\beta\ 0\ 0]^T$. Se obtiene

$$\mathbf{H}'_2 = \begin{bmatrix} -\sqrt{3}/3 & -\sqrt{3}/3 & -\sqrt{3}/3 \\ -\sqrt{3}/3 & (3+\sqrt{3})/6 & (-3+\sqrt{3})/6 \\ -\sqrt{3}/3 & (-3+\sqrt{3})/6 & (3+\sqrt{3})/6 \end{bmatrix}$$

Nótese que

$$\mathbf{H}'_2 \begin{bmatrix} 3 \\ 3 \\ 3 \end{bmatrix} = \begin{bmatrix} -3\sqrt{3} \\ 0 \\ 0 \end{bmatrix}$$

y además la matriz de Householder $\mathbf{H}_2 = \text{diag}(1, \mathbf{H}_2')$ verifica

$$\mathbf{H}_2(\mathbf{H}_1\mathbf{A}) = \frac{1}{6}\begin{bmatrix} -12 & -9 & -6 \\ 0 & -3\sqrt{3} & -2\sqrt{3} \\ 0 & 0 & 2\sqrt{3} \\ 0 & 0 & 2\sqrt{3} \end{bmatrix}.$$

Se busca finalmente una matriz de Householder $\mathbf{H}_3'$ de orden 2 que transforme la columna

$$\begin{bmatrix} 2\sqrt{3} \\ 2\sqrt{3} \end{bmatrix}$$

en la columna

$$\begin{bmatrix} \gamma \\ 0 \end{bmatrix}$$

y se obtiene

$$\mathbf{H}_3' = \begin{bmatrix} -\sqrt{2}/2 & -\sqrt{2}/2 \\ -\sqrt{2}/2 & +\sqrt{2}/2 \end{bmatrix}$$

Nótese que

$$\mathbf{H}_3'\begin{bmatrix} 2\sqrt{3} \\ 2\sqrt{3} \end{bmatrix} = \begin{bmatrix} -2\sqrt{6} \\ 0 \end{bmatrix}$$

y además la matriz de Householder $\mathbf{H}_3 = \mathrm{diag}(\mathbf{I}_2, \mathbf{H}_3')$ verifica

$$\mathbf{H}_3(\mathbf{H}_2(\mathbf{H}_1\mathbf{A})) = \frac{1}{6}\begin{bmatrix} -12 & -9 & -6 \\ 0 & -3\sqrt{3} & -2\sqrt{3} \\ 0 & 0 & -2\sqrt{6} \\ 0 & 0 & 0 \end{bmatrix} = -\begin{bmatrix} \mathbf{R} \\ \mathbf{O} \end{bmatrix}$$

esto es,

$$\mathbf{A} = \mathbf{Q}\begin{bmatrix} \mathbf{R} \\ \mathbf{O} \end{bmatrix}$$

y la descomposición **QR** de **A** ha sido realizada. _Nota:_ se ha tomado el signo menos para que los elementos diagonales de **R** sean mayores que cero.

8.18 Efectúese la descomposición de Cholesky de la matriz $\mathbf{A}^T\mathbf{A}$, siendo **A** la matriz del ejercicio 8.17 anterior, y utilícese para resolver las ecuaciones normales del problema de mínimos cuadrados $\mathbf{Ax} = \mathbf{b}$, con $\mathbf{b}^T = [1\ 1\ 1\ 2]$.

De la descomposición **QR** de **A**

$$\mathbf{A} = \mathbf{Q}\begin{bmatrix} \mathbf{R} \\ \mathbf{O} \end{bmatrix}$$

se deduce inmediatamente la descomposición de Cholesky de $\mathbf{A}^T\mathbf{A}$. En este ejercicio es

$$\mathbf{R} = \begin{bmatrix} 2 & 3/2 & 1 \\ 0 & \sqrt{3}/2 & \sqrt{3}/3 \\ 0 & 0 & \sqrt{6}/3 \end{bmatrix},$$

luego

$$\mathbf{A}^T\mathbf{A} = \mathbf{R}^T\mathbf{R} = \mathbf{C}\mathbf{C}^T,$$

donde **C** es una matriz triangular inferior. Las ecuaciones normales son

$$(\mathbf{A}^T\mathbf{A})\mathbf{x} = \mathbf{A}^T\mathbf{b}$$

esto es

$$\mathbf{C}\mathbf{y} = \mathbf{A}^T\mathbf{b}$$
$$\mathbf{C}^T\mathbf{x} = \mathbf{y}$$

Resolviendo la primera ecuación por sustitución hacia adelante y la segunda por sustitución hacia atrás se obtiene la solución

$$\mathbf{x}^* = \begin{bmatrix} 1 \\ 0 \\ 1/2 \end{bmatrix}.$$

8.19 Utilizando el método de Gram–Schmidt, hállese la descomposición **QR** de la matriz

$$\mathbf{A} = \begin{bmatrix} 1 & -1 & 1 \\ 1 & 1 & 1 \\ 1 & 1 & -1 \end{bmatrix}.$$

Se denota con $\mathbf{x}_1$, $\mathbf{x}_2$, $\mathbf{x}_3$ las columnas de la matriz **A**, y partiendo de ellas se halla una base ortonormal del espacio de matrices columna $\mathbf{R}^{3\times 1}$:

$$\mathbf{u}_1 = \mathbf{x}_1 = \begin{bmatrix} 1 \\ 1 \\ 1 \end{bmatrix}$$

$$\|\mathbf{u}_1\| = \sqrt{3}$$

$$\mathbf{w}_1 = \frac{\mathbf{u}_1}{\|\mathbf{u}_1\|} = \frac{\sqrt{3}}{3}\begin{bmatrix}1\\1\\1\end{bmatrix}$$

$$\mathbf{u}_2 = \mathbf{x}_2 - \alpha_{12}\mathbf{w}_1 = \begin{bmatrix}-1\\1\\1\end{bmatrix} - (\frac{\sqrt{3}}{3})(\frac{\sqrt{3}}{3}\begin{bmatrix}1\\1\\1\end{bmatrix}) = \frac{1}{3}\begin{bmatrix}-4\\2\\2\end{bmatrix}$$

$$\|\mathbf{u}_2\| = \frac{2\sqrt{6}}{3}$$

$$\mathbf{w}_2 = \frac{\mathbf{u}_2}{\|\mathbf{u}_2\|} = \frac{\sqrt{6}}{6}\begin{bmatrix}-2\\1\\1\end{bmatrix}$$

$$\mathbf{u}_3 = \mathbf{x}_3 - \alpha_{13}\mathbf{w}_1 - \alpha_{23}\mathbf{w}_2 = \begin{bmatrix}1\\1\\-1\end{bmatrix} - (\frac{\sqrt{3}}{3})(\frac{\sqrt{3}}{3}\begin{bmatrix}1\\1\\1\end{bmatrix}) - (-\frac{\sqrt{6}}{3})(\frac{\sqrt{6}}{6}\begin{bmatrix}-2\\1\\1\end{bmatrix}) = \begin{bmatrix}0\\1\\-1\end{bmatrix}$$

$$\|\mathbf{u}_3\| = \sqrt{2}$$

$$\mathbf{w}_3 = \frac{\mathbf{u}_3}{\|\mathbf{u}_3\|} = \frac{\sqrt{2}}{2}\begin{bmatrix}0\\1\\-1\end{bmatrix}$$

Una vez hallada la base ortonormal $\mathbf{w}_1$, $\mathbf{w}_2$, $\mathbf{w}_3$, se tiene la matriz ortogonal **Q** de la descomposición **QR** de **A**, dada por

$$\mathbf{Q} = [\mathbf{w}_1 \quad \mathbf{w}_2 \quad \mathbf{w}_3] = \begin{bmatrix}\sqrt{3}/3 & -\sqrt{6}/3 & 0\\ \sqrt{3}/3 & \sqrt{6}/6 & \sqrt{2}/2\\ \sqrt{3}/3 & \sqrt{6}/6 & -\sqrt{2}/2\end{bmatrix}$$

y también se tiene la matriz triangular superior **R** de la misma descomposición **QR** de **A** dada por

$$\mathbf{R} = \begin{bmatrix}\|\mathbf{u}_1\| & \alpha_{12} & \alpha_{13}\\ 0 & \|\mathbf{u}_2\| & \alpha_{23}\\ 0 & 0 & \|\mathbf{u}_3\|\end{bmatrix} = \begin{bmatrix}\sqrt{3} & \sqrt{3}/3 & \sqrt{3}/3\\ 0 & 2\sqrt{6}/3 & -\sqrt{6}/3\\ 0 & 0 & \sqrt{2}\end{bmatrix}.$$

8.14 Ejercicios propuestos

8.20 Siguiendo los pasos de la demostración del teorema de Schur, efectúese la reducción de la matriz **A** a la forma triangular superior, mediante una matriz ortogonal, siendo

$$\mathbf{A} = \begin{bmatrix} 2 & -6 & 2 \\ -1 & 2 & -3 \\ 0 & 1 & 2 \end{bmatrix}.$$

8.21 Hállese una matriz hermítica de orden tres cuyos valores propios son 6, 0 y –6 y con vectores propios $[-i \ \ i \ \ 1]^T$, $[i \ \ 0 \ \ 1]^T$, $[-i \ \ -2i \ \ 1]^T$ asociados a los valores propios, respectivamente.

8.22 Demuéstrese que la matriz $\mathbf{U} = (i\mathbf{I}-\mathbf{H})(i\mathbf{I}+\mathbf{H})^{-1}$ es unitaria si **H** es hermítica. Pruébese asimismo que la matriz $\mathbf{H} = i(\mathbf{I}-\mathbf{U})(\mathbf{I}+\mathbf{U})^{-1}$ es hermítica si **U** es unitaria y **U** no posee el valor propio -1.

8.23 Pruébese que si la matriz **A** es normal, con valores propios reales, entonces **A** es hermítica.

8.24 Pruébese que si la matriz **A** es normal, con valores propios de valor absoluto la unidad, entonces **A** es unitaria.

8.25 Pruébese que si la matriz **A** es normal, con valores propios imaginarios puros, entonces **A** es antihermítica.

8.26 Demuéstrese que si la matriz **A** es antihermítica entonces **A** posee una base ortonormal de vectores propios.

8.27 Demuéstrese que si **A** es una matriz antihermítica, entonces sus valores propios son de la forma $\lambda = bi$, donde i es el imaginario puro unidad y b un número real.

8.28 Pruébese que si **A** es una matriz antisimétrica real, entonces **A** no puede poseer la unidad como valor propio.

8.29 Hállese la descomposición en valor singular de la matriz

$$\mathbf{A} = \begin{bmatrix} 0 & 4 & 3 \\ 4 & 0 & 0 \\ 3 & 0 & 0 \end{bmatrix}$$

y obténgase la 2–norma de **A**.

8.30 Utilícese la descomposición **QR** de una matriz real **A** de tamaño m×n y rango n para calcular eficientemente la matriz

$$\mathbf{C} = (\mathbf{A}^{\mathbf{T}}\mathbf{A})^{-1}$$

8.31 Efectúese la descomposición **QR** de la matriz

$$\mathbf{A} = \begin{bmatrix} 3 & 4 \\ 4 & 3 \end{bmatrix}$$

8.32 Se consideran dos columnas **x** e **y** linealmente independientes, de n elementos reales, donde **y** es de 2–norma unidad. Hállese una columna **u** de 2–norma unidad y un número real α tal que la matriz $\mathbf{H} = \mathbf{I} - 2\mathbf{u}\mathbf{u}^{\mathbf{T}}$ cumpla $\mathbf{Hx} = \alpha\mathbf{y}$.

9

Formas Cuadráticas Reales

En este Capítulo se analizan las formas cuadráticas reales, partiendo de las formas bilineales simétricas. La noción de congruencia matricial es importante, así como la reducción a suma de cuadrados de la expresión de una forma cuadrática real; a este respecto se consideran varios métodos para lograr la llamada forma diagonal. Las nociones de rango y signatura permiten clasificar las formas cuadráticas reales, también atendiendo a los valores que toman (formas definidas); la ley de inercia de Sylvester justifica tal clasificación.

9.1 Formas bilineales

Antes de dar la definición de forma cuadrática se requieren algunas definiciones previas:

Una aplicación lineal x* de un espacio vectorial E sobre el cuerpo **K** en el que está definido recibe el nombre de *forma lineal* de E. El conjunto L(E,**K**), también denotado E*, de las formas lineales de E es un espacio vectorial sobre **K**, llamado *espacio dual* de E, con respecto a las operaciones ordinarias suma de aplicaciones lineales (suma de formas lineales) y producto por escalares (producto de escalares por formas lineales). La dimensión de E* coincide con la dimensión de E ya que

$$\dim E^* = \dim L(E,\mathbf{K}) = \dim E \times \dim \mathbf{K} = \dim E \qquad [1.1]$$

A lo largo de este Capítulo se van a considerar principalmente espacios vectoriales reales.

Sean E y F dos espacios vectoriales reales. Una *forma bilineal* sobre E×F es una aplicación f:E×F→ **R** que verifica la *propiedad de bilinealidad*, la cual se expresa por las identidades siguientes

$$\begin{aligned} &f(\alpha x + \alpha' x', y) = \alpha f(x,y) + \alpha' f(x',y),\ \forall \alpha,\alpha' \in \mathbf{R},\ \forall x,x' \in E,\ \forall y \in F \\ &f(x, \beta y + \beta' y') = \beta f(x,y) + \beta' f(x,y'),\ \forall \beta,\beta' \in \mathbf{R},\ \forall x \in E,\ \forall y,y' \in F \end{aligned} \qquad [1.2]$$

De la definición dada se deduce inmediatamente que las dos aplicaciones

$$\begin{aligned} &f_y : E \to \mathbf{R};\ f_y(x) = f(x,y),\ \forall x \in E \\ &f_x : F \to \mathbf{R};\ f_x(y) = f(x,y),\ \forall y \in F \end{aligned} \qquad [1.3]$$

son formas lineales de E y de F, respectivamente.

En lo que sigue nos interesan solamente las formas bilineales en las que F = E. Fijada una base

$$x_1, x_2, ..., x_n$$

de E se puede expresar matricialmente la forma bilineal f:E×E→ **R**, tal como se indica a continuación:

$$f(x,y) = f(\sum_{i=1}^{n} \alpha_i x_i, \sum_{j=1}^{n} \beta_j x_j) = \sum_{i=1}^{n}\sum_{j=1}^{n} \alpha_i \beta_j f(x_i, x_j) = \sum_{i=1}^{n}\sum_{j=1}^{n} a_{ij}\alpha_i\beta_j = \mathbf{x}^{\mathbf{T}}\mathbf{A}\mathbf{y} \qquad [1.4]$$

siendo

$$\mathbf{A} = \lfloor a_{ij} \rfloor = \lfloor f(x_i, x_j) \rfloor \qquad [1.5]$$

la matriz real cuadrada de orden n que representa a la forma bilineal f en la citada base y

$$\mathbf{x} = \begin{bmatrix} \alpha_1 \\ \alpha_2 \\ \dots \\ \alpha_n \end{bmatrix}, \mathbf{y} = \begin{bmatrix} \beta_1 \\ \beta_2 \\ \dots \\ \beta_n \end{bmatrix} \qquad [1.6]$$

las columnas formadas por las componentes de los vectores x e y en la citada base.

Ejemplo 9.1

Se considera la forma bilineal f de $\mathbf{R}^3$, dada en la base canónica por la expresión

$$2\alpha_1\beta_1 - 3\alpha_1\beta_2 + 5\alpha_1\beta_3 + 7\alpha_2\beta_1 - 4\alpha_3\beta_1 + 9\alpha_3\beta_3$$

La matriz **A** que representa a f se obtiene muy fácilmente: a_{11} es el coeficiente que afecta al producto $\alpha_1\beta_1$, a_{12} es el coeficiente que afecta al producto $\alpha_1\beta_2$, etc., por lo que

$$\mathbf{A} = \begin{bmatrix} 2 & -3 & 5 \\ 7 & 0 & 0 \\ -4 & 0 & 9 \end{bmatrix}. \ \bigstar$$

Si se efectúa un cambio de base dado por la matriz regular **S**, la matriz **A′** que representa a la forma bilineal f en la nueva base viene dada por

$$\mathbf{A}' = \mathbf{S}^{\mathbf{T}}\mathbf{A}\mathbf{S}, \qquad [1.7]$$

como se prueba en la siguiente proposición:

Proposición 9.1 "Si **A** y **A′** representan a la misma forma bilineal f en las bases B_E y B'_E, respectivamente, entonces $\mathbf{A}' = \mathbf{S}^T\mathbf{A}\mathbf{S}$, siendo **S** la matriz de paso de B_E a B'_E ".

Se tiene en la base B_E

$$f(x,y) = \mathbf{x}^{\mathbf{T}}\mathbf{A}\mathbf{y}$$

y en la base B'_E

$$f(x,y) = \mathbf{x}'^{\mathbf{T}}\mathbf{A}'\mathbf{y}'$$

con

$$\mathbf{x} = \mathbf{S}\mathbf{x}', \ \mathbf{y} = \mathbf{S}\mathbf{y}'$$

De ahí que

$$f(x,y) = \mathbf{x}^{\mathbf{T}}\mathbf{A}\mathbf{y} = (\mathbf{S}\mathbf{x}')^{\mathbf{T}}\mathbf{A}(\mathbf{S}\mathbf{y}') = \mathbf{x}'^{\mathbf{T}}(\mathbf{S}^{\mathbf{T}}\mathbf{A}\mathbf{S})\mathbf{y}' = \mathbf{x}'^{\mathbf{T}}\mathbf{A}'\mathbf{y}'$$

Identificando matrices se llega al resultado deseado

$$\mathbf{A}' = \mathbf{S}^{\mathbf{T}}\mathbf{A}\mathbf{S}. \ \square$$

Por definición se dice que la matriz cuadrada **A** es *congruente* con la matriz cuadrada **B** si existe una matriz regular **S** tal que $\mathbf{B} = \mathbf{S}^T\mathbf{A}\mathbf{S}$. Se deja como ejercicio probar que la congruencia matricial es una relación de equivalencia en el conjunto de matrices cuadradas del mismo orden, con elementos en el mismo cuerpo de escalares, en nuestro caso **R**.

Proposición 9.2 "Matrices que representan a una misma forma bilineal real son congruentes entre sí".

Se deduce de [1.7] y de la definición dada de congruencia matricial. ❑

Por definición, el *rango* de una forma bilineal f es el rango de la matriz que la representa; en el caso particular de que el rango sea máximo, esto es el determinante de la matriz que la representa sea no nulo, se dice que la forma bilineal f es *no degenerada*.

Proposición 9.3 "El rango de una forma bilineal y su carácter de no degenerada son independientes de la base en la que está representada".

De $\mathbf{A}' = \mathbf{S}^T\mathbf{A}\mathbf{S}$ se deduce, de una parte, que $r(\mathbf{A}) = r(\mathbf{A}')$, ya que las matrices regulares, en nuestro caso **S** y $\mathbf{S}^T$, no alteran el rango de una matriz cuando la multiplican, de lo que se concluye que el rango de f es un invariante para f; de otra parte, de $\mathbf{A}' = \mathbf{S}^T\mathbf{A}\mathbf{S}$ se deduce inmediatamente que

$$\det \mathbf{A}' = \det \mathbf{A}\,(\det \mathbf{S})^2\,,$$

pero $\det\mathbf{S} \neq 0$, luego $\det\mathbf{A}$ es distinto de cero si y sólo si $\det\mathbf{A}'$ es distinto de cero, de ahí que la no-degeneración de f también sea un invariante para f. ❑

Finalmente, se dice que la forma bilineal f de E es *simétrica* si se cumple la identidad

$$f(x,y) = f(y,x),\ \forall x,y \in E \qquad [1.8]$$

Ejemplo 9.2

En un espacio vectorial euclídeo E la aplicación f de E×E en **R** definida por

$$f(x,y) = \langle x,y \rangle$$

es bilineal y simétrica. ✶

Nótese que si **A** representa a la forma bilineal simétrica f, en una base $x_1, x_2, ..., x_n$ de E, debe ser **A** una matriz simétrica ya que

$$a_{ij} = f(x_i, x_j) = f(x_j, x_i) = a_{ji},\ \forall i,j \qquad [1.9]$$

9.2 Formas cuadráticas reales

Sea f una forma bilineal simétrica de ExE en **R**. La *forma cuadrática real* asociada a la forma bilineal f, es la aplicación ϕ de E en **R** definida mediante

$$\phi(x) = f(x,x),\ \forall x \in E \qquad [2.1]$$

Ejemplo 9.3

En un espacio vectorial euclídeo E la forma cuadrática ϕ asociada a la forma bilineal simétrica f, dada por el producto escalar del espacio, es $\phi : E \to \mathbf{R}$ tal que

$$\phi(x) = f(x,x) = < x,x > = \|x\|^2 . \bigstar$$

Conocida la forma cuadrática ϕ se puede obtener la forma bilineal simétrica f de la que procede ϕ (llamada *forma polar* de ϕ) ya que

$$f(x,y) = \frac{1}{2}(\phi(x+y) - \phi(x) - \phi(y)) \qquad [2.2]$$

Ello significa que existe una correspondencia biunívoca entre formas bilineales simétricas y formas cuadráticas sobre un mismo espacio vectorial.

Matricialmente la forma cuadrática real ϕ se puede expresar mediante

$$\phi(x) = f(x,x) = \mathbf{x}^T\mathbf{A}\mathbf{x} \qquad [2.3]$$

fijada una base del espacio E. Nótese que la matriz real y simétrica **A** representa a la vez a f y a ϕ, en la citada base, por lo que la fórmula

$$\mathbf{A}' = \mathbf{S}^T\mathbf{A}\mathbf{S} \qquad [2.4]$$

del cambio de base para formas bilineales reales también es válida para formas cuadráticas reales. En este caso hay que tener en cuenta además que **A** es una matriz simétrica.

El *rango* de la forma cuadrática ϕ es, por definición, el rango de la forma bilineal f, que coincide con el rango de **A**. La forma cuadrática ϕ se dice *no degenerada* si y sólo si su forma polar f es no degenerada, esto es, det $\mathbf{A} \neq 0$.

La expresión [2.3] se puede desarrollar del siguiente modo

$$\phi(x) = \mathbf{x}^T\mathbf{A}\mathbf{x} = \sum_{i=1}^{n}\sum_{j=1}^{n} a_{ij}\alpha_i\alpha_j = \sum_{i=1}^{n} a_{ii}\alpha_i^2 + \sum_{i\neq j} a_{ij}\alpha_i\alpha_j = \sum_{i=1}^{n} a_{ii}\alpha_i^2 + 2\sum_{i<j} a_{ij}\alpha_i\alpha_j \qquad [2.5]$$

en la que se han separado los sumandos correspondientes a los cuadrados de las variables de aquellos correspondientes a los productos cruzados entre variables. Nótese que

$$a_{ij}\alpha_i\alpha_j = a_{ji}\alpha_j\alpha_i \qquad [2.6]$$

lo que explica el coeficiente 2 multiplicando el segundo sumatorio.

Ejemplo 9.4

La matriz real y simétrica **A** que representa, en la base canónica de $\mathbf{R}^3$, a la forma cuadrática ϕ, definida por

$$\phi(\alpha_1,\alpha_2,\alpha_3) = 2\alpha_1^2 - 4\alpha_1\alpha_2 + 2\alpha_1\alpha_3 + 3\alpha_2^2 + 7\alpha_3^2$$

es

$$\mathbf{A} = \begin{bmatrix} 2 & -2 & 1 \\ -2 & 3 & 0 \\ 1 & 0 & 7 \end{bmatrix}$$

Como el determinante de **A** es no nulo, ϕ es una forma cuadrática no degenerada de rango tres. ✶

Un problema de gran interés teórico y práctico que se plantea con una forma cuadrática ϕ, dada por su matriz **A** en la base B_E, es el de obtener una base B'_E, respecto de la cual la matriz que representa a ϕ sea una matriz diagonal

$$\mathbf{D} = \text{diag}(d_1, d_2, ..., d_n),$$

o lo que es equivalente, que la expresión de ϕ en la citada base sea de la forma

$$\phi(x) = \sum_{i=1}^{n} d_i\alpha'^2_i = d_1\alpha'^2_1 + d_2\alpha'^2_2 + ... + d_n\alpha'^2_n \qquad [2.7]$$

en la que no aparecen productos entre variables distintas. En este caso se tiene la matriz **A** congruente con la matriz diagonal **D**, esto es, $\mathbf{S}^T\mathbf{A}\mathbf{S} = \mathbf{D}$, donde **S** es la matriz de paso.

El problema planteado siempre tiene solución: En los apartados siguientes se aportan métodos que llevan a una expresión reducida de la forma [2.7] partiendo de la expresión general [2.5].

9.3 Reducción a suma de cuadrados: método de Lagrange

La forma cuadrática real ϕ, expresada en una base $x_1, x_2, ..., x_n$ de E, viene dada, como ya se ha indicado anteriormente, por

$$\phi(x) = \mathbf{x}^T\mathbf{A}\mathbf{x} = \sum_{i=1}^{n} a_{ii}\alpha_i^2 + 2\sum_{i<j} a_{ij}\alpha_i\alpha_j, \qquad [3.1]$$

esto es, se trata de una expresión en la que figuran de una parte una suma de cuadrados de las variables $\alpha_1, \alpha_2, ..., \alpha_n$ y de otra una suma de productos cruzados entre las citadas variables, todos ellos multiplicados por coeficientes de la matriz **A** que representa a ϕ en la base inicial.

Lo que se pretende en el *método de Lagrange* que se expone a continuación es efectuar sucesivos cambios de base, o lo que es lo mismo, sucesivos cambios de variables admisibles para eliminar sistemáticamente los productos cruzados de variables de la expresión inicial [3.1] hasta obtener una expresión de la forma

$$\phi(x) = \mathbf{x}'^{\mathbf{T}}\mathbf{D}\mathbf{x}' = \sum_{i=1}^{n} d_i \alpha'^2_i \qquad [3.2]$$

en la que han desaparecido los productos cruzados entre variables, siendo **D** una matriz diagonal con elementos en su diagonal principal $d_1, d_2, \ldots, d_n$.

Este método funciona por etapas, variable a variable, logrando en cada etapa la eliminación de los productos cruzados correspondientes a esa variable. Se contemplan dos procesos de cálculo diferentes: I) y II), según exista o no el cuadrado de la variable de la que se quiere eliminar sus productos cruzados. Se va a razonar, por comodidad en la notación, para la primera variable, haciéndose extensivos los resultados con facilidad a las demás variables:

Proceso I: Considérese en primer lugar la forma cuadrática ϕ dada por [3.1] en la que existe al menos el cuadrado de la primera variable, lo que significa que a_{11} es distinto de cero. Si se escriben delante los sumandos en los que interviene la primera variable se tiene

$$\phi(x) = a_{11}\alpha_1^2 + 2a_{12}\alpha_1\alpha_2 + 2a_{13}\alpha_1\alpha_3 + \ldots + 2a_{1n}\alpha_1\alpha_n + e(\alpha_2, \alpha_3, \ldots, \alpha_n) \qquad [3.3]$$

donde $e(\alpha_2, \alpha_3, \ldots, \alpha_n)$ es una expresión que agrupa los restantes sumandos y que depende solamente de las variables $\alpha_2, \alpha_3, \ldots, \alpha_n$. Obsérvese que

$$\begin{aligned} & a_{11}\alpha_1^2 + 2a_{12}\alpha_1\alpha_2 + 2a_{13}\alpha_1\alpha_3 + \ldots + 2a_{1n}\alpha_1\alpha_n = \\ & \frac{1}{a_{11}}(a_{11}\alpha_1 + a_{12}\alpha_2 + a_{13}\alpha_3 + \ldots + a_{1n}\alpha_n)^2 - \frac{1}{a_{11}}(a_{12}\alpha_2 + a_{13}\alpha_3 + \ldots + a_{1n}\alpha_n)^2 \end{aligned} \qquad [3.4]$$

de ahí que

$$\phi(x) = \frac{1}{a_{11}}(a_{11}\alpha_1 + a_{12}\alpha_2 + a_{13}\alpha_3 + \ldots + a_{1n}\alpha_n)^2 + e'(\alpha_2, \alpha_3, \ldots, \alpha_n), \qquad [3.5]$$

donde $e'(\alpha_2, \alpha_3, \ldots, \alpha_n)$ agrupa todos los sumandos en los que no interviene la primera variable. Haciendo ahora el cambio de variables admisible

$$\begin{aligned} \alpha'_1 &= a_{11}\alpha_1 + a_{12}\alpha_2 + a_{13}\alpha_3 + \ldots + a_{1n}\alpha_n \\ \alpha'_2 &= \alpha_2 \\ &\ldots \\ \alpha'_n &= \alpha_n \end{aligned} \qquad [3.6]$$

que corresponde al cambio de base dado por la matriz regular

$$\mathbf{S}=\begin{bmatrix} 1/a_{11} & -a_{12}/a_{11} & -a_{13}/a_{11} & \dots & -a_{1n}/a_{11} \\ 0 & 1 & 0 & \dots & 0 \\ 0 & 0 & 1 & \dots & 0 \\ \dots & \dots & \dots & \dots & \dots \\ 0 & 0 & 0 & \dots & 1 \end{bmatrix} \qquad [3.7]$$

se llega a que

$$\phi(x)=\frac{1}{a_{11}}\alpha'^2_1+e'(\alpha'_2,\alpha'_3,\dots,\alpha'_n) \qquad [3.8]$$

expresión en la que han desaparecido los productos cruzados entre la primera variable y las demás.

<u>Proceso II</u>: Si por el contrario no existe el cuadrado de la primera variable, supóngase que existe el producto cruzado entre la primera y segunda variables, esto es, a_{12} distinto de cero, por lo que la forma cuadrática en la base inicial se escribe

$$\phi(x)=2a_{12}\alpha_1\alpha_2+\dots \qquad [3.9]$$

Haciendo ahora el cambio de variables admisible

$$\begin{aligned} \alpha_1 &= \alpha'_1+\alpha'_2 \\ \alpha_2 &= \alpha'_1-\alpha'_2 \\ \alpha_3 &= \alpha'_3 \\ &\dots \\ \alpha_n &= \alpha'_n \end{aligned} \qquad [3.10]$$

dado por la matriz regular de paso

$$\mathbf{S}=\begin{bmatrix} 1 & 1 & 0 & \dots & 0 \\ 1 & -1 & 0 & \dots & 0 \\ 0 & 0 & 1 & \dots & 0 \\ \dots & \dots & \dots & \dots & \dots \\ 0 & 0 & 0 & \dots & 1 \end{bmatrix} \qquad [3.11]$$

se llega a que

$$\phi(x)=2a_{12}\alpha'^2_1-2a_{12}\alpha'^2_2+\dots \qquad [3.12]$$

donde al aparecer el cuadrado de la primera variable se puede continuar el método de reducción conforme indica el proceso I.

Una vez eliminados los productos cruzados correspondientes a la primera variable se procedería de un modo similar con la segunda y así sucesivamente hasta la última variable. Si alguna variable carece de productos cruzados se continúa con la eliminación de los productos cruzados de la siguiente variable. En definitiva se logra que la forma cuadrática ϕ

quede reducida a suma de cuadrados sin que aparezca ningún producto cruzado de variables. En los ejercicios resueltos se explicará con detalle cómo proceder en un caso práctico.

9.4 Operaciones elementales y formas cuadráticas reales

Se va a introducir en este apartado otro procedimiento de cálculo matricial para obtener una expresión reducida a suma de cuadrados de una forma cuadrática real ϕ y ello mediante operaciones elementales sobre las columnas y las filas de la matriz **A** que representa a ϕ en una cierta base del espacio vectorial E.

Obsérvese que si se efectúa una operación elemental sobre las columnas de la matriz **A**, dada por la matriz elemental **F**, la matriz **A** se transforma en la matriz **AF**; si a continuación se realiza *la misma* operación elemental pero sobre las filas del resultado **AF**, dada por la matriz elemental $\mathbf{F}^T$, la matriz **AF** se transforma en la matriz $\mathbf{B} = \mathbf{F}^T\mathbf{A}\mathbf{F}$ congruente con **A**, por ser **F** una matriz regular (matriz de una operación elemental).

La matriz **F** representa un cambio de base, esto es, un cambio de variables admisible, y **B** representa, en la nueva base, a la misma forma cuadrática ϕ. Se puede proceder sistemáticamente formando ceros en la fila y en la columna a las que pertenece un elemento no nulo de la diagonal principal de **A** o de sus sucesivas transformadas, utilizando el citado elemento como *pivot*; este proceso equivale a eliminar los productos cruzados de variables que afectan a la variable asociada al citado *pivot*; si el elemento diagonal es nulo y hay algún elemento no nulo en su fila o columna, es posible hacer que el elemento diagonal en cuestión sea distinto de cero, mediante una transformación elemental sobre las columnas y la misma operación elemental sobre las filas. El siguiente ejemplo aclara cómo proceder en un caso práctico:

Ejemplo 9.5

La reducción a suma de cuadrados de la forma cuadrática real ϕ de $\mathbf{R}^3$ dada por

$$\phi(\alpha_1,\alpha_2,\alpha_3) = 2\alpha_1\alpha_2 - 4\alpha_1\alpha_3 - \alpha_2^2 + 6\alpha_2\alpha_3 - 6\alpha_3^2$$

se puede lograr mediante el método de las operaciones elementales columna–fila como se indica a continuación: La matriz de la forma cuadrática ϕ en la base canónica es

$$\mathbf{A} = \begin{bmatrix} 0 & 1 & -2 \\ 1 & -1 & 3 \\ -2 & 3 & -6 \end{bmatrix}$$

Sumando a la primera columna de **A** su segunda columna y a la primera fila del resultado obtenido su segunda fila se logra la matriz

$$\mathbf{A_1} = \mathbf{F_1^T A F_1} = \begin{bmatrix} 1 & 0 & 1 \\ 0 & -1 & 3 \\ 1 & 3 & -6 \end{bmatrix}$$

que es congruente con $\mathbf{A}$. Se ha conseguido de ese modo un elemento no nulo en la posición (1, 1) de $\mathbf{A_1}$, el cual va a ser utilizado a continuación como *pivot* para formar un cero en las posiciones (1, 3) y (3, 1) de la citada matriz, al restar a la tercera columna de $\mathbf{A_1}$ su primera columna y al restar a la tercera fila de $\mathbf{A_1F_2}$ su primera fila, obteniendo de ese modo la matriz

$$\mathbf{A_2} = \mathbf{F_2^T A_1 F_2} = \begin{bmatrix} 1 & 0 & 0 \\ 0 & -1 & 3 \\ 0 & 3 & -7 \end{bmatrix}$$

que es congruente con $\mathbf{A_1}$. Finalmente, el elemento no nulo de la posición (2, 2) de $\mathbf{A_2}$ se utiliza como *pivot* para eliminar los elementos no nulos de las posiciones (2, 3) y (3, 2) de la citada matriz obteniendo definitivamente la matriz diagonal

$$\mathbf{D} = \mathbf{F_3^T A_2 F_3} = \begin{bmatrix} 1 & 0 & 0 \\ 0 & -1 & 0 \\ 0 & 0 & 2 \end{bmatrix}$$

que es congruente con $\mathbf{A}$ ya que

$$\mathbf{D} = \mathbf{F_3^T(F_2^T(F_1^T A F_1)F_2)F_3} = \mathbf{(F_1F_2F_3)^T A (F_1F_2F_3)} = \mathbf{S^T A S}$$

donde $\mathbf{S}$ es una matriz regular producto de matrices elementales, las cuales son regulares. ✶

9.5 Reducción a suma de cuadrados bajo el grupo ortogonal

Sea ahora E un espacio vectorial euclídeo de dimensión n y ϕ una forma cuadrática sobre E, cuya matriz, en una *base ortonormal* $\mathrm{b_E} = \mathrm{w_1, w_2, ..., w_n}$ de E, es la matriz real y simétrica $\mathbf{A}$. Se tiene

$$\phi(\mathrm{x}) = \mathbf{x^T A x}. \qquad [5.1]$$

Recuérdese que por ser $\mathbf{A}$ una matriz real y simétrica existe una matriz *ortogonal* $\mathbf{S}$ tal que $\mathbf{S^T A S} = \mathbf{D}$ es una matriz diagonal, con los valores propios $\lambda_1, \lambda_2, ..., \lambda_n$ de $\mathbf{A}$ en su diagonal principal. Si se efectúa el cambio de base dado precisamente por $\mathbf{S}$, de la forma $\mathbf{x} = \mathbf{Sx'}$, se llega a que

$$\phi(\mathrm{x}) = \mathbf{x'^T D x'} = \lambda_1\alpha'^2_1 + \lambda_2\alpha'^2_2 + ... + \lambda_n\alpha'^2_n \qquad [5.2]$$

es la forma cuadrática ϕ expresada en la *base ortonormal* $\mathrm{b'_E} = \mathrm{w'_1, w'_2, ..., w'_n}$. Se ha diagonalizado la forma cuadrática. La base final es ortonormal. No se pierde en el cambio de base las ventajas de referir los vectores a bases ortonormales.

Ejemplo 9.6

Sea

$$\phi(\alpha_1,\alpha_2) = \alpha_1^2 + 2\alpha_1\alpha_2 + \alpha_2^2$$

la expresión de una forma cuadrática ϕ del espacio euclídeo $\mathbf{R}^2$ en la base canónica, la cual base es ortonormal respecto del producto escalar ordinario. La matriz real y simétrica que representa a ϕ es

$$\mathbf{A} = \begin{bmatrix} 1 & 1 \\ 1 & 1 \end{bmatrix}$$

Los valores propios de **A** valen 2 y 0. La matriz ortogonal **S** de paso que diagonaliza la matriz **A** y la matriz diagonal **D** que representa en la nueva base a ϕ son

$$\mathbf{S} = \frac{\sqrt{2}}{2}\begin{bmatrix} 1 & -1 \\ 1 & 1 \end{bmatrix} \text{ y } \mathbf{D} = \begin{bmatrix} 2 & 0 \\ 0 & 0 \end{bmatrix},$$

respectivamente, por lo que en la nueva base se tiene la forma cuadrática ϕ reducida a tan solo el cuadrado de la primera variable

$$\phi(\alpha'_1,\alpha'_2) = 2\alpha'^2_1$$

y la forma cuadrática ϕ ha sido diagonalizada mediante una matriz ortogonal. ✶

De otra parte, las matrices **A** y **D** también representan a una misma transformación lineal g de E en las bases ortonormales

$$b_E = w_1, w_2, \ldots, w_n \text{ y } b'_E = w'_1, w'_2, \ldots, w'_n,$$

respectivamente. La transformación lineal g de E citada se llama *simétrica* puesto que verifica

$$< g(x), y > = < x, g(y) >, \forall x, y \in E \qquad [5.3]$$

y además la matriz que representa a g en cualquier base *ortonormal* es real y simétrica, como es muy sencillo probar. De lo que se deduce inmediatamente que los elementos diagonales $\lambda_1, \lambda_2, \ldots, \lambda_n$ de **D** son los valores propios de g y que la base ortonormal $b'_E = w'_1, w'_2, \ldots, w'_n$ está formada por vectores propios de g asociados a los anteriores valores propios.

9.6 Ley de inercia de Sylvester

La forma diagonal a la que se reduce la forma cuadrática ϕ depende del método utilizado en la reducción. El rango r de ϕ es un invariante en el proceso de reducción. En los dos siguientes apartados se van a analizar otros invariantes de ϕ.

Sea ϕ una forma cuadrática de rango r. Si se reduce a suma de cuadrados se obtiene

$$\phi(x) = d_1\gamma_1^2 + d_2\gamma_2^2 + \ldots + d_n\gamma_n^2 \; 0 \qquad [6.1]$$

en una cierta base. Los valores de los coeficientes $d_1, d_2, ..., d_n$, como ya ha sido indicado, dependen del método utilizado en la reducción: de entre ellos habrá r coeficientes no nulos (por ser r el rango de **D**), estrictamente positivos o estrictamente negativos, y los restantes n–r coeficientes serán nulos. Se tiene la siguiente proposición:

Proposición 9.4 (*Ley de inercia de Sylvester*): "El número total de coeficientes positivos y el número total de coeficientes negativos de la expresión de una forma cuadrática reducida a suma de cuadrados no dependen del método utilizado para su reducción".

Supóngase que la forma cuadrática ϕ se ha reducido a suma de cuadrados por dos métodos diferentes cualesquiera, obteniendo:

Por el *primer método*: En la base $u_1, u_2, ..., u_n$ de E

$$\phi(x) = a_1\alpha_1^2 + a_2\alpha_2^2 + ... + a_p\alpha_p^2 - a_{p+1}\alpha_{p+1}^2 - a_{p+2}\alpha_{p+2}^2 - ... - a_{p+q}\alpha_{p+q}^2$$

con p+q = r y $a_i > 0, \forall i$, lo que significa p coeficientes estrictamente positivos, q coeficientes estrictamente negativos y n–r coeficientes nulos.

Por el *segundo método*: En la base $v_1, v_2, ..., v_n$ de E

$$\phi(x) = b_1\beta_1^2 + b_2\beta_2^2 + ... + b_s\beta_s^2 - b_{s+1}\beta_{s+1}^2 - b_{s+2}\beta_{s+2}^2 - ... - b_{s+t}\beta_{s+t}^2$$

con s+t = r y $b_i > 0, \forall i$, lo que significa s coeficientes estrictamente positivos, t coeficientes estrictamente negativos y n–r coeficientes nulos.

Lo que afirma la proposición es que el número total de coeficientes positivos y de coeficientes negativos de ambas expresiones reducidas es el mismo, esto es, p = s y q = t

Es suficiente con demostrar la primera identidad p = s, puesto que p+q = s+t =r y de ahí se deduciría q = t. Para probar que p = s se va a proceder por reducción al absurdo, demostrando primero que p no puede ser estrictamente mayor que s y luego que p no puede ser estrictamente menor que s.

Si p>s, sean F y G los subespacios vectoriales de E dados por

$$F = [u_1, u_2, ..., u_p] \text{ y } G = [v_{s+1}, v_{s+2}, ..., v_n],$$

con

$$\begin{matrix} \dim F = p \\ \dim G = n - s \end{matrix}.$$

Denotando con k la dimensión de $F \cap G$ se tiene

$$\dim(F+G) \le \dim E \to \dim F + \dim G - \dim(F \cap G) \le \dim E \to$$
$$p + (n-s) - k \le n \to 0 < p - s \le k$$

lo que significa que la intersección de F y G no se reduce al vector nulo. Sea ahora z un vector *no nulo* perteneciente a $F \cap G$. De una parte, por pertenecer z a F, z es de la forma

$$z = \alpha_1 u_1 + \alpha_2 u_2 + ... + \alpha_p u_p$$

con

$$\phi(z) = a_1\alpha_1^2 + a_2\alpha_2^2 + ... + a_p\alpha_p^2 > 0 \qquad (1)$$

(no puede ser el $\phi(z)$ nulo ya que en ese caso sería z el vector nulo por tener nulas todas sus componentes en la base de F); de otra parte, por pertenecer z a G, z es de la forma

$$z = \beta_{s+1} v_{s+1} + \beta_{s+2} v_{s+2} + ... + \beta_n v_n$$

con

$$\phi(z) = -b_{s+1}\beta_{s+1}^2 - b_{s+2}\beta_{s+2}^2 - ... - b_{s+t}\beta_{s+t}^2 \le 0 \qquad (2)$$

(en este caso se puede obtener el valor nulo para $\phi(z)$ sin que ello implique la anulación de z). Nótese que las expresiones (1) y (2) son contradictorias, luego la hipótesis de reducción al absurdo p>s es falsa.

Para demostrar que p<s es falso basta con aplicar el resultado anterior intercambiando entre sí el orden de los métodos de reducción. En definitiva debe ser p = s. Y de las expresiones p+q = s+t = r se deduce inmediatamente q = t. ❑

La ley de inercia de Sylvester garantiza que el número p de términos positivos y el número q de términos negativos de la expresión reducida a suma de cuadrados de una forma cuadrática real ϕ son invariantes para ϕ.

Ello va a permitir abordar en el siguiente apartado la clasificación de las formas cuadráticas reales, atendiendo a los signos que toman los coeficientes de la forma diagonalizada. Para ello es necesario conocer: la dimensión del espacio vectorial sobre el que actúan, el número p de términos con coeficiente positivo y el número q de términos con coeficiente negativo de su expresión diagonal.

9.7 Clasificación de formas cuadráticas reales

Se dice que dos formas cuadráticas reales ϕ y ω, definidas sobre el mismo espacio vectorial E, son *equivalentes* si al reducirlas a suma de cuadrados coinciden de una parte los números de coeficientes estrictamente positivos y de otra los números de coeficientes estrictamente negativos de sus expresiones diagonales.

Como consecuencia inmediata de la definición dada, dos formas cuadráticas equivalentes poseen el mismo rango.

Ejemplo 9.7

Si en una cierta base de un espacio vectorial E de dimensión cinco la forma cuadrática ϕ se reduce a la suma de cuadrados

$$-2\alpha_1^2 + 3\alpha_3^2 + 4\alpha_4^2$$

y en otra base de E la forma cuadrática ω se reduce a la suma de cuadrados

$$5\beta_1^2 + 7\beta_2^2 - 3\beta_5^2,$$

entonces ambas formas cuadráticas son equivalentes, por poseer ambas expresiones diagonales dos coeficientes estrictamente positivos y uno estrictamente negativo. ✶

En general, si p es el número de coeficientes estrictamente positivos y q el número de coeficientes estrictamente negativos de la expresión reducida a suma de cuadrados de una forma cuadrática real ϕ, se llama *signatura* de ϕ a la diferencia

$$\sigma = p - q. \qquad [7.1]$$

Está claro que conocidos el rango r de ϕ, la signatura σ de ϕ y la dimensión n de E se puede *clasificar*, por la equivalencia dada, la forma cuadrática ϕ, ya que de

$$\begin{aligned} p + q &= r \\ p - q &= \sigma \end{aligned} \qquad [7.2]$$

se obtiene

$$\begin{aligned} p &= \frac{1}{2}(r + \sigma) \\ q &= \frac{1}{2}(r - \sigma) \end{aligned} \qquad [7.3]$$

y el número de coeficientes nulos es n–r.

Ejemplo 9.8

Con los datos del ejemplo anterior se tiene

$$n = 5,\ p = 2,\ q = 1,\ r = p+q = 3 \text{ y } \sigma = p-q = 1$$

para ambas formas cuadráticas ϕ y ω equivalentes. ✶

Ejemplo 9.9

En un espacio vectorial de dimensión dos, por ejemplo, las formas cuadráticas esencialmente distintas son en total seis y se pueden clasificar atendiendo al rango y signatura tal como se indica en el cuadro siguiente

$$r = 2 \begin{cases} ++\ \sigma = 2 \\ +-\ \sigma = 0 \\ --\ \sigma = -2 \end{cases} \quad r = 1 \begin{cases} +0\ \sigma = 1 \\ -0\ \sigma = -1 \end{cases} \quad r = 0\ \{ 00\ \sigma = 0 \qquad [7.4]$$

donde los signos + indican coeficientes estrictamente positivos, los signos – coeficientes estrictamente negativos y los 0 coeficientes nulos en la expresión diagonal de la forma. ✶

En general en un espacio vectorial de dimensión n hay n+1 formas cuadráticas de rango n; n formas cuadráticas de rango n–1, y así sucesivamente hasta una forma cuadrática de rango cero (la forma nula). En total

$$(n + 1) + n + ... + 3 + 2 + 1 = (n + 1)(n + 2)/2 \quad [7.5]$$

formas cuadráticas esencialmente distintas.

9.8 Formas definidas

Una forma cuadrática real ϕ se dice *definido positiva* sobre un espacio vectorial E si

$$\phi(x) > 0, \forall x \neq 0 \quad [8.1]$$

y *definido negativa* si

$$\phi(x) < 0, \forall x \neq 0 \quad [8.2]$$

Análogamente, una forma cuadrática real ϕ se dice *semidefinido positiva* sobre un espacio vectorial E si

$$\phi(x) \geq 0, \forall x \neq 0, \exists x_0 \neq 0; \phi(x_0) = 0 \quad [8.3]$$

y *semidefinido negativa* si

$$\phi(x) \leq 0, \forall x \neq 0, \exists x_0 \neq 0; \phi(x_0) = 0 \quad [8.4]$$

Finalmente una forma cuadrática real ϕ se dice *indefinida* sobre un espacio vectorial E si

$$\exists x_1, x_2 \in E; \phi(x_1).\phi(x_2) < 0 \quad [8.5]$$

Ejemplo 9.10

La forma cuadrática ϕ definida en un espacio vectorial euclídeo E mediante

$$\phi(x) = \|x\|^2$$

es claramente definido positiva. ✶

Se van a considerar en lo que sigue criterios que permitan decidir a qué clase pertenece una determinada forma cuadrática real:

Proposición 9.5 "Una forma cuadrática real ϕ es definido positiva (definido negativa) si todos los coeficientes de su expresión diagonal son estrictamente positivos (estrictamente negativos); es semidefinido positiva (semidefinido negativa) si todos los coeficientes de su expresión diagonal son positivos (negativos) y existe al menos un coeficiente nulo; finalmente, es indefinida si hay al menos dos coeficientes de su expresión diagonal con signos opuestos"

La demostración se hará sólo para los casos de: 1) ϕ definido positiva, 2) ϕ semidefinido positiva y 3) ϕ indefinida. (Los casos definido negativo y semidefinido negativo se tratan análogamente).

Sea

$$B_E = u_1, u_2, ..., u_n$$

la base respecto de la cual ϕ está diagonalizada:

1) Si todos los coeficientes $d_1, d_2, ..., d_n$ son estrictamente positivos se tiene, en la base B_E,

$$\phi(x) = d_1\alpha_1^2 + d_2\alpha_2^2 + ... + d_n\alpha_n^2 \geq 0, \forall x \in E,$$

y además

$$\phi(x) = d_1\alpha_1^2 + d_2\alpha_2^2 + ... + d_n\alpha_n^2 = 0 \to \alpha_1 = \alpha_2 = ... = \alpha_n = 0 \to x = 0,$$

lo que significa que ϕ es definido positiva.

2) Si todos los coeficientes $d_1, d_2, ..., d_n$ son positivos se tiene, como antes, en la base B_E,

$$\phi(x) = d_1\alpha_1^2 + d_2\alpha_2^2 + ... + d_n\alpha_n^2 \geq 0, \forall x \in E,$$

pero al existir ahora al menos un coeficiente cero, por ejemplo el d_k, se tendrá para el k–ésimo vector no nulo $x_0 = u_k$ de la citada base

$$\phi(x_0) = 0,$$

lo que indica que ϕ es semidefinido positiva.

3) Finalmente, si hay dos coeficientes con signos opuestos, esto es, $d_j.d_k<0$, con $j\neq k$, se tiene para los vectores $x_1 = u_j$, $x = u_k$

$$\phi(x_1).\phi(x_2) < 0$$

por lo que ϕ es una forma cuadrática indefinida. ❑

En la siguiente proposición se van a establecer criterios equivalentes, que se apoyan en el conocimiento de los valores propios $\lambda_1, \lambda_2, ..., \lambda_n$ de la matriz real y simétrica **A** que representa a ϕ en una cierta base ortonormal $b_E = w_1, w_2, ..., w_n$ de un espacio vectorial euclídeo E.

Proposición 9.6 "La forma cuadrática real ϕ es definido positiva si $\lambda_1>0$, $\lambda_2>0$, ..., $\lambda_n>0$; es definido negativa si $\lambda_1<0$, $\lambda_2<0$, ..., $\lambda_n<0$; es semidefinido positiva si $\lambda_i\geq 0$, $\forall$i y $\exists\lambda_j = 0$; es semidefinido negativa si $\lambda_i\leq 0$, $\forall$i y $\exists\lambda_j = 0$; finalmente, es indefinida si $\exists\lambda_i$, λ_j; $\lambda_i,\lambda_j<0$".

Consecuencia inmediata de la proposición anterior 9.5, teniendo en cuenta que los coeficientes de una expresión diagonal de ϕ, en una base ortonormal de vectores propios de la transformación lineal simétrica g representada por **A** en la misma base, son los valores propios de la matriz real y simétrica **A** que representa a ϕ en la citada base. ❑

En lo que sigue se va a considerar uno de los *criterios de Jacobi* que se basa en la siguiente proposición:

Proposición 9.7 "Si los n menores angulares principales Δ_i, i = 0, 1, 2, ..., n−1 de la matriz real y simétrica **A** de orden n, son todos no nulos, entonces los cocientes

$$\frac{\Delta_1}{\Delta_0}, \frac{\Delta_2}{\Delta_1}, \ldots, \frac{\Delta_n}{\Delta_{n-1}}$$

con $\Delta_0 = 1$, toman los mismos signos que los coeficientes de cualquier expresión reducida a suma de cuadrados de la forma cuadrática ϕ de rango n (o bien n−1) representada por **A**"

Se remite la demostración a textos más avanzados. ❑

Ejemplo 9.11

La matriz

$$\mathbf{A} = \begin{bmatrix} 2 & 1 & 0 & 0 \\ 1 & 2 & 0 & 0 \\ 0 & 0 & -3 & 1 \\ 0 & 0 & 1 & 1 \end{bmatrix}$$

representa una forma cuadrática indefinida ya que al ser

$$\Delta_0 = 1, \Delta_1 = 2, \Delta_2 = 3, \Delta_3 = -9, \Delta_4 = -12$$

se tiene

$$\frac{\Delta_1}{\Delta_0} = 2, \frac{\Delta_2}{\Delta_1} = \frac{3}{2}, \frac{\Delta_3}{\Delta_2} = -3, \frac{\Delta_4}{\Delta_3} = \frac{4}{3}$$

con tres cocientes estrictamente positivos y uno estrictamente negativo. En este caso el rango vale cuatro y la signatura vale dos. ✶

9.9 Reducción simultánea de dos formas cuadráticas

El problema que se plantea en este apartado es el siguiente: Dadas dos formas cuadráticas reales sobre el mismo espacio vectorial euclídeo, la primera de ellas definido positiva, hallar un cambio de base que reduzca simultáneamente ambas formas cuadráticas a suma de cuadrados.

Veamos: Las expresiones matriciales $\mathbf{x}^T\mathbf{A}\mathbf{x}$ y $\mathbf{x}^T\mathbf{B}\mathbf{x}$ representan a las citadas formas cuadráticas en una base cualquiera del espacio, con **A** una matriz real, simétrica y definido positiva, y **B** simplemente real y simétrica, ambas de orden n, la dimensión del espacio. Al ser **A** de rango y signatura iguales a n se puede reducir por congruencia a la matriz identidad de orden n mediante una matriz regular **S**. Efectuando el cambio de variables admisible $\mathbf{x} = \mathbf{S}\mathbf{x}'$ se tendrán las nuevas expresiones de las dos formas cuadráticas iniciales

$$\mathbf{x}'^T\mathbf{I}_n\mathbf{x}' \text{ y } \mathbf{x}'^T\mathbf{B}'\mathbf{x}'$$

con $\mathbf{S}^T\mathbf{A}\mathbf{S} = \mathbf{I}_n$ y $\mathbf{S}^T\mathbf{B}\mathbf{S} = \mathbf{B}'$. Haciendo ahora un nuevo cambio de variables admisible $\mathbf{x}' = \mathbf{P}\mathbf{x}''$ dado por la matriz ortogonal **P** que diagonaliza la matriz real y simétrica **B** a la forma diagonal **D**, se tiene definitivamente las dos formas cuadráticas reducidas a suma de cuadrados. La primera

$$\mathbf{x}''^T\mathbf{I}_n\mathbf{x}''$$

y la segunda

$$\mathbf{x}''^T\mathbf{D}\mathbf{x}''$$

En definitiva, el cambio de base efectuado en el espacio, de la base inicial a la final, viene dado por la matriz regular $\mathbf{Q} = \mathbf{S}\mathbf{P}$.

9.10 Ejercicios resueltos

9.1 Sea f una forma bilineal definida sobre R^2 mediante

$$f(x,y) = 2\alpha_1\beta_1 - 3\alpha_1\beta_2 + \alpha_2\beta_2 .$$

en la base canónica. Encuéntrese la matriz **B** de f en la base (1, 1), (1, −1) de $\mathbf{R}^2$ y exprésese f en la nueva base. Obténgase además la forma cuadrática ϕ asociada a f.

La matriz **A** de f en la base canónica viene dada por los coeficientes de la expresión de la forma bilineal, de modo que a_{ij} es el coeficiente que afecta al producto $\alpha_i\beta_j$. Por consiguiente

$$\mathbf{A} = \begin{bmatrix} 2 & -3 \\ 0 & 1 \end{bmatrix}$$

Las columnas de la matriz **S** de paso están formadas por las componentes de la base nueva respecto a la base antigua, esto es,

$$\mathbf{S} = \begin{bmatrix} 1 & 1 \\ 1 & -1 \end{bmatrix}$$

por lo que la matriz **B** que representa a f en la nueva base será congruente con **A** mediante **S**. Así pues

$$\mathbf{B} = \mathbf{S}^T\mathbf{A}\mathbf{S} = \begin{bmatrix} 1 & 1 \\ 1 & -1 \end{bmatrix}^T \begin{bmatrix} 2 & -3 \\ 0 & 1 \end{bmatrix} \begin{bmatrix} 1 & 1 \\ 1 & -1 \end{bmatrix} = \begin{bmatrix} 0 & 4 \\ -2 & 6 \end{bmatrix}$$

de ahí que

$$4\alpha'_1\beta'_2 - 2\alpha'_2\beta'_1 + 6\alpha'_2\beta'_2$$

es la expresión de la forma bilineal f en la nueva base.

La forma cuadrática ϕ asociada a f viene dada, en la base canónica, por la parte simétrica de la matriz **A** (la parte antisimétrica no contribuye al valor de la forma, como es muy fácil probar), esto es,

$$\frac{1}{2}(\mathbf{A} + \mathbf{A}^T) = \begin{bmatrix} 2 & -3/2 \\ -3/2 & 1 \end{bmatrix}$$

de donde

$$\phi(x) = 2\alpha_1^2 - 3\alpha_1\alpha_2 + \alpha_2^2 .$$

9.2 Se considera la forma bilineal simétrica f definida sobre $\mathbf{R}^3$ en la base canónica mediante la matriz

$$\mathbf{A} = \begin{bmatrix} 2 & 1 & 0 \\ 1 & 5 & 3 \\ 0 & 3 & 2 \end{bmatrix}$$

Si ϕ es la forma cuadrática asociada a f, se pide hallar un subespacio vectorial de $\mathbf{R}^3$ en el que

$$\|x\| = \sqrt{\phi(x)}$$

cumpla las propiedades de una norma vectorial.

◸◸◸◸◸◸

En primer lugar f es una forma bilineal simétrica. Para que f pueda llegar a ser un producto escalar le falta la propiedad de definición positiva, ya que, por ejemplo, $\phi(x) = f(x, x)$ se anula cuando x es el vector no nulo $(-1, 2, -3)$. En realidad el núcleo de f está generado por el citado vector. Hay que encontrar por tanto una representación diagonal de ϕ y tomar como subespacio pedido, por ejemplo, el generado por los vectores base que correspondan a coeficientes estrictamente positivos. Reduciendo la forma cuadrática asociada a suma de cuadrados mediante operaciones elementales columna–fila se tiene:

$$\begin{bmatrix} 2 & 1 & 0 \\ 1 & 5 & 3 \\ 0 & 3 & 2 \end{bmatrix} \to \begin{bmatrix} 2 & 2 & 0 \\ 2 & 20 & 6 \\ 0 & 6 & 2 \end{bmatrix} \to \begin{bmatrix} 2 & 0 & 0 \\ 0 & 18 & 6 \\ 0 & 6 & 2 \end{bmatrix} \to \begin{bmatrix} 2 & 0 & 0 \\ 0 & 18 & 18 \\ 0 & 18 & 18 \end{bmatrix} \to \begin{bmatrix} 2 & 0 & 0 \\ 0 & 18 & 0 \\ 0 & 0 & 0 \end{bmatrix}$$

La matriz de paso de la base inicial a la final viene dada por

$$\mathbf{S} = \begin{bmatrix} 1 & & \\ & 2 & \\ & & 1 \end{bmatrix} \begin{bmatrix} 1 & -1 & \\ & 1 & \\ & & 1 \end{bmatrix} \begin{bmatrix} 1 & & \\ & 1 & \\ & & 3 \end{bmatrix} \begin{bmatrix} 1 & & \\ & 1 & -1 \\ & & 1 \end{bmatrix} = \begin{bmatrix} 1 & -1 & 1 \\ & 2 & -2 \\ & & 3 \end{bmatrix}$$

de donde el subespacio F generado por las dos primeras columnas de **S**, esto es, por los dos vectores $(1, 0, 0)$, $(-1, 2, 0)$ resuelve el problema planteado. La restricción de ϕ a F viene dada en la base anterior mediante la expresión

$$2\alpha_1'^2 + 18\alpha_2'^2$$

En el citado subespacio F se tiene que

$$\|x\| = \sqrt{\phi(x)}$$

cumple la propiedad de definición positiva y por tanto se trata de una norma vectorial en el citado subespacio.

9.3 Redúzcase a suma de cuadrados la forma cuadrática real de $\mathbf{R}^3$ que en la base canónica viene expresada por

$$\alpha_1^2+\alpha_2^2+\alpha_3^2+2\alpha_1\alpha_2+2\alpha_1\alpha_3+2\alpha_2\alpha_3$$

La matriz de la forma cuadrática en la base canónica es

$$\mathbf{A}=\begin{bmatrix}1&1&1\\1&1&1\\1&1&1\end{bmatrix}$$

Obsérvese que la expresión dada es el cuadrado de $\alpha_1+\alpha_2+\alpha_3$, por lo que efectuando el cambio de variables admisible

$$\begin{aligned}\alpha'_1&=\alpha_1+\alpha_2+\alpha_3\\\alpha'_2&=\alpha_2\\\alpha'_3&=\alpha_3\end{aligned}$$

se tiene la forma cuadrática diagonalizada:

$$\alpha_1^2+\alpha_2^2+\alpha_3^2+2\alpha_1\alpha_2+2\alpha_1\alpha_3+2\alpha_2\alpha_3=(\alpha_1+\alpha_2+\alpha_3)^2=\alpha_1'^2$$

Nótese que la matriz cambio de base es

$$\mathbf{S}=\begin{bmatrix}1&-1&-1\\0&1&0\\0&0&1\end{bmatrix}$$

y la matriz de la forma cuadrática pasa a ser ahora la matriz diagonal

$$\mathbf{D}=\begin{bmatrix}1&0&0\\0&0&0\\0&0&0\end{bmatrix}.$$

9.4 Redúzcase a suma de cuadrados la forma cuadrática real de $\mathbf{R}^3$ que en la base canónica viene expresada por

$$\alpha_1^2+2\alpha_2^2+\alpha_3^2+2\alpha_1\alpha_2-4\alpha_1\alpha_3-6\alpha_2\alpha_3$$

Se va a utilizar el procedimiento de Lagrange para completar cuadrados. Veamos:

$$
\begin{aligned}
&\alpha_1^2 + 2\alpha_2^2 + \alpha_3^2 + 2\alpha_1\alpha_2 - 4\alpha_1\alpha_3 - 6\alpha_2\alpha_3 = \\
&(\alpha_1^2 + 2\alpha_1\alpha_2 - 4\alpha_1\alpha_3) + (2\alpha_2^2 - 6\alpha_2\alpha_3 + \alpha_3^2) = \\
&\left\{(\alpha_1 + \alpha_2 - 2\alpha_3)^2 - (\alpha_2 - 2\alpha_3)^2\right\} + \\
&(2\alpha_2^2 - 6\alpha_2\alpha_3 + \alpha_3^2) = \\
&\alpha'^2_1 + (\alpha'^2_2 - 2\alpha'_2\alpha'_3) - 3\alpha'^2_3 = \\
&\alpha'^2_1 + \left\{(\alpha'_2 - \alpha'_3)^2 - (-\alpha'_3)^2\right\} - 3\alpha'^2_3 = \\
&\alpha''^2_1 + \alpha''^2_2 - 4\alpha''^2_3
\end{aligned}
$$

Se han hecho los cambios de variables admisibles:

$$
\begin{aligned}
\alpha'_1 &= \alpha_1 + \alpha_2 - 2\alpha_3 \\
\alpha'_2 &= \alpha_2 \\
\alpha'_3 &= \alpha_3
\end{aligned}
$$

y

$$
\begin{aligned}
\alpha''_1 &= \alpha'_1 \\
\alpha''_2 &= \alpha'_2 - \alpha'_3 \\
\alpha''_3 &= \alpha'_3
\end{aligned}
$$

9.5 Estúdiese el rango y signatura de la forma cuadrática del ejercicio 9.4 anterior, clasificándola según los valores que puede tomar.

⌂⌂⌂⌂⌂⌂

La forma diagonalizada es

$$\alpha''^2_1 + \alpha''^2_2 - 4\alpha''^2_3 .$$

El número de términos positivos es p = 2, el número de términos negativos es q = 1, el rango r = p+q = 3 y la signatura σ = p–q = 1. La forma es claramente indefinida. Puede tomar valores positivos y negativos.

9.6 ¿Puede expresarse la siguiente forma cuadrática de $\mathbf{R}^4$

$$2xy + 2zt$$

en la forma $(a^2-b^2)+(c^2-d^2)$?

⌂⌂⌂⌂⌂⌂

La notación para las variables iniciales es aquí x, y, z, t. Efectuando el cambio de variables admisible dado por

$$\begin{aligned} x &= x' + y' \\ y &= x' - y' \\ z &= z' + t' \\ t &= z' - t' \end{aligned}$$

se tiene la forma reducida

$$2x'^2 - 2y'^2 + 2z'^2 - 2t'^2 .$$

El nuevo cambio de variables

$$\begin{aligned} a &= \sqrt{2}x' \\ b &= \sqrt{2}y' \\ c &= \sqrt{2}z' \\ d &= \sqrt{2}t' \end{aligned}$$

conduce a la forma reducida canónica

$$(a^2-b^2)+(c^2-d^2)$$

en la que la forma cuadrática se expresa como suma de diferencias de cuadrados.

9.7 Pruébese que las dos expresiones siguientes

$$2x^2 + 9y^2 + 3z^2 + 8xy - 4xz - 10yz$$
$$3u^2 + v^2 + 12w^2 + 12uw$$

representan a la misma forma cuadrática de $\mathbf{R}^3$.

Basta con probar que poseen el mismo rango y la misma signatura. Se va a utilizar el método de Jacobi:

Para la primera expresión, la matriz de la forma cuadrática es

$$\mathbf{A} = \begin{bmatrix} 2 & 4 & -2 \\ 4 & 9 & -5 \\ -2 & -5 & 3 \end{bmatrix}.$$

Los menores principales angulares de **A** valen

$$\Delta_o = 1, \Delta_1 = 2, \Delta_2 = 2, \Delta_3 = 0 ,$$

por lo que los signos de la forma diagonal vienen dados por los cocientes

$$\frac{\Delta_1}{\Delta_0} = 2, \frac{\Delta_2}{\Delta_1} = 1, \frac{\Delta_3}{\Delta_2} = 0$$

esto es

$$+ + 0$$

Un análisis similar para la segunda expresión conduce a los mismos signos, de ahí que ambas expresiones del enunciado representen a la misma forma cuadrática, aunque en bases diferentes.

9.8 ¿Discútase el rango y signatura de la forma cuadrática real de $\mathbf{R}^3$

$$\alpha x^2 + \alpha y^2 + (\alpha - 1)z^2 + 2xy$$

en función del parámetro real α.

⊠⊠⊠⊠⊠⊠

La matriz que representa a la forma cuadrática en la base canónica es

$$\mathbf{A} = \begin{bmatrix} \alpha & 1 & 0 \\ 1 & \alpha & 0 \\ 0 & 0 & \alpha - 1 \end{bmatrix}$$

Sus valores propios vienen dados por

$$\alpha + 1, \alpha - 1, \alpha - 1$$

(Se recuerda que los signos de los valores propios coinciden con los signos de la forma cuadrática diagonalizada).

Discusión:

$$1)\ 1 < \alpha \rightarrow r = 3, \sigma = 3$$
$$2)\ \alpha = 1 \rightarrow r = 1, \sigma = 1$$
$$3)\ -1 < \alpha < 1 \rightarrow r = 3, \sigma = -1$$
$$4)\ \alpha = -1 \rightarrow r = 2, \sigma = -2$$
$$5)\ \alpha < -1 \rightarrow r = 3, \sigma = -3$$

9.9 En el espacio vectorial euclídeo $\mathbf{R}^3$ ordinario se considera la forma cuadrática del ejercicio 9.8 anterior, con $\alpha = 1$. Hállese una base ortonormal de $\mathbf{R}^3$ respecto de la cual la forma cuadrática citada se exprese en forma diagonal.

⊠⊠⊠⊠⊠⊠

La forma cuadrática viene dada en la base canónica por la matriz real y simétrica por

$$\mathbf{A} = \begin{bmatrix} 1 & 1 & 0 \\ 1 & 1 & 0 \\ 0 & 0 & 0 \end{bmatrix}$$

Sus valores propios son

$$\lambda_1 = 2 \text{ (simple)}$$
$$\lambda_2 = 0 \text{ (doble)}$$

Una base ortonormal de vectores propios es

$$(\sqrt{2}/2, \sqrt{2}/2, 0), (-\sqrt{2}/2, \sqrt{2}/2, 0), (0,0,1).$$

En la citada base ortonormal la forma cuadrática se expresa en la forma diagonal

$$2x'^2$$

donde x´ es la notación utilizada para la primera variable.

9.10 Dada la matriz

$$\mathbf{A} = \begin{bmatrix} -1 & -1 \\ -1 & -6 \end{bmatrix},$$

Señálese en qué matriz se puede transformar, por medio de una transformación de congruencia, de entre las que se indican

$$\mathbf{B} = \begin{bmatrix} 3 & 0 \\ 0 & -1 \end{bmatrix}, \mathbf{C} = \begin{bmatrix} -1 & 0 \\ 0 & -2 \end{bmatrix}$$

⍓⍓⍓⍓⍓⍓

El problema consiste en analizar si existen matrices regulares **P** y **Q** tales que

$$\mathbf{P}^T \mathbf{A} \mathbf{P} = \mathbf{B}$$
$$\mathbf{Q}^T \mathbf{A} \mathbf{Q} = \mathbf{C}$$

o lo que es lo mismo, si la matriz **B** o la matriz **C** representan a la misma forma cuadrática que la matriz **A**.

El rango y signatura de **A** coinciden con el rango y signatura de **C** y no coinciden con el rango y signatura de **B**, por lo que existe **Q** y no existe **P**, y solamente se puede transformar por congruencia la matriz **A** en la matriz **C**.

9.11 Efectúese cambios de variables admisible para que partiendo de la expresión

$$2xy + 2xz + 2yz$$

se pueda despejar el cuadrado de una variable como suma de los cuadrados de las otras dos y ello cuando se anula la forma cuadrática.

⍓⍓⍓⍓⍓⍓

Se va a proceder a la reducción a suma de cuadrados utilizando el método de Lagrange:

$$2xy + 2xz + 2yz = 2(x' + y')(x' - y') + 2(x' + y')z' + 2(x' - y')z' =$$

$$(2x'^2 + 4x'z') - 2y'^2 = \frac{1}{2}\left\{(2x' + 2z')^2 - (2z')^2\right\} - 2y'^2 =$$

$$\frac{1}{2}x''^2 - 2y''^2 - 2z''^2 = x'''^2 - y'''^2 - z'''^2 = 0 \rightarrow$$

$$x'''^2 = y'''^2 + z'''^2$$

Los cambios de variables efectuados se deducen inmediatamente de las expresiones.

9.12 Estúdiese si es definida positiva la forma cuadrática

$$ax^2 + by^2 + cz^2 + 2xz$$

en función de los parámetros reales a, b, c.

⊠⊠⊠⊠⊠⊠

La matriz de la forma cuadrática en la base de referencia es

$$\mathbf{A} = \begin{bmatrix} a & 0 & 1 \\ 0 & b & 0 \\ 1 & 0 & c \end{bmatrix}.$$

Los menores principales valen

$$\Delta_o = 1, \Delta_1 = a, \Delta_2 = ab, \Delta_3 = abc - b$$

y los cocientes de Jacobi para los valores de los parámetros en los que no son nulos los denominadores son

$$\frac{\Delta_1}{\Delta_0} = a, \frac{\Delta_2}{\Delta_1} = b, \frac{\Delta_3}{\Delta_2} = c - \frac{1}{a}$$

La forma es definido positiva para a>0, b>0, ac>1.

9.11 Ejercicios propuestos

9.13 Efectúese la descomposición en suma de cuadrados de la forma cuadrática

$$2xy + 2xz - 2xt - 2yz + 2yt + 2zt.$$

9.14 Redúzcase a suma de cuadrados la forma cuadrática

$$(x - y + z - t)^2 + (x + y - z - t)^2.$$

9.15 ¿Para qué valores reales de los parámetros a y b representan las matrices

$$\mathbf{A} = \begin{bmatrix} 5 & 8 & 3 \\ 8 & 13 & 5 \\ 3 & 5 & 2 \end{bmatrix} \text{ y } \mathbf{B} = \begin{bmatrix} 1 & 1 & a \\ 1 & 1 & -1 \\ a & -1 & b \end{bmatrix}$$

la misma forma cuadrática?

9.16 ¿Se puede definir mediante la forma cuadrática

$$3x^2 + 3y^2 + 3z^2 + 2xy - 2xz - 2yz$$

un producto escalar en $\mathbf{R}^3$ del que se deduzca la citada forma cuadrática como cuadrado de la norma vectorial inducida?

9.17 Redúzcase en $\mathbf{R}^4$ mediante una matriz ortogonal la forma cuadrática

$$2xy - 2zt$$

9.18 ¿Cómo proceder con los cocientes de Jacobi, cuando se anula un único denominador, no necesariamente el último, para la discusión del rango y signatura de una forma cuadrática?

9.19 Clasifíquese en $\mathbf{R}^2$ la forma cuadrática real

$$(a + b)x^2 + (a + b)y^2 + 2(a - b)xy$$

donde x, y son las variables.

9.20 Efectúese un estudio completo de la forma cuadrática real de $\mathbf{R}^3$ cuya matriz en la base canónica es

$$\mathbf{A} = \begin{bmatrix} 1 & 0 & \cos\theta \\ 0 & 1 & \operatorname{sen}\theta \\ \cos\theta & \operatorname{sen}\theta & 0 \end{bmatrix}.$$

9.21 Clasifíquese la cónica que resulta de igualar a cero la expresión de una forma cuadrática primero en $\mathbf{R}^2$. y luego en $\mathbf{R}^3$.

9.22 Si f es una forma lineal y ϕ una forma cuadrática, definidas ambas sobre el mismo espacio vectorial E, indíquese una interpretación geométrica del sistema

$$f(x) = 0$$
$$\phi(x) = 0$$

en el caso particular en que E sea $\mathbf{R}^3$.

9.23 Efectúese una diagonalización simultánea de las formas cuadráticas

$$2(x+y)^2+(x-y)^2$$
$$x^2+2xy-3y^2.$$

10

Aplicaciones a la Ingeniería

En este último capítulo se presentan ocho ejemplos de aplicación del Álgebra Lineal a problemas que se plantean en la Ingeniería. Todos ellos siguen una misma estructura didáctica: Enunciado del problema, planteamiento general, resolución general y de un caso concreto.

*Se ha diseñado, para cada ejemplo, un programa de ordenador que se puede ejecutar si se dispone de MATLAB® en el propio PC. Los ficheros fuente *.m correspondientes se hallan en el CD–ROM que se adjunta al texto.*

10.1 Celosías planas

Se plantea aquí el cálculo de la celosía plana de la Figura 10.1, formada por tres barras, en la que actúa una fuerza de magnitud F en dirección vertical. Se pide en concreto hallar las tensiones en las barras y las reacciones en los apoyos.

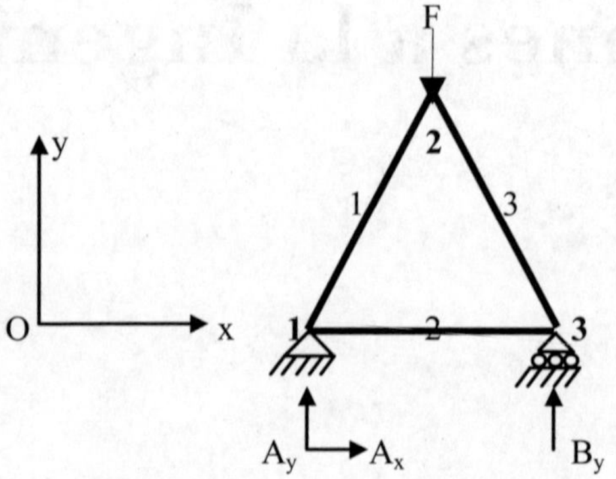

Figura 10.1

PLANTEAMIENTO:

Las incógnitas del problema son las tensiones t_1, t_2, t_3 en las tres barras y las tres componentes de las reacciones, dos A_x, A_y en el apoyo fijo y una B_y en el apoyo móvil. Por lo tanto son necesarias seis ecuaciones. Estas ecuaciones se obtienen al plantear el equilibrio de fuerzas horizontales y verticales en los tres nodos.

Las ecuaciones de equilibrio son:

Nodo 1:
$$\begin{cases} \dfrac{x_2 - x_1}{L_1} t_1 + \dfrac{x_3 - x_1}{L_2} t_2 + A_x = 0 \\[2ex] \dfrac{y_2 - y_1}{L_1} t_1 + \dfrac{y_3 - y_1}{L_2} t_2 + A_y = 0 \end{cases}$$

Nodo 2:
$$\begin{cases} \dfrac{x_3 - x_2}{L_3} t_3 + \dfrac{x_1 - x_2}{L_1} t_1 = 0 \\[2ex] \dfrac{y_3 - y_2}{L_3} t_3 + \dfrac{y_1 - y_2}{L_1} t_1 + F = 0 \end{cases}$$

Nodo 3:

$$\begin{cases} \dfrac{x_1 - x_3}{L_2} t_2 + \dfrac{x_2 - x_3}{L_3} t_3 = 0 \\ \dfrac{y_1 - y_3}{L_2} t_2 + \dfrac{y_2 - y_3}{L_3} t_3 + B_y = 0 \end{cases}$$

Resolviendo el sistema de 6 ecuaciones con 6 incógnitas se obtienen como solución las tensiones y las reacciones.

RESOLUCIÓN:

Para la resolución de un problema más general de n nodos hay que numerar los nodos de manera que el nodo 1 corresponde al apoyo fijo y el nodo n corresponde al apoyo móvil. En nuestro caso el nodo 1 es el apoyo fijo y el nodo 3 es el móvil.

A continuación se introducen los datos de las coordenadas de los nodos en una matriz de tamaño 3x2 que se denota C.

Las incógnitas del problema son, como ya se ha indicado, las tensiones en cada barra y las componentes de las reacciones en los apoyos. Estas incógnitas se introducen en un vector que se denota t y que es de la forma:

$$\mathbf{t} = \begin{bmatrix} t_1 \\ t_2 \\ t_3 \\ A_x \\ A_y \\ B_y \end{bmatrix}$$

Para definir matricialmente el sistema se emplea el vector de términos independientes **f**, en el que se representan las fuerzas aplicadas en cada nodo.

$$\mathbf{f} = \begin{bmatrix} f_{1x} \\ f_{1y} \\ f_{2x} \\ f_{2y} \\ f_{3x} \\ f_{3y} \end{bmatrix} = \begin{bmatrix} 0 \\ 0 \\ 0 \\ F \\ 0 \\ 0 \end{bmatrix}$$

La matriz **A** es la matriz de coeficientes del sistema de ecuaciones. Es importante resaltar que cada fila 'i' de la matriz **A** corresponde a una ecuación del sistema y que cada columna 'j' de la matriz corresponde a los coeficientes de la incógnita 'j'. En cada una de las tres primeras columnas hay únicamente 4 elementos no nulos. Estos cuatro elementos están en las filas que se asocian con los nodos inicial y final de la tensión correspondiente.

Sus valores son los cosenos directores que definen las direcciones de las barras, afectados del signo correspondiente.

$$\mathbf{A} = \begin{bmatrix} u_{x1} & u_{x2} & 0 & 1 & 0 & 0 \\ u_{y1} & u_{y2} & 0 & 0 & 1 & 0 \\ -u_{x1} & 0 & u_{x3} & 0 & 0 & 0 \\ -u_{y1} & 0 & u_{x3} & 0 & 0 & 0 \\ 0 & -u_{x2} & -u_{x3} & 0 & 0 & 0 \\ 0 & -u_{y2} & -u_{y3} & 0 & 0 & 1 \end{bmatrix}$$

La solución se obtiene resolviendo el sistema

$$\mathbf{At+f=0}.$$

EJEMPLO NUMÉRICO:

Se considera en la estructura de la Figura 10.1 las coordenadas de los nodos:

$$\mathbf{C} = \begin{bmatrix} 50 & 40 \\ 75 & 80 \\ 100 & 40 \end{bmatrix},$$

y la fuerza aplicada en el nodo 2, de valor F =1000 Newtons.

El sistema a resolver es:

$$\begin{bmatrix} 0{,}53 & 1 & 0 & 1 & 0 & 0 \\ 0{,}848 & 0 & 0 & 0 & 1 & 0 \\ -0{,}53 & 0 & 0{,}53 & 0 & 0 & 0 \\ -0{,}848 & 0 & -0{,}848 & 0 & 0 & 0 \\ 0 & -1 & -0{,}53 & 0 & 0 & 0 \\ 0 & 0 & 0{,}848 & 0 & 0 & 1 \end{bmatrix} \begin{bmatrix} t_1 \\ t_2 \\ t_3 \\ A_x \\ A_y \\ B_y \end{bmatrix} = \begin{bmatrix} 0 \\ 0 \\ 0 \\ 1000 \\ 0 \\ 0 \end{bmatrix}$$

y la solución que se obtiene utilizando MATLAB® es:

Tensiones: $t_1 = t_3 = -589{,}62$ N, $t_2 = 312{,}5$ N.
Componentes de las reacciones: $A_x = 0$, $A_y = 500$ N, $B_y = 500$ N.

10.2 Transmisión de calor

Una placa plana separa dos fluidos que están a diferente temperatura. La transmisión de calor se produce por convección del fluido caliente a la pared izquierda; por conducción a través de la placa; y de nuevo por convección de la pared derecha al fluido frío. En estado estacionario se conocen las temperaturas T_C, T_F de los fluidos caliente y frío, respectivamente. El espesor de la placa vale L; el área de transmisión A; la conductividad térmica del material de la placa k; los coeficientes de transferencia de calor por convección h_C, h_F, para los fluidos caliente y frío, respectivamente. Se pide hallar las temperaturas en las paredes t_C, t_F así como la velocidad de transferencia de calor q.

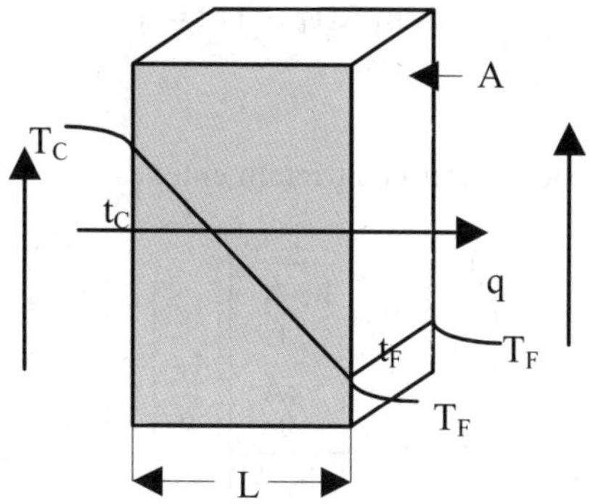

Figura 10.2

PLANTEAMIENTO:

En condiciones estacionarias, la distribución de temperaturas en la placa es lineal y viene dada por la fórmula

$$t(x) = (t_F - t_C)\frac{x}{L} + t_c \qquad [1]$$

donde x mide la distancia desde la pared izquierda (x = 0) a la pared derecha (x = L). De otra parte, por la ley de Fourier se tiene la velocidad de transferencia de calor dada por la ecuación

$$q = -kA\frac{dt}{dx} = \frac{kA}{L}(t_C - t_F) \qquad [2]$$

Además, aplicando la ley general de la convección

$$\frac{|t - T|}{|q|} = \frac{1}{hA}$$

a las dos paredes se tienen las ecuaciones

$$\begin{aligned} \frac{T_C - t_C}{q} &= \frac{1}{h_C A} \\ \frac{t_F - T_F}{q} &= \frac{1}{h_F A} \end{aligned} \qquad [3]$$

En definitiva, un sistema de tres ecuaciones lineales con tres incógnitas t_C, t_F y q dado por

$$h_C A(T_C - t_C) = q$$
$$\frac{kA(t_C - t_F)}{L} = q$$
$$h_f A(t_F - T_F) = q$$

RESOLUCIÓN:

El sistema de ecuaciones, escrito matricialmente, es:

$$\begin{bmatrix} 1 & 0 & \frac{1}{h_C A} \\ 1 & -1 & -\frac{1}{kA} \\ 0 & 1 & -\frac{1}{h_F A} \end{bmatrix} \begin{bmatrix} t_C \\ t_F \\ q \end{bmatrix} = \begin{bmatrix} T_C \\ 0 \\ T_F \end{bmatrix}$$

Vamos a analizar la matriz del sistema. Mediante el uso de un programa de cálculo simbólico, como por ejemplo *Maple*®, se obtiene el determinante de la matriz del sistema

$$\frac{1}{A}\left(\frac{1}{h_C} + \frac{1}{h_F} + \frac{L}{k}\right)$$

que no se anula nunca, por lo que el sistema tiene siempre solución única.

EJEMPLO NUMÉRICO:

Supóngase que el fluido caliente es vapor de agua a

T_C = 393 K, con h_C = 11,1 $kW.m^{-2}.K^{-1}$

y el fluido frío es agua a

T_F = 293ºK, con h_F = 10.2 $kW.m^{-2}.K^{-1}$.

El coeficiente de conductividad térmica de la placa vale k = 0.1 $kW.m^{-1}.K^{-1}$. (Recuérdese que 1Cal = 4.18J, 1W = $1J.s^{-1}$ y 1 kW =1000 W). Se supone además un espesor de la placa L = 0.2 m y un área de transmisión de calor de A =1 m^2. Utilizando el citado programa o bien MATLAB® se obtiene como solución

t_C = 388,8828 K, t_F = 297,4805 K, q = 45,701 kW

10.3 Presiones hidrostáticas

Se considera el sistema estático de n tuberías distribuidas de la siguiente figura

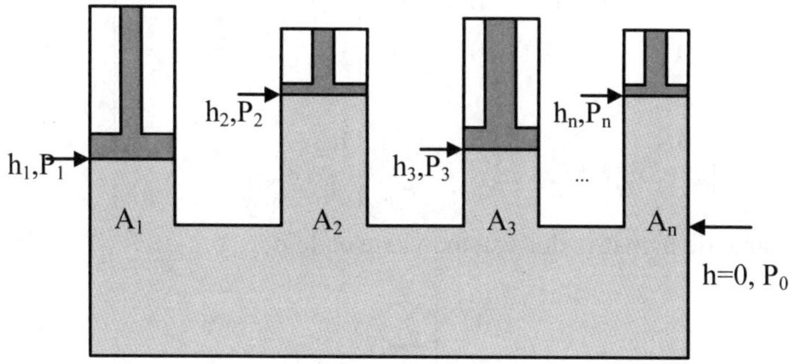

Figura 10.3

donde: P indica la presión ejercida sobre el fluido en su superficie libre por un émbolo, A denota la sección recta, h la altura del nivel del líquido. La densidad del fluido vale d. Se pide hallar las alturas de la columna de líquido en cada tubería, conociendo el volumen total V del líquido y el volumen V_0 del depósito.

PLANTEAMIENTO:

Para cada tubería vertical la diferencia de presiones coincide con la presión de la columna de líquido, esto es, se tienen n ecuaciones lineales de la forma

$$p_0 - p_i = dh_i, \text{ para } i = 1, 2, \ldots, n \qquad [1]$$

En realidad son n−1 ecuaciones lineales independientes con n incógnitas de la forma

$$\begin{aligned} d(h_1-h_2) &= p_2-p_1 \\ d(h_2-h_3) &= p_3-p_2 \\ &\ldots \\ d(h_{n-1}-h_n) &= p_n-p_{n-1} \end{aligned} \qquad [2]$$

que junto con la ecuación lineal que corresponde a la conservación del volumen del líquido incompresible, se tiene la ecuación que faltaba

$$\sum_{i=1}^{n} A_i h_i = V - V_0 \qquad [3]$$

donde V_0 es el volumen del líquido por debajo de la cota h=0.

RESOLUCIÓN:

El sistema se puede expresar matricialmente de la forma

$$\begin{bmatrix} d & -d & 0 & 0 & 0 \\ 0 & d & -d & 0 & 0 \\ \dots & \dots & \dots & \dots & \dots \\ 0 & 0 & \dots & d & -d \\ A_1 & A_2 & \dots & A_{n-1} & A_n \end{bmatrix} \begin{bmatrix} h_1 \\ h_2 \\ \dots \\ h_{n-1} \\ h_n \end{bmatrix} = \begin{bmatrix} p_2 - p_1 \\ p_3 - p_2 \\ \dots \\ p_n - p_{n-1} \\ V - V_0 \end{bmatrix}$$

El determinante de la matriz del sistema viene dado por

$$d^{n-1}\left(\sum_{i=1}^{n} A_i\right)$$

que no se anula nunca, por lo que el sistema posee solución única, la cual se puede obtener por eliminación gaussiana o bien por el método que se explica a continuación:

Multiplicando miembro a miembro las ecuaciones [1] por las correspondientes secciones rectas y sumando todas las expresiones se despeja la presión en h = 0

$$p_0 = \frac{1}{\sum_{i=1}^{n} A_i}\left(d\sum_{i=1}^{n} A_i h_i + \sum_{i=1}^{n} A_i p_i\right) = \frac{1}{\sum_{i=1}^{n} A_i}\left(d(V - V_0) + \sum_{i=1}^{n} A_i p_i\right)$$

y volviendo a las ecuaciones [1] se despejan definitivamente las incógnitas

$$h_i = (p_0 - p_i)/d, \text{ para } i = 1, 2, ..., n$$

EJEMPLO NUMÉRICO:

Dos tuberías verticales comunicantes. $V = 12\ m^3$, $V_0 = 8\ m^3$, $A_1 = 1\ m^2$, $A_2 = 2\ m^2$, $p_1 = 2000\ kg/m^2$, $p_2 = 1000\ kg/m^2$, $d = 1000 kg/m^3$. Solución: $p_0 = 2666\ kg/m^2$, $h_1 = 0.666$ m y $h_2 = 1.666$ m.

10.4 Estructuras hiperestáticas

Una fuerza de componentes F_x, F_y, F_z actúa sobre una estructura espacial formada por n barras elásticas ($n \geq 3$) unidas entre sí por un extremo común y a n articulaciones. Se pide calcular la fuerza que debe soportar cada barra. Se conoce el coeficiente de elasticidad de cada barra, el cual se denota con la letra k.

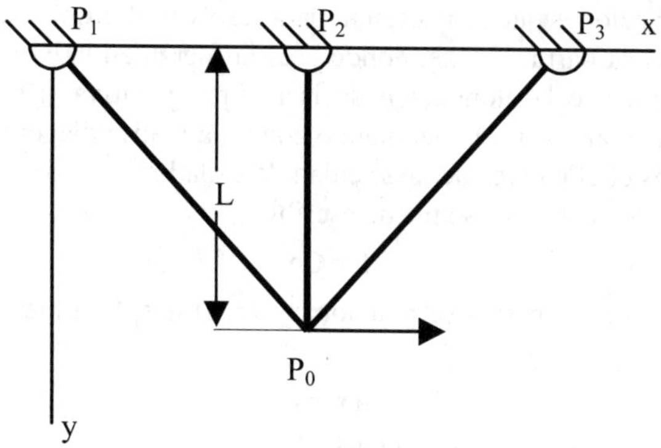

Figura 10.4

PLANTEAMIENTO:

Denotando con $F_1, F_2, \ldots, F_n$ las fuerzas en cada barra, con $P_j = (x_j, y_j, z_j)$ la j–ésima articulación, $j = 1, 2, \ldots, n$, y con

$$P_0 = (x_0, y_0, z_0)$$

el extremo común libre sobre el que actúa la fuerza exterior, entonces el correspondiente diagrama de equilibrio de fuerzas, tomando como fuerzas positivas las que tienden a alargar la barra, conduce a las siguientes ecuaciones lineales:

$$\sum_{j=1}^{n} \frac{x_0 - x_j}{L_j} F_j = F_x$$

$$\sum_{j=1}^{n} \frac{y_0 - y_j}{L_j} F_j = F_y \qquad [1]$$

$$\sum_{j=1}^{n} \frac{z_0 - z_j}{L_j} F_j = F_z$$

donde $L_1, L_2, \ldots, L_n$ son las longitudes respectivas de cada barra. Matricialmente el sistema [1] de tres ecuaciones lineales con n incógnitas se puede escribir de la forma siguiente:

$$\begin{bmatrix} \frac{x_0 - x_1}{L_1} & \frac{x_0 - x_2}{L_2} & \cdots & \frac{x_0 - x_n}{L_n} \\ \frac{y_0 - y_1}{L_1} & \frac{y_0 - y_2}{L_2} & \cdots & \frac{y_0 - y_n}{L_n} \\ \frac{z_0 - z_1}{L_1} & \frac{z_0 - z_2}{L_2} & \cdots & \frac{z_0 - z_n}{L_n} \end{bmatrix} \begin{bmatrix} F_1 \\ F_2 \\ \cdots \\ F_n \end{bmatrix} = \begin{bmatrix} F_x \\ F_y \\ F_z \end{bmatrix} \qquad [2]$$

o en forma más compacta

$$\mathbf{A}^T \mathbf{f} = \mathbf{b} \qquad [3]$$

Las restantes ecuaciones que se necesitan para resolver el problema proceden de aplicar la ley de Hooke en cada barra: F = ke, donde F es la fuerza en la barra, k el coeficiente de elasticidad de la barra y e la elongación de la misma (positiva si se trata de tracción y negativa si se trata de compresión). Denotando con **C** la matriz diagonal que contiene en su diagonal principal los coeficientes de elasticidad de cada barra y con **e** la columna formada por las elongaciones de las barras, se puede escribir

$$\mathbf{f} = \mathbf{C}\mathbf{e} \qquad [4]$$

Las elongaciones de las barras se relacionan con el desplazamiento **x** en el nodo libre mediante

$$\mathbf{A}\mathbf{x} = \mathbf{e} \qquad [5]$$

En definitiva, se llega a la ecuación matricial

$$(\mathbf{A}^T\mathbf{C}\mathbf{A})\mathbf{x} = \mathbf{b} \qquad [6]$$

que representa un sistema de tres ecuaciones con tres incógnitas.

RESOLUCIÓN:

Una vez obtenido el vector desplazamiento **x** del nodo libre resolviendo el sistema [6], se calcula mediante [5] el vector de elongaciones **e** y por medio de [4] el vector **f** de fuerzas en cada barra.

En mecánica del continuo, se suele expresar la tensión (fuerza por unidad de área de la sección recta) proporcional a la deformación unitaria (adimensional) a través del módulo de Young, el cual sólo depende del material y no de la forma de la barra:

$$\sigma = E\varepsilon$$

Si l es la longitud de la barra y S su sección recta, se tiene

$$\frac{F}{S} = E\frac{e}{l}$$

de donde la constante elástica k del desarrollo anterior viene dada por

$$k = \frac{SE}{l}$$

EJEMPLO NUMÉRICO:

Supóngase que F = 10 kg, L = 1 m, S = 1 cm^2, y E = $2x10^{11}$ N/m^2 (Las barras son de acero).

En este caso la constante k de elasticidad para la barra central es

$$k = \frac{10^{-4}x2x10^{11}}{1x9{,}81} = 2{,}038736x10^6\,kg.m^{-1}$$

y para las barras extremas

$$k = \frac{10^{-4}x2x10^{11}}{\sqrt{2}x9{,}81} = 1{,}441604x10^{6}kg.m^{-1}$$

Las matrices que intervienen en la resolución son por tanto:

$$\mathbf{A}^{\mathbf{T}} = \begin{bmatrix} 1/\sqrt{2} & 0 & -1/\sqrt{2} \\ 1/\sqrt{2} & 1 & 1/\sqrt{2} \end{bmatrix}, \ \mathbf{b} = \begin{bmatrix} 10 \\ 0 \end{bmatrix}, \ \mathbf{C} = 10^{6} \begin{bmatrix} 1{,}441604 & 0 & 0 \\ 0 & 2{,}038736 & 0 \\ 0 & 0 & 1{,}441604 \end{bmatrix}$$

Utilizando ahora MATLAB®, se tiene

$$\mathbf{x} = (\mathbf{A}^{\mathbf{T}}\mathbf{C}\mathbf{A})^{-1}\mathbf{b} = 10^{-5} \begin{bmatrix} 0{,}6937 \\ 0 \end{bmatrix}, \ \mathbf{e} = \mathbf{A}\mathbf{x} = 10^{-5} \begin{bmatrix} 0{,}4905 \\ 0 \\ -0{,}4905 \end{bmatrix}, \ \mathbf{f} = \mathbf{C}\mathbf{e} = \begin{bmatrix} 7{,}0711 \\ 0 \\ -7{,}0711 \end{bmatrix}$$

lo que indica que la barra primera sufre un alargamiento y la barra tercera una compresión. La barra segunda no recibe tensión por lo que ni se alarga ni se contrae.

10.5 Circuitos eléctricos

Resolver el circuito eléctrico de corriente continua de la figura, formado por cinco resistencias, R_1, R_2, R_3, R_4 y R_5, una fuente de tensión V y otra de intensidad I.

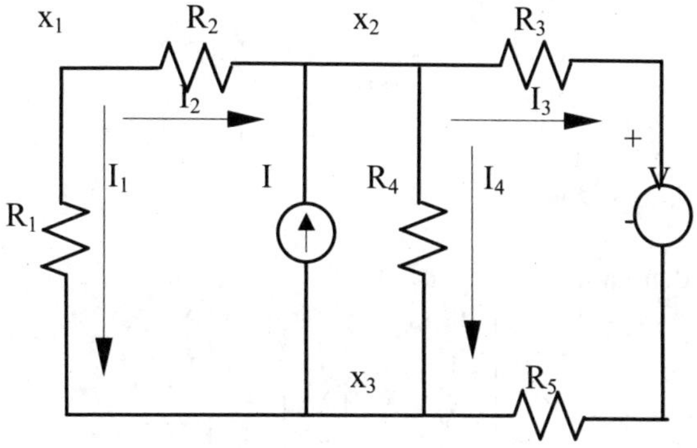

Figura 10.5

PLANTEAMIENTO:

Inicialmente se eligen direcciones para las intensidades en las ramas, I_1, I_2, I_3 y I_4 tal como indica la figura. Las cuales, si resultan en los cálculos negativas ello significa que su dirección es la contraria a la supuesta.

Denotando con x_1, x_2 y x_3 los potenciales en los nodos y con V_1, V_2, V_3 y V_4 las caídas de potencial debidas a las resistencias, de modo que los potenciales decrecen en la dirección de la corriente, se tiene aplicando la ley de Ohm:

$$\begin{aligned} I_1 &= V_1/R_1 = (x_1 - x_3)/R_1 \\ I_2 &= V_2/R_2 = (x_1 - x_2)/R_2 \\ I_3 &= V_3/(R_3 + R_5) = (-V + x_2 - x_3)/(R_3 + R_5) \\ I_4 &= V_4/R_4 = (x_2 - x_3)/R_4 \end{aligned} \qquad [1]$$

Aplicando ahora la ley de Kirchoff en los tres nodos, tomando como positivas las corrientes que entran en los nodos y como negativas las que salen de los nodos, se tiene:

$$\begin{aligned} -I_1 - I_2 &= 0 \\ I + I_2 - I_3 - I_4 &= 0 \\ I_1 + I_3 + I_4 - I &= 0 \end{aligned} \qquad [2]$$

RESOLUCIÓN:

Definiendo la *matriz de incidencia* $\mathbf{A_0}$ de m filas (igual al número de ramas) y n columnas (igual al número de nodos), de modo que la fila i–ésima (la asociada a la rama i) sea nula, excepto un −1 en la posición j y un +1 en la posición k (suponiendo que el nodo de mayor potencial es el x_j y el de menor potencial es el x_k), para i = 1, 2, …, m, se tiene

$$\mathbf{A_0} = \begin{bmatrix} -1 & 0 & 1 \\ -1 & 1 & 0 \\ 0 & -1 & 1 \\ 0 & -1 & 1 \end{bmatrix}$$

que es una matriz de rango dos.

Obsérvese que, denotando con

$$\mathbf{b} = \begin{bmatrix} 0 \\ 0 \\ -V \\ 0 \end{bmatrix}, \mathbf{x} = \begin{bmatrix} x_1 \\ x_2 \\ x_3 \end{bmatrix}, \mathbf{e} = \begin{bmatrix} V_1 \\ V_2 \\ V_3 \\ V_4 \end{bmatrix}$$

las columnas de fuentes de tensión, potenciales y caídas de tensión, respectivamente, se tiene:

$$\mathbf{e} = \mathbf{b} - \mathbf{A_0}\mathbf{x} \qquad [3]$$

Si se define la matriz **C** de conductancias y la columna **y** de intensidades por

$$\mathbf{C} = \begin{bmatrix} 1/R_1 & 0 & 0 & 0 \\ 0 & 1/R_2 & 0 & 0 \\ 0 & 0 & 1/(R_3+R_5) & 0 \\ 0 & 0 & 0 & 1/R_4 \end{bmatrix}, \quad \mathbf{y} = \begin{bmatrix} I_1 \\ I_2 \\ I_3 \\ I_4 \end{bmatrix}$$

se tiene de [1] y [3]:

$$\mathbf{y} = \mathbf{Ce} \qquad [4]$$

Denotando ahora con **f** la columna de fuentes de intensidad

$$\mathbf{f} = \begin{bmatrix} 0 \\ -I \\ I \end{bmatrix}$$

se comprueba que las ecuaciones (2) equivalen a:

$$\mathbf{A_0}^{\mathbf{T}}\mathbf{y} = \mathbf{f} \qquad [5]$$

En definitiva, de [5], [4] y [3] se deduce inmediatamente el sistema compatible indeterminado, de tres ecuaciones con tres incógnitas, y de rango dos,

$$(\mathbf{A_0}^{\mathbf{T}}\mathbf{CA_0})\mathbf{x} = \mathbf{A_0}^{\mathbf{T}}\mathbf{Cb} - \mathbf{f} \qquad [6]$$

del que se puede obtener una solución concreta para los potenciales, poniendo a tierra, por ejemplo, el tercer nodo ($x_3 = 0$). Si denotamos con **M** la matriz del sistema y con **c** la columna de términos independientes, la ecuación (6) se simplifica su escritura a

$$\mathbf{Mx} = \mathbf{c} \qquad [7]$$

Las expresiones matriciales obtenidas son aplicables a cualquier circuito eléctrico de corriente continua.

EJEMPLO NUMÉRICO:

Vamos a aplicar el ejemplo anterior suponiendo los datos siguientes:

$R_1 = 1\ \Omega$, $R_2 = 2\ \Omega$, $R_3 = 3\ \Omega$, $R_4 = 4\ \Omega$, $R_5 = 5\ \Omega$, V = 10 V, I = 2 A.

En este caso se tiene, haciendo operaciones,

$$\mathbf{M} = \begin{bmatrix} 1{,}5 & -0{,}5 & -1 \\ -0{,}5 & 0{,}875 & -0{,}375 \\ -1 & -0{,}375 & 1{,}375 \end{bmatrix}, \quad \mathbf{c} = \begin{bmatrix} 0 \\ 3{,}25 \\ -3{,}25 \end{bmatrix}$$

Si se hace $x_3 = 0$ se obtiene $x_1 = 1.529$V y $x_2 = 4.588$V.

10.6 Masas y muelles

Se pide hallar las ecuaciones de movimiento del sistema de masas y muelles de la figura. Se supone que no hay rozamiento. Los desplazamientos de las posiciones de equilibrio son x_1, x_2; las constantes elásticas k_1, k_2, k_3 y m_1, m_2 las masas del sistema.

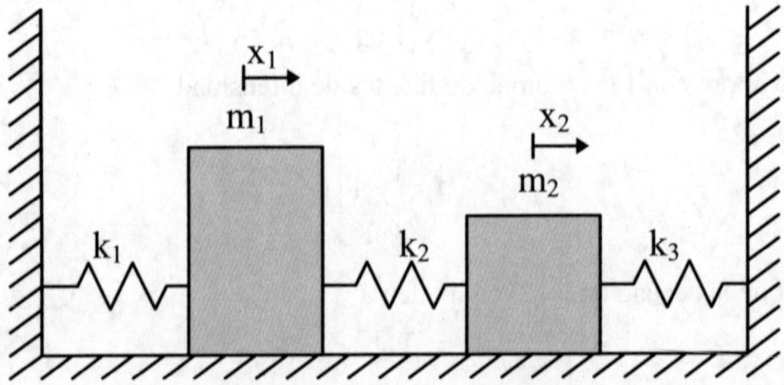

Figura 10.6

PLANTEAMIENTO:

Para conocer el movimiento de las masas es necesario plantear las ecuaciones de equilibrio en las dos masas. Si x_1 es el desplazamiento de la primera masa y x_2 el de la segunda, se tiene (ver Figura 10.7):

$$\begin{cases} m_1 \dfrac{d^2x_1}{dt^2} + k_1x_1 - k_2(x_2 - x_1) = 0 \\ m_2 \dfrac{d^2x_2}{dt^2} + k_3x_2 + k_2(x_2 - x_1) = 0 \end{cases} \rightarrow \begin{cases} m_1 \dfrac{d^2x_1}{dt^2} + (k_1 + k_2)x_1 - k_2x_2 = 0 \\ m_2 \dfrac{d^2x_2}{dt^2} + (k_2 + k_3)x_2 - k_2x_1 = 0 \end{cases} \quad [1]$$

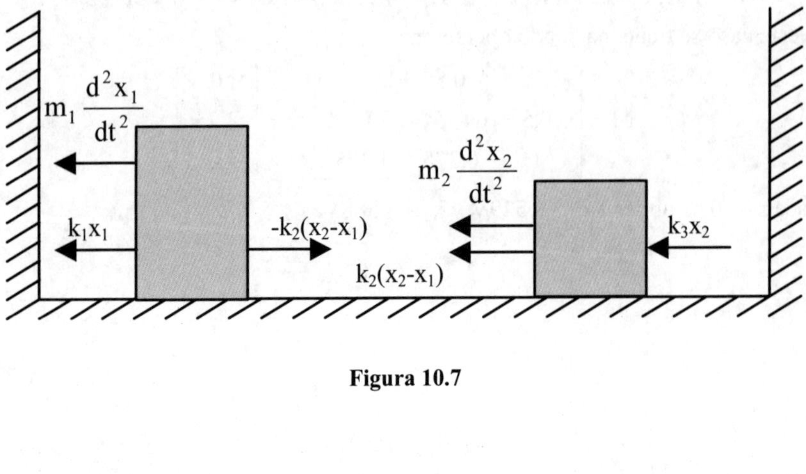

Figura 10.7

Se obtiene por lo tanto un sistema de dos ecuaciones diferenciales con dos incógnitas cuya resolución da las ecuaciones del movimiento deseadas.

RESOLUCIÓN:

Las ecuaciones [1] se pueden expresar matricialmente en un sistema de la forma:

$$\begin{bmatrix} m_1 & 0 \\ 0 & m_2 \end{bmatrix} \begin{bmatrix} \dfrac{d^2x_1}{dt^2} \\ \dfrac{d^2x_2}{dt^2} \end{bmatrix} + \begin{bmatrix} k_1+k_2 & -k_2 \\ -k_2 & k_2+k_3 \end{bmatrix} \begin{bmatrix} x_1 \\ x_2 \end{bmatrix} = \begin{bmatrix} 0 \\ 0 \end{bmatrix} \rightarrow$$

$$\mathbf{M}\frac{d^2\mathbf{x}}{dt^2} + \mathbf{Kx} = \mathbf{0}$$

La solución es de la forma $\mathbf{x} = \mathbf{a}e^{st}$. Sustituyendo en la ecuación matricial:

$$s^2e^{st}\mathbf{Ma}+e^{st}\mathbf{Ka} = \mathbf{0} \rightarrow s^2\mathbf{Ma}+\mathbf{Ka} = \mathbf{0} \rightarrow \mathbf{M}^{-1}\mathbf{Ka} = -s^2\mathbf{a}$$

Denotando $\mathbf{A} = \mathbf{M}^{-1}\mathbf{K}$ y $\lambda = -s^2$, se tiene un problema de valores y vectores propios:

$$\mathbf{Aa} = \lambda\mathbf{a}.$$

La solución general del problema es una combinación lineal de los vectores propios:

$$\mathbf{x} = \alpha_1 e^{s_1 t}\mathbf{a_1} + \alpha_2 e^{s_2 t}\mathbf{a_2}$$

con

$$s_1 = \sqrt{-\lambda_1},\ s_2 = \sqrt{-\lambda_2}$$

y λ_1, λ_2 los valores propios de $\mathbf{A}$.

La matriz $\mathbf{K}$ es definido positiva, y al multiplicarla por la matriz $\mathbf{M}^{-1}$, que es diagonal, se obtiene la matriz $\mathbf{A}$ que también es definido positiva. Por lo tanto los valores propios de $\mathbf{A}$ son positivos y los valores de s están en el campo complejo. Realizando el cambio de variable

$$-s^2 = w^2 \rightarrow s = iw,$$

se tiene la solución:

$$\mathbf{x} = \alpha_1 e^{iw_1 t}\mathbf{a_1} + \alpha_2 e^{iw_2 t}\mathbf{a_2} = \alpha_1(\cos w_1 t + i \operatorname{sen} w_1 t)\mathbf{a_1} + \alpha_2(\cos w_2 t + i \operatorname{sen} w_2 t)\mathbf{a_2}$$

Para que no existan desplazamientos en el campo complejo, los valores α_1, α_2 han de ser imaginarios luego

$$\alpha_k = \beta_{k1} + i\beta_{k2},\ \text{para } k = 1, 2$$

Por lo tanto:

$$\mathbf{x} = (\beta_{11}\cos w_1 t - \beta_{12}\operatorname{sen} w_1 t)\mathbf{a_1} + (\beta_{21}\cos w_2 t - \beta_{22}\operatorname{sen} w_2 t)\mathbf{a_2}$$

Las constantes β_{ij} se determinan de las condiciones iniciales de posición y velocidad de las masas.

EJEMPLO NUMÉRICO:

Sean las masas $m_1 = 2$ kg, $m_2 = 1$ kg, con los muelles, $k_1 = 1$ N/m, $k_2 = 4$ N/m, $k_3 = 5$ N/m. En t = 0, se supone que las masas están desplazadas 1 metro a la derecha y parten con velocidad nula.

El sistema a resolver es:

$$\begin{bmatrix} 2 & 0 \\ 0 & 1 \end{bmatrix} \begin{bmatrix} \dfrac{d^2x_1}{dt^2} \\ \dfrac{d^2x_2}{dt^2} \end{bmatrix} + \begin{bmatrix} 5 & -4 \\ -4 & 9 \end{bmatrix} \begin{bmatrix} x_1 \\ x_2 \end{bmatrix} = \begin{bmatrix} 0 \\ 0 \end{bmatrix}$$

Se obtiene:

$$\mathbf{A} = \begin{bmatrix} 2{,}5 & -2 \\ -4 & 9 \end{bmatrix}$$

y de ahí

$$\lambda_1 = 1{,}44; \; \lambda_2 = 10{,}05$$

$$\mathbf{a_1} = \begin{bmatrix} -0{,}884 \\ -0{,}468 \end{bmatrix}, \; \mathbf{a_2} = \begin{bmatrix} 0{,}256 \\ -0{,}967 \end{bmatrix}$$

En t = 0 es

$$\frac{\mathbf{dx}}{\mathbf{dt}} = \mathbf{0},$$

luego

$$\beta_{12} = \beta_{22} = 0,$$

de ahí que

$$\mathbf{x} = \beta_{11} \cos w_1 t \, \mathbf{a_1} + \beta_{21} \cos w_2 t \, \mathbf{a_2}$$

Para hallar las otras dos constantes se resuelve el sistema:

$$\begin{bmatrix} 1 \\ 1 \end{bmatrix} = \begin{bmatrix} -0{,}884 \\ -0{,}468 \end{bmatrix} \beta_{11} + \begin{bmatrix} 0{,}256 \\ -0{,}967 \end{bmatrix} \beta_{21}$$

y se obtiene

$$\beta_{11} = -1{,}25 \text{ y } \beta_{21} = -0{,}42.$$

El movimiento de las masas se rige, en consecuencia, por las ecuaciones:

$$\begin{bmatrix} x_1 \\ x_2 \end{bmatrix} = -1{,}25 \begin{bmatrix} -0{,}884 \\ -0{,}468 \end{bmatrix} \cos 1{,}2t - 0{,}42 \begin{bmatrix} 0{,}256 \\ -0{,}967 \end{bmatrix} \cos 3{,}17t$$

10.7 Ajuste de curvas

Se quiere conocer cuál es la relación entre el peso y la altura de un grupo de estudiantes. Para ello se toma una muestra de n = 10 alumnos, y los datos obtenidos son:

Altura :

1,70 1,67 1,83 1,74 1,62 1,59 1,72 1,86 1,69 1,65 cm.

Peso:

73 64 85 69 65 56 70 80 65 71 kg.

PLANTEAMIENTO:

Sean X la altura e Y el peso de los estudiantes. Se va a intentar hallar una relación lineal entre peso y altura. Y = a+bX. No todos los n datos experimentales se ajustan exactamente a una recta y por ello se introduce una variable ε que controle el error

$$\varepsilon = Y - a - bX.$$

Se define la suma de los cuadrados de los errores, mediante

$$M = \sum_{i=1}^{n} \varepsilon_i^2 = \sum_{i=1}^{n} (Y_i - a - bX_i)^2$$

La recta óptima será aquella que haga mínima la función M. Es decir:

$$\frac{\partial M}{\partial a} = 0 \rightarrow \sum_{i=1}^{n} (Y_i - a - bX_i) = 0$$

$$\frac{\partial M}{\partial b} = 0 \rightarrow \sum_{i=1}^{n} (Y_i - a - bX_i)X_i = 0$$

RESOLUCIÓN:

Estas ecuaciones se denominan ecuaciones normales del problema de mínimos cuadrados. Por lo tanto la solución del problema se obtiene resolviendo el sistema de 2 ecuaciones con 2 incógnitas siguiente.

$$\begin{bmatrix} n & \sum_{i=1}^{n} X_i \\ \sum_{i=1}^{n} X_i & \sum_{i=1}^{n} X_i^2 \end{bmatrix} \begin{bmatrix} a \\ b \end{bmatrix} = \begin{bmatrix} \sum_{i=1}^{n} Y_i \\ \sum_{i=1}^{n} X_i Y_i \end{bmatrix}$$

EJEMPLO NUMÉRICO:

En nuestro caso particular se tiene:

$$\begin{bmatrix} 10 & 17{,}07 \\ 17{,}07 & 29{,}2045 \end{bmatrix} \begin{bmatrix} a \\ b \end{bmatrix} = \begin{bmatrix} 698 \\ 1197{,}13 \end{bmatrix}$$

y se obtiene como resultado:

$$a = -76{,}15 \text{ y } b = 85{,}5$$

de donde la ecuación de la recta que mejor aproxima es (ver Figura 10.8)

$$Y = 85{,}5\,X - 76{,}15.$$

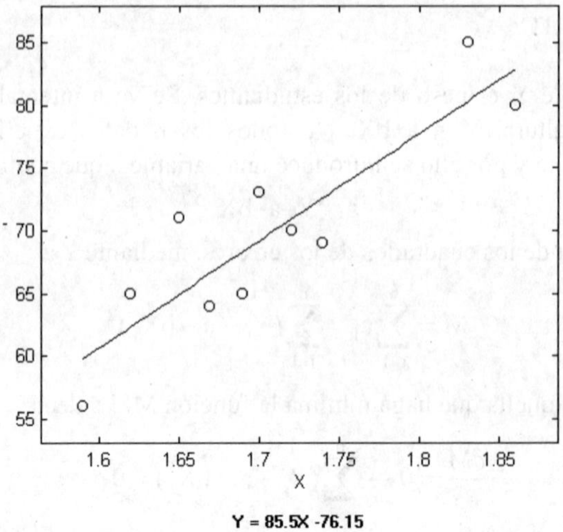

Figura 10.8

10.8 Cuadrilátero articulado

Se tiene el mecanismo conocido como cuadrilátero articulado. Las longitudes de las barras son L_1, L_2, L_3; mientras que la longitud entre los apoyos es D. Calcúlese la posición de las barras en cada instante.

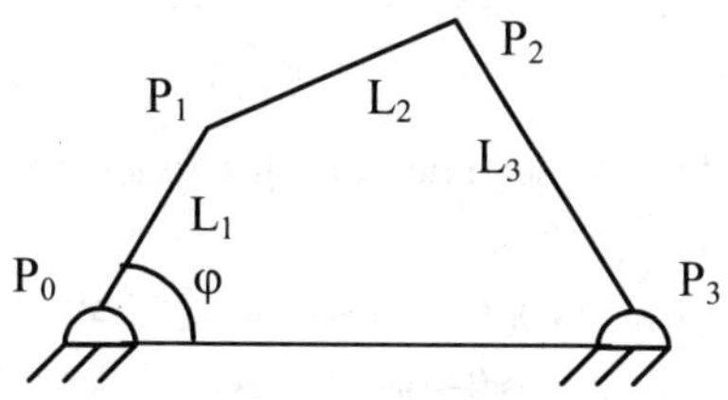

Figura 10.9

PLANTEAMIENTO:

Se tienen inicialmente 4 incógnitas correspondientes a los puntos P_1 y P_2. Las barras son rígidas y por lo tanto la distancia entre los puntos es constante. Se plantean las ecuaciones de compatibilidad del desplazamiento.

$$(x_1-x_0)^2+(y_1-y_0)^2=L_1^2$$
$$(x_2-x_1)^2+(y_2-y_1)^2=L_2^2$$
$$(x_3-x_2)^2+(y_3-y_2)^2=L_3^2$$

RESOLUCIÓN:

Se tiene un problema de 3 ecuaciones con 4 incógnitas. El problema se resuelve dando valor a alguna de las variables y resolviendo el sistema resultante. El sistema es no lineal, y por lo tanto para su resolución hay que emplear un método iterativo. Para ello es recomendable reducir el sistema de 3 ecuaciones a 2. Esto se consigue definiendo la posición del punto 1 mediante el ángulo φ que forma con la horizontal. Dando un valor al ángulo φ se obtiene:

$$x_1=L_1\cos(\varphi)$$
$$y_1=L_2\text{sen}(\varphi).$$

Para conocer la posición del punto 2 hay que resolver el sistema:

$$(x_2-x_1)^2+(y_2-y_1)^2=L_2^2$$
$$(x_3-x_2)^2+(y_3-y_2)^2=L_3^2$$

Para su resolución se va a emplear el método de Newton. Es un método iterativo, donde su base teórica se explica brevemente a continuación.

Se considera el sistema de dos ecuaciones con dos incógnitas:

$$\begin{cases}\Psi_1(x,y)=0\\ \Psi_2(x,y)=0\end{cases}$$

Dadas unas aproximaciones iniciales x_0 y y_0 para se pueden hallar nuevas aproximaciones x_1 y y_1 como sigue:

$$\begin{cases} x_1 = x_0 + \Delta x_0 \\ y_1 = y_0 + \Delta y_0 \end{cases}$$

Estas aproximaciones han de ser tales que las funciones ψ_1 y ψ_2 tienden a cero, de manera que:

$$\psi_1(x_1, y_1) \approx 0 \rightarrow \psi_1(x_0+\Delta x_0, y_0+\Delta y_0) \approx 0$$
$$\psi_2(x_1, y_1) \approx 0 \rightarrow \psi_2(x_0+\Delta x_0, y_0+\Delta y_0) \approx 0$$

Aplicando a estas ecuaciones el desarrollo de la serie de Taylor:

$$\psi_1(x_0, y_0)+\{\partial\psi_1/\partial x\}_0\Delta x_0+\{\partial\psi_1/\partial y\}_0\Delta y_0+\ldots\approx 0$$
$$\psi_2(x_0, y_0)+\{\partial\psi_2/\partial x\}_0\Delta x_0+\{\partial\psi_2/\partial y\}_0\Delta y_0+\ldots\approx 0$$

Despreciando términos de orden superior a uno las ecuaciones anteriores representan un sistema de dos ecuaciones lineales con dos incógnitas. Matricialmente:

$$\begin{bmatrix} \Psi_1(x_1,y_1) \\ \Psi_2(x_1,y_1) \end{bmatrix} = \begin{bmatrix} \Psi_1(x_0,y_0) \\ \Psi_2(x_0,y_0) \end{bmatrix} + \begin{bmatrix} (\partial\Psi_1/\partial x)_0 & (\partial\Psi_1/\partial y)_0 \\ (\partial\Psi_2/\partial x)_0 & (\partial\Psi_2/\partial y)_0 \end{bmatrix} \begin{bmatrix} \Delta x_0 \\ \Delta y_0 \end{bmatrix} \approx \begin{bmatrix} 0 \\ 0 \end{bmatrix}$$

La matriz en derivadas parciales se denomina matriz jacobiana y se representa mediante la letra **J**. De este sistema se obtienen Δx_0 y Δy_0 por lo que la nueva aproximación es:

$$\begin{cases} x_1 = x_0 + \Delta x_0 \\ y_1 = y_0 + \Delta y_0 \end{cases}$$

El proceso continúa hasta que se da por buena la aproximación. Esto ocurre cuando se considera que el error cometido es suficientemente pequeño:

$$\sqrt{(\Delta x_k)^2 + (\Delta y_k)^2} < \varepsilon,$$

para un ε fijado de antemano.

Conocida la posición de partida del cuadrilátero articulado se pasa a determinar la siguiente posición. Para ello se da un incremento a φ y se determina el nuevo punto P_1. Para el cálculo del nuevo P_2 se toma como solución inicial el punto P_2 anterior. Si el incremento del ángulo es pequeño la aproximación es buena y la convergencia del método es rápida. Por lo tanto no serán necesarias muchas iteraciones.

EJEMPLO NUMÉRICO:

Se considera que la barra 1 está en posición horizontal, esto es, $\varphi = 0$. Las barras 1, 2 y 3 miden respectivamente 1 m, 3 m y 4 m. La distancia entre apoyos es D = 4,5 m. Se ha seleccionado un valor de $\varepsilon = 10^{-5}$ m. Por lo tanto:

$$\begin{cases} x_{1,0} = L_1 = 1 \\ x_{2,0} = 0 \end{cases}$$

Tomando como aproximación inicial del punto 2: $x_{2,0} = 7$, $y_{2,0} = 3$ y operando con MATLAB® se obtiene la sucesión de puntos:

$$\begin{bmatrix} 7 \\ 3 \end{bmatrix} \to \begin{bmatrix} 1{,}75 \\ 7{,}5 \end{bmatrix} \to \begin{bmatrix} 1{,}75 \\ 4{,}31 \end{bmatrix} \to \begin{bmatrix} 1{,}75 \\ 3{,}13 \end{bmatrix} \to \begin{bmatrix} 1{,}75 \\ 2{,}91 \end{bmatrix} \to \begin{bmatrix} 1{,}75 \\ 2{,}90 \end{bmatrix}$$

Conocida la posición inicial del cuadrilátero articulado se procede a la determinación de su movimiento.

La siguiente posición de las barras se obtiene dando, por ejemplo, un incremento de 10º al ángulo φ.

$$\begin{cases} x_{1,1} = \cos(10) = 0{,}9849 \\ y_{1,1} = \operatorname{sen}(10) = 0{,}1736 \end{cases}$$

La aproximación inicial que se emplea para determinar la nueva posición del punto 2 es su posición anterior.

$$\begin{bmatrix} 1{,}75 \\ 2{,}90 \end{bmatrix} \to \begin{bmatrix} 1{,}89 \\ 3{,}04 \end{bmatrix} \to \begin{bmatrix} 1{,}89 \\ 3{,}03 \end{bmatrix}$$

El proceso es análogo para las restantes posiciones de las barras.

Nota: El problema es más complicado de lo que la sencilla aproximación aportada pudiera sugerir. Hay posiciones de las barras para las que la matriz Jacobiana deja de ser regular, en cuyo caso habría que resolver la correspondiente singularidad lo que excede el alcance del presente curso.

Apéndice A

Estructuras Algebraicas Elementales

En este Capítulo introductorio tan solo se aportan nociones sobre las estructuras algebraicas de grupo, anillo y cuerpo, así como sobre las estructuras de grupo cociente y anillo cociente. Se supone que el lector posee los conocimientos básicos de la Teoría de Conjuntos. Las notaciones empleadas son las habituales en la citada teoría.

A.1 Nociones de estructuras algebraicas

Se van a considerar aquí las estructuras algebraicas fundamentales de *grupo*, *anillo* y *cuerpo*, las cuales aparecerán con cierta frecuencia en lo sucesivo.

Por *estructura* $(X,\otimes)$ se entiende un conjunto X dotado de al menos una *operación binaria interna* $\otimes$, esto es, una regla que permite asociar a un *par ordenado* (x, y) cualquiera de elementos de X un elemento también de X, denotado por $x\otimes y$, que es el *resultado* de operar x con y mediante la operación $\otimes$. En realidad, la operación citada es una *aplicación*

$$\otimes: X\times X\to X$$

del conjunto $X\times X$ en X de modo que

$$\otimes(x, y) = x\otimes y$$

A.2 Estructura de grupo

Se dice que la estructura (G, .) es una estructura de *grupo* si se cumplen las propiedades siguientes:

G1) $(x.y).z = x.(y.z),\ \forall x, y, z\in G$ (*Asociativa*)

G2) $\exists \mid e\in G;\ x.e = e.x = x,\ \forall x\in G$ (Existencia de *elemento neutro*))

G3) $\forall x\in G\ \exists \mid x^{-1}\in G;\ x.x^{-1} = x^{-1}.x = e$ (Existencia de *simétrico* de x))

Si además se cumple la propiedad

G4) $x.y = y.x,\ \forall x, y\in G$ (*Conmutativa*)

el grupo se llama *conmutativo* o también *abeliano*. Si únicamente se cumplen las dos primeras propiedades, la estructura (G, .) es un *semigrupo*.

Nótese que el elemento neutro de un grupo es único y que el simétrico de cada elemento del grupo es único para ese elemento. Las anteriores expresiones se pueden escribir en *notación aditiva* (solamente para grupos conmutativos) o en *notación multiplicativa*, según convenga:

a) *Notación aditiva*:

El grupo (G, +) verifica en notación aditiva las propiedades

G1) $(x+y)+z = x+(y+z), \forall x, y, z \in G$ (*Asociativa*)

G2) $\exists | 0 \in G; x+0 = 0+x = x, \forall x \in G$ (Existencia de *elemento nulo*)

G3) $\forall x \in G \exists | -x \in G; x+(-x) = -x+x = 0$ (Existencia de *opuesto* de x)

G4) $x+y = y+x, \forall x, y \in G$ (*Conmutativa*)

b) *Notación multiplicativa*:

El grupo (G, .) verifica en notación multiplicativa las propiedades

G1) $(x.y).z = x.(y.z), \forall x, y, z \in G$ (*Asociativa*)

G2) $\exists | 1 \in G; x.1 = 1.x = x, \forall x \in G$ (Existencia de *elemento unidad*)

G3) $\forall x \in G \exists | x^{-1} \in G; x.x^{-1} = x^{-1}.x = 1$ (Existencia de *inverso* de x)

y puede cumplir además la propiedad

G4) $x.y = y.x, \forall x, y \in G$ (*Conmutativa*)

Un subconjunto no vacío F del grupo (G, .) se dice *subgrupo*)de G si verifica las propiedades de grupo respecto de la operación del grupo que lo contiene. Se puede probar con facilidad el teorema siguiente, en notación multiplicativa: "El subconjunto no vacío F del grupo (G, .) es un subgrupo de G si y sólo si se verifica la propiedad

$$x.y^{-1} \in F, \forall x, y \in F \text{ ".}$$

El enunciado del teorema en notación aditiva es el siguiente: "El subconjunto no vacío F del grupo (G, +) es un subgrupo de G si y sólo si se verifica la propiedad

$$x+(-y) \in F, \forall x, y \in F \text{ "}$$

1) El conjunto **N** de los números naturales tiene estructura de semigrupo, con respecto a la operación suma ordinaria.

2) Los conjuntos **Z**, **Q**, **R** y **C** de los números enteros, racionales, reales y complejos, respectivamente, tienen estructura de grupo, con respecto a la operación suma ordinaria que corresponda a cada conjunto. Cada uno de ellos es subgrupo de los que le siguen en la lista dada. ✶

A.3 Estructura de anillo

Se dice que la estructura (A, +, .) es una estructura de *anillo* si se cumplen las propiedades siguientes:

A1) (A, +) es una estructura de grupo abeliano

A2) $(x.y).z = x.(y.z), \forall x, y, z \in A$ (*Asociativa*)

A3) $x.(y+z)= x.y+x.z;$

$(x+y).z = x.z+y.z, \forall x, y, z \in A$ (*Distributiva*).

Si también se cumple

A4) $\exists | 1 \in A; x.1 = 1.x = x, \forall x \in A$ (Existencia de *elemento unidad*)

el anillo se llama anillo *con elemento unidad.*)

Si además se verifica que

A5) $x.y = y.x, \forall x,y \in A$ (Conmutativa)

el anillo se llama anillo *conmutativo*.

Un elemento x del anillo A se dice *inversible*, si posee inverso respecto de la segunda operación (.). Es un simple ejercicio probar que los elementos inversibles de un anillo forman grupo respecto de la segunda operación.

En un anillo pueden existir dos elementos x, y, distintos del nulo, para los que se cumple x.y = 0 (Son los llamados *divisores de cero*)). A un anillo con elemento unidad sin divisores de cero se le llama *dominio de integridad.*)

Se llama *ideal*)del anillo A a un subconjunto no vacío I de A que cumple las siguientes propiedades

I1) (I, +) es un subgrupo del grupo (A, +)

I2) $a.x \in I, x.a \in I, \forall a \in A, \forall x \in I$

1) El conjunto **Z** de los números enteros es un anillo conmutativo con elemento unidad, respecto de las operaciones ordinarias suma y producto. Es un dominio de integridad. El grupo de sus elementos inversibles es {1,–1}. El conjunto **P** de los enteros pares forman un ideal de **Z**.

2) Los conjuntos **Q**, **R** y **C** son anillos conmutativos con elemento unidad, respecto de las operaciones ordinarias suma y producto. Todos sus elementos, excepto el nulo son inversibles. ✶

Los anillos con todos sus elementos inversibles, excepto el nulo, pertenecen a la estructura de *cuerpo* que será introducida a continuación.

A.4 Estructura de cuerpo

Se dice que la estructura (**K**, +, .) es una estructura de *cuerpo* si se cumplen las propiedades siguientes:

K1) (**K**, +, .) es un anillo con elemento unidad

K2) ($\mathbf{K_0}$,.) es un grupo.

K3) $1 \neq 0$

Si además se cumple

K4) $x.y = y.x, \forall x, y \in \mathbf{K}$ (*Conmutativa*)

el cuerpo se llama cuerpo *conmutativo*.

1) Los anillos **Q**, **R** y **C** son cuerpos conmutativos, respecto de las operaciones ordinarias suma y producto.

2) Si p es un número primo, el conjunto $\mathbf{Z_p}$ de las *clases residuales módulo p* es un cuerpo conmutativo, respecto de las operaciones suma y producto de clases.

En este contexto, se dice que los dos números enteros x y x′ definen la misma clase residual módulo el número natural p no nulo si al dividirlos por p se obtiene el mismo resto r; nótese que r define la misma clase que los números x y x′. Habrá tantas clases como posibles restos se pueden obtener al dividir un número entero cualquiera por p. Si se denota con $\overline{x}$ la clase definida por un número entero x, entonces

$$\mathbf{Z_p} = \{\overline{0}, \overline{1}, \overline{2}, ..., \overline{p-1}\}.$$

Las operaciones suma y producto de clases en $\mathbf{Z_p}$ siguen las reglas siguientes:

$$\overline{x} + \overline{y} = \overline{x+y}$$

$$\overline{x}.\overline{y} = \overline{x.y}$$

muy sencillas de aplicar. ✶

Por definición se llama *característica* de un cuerpo al menor número natural k para el que se cumple

$$\overset{(k}{1+1+1.....+1} = 0\,.$$

En particular la característica del cuerpo $\mathbf{Z_p}$ vale el número primo p y las características de **Q**, **R** y **C** valen cero. De lo anterior se deduce que el cuerpo más sencillo posible es

$$\mathbf{Z_2} = \{\bar{0}, \bar{1}\},$$

de característica dos. En lo sucesivo se va a suponer que los cuerpos que se utilizan siempre son de característica distinta de dos, esto es, existe $(1+1)^{-1}$ en los citados cuerpos, como es el caso de **R** o el de **C**.

En un cuerpo no hay divisores de cero, pues es muy fácil probar en este caso que la identidad x.y = 0 implica necesariamente x = 0 o bien y = 0.

En lo que sigue se van a considerar las estructuras algebraicas de *grupo cociente y anillo cociente* definidas, respectivamente, para un grupo abeliano y para un anillo con elemento unidad. Previamente se introducen los conceptos de relación de equivalencia y conjunto cociente.

A.5 Relación de equivalencia y conjunto cociente

Sea X un conjunto no vacío. Una *relación*)en X es cualquier subconjunto R del conjunto *producto cartesiano*)X×X. Se dice que el elemento x de X *está relacionado* con el elemento y)de X, si el par (x, y) pertenece a R. Una relación R es una *relación de equivalencia*), por definición, si se cumplen las tres propiedades siguientes:

RE1) xRx, ∀x∈X (*Reflexiva*))

RE2) xRy → yRx (*Simétrica*)

RE3) xRy, yRz → xRz (*Transitiva*)

La relación de equivalencia R induce una *partición* de X, esto es, una familia de subconjuntos de X, llamados *clases de equivalencia*, de la forma

$$\bar{x} = \{x' \in X; xRx'\},$$

donde x∈R es el *representante de la clase* $\bar{x}$, que verifican las dos condiciones siguientes:

$$1)\quad \bigcup_{x\in X} \bar{x} = X, \quad y$$

y

$$2)\quad \bar{x} \cap \bar{y} = \emptyset$$

si x e y pertenecen a X pero x no está relacionado con y.

Nota: Se cumple la siguiente implicación

$$xRy \rightarrow \bar{x} = \bar{y}\,.$$

Con las clases de equivalencia, consideradas como elementos, se forma el *conjunto cociente* de X por R, definido mediante

$$X/R = \{\overline{x}; x \in X\}.$$

En el siguiente apartado se pasará a dotar a X/R de estructura.

En el conjunto C de las casillas de un tablero de ajedrez se considera la relación de equivalencia R dada por: La casilla χ está relacionada con la casilla χ' si poseen el mismo color. Es obvio que el conjunto cociente C/R está formado por dos clases de equivalencia

$$C/R = \{\overline{\alpha}, \overline{\beta}\},$$

con α una casilla de color blanco y β una casilla de color negro cualesquiera. ✶

A.6 El grupo cociente

Sea (G, +) un grupo abeliano y H un subgrupo de G. Se define en G la relación R dada por

$$xRx' \text{ si } x+(-x')\in H$$

la cual es claramente una relación de equivalencia en G. El conjunto cociente G/R, que en lo sucesivo se denotará G/H, posee estructura de grupo abeliano respecto de la operación *suma de clases* definida por

$$\overline{x} + \overline{y} = \overline{x + y}$$

ya que la operación está bien definida (el resultado no depende de los representantes de clase elegidos en cada clase) y se cumplen las cuatro propiedades de grupo abeliano, esto es,

$$1)\ (\overline{x} + \overline{y}) + \overline{z} = \overline{x} + (\overline{y} + \overline{z}), \forall \overline{x}, \overline{y}, \overline{z} \in G/H$$

$$2)\ \exists \overline{0} \in G/H$$

$$3)\ \exists -\overline{x} \in G/H, \forall \overline{x} \in G/H$$

$$4)\ \overline{x} + \overline{y} = \overline{y} + \overline{x}, \forall \overline{x}, \overline{y} \in G/H$$

A la estructura algebraica (G/H, +) se le denomina *grupo cociente* de G por H.

Sea H el subgrupo del grupo (**Z**,+) formado por los múltiplos de un número natural m (no necesariamente primo) fijado de antemano. La relación de equivalencia

$$xRy \equiv x - y \in H,$$

esto es x−y es un múltiplo de m, define el grupo cociente (**Z**/H,+), con **Z**/H $=\mathbf{Z_m}$. ✶

A.7 El anillo cociente

Sea (A, +, .) un anillo e I un ideal de A. Se define en A la relación R dada por

$$xRx' \text{ si } x+(-x')\in I$$

la cual es claramente una relación de equivalencia en A. El conjunto cociente A/R, que en lo sucesivo se denotará A/I, posee estructura de anillo respecto de las operaciones *suma de clases* y *producto de clases* definidas respectivamente por

$$\overline{x} + \overline{y} = \overline{x + y}$$

$$\overline{x}.\overline{y} = \overline{x.y}$$

ya que la operaciones están bien definidas (los resultados no dependen de los representantes de clase elegidos en cada clase) y se cumplen las propiedades de anillo, que se dejan para que el lector las demuestre. A la estructura algebraica (A/I, +, .) se le denomina *anillo cociente* de A por I. Si A es un anillo con elemento unidad entonces

$$\overline{1}$$

es el elemento unidad del anillo cociente A/I.

Sea H el ideal del anillo (**Z**, +, .) formado por los múltiplos de un número natural m (no necesariamente primo) fijado de antemano. La relación de equivalencia considerada en el ejemplo anterior

$$xRy \equiv x - y \in H,$$

define el anillo cociente ($\mathbf{Z_m}$, +, .). ✶

Nótese que un cuerpo **K** admite como únicos ideales los subconjuntos impropios

$$\{0\} \text{ y } \mathbf{K},$$

por lo que carecen de interés los cuerpos cociente.

Apéndice B

Soluciones a los Ejercicios Propuestos

B.1 Soluciones a los ejercicios propuestos del Capítulo 1

1.36

1)

$$\mathbf{H} = \mathbf{u}\mathbf{v}^T = \begin{bmatrix} 0 \\ \ldots \\ a \\ \ldots \\ b \\ \ldots \\ 0 \end{bmatrix} \begin{bmatrix} 0 & \ldots & 1 & \ldots & 1 & \ldots & 0 \end{bmatrix} = \begin{bmatrix} 0 & \ldots & 0 & \ldots & 0 & \ldots & 0 \\ \ldots & \ldots & \ldots & \ldots & \ldots & \ldots & \ldots \\ 0 & \ldots & a & \ldots & a & \ldots & 0 \\ \ldots & \ldots & \ldots & \ldots & \ldots & \ldots & \ldots \\ 0 & \ldots & b & \ldots & b & \ldots & 0 \\ \ldots & \ldots & \ldots & \ldots & \ldots & \ldots & \ldots \\ 0 & \ldots & 0 & \ldots & 0 & \ldots & 0 \end{bmatrix}$$

2)

$$\begin{aligned} &\mathbf{H}^p = (\mathbf{u}\mathbf{v}^T)(\mathbf{u}\mathbf{v}^T)\ldots^{p)}\ldots(\mathbf{u}\mathbf{v}^T) = \\ &\mathbf{u}(\mathbf{v}^T\mathbf{u})(\mathbf{v}^T\mathbf{u})\ldots^{p-1)}\ldots(\mathbf{v}^T\mathbf{u})\mathbf{v}^T = \\ &(\mathbf{v}^T\mathbf{u})^{p-1}(\mathbf{u}\mathbf{v}^T) = (a+b)^{p-1}\mathbf{H} \end{aligned}$$

3)

$$\begin{aligned} &(\mathbf{I}-\mathbf{H})(\mathbf{I}-c\mathbf{H}) = \mathbf{I} \to -\mathbf{H} - c\mathbf{H} + c\mathbf{H}^2 = \mathbf{O} \to \\ &-\mathbf{H} - c\mathbf{H} + c(a+b)\mathbf{H} = \mathbf{O} \to \\ &(c(a+b) - 1 - c)\mathbf{H} = \mathbf{O} \end{aligned}$$

Pero $\mathbf{H} \neq \mathbf{O}$, luego

$$c(a+b) - 1 - c = 0$$

de ahí que

$$c = \frac{1}{a+b-1}$$

1.37

Para n = 1 y para n = 2 la afirmación es cierta. Supuesta la afirmación cierta para todo número natural menor que n, con n>2, se tiene

$$\mathbf{M}^n = \mathbf{M}\,\mathbf{M}^{n-1} = \mathbf{M}(2^{n-2}\mathbf{M}) = 2^{n-2}\mathbf{M}^2 = 2^{n-2}(2^{2-1}\mathbf{M}) = 2^{n-1}\mathbf{M}$$

1.38

Denotando $\mathbf{M}^{-1}$ con

$$\begin{bmatrix} \mathbf{P} & \mathbf{Q} \\ \mathbf{R} & \mathbf{S} \end{bmatrix}$$

se debe cumplir

$$\begin{bmatrix} \mathbf{A} & \mathbf{B} \\ \mathbf{C} & \mathbf{D} \end{bmatrix}\begin{bmatrix} \mathbf{P} & \mathbf{Q} \\ \mathbf{R} & \mathbf{S} \end{bmatrix} = \begin{bmatrix} \mathbf{I} & \mathbf{O} \\ \mathbf{O} & \mathbf{I} \end{bmatrix},$$

esto es,

$$\begin{aligned} \mathbf{AP} + \mathbf{BR} &= \mathbf{I} \\ \mathbf{AQ} + \mathbf{BS} &= \mathbf{O} \\ \mathbf{CP} + \mathbf{DR} &= \mathbf{O} \\ \mathbf{CQ} + \mathbf{DS} &= \mathbf{I} \end{aligned}.$$

De la tercera ecuación se deduce

$$\mathbf{P} = -\mathbf{C}^{-1}\mathbf{DR},$$

valor de **P** que llevado a la primera ecuación conduce a

$$\begin{aligned} &\mathbf{A}(-\mathbf{C}^{-1}\mathbf{DR}) + \mathbf{BR} = \mathbf{I} \rightarrow \\ &(\mathbf{B} - \mathbf{AC}^{-1}\mathbf{D})\mathbf{R} = \mathbf{I} \rightarrow \\ &\mathbf{R} = (\mathbf{B} - \mathbf{AC}^{-1}\mathbf{D})^{-1} \end{aligned}$$

y de ahí que

$$\begin{aligned} &\mathbf{P} = -\mathbf{C}^{-1}\mathbf{DR} = -\mathbf{C}^{-1}\mathbf{D}(\mathbf{B} - \mathbf{AC}^{-1}\mathbf{D})^{-1} = \\ &-((\mathbf{B} - \mathbf{AC}^{-1}\mathbf{D})\mathbf{D}^{-1}\mathbf{C})^{-1} = -(\mathbf{BD}^{-1}\mathbf{C} - \mathbf{A})^{-1} = \\ &(\mathbf{A} - \mathbf{BD}^{-1}\mathbf{C})^{-1} \end{aligned}$$

Análogamente se hallan **Q** y **S**.

1.39

$$\mathbf{A}(\mathbf{A} + \mathbf{B})^{-1}\mathbf{B} = (\mathbf{B}^{-1}(\mathbf{A} + \mathbf{B})\mathbf{A}^{-1})^{-1} = (\mathbf{B}^{-1} + \mathbf{A}^{-1})^{-1} = (\mathbf{A}^{-1} + \mathbf{B}^{-1})^{-1}$$

y

$$\mathbf{B}(\mathbf{A} + \mathbf{B})^{-1}\mathbf{A} = (\mathbf{A}^{-1}(\mathbf{A} + \mathbf{B})\mathbf{B}^{-1})^{-1} = (\mathbf{B}^{-1} + \mathbf{A}^{-1})^{-1} = (\mathbf{A}^{-1} + \mathbf{B}^{-1})^{-1}$$

1.40

Hipótesis:

$$\mathbf{A}^{\mathbf{H}} = \mathbf{A}$$

Tesis:

$$\mathbf{A} = \mathbf{B} + \mathrm{i}\mathbf{C}$$

con **B** una matriz real y simétrica y **C** una matriz real antisimétrica

Resolución:

Sean **B** una matriz real y simétrica y **C** una matriz real antisimétrica. tales que

$$\mathbf{A} = \mathbf{B} + \mathrm{i}\mathbf{C}$$

Se tiene

$$\mathbf{A} = \mathbf{B} + \mathrm{i}\mathbf{C}$$
$$\overline{\mathbf{A}} = \mathbf{B} - \mathrm{i}\mathbf{C}$$

de ahí que

$$\mathbf{B} = \frac{1}{2}(\mathbf{A} + \overline{\mathbf{A}})$$

$$\mathbf{C} = \frac{1}{2\mathrm{i}}(\mathbf{A} - \overline{\mathbf{A}}) .$$

Es fácil probar que las matrices **B** y **C** son reales, la primera simétrica y la segunda antisimétrica, y además se verifica que

$$\mathbf{B} + \mathrm{i}\mathbf{C} = \mathbf{A} .$$

La escritura es única. pues si existieran otras matrices reales **B’** y **C’**, la primera simétrica y la segunda antisimétrica, tales que

$$\mathbf{B}' + \mathrm{i}\mathbf{C}' = \mathbf{A}$$

se tendría

$$(\mathbf{B} - \mathbf{B}') = \mathrm{i}(\mathbf{C}' - \mathbf{C}) .$$

Al ser

$$\mathbf{B} - \mathbf{B}' \text{ y } \mathbf{C}' - \mathbf{C}$$

matrices reales, necesariamente debe ser

$$\mathbf{B} - \mathbf{B}' = \mathbf{O} \text{ y } \mathbf{C}' - \mathbf{C} = \mathbf{O} ,$$

esto es,

$$\mathbf{B}' = \mathbf{B} \text{ y } \mathbf{C}' = \mathbf{C} .$$

1.41

Denotando con $\mathbf{H}_k$ la matriz nilpotente de orden n con elementos nulos, excepto unos en la k–ésima superdiagonal principal, y escribiendo sencillamente **H** en lugar de $\mathbf{H}_1$ se tiene:

$$\mathbf{H}^k = \mathbf{H}_k, \text{ para } k = 1, 2, ..., n-1$$
$$\mathbf{H}^k = \mathbf{O}_n, \text{ para k mayor o igual que n.}$$

La matriz elemental de Jordan es

$$\mathbf{J}_a = a\mathbf{I}_n + \mathbf{H}$$

Por ser $a\mathbf{I}_n$ y **H** matrices que conmutan entre sí se puede aplicar la fórmula del binomio de Newton:

$$(\mathbf{J_a})^{\mathbf{n}} = (a\mathbf{I_n} + \mathbf{H})^{\mathbf{n}} = \binom{n}{0} a^n \mathbf{I_n} + \binom{n}{1} a^{n-1}\mathbf{H} + \binom{n}{2} a^{n-2}\mathbf{H^2} + \dots + \binom{n}{n-1} a\mathbf{H^{n-1}} =$$

$$\begin{bmatrix} a^n & na^{n-1} & \frac{n(n-1)}{2}a^{n-2} & \dots & na \\ 0 & a^n & na^{n-1} & \dots & \frac{n(n-1)}{2}a^2 \\ 0 & 0 & a^n & \dots & \frac{n(n-1)(n-2)}{6}a^3 \\ \dots & \dots & \dots & \dots & \dots \\ 0 & & 0 & \dots & a^n \end{bmatrix}$$

1.42

$$(\mathbf{I} - \mathbf{A})^{-1} = \mathbf{I} + \mathbf{A} + \mathbf{A}^2 + \dots + \mathbf{A}^{k-1} \rightarrow$$

$$(\mathbf{I} - \mathbf{A})(\mathbf{I} + \mathbf{A} + \mathbf{A}^2 + \dots + \mathbf{A}^{k-1}) = \mathbf{I} \rightarrow$$

$$\mathbf{A}^k = \mathbf{O}$$

1.43

$$\text{Traza}(\mathbf{S}^{-1}\mathbf{AS}) = \text{Traza}(\mathbf{S}^{-1}(\mathbf{AS})) = \text{Traza}(\mathbf{S}^{-1})\,\text{Traza}(\mathbf{AS}) =$$

$$\text{Traza}(\mathbf{AS})\,\text{Traza}(\mathbf{S}^{-1}) = \text{Traza}((\mathbf{AS})\,\mathbf{S}^{-1}) =$$

$$\text{Traza}(\mathbf{A}(\mathbf{S}\,\mathbf{S}^{-1})) = \text{Traza}(\mathbf{AI}) = \text{Traza}(\mathbf{A})$$

1.44

Directo:

Hipótesis: **A** simétrica, **B** simétrica y **AB** = **BA**
Tesis: **AB** simétrica

Resolución:

$$(\mathbf{AB})^{\mathbf{T}} = \mathbf{B}^{\mathbf{T}}\mathbf{A}^{\mathbf{T}} = \mathbf{BA} = \mathbf{AB}$$

Recíproco:

Hipótesis: **A** simétrica, **B** simétrica y **AB** simétrica
Tesis: **AB** = **BA**

Resolución:

$$\mathbf{BA} = \mathbf{B}^{\mathbf{T}}\mathbf{A}^{\mathbf{T}} = (\mathbf{AB})^{\mathbf{T}} = \mathbf{AB}$$

El enunciado debería cambiarse cambiando la palabra conmutan por anticonmutan, esto es: "El producto de dos matrices antisimétricas **A** y **B** es una matriz antisimétrica si y sólo si **AB** = –**BA**".

1.45

$$\mathbf{A}^2+\mathbf{I}_n = \mathbf{O}_n$$

implica

$$(-\mathbf{A})\mathbf{A} = \mathbf{I}_n,$$

esto es,

$$\mathbf{A}^{-1} = -\mathbf{A}.$$

1.46

$$\det\begin{bmatrix} a & -b \\ b & a \end{bmatrix} = a^2 + b^2 \neq 0 \equiv (a,b) \neq (0,0) \equiv \mathbf{A} \text{ regular}$$

1.47

$$\begin{gathered}
\operatorname{diag}(\mathbf{A}_1,\mathbf{A}_2,...,\mathbf{A}_p)\operatorname{diag}(\mathbf{A}_1^{-1},\mathbf{A}_2^{-1},...,\mathbf{A}_p^{-1}) = \\
\operatorname{diag}(\mathbf{A}_1\mathbf{A}_1^{-1},\mathbf{A}_2\mathbf{A}_2^{-1},...,\mathbf{A}_p\mathbf{A}_p^{-1}) = \operatorname{diag}(\mathbf{I},\mathbf{I},...,\mathbf{I}) \rightarrow \\
\operatorname{diag}(\mathbf{A}_1^{-1},\mathbf{A}_2^{-1},...,\mathbf{A}_p^{-1}) = (\operatorname{diag}(\mathbf{A}_1,\mathbf{A}_2,...,\mathbf{A}_p))^{-1} = \mathbf{H}^{-1}
\end{gathered}$$

1.48

Se va a resolver solamente para matrices triangulares superiores.

1)

Hipótesis:	**P** triangular superior, **Q** triangular superior del mismo orden
Tesis:	**P+Q** triangular superior, y **PQ** triangular superior.

Resolución:

Sea **S** = **P+Q**. Es **S** triangular superior, pues los elementos de **S** de la forma s_{ij}, para i mayor que j, se anulan. Esto es así pues si i es mayor que j es $p_{ij} = 0$ y $q_{ij} = 0$ de donde $s_{ij} = p_{ij}+q_{ij} = 0+0 = 0$.

De otra parte sea **R** = **PQ**. Es **R** triangular superior, pues los elementos de **R** de la forma r_{ij} para i mayor que j se anulan. Veamos: Si i es mayor que j, es $p_{ij} = 0$ y $q_{ij} = 0$, de donde

$$r_{ij} = \sum_{k=1}^{n} p_{ik}q_{kj} = \sum_{k=i}^{j} p_{ik}q_{kj} = 0$$

(Al ser i mayor que j no existen sumandos en el sumatorio).

2)

Hipótesis: **P** triangular superior
Tesis: $\mathbf{P}^{-1}$ triangular superior

Resolución:

Sea **P** triangular superior. Los elementos (i, j), con i mayor que j, de $\mathbf{P}^{-1}$ son los adjuntos de los elementos (j, i) de **P**, que valen cero, divididos por el determinante de **P**. Luego $\mathbf{P}^{-1}$ es triangular superior.

1.49

De las hipótesis del enunciado se deduce que

$$b_{ij} = 0, \forall i > j$$

$$c_{ij} = 0, \forall i > j+1$$

Sea **E** = **BC**. Se tiene,

$$e_{ij} = \sum_{k=1}^{n} b_{ik} c_{kj}$$

Pero

$$i > j+1 \rightarrow i > j,$$

luego para i mayor que j+1

$$e_{ij} = \sum_{k=i}^{j+1} b_{ik} c_{kj} = 0$$

por no haber sumandos en el sumatorio, de donde **E** es una matriz de Hessenberg.

1.50

Hipótesis: **x** es de probabilidad y **M** es de Markoff .
Tesis: **Mx** es de probabilidad.

Resolución: Afirmar que una columna **x** es de probabilidad equivale a que sus elementos son no negativos y su suma vale la unidad. De otra parte, afirmar que **M** es de Markoff equivale a que sus columnas son de probabilidad. Si denotamos con α_i el i–ésimo elemento de **x**, supuesto **x** posee n elementos y **M** una matriz cuadrada de orden n, se tiene

$$\mathbf{Mx} = \begin{bmatrix} \cdots \\ \sum_{k=1}^{n} m_{ik} \alpha_k \\ \cdots \end{bmatrix} \rightarrow$$

$$1^{\text{o}} \quad \sum_{k=1}^{n} m_{ik}\alpha_k \geq 0$$

$$2^{\text{o}} \sum_{i=1}^{n}\left(\sum_{k=1}^{n} m_{ik}\alpha_k\right) = \sum_{k=1}^{n}\left(\sum_{i=1}^{n} m_{ik}\right)\alpha_k = \sum_{k=1}^{n} 1\times\alpha_k = \sum_{k=1}^{n}\alpha_k = 1$$

1.51

Hipótesis: **A** es una matriz cuadrada de orden n.
Tesis: $\mathbf{A} = \mathbf{B} + i\mathbf{C}$, con **B** y **C** matrices hermíticas.

Resolución:

Sean **B** y **C** hermíticas. tales que

$$\mathbf{A} = \mathbf{B} + i\mathbf{C}$$

Se tiene

$$\mathbf{A} = \mathbf{B} + i\mathbf{C}$$

$$\mathbf{A}^{\mathbf{H}} = \mathbf{B} - i\mathbf{C}$$

de ahí que

$$\mathbf{B} = \frac{1}{2}(\mathbf{A} + \mathbf{A}^{\mathbf{H}}) \text{ y } \mathbf{C} = \frac{1}{2i}(\mathbf{A} - \mathbf{A}^{\mathbf{H}}).$$

Es fácil probar que las matrices **B** y **C** son hermíticas y además se verifica que

$$\mathbf{B} + i\mathbf{C} = \mathbf{A}.$$

Nota: La demostración de la unicidad de escritura se deja para el lector.

1.52

$$\mathbf{A} = \begin{bmatrix} 1 & 1 \\ 1 & 1 \end{bmatrix}, \mathbf{B} = \begin{bmatrix} 1 & 0 \\ 0 & 1 \end{bmatrix} \to \mathbf{A} \otimes \mathbf{B} = \begin{bmatrix} 1\times\mathbf{B} & 1\times\mathbf{B} \\ 1\times\mathbf{B} & 1\times\mathbf{B} \end{bmatrix} = \begin{bmatrix} 1 & 0 & 1 & 0 \\ 0 & 1 & 0 & 1 \\ 1 & 0 & 1 & 0 \\ 0 & 1 & 0 & 1 \end{bmatrix}$$

1.53

Sumando a la primera fila las demás filas:

$$\begin{vmatrix} \frac{1}{2}(a+b+c) & \frac{1}{2}(a+b+c) & \frac{1}{2}(a+b+c) \\ b & \frac{1}{2}(-a+b-c) & b \\ c & c & \frac{1}{2}(-a-b+c) \end{vmatrix} =$$

$$\frac{1}{2}(a+b+c)\begin{vmatrix} 1 & 1 & 1 \\ b & \frac{1}{2}(-a+b-c) & b \\ c & c & \frac{1}{2}(-a-b+c) \end{vmatrix} =$$

$$\frac{1}{2}(a+b+c)\begin{vmatrix} 1 & 1 & 1 \\ 0 & -\frac{1}{2}(a+b+c) & b \\ 0 & 0 & -\frac{1}{2}(a+b+c) \end{vmatrix} = \frac{1}{8}(a+b+c)^3$$

1.54

Por Laplace se sabe que det**H** = det**A** det**B**. Luego det**H** es distinto de cero si y sólo si det**A** y det**B** son a la vez distintos de cero, es decir, **H** es regular si y sólo si **A** y **B** son regulares. De otra parte, en caso de ser **H** regular, se supone $\mathbf{H}^{-1}$ de la forma triangular superior por bloques

$$\mathbf{H}^{-1} = \begin{bmatrix} \mathbf{P} & \mathbf{Q} \\ \mathbf{O} & \mathbf{Q} \end{bmatrix}$$

$$\cdot \begin{bmatrix} \mathbf{A} & \mathbf{C} \\ \mathbf{O} & \mathbf{B} \end{bmatrix}\begin{bmatrix} \mathbf{P} & \mathbf{Q} \\ \mathbf{O} & \mathbf{Q} \end{bmatrix} = \begin{bmatrix} \mathbf{I} & \mathbf{O} \\ \mathbf{O} & \mathbf{I} \end{bmatrix}.$$

De lo que se deduce

$$\mathbf{H}^{-1} = \begin{bmatrix} \mathbf{A}^{-1} & -\mathbf{A}^{-1}\mathbf{C}\mathbf{B}^{-1} \\ \mathbf{O} & \mathbf{B}^{-1} \end{bmatrix}.$$

1.55

La matriz **A** es triangular superior. El determinante de **A** vale la unidad, por lo que **A** es regular, independientemente del valor que tome el parámetro a. El determinante de la inversa de una matriz regular es el inverso del determinante de esa matriz, luego

$$\det \mathbf{A}^{-1} = (\det \mathbf{A})^{-1} = 1$$

1.56

Se puede reducir la matriz a forma triangular superior, restando la primera fila de las demás, sin modificar el valor del determinante, por lo que:

$$D_{n+1} = \begin{vmatrix} 1 & 1 & 1 & \dots & 1 \\ 1 & 1+a_1 & 1 & \dots & 1 \\ 1 & 1 & 1+a_2 & \dots & 1 \\ \dots & \dots & \dots & \dots & \dots \\ 1 & 1 & 1 & \dots & 1+a_n \end{vmatrix} = \begin{vmatrix} 1 & 1 & 1 & \dots & 1 \\ 0 & a_1 & 0 & \dots & 0 \\ 0 & 0 & a_2 & \dots & 0 \\ \dots & \dots & \dots & \dots & \dots \\ 0 & 0 & 0 & \dots & a_n \end{vmatrix} = a_1 a_2 \dots a_n$$

1.57

Desarrollando por la última columna,

$$D_{n+1} = (-1)^{1+(n+1)}(a+nb)(-a)^n + aD_n = (a+nb)a^n + aD_n$$

se ha obtiene una relación de recurrencia. Hallando los valores de D_{n+1}, para valores pequeños de n, se tiene

$$D_1 = a$$
$$D_2 = 2a^2 + ab$$
$$D_3 = 3a^3 + 3a^2 b$$
$$D_4 = 4a^4 + 6a^3 b$$
$$D_5 = 5a^5 + 10a^4 b$$

Se intuye la fórmula general

$$D_{n+1} = (n+1)a^{n+1} + \frac{n(n+1)}{2} a^n b$$

que se puede demostrar por inducción sobre el tamaño de la matriz. Veamos, suponiendo cierta la ley general para todo número natural menor que n+1, sabiendo que es cierta para al menos los cinco primeros números naturales, se tiene:

$$D_{n+1} = (a+nb)a^n + D_n = (a+nb)a^n + a(na^n + \frac{(n-1)n}{2} a^{n-1} b) =$$
$$(n+a)a^{n+1} + (n + \frac{(n-1)n}{2})a^n b = (n+a)a^{n+1} + \frac{n(n+1)}{2} a^n b$$

1.58

Sea

$$\mathbf{A}(x) = [\mathbf{a}_1(x) \quad \mathbf{a}_2(x) \quad \dots \quad \mathbf{a}_n(x)],$$

luego

$$\frac{d}{dx}(\det \mathbf{A}(x)) = \frac{d}{dx}(\det[\mathbf{a}_1(x) \quad \mathbf{a}_2(x) \quad \ldots \quad \mathbf{a}_n(x)]) =$$

$$\det\left(\begin{bmatrix} \frac{d}{dx}(\mathbf{a}_1(x)) & \mathbf{a}_2(x) & \ldots & \mathbf{a}_n(x) \end{bmatrix}\right) +$$

$$\det\left(\begin{bmatrix} \mathbf{a}_1(x) & \frac{d}{dx}(\mathbf{a}_2(x)) & \ldots & \mathbf{a}_n(x) \end{bmatrix}\right) +$$

...

$$\det\left(\begin{bmatrix} \mathbf{a}_1(x) & \mathbf{a}_2(x) \ldots & \frac{d}{dx}(\mathbf{a}_n(x)) \end{bmatrix}\right)$$

1.59

Se supone que los parámetros son no nulos, por lo que se pueden sacar factor común, uno por cada columna, quedando la ecuación más sencilla

$$\begin{vmatrix} 1 & 1 & 1 & \ldots & 1 & x+1 \\ 1 & 1 & 1 & \ldots & x+1 & 1 \\ 1 & 1 & 1 & \ldots & 1 & 1 \\ \ldots & \ldots & \ldots & \ldots & \ldots & \ldots \\ 1 & x+1 & 1 & \ldots & 1 & 1 \\ x+1 & 1 & 1 & \ldots & 1 & 1 \end{vmatrix} = 0$$

Sumando a la primera fila las demás y sacando factor común x + n se tiene:

$$(x+n)\begin{vmatrix} 1 & 1 & 1 & \ldots & 1 & 1 \\ 1 & 1 & 1 & \ldots & x+1 & 1 \\ 1 & 1 & 1 & \ldots & 1 & 1 \\ \ldots & \ldots & \ldots & \ldots & \ldots & \ldots \\ 1 & x+1 & 1 & \ldots & 1 & 1 \\ x+1 & 1 & 1 & \ldots & 1 & 1 \end{vmatrix} = 0$$

Restando ahora a cada fila, de la segunda en adelante, la primera fila se tiene

$$(x+n)\begin{vmatrix} 1 & 1 & 1 & \ldots & 1 & 1 \\ 0 & 0 & 0 & \ldots & x & 0 \\ 0 & 0 & 0 & \ldots & 0 & 0 \\ \ldots & \ldots & \ldots & \ldots & \ldots & \ldots \\ 0 & x & 0 & \ldots & 0 & 0 \\ x & 0 & 0 & \ldots & 0 & 0 \end{vmatrix} = 0 \rightarrow$$

$$(-1)^{\frac{n(n-1)}{2}}(x+n)x^{n-1} = 0$$

de lo que se deduce que $x = -n$ es una raíz simple y que $x = 0$ es una raíz de multiplicidad $n-1$.

1.60

Desarrollando el determinante por la primera fila y su menor M_{12} por la primera columna se tiene la relación de recurrencia:

$$D_n = (1+a^2)D_{n-1} - a^2 D_{n-2}$$

Dando valores pequeños a n, se calculan los determinantes

$$D_1 = 1 + a^2$$
$$D_2 = 1 + a^2 + a^4$$
$$D_3 = 1 + a^2 + a^4 + a^6$$

intuyéndose la ley general

$$D_n = 1 + a^2 + a^4 + a^6 + ... + a^{2n}$$

que se puede probar por inducción sobre n, aprovechando la fórmula de recurrencia.

1.61

Si a cada fila se le resta la anterior, empezando por la última, y este proceso se repite de nuevo se obtiene el siguiente determinante:

$$\begin{vmatrix} 1^2 & 2^2 & 3^2 & ... & n^2 \\ 3 & 5 & 7 & ... & 2n+1 \\ 2 & 2 & 2 & ... & 2 \\ ... & ... & ... & ... & ... \\ 2 & 2 & 2 & ... & 2 \end{vmatrix}$$

Se tiene por tanto:

$$D_1 = 1, D_2 = -7, D_3 = -8,$$
$$D_n = 0, \forall n > 3$$

1.62

$$\det(\mathbf{AB})\det(\mathbf{A}^{-1} + \mathbf{B}^{-1}) = \det(\mathbf{AB}(\mathbf{A}^{-1} + \mathbf{B}^{-1})) =$$
$$\det(\mathbf{A}(\mathbf{A}^{-1} + \mathbf{B}^{-1})\mathbf{B}) = \det(\mathbf{B} + \mathbf{A}) = \det(\mathbf{A} + \mathbf{B})$$

1.63

Desarrollando por la primera columna se obtiene

$$D_n = a^n + (-1)^{n+1} b^n$$

1.64

Por recurrencia e inducción. Se obtiene

$$D_n = b(a+b)^{n-1} + (a-b)D_{n-1}$$

y se prueba la ley general

$$D_n = \frac{1}{2}((a+b)^n - (a-b)^n)$$

B.2 Soluciones a los Ejercicios propuestos del Capítulo 2

2.29

Por reducción al absurdo. Si $\mathbf{x_0}$ fuera solución de $\mathbf{Ax} = \mathbf{b}$, entonces se tendría la identidad $\mathbf{Ax_0} = \mathbf{b}$, de donde $\mathbf{A^2x_0} = \mathbf{Ab}$, $\mathbf{Ax_0} = \mathbf{0}$, $\mathbf{b} = \mathbf{0}$, contrariamente a la hipótesis de ser $\mathbf{b}$ no nulo.

2.30

Sea $j_1, j_2, \ldots, j_n$ una permutación de los números naturales 1, 2, …, n. Hay un total de n! permutaciones distintas. La permutación 1, 2, …, n es la permutación identidad. La matriz

$$\mathbf{P} = \begin{bmatrix} \mathbf{e}_{j_1} & \mathbf{e}_{j_2} & \ldots & \mathbf{e}_{j_n} \end{bmatrix}$$

es la matriz permutación asociada a la permutación $j_1, j_2, \ldots, j_n$, pues resulta de intercambiar entre sí un número finito, por ejemplo q, de pares de columnas de la matriz identidad

$$\mathbf{I} = \begin{bmatrix} \mathbf{e_1} & \mathbf{e_2} & \ldots & \mathbf{e_n} \end{bmatrix}$$

El intercambio j–ésimo de columnas corresponde a una matriz elemental $\mathbf{G_j}$ de clase I por columnas, de modo

$$\mathbf{I_n G_1 G_2 \ldots G_q} = \mathbf{P},$$

esto es,

$$\mathbf{P} = \mathbf{G_1 G_2 \ldots G_q}$$

Nota: Un resultado análogo se obtiene para las filas en lugar de las columnas.

2.31

Si $\mathbf{u} = \mathbf{0}$ o bien $\mathbf{v} = \mathbf{0}$, es $\mathbf{A} = \mathbf{uv^T}$ la matriz nula y se cumple el enunciado.

Si $\mathbf{u}$ y $\mathbf{v}$ son ambas no nulas, necesariamente $\mathbf{A} = \mathbf{uv^T}$ debe ser en este caso una matriz no nula, pues si un elemento no nulo de $\mathbf{u}$ es el que ocupa el lugar p, denotado por α_p, y un elemento no nulo de $\mathbf{v}$ es el que ocupa el lugar q, denotado por β_q, el elemento (p, q) de $\mathbf{A}$ es $\alpha_p\, \beta_q$ distinto de cero, luego $\mathbf{A}$ no puede ser la matriz nula.

Sea $\mathbf{F_1}$ la matriz elemental de clase I asociada al intercambio de las filas 1 y p, de modo que

$$\mathbf{F_1A} = (\mathbf{F_1u})\mathbf{v^T} = \begin{bmatrix} \alpha_p \\ \ldots \\ \alpha_1 \\ \ldots \\ \alpha_n \end{bmatrix} \begin{bmatrix} \beta_1 & \beta_q & \beta_n \end{bmatrix} = \begin{bmatrix} \alpha_p\beta_1 & \ldots & \alpha_p\beta_q & \ldots & \alpha_p\beta_n \\ \ldots & \ldots & \ldots & \ldots & \ldots \\ * & \ldots & * & \ldots & * \\ \ldots & \ldots & \ldots & \ldots & \ldots \\ * & \ldots & * & \ldots & * \end{bmatrix}$$

La primera fila de $\mathbf{F_1A}$ es no nula, pues $\alpha_p\beta_q$ es no nulo, y las restantes son múltiplos escalares de la primera. Denotando con $\mathbf{F_2}, \mathbf{F_3}, \ldots, \mathbf{F_n}$ las matrices elementales de clase III que permiten anular las demás filas de $\mathbf{F_1A}$ al restar cada una de las citadas filas un múltiplo conveniente de la primera, se tiene:

$$(\mathbf{F_n}...\mathbf{F_3F_2})(\mathbf{F_1A}) = \begin{bmatrix} \alpha_p\beta_1 & ... & \alpha_p\beta_q & ... & \alpha_p\beta_n \\ ... & ... & ... & ... & ... \\ 0 & ... & 0 & ... & 0 \\ ... & ... & ... & ... & ... \\ 0 & ... & 0 & ... & 0 \end{bmatrix}$$

En definitiva la matriz

$$\mathbf{F_n}...\mathbf{F_3F_2F_1A}$$

tiene su primera fila no nula, las restantes son nulas y procede de **A** mediante matrices asociadas a operaciones elementales por filas.

2.32

El menor principal angular Δ_k de **A** viene dado por

$$\Delta_0 = 1$$

$$\Delta_k = \det\begin{bmatrix} a_{11} & ... & a_{1k} \\ ... & ... & ... \\ a_{k1} & ... & a_{kk} \end{bmatrix}, \text{para } k = 1,2,...,n$$

Las operaciones de clase III por filas, que son las únicas permitidas en la descomposición **LU** de **A**, mantienen los valores de los menores de **A** y en particular de los menores principales angulares, por lo que en caso de que exista **LU** de **A**

$$\Delta_k = \prod_{i=1}^{k} a_{ii}^{(i-1)} = \prod_{i=1}^{k} u_{ii}, \text{para } k = 1,2,...,n,$$

esto es, los menores angulares principales de orden k son el producto de los k primeros pivots (no nulos, pues los pivots son no nulos), en cuyo caso

$$\frac{\Delta_k}{\Delta_{k-1}} = a_{kk}^{(k-1)} = u_{kk}$$

La no existencia de **LU** de **A** obliga a la anulación de un pivot en la diagonal principal, esto es, la anulación del correspondiente menor angular principal.

2.33

a)

$$\begin{bmatrix} a & 1 & 1 & 4 \\ 1 & b & 1 & 3 \\ 1 & 2b & 1 & 4 \end{bmatrix} \to ... \to \begin{bmatrix} a-1 & 1-b & 0 & 1 \\ 1 & b & 1 & 3 \\ 0 & b & 0 & 1 \end{bmatrix} \to$$

$$\begin{bmatrix} a-1 & 1 & 0 & 2 \\ 1 & b & 1 & 3 \\ 0 & b & 0 & 1 \end{bmatrix} \rightarrow \ldots \rightarrow \begin{bmatrix} a-1 & 1 & 0 & 2 \\ 1 & b & 1 & 3 \\ b(1-a) & 0 & 0 & 1-2b \end{bmatrix}$$

1º Si b(1−a) = 0 debe ser al mismo tiempo 1−2b = 0 para la compatibilidad del sistema. De donde b = 1/2 y a = 1. En este caso el sistema es compatible pero indeterminado. Grado de indeterminación unidad. La matriz ampliada es

$$\begin{bmatrix} 0 & 1 & 0 & 2 \\ 1 & 1/2 & 1 & 3 \\ 0 & 0 & 0 & 0 \end{bmatrix}$$

y las soluciones del sistema son:

$$x = 2 - \alpha$$
$$y = 2$$
$$z = \alpha$$

2º Si b(1−a) ≠ 0 debe ser b≠0 y a≠1. El sistema en este caso es compatible determinado. La solución única viene dada por:

$$x = \frac{1-2b}{b(1-a)}$$
$$y = 2 - (a-1)x = \frac{1}{b}$$
$$z = 3 - x - by = \frac{4b - 2ab - 1}{b(1-a)}$$

b)

$$\begin{bmatrix} a & b & 2 & 1 \\ a & 2b-1 & 3 & 1 \\ a & b & b+3 & 2b-1 \end{bmatrix} \rightarrow \ldots \rightarrow \begin{bmatrix} a & b & 2 & 1 \\ 0 & b-1 & 1 & 0 \\ 0 & 0 & b+1 & 2(b-1) \end{bmatrix}$$

1º Si a≠0, b≠1, b≠-1, el sistema es compatible y determinado. La solución única es:

$$x = \frac{1 - by - 2z}{a} = \frac{-b+5}{a(b+1)}$$
$$y = -\frac{z}{b-1} = -\frac{2}{b+1}$$
$$x = \frac{2(b-1)}{b+1}$$

2º Si b = 1 o bien b = −1 el sistema es incompatible.

3º Si a = 0, b≠1, b≠-1el sistema es compatible si y sólo si b = 5, en cuyo caso el sistema es indeterminado con un grado de indeterminación unidad. La matriz ampliada es

$$\begin{bmatrix} 0 & 5 & 2 & 1 \\ 0 & 4 & 1 & 0 \\ 0 & 0 & 6 & 8 \end{bmatrix}$$

Las soluciones del sistema vienen dadas por:

$$\begin{aligned} &x = \alpha \\ &y = -z/4 = -1/3 \\ &z = 4/3 \end{aligned}$$

2.34

$$\begin{aligned} &x_1 + x_2 = 1 \\ &x_2 + x_3 = 2 \\ &\ldots \qquad\qquad \rightarrow \\ &x_n + x_{n+1} = n \\ &x_{n+1} = \alpha \end{aligned}$$

$$\begin{aligned} &x_n = n - x_{n+1} = n - \alpha \\ &x_{n-1} = (n-1) - x_n = (n-1) - (n-\alpha) = \alpha - 1 \\ &x_{n-2} = (n-2) - x_{n-1} = (n-2) - (\alpha - 1) = (n-\alpha) - 1 \\ &x_{n-3} = (n-3) - x_{n-2} = (n-3) - ((n-\alpha) - 1) = \alpha - 2 \\ &x_{n-4} = (n-4) - x_{n-3} = (n-4) - \alpha - 2 = (n-\alpha) - 2 \\ &\ldots \end{aligned}$$

de lo que se deduce que:

$$\begin{aligned} &x_{n-2k} = (n-\alpha) - k, \text{ para } k = 0,1,2,\ldots \\ &x_{n-2k+1} = \alpha - k, \text{ para } k = 1,2,3,\ldots \end{aligned}$$

2.35

Debe ser n mayor que la unidad. Por el método de Gauss–Jordan:

$$\begin{bmatrix} 0 & 1 & 1 & \ldots & 1 & 1 & 0 & 0 & \ldots & 0 \\ 1 & 0 & 1 & \ldots & 1 & 0 & 1 & 0 & \ldots & 0 \\ 1 & 1 & 0 & \ldots & 1 & 0 & 0 & 1 & \ldots & 0 \\ \ldots & \ldots & \ldots & \ldots & \ldots & \ldots & \ldots & \ldots & \ldots & \ldots \\ 1 & 1 & 1 & \ldots & 0 & 0 & 0 & 0 & \ldots & 1 \end{bmatrix} \rightarrow$$

denotando con

$$\varepsilon = \frac{1}{n-1}$$

$$\begin{bmatrix} 1 & 1 & 1 & \dots & 1 & \varepsilon & \varepsilon & \varepsilon & \dots & \varepsilon \\ 1 & 0 & 1 & \dots & 1 & 0 & 1 & 0 & \dots & 0 \\ 1 & 1 & 0 & \dots & 1 & 0 & 0 & 1 & \dots & 0 \\ \dots & \dots & \dots & \dots & \dots & \dots & \dots & \dots & \dots & \dots \\ 1 & 1 & 1 & \dots & 0 & 0 & 0 & 0 & \dots & 1 \end{bmatrix} \rightarrow$$

$$\begin{bmatrix} 1 & 1 & 1 & \dots & 1 & \varepsilon & \varepsilon & \varepsilon & \dots & \varepsilon \\ 0 & -1 & 0 & \dots & 0 & -\varepsilon & 1-\varepsilon & -\varepsilon & \dots & -\varepsilon \\ 0 & 0 & -1 & \dots & 0 & -\varepsilon & -\varepsilon & 1-\varepsilon & \dots & -\varepsilon \\ \dots & \dots & \dots & \dots & \dots & \dots & \dots & \dots & \dots & \dots \\ 0 & 0 & 0 & \dots & -1 & -\varepsilon & -\varepsilon & -\varepsilon & \dots & 1-\varepsilon \end{bmatrix} \rightarrow$$

$$\begin{bmatrix} 1 & 0 & 0 & \dots & 0 & \varepsilon-1 & \varepsilon & \varepsilon & \dots & \varepsilon \\ 0 & -1 & 0 & \dots & 0 & -\varepsilon & 1-\varepsilon & -\varepsilon & \dots & -\varepsilon \\ 0 & 0 & -1 & \dots & 0 & -\varepsilon & -\varepsilon & 1-\varepsilon & \dots & -\varepsilon \\ \dots & \dots & \dots & \dots & \dots & \dots & \dots & \dots & \dots & \dots \\ 0 & 0 & 0 & \dots & -1 & -\varepsilon & -\varepsilon & -\varepsilon & \dots & 1-\varepsilon \end{bmatrix} \rightarrow$$

$$\begin{bmatrix} 1 & 0 & 0 & \dots & 0 & \varepsilon-1 & \varepsilon & \varepsilon & \dots & \varepsilon \\ 0 & 1 & 0 & \dots & 0 & \varepsilon & \varepsilon-1 & \varepsilon & \dots & \varepsilon \\ 0 & 0 & 1 & \dots & 0 & \varepsilon & \varepsilon & \varepsilon-1 & \dots & \varepsilon \\ \dots & \dots & \dots & \dots & \dots & \dots & \dots & \dots & \dots & \dots \\ 0 & 0 & 0 & \dots & 1 & \varepsilon & \varepsilon & \varepsilon & \dots & \varepsilon-1 \end{bmatrix} \rightarrow$$

de donde

$$\mathbf{A}^{-1} = \begin{bmatrix} \varepsilon-1 & \varepsilon & \varepsilon & \dots & \varepsilon \\ \varepsilon & \varepsilon-1 & \varepsilon & \dots & \varepsilon \\ \varepsilon & \varepsilon & \varepsilon-1 & \dots & \varepsilon \\ \dots & \dots & \dots & \dots & \dots \\ \varepsilon & \varepsilon & \varepsilon & \dots & \varepsilon-1 \end{bmatrix}$$

2.36

1º Queremos resolver la ecuación $\mathbf{CC^Tx} = \mathbf{b}$**.** Para ello, descompondremos esta ecuación en otras dos: de una parte $\mathbf{Cy} = \mathbf{b}$ de la que obtendremos $\mathbf{y_0}$ por sustitución hacia adelante y de otra parte $\mathbf{C^Tx} = \mathbf{y_0}$ de la que obtendremos finalmente $\mathbf{x_0}$ por sustitución hacia atrás.

2º

$$A^{-1} = (CC^T)^{-1} = (C^T)^{-1}C^{-1} = (C^{-1})^T C^{-1}$$

Bastaría con invertir **C**, matriz triangular inferior y efectuar el producto indicado.

2.37

Operando sobre la matriz ampliada mediante operaciones elementales por filas

$$[\mathbf{A} \quad \mathbf{B}] \to \ldots \to [\mathbf{U} \quad \mathbf{C}]$$

donde **U** es la matriz regular triangular superior

$$U = \begin{bmatrix} u_{11} & * & \ldots & * \\ 0 & u_{22} & \ldots & * \\ \ldots & \ldots & \ldots & \ldots \\ 0 & 0 & \ldots & u_{nn} \end{bmatrix}, \text{con } u_{ii} \neq 0, \forall i$$

y bastará con p sustituciones hacia atrás $\mathbf{Ux_i} = \mathbf{c_i}$ para obtener $\mathbf{X} = [\mathbf{x_1}\ \mathbf{x_2} \ldots \mathbf{x_p}]$.

2.38

$$\begin{bmatrix} 0 & 1 & a & b \\ -1 & 0 & c & d \\ a & c & 0 & -e \\ b & d & e & 0 \end{bmatrix} \to \begin{bmatrix} 0 & 1 & a & b \\ -1 & 0 & c & d \\ 0 & c & ac & -e+ad \\ 0 & d & e+bc & bd \end{bmatrix} \to \begin{bmatrix} 0 & 1 & a & b \\ -1 & 0 & c & d \\ 0 & 0 & 0 & -e+ad-bc \\ 0 & 0 & e+bc-ad & 0 \end{bmatrix} \to$$

Debe ser e+bc–ad = 0, en cuyo caso, y sólo en él, son x e y dependientes de z y t.

2.39

El conjunto de soluciones solamente puede depender de un parámetro (Si dependiera de dos parámetros, no sería verdad que $[p\ q\ 0]^T$ no es solución excepto $[-1\ 1\ 0]^T$). Una solución particular es la dada por $[1\ 1\ 1]^T$ y una solución general del sistema homogéneo asociado se halla por diferencia de la solución dada y la solución $[-1\ 1\ 0]^T$, de donde denotando con x, y, z las incógnitas se tiene el conjunto de soluciones:

$$\begin{aligned} x &= 1 + \lambda(1-1) = 1 \\ y &= 1 + \lambda(1+1) = 1 + 2\lambda \\ z &= 1 + \lambda(1-0) = 1 + \lambda \end{aligned}$$

2.40

Los menores angulares principales deben ser estrictamente positivos, para que los pivots también lo sean, luego

$$\begin{matrix} \Delta_1 & \Delta_2 & \Delta_3 \\ p > 0 & p^2 - 1 > 0 & p^3 - 3p + 2 > 0 \end{matrix},$$

de ahí se concluye que p tiene que ser estrictamente mayor que la unidad.

2.41

Siendo p estrictamente mayor que la unidad,

$$\mathbf{A}=\begin{bmatrix} p & 1 & 1 \\ 1 & p & 1 \\ 1 & 1 & p \end{bmatrix} \to \begin{bmatrix} p & 1 & 1 \\ 0 & p-1/p & 1-1/p \\ 0 & 1-1/p & p-1/p \end{bmatrix} \to \begin{bmatrix} p & 1 & 1 \\ 0 & p-1/p & 1-1/p \\ 0 & 0 & (p-1)(p+2)/(p+1) \end{bmatrix} = \mathbf{U}$$

$$\mathbf{L}=\begin{bmatrix} 1 & 0 & 0 \\ 1/p & 1 & 0 \\ 1/p & 1/(p+1) & 1 \end{bmatrix}, \mathbf{D_1}=\begin{bmatrix} \sqrt{p} & 0 & 0 \\ 0 & \sqrt{(p^2-1)/p} & 0 \\ 0 & 0 & \sqrt{(p-1)(p+2)/(p+1)} \end{bmatrix}$$

$$\mathbf{C}=\mathbf{LD_1}=\begin{bmatrix} \sqrt{p} & 0 & 0 \\ \sqrt{p}/p & \sqrt{(p^2-1)/p} & 0 \\ \sqrt{p}/p & (\sqrt{(p^2-1)/p})/(p+1) & \sqrt{(p-1)(p+2)/(p+1)} \end{bmatrix} \text{ y } \mathbf{CC^T}=\mathbf{A}$$

.

2.42

Es algo menos costoso multiplicar dos matrices, pero ambas operaciones tienen el mismo orden de complejidad.

$$\begin{cases} \text{Producto } \mathbf{AB} \begin{cases} (+/-) \to n^2(n-1) = n^3 - n^2 \\ (\times) \to n^3 \end{cases} \\ \text{Invertir por Gauss } \mathbf{A}^{-1}_{\text{reg}} \begin{cases} (+/-) \to n^3 - (3/2)\, n^2 + (1/2)\, n \\ (\times/:) \to n^3 \end{cases} \end{cases}$$

2.43

$$\begin{bmatrix} 1 & -2 & 3 & 1 \\ 2 & a & 6 & 6 \\ -1 & 3 & a-3 & 0 \end{bmatrix} \to \begin{bmatrix} 1 & -2 & 3 & 1 \\ 0 & a+4 & 0 & 4 \\ 0 & 1 & a & 1 \end{bmatrix} \to \begin{bmatrix} 1 & -2 & 3 & 1 \\ 0 & 1 & a & 1 \\ 0 & 0 & -(a+4)a & -a \end{bmatrix}$$

Una vez obtenida la forma normal se pasa a la resolución del correspondiente sistema homogéneo:

(a) $a \neq 0, \quad a \neq -4$

$$\begin{bmatrix} 1 & -2 & 3 & 1 \\ 0 & 1 & a & 1 \\ 0 & 0 & 1 & 1/(a+4) \end{bmatrix} \to \begin{bmatrix} 1 & 0 & 3+2a & 3 \\ 0 & 1 & 0 & 4/(a+4) \\ 0 & 0 & 1 & 1/(a+4) \end{bmatrix} \to \begin{bmatrix} 1 & 0 & 1 & (a+3)/(a+4) \\ 0 & 1 & 0 & 4/(a+4) \\ 0 & 0 & 1 & 1/(a+4) \end{bmatrix} \to$$

$$\alpha_1 = -(a+9)\lambda/(a+4)$$
$$\alpha_2 = -4\lambda/(a+4)$$
$$\alpha_3 = -\lambda/(a+4)$$
$$\alpha_4 = \lambda$$

(b) $a = 0 \rightarrow$

$$\begin{bmatrix} 1 & -2 & 3 & 1 \\ 0 & 1 & 0 & 1 \\ 0 & 0 & 0 & 0 \end{bmatrix} \rightarrow \begin{bmatrix} 1 & 0 & 3 & 3 \\ 0 & 1 & 0 & 1 \\ 0 & 0 & 0 & 0 \end{bmatrix} \rightarrow \begin{cases} \alpha_1 = -3\alpha - 3\beta \\ \alpha_2 = -\beta \\ \alpha_3 = \alpha \\ \alpha_4 = \beta \end{cases}$$

(c) $a = -4 \rightarrow$

$$\begin{bmatrix} 1 & -2 & 3 & 1 \\ 0 & 1 & -4 & 1 \\ 0 & 0 & 0 & 4 \end{bmatrix} \rightarrow \begin{bmatrix} 1 & 0 & -5 & 3 \\ 0 & 1 & -4 & 1 \\ 0 & 0 & 0 & 1 \end{bmatrix} \rightarrow \begin{bmatrix} 1 & 0 & -5 & 3 \\ 0 & 1 & -4 & 1 \\ 0 & 0 & 0 & 1 \end{bmatrix} \rightarrow$$

$$\begin{bmatrix} 1 & 0 & -5 & 0 \\ 0 & 1 & -4 & 0 \\ 0 & 0 & 0 & 1 \end{bmatrix} \rightarrow \begin{cases} \alpha_1 = 5\varepsilon \\ \alpha_2 = 4\varepsilon \\ \alpha_3 = \varepsilon \\ \alpha_4 = 0 \end{cases}$$

2.44

1º Se hace j = 1.

2º Se localiza un pivot en la columna j–ésima de la matriz ampliada. En caso de que exista el pivot se utiliza su fila para hacer ceros en los demás elementos de la columna pivotal. Tanto si existe el pivot como si no, se incrementa j en una unidad, esto es,

$$j \leftarrow j+1.$$

3º Si j es mayor que n ha terminado la eliminación de incógnitas. En caso de compatibilidad del sistema (no escalonamiento en la columna de términos independientes) se despejan las incógnitas pivotales en función de las demás, las cuales son libres y constituyen los parámetros independientes del conjunto de soluciones. Si, por el contrario, j no es mayor que n se vuelve a 2º.

2.45

$$\left[\begin{array}{ccc|c} 1 & i & 1+i & 1-i \\ 1+2i & 2i & 0 & 1 \\ 1+i & 1+2i & 2+i & a+bi \end{array}\right] \to \left[\begin{array}{ccc|c} 1 & i & 1+i & 1-i \\ 0 & 2+i & 1-3i & -2-i \\ 0 & 2+i & 2-i & (a-2)+bi \end{array}\right] \to$$

$$\left[\begin{array}{ccc|c} 1 & i & 1+i & 1-i \\ 0 & 2+i & 1-3i & -2-i \\ 0 & 0 & 1+2i & a+(b+1)i \end{array}\right] \Rightarrow \text{Sistema Comp. Determ.}$$

$$\text{Solución única}: \begin{cases} x = (1-i) - iy - (1+i)z = \ldots \\ y = \dfrac{-2-i-(1-3i)z}{2+i} = \ldots \\ z = \dfrac{a+(b+1)i}{1+2i} = \dfrac{1}{5}\{a+2b+2+(-2a+b+1)i\} \end{cases}$$

2.46

Bastaría con intercambiar columnas de modo conveniente después de la eliminación de incógnitas, si fuera necesario, lo que supone, además de las operaciones elementales por filas, operaciones elementales por columna, esto es, multiplicar por la derecha la matriz del sistema por una matriz regular **Q** producto de las matrices elementales clase I asociadas:

$$\mathbf{Ax} = \mathbf{b_0} \to (\text{operando por filas}) \to (\mathbf{P_{reg}A})\mathbf{x} = \mathbf{Pb_0}\,,$$

de donde

$$\mathbf{PA} = \begin{bmatrix} \ldots & 1 & \ldots & 0 & \ldots & 0 & .. \\ & & & 1 & \ldots & 0 & \ldots \\ & & & & & \ldots & \ldots \\ & & & & & 1 & \ldots \\ & & & & & & \\ & & & & & & \\ & & & & & & \end{bmatrix} \to (\text{operando por columnas}) \to (\mathbf{PA})\mathbf{Q_{reg}}\mathbf{Q}^{-1}\mathbf{x} = \mathbf{Pb_0}$$

$$(\mathbf{PAQ})\mathbf{x}' = \mathbf{Pb_0},\ \text{con } \mathbf{x}' = \mathbf{Q}^{-1}\mathbf{x},\ \text{donde}$$

$$\mathbf{PAQ} = \begin{bmatrix} \mathbf{I_r} & * \\ \mathbf{O} & \mathbf{O} \end{bmatrix}$$

2.47

Si la ecuación de la superficie esférica es, en un determinado sistema de referencia cartesiano,

$$(x-a)^2 + (y-b)^2 + (z-c)^2 = r^2,$$

esto es,

$$x^2+y^2+z^2-2ax-2by-2cz+a^2+b^2+c^2-r^2=0$$

se debe cumplir, considerando la variable auxiliar

$$\lambda=a^2+b^2+c^2-r^2$$

$$\begin{cases} 3-2a-2b-2c+\lambda=0 \\ 2\quad\;\; -2b-2c+\lambda=0 \\ 2-2a-2b\quad\;\; +\lambda=0 \\ 1-2a\qquad\quad\;\; +\lambda=0 \end{cases}$$

La compatibilidad del sistema en las incógnitas a, b, c, conduce a que λ = 0, esto es,

$$r^2=a^2+b^2+c^2$$

Se llega a que la solución única es 1/2, 1/2, 1/2 de donde

$$r^2=3/4 \quad \text{y} \quad (x\text{-}1/2)^2+(y-1/2)^2+(z-1/2)^2=3/4$$

es la ecuación buscada.

2.48

La matriz más sencilla que cumple las condiciones del enunciado será la matriz diagonal **D** siguiente, siempre que sea

$$a\neq 1, b\neq 1, c\neq 1:$$

$$\mathbf{D}=\begin{bmatrix} \dfrac{a(c-a)(a-b)}{(b-1)(1-c)} & 0 & 0 \\ 0 & \dfrac{b(a-b)(b-c)}{(1-c)(a-1)} & 0 \\ 0 & 0 & \dfrac{c(b-c)(c-a)}{(a-1)(1-b)} \end{bmatrix}$$

• Si $a=1,\ b\neq 1,\ c\neq 1$

$$\mathbf{D}=\begin{bmatrix} 1 & 0 & 0 \\ 1 & 0 & 0 \\ 1 & 0 & 0 \end{bmatrix}, \text{ tiene como una posible solución } 1, 0, 0$$

• Si $a\neq 1,\ b=1,\ c\neq 1$

$$\mathbf{D}=\begin{bmatrix} 0 & 1 & 0 \\ 0 & 1 & 0 \\ 0 & 1 & 0 \end{bmatrix}, \text{ tiene como una posible solución } 0, 1, 0$$

• Si $a \neq 1,\ b \neq 1,\ c = 1$

$$\mathbf{D} = \begin{bmatrix} 0 & 0 & 1 \\ 0 & 0 & 1 \\ 0 & 0 & 1 \end{bmatrix}, \quad \text{tiene como una posible solución } 0, 0, 1$$

2.49

$$\mathbf{Ax} = \mathbf{b} \equiv \begin{bmatrix} p & q \\ q & r \end{bmatrix} \begin{bmatrix} \alpha_1 \\ \alpha_2 \end{bmatrix} = \begin{bmatrix} s \\ t \end{bmatrix},$$

compatible para todos los posibles valores de los parámetros s y t, significa que el rango de **A** debe ser dos, de ahí que

$$\mathbf{A} = \begin{bmatrix} p & q \\ q & r \end{bmatrix} \; ; \quad pr \neq q^2$$

2.50

$$\mathbf{X} = \begin{bmatrix} \alpha & \beta \\ \gamma & \delta \end{bmatrix}, \quad \alpha, \beta, \gamma, \delta \in \mathbf{C}$$

$$\mathbf{AX} = \begin{bmatrix} 0 & 1 \\ 1 & 0 \end{bmatrix} \begin{bmatrix} \alpha & \beta \\ \gamma & \delta \end{bmatrix} = \begin{bmatrix} \gamma & \delta \\ \alpha & \beta \end{bmatrix}$$

$$\mathbf{XB^H} = \begin{bmatrix} \alpha & \beta \\ \gamma & \delta \end{bmatrix} \begin{bmatrix} 1 & i \\ -i & 0 \end{bmatrix} = \begin{bmatrix} \alpha - \beta i & \alpha i \\ \gamma - \delta i & \gamma i \end{bmatrix}$$

$$\begin{bmatrix} \alpha - \beta i + \gamma & \alpha i + \delta \\ \alpha + \gamma - \delta i & \beta + \gamma i \end{bmatrix} = \begin{bmatrix} i & -2i \\ 0 & 2i \end{bmatrix}$$

$$\begin{bmatrix} 1 & -i & 1 & 0 \\ i & 0 & 0 & 1 \\ 1 & 0 & 1 & -i \\ 0 & 1 & i & 0 \end{bmatrix} \begin{bmatrix} \alpha \\ \beta \\ \gamma \\ \delta \end{bmatrix} = \begin{bmatrix} i \\ -2i \\ 0 \\ 2i \end{bmatrix} \Rightarrow \begin{cases} \alpha = -2 + i \\ \beta = 0 \\ \gamma = 2 \\ \delta = 1 \end{cases} \Rightarrow \mathbf{X} = \begin{bmatrix} -2 + i & 0 \\ 2 & 1 \end{bmatrix}$$

2.51

$\mathbf{A} = \mathbf{uv}^{\mathbf{T}}$ siendo

$$\mathbf{u} \neq \mathbf{0},\ \mathbf{v} \neq \mathbf{0} \text{ y } \mathbf{A} \neq \mathbf{0} \text{ (evidente).}$$

Los sistemas $\mathbf{Ax} = \mathbf{0}$ y $\mathbf{v}^{\mathbf{T}}\mathbf{x} = 0$ son equivalentes, ya que cualquier solución de uno es solución del otro. Veamos:

$$\mathbf{Ax} = \mathbf{0} \to (\mathbf{uv}^{\mathbf{T}})\mathbf{x} = \mathbf{0} \to (\mathbf{v}^{\mathbf{T}}\mathbf{x})\mathbf{u} = \mathbf{0} \to \mathbf{v}^{\mathbf{T}}\mathbf{x} = 0$$

$$\mathbf{v}^{\mathbf{T}}\mathbf{x} = 0 \to (\mathbf{v}^{\mathbf{T}}\mathbf{x})\mathbf{u} = \mathbf{0} \to (\mathbf{uv}^{\mathbf{T}})\mathbf{x} = \mathbf{0} \to \mathbf{Ax} = \mathbf{0}$$

pero

$$\mathbf{v}^{\mathbf{T}} = \begin{bmatrix} \ldots & \beta_j^{\neq 0} & \ldots \end{bmatrix}$$

luego la ecuación $\mathbf{v}^{\mathbf{T}}\mathbf{x} = 0$ conduce a las soluciones siguientes, que dependen de n−1 parámetros

$$\begin{cases} \alpha_1 = \lambda_1 \\ \alpha_2 = \lambda_2 \\ \ldots\ldots\ldots\ldots \\ \alpha_j = \dfrac{-\beta_1\lambda_1 - \beta_2\lambda_2 - \ldots - \beta_n\lambda_n}{\beta_j} \\ \ldots\ldots\ldots\ldots \\ \alpha_n = \lambda_{n-1} \end{cases}$$

2.52

$$\mathbf{L} = \begin{bmatrix} \alpha_1 & \ldots & \ldots & \alpha_n \\ \beta_1 & \ldots & \ldots & \beta_n \end{bmatrix}$$

$$\mathbf{LA} = \mathbf{I} \rightarrow \begin{bmatrix} \sum_{i=1}^{n} \alpha_i & \sum_{i=2}^{n} \alpha_i \\ \sum_{i=1}^{n} \beta_i & \sum_{i=2}^{n} \beta_i \end{bmatrix} = \begin{bmatrix} 1 & 0 \\ 0 & 1 \end{bmatrix}$$

$$\left.\begin{matrix} \alpha_1 + \ldots\ldots\ldots\ldots + \alpha_n = 1 \\ \alpha_2 + \ldots\ldots + \alpha_n = 0 \end{matrix}\right\} \rightarrow \begin{cases} \alpha_1 = 1 \\ \alpha_2 = -\varepsilon_3 - \varepsilon_4 - \ldots - \varepsilon_n \\ \alpha_3 = \varepsilon_3 \\ \alpha_4 = \varepsilon_4 \\ \ldots\ldots\ldots\ldots \\ \alpha_n = \varepsilon_n \end{cases}$$

$$\left.\begin{matrix} \beta_1 + \ldots\ldots\ldots\ldots + \beta_n = 0 \\ \beta_2 + \ldots\ldots\ldots + \beta_n = 1 \end{matrix}\right\} \rightarrow \begin{cases} \beta_1 = -1 \\ \beta_2 = 1 - \delta_3 - \delta_4 - \ldots - \delta_n \\ \beta_3 = \delta_3 \\ \beta_4 = \delta_4 \\ \ldots\ldots\ldots\ldots \\ \beta_n = \delta_n \end{cases}$$

de donde

$$\mathbf{L} = \begin{bmatrix} 1 & -\varepsilon_3 - \varepsilon_4 - \ldots - \varepsilon_n & \varepsilon_3 & \varepsilon_4 \ldots \varepsilon_n \\ -1 & 1 - \delta_3 - \delta_4 - \ldots - \delta_n & \delta_3 & \delta_4 \ldots \delta_n \end{bmatrix}$$

B.3 Soluciones a los Ejercicios propuestos del Capítulo 3

3.23

1) No es un subespacio vectorial, pues, por ejemplo, el polinomio idénticamente nulo no pertenece al citado subconjunto.

2) Sí es un subespacio vectorial, pues, el subconjunto F de polinomios q(t) de **R**[t] que satisfacen la condición 3q(0) = q(1) no es vacío (el polinomio idénticamente nulo la satisface). Además se verifican las dos condiciones de subespacio vectorial, ya que:

$$3(q+r)(0) = 3(q(0)+r(0)) = 3q(0)+3r(0) = q(1)+r(1) = (q+r)(1)$$
$$3(\alpha q)(0) = 3(\alpha q(0)) = \alpha(3q(0)) = \alpha(q(1)) = (\alpha q)(1)$$

3) No es un subespacio vectorial, pues, por ejemplo, el opuesto del polinomio no nulo q(t) de F, –q(t), no pertenece al citado subconjunto.

4) Sí es un subespacio vectorial, siguiendo un razonamiento análogo al seguido en el apartado segundo.

3.24

•

$$\begin{bmatrix}1&1&1&1\\1&1&1&1\end{bmatrix} = a\begin{bmatrix}1&0&0&0\\0&1&0&0\end{bmatrix} + b\begin{bmatrix}0&1&0&0\\0&0&1&0\end{bmatrix} + c\begin{bmatrix}0&0&1&0\\0&0&0&1\end{bmatrix} + d\begin{bmatrix}0&0&0&1\\1&0&0&0\end{bmatrix} \rightarrow$$

$$a = 1, b = 1, c = 1, d = 1$$

• Escribiendo en columnas las componentes de las cuatro matrices generadoras, en la base natural del espacio, se observa que están escritas en forma escalonada

$$\begin{matrix}1&0&0&0\\0&1&0&0\\0&0&1&0\\0&0&0&1\\0&0&0&1\\1&0&0&0\\0&1&0&0\\0&0&1&0\end{matrix} \rightarrow$$

las cuatro matrices generadoras forman una base.

3.25

Trabajando por columnas en la base natural, si se denotan con F y G a los subespacios generados del primer miembro y del segundo miembro, respectivamente, se tiene que

$$\begin{matrix} 0 & 1 & -2 \\ 1 & 0 & 3 \\ 1 & 2 & -1 \end{matrix} \rightarrow \ldots \rightarrow \begin{matrix} 0 & 1 & 0 \\ 1 & 0 & 0 \\ 1 & 2 & 0 \end{matrix} \rightarrow \begin{matrix} 0 & 1 \\ 1 & 0 \\ 1 & 2 \end{matrix}$$

es una base de F, y

$$\begin{matrix} 1 & -1 \\ 1 & 4 \\ 3 & \alpha \end{matrix} \rightarrow \begin{matrix} 1 & 0 \\ 1 & 5 \\ 3 & \alpha+3 \end{matrix}$$

es una base de G.

Como F y G poseen la misma dimensión, los vectores base de G deben depender linealmente de los vectores base F para que se verifique la identidad F = G. Es (1, 1, 3) un vector que depende linealmente de los vectores (0, 1, 1), (1, 0, 2). Basta pues con imponer que el vector (0, 5, α+3) dependa linealmente de los vectores (0, 1, 1), (1, 0, 2), esto es,

$$\begin{matrix} 0 & 1 & 0 \\ 1 & 0 & 5 \\ 1 & 2 & \alpha+3 \end{matrix} \rightarrow \begin{matrix} 0 & 1 & 0 \\ 1 & 0 & 0 \\ 1 & 2 & \alpha-2 \end{matrix} \rightarrow \alpha = 2$$

para que haya dependencia lineal y por tanto se cumpla que F = G.

3.26

Sí, pues

$$\begin{array}{c|c|c|c} & y+z & x+z & x+y \\ x & 0 & 1 & 1 \\ y & 1 & 0 & 1 \\ z & 1 & 1 & 0 \end{array} \rightarrow \ldots \rightarrow \begin{matrix} 0 & 1 & 0 \\ 1 & 0 & 0 \\ 1 & 1 & -2 \end{matrix}$$

3.27

Debe haber dos columnas formando una lista linealmente independiente y la tercera tiene que depender de las otras dos. Trabajando por columnas

$$\begin{matrix} -3+\alpha & 1 & 0 \\ 1 & -2+\alpha & -1 \\ 0 & 1 & 3-\alpha \end{matrix} \rightarrow \begin{array}{cc|c} -3+\alpha & 1 & -3+\alpha \\ 1 & -2+\alpha & \alpha^2-5\alpha+5 \\ 0 & 1 & 0 \end{array} \rightarrow$$

$$\begin{array}{cc|c} -3+\alpha & 1 & (\alpha-3)(-\alpha^2+5\alpha-4)=0 \\ 1 & -2+\alpha & 0 \\ 0 & 1 & 0 \end{array} \rightarrow \begin{cases} \alpha = 3 \\ \alpha = 4 \\ \alpha = 1 \end{cases}$$

3.28

	x_1+x_2	x_2+x_3	x_3+x_4	...	$x_{n-1}+x_n$	x_n+x_1	
x_1	1					1	
x_2	1	1					
x_2		1	1				$\rightarrow \ldots$
...			1	1			
x_{n-1}				1	1		
x_n					1	1	

$$\rightarrow \text{Dos últimas columnas} \begin{cases} n = \text{impar} \quad \begin{bmatrix} 0 \\ \ldots \\ 1 \\ 1 \end{bmatrix}, \begin{bmatrix} 0 \\ \ldots \\ 0 \\ 2 \end{bmatrix} \rightarrow \text{lin. indep.} \rightarrow \text{Base} \\ n = \text{par} \quad \begin{bmatrix} 0 \\ \ldots \\ 1 \\ 1 \end{bmatrix}, \begin{bmatrix} 0 \\ \ldots \\ 1 \\ 1 \end{bmatrix} \rightarrow \text{lin. dep.} \rightarrow \text{No Base} \end{cases}$$

3.29

$$\mathbf{X} = \begin{bmatrix} p & q \\ r & s \end{bmatrix} \in \mathbf{R}^{2x2}; \quad \mathbf{AX} = \mathbf{XA} \rightarrow$$

$$\begin{bmatrix} 0 & 0 \\ 0 & 1 \end{bmatrix} \begin{bmatrix} p & q \\ r & s \end{bmatrix} = \begin{bmatrix} p & q \\ r & s \end{bmatrix} \begin{bmatrix} 0 & 0 \\ 0 & 1 \end{bmatrix}$$

$$\begin{bmatrix} 0 & 0 \\ r & s \end{bmatrix} = \begin{bmatrix} 0 & q \\ 0 & s \end{bmatrix} \rightarrow \begin{cases} q = 0 \\ r = 0 \end{cases} \rightarrow$$

$$\mathbf{X} = \begin{bmatrix} p & 0 \\ 0 & s \end{bmatrix} \rightarrow \text{Base} = \begin{bmatrix} 1 & 0 \\ 0 & 0 \end{bmatrix}, \begin{bmatrix} 0 & 0 \\ 0 & 1 \end{bmatrix}$$

3.30

Expresando los vectores de la nueva lista, sus componentes en columna, en la base antigua, teniendo en cuenta que

$$z = \alpha_1 x_1 + \ldots + \alpha_k^{\neq 0} x_k + \ldots + \alpha_n x_n,$$

donde

$$x_1, \ldots, x_k, \ldots, x_n = \text{Base de E},$$

se tiene

$$\begin{array}{c|cccccccc}
 & x_1 & x_2 & \dots & x_{k-1} & z & x_{k+1} & \dots & x_n \\
x_1 & 1 & & & & \alpha_1^{\leftarrow 0} & & & \\
x_2 & & 1 & & & \alpha_2^{\leftarrow 0} & & & \\
\dots & & & \ddots & & \dots & & & \\
x_{k-1} & & & & 1 & \alpha_{k-1}^{\leftarrow 0} & & & \\
x_k & & & & & \alpha_k^{\neq 0} & & & \\
x_{k+1} & & & & & \alpha_{k+1}^{\leftarrow 0} & 1 & & \\
\dots & & & & & \dots & & \ddots & \\
x_n & & & & & \alpha_n^{\leftarrow 0} & & & 1
\end{array}$$

Las componentes de z, distinta de la k–ésima, se pueden anular, trabajando por columnas, lo que indica que los n vectores de la nueva lista forman una lista linealmente independiente, esto es, una base en un espacio de dimensión n.

De otra parte, la relación entre componentes antiguas y nuevas del vector cuyas componentes en la base antigua valen la unidad viene dada por

$$\begin{bmatrix} 1 \\ 1 \\ \dots \\ 1 \\ \dots \\ 1 \end{bmatrix} = \begin{bmatrix} 1 & & \alpha_1 & & \\ & 1 & \alpha_2 & & \\ & \ddots & \dots & & \\ & & \alpha_k & & \\ & & \dots & \ddots & \\ & & \alpha_n & & 1 \end{bmatrix} \begin{bmatrix} \varepsilon_1 \\ \varepsilon_2 \\ \dots \\ \varepsilon_k \\ \dots \\ \varepsilon_n \end{bmatrix}.$$

Las componentes nuevas se halla resolviendo el sistema de ecuaciones. Veamos:

$$\left[\begin{array}{ccccccc|c} 1 & \dots & \dots & \alpha_1 & \dots & \dots & \dots & 1 \\ & 1 & \dots & \alpha_2 & \dots & \dots & \dots & 1 \\ & & \ddots & \vdots & & & & \vdots \\ & & & \alpha_k & & & & 1 \\ & & & \alpha_{k+1} & 1 & & & 1 \\ & & & \vdots & & \ddots & & \vdots \\ & & & \alpha_n & & & 1 & 1 \end{array}\right] \rightarrow \begin{bmatrix} 1-\alpha_1/\alpha_k \\ 1-\alpha_2/\alpha_k \\ \vdots \\ 1/\alpha_k \\ 1-\alpha_{k+1}/\alpha_k \\ \vdots \\ 1-\alpha_n/\alpha_k \end{bmatrix}$$

Estas últimas son las nuevas componentes buscadas.

3.31

Las ecuaciones dadas se representan matricialmente por

$$\mathbf{Ax} = \mathbf{0},$$

donde

$$\mathbf{A} = \begin{bmatrix} 1 & 1 & -1 & 0 \\ 1 & 1 & 1 & 1 \end{bmatrix}.$$

La matriz de paso es claramente

$$\mathbf{S} = \begin{bmatrix} 1 & 0 & 0 & 0 \\ -1 & 1 & 0 & 0 \\ 0 & -1 & 1 & 0 \\ 0 & 0 & -1 & 1 \end{bmatrix},$$

por lo que el cambio de variables se puede expresar de la forma $\mathbf{x} = \mathbf{Sx'}$, por consiguiente

$$\mathbf{Ax} = \mathbf{0} \rightarrow \mathbf{A(Sx')} = \mathbf{0} \rightarrow \mathbf{(AS)x'} = \mathbf{0} \rightarrow \mathbf{A'x'} = \mathbf{0}.$$

Definitivamente

$$\mathbf{A'} = \mathbf{AS} = \begin{bmatrix} 0 & 2 & -1 & 0 \\ 0 & 0 & 0 & 1 \end{bmatrix},$$

luego $\mathbf{A'x'} = \mathbf{0}$ representa el sistema

$$\begin{cases} 2\alpha'_2 - \alpha'_3 = 0 \\ \alpha'_4 = 0 \end{cases}.$$

3.32

Basta con añadir un vector a la base del subespacio generado que no dependa de los vectores del citado subespacio. En este caso se añade el vector x_0 que como es patente

	$x_1 - x_0$	$x_2 - x_0$	...	$x_n - x_0$	x_0
x_0	-1	-1	...	-1	1
x_1	1	0	...	0	0
x_2	0	1	...	0	0
...	...	...	$\ddots$	...	0
x_n	0	0	...	1	0

cumple el requisito. Luego, $[x_0]$ es un subespacio complementario del subespacio dado.

3.33

Se sabe que

$$\underbrace{\dim(F+G)}_{s} = 1 + \underbrace{\dim(F \cap G)}_{k}.$$

Sean

$$\begin{aligned} \dim F &= p \\ \dim G &= q \end{aligned}.$$

Ya que la dimensión de la suma de F y G es suma de dimensiones menos dimensión de la intersección de F y G, se puede escribir p+q = 1+2k. Pero

$$F \cap G \subset F \subset F + G \rightarrow$$
$$k \leq p \leq k+1$$

y

$$F \cap G \subset G \subset F + G \rightarrow$$
$$k \leq q \leq k+1$$

luego

$$\begin{cases} \text{Si } p = k \rightarrow \begin{cases} F = F \cap G \\ q = k+1 \rightarrow G = F + G \end{cases} \\ \text{Si } q = k \rightarrow \begin{cases} G = F \cap G \\ p = k+1 \rightarrow F = F + G \end{cases} \end{cases}.$$

3.34

Se tiene que

$$F \neq G, \text{ pero } \dim F = \dim G = 2$$
y
$$\dim E = 3$$

Es

$$\dim(F \cap G) = \dim F + \dim G - \dim(F + G) = 4 - \dim(F + G),$$

pero

$$F, G \subset F + G \subset E^3,$$

luego

$$3 \geq \dim(F + G) \geq 2.$$

Puede ser por consiguiente dim(F+G) = 2 o bien dim(F+G) = 3. No puede ser dim(F+G) = 2, pues en este caso sería F = F+G y G = F+G, esto es, F = G, contrariamente a la hipótesis de ser F distinto de G. Luego por exclusión, debe ser dim(F+G) = 3, de donde

$$\dim(F \cap G) = 4 - 3 = 1.$$

3.35

$$\mathbf{A} = \begin{bmatrix} 0 & 0 \\ 0 & 1 \end{bmatrix} \rightarrow \begin{cases} R(\mathbf{A}) = \text{Subespacio de } \mathbf{R}^{2x1} \text{ generado por} \begin{bmatrix} 0 \\ 1 \end{bmatrix} \\ N(\mathbf{A}) = \text{Subespacio de } \mathbf{R}^{2x1} \text{ generado por} \begin{bmatrix} 1 \\ 0 \end{bmatrix} \end{cases}$$

luego sí que es cierto que

$$\mathbf{N}(\mathbf{A}) \oplus \mathbf{R}(\mathbf{A}) = \mathbf{R}^{2x1}$$

ya que al juntar bases de cada subespacio se obtiene una base de $\mathbf{R}^{2\times1}$, que es el subespacio suma (la suma es evidentemente directa).

3.36

Trabajando con formas escalonadas por columna

$$\left.\begin{matrix} 1 & 1 & 0 \\ t & 0 & 1 \\ t^2 & 1 & 0 \\ t^3 & 0 & -1 \end{matrix}\right| \begin{matrix} \alpha_0 \\ \alpha_1 \\ \alpha_2 \\ \alpha_3 \end{matrix} \to \left.\begin{matrix} 1 & 0 \\ 0 & 1 \\ 1 & 0 \\ 0 & -1 \end{matrix}\right| \begin{matrix} 0 \\ 0 \\ \alpha_2 - \alpha_0 \\ \alpha_3 + \alpha_1 \end{matrix}$$

Debe ser

$$\alpha_2 \neq \alpha_0$$

o bien

$$\alpha_2 = \alpha_0 \text{ y } \alpha_3 \neq -\alpha_1$$

para que q(t) no pertenezca al subespacio vectorial

$$\left[1 + t^2, t - t^3\right]$$

y pueda pertenecer a algún subespacio vectorial complementario.

3.37

Sea

$$x \in F + G \to x = u + v, \text{con } u \in F \text{ y } v \in G\,.$$

Se va a probar que

$$F/F \cap G \;+\; G/F \cap G = (F + G)/F \cap G.$$

Veamos: Si

$$\tilde{x} \in F/F \cap G + G/F \cap G \to \tilde{x} = \tilde{u} + \tilde{v}, \;\; \text{con } \tilde{u} \in F/F \cap G \;\text{ y }\; \tilde{v} \in G/F \cap G \to$$

$$\tilde{x} = (u + F \cap G) + (v + F \cap G) = (u + v) + F \cap G = w + F \cap G,$$

$$\text{con } w = u + v \in F + G \to \tilde{w} \in (F + G)/F \cap G$$

y recíprocamente.

Ahora bien, la suma

$$F/F \cap G \;+\; G/F \cap G$$

es directa pues:

$$\dim(F/F \cap G) + \dim(G/F \cap G) = p - s + q - s = p + q - 2s =$$

$$= \dim((F + G)/F \cap G) = (p + q - s) - s = p + q - 2s$$

3.38

$$F = \{h(x);\;\; h(0) = h(1) = 0\}$$

$$G = \left\{\alpha e^x + \beta e^{-x};\; \alpha, \beta \in \mathbf{R}\right\}$$

La intersección es claramente el subespacio trivial nulo formado por la función idénticamente nula, ya que

$$\left.\begin{array}{l}\alpha e^0 + \beta e^{-0} = 0 \\ \alpha e^1 + \beta e^{-1} = 0\end{array}\right\} \rightarrow \alpha = 0, \quad \beta = 0$$

y la suma está formada por funciones que resultan de sumar una función cualquiera de F con otra función cualquiera de G.

3.39

$$\left.\begin{array}{l}\text{Sea } F \oplus G = E, \text{ con } \dim(E) = n, \\ \dim(F) = p, \text{ y } \dim(G) = q\end{array}\right\} \rightarrow p + q = n$$

$$\text{Sea } \dim(H) = r, \dim(F \cap H) = s \text{ y } \dim(G \cap H) = t$$

Se tiene que:

$$0 \leq r, p, q \leq n$$
$$0 \leq s, t \leq r$$

Debe ser

$$(F \cap H) \cap (G \cap H) = \{0\},$$

luego la suma de estos dos subespacios es directa y

$$\dim[(F \cap H) \oplus (G \cap H)] = \dim(F \cap H) + \dim(G \cap H) = s + t \leq r = \dim H$$

con lo que se cumple la segunda desigualdad.

Ahora bien

$$\dim(F \cap H) = \dim F + \dim H - \dim(F + H) = p + r - \dim(F + H)$$
$$\dim(G \cap H) = \dim G + \dim H - \dim(G + H) = q + r - \dim(G + H)$$

de donde

$$\dim[(F \cap H) \oplus (G \cap H)] = p + r - \dim(F + H) + q + r - \dim(G + H) =$$
$$(p + q) + 2r - \dim(F + H) - \dim(G + H) =$$
$$n + 2r - \dim(F + H) - \dim(G + H) \geq n + 2r - n - n = 2r - n$$

y se cumple la primera desigualdad.

3.40

Sea **A** = **A**+S la clase de equivalencia de representante de clase la matriz cuadrada **A**. Una matriz **X** perteneciente a esta clase debe ser de la forma

$$\mathbf{X} = \mathbf{A} + \mathbf{B}$$

donde **B** es una matriz simétrica del mismo orden que **A**. Estas clases forman el espacio cociente $\mathbf{R}^{\mathbf{nxn}}/S$, cuya dimensión viene dada por

$$\dim(\mathbf{R}^{nxn}/S) = \dim \mathbf{R}^{nxn} - \dim S = n^2 - \frac{n(n+1)}{2} = \frac{n(n-1)}{2}$$

Es por tanto $\mathbf{R}^{nxn}/S$ isomorfo al subespacio T de las matrices antisimétricas de orden n.

3.41

Se tiene como hipótesis

$$\left.\begin{array}{l} F \cap G = F \cap H \\ F + G = F + H \\ G \subset H \end{array}\right\}$$

$$\begin{array}{l} F + G = F + H \rightarrow \dim(F + G) = \dim(F + H) \rightarrow \\ \dim F + \dim G - \dim(F \cap G) = \dim F + \dim H - \dim(F \cap H) \rightarrow \\ \dim G - \dim(F \cap G) = \dim H - \dim(F \cap H) \end{array}$$

Pero

$$F \cap G = F \cap H, \text{ luego } \dim(F \cap G) = \dim(F \cap H)$$

y, por tanto, dim G = dim H,

Siendo

$$\left.\begin{array}{l} \dim G = \dim H \\ G \subset H \end{array}\right\}$$

se tiene definitivamente G = H.

3.42

Conocida la matriz

$$\mathbf{A} = \begin{bmatrix} 1 & 1 \\ 1 & 1 \\ 1 & 1 \end{bmatrix}$$

se obtiene una base del núcleo de **A**

$$B_{\mathbf{N(A)}} = \begin{bmatrix} -1 \\ 1 \end{bmatrix}$$

de modo que una clase cualquiera del espacio cociente **A/N(A)** es de la forma

$$\widetilde{\mathbf{x}} = \mathbf{x} + \mathbf{N(A)},$$

donde **x** es una columna de dos números reales. Se tiene que

$$\mathbf{w} \in \widetilde{\mathbf{x}} \rightarrow \mathbf{w} = \mathbf{x} + \alpha \begin{bmatrix} -1 \\ 1 \end{bmatrix}$$

y

$$\dim \mathbf{R}^{2\mathbf{x}1} / \mathbf{N}(\mathbf{A}) = 2 - 1 = 1 .$$

3.43

Las tres matrices

$$\begin{bmatrix} -1 & 0 & 0 \\ 0 & 1 & 1 \\ 0 & 1 & 1 \end{bmatrix}, \begin{bmatrix} 1 & 0 & 1 \\ 0 & -1 & 0 \\ 1 & 0 & 1 \end{bmatrix}, \begin{bmatrix} 1 & 1 & 0 \\ 1 & 1 & 0 \\ 0 & 0 & -1 \end{bmatrix}$$

generan F

$$\begin{array}{ccccccc} -1 & 1 & 1 & & -1 & 0 & 0 \\ 0 & 0 & 1 & & 0 & 0 & 1 \\ 0 & 1 & 0 & & 0 & 1 & 0 \\ 0 & 0 & 1 & & 0 & 0 & 1 \\ 1 & -1 & 1 & \to & 1 & 0 & 2 \\ 1 & 0 & 0 & & 1 & 1 & 1 \\ 0 & 1 & 0 & & 0 & 1 & 0 \\ 1 & 0 & 0 & & 1 & 1 & 1 \\ 1 & 1 & -1 & & 1 & 2 & 0 \end{array}$$

y son claramente base de F.

Las matrices $\mathbf{E}_{21}$, $\mathbf{E}_{22}$, $\mathbf{E}_{23}$, $\mathbf{E}_{31}$, $\mathbf{E}_{32}$, $\mathbf{E}_{33}$ son una base de un complementario de F ya que las componentes en columna de la base de F junto con las componentes en columna de la base del complementario constituyen una forma escalonada por columnas (no hay dos "peldaños" a la misma altura).

B.4 Soluciones a los Ejercicios propuestos del Capítulo 4

4.45

Se consideran dos subespacios vectoriales F y G de E tales que

$$F \cap G = \{0\}.$$

Se define la aplicación f de

$$F \times G \text{ en } F \oplus G$$

dada por

$$\begin{aligned} f: F \times G &\to F \oplus G \\ (u, v) &\mapsto x = u + v \end{aligned}.$$

Se tiene:

1º f es lineal, pues:

$$f(\alpha(u,v) + \alpha'(u',v')) = f(\alpha u + \alpha' u', \alpha v + \alpha' v') = (\alpha u + \alpha' u') + (\alpha v + \alpha' v') =$$
$$\alpha(u+v) + \alpha'(u'+v') = \alpha f(u,v) + \alpha' f(u',v')$$

2º f es inyectiva, ya que:

$$f(u,v) = 0 \to u + v = 0, \text{con } u \in F \text{ y } v \in G.$$

Pero al ser la suma de F y G directa, se descompone el vector nulo de modo único como suma de un vector de F y otro de G, luego necesariamente debe ser u = 0 y v = 0, esto es, Nuc f es el subespacio trivial nulo y por tanto f inyectiva.

3º f es suprayectiva, ya que la ecuación

$$f(u,v) = x, \text{con } x \in F \oplus G$$

admite como solución los vectores u de F y v de G que sumados dan el vector x.

Luego, en definitiva, f es un isomorfismo lineal de

$$F \times G \text{ en } F \oplus G.$$

4.46

$$1^{\circ}\text{ Si } x \in \text{Nuc}\, f^k \to f^k(x) = 0 \to f(f^k(x)) = f(0) \to$$
$$f^{k+1}(x) = 0 \to x \in \text{Nuc}\, f^{k+1}, \text{luego Nuc}\, f^k \subset \text{Nuc}\, f^{k+1}$$

$$2^{\circ}\text{ Si } y \in \text{Im}\, f^{k+1} \to \exists x \in E; y = f^{k+1}(x) \to$$
$$y = f^k(f(x)) \to y \in \text{Im}\, f^k, \text{esto es Im}\, f^{k+1} \subset \text{Im}\, f^k$$

4.47

Se considera el subespacio F generado por los k vectores siguientes,

$$x, f(x), f^2(x), ..., f^{k-1}(x),$$

con x no nulo y $f^k(x)$ combinación lineal de los citados vectores, de la forma

$$f^k(x) = \beta_0 x + \beta_1 f(x) + \beta_2 f^2(x) + ... + \beta_{k-1} f^{k-1}(x)$$

1º Que F es un subespacio k–dimensional de E es evidente.

2º Que F es f–invariante está claro pues

$$\begin{aligned}
&u \in F \rightarrow u = \alpha_0 x + \alpha_1 f(x) + \alpha_2 f^2(x) + ... + \alpha_{k-1} f^{k-1}(x) \rightarrow \\
&f(u) = \alpha_0 f(x) + \alpha_1 f^2(x) + \alpha_2 f^3(x) + ... + \alpha_{k-1} f^k(x) \rightarrow \\
&f(u) = \alpha_0 f(x) + \alpha_1 f^2(x) + \alpha_2 f^3(x) + ... + \\
&\alpha_{k-1}(\beta_0 x + \beta_1 f(x) + \beta_2 f^2(x) + ... + \beta_{k-1} f^{k-1}(x)) = ... = \\
&\gamma_0 x + \gamma_1 f(x) + \gamma_2 f^2(x) + ... + \gamma_{k-1} f^{k-1}(x) \rightarrow \\
&f(u) \in F
\end{aligned}$$

4.48

La matriz del endomorfismo f de $\mathbf{R}^2$ en la base canónica viene dada por:

$$[f]_c = \begin{bmatrix} a & b \\ b & a \end{bmatrix} = \mathbf{A}.$$

El núcleo de f está dado por los vectores (α, β) de $\mathbf{R}^2$ que verifican f(α, β) = (0, 0). Basta con estudiar el sistema homogéneo siguiente

$$\begin{bmatrix} a & b \\ b & a \end{bmatrix} \begin{bmatrix} \alpha \\ \beta \end{bmatrix} = \begin{bmatrix} 0 \\ 0 \end{bmatrix}$$

en función de los dos parámetros reales a y b. El automorfismo f se caracteriza por que la matriz **A** que lo representa es regular, esto es, f automorfismo equivale a que

$$a^2 - b^2 \neq 0.$$

4.49

Se sabe que

$$f(1,-1) = (3,2)$$
$$f(0,1) = (4,6)$$

a)

$$f(e_1) - f(e_2) = (3,2)$$
$$f(e_2) = (4,6)$$

implica

$$f(e_1) = (7,8),$$

luego

$$[f]_c = \begin{bmatrix} 7 & 4 \\ 8 & 6 \end{bmatrix} = \mathbf{A}$$

La matriz cambio de base de la base canónica a la base (1,1), (2,3) viene dada por

$$\mathbf{S} = \begin{bmatrix} 1 & 2 \\ 1 & 3 \end{bmatrix}$$

de modo que

$$\mathbf{S^{-1}} = \begin{bmatrix} 3 & -2 \\ -1 & 1 \end{bmatrix}.$$

Denotando con **A'** la matriz que representa a f en la nueva base se tiene que

$$\mathbf{A}' = [f]_{(1,1),(2,3)} = \mathbf{S^{-1}AS} = \begin{bmatrix} 5 & 10 \\ 3 & 8 \end{bmatrix}$$

b) Sea **B** la matriz que representa a g en la base canónica

$$\mathbf{B} = [g]_c = \begin{bmatrix} 1 & 1 \\ 1 & -1 \end{bmatrix},$$

entonces

$$[gof]_c = [g]_c\,[f]_c = \begin{bmatrix} 1 & 1 \\ 1 & -1 \end{bmatrix}\begin{bmatrix} 7 & 4 \\ 8 & 6 \end{bmatrix} = \begin{bmatrix} 15 & 10 \\ -1 & -2 \end{bmatrix},$$

de donde

$$gof(\alpha,\beta) = (15\alpha + 10\beta, -\alpha - 2\beta)$$

4.50

Se tiene que

$$f(\mathbf{A}_{\alpha,\beta}) = \mathbf{A}_{\beta,\alpha}$$

1º f es lineal, pues

$$f(a\mathbf{A}_{\alpha,\beta} + b\mathbf{A}_{\gamma,\delta}) = f\left(\begin{bmatrix} a\alpha+b\gamma & & a\beta+b\delta \\ & a\alpha+b\gamma & \\ & & a\alpha+b\gamma \end{bmatrix}\right) = \begin{bmatrix} a\beta+b\delta & & a\alpha+b\gamma \\ & a\beta+b\delta & \\ & & a\beta+b\delta \end{bmatrix} =$$

$$a\begin{bmatrix} \beta & & \alpha \\ & \beta & \\ & & \beta \end{bmatrix} + b\begin{bmatrix} \delta & & \gamma \\ & \delta & \\ & & \delta \end{bmatrix} = af(\mathbf{A}_{\alpha,\beta}) + bf(\mathbf{A}_{\gamma,\delta}).$$

2º Una base de F es la dada por

$$\mathbf{U_1} = \begin{bmatrix} 1 & 0 & 0 \\ 0 & 1 & 0 \\ 0 & 0 & 1 \end{bmatrix}, \mathbf{U_2} = \begin{bmatrix} 0 & 0 & 1 \\ 0 & 0 & 0 \\ 0 & 0 & 0 \end{bmatrix}$$

de modo que

$$[f]_{\mathbf{U_1},\mathbf{U_2}} = \begin{bmatrix} 0 & 1 \\ 1 & 0 \end{bmatrix},$$

pues

$$\begin{aligned} f(\mathbf{U_1}) &= \mathbf{U_2} \\ f(\mathbf{U_2}) &= \mathbf{U_1} \end{aligned}.$$

4.51

No, porque no tienen el mismo rango. El rango de **A** vale la unidad y el rango de **B** vale dos. Las transformaciones lineales se representan por matrices semejantes, que por serlo tienen necesariamente el mismo rango.

4.52

La matriz de f en la base canónica es la matriz regular

$$A = [f]_c = \begin{bmatrix} 2 & 1 & 1 & ... & 1 \\ 0 & 1 & 0 & ... & 0 \\ 0 & 0 & 1 & ... & 0 \\ ... & ... & ... & ... & ... \\ 0 & 0 & 0 & ... & 1 \end{bmatrix}.$$

Luego el rango y nulidad de f coinciden con el rango y nulidad de **A**, esto es,

$$\text{rango(f)} = \text{rango}(\mathbf{A}) = n$$

$$\text{nulidad(f)} = \text{nulidad}(\mathbf{A}) = n-\text{rango}(\mathbf{A}) = n-n = 0.$$

4.53

Es f una aplicación lineal de un espacio E de dimensión n en el espacio uni–dimensional K. La imagen de f, Imf, por estar contenida en **K**, solamente puede coincidir con el subespacio trivial nulo o con el propio espacio K. Por ser f no nula, debe existir un vector x_0 en E para el que $f(x_0)$ no sea cero, luego Imf debe coincidir con **K**, de donde

$$\text{rango(f)} = \dim \mathbf{K} = 1 \text{ implica f suprayectiva}$$

$$\text{nulidad(f)} = \dim \text{Nucf} = n-\text{rango(f)} = n-1.$$

4.54

Se probó que si **A** es de rango k entonces

$$\mathbf{A} = \mathbf{B_1} + \mathbf{B_2} + ... + \mathbf{B_k},$$

con las matrices $\mathbf{B}_i$ de rango unidad. Pero, por ser $\mathbf{B}_i$ de rango unidad, también fue probado que

$$\mathbf{B}_i = \mathbf{u}_i \mathbf{v}_i^T$$

luego

$$\mathbf{A} = \sum_{i=1}^{k} \mathbf{u}_i \mathbf{v}_i^T$$

4.55

Si se almacena directamente la matriz **A** se requieren evidentemente n^2 posiciones de memoria. Si en lugar de almacenar **A** se almacenan las 2k columnas $\mathbf{u}_i$, $\mathbf{v}_i$, de la descomposición de **A** del ejercicio anterior, teniendo en cuenta que k es el rango de **A**, se necesitarán 2kn posiciones de memoria. La mejora en el almacenamiento tendrá lugar cuando 2kn sea estrictamente menor que n^2, esto es,

$$k < \frac{n}{2}.$$

4.56

$$\text{rango}(\mathbf{H}) = \text{rango}\left(\begin{bmatrix} \mathbf{A} & \mathbf{O} \\ \mathbf{O} & \mathbf{B} \end{bmatrix}\right) = \text{rango}(\mathbf{A}) + \text{rango}(\mathbf{B})$$

debido a que las columnas de **H** que contienen a las columnas de **A** y las columnas de **H** que contienen a las columnas de **B** generan subespacios cuya suma es directa.

4.57

Se sabe que **A** es una matriz real de tamaño m×n y rango(**A**) = n. La matriz $\mathbf{B} = \mathbf{A}^T\mathbf{A}$ es de tamaño n×n y su rango es n, por lo que es regular. Se tiene que

$$\mathbf{x}^T\mathbf{B}\mathbf{x} = (\mathbf{x}^T\mathbf{A}^T)(\mathbf{A}\mathbf{x}) = (\mathbf{A}\mathbf{x})^T(\mathbf{A}\mathbf{x}) = \|\mathbf{A}\mathbf{x}\|_2^2 \geq 0, \forall \mathbf{x}.$$

Pero

$$\|\mathbf{A}\mathbf{x}\|_2 = 0 \to \mathbf{A}\mathbf{x} = \mathbf{0} \to \mathbf{A}^T\mathbf{A}\mathbf{x} = \mathbf{A}^T\mathbf{0} \to \mathbf{B}\mathbf{x} = \mathbf{0} \to \mathbf{x} = \mathbf{B}^{-1}\mathbf{0} \to \mathbf{x} = \mathbf{0}.$$

Definitivamente **B** es una matriz definido positiva pues cumple que

$$\mathbf{x}^T\mathbf{B}\mathbf{x} > 0, \forall \mathbf{x} \neq \mathbf{0}.$$

4.58

Las operaciones elementales sobre las filas de bloques respetan el rango matricial por filas, el cual coincide con el rango de la matriz particionada sobre la que se opera. A la segunda fila de bloques de **A** le restamos la primera premultiplicada por $\mathbf{u}^T$:

$$\mathbf{A} = \begin{bmatrix} \mathbf{I}_n & \mathbf{u} \\ \mathbf{u}^T & \alpha \end{bmatrix} \to \begin{bmatrix} \mathbf{I}_n & \mathbf{u} \\ \mathbf{0}^T & \alpha - \mathbf{u}^T\mathbf{u} \end{bmatrix}$$

de donde:

$$\text{rango}(\mathbf{A}) = \text{n si} \quad \mathbf{u}^T\mathbf{u} = \alpha$$

y

$$\text{rango}(\mathbf{A}) = \text{n+1 si } \mathbf{u}^T\mathbf{u} \neq \alpha$$

4.59

Es ahora

$$\mathbf{A} = \begin{bmatrix} \mathbf{I_n} & \mathbf{u} \\ \mathbf{u^T} & \mathbf{u^T u} \end{bmatrix},$$

con rango(**A**) = n, como se ha visto en el ejercicio anterior. Es fácil darse cuenta que las dos matrices

$$\mathbf{U} = \begin{bmatrix} \mathbf{I_n} \\ \mathbf{u^T} \end{bmatrix}, \mathbf{V} = \begin{bmatrix} \mathbf{I_n} & \mathbf{u} \end{bmatrix}$$

verifican las condiciones del enunciado.

4.60

El dato que hace falta conocer es el número de columnas de **A**, pues en este caso es rango(**A**) = 1 y la nulidad de **A** viene dada por

nulidad(**A**) = número de columnas de **A** –rango(**A**) = número de columnas de **A** –1

4.61

1º **A** es semejante con **A**, pues $\mathbf{I^{-1}AI = A}$

2º Si **A** es semejante con **B**, entonces **B** es semejante con **A**, ya que si $\mathbf{S^{-1}AS = B}$, entonces $\mathbf{(S^{-1})^{-1}B\, S^{-1} = A}$.

3º Si **A** es semejante con **B** y **B** es semejante con **C**, entonces **A** es semejante con **C**, pues de $\mathbf{S^{-1}AS = B}$ y $\mathbf{T^{-1}BT = C}$ se deduce $\mathbf{(ST)^{-1}A(ST) = C}$.

4.62

Se tiene que **A** es una matriz cuadrada de orden n y se cumple $\mathbf{A^2 = A}$. Sea

$$\mathbf{w} \in \mathbf{R(A)} \cap \mathbf{N(A)}$$

lo que significa que

$$\left.\begin{matrix} \mathbf{w = Ay} \\ \\ \mathbf{Aw = 0} \end{matrix}\right\} \rightarrow \mathbf{A^2y = 0} \rightarrow \mathbf{Ay = 0} \rightarrow \mathbf{w = 0}$$

de donde la suma de los dos subespacios es directa. Pero al ser

$$\dim \mathbf{R(A)}+\dim \mathbf{N(A)} = n,$$

se tiene definitivamente que

$$\mathbf{R(A)} + \mathbf{N(A)} = \mathbf{K}^{\mathbf{n}\times 1}$$

4.63

Si tenemos una matriz triangular, cada cero en la diagonal supone la pérdida de un pivot, por lo que el rango será el orden de la matriz menos el número de ceros de la diagonal principal.

4.64

Operando con matrices elementales por filas y columnas se reduce la matriz **A** a la matriz identidad:

$$\mathbf{FAG_1G_2} = \begin{bmatrix} 1 & 0 \\ -1/2 & 1 \end{bmatrix}\begin{bmatrix} 1 & 1/2 \\ 1/2 & 3 \end{bmatrix}\begin{bmatrix} 1 & -1/2 \\ 0 & 1 \end{bmatrix}\begin{bmatrix} 1 & 0 \\ 0 & 12 \end{bmatrix} = \begin{bmatrix} 1 & 0 \\ 0 & 1 \end{bmatrix} = \mathbf{I_2},$$

de donde $\mathbf{FAG} = \mathbf{I_2}$ con

$$. \ \mathbf{F} = \begin{bmatrix} 1 & 0 \\ -1/2 & 1 \end{bmatrix} \text{ y } \mathbf{G} = \begin{bmatrix} 1 & -1/2 \\ 0 & 12 \end{bmatrix}$$

4.65

$$\det \mathbf{A} = \det \begin{bmatrix} 1 & \lambda & 0 \\ \lambda & 1 & \lambda \\ 0 & \lambda & 1 \end{bmatrix} = (1 - 2\lambda^2) = 0 \rightarrow \lambda = \pm\sqrt{2}/2$$

1º Si $\lambda \neq \pm\sqrt{2}/2$ es rango(**A**) = 3

2º Si $\lambda = \sqrt{2}/2$ o bien $\lambda = -\sqrt{2}/2$ es rango(**A**) = 2.

4.66

Es evidente que

$$\mathbf{A} = \begin{bmatrix} 1 & 2 & 3 \\ 2 & 4 & 6 \\ 3 & 6 & 9 \end{bmatrix} = \begin{bmatrix} 1 \\ 2 \\ 3 \end{bmatrix}\begin{bmatrix} 1 & 2 & 3 \end{bmatrix}.$$

4.67

Se consideran las transformaciones lineales f, g y gof de $\mathbf{K}^{\mathbf{n}\times 1}$, cuyas matrices en la base canónica son las matrices cuadradas de orden n **A**, **B**, y **BA**, respectivamente. Sea g_1 la restricción de g a Imf. Esta claro que Im g_1 = Im gof.

Aplicando el teorema de la dimensión a g_1 se tiene:

$$\text{rango}(g_1) = \dim \text{Im}\, f - \dim \text{Nuc}\, g_1$$

o sea,

$$\text{rango}(g \circ f) = \dim \operatorname{Im} f - d_1,$$

donde d_1 es el número máximo de vectores linealmente independientes de Im f que pertenecen al núcleo de g_1, esto es, satisfacen g(x) = 0.

Los vectores que satisfacen g(x) = 0 forman el núcleo de g y son un subespacio vectorial de dimensión

$$d = n - \text{rango}(g),$$

Debe ser

$$d_1 \leq d$$

luego

$$\text{rango}(f) - \text{rango}(gof) \leq n - \text{rango}(g) \to$$
$$\text{rango}(f) + \text{rango}(g) - n \leq \text{rango}(gof)$$

y pasando al campo matricial se tiene definitivamente

$$\text{rango}(\mathbf{A}) + \text{rango}(\mathbf{B}) - n \leq \text{rango}(\mathbf{BA})$$

4.68

Aprovechando la desigualdad de Sylvester para el producto de la matriz **A** consigo misma, se tiene:

$$\text{rango}(\mathbf{A}) + \text{rango}(\mathbf{A}) - n \leq \text{rango}(\mathbf{AA}) =$$
$$\text{rango}(\mathbf{A}^2) = \text{rango}(\mathbf{O_n}) = 0 \to$$
$$2 \times \text{rango}(\mathbf{A}) \leq n$$

4.69

Aprovechando de nuevo la desigualdad de Sylvester para el producto de las matrices **H** e **I–H** se tiene:

$$\text{rango}(\mathbf{H}) + \text{rango}(\mathbf{I} - \mathbf{H}) - n \leq \text{rango}(\mathbf{H}(\mathbf{I} - \mathbf{H})) =$$
$$\text{rango}(\mathbf{H} - \mathbf{H}^2) = \text{rango}(\mathbf{O_n}) = 0 \to$$
$$\text{rango}(\mathbf{H}) + \text{rango}(\mathbf{I} - \mathbf{H}) \leq n \quad [1]$$

Pero

$$n = \text{rango}(\mathbf{I}) = \text{rango}(\mathbf{H} + (\mathbf{I} - \mathbf{H})) \leq$$
$$\text{rango}(\mathbf{H}) + \text{rango}(\mathbf{I} - \mathbf{H}) \to$$
$$n \leq \text{rango}(\mathbf{H}) + \text{rango}(\mathbf{I} - \mathbf{H}) \quad [2]$$

Teniendo en cuenta las expresiones [1] y [2] concluimos que:

$$\text{rango}(\mathbf{H}) + \text{rango}(\mathbf{I} - \mathbf{H}) = n$$

4.70

Para esta demostración aprovecharemos una vez más la desigualdad de Sylvester:

$$\text{rango}(\mathbf{A}) + \text{rango}(\mathbf{B}) - n \leq$$
$$\text{rango}(\mathbf{AB}) = \text{rango}(\mathbf{O_n}) = 0 \rightarrow$$
$$\text{rango}(\mathbf{A}) + \text{rango}(\mathbf{B}) \leq n$$

4.71

Supóngase que la matriz **A** es multiplicada por la fila $\mathbf{u}^\mathbf{T}$. Se tiene:

$$0 \leq \text{rango}(\mathbf{u}^\mathbf{T}\mathbf{A}) \leq \min\{\text{rango}(\mathbf{u}^\mathbf{T}), \text{rango}(\mathbf{A})\} \rightarrow$$

$$\text{rango}(\mathbf{u}^\mathbf{T}\mathbf{A}) \begin{cases} = 0, & \text{si } \mathbf{u}^\mathbf{T}\mathbf{A} = \mathbf{0}^\mathbf{T} \\ = 1, & \text{en caso contrario} \end{cases}$$

4.72

Se tiene que

$$\text{rango}(\mathbf{A} + \mathbf{uv}^\mathbf{T}) \leq \text{rango}(\mathbf{A}) + \text{rango}(\mathbf{uv}^\mathbf{T}) \leq \text{rango}(\mathbf{A}) + 1\,.$$

B.5 Soluciones a los Ejercicios propuestos del Capítulo 5

5.24

Basta con darse cuenta de que las tres matrices **A**–(a+b+c)**I**, **A**–r**I**, **A**–s**I** son singulares. Una base de cada subespacio propio se obtiene fácilmente:

Para el valor propio a+b+c, se obtiene

$$B_1 = \begin{bmatrix} 1 \\ 1 \\ 1 \end{bmatrix}$$

Para el valor propio r, se obtiene:

Si $b = 0$,

$$B_2 = \begin{bmatrix} 0 \\ 1 \\ 0 \end{bmatrix}$$

Si $b \neq 0$,

$$B_2 = \begin{bmatrix} b \\ -a-c+r \\ b \end{bmatrix}$$

Para el valor propio s, se obtiene:

Si $c = 0$,

$$B_3 = \begin{bmatrix} 0 \\ 0 \\ 1 \end{bmatrix}$$

Si $c \neq 0$

$$B_3 = \begin{bmatrix} c \\ c \\ -a-b+s \end{bmatrix}.$$

5.25

Planteando la ecuación característica $\det(\mathbf{A}-\lambda\mathbf{I_n}) = 0$, se :obtienen dos valores propios, el primero simple y el segundo de multiplicidad n–1.

$$\begin{array}{ll}\lambda_1 = n & m_1 = 1 \\ \lambda_2 = 0 & m_2 = n-1\end{array}.$$

Resolviendo el sistema homogéneo $(\mathbf{A}-n\mathbf{I_n})\mathbf{x} = \mathbf{0}$, se obtiene el vector base $\mathbf{x_1}$ del primer subespacio propio; y resolviendo el sistema homogéneo $(\mathbf{A}-0\mathbf{I_n})\mathbf{x} = \mathbf{0}$, esto es, $\mathbf{Ax} = \mathbf{0}$, se obtienen los vectores base $\mathbf{x_2}, \mathbf{x_3}, ..., \mathbf{x_n}$ del segundo subespacio propio, siendo

$$\mathbf{x_1} = \begin{bmatrix} 1 \\ 1 \\ 1 \\ ... \\ 1 \end{bmatrix}, \mathbf{x_2} = \begin{bmatrix} -1 \\ 1 \\ 0 \\ ... \\ 0 \end{bmatrix}, \mathbf{x_3} = \begin{bmatrix} -1 \\ 0 \\ 1 \\ ... \\ 0 \end{bmatrix}, ..., \mathbf{x_n} = \begin{bmatrix} -1 \\ 0 \\ 0 \\ ... \\ 1 \end{bmatrix}.$$

5.26

Basta comprobar que

$$\begin{bmatrix} a_{11} & ... & a_{1n} \\ ... & ... & .. \\ a_{n1} & ... & a_{nn} \end{bmatrix}\begin{bmatrix} 1 \\ ... \\ 1 \end{bmatrix} = \begin{bmatrix} k \\ ... \\ k \end{bmatrix} = k\begin{bmatrix} 1 \\ ... \\ 1 \end{bmatrix}.$$

5.27

Directo: Si $\mathbf{A}$ es nilpotente, entonces $\mathbf{A}^p = \mathbf{O_n}$, para p mayor o igual que la unidad.. De $\mathbf{Ax} = \lambda\mathbf{x}$, con $\mathbf{x} \neq \mathbf{0}$ se deduce $\mathbf{A}^p\,\mathbf{x} = \lambda^p\mathbf{x}$, esto es, $\mathbf{O_n}\mathbf{x} = \lambda^p\mathbf{x}$, de ahí que

$$\mathbf{0} = \lambda^p\mathbf{x}, \mathbf{x} \neq \mathbf{0} \to \lambda^p = 0 \to \lambda = 0$$

Recíproco: Si los n valores propios de $\mathbf{A}$ son igual a cero se tiene lo siguiente:

$$\varphi_{\mathbf{A}}(\lambda) = (-1)^n\lambda^n$$

Teniendo en cuenta el teorema de Cayley–Hamilton se concluye que

$$(-1)^n\mathbf{A}^n = \mathbf{O_n},$$

de donde $\mathbf{A}$ es nilpotente.

5.28

La diagonalización de $\mathbf{A}$ equivale a la existencia de una base de vectores propios para $\mathbf{K}^{n\times 1}$. Esta base procede de la unión de bases de cada subespacio propio. Si la suma

$$s_1 + s_2 + ... + s_k$$

de dimensiones de los k subespacios propios vale exactamente n, entonces $\mathbf{A}$ es diagonalizable; si por el contrario la citada suma es estrictamente menor que n, $\mathbf{A}$ no es diagonalizable.

5.29

Por ejemplo, la matriz

$$\mathbf{A} = \begin{bmatrix} 0 & 1 \\ 0 & 0 \end{bmatrix}$$

no es diagonalizable, sin embargo su cuadrado

$$\mathbf{A}^2 = \begin{bmatrix} 0 & 0 \\ 0 & 0 \end{bmatrix}$$

es claramente una matriz diagonal, y por tanto diagonalizable.

5.30

La matriz cuadrada no nula $\mathbf{A} = \mathbf{uv}^T$ es de rango uno. Luego el sistema lineal homogéneo $\mathbf{Ax} = \mathbf{0}$, esto es, $(\mathbf{A}-0\mathbf{I_n})\mathbf{x} = \mathbf{0}$, es indeterminado con un grado de indeterminación n–1. El valor cero es, por tanto, un valor propio de **A** de multiplicidad geométrica n–1, lo que significa que su multiplicidad algebraica es por lo menos n–1.

Primer caso: $\mathbf{v}^T \mathbf{u} \neq 0$

La matriz **A** posee otro valor propio distinto de cero, precisamente el escalar no nulo $\mathbf{v}^T\mathbf{u}$, con **u** como vector propio asociado. Veamos:

$$\mathbf{Au} = (\mathbf{uv}^T)\mathbf{u} = \mathbf{u}(\mathbf{v}^T\mathbf{u}) = (\mathbf{v}^T\mathbf{u})\mathbf{u}, \text{con } \mathbf{u} \neq \mathbf{0}$$

Necesariamente el cero es un valor propio de multiplicidad algebraica n–1 y $\mathbf{v}^T\mathbf{u}$ un valor propio simple; coinciden aquí las multiplicidades algebraica y geométrica de cada subespacio propio, luego **A** es diagonalizable.

Segundo caso: $\mathbf{v}^T \mathbf{u} = 0$

En este caso, no puede haber un valor propio $\lambda \neq 0$, pues si $\mathbf{Ax} = \lambda\mathbf{x}$, con $\lambda \neq 0$ y $\mathbf{x} \neq \mathbf{0}$, se tiene $\mathbf{u}\,\mathbf{v}^T\mathbf{x} = \lambda\mathbf{x}$. Multiplicando miembro a miembro por $\mathbf{v}^T$ se tiene $\mathbf{0} = \lambda\, \mathbf{v}^T\, \mathbf{x}$, de donde $\mathbf{v}^T\, \mathbf{x} = 0$. Multiplicando ahora **u** se tiene $\mathbf{u}\,\mathbf{v}^T\mathbf{x} = \mathbf{0}$, esto es, $\mathbf{Ax} = \lambda\mathbf{x} = \mathbf{0}$, absurdo por ser $\lambda \neq 0$ y $\mathbf{x} \neq \mathbf{0}$.

La multiplicidad algebraica del único valor propio cero vale por consiguiente n y no coincide con su multiplicidad geométrica que vale n–1, luego **A** no es diagonalizable en este caso.

5.31

El polinomio característico resulta ser

$$-\lambda^3 + \lambda$$

por lo que los valores propios son 1, –1 y 0, distintos entre sí dos a dos, luego la matriz dada es diagonalizable, para cualesquiera valores de a, b y c que verifiquen las condiciones del enunciado.

5.32

Las soluciones de la ecuación característica cumplen las leyes de Vieta, en particular,

$$\lambda_1\lambda_2\lambda_3 = \det \mathbf{A} ..$$

Teniendo en cuenta las condiciones del enunciado, se tiene:

$$\begin{aligned} \lambda_1\lambda_2\lambda_3 &= 30 \\ \lambda_1 &= 2 \\ \lambda_2 + \lambda_3 &= 8 \end{aligned}$$

de lo que se deduce

$$\lambda_1 = 2, \lambda_2 = 3, \lambda_3 = 5 .$$

El polinomio característico es por consiguiente

$$\varphi_{\mathbf{A}}(\lambda) = -(\lambda-2)(\lambda-3)(\lambda-5)$$

La matriz regular **S** que permite diagonalizar **A** en la matriz diagonal **D** viene dada por las columnas del enunciado, siendo

$$\mathbf{S} = \begin{bmatrix} 1 & 0 & 0 \\ 0 & 1 & 0 \\ 1 & 0 & 1 \end{bmatrix} \text{ y } \mathbf{D} = \begin{bmatrix} 2 & 0 & 0 \\ 0 & 3 & 0 \\ 0 & 0 & 5 \end{bmatrix}$$

De $\mathbf{A} = \mathbf{SDS}^{-1}$ se deduce

$$\mathbf{A}^{-1} = \mathbf{SDS}^{-1} = ... = \begin{bmatrix} 1/2 & 0 & 0 \\ 0 & 1/3 & 0 \\ 3/10 & 0 & 1/5 \end{bmatrix}$$

5.33

El polinomio característico de la matriz **A** es

$$\begin{vmatrix} -\lambda & a & 0 & 0 \\ b & -\lambda & 0 & 0 \\ 0 & 0 & -\lambda & b \\ 0 & 0 & a & -\lambda \end{vmatrix} = \begin{vmatrix} -\lambda & a \\ b & -\lambda \end{vmatrix} \begin{vmatrix} -\lambda & b \\ a & -\lambda \end{vmatrix} = (\lambda^2 - ab)^2$$

Siendo ab mayor que cero, los valores propios

$$\lambda_1 = \sqrt{ab} \text{ y } \lambda_2 = -\sqrt{ab}$$

son valores propios dobles.

Para el primer valor propio λ_1 se halla una base de vectores propios:

$$\begin{bmatrix} -\sqrt{ab} & a & 0 & 0 \\ b & -\sqrt{ab} & 0 & 0 \\ 0 & 0 & -\sqrt{ab} & b \\ 0 & 0 & a & -\sqrt{ab} \end{bmatrix} \rightarrow \begin{bmatrix} b & -\sqrt{ab} & 0 & 0 \\ 0 & 0 & a & -\sqrt{ab} \end{bmatrix} \rightarrow$$

$$\mathbf{x_1} = \begin{bmatrix} \sqrt{ab}/b \\ 1 \\ 0 \\ 0 \end{bmatrix}, \mathbf{x_2} = \begin{bmatrix} 0 \\ 0 \\ \sqrt{ab}/a \\ 1 \end{bmatrix}$$

es la base B_1.

Análogamente, para el segundo valor propio λ_2 se halla una base de vectores propios:

$$\begin{bmatrix} \sqrt{ab} & a & 0 & 0 \\ b & \sqrt{ab} & 0 & 0 \\ 0 & 0 & \sqrt{ab} & b \\ 0 & 0 & a & \sqrt{ab} \end{bmatrix} \rightarrow \begin{bmatrix} b & \sqrt{ab} & 0 & 0 \\ 0 & 0 & a & \sqrt{ab} \end{bmatrix} \rightarrow$$

$$\mathbf{x_3} = \begin{bmatrix} -\sqrt{ab}/b \\ 1 \\ 0 \\ 0 \end{bmatrix}, \mathbf{x_4} = \begin{bmatrix} 0 \\ 0 \\ -\sqrt{ab}/a \\ 1 \end{bmatrix}$$

es la base B_2.

Está claro que la matriz **A** es diagonalizable.

5.34

$$\mathbf{ABx_0} = \lambda_0\mathbf{x_0}, \text{ con } \mathbf{x_0} \neq \mathbf{0} \text{ y } \lambda_0 \neq 0.$$

Multiplicando por **B** miembro a miembro

$$\mathbf{(BA)(Bx_0)} = \lambda_0\mathbf{(Bx_0)}$$

Tómese $\mathbf{y_0} = \mathbf{Bx_0}$ entonces

$$\mathbf{(BA)y_0} = \lambda_0\, \mathbf{y_0}$$

Si $\mathbf{y_0} \neq \mathbf{0}$ sería λ_0 valor propio de **BA**, que es lo que se pide probar. Esto es así, pues si por el contrario fuera $\mathbf{y_0} = \mathbf{0}$ sería $\mathbf{Bx_0} = \mathbf{0}$. Multiplicando miembro a miembro por **A** se tendría:

$$\mathbf{ABx_0} = \mathbf{A0}, \text{ esto es,}$$

$$\lambda_0\mathbf{x_0} = \mathbf{0}$$

manifiestamente absurdo por ser $\mathbf{x_0} \neq \mathbf{0}$ y $\lambda_0 \neq 0$.

5.35

$$\varphi_{\mathbf{A}}(\lambda) = \lambda^2 - (a+d)\lambda + (ad - bc)$$

Por el teorema de Cayley–Hamilton

$$\mathbf{A}^2 - (a+d)\mathbf{A} + (ad - bc)\mathbf{I} = \mathbf{O} \rightarrow \mathbf{A}^2 = (a+d)\mathbf{A} + (bc - ad)\mathbf{I}$$

luego

$$p = bc - ad$$
$$q = a + d$$

5.36

Los valores propios son 1 (doble) y −1 (simple). Para el valor propio doble se tiene:

$$A - I = \begin{bmatrix} -3/2 & \alpha\sqrt{2}/2 & 3/2 \\ -\sqrt{2}/2 & 0 & \sqrt{2}/2 \\ 1/2 & \alpha\sqrt{2}/2 & -1/2 \end{bmatrix} \rightarrow \begin{bmatrix} -3 & \alpha\sqrt{2} & 3 \\ 1 & 0 & -1 \\ 0 & \alpha\sqrt{2} & -1 \end{bmatrix} \rightarrow \begin{bmatrix} -3 & \alpha\sqrt{2} & 3 \\ 1 & 0 & -1 \\ 0 & \alpha\sqrt{2} & 0 \end{bmatrix}$$

Si $\alpha \neq 0$

$$\begin{bmatrix} 1 & 0 & -1 \\ 0 & 1 & 0 \end{bmatrix} \rightarrow s_1 = 1 \rightarrow \mathbf{A} \text{ no diagonalizable}$$

Si $\alpha = 0$

$$\begin{bmatrix} 1 & 0 & -1 \end{bmatrix} \rightarrow s_1 = 2 \rightarrow \mathbf{A} \text{ diagonalizable}$$

5.37

$$\mathbf{A} = \mathbf{SDS}^{-1}, \text{con } \mathbf{D} = \begin{bmatrix} 2 & 0 \\ 0 & 0 \end{bmatrix} \text{ y } \mathbf{S} = \begin{bmatrix} -1 & 1 \\ 1 & 1 \end{bmatrix}$$

$$\mathbf{A}^{100} = \mathbf{SD}^{100}\mathbf{S}^{-1} = \begin{bmatrix} -1 & 1 \\ 1 & 1 \end{bmatrix}\begin{bmatrix} 2^{100} & 0 \\ 0 & 0 \end{bmatrix}\begin{bmatrix} -1/2 & 1/2 \\ 1/2 & 1/2 \end{bmatrix} = \begin{bmatrix} -1 & 1 \\ 1 & 1 \end{bmatrix}\begin{bmatrix} -2^{99} & 2^{99} \\ 0 & 0 \end{bmatrix} =$$

$$\begin{bmatrix} 2^{99} & -2^{99} \\ -2^{99} & 2^{99} \end{bmatrix} = 2^{99}\begin{bmatrix} 1 & -1 \\ -1 & 1 \end{bmatrix}$$

5.38

Si

$$\mathbf{A} = \begin{bmatrix} p & q \\ q & r \end{bmatrix}$$

se tiene que

$$\lambda^2 - (p+q)\lambda + pr - q^2 \rightarrow \begin{cases} a+b = p+r \\ \\ ab = pr - q^2 \end{cases} \rightarrow$$

$$p = r = \left\{ a + b \pm \sqrt{(b-a)^2 - 4q^2} \right\} / 2$$

por lo que debe ser

$$4q^2 \leq (b-a)^2 ..$$

5.39

La matriz de permutación **C** es la siguiente:

$$\mathbf{C} = \begin{bmatrix} 0 & 1 & 0 & 0 & 0 \\ 0 & 0 & 1 & 0 & 0 \\ \ldots & \ldots & \ldots & \ldots & \ldots \\ 0 & 0 & 0 & 0 & 1 \\ 1 & 0 & 0 & 0 & 0 \end{bmatrix},$$

cuya ecuación característica es

$$(-1)^n \lambda^n + (-1)^{n+1} = 0 .$$

Los valores propios en el campo complejo son las raíces n–ésimas de la unidad. En el campo real, los únicos valores propios pueden ser más uno o menos uno.

De otra parte, la matriz dada es claramente de la forma:

$$a_0\mathbf{I} + a_1\mathbf{C} + a_2\mathbf{C}^2 + \ldots + a_{n-1}\mathbf{C}^{n-1}$$

como es muy fácil comprobar.

5.40

$$\varphi_{\mathbf{A}^T}(\lambda) = \det(\mathbf{A}^T - \lambda\mathbf{I}) = \det((\mathbf{A} - \lambda\mathbf{I})^T) = \det \mathbf{A} - \lambda\mathbf{I}) = \varphi_{\mathbf{A}}(\lambda)$$

luego $\mathbf{A}^T$ y **A** tienen los mismos valores propios.

5.41

Si λ es un valor propio real de **A**, siendo **A** una matriz real y antisimétrica, se tiene:

$$\mathbf{Ax} = \lambda\mathbf{x}, \text{ con } \mathbf{x} \neq \mathbf{0}$$

$$\mathbf{x}^T\mathbf{Ax} = \lambda\mathbf{x}^T\mathbf{x}$$

Pero por ser A real antisimétrica es $\mathbf{x}^T\mathbf{Ax} = 0$, luego

$$0 = \lambda\mathbf{x}^T\mathbf{x}.$$

Siendo **x** no nulo debe ser $\mathbf{x}^T\mathbf{x}$ distinto de cero, por lo que λ debe ser cero, de ahí que λ no pueda ser 1 o -1, es decir, la matriz original **A** no puede tener como valores propios 1 o -1, esto es, las matrices **A–I** y **A+I** son regulares.

5.42

$$\varphi_{\mathbf{A}}(\lambda) = (-1)^n \lambda^n \to (-1)^n \mathbf{A}^n = \mathbf{O}_n \to \mathbf{A}^n = \mathbf{O}_n \to \mathbf{A} \text{ es nilpotente.}$$

5.43

F **A**–invariante significa que

$$\mathbf{u} \in F \to \mathbf{Au} \in F$$

Pero por ser **A** regular existe $\mathbf{A}^{-1}$ y Cayley–Hamilton garantiza que $\mathbf{A}^{-1}$ es combinación lineal de las potencias sucesivas de **A** hasta la potencia n–1, de donde, si **u** pertenece a F se tiene que

$$\begin{aligned}&\mathbf{A}^{-1}\mathbf{u} = (\alpha_0\mathbf{I} + \alpha_1\mathbf{A} + \alpha_2\mathbf{A}^2 + ... + \alpha_{n-1}\mathbf{A}^{n-1})\mathbf{u} = \\ &\alpha_0\mathbf{u} + \alpha_1\mathbf{Au} + \alpha_2\mathbf{A}^2\mathbf{u} + ... + \alpha_{n-1}\mathbf{A}^{n-1}\mathbf{u} \in F\end{aligned},$$

y por consiguiente F también es $\mathbf{A}^{-1}$–invariante.

5.44

Es

$$\mathbf{A_1} = \mathbf{A} = \begin{bmatrix} 1 & 4 & 7 \\ 2 & 5 & 8 \\ 3 & 6 & 9 \end{bmatrix},$$

por lo que Traza($\mathbf{A_1}$) = 15,

$$a_1 = \frac{1}{1}\text{Traza}(\mathbf{A_1}) = 15$$

y

$$\mathbf{B_1} = \mathbf{A_1} - a_1\mathbf{I} = \begin{bmatrix} -14 & 4 & 7 \\ 2 & -10 & 8 \\ 3 & 6 & -6 \end{bmatrix}.$$

Es

$$\mathbf{A}_2 = \mathbf{B_1A} = \begin{bmatrix} 15 & 6 & -3 \\ 6 & 6 & 6 \\ -3 & 6 & 15 \end{bmatrix},$$

por lo que Traza($\mathbf{A_2}$) = 36,

$$a_2 = \frac{1}{2}\text{Traza}(\mathbf{A_2}) = 18$$

y

$$\mathbf{B_2} = \mathbf{A_2} - a_2\mathbf{I} = \begin{bmatrix} -3 & 6 & -3 \\ 6 & -12 & 6 \\ -3 & 6 & -3 \end{bmatrix}.$$

Finalmente, es

$$\mathbf{A}_3 = \mathbf{B}_2\mathbf{A} = \mathbf{O}_3,$$

por lo que Traza($\mathbf{A}_3$) = 0,

$$a_3 = \frac{1}{3}\text{Traza}(\mathbf{A_3}) = 0 \quad \text{y}$$

$$\varphi_{\mathbf{A}}(\lambda) = (-1)^3(\lambda^3 - a_1\lambda^2 - a_2\lambda - a_3) = -\lambda^3 + 15\lambda^2 + 18\lambda$$

B.6 Soluciones a los Ejercicios propuestos del Capítulo 6

6.15

Directo:

Si **A** es nilpotente entonces $\mathbf{A}^k = \mathbf{O}$, luego λ^k es un polinomio anulador de **A**, de donde el polinomio mínimo de **A** ha de ser de la forma

$$\mu_{\mathbf{A}}(\lambda) = \lambda^p, \text{con } p \leq k$$

y de ahí que $\lambda = 0$ sea un valor propio de **A**. El polinomio característico de **A** necesariamente ha de ser

$$\varphi_{\mathbf{A}}(\lambda) = (-1)^n \lambda^n,$$

múltiplo del polinomio mínimo y de grado n. Luego definitivamente el valor propio $\lambda = 0$ es de multiplicidad n.

Recíproco:

Si $\lambda = 0$ es un valor propio de **A** de multiplicidad n entonces

$$\varphi_{\mathbf{A}}(\lambda) = (-1)^n \lambda^n$$

y por el teorema de Cayley–Hamilton,

$$(-1)^n \mathbf{A}^n = \mathbf{O},$$

por lo que **A** es nilpotente.

6.16

La matriz cuadrada $\mathbf{A}-\lambda_0\mathbf{I}$ de orden n tiene como único valor propio $\lambda = 0$, el cual es de multiplicidad n, luego, por el resultado del ejercicio anterior, la matriz $\mathbf{A}-\lambda_0\mathbf{I}$ es nilpotente.

6.17

A es una matriz cuadrada de orden 11 y valor propio $\lambda = a$ repetido, con multiplicidad m = 11. Sea $\mathbf{B} = \mathbf{A}-a\mathbf{I}$. Se tiene:

$$\begin{aligned} r_0 &= r(\mathbf{B}^0) = 11 \\ r_1 &= r(\mathbf{B}^1) = 7 \\ r_2 &= r(\mathbf{B}^2) = 4 \\ r_3 &= r(\mathbf{B}^3) = 2 \\ r_4 &= r(\mathbf{B}^4) = 0 \\ r_5 &= r(\mathbf{B}^5) = 0, \end{aligned}$$

luego p = 4.

$d_0 = 11 - r_0 = 0$
$d_1 = 11 - r_1 = 4$
$d_2 = 11 - r_2 = 7$
$d_3 = 11 - r_3 = 9$
$d_4 = 11 - r_4 = 11$, por lo que

$f_4 = d_4 - d_3 = 2$
$f_3 = d_3 - d_2 = 2$
$f_2 = d_2 - d_1 = 3$
$f_1 = d_1 - d_0 = 4$, de donde tiene que haber

$f_4 = 2$	bloques de orden 4
$f_3 - f_4 = 0$	bloques de orden 3
$f_2 - f_3 = 1$	bloque de orden 2, y
$f_1 - f_2 = 1$	bloque de orden 1.

Esto es, una forma canónica de Jordan para **A**, puede ser:

$$\mathbf{A} = \begin{bmatrix} \mathbf{a} & 1 & & & & & & & & & \\ & \mathbf{a} & 1 & & & & & & & & \\ & & \mathbf{a} & 1 & & & & & & & \\ & & & \mathbf{a} & & & & & & & \\ & & & & \mathbf{a} & 1 & & & & & \\ & & & & & a & 1 & & & & \\ & & & & & & a & 1 & & & \\ & & & & & & & a & & & \\ & & & & & & & & a & 1 & \\ & & & & & & & & & a & \\ & & & & & & & & & & a \end{bmatrix}.$$

6.18

Aquí se tiene que $\mathbf{B} = \mathbf{A} - 0\mathbf{I} = \mathbf{A}$, con $\lambda = 0$ el único valor propio de **A** de multiplicidad m = 4, por lo que **A** es claramente nilpotente. En este caso se tiene:

$r_0 = r(\mathbf{B}^0) = 4$
$r_1 = r(\mathbf{B}^1) = 3$
$r_2 = r(\mathbf{B}^2) = 2$
$r_3 = r(\mathbf{B}^3) = 1$
$r_4 = r(\mathbf{B}^4) = 0$
$r_5 = r(\mathbf{B}^5) = 0$,

luego p = 4.

Los diferentes núcleos y sus respectivas dimensiones están representados en la siguiente figura, como subespacios de $\mathbf{R}^{4\times1}$:

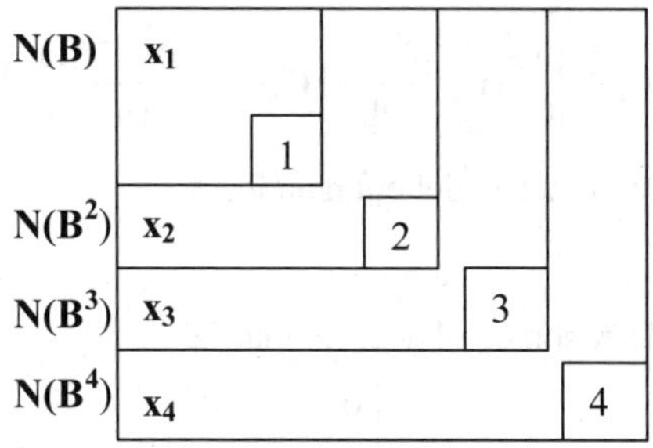

Figura B.1

En este caso se obtiene como forma de Jordan semejante con **A**:

$$\mathbf{J}=\begin{bmatrix}0&1&0&0\\0&0&1&0\\0&0&0&1\\0&0&0&0\end{bmatrix}.$$

A continuación se busca la cadena de vectores propios generalizados asociada:

$$\begin{array}{l}\mathbf{x}_4\in\mathbf{N}(\mathbf{B}^4)=\mathbf{N}(\mathbf{O}_4)=\mathbf{R}^{4\times1}\\ \mathbf{x}_4\notin\mathbf{N}(\mathbf{B}^3)=[\mathbf{e}_1,\ \ \mathbf{e}_2,\ \ \mathbf{e}_3]\end{array}.$$

Tomemos por ejemplo $\mathbf{x}_4=\mathbf{e}_4$. De ahí que:

$$\mathbf{x}_4=\mathbf{e}_4\rightarrow\mathbf{x}_3=\mathbf{B}\mathbf{x}_4\rightarrow\mathbf{x}_2=\mathbf{B}\mathbf{x}_3\rightarrow\mathbf{x}_1=\mathbf{B}\mathbf{x}_2$$

y la matriz regular **S**, tal que $\mathbf{S}^{-1}\mathbf{A}\mathbf{S}=\mathbf{J}$ viene dada por:

$$\mathbf{S}=[\mathbf{x}_1\quad\mathbf{x}_2\quad\mathbf{x}_3\quad\mathbf{x}_4]=\begin{bmatrix}1&2&1&0\\0&1&1&0\\0&0&1&0\\0&0&0&1\end{bmatrix}.$$

6.19

$$\mathbf{A}=\mathrm{a}\mathbf{I}+\mathbf{H}$$

$$\mathrm{p}(\mathbf{A})=\mathrm{a}_0\mathbf{I}+\mathrm{a}_1\mathbf{A}+\mathrm{a}_2\mathbf{A}^2+\ldots+\mathrm{a}_q\mathbf{A}^q$$

luego:

$$\mathrm{p}(\mathbf{A})=\mathrm{a}_0\mathbf{I}+\mathrm{a}_1(\mathrm{a}\mathbf{I}+\mathbf{H})+\mathrm{a}_2(\mathrm{a}\mathbf{I}+\mathbf{H})^2+\ldots+\mathrm{a}_q(\mathrm{a}\mathbf{I}+\mathbf{H})^q\rightarrow$$

$$p(\mathbf{A}) = (a_0 + a_1 a + a_2 a^2 + ... + a_q a^q)\mathbf{I} +$$
$$(a_1 + 2a_2 a + 3a_3 a^2 + ... + q a_q a^{q-1})\mathbf{H} + ... = ,$$
$$p(a)\mathbf{I} + \frac{p'(a)}{1!}\mathbf{H} + \frac{p''(a)}{2!}\mathbf{H}^2 + ... + \frac{p^{(n-1)}(a)}{(n-1)!}\mathbf{H}^{n-1}$$

obteniéndose de este modo la matriz del enunciado.

6.20

Los valores propios de **A** son 0, –1 y 2. La matriz

$$\mathbf{D} = \begin{bmatrix} 0 & 0 & 0 \\ 0 & -1 & 0 \\ 0 & 0 & 2 \end{bmatrix}$$

es semejante con la matriz **A** mediante la matriz regular

$$\mathbf{S} = \begin{bmatrix} -1 & -1 & 1 \\ 1 & -1 & 1 \\ 0 & 1 & 2 \end{bmatrix}..$$

Se tiene:

$$e^{\mathbf{A}} = \mathbf{S}e^{\mathbf{D}}\mathbf{S}^{-1} = \mathbf{S}\begin{bmatrix} 1 & 0 & 9 \\ 0 & 1/e & 0 \\ 0 & 0 & e^2 \end{bmatrix}\mathbf{S}^{-1} = \begin{bmatrix} 1.8541 & 0.8541 & 2.3404 \\ 0.8541 & 1.8541 & 2.3404 \\ 2.3404 & 2.3404 & 5.0487 \end{bmatrix}.$$

6.21

La función

$$f(\lambda) = \cos^2\lambda + \mathrm{sen}^2\lambda = 1 = g(\lambda),$$

luego $g(\mathbf{A}) = \mathbf{I}$.

Nota: La función $g(\lambda) = 1$ toma evidentemente los mismos valores de $f(\lambda) = 1$ sobre el espectro de **A**.

6.22

Los valores propios de **A** valen 1 y –1. La matriz **S** que transforma por semejanza la matriz **A** en la matriz diagonal $\mathbf{D} = \mathrm{diag}(1, -1)$ viene dada por

$$\mathbf{S} = \begin{bmatrix} 1 & -1 \\ 1 & 1 \end{bmatrix}$$

de modo que $\mathbf{A} = \mathbf{SDS}^{-1}$ y

$$e^{\mathbf{A}t} = \mathbf{S}e^{\mathbf{D}t}\mathbf{S}^{-1} = \begin{bmatrix} 1 & -1 \\ 1 & 1 \end{bmatrix}\begin{bmatrix} e^{t} & 0 \\ 0 & e^{-t} \end{bmatrix}\frac{1}{2}\begin{bmatrix} 1 & 1 \\ -1 & 1 \end{bmatrix} = \frac{1}{2}\begin{bmatrix} e^{t}+e^{-t} & e^{t}-e^{-t} \\ e^{t}-e^{-t} & e^{t}+e^{-t} \end{bmatrix}.$$

6.23

Los valores propios de **A** son: (n–1)/n (simple) y –1/n de multiplicidad n–1, todos ellos dentro del círculo unidad. Sea **V** la matriz de unos, del mismo orden que **A**. Se tiene:

$$\mathbf{A} = \frac{1}{n}(\mathbf{V}-\mathbf{I})$$

$$\mathbf{A}^2 = \frac{1}{n^2}(\mathbf{V}^2 - 2\mathbf{V}+\mathbf{I}) = \frac{1}{n^2}(n\mathbf{V}-2\mathbf{V}+\mathbf{I})$$

$$\mathbf{A}^3 = \frac{1}{n^3}(\mathbf{V}^3 - 3\mathbf{V}^2 + 3\mathbf{V}-\mathbf{I}) = \frac{1}{n^3}(n^2\mathbf{V}-3n\mathbf{V}+3\mathbf{V}-\mathbf{I})$$

luego

$$\mathbf{I}+\mathbf{A}+\mathbf{A}^2+\mathbf{A}^3 = \ldots = \frac{1}{n^3}\left\{(n^3-n^2+n-1)\mathbf{I}+(3n^2-5n-3)\mathbf{V}\right\}$$

6.24

Ya que el polinomio mínimo coincide con el último factor invariante de **A**.

6.25

Ya que las matrices **A** y $\mathbf{A}^T$ poseen los mismos factores invariantes.

6.26

Se tiene que:

$$d_1(\lambda) = 1,\ d_2(\lambda) = d_3(\lambda) = \lambda(\lambda^2-1)$$

de donde los factores invariantes son

$$e_1(\lambda) = 1$$

$$e_2(\lambda) = 1$$

$$e_3(\lambda) = \lambda(\lambda+1)(\lambda-1)$$

y los divisores elementales

$$\lambda,\ (\lambda+1),\ (\lambda-1).$$

La matriz **A** es diagonalizable por semejanza, de modo que es semejante con la matriz

$$\mathbf{D} = \text{diag}(0,-1,1).$$

6.27

Es f(**A**) = g(**A**) donde g(λ) es un polinomio que toma los mismos valores que f(λ) en el espectro de **A**. Se tiene que:

$$f(\mathbf{A}^T) = g(\mathbf{A}^T) = g(\mathbf{A})^T = f(\mathbf{A})^T$$

<u>Nota</u>: La función g(λ) es común para **A** y $\mathbf{A}^T$, pues **A** y $\mathbf{A}^T$ tienen el mismo polinomio mínimo.

6.28

Los valores propios de **A** son mayores que cero y reales, luego la función raíz cuadrada y sus derivadas sucesivas existen en el campo real para los valores del espectro de **A**, de donde existirá un polinomio que tome los mismos valores en el espectro con el que se puede calcular la raíz cuadrada de **A**.

6.29

$$\mathbf{A} = \begin{bmatrix} 1 & 1 & 1 \\ 2 & 1 & -1 \\ 0 & -1 & 1 \end{bmatrix}, \mathbf{S} = \begin{bmatrix} 0 & 2 & -3 \\ 2 & 1 & 4 \\ -2 & 1 & 2 \end{bmatrix}, \mathbf{J} = \begin{bmatrix} 2 & 1 & 0 \\ 0 & 2 & 0 \\ 0 & 0 & -1 \end{bmatrix}$$

$$\mathbf{B_1} = \mathbf{A} - 2\mathbf{I}, \quad \mathbf{B_2} = \mathbf{A} + \mathbf{I} \rightarrow$$

$$\mathbf{x_2} = \begin{bmatrix} 2 \\ 1 \\ 1 \end{bmatrix}, \mathbf{x_1} = \mathbf{Bx_2} = \begin{bmatrix} 0 \\ 2 \\ -2 \end{bmatrix}, \mathbf{y_1} = \begin{bmatrix} -3 \\ 4 \\ 2 \end{bmatrix}$$

$$\mathbf{x} = e^{\mathbf{A}t}\mathbf{x_0} = (\mathbf{S}e^{\mathbf{J}t}\mathbf{S}^{-1})\mathbf{x_0}$$

donde

$$e^{\mathbf{J}t} = \begin{bmatrix} e^{2t} & te^{2t} & 0 \\ 0 & e^{2t} & 0 \\ 0 & 0 & e^{-t} \end{bmatrix} \text{ y } \mathbf{S} = \begin{bmatrix} 2 & 0 & -3 \\ 1 & 2 & 4 \\ 1 & -2 & 2 \end{bmatrix}.$$

B.7 Soluciones a los Ejercicios propuestos del Capítulo 7

7.28

De la identidad entre las normas de x e y se concluye fácilmente la ortogonalidad de los vectores suma y diferencia en el campo real. Veamos:

$$\|x\| = \|y\| \rightarrow < x+y, x-y >= \|x\|^2 - < x, y > + < y, x > - \|y\|^2 = 0$$

7.29

Los escalares

$$\alpha_i = \langle w_i, x \rangle$$

son las componentes del vector x en una base ortonormal, w_1, w_2, ..., w_n en un espacio con producto escalar (en general complejo) luego:

$$\|x\|^2 = \sum_i \overline{\alpha_i}\alpha_i = \sum_i |\alpha_i|^2 = \sum_i |\langle w_i, x \rangle|^2$$

7.30

Partiendo de la propiedad de definición positiva del producto escalar, se tiene:

$$< x, x > \; > 0, \; \forall x \neq 0 .$$

Si **G** es la matriz de Gram en una base cualquiera x_1, x_2, ..., x_n y **x** representa al vector x en la citada base, entonces

$$\mathbf{x}^H \mathbf{G}\mathbf{x} > 0, \; \forall \mathbf{x} \neq \mathbf{0} ,$$

es decir, **G** es definido positiva.

7.31

Dada una base del espacio vectorial E con producto escalar, se considera la proyección ortogonal π sobre un subespacio vectorial F de E. En una base dada de E, se tiene

$$\mathbf{P}(\mathbf{x}+\mathbf{y}) = \mathbf{P}\mathbf{x} + \mathbf{P}\mathbf{y}$$
$$\mathbf{P}(\alpha\mathbf{x}) = \alpha(\mathbf{P}\mathbf{x})$$

donde **P** es la matriz de π.

Se concluye que las mismas relaciones verifica π para los vectores x e y representados por las columnas **x** e **y** en la citada base.

7.32

Es

$$u_i = x_i - \pi_{x_i} = x_i - \alpha_{1i} w_1 - \alpha_{2i} w_2 - \ldots - \alpha_{i-1,i} w_{i-1}$$

Si u_i fuera nulo habría dependencia lineal entre los vectores x_1, x_2, ..., x_n, lo que no es posible.

De otra parte, la base $u_1, u_2, ..., u_n$ es ortogonal, pues por construcción cada vector es ortogonal a los anteriores, de ahí que al normalizar los vectores base se obtenga una base ortonormal $w_1, w_2, ..., w_n$.

Por construcción está claro que

$$[w_1,...,w_{i-1},x_i] = [w_1,...,w_{i-1},u_i]$$

para todo valor posible de i.

7.33

La matriz de Gram es

$$\mathbf{G} = \begin{bmatrix} 2 & 0 & 2/3 & 00 \\ 0 & 2/3 & 0 & 2/5 \\ 2/3 & 0 & 2/5 & 0 \\ 0 & 2/5 & 0 & 2/7 \end{bmatrix}$$

Comienza el proceso de ortogonalización:

$$\begin{cases} u_1 = 1 \\ w_1 = 1/\sqrt{2} = \sqrt{2}/2 \end{cases}$$

$$\begin{cases} u_2 = t - < w_1, t > w_1 = t - (1/2) < 1, t >= t \\ w_2 = t/\sqrt{2/3} = \sqrt{3/3}t \end{cases}$$

$$\begin{cases} u_3 = t^2 - < w_1, t^2 > w_1 - < w_2, t^2 > w_2 = ... = t^2 - 1/3 \\ w_3 = ... = \sqrt{45/8}(t^2 - 1/3) \end{cases}$$

$$\begin{cases} u_4 = t^3 - < w_1, t^3 > w_1 - < w_2, t^3 > w_2 - < w_3, t^3 > w_3 = ... = t^3 - (3/5)t \\ w_4 = ... = \sqrt{175/8}(t^3 - (3/5)t) \end{cases}$$

Se ha obtenido por tanto la base ortonormal w_1, w_2, w_3, w_4.

7.34

Se tiene la base ortonormal w_1, w_3 de F siguiente:

$$\sqrt{2}/2, \quad \sqrt{45/8}(t^2 - 1/3)$$

Si

$$x = 1 + t + t^3$$

se obtiene la proyección ortogonal sobre F

$$\pi_x =< w_1, x > w_1 + < w_3, x > w_3 = ... = 1$$

luego la proyección ortogonal sobre el complemento ortogonal de F es $x - \pi_x = -t - t^3$.

7.35

$$w_1 = u_1 = e_1$$
$$w_2 = u_2 = (e_1 + e_2) - e_1 = e_2$$
$$\ldots$$
$$w_n = u_n = (e_1 + e_2 + \ldots + e_{n-1} + e_n) - (e_1 + e_2 + \ldots + e_{n-1}) = e_n$$

7.36

Por ser nulo el determinante de la matriz de Gram

$$\det\begin{bmatrix} 1 & 3 & 4 \\ 2 & 2 & 4 \\ 3 & 1 & 4 \end{bmatrix} = 0$$

de los citados vectores en la base canónica, éstos forman una lista linealmente dependiente.

7.37

Si x e y son ortogonales la identidad es verdadera.

Si, por el contrario, la identidad

$$\|x + y\|^2 = \|x\|^2 + \|y\|^2$$

es verdadera, de ahí no se deduce la ortogonalidad de los vectores x e y en un espacio conproducto escalar complejo, pues

$$\|x + y\|^2 = \|x\|^2 + \|y\|^2 \to \langle x, y\rangle + \langle y, x\rangle = 0 \to$$
$$\langle x, y\rangle + \overline{\langle x, y\rangle} = 0 \to 2\operatorname{Re}(\langle x, y\rangle) = 0$$

de donde

$$< x, y >$$

es un número complejo con parte real nula, no necesariamente igual a cero.

7.38

$$d(x, y) = \|x - y\| \to d^2(x, y) = \|x - y\|^2 =$$
$$\|x\|^2 - < x, y > + < yx > + \|y\|^2 =$$
$$1 - 0 + 0 + 1 = 2 \to d(x, y) = \sqrt{2}$$

7.39

No, pues debería ser det **G** mayor que cero. Pero det **G** = 0, para todo valor de α, luego no es posible que **G** represente a un producto escalar.

7.40

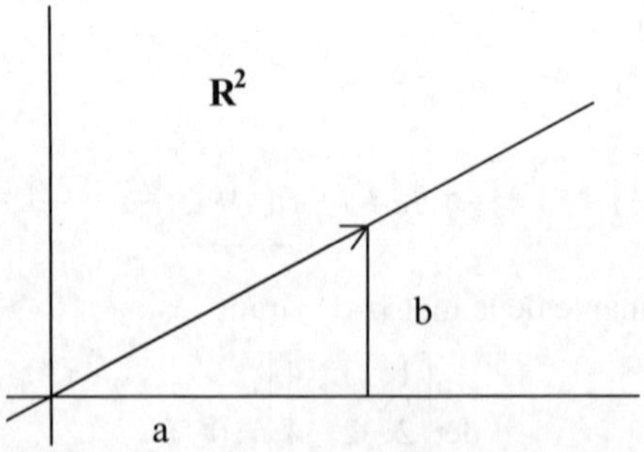

Figura B.2

El subespacio F de $\mathbf{R}^2$ está representada en la figura por la recta direccionada por el vector no nulo (a, b). El citado subespacio se puede identificar con el subespacio generado por la columna de la matriz

$$\mathbf{A} = \begin{bmatrix} a \\ b \end{bmatrix}$$

de rango unidad, luego

$$\mathbf{A}^+ = (\mathbf{A}^T\mathbf{A})^{-1}\mathbf{A}^T = \frac{1}{a^2+b^2}\begin{bmatrix} a & b \end{bmatrix}$$

y

$$\mathbf{P} = \mathbf{AA}^+ = \frac{1}{a^2+b^2}\begin{bmatrix} a^2 & ab \\ ba & b^2 \end{bmatrix}$$

es una matriz de proyección ortogonal sobre F cualquiera.

7.41

a) → b)

$$\langle \mathbf{Ax}, \mathbf{Ay} \rangle = (\mathbf{Ax})^{\mathbf{H}}(\mathbf{Ay}) = \mathbf{x}^{\mathbf{H}}(\mathbf{A}^{\mathbf{H}}\mathbf{A})\mathbf{y} = \mathbf{x}^{\mathbf{H}}\mathbf{y} = \langle \mathbf{x}, \mathbf{y} \rangle$$

b) → c)

$$\|\mathbf{Ax}\|^2 = \langle \mathbf{Ax}, \mathbf{Ax} \rangle = \langle \mathbf{x}, \mathbf{x} \rangle = \|\mathbf{x}\|^2 \rightarrow \|\mathbf{Ax}\| = \|\mathbf{x}\|$$

c) → a)

$$\|\mathbf{Ax}\|^2 = \|\mathbf{x}\|^2 \rightarrow \mathbf{x}^{\mathbf{H}}(\mathbf{A}^{\mathbf{H}}\mathbf{A})\mathbf{x} = \mathbf{x}^{\mathbf{H}}\mathbf{I}\mathbf{x}, \forall \mathbf{x} \rightarrow \mathbf{A}^{\mathbf{H}}\mathbf{A} = \mathbf{I}$$

7.42

$$1)\ \langle \mathbf{Ax}, \mathbf{y} \rangle = (\mathbf{Ax})^{\mathbf{H}} \mathbf{y} = \mathbf{x}^{\mathbf{H}} \mathbf{A}^{\mathbf{H}} \mathbf{y}$$

$$\langle \mathbf{x}, \mathbf{A}^{\mathbf{H}} \mathbf{y} \rangle = \mathbf{x}^{\mathbf{H}} (\mathbf{A}^{\mathbf{H}} \mathbf{y}\mathbf{x}) = \mathbf{x}^{\mathbf{H}} \mathbf{A}^{\mathbf{H}} \mathbf{y}$$

$$2)\ \langle \mathbf{Ax}, \mathbf{y} \rangle = \langle \mathbf{x}, \mathbf{A}^{\mathbf{H}} \mathbf{y} \rangle = \langle \mathbf{x}, \mathbf{Ay} \rangle, \text{pues } \mathbf{A}^{\mathbf{H}} = \mathbf{A}$$

7.43

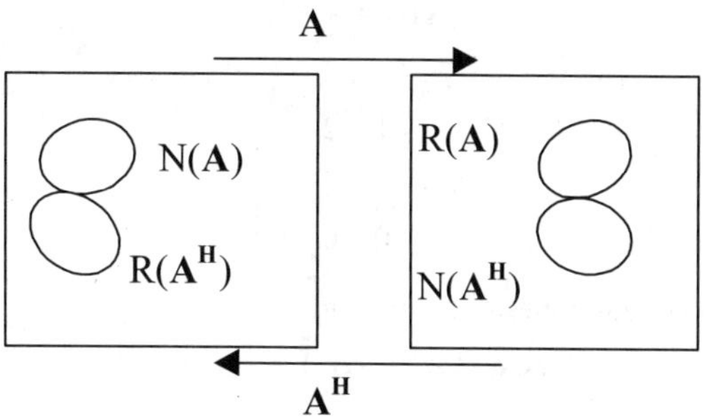

Figura B.3

1)

$$\mathbf{u} \in \mathbf{N}(\mathbf{A}^{\mathbf{H}}) \rightarrow \mathbf{A}^{\mathbf{H}} \mathbf{u} = \mathbf{0}$$

$$\mathbf{v} \in \mathbf{R}(\mathbf{A}) \rightarrow \exists \mathbf{w}; \mathbf{Aw} = \mathbf{v}$$

$$< \mathbf{v}, \mathbf{u} > = < \mathbf{Aw}, \mathbf{u} > = \mathbf{w}^{\mathbf{H}} (\mathbf{A}^{\mathbf{H}} \mathbf{u}) = \mathbf{w}^{\mathbf{H}} \mathbf{0} = 0 \rightarrow \mathbf{u} \in \mathbf{R}(\mathbf{A})^{\perp}$$

Luego

$$\mathbf{N}(\mathbf{A}^{\mathbf{H}}) \subset \mathbf{R}(\mathbf{A})^{\perp}.$$

Análogamente se prueba que

$$\mathbf{N}(\mathbf{A}^{\mathbf{H}}) \supset \mathbf{R}(\mathbf{A})^{\perp},$$

de donde se llega a la identidad

$$\mathbf{N}(\mathbf{A}^{\mathbf{H}}) = \mathbf{R}(\mathbf{A})^{\perp}.$$

2) Aprovechando el resultado anterior, si en lugar de **A** se escribe $\mathbf{A}^{\mathbf{H}}$ se tiene que

$$\mathbf{N}(\mathbf{A}) = \mathbf{R}(\mathbf{A}^{\mathbf{H}}) \rightarrow \mathbf{N}(\mathbf{A})^{\perp} = \mathbf{R}(\mathbf{A}^{\mathbf{H}})$$

7.44

La solución de norma mínima para $\mathbf{Ax} = \mathbf{b}$ es $\mathbf{A}^{-1}\mathbf{b}$ y ello para toda columna **b**, luego

$$\mathbf{A}^{-1} = \mathbf{A}^{+}.$$

7.45

Por ejemplo, el par de matrices

$$\mathbf{A} = \begin{bmatrix} 1 & 1 & 1 \\ 1 & 1 & 1 \\ 1 & 1 & 1 \end{bmatrix}, \quad \mathbf{B} = \begin{bmatrix} 1 & 1 & 1 \\ 0 & 1 & 1 \\ 0 & 0 & 1 \end{bmatrix}$$

no cumplen

$$(\mathbf{AB})^{+} = \mathbf{B}^{+}\mathbf{A}^{+},$$

y la matriz

$$\mathbf{A} = \begin{bmatrix} 1 & 2 & 3 \\ 4 & 5 & 6 \\ 0 & 0 & 0 \end{bmatrix}$$

no verifica las otras dos condiciones del enunciado

$$\mathbf{AA}^{+} = \mathbf{A}^{+}\mathbf{A},\ (\mathbf{A}^{p})^{+} = (\mathbf{A}^{+})^{p}$$

7.46

Utilizando las propiedades de la seudoinversa se tiene:

$$\mathbf{P}^{\mathbf{T}} = (\mathbf{AA}^{+})^{\mathbf{T}} = \mathbf{AA}^{+} = \mathbf{P}$$

$$\mathbf{P}^{2} = (\mathbf{AA}^{+})(\mathbf{AA}^{+}) = (\mathbf{AA}^{+}\mathbf{A})\,\mathbf{A}^{+} = \mathbf{AA}^{+} = \mathbf{P}$$

$$\mathbf{x} \in \mathbf{R}(\mathbf{P}) \to \exists \mathbf{u};\, \mathbf{Pu} = \mathbf{x} \to \mathbf{AA}^{+}\mathbf{u} = \mathbf{x}$$

Si **x** pertenece a **R(P)** se cumple $\mathbf{Ay} = \mathbf{x}$ para $\mathbf{y} = \mathbf{A}^{+}\mathbf{u}$, luego **x** pertenece a **R(A)**

El recíproco se demuestra análogamente, esto es, si **x** pertenece a **R(A)** entonces **x** pertenece a **R(P)**, en definitiva, . **R(P)** = **R(A)**.

7.47

$$\mathbf{A} = \begin{bmatrix} 1 & 1 \\ 1 & 1 \end{bmatrix} \to \mathbf{P} = \mathbf{AA}^{+} = \ldots = \frac{1}{2}\begin{bmatrix} 1 & 1 \\ 1 & 1 \end{bmatrix}$$

La proyección ortogonal de **b** sobre **R(A)** es

$$\mathbf{Pb} = \ldots = \begin{bmatrix} 3/2 \\ 3/2 \end{bmatrix}.$$

y la proyección ortogonal de **b** sobre **N(A)** es **Rb**, siendo

$$\mathbf{R} = \mathbf{I} - \mathbf{A}^{+}\mathbf{A} = \ldots = \frac{1}{2}\begin{bmatrix} 1 & -1 \\ -1 & 1 \end{bmatrix},$$

de donde

$$\mathbf{Rb} = \ldots = \begin{bmatrix} -1/2 \\ 1/2 \end{bmatrix}.$$

7.48

$$\begin{bmatrix} 1 & 1 \\ 1 & 1 \end{bmatrix}^{+} = \ldots = \frac{1}{4}\begin{bmatrix} 1 & 1 \\ 1 & 1 \end{bmatrix}$$

7.49

Se tiene que

$$\mathbf{A} = \begin{bmatrix} 1 & 1 \\ 1 & 1 \end{bmatrix}, \quad \mathbf{b} = \begin{bmatrix} 1 \\ 2 \end{bmatrix}$$

luego

$$\mathbf{x} = \mathbf{A}^{+}\mathbf{b} + (\mathbf{I} - \mathbf{A}^{+}\mathbf{A})\mathbf{w} = \ldots = \begin{bmatrix} 3/4 + (1/2)\alpha - (1/2)\beta \\ 3/4 - (1/2)\alpha + (1/2)\beta \end{bmatrix}$$

son todas las soluciones posibles, donde $\mathbf{w}$ es una columna genérica de elementos α y β.

7.50

Basta hacer un simple producto matricial

$$\mathbf{X} = \mathbf{A}^{+}\begin{bmatrix} \mathbf{I_r} & \mathbf{O} \\ \mathbf{O} & \mathbf{O} \end{bmatrix}$$

7.51

$$\mathbf{P} = \mathbf{A}^{+}\mathbf{A} = \mathbf{R}\,\mathbf{svd}(\mathbf{A})\,\mathbf{Q}^{\mathbf{T}}\,\mathbf{Q}\,(\mathbf{svd}(\mathbf{A}))^{+}\,\mathbf{R}^{\mathbf{T}} =$$

$$\mathbf{R}\,\mathbf{svd}(\mathbf{A})\ (\mathbf{svd}(\mathbf{A}))^{+}\,\mathbf{R}^{\mathbf{T}} =$$

$$\mathbf{R}\begin{bmatrix} 1 &&&&&&& \\ & 1 &&&&&& \\ && \cdots &&&&& \\ &&& 1 &&&& \\ &&&& 0 &&& \\ &&&&& 0 && \\ &&&&&& \cdots & \\ &&&&&&& 0 \end{bmatrix}\mathbf{R}^{\mathbf{T}}$$

luego

$$\mathbf{R}^T\mathbf{P}\mathbf{R} = \begin{bmatrix} 1 & & & & & & & \\ & 1 & & & & & & \\ & & \cdots & & & & & \\ & & & 1 & & & & \\ & & & & 0 & & & \\ & & & & & 0 & & \\ & & & & & & \cdots & \\ & & & & & & & 0 \end{bmatrix}$$

y los valores singulares de **P** valen 1 y 0.

La resolución de **Px** = **b** no ofrece dificultad, pues al ser **P** regular se tiene $\mathbf{P}^+ = \mathbf{P}^{-1}$. Pero como **P** es ortogonal $\mathbf{P}^{-1} = \mathbf{P}^T$. En definitiva la solución óptima por mínimos cuadrados coincide con la solución única del sistema, esto es, $\mathbf{x} = \mathbf{P}^T\mathbf{b}$.

B.8 Soluciones a los Ejercicios propuestos del Capítulo 8

8.20

$$\mathbf{w_1} = \frac{1}{\sqrt{18}}\begin{bmatrix} -4 \\ 1 \\ 1 \end{bmatrix}, \mathbf{Aw_1} = 3\mathbf{w_1}$$

$$\mathbf{Q} = [\mathbf{w_1} \quad \mathbf{W}] = \begin{bmatrix} -4/\sqrt{18} & 1/3 & 0 \\ 1/\sqrt{18} & 2/3 & -1/\sqrt{2} \\ 1/\sqrt{18} & 2/3 & 1/\sqrt{2} \end{bmatrix}$$

$$\mathbf{B} = \mathbf{Q^T AQ} = \begin{bmatrix} 3 & 2.1213 & -6 \\ 0 & 0 & 0 \\ 0 & 2.1213 & 3 \end{bmatrix}$$

$$\mathbf{A_1} = \begin{bmatrix} 0 & 0 \\ 2.1213 & 3 \end{bmatrix}, \mathbf{w_{1,1}} = \begin{bmatrix} 0 \\ 1 \end{bmatrix}, \mathbf{A_1 w_{1,1}} = 3\mathbf{w_{1,1}}$$

$$\mathbf{Q_1} = [\mathbf{w_{1,1}} \quad \mathbf{W_1}] = \begin{bmatrix} 0 & 1 \\ 1 & 0 \end{bmatrix} = \mathbf{S_1}$$

pues

$$\mathbf{S_1^T A_1 S_1} = \begin{bmatrix} 3 & 2.1213 \\ 0 & 0 \end{bmatrix} = \mathbf{D_1}$$

$$\mathbf{P} = \begin{bmatrix} 1 & \mathbf{0^T} \\ \mathbf{0} & \mathbf{S_1} \end{bmatrix} = \begin{bmatrix} 1 & 0 & 0 \\ 0 & 0 & 1 \\ 0 & 1 & 0 \end{bmatrix}$$

$$\mathbf{S} = \mathbf{QP} = \begin{bmatrix} -0.9428 & 0 & 1/3 \\ 0.2357 & -1/\sqrt{2} & 2/3 \\ 0.2357 & 1/\sqrt{2} & 2/3 \end{bmatrix}.$$

$$\mathbf{U} = \mathbf{S^T AS} = \begin{bmatrix} 3 & -6 & 2.1213 \\ 0 & 3 & 2.1213 \\ 0 & 0 & 0 \end{bmatrix}.$$

8.21

$$\mathbf{A} = \mathbf{SDS^H} = \ldots = \begin{bmatrix} 1 & -4 & -1 \\ -4 & -2 & 4i \\ i & -4i & 1 \end{bmatrix}$$

con

$$\mathbf{D} = \ldots = \begin{bmatrix} 6 & 0 & 0 \\ 0 & 0 & 0 \\ 0 & 0 & -6 \end{bmatrix}$$

matriz diagonal y

$$\mathbf{S} = \begin{bmatrix} -i/\sqrt{3} & i/\sqrt{2} & -i/\sqrt{6} \\ i/\sqrt{3} & 0 & -2i/\sqrt{6} \\ 1/\sqrt{3} & 1/\sqrt{2} & 1/\sqrt{6} \end{bmatrix}$$

matriz unitaria.

8.22

1º

$$\mathbf{U} = (i\mathbf{I} - \mathbf{H})(i\mathbf{I} + \mathbf{H})^{-1}$$

H es una matriz hermítica, luego i no puede ser valor propio de **H**, esto es, existe la inversa de la matriz i**I**+**H**. De la expresión anterior se deduce

$$\mathbf{U^H} = (-i\mathbf{I} + \mathbf{H})^{-1}(-i\mathbf{I} - \mathbf{H})$$

luego

$$\mathbf{U^H U} = (-i\mathbf{I} + \mathbf{H})^{-1}(-i\mathbf{I} - \mathbf{H})(i\mathbf{I} - \mathbf{H})(i\mathbf{I} + \mathbf{H})^{-1} =$$
$$(-i\mathbf{I} + \mathbf{H})^{-1}(i\mathbf{I} - \mathbf{H})(-i\mathbf{I} - \mathbf{H})(i\mathbf{I} + \mathbf{H})^{-1} =$$
$$(-i\mathbf{I} + \mathbf{H})^{-1}(-i\mathbf{I} + \mathbf{H})(i\mathbf{I}\mathbf{H})(i\mathbf{I} + \mathbf{H})^{-1} = \mathbf{I}\,\mathbf{I} = \mathbf{I}$$

luego **U** es unitaria.

2º

$$\mathbf{H} = i(\mathbf{I} - \mathbf{U})(\mathbf{I} + \mathbf{U})^{-1}$$

Como que $\mathbf{U^H U} = \mathbf{I}$ y −1 no es valor propio de **U** entonces existe la inversa de **I**+**U** y se tiene

$$\begin{aligned}\mathbf{H}^{\mathbf{H}} &= -\mathrm{i}(\mathbf{I}+\mathbf{U}^{\mathbf{H}})^{-1}(\mathbf{I}-\mathbf{U}^{\mathbf{H}}) = \\ &-\mathrm{i}(\mathbf{U}^{\mathbf{H}}(\mathbf{U}+\mathbf{I}))^{-1}(\mathbf{U}^{\mathbf{H}}(\mathbf{U}-\mathbf{I})) = \\ &-\mathrm{i}(\mathbf{U}+\mathbf{I})^{-1}\mathbf{U}\mathbf{U}^{\mathbf{H}}(\mathbf{U}-\mathbf{I}) = \\ &-\mathrm{i}(\mathbf{U}+\mathbf{I})^{-1}(\mathbf{U}-\mathbf{I}) = \\ &\mathrm{i}(\mathbf{I}+\mathbf{U})^{-1}(\mathbf{I}-\mathbf{U})\end{aligned}$$

La identidad final $\mathbf{H}=\mathbf{H}^{\mathbf{H}}$ se deduce de la identidad

$$\mathbf{U}(\mathbf{I}+\mathbf{U})^{-1} = (\mathbf{I}+\mathbf{U})^{-1}\mathbf{U}$$

luego **H** es hermítica.

8.23

Sea A una matriz normal con los valores propios reales. Existe una matriz unitaria **S** tal que

$$\mathbf{S}^{\mathbf{H}}\mathbf{A}\mathbf{S} = \mathbf{D} = \begin{bmatrix} \lambda_1 & & & & \\ & \lambda_2 & & & \\ & & \lambda_3 & & \\ & & & \cdots & \\ & & & & \lambda_n \end{bmatrix},$$

con los valores diagonales de la matriz diagonal de **D** reales, luego

$$\left.\begin{aligned}\mathbf{A} &= \mathbf{S}\mathbf{D}\mathbf{S}^{\mathbf{H}} \\ \mathbf{A}^{\mathbf{H}} &= \mathbf{S}\mathbf{D}\mathbf{S}^{\mathbf{H}}\end{aligned}\right\} \rightarrow \mathbf{A} = \mathbf{A}^{\mathbf{H}}$$

8.24

Sea **A** una matriz normal con los valores propios de valor absoluto unidad. Existe una matriz unitaria **S** tal que

$$\mathbf{S}^{\mathbf{H}}\mathbf{A}\mathbf{S} = \mathbf{D} = \begin{bmatrix} \lambda_1 & & & & \\ & \lambda_2 & & & \\ & & \lambda_3 & & \\ & & & \cdots & \\ & & & & \lambda_n \end{bmatrix},$$

con

$$|\lambda_i|^2 = \overline{\lambda_i}\lambda_i = \lambda_i^{\mathbf{H}}\lambda_i = 1\,.$$

Se tiene:

$$\left.\begin{array}{r}\mathbf{A} = \mathbf{SDS^H} \\ \\ \mathbf{A^H} = \mathbf{SD^HS^H}\end{array}\right\} \rightarrow \mathbf{A^HA} = \mathbf{SD^HS^HSDS^H} = \mathbf{SD^HDS^H} = \mathbf{SS^H} = \mathbf{I}$$

8.25

Sea **A** una matriz normal con los valores propios imaginarios puros. Existe una matriz unitaria **S** tal que

$$\mathbf{S^HAS} = \mathbf{D} = \begin{bmatrix} \lambda_1 & & & & \\ & \lambda_2 & & & \\ & & \lambda_3 & & \\ & & & \ldots & \\ & & & & \lambda_n \end{bmatrix}$$

con

$$\lambda_i = \sqrt{-1}\, b_i, \text{ y } b_i \text{ real para todo valor de i}$$

Se tiene

$$\mathbf{A^H} = \mathbf{S\bar{D}S^H} = -\mathbf{SDS^H} = -\mathbf{A}$$

8.26

$$\mathbf{A} = -\mathbf{A^H}.$$

Es **A** una matriz normal, pues

$$\mathbf{AA^H} = -\mathbf{A}^2 = \mathbf{A^HA}$$

luego existe una matriz unitaria

$$\mathbf{S} = [\mathbf{w_1} \quad \ldots \quad \mathbf{w_n}]$$

tal que

$$\mathbf{S^HAS} = \mathbf{D}$$

es una matriz diagonal y

$$\mathbf{w_1}, \quad .. \quad \mathbf{w_{n-1}}, \mathbf{w_n}$$

es base ortonormal de vectores propios de **A**.

8.27

$$\mathbf{A} = -\mathbf{A^H}$$

$$\mathbf{Ax} = \lambda\mathbf{x} \rightarrow \mathbf{x^HAx} = \lambda\mathbf{x^Hx} \quad [1]$$

Pero

$$\mathbf{x^H A^H} = \bar{\lambda}\mathbf{x^H}$$

$$\mathbf{x^H A} = -\bar{\lambda}\mathbf{x^H} \rightarrow \mathbf{x^H A x} = -\bar{\lambda}\mathbf{x^H x} \quad [2]$$

De [1] y [2] se deduce

$$\mathbf{x^H x}(\lambda + \bar{\lambda}) = 0$$

luego al ser $\mathbf{x^H x}$ mayor que cero debe ser

$$\lambda = -\bar{\lambda}$$

esto es,

$$\lambda = \sqrt{-1}\,\mathrm{b}$$

con *b* real.

8.28

Si

$$\mathbf{A^T} = -\mathbf{A}$$

y 1 es valor propio de **A**, entonces

$$\mathbf{Ax} = 1\mathbf{x} \rightarrow \mathbf{x^T A x} = \mathbf{x^T x} \rightarrow$$
$$\mathbf{x^T A^T x} = \mathbf{x^T x} \rightarrow$$
$$-\mathbf{x^T A x} = \mathbf{x^T x}$$

Como consecuencia $\mathbf{x^T x} = 0$, que es absurdo, luego 1 no puede ser valor propio de **A**.

8.29

A es real, simétrica de rango dos.

$$\mathbf{B} = \mathbf{AA^T} = \begin{bmatrix} 25 & 0 & 0 \\ 0 & 16 & 12 \\ 0 & 12 & 9 \end{bmatrix} \rightarrow \left.\begin{matrix} \mu_1 = 25 \\ \mu_2 = 25 \\ \mu_3 = 0 \end{matrix}\right\} \rightarrow \left.\begin{matrix} \sigma_1 = 5 \\ \sigma_2 = 5 \end{matrix}\right\}$$

$$\mathbf{P} = \ldots = \begin{bmatrix} 1 & 0 & 0 \\ 0 & 0.8 & -0.6 \\ 0 & 0.6 & 0.8 \end{bmatrix}, \mathbf{Q} = \ldots = \begin{bmatrix} 0 & 1 & 0 \\ 0.8 & 0 & -0.6 \\ 0.6 & 0 & 0.8 \end{bmatrix}$$

de modo que

$$\mathbf{P^T A Q} = \mathbf{svd(A)} = \begin{bmatrix} 5 & 0 & 0 \\ 0 & 5 & 0 \\ 0 & 0 & 0 \end{bmatrix}.$$

8.30

$$\mathbf{C} = ((\mathbf{QR})^{\mathbf{T}}(\mathbf{QR}))^{-1} = (\mathbf{R}^{\mathbf{T}}\mathbf{Q}^{\mathbf{T}}\mathbf{QR})^{-1} = (\mathbf{R}^{\mathbf{T}}\mathbf{R})^{-1} = \mathbf{R}^{-1}(\mathbf{R}^{\mathbf{T}})^{-1} = \mathbf{R}^{-1}(\mathbf{R}^{-1})^{\mathbf{T}}$$

8.31

$$\mathbf{A} = \begin{bmatrix} 3 & 4 \\ 4 & 3 \end{bmatrix}.$$

Se obtiene

$$\mathbf{Q} = \begin{bmatrix} 0.6 & 0.8 \\ 0.8 & -0.6 \end{bmatrix} \text{ y } \mathbf{Q} = \begin{bmatrix} 5 & 4.8 \\ 0 & 1.4 \end{bmatrix},$$

de modo que **A = QR**.

8.32

Los vectores columna **x**, **y** forman una lista linealmente independiente. Se tiene:

$$\|\mathbf{y}\|_2 = 1$$
$$\mathbf{H} = \mathbf{I} - 2\mathbf{u}\mathbf{u}^{\mathbf{T}}$$
$$\mathbf{Hx} = \alpha\mathbf{y}$$

Siendo

$$\mathbf{v} = \pm\frac{\mathbf{x}}{\|\mathbf{x}\|_2},$$

tomando el signo de modo que

$$< \mathbf{y}, \mathbf{v} > \geq 0,$$

la columna buscada es

$$\mathbf{v} = \frac{\mathbf{v} + \mathbf{y}}{\|\mathbf{v} + \mathbf{y}\|_2}$$

Pero

$$\mathbf{Hx} = \pm\|\mathbf{x}\|_2 \mathbf{Hv} = \pm\|\mathbf{x}\|_2(-\mathbf{y}) = \mp\|\mathbf{x}\|_2 \mathbf{y}$$

de donde

$$\alpha = \mp\|\mathbf{x}\|_2.$$

B.9 Soluciones a los Ejercicios propuestos del Capítulo 9

9.13

Se va a proceder a la diagonalización por semejanza ortogonal: La matriz de la forma cuadrática es la matriz real y simétrica

$$\mathbf{A} = \begin{bmatrix} 0 & 1 & 1 & -1 \\ 1 & 0 & -1 & 1 \\ 1 & -1 & 0 & 1 \\ -1 & 1 & 1 & 0 \end{bmatrix}$$

que tiene por valores propios reales

$$\begin{matrix} \lambda_1 = 1 & m_1 = 3 \\ \lambda_2 = -3 & m_2 = 1 \end{matrix}.$$

La matriz ortogonal que diagonaliza **A** es

$$\mathbf{S} = \begin{bmatrix} 0.7044 & -0.4877 & 0.1263 & 0.5 \\ 0.632 & 0.2629 & -0.5305 & -0.5 \\ 0.2617 & 0.0782 & 0.8218 & -0.5 \\ 0.1893 & 0.8288 & 0.1650 & 0.5 \end{bmatrix}$$

de modo que

$$\mathbf{S}^{\mathbf{T}}\mathbf{A}\mathbf{S} = \mathbf{D} = \begin{bmatrix} 1 & 0 & 0 & 0 \\ 0 & 1 & 0 & 0 \\ 0 & 0 & 1 & 0 \\ 0 & 0 & 0 & -3 \end{bmatrix}$$

representa a la misma forma cuadrática inicial, después de hacer el cambio de variables admisible dado por **S**. La forma cuadrática reducida a suma de cuadrados viene dada por la expresión

$$x'^2 + y'^2 + z'^2 - 3t'^2 .$$

El rango vale 4 y la signatura 2.

9.14

Basta hacer el cambio de variables admisible dado por

$$\left.\begin{aligned} x' &= x - y + z - t \\ y' &= x + y - z - t \\ z' &= \qquad\quad z \\ t' &= \qquad\qquad\quad t \end{aligned}\right\} \rightarrow \mathbf{S}^{-1} = \begin{bmatrix} 1 & -1 & 1 & -1 \\ 1 & 1 & -1 & -1 \\ 0 & 0 & 1 & 0 \\ 0 & 0 & 0 & 1 \end{bmatrix}$$

y la forma cuadrática, reducida a suma de cuadrados mediante la matriz regular **S**, se expresa ahora por

$$x'^2 + y'^2 .$$

9.15

Los menores principales angulares de **A** son:

$$\Delta_0 = 1, \Delta_1 = 5, \Delta_2 = 1, \Delta_3 = 0$$

y los coeficientes de Jacobi

$$\Delta_1 / \Delta_0 = 5 > 0,\ \ \Delta_2 / \Delta_1 = 1/5 > 0,\ \ \Delta_3 / \Delta_2 = 0\ ,$$

por lo que **A** representa a una forma cuadrática semidefinido positiva.

De otra parte, la matriz **B** se puede reducir, por transformaciones de congruencia, mediante operaciones elementales columna–fila, a la forma cuadrática dada por la matriz **C**

$$\begin{bmatrix} 1 & 1 & a \\ 1 & 1 & -1 \\ a & -1 & b \end{bmatrix} \xrightarrow{\text{col}} \begin{bmatrix} 1 & 0 & a \\ 1 & 0 & -1 \\ a & -1-a & b \end{bmatrix} \xrightarrow{\text{fil}} \begin{bmatrix} 1 & 0 & a \\ 0 & 0 & -1-a \\ a & -1-a & b \end{bmatrix}$$

$$\xrightarrow{\text{col fil}} \begin{bmatrix} 1 & 0 & 0 \\ 0 & 0 & -1-a \\ 0 & -1-a & b-a^2 \end{bmatrix} \xrightarrow{\text{col fil}} \begin{bmatrix} 1 & 0 & 0 \\ 0 & b-a^2 & -1-a \\ 0 & -1-a & 0 \end{bmatrix} = \mathbf{C}$$

cuyos menores principales angulares son:

$$\Delta_0 = 1, \Delta_1 = 1, \Delta_2 = b - a^2, \Delta_3 = -(1+a)^2$$

de los que se deducen los coeficientes de Jacobi

$$\Delta_1 / \Delta_0 = 1 > 0,\ \ \Delta_2 / \Delta_1 = b - a^2,\ \ \Delta_3 / \Delta_2 = -(1+a)^2 / (b - a^2)$$

Para que **C** sea congruente con **B**, y en último término con **A**, también **C** debe representar una forma cuadrática semidefinido positiva, esto es, se debe cumplir que

$$b - a^2 > 0,\ \ -(1+a)^2 / (b - a^2) = 0\ ,$$

de donde

$$\begin{cases} a = -1 \\ b > 1 \end{cases}$$

9.16

Sí, porque la matriz que representa a la forma cuadrática dada

$$\mathbf{A} = \begin{bmatrix} 3 & 1 & -1 \\ 1 & 3 & -1 \\ -1 & -1 & 3 \end{bmatrix}$$

es claramente real, simétrica y definido positiva; condición ésta indispensable para que la citada matriz represente un producto escalar, del que se pueda deducir la forma cuadrática dada como el cuadrado de la norma inducida por el producto escalar.

9.17

Haciendo el cambio de variables admisible

$$\begin{cases} x = (1/\sqrt{2})(x' + y') \\ y = (1/\sqrt{2})(x' - y') \\ z = (1/\sqrt{2})(z' + t') \\ t = (1/\sqrt{2})(z' - t') \end{cases}$$

se reduce la forma cuadrática dada a la forma diagonal

$$x'^2 - y'^2 - z'^2 + t'^2$$

La matriz del cambio de variables es la matriz ortogonal

$$\mathbf{S} = \frac{1}{\sqrt{2}} \begin{bmatrix} 1 & 1 & 0 & 0 \\ 1 & -1 & 0 & 0 \\ 0 & 0 & 1 & 1 \\ 0 & 0 & 1 & -1 \end{bmatrix}.$$

9.18

Reordenando las variables de modo que sea cero el último cociente de Jacobi.

9.19

Los valores propios de la matriz

$$\mathbf{A} = \begin{bmatrix} a+b & a-b \\ a-b & a+b \end{bmatrix},$$

que representa a la forma cuadrática real, se obtienen, como es habitual, como ceros del polinomio característico, en este caso:

$$\lambda^2 - 2(a+b)\lambda + \underbrace{(a+b)^2 - (a-b)^2}_{4ab}$$

Las raíces de la ecuación característica son:

$$a + b \pm \sqrt{(a+b)^2 - 4ab} = a + b \pm \sqrt{(a-b)^2} = a + b \pm a - b = \begin{cases} 2a \\ 2b \end{cases}$$

La discusión se establece teniendo en cuenta los signos que pueden tomar los valores propios:

$$a > 0, b > 0 \ \text{Def. pos.}$$
$$a > 0, b = 0 \text{ ó } a = 0, b > 0 \ \text{Semidef.pos.}$$
$$a < 0, b < 0 \ \text{Def. neg}$$
$$a < 0, b = 0 \text{ ó } a = 0, b < 0 \ \text{Semidef.neg.}$$
$$ab < 0 \ \text{Indeterminada}$$
$$a = 0, b = 0 \ \text{Nula}$$

9.20

Los menores angulares principales son en este caso para la matriz

$$\mathbf{A} = \begin{bmatrix} 1 & 0 & \cos\theta \\ 0 & 1 & \text{sen}\theta \\ \cos\theta & \text{sen}\theta & 0 \end{bmatrix}:$$

$$\Delta_0 = 1, \Delta_1 = 1, \Delta_2 = 1, \Delta_3 = -1.$$

Los correspondientes coeficientes de Jacobi conducen a que los signos son +, +, –, por lo que la forma cuadrática es indefinida. Su rango vale 3 y su signatura 1.

Transformando **A** mediante operaciones elementales columna–fila se tiene:

$$\mathbf{A} = \begin{bmatrix} 1 & 0 & \cos\theta \\ 0 & 1 & \text{sen}\theta \\ \cos\theta & \text{sen}\theta & 0 \end{bmatrix} \to \begin{bmatrix} 1 & 0 & 0 \\ 0 & 1 & 0 \\ 0 & 0 & -\cos^2\theta - \text{sen}^2\theta \end{bmatrix} = \begin{bmatrix} 1 & 0 & 0 \\ 0 & 1 & 0 \\ 0 & 0 & -1 \end{bmatrix} = \mathbf{D}.$$

La matriz regular

$$\mathbf{S} = \mathbf{S_1 S_2} = \begin{bmatrix} 1 & 0 & -\cos\theta \\ 0 & 1 & 0 \\ 0 & 0 & 1 \end{bmatrix} \begin{bmatrix} 1 & 0 & 0 \\ 0 & 1 & -\text{sen}\theta \\ 0 & 0 & 1 \end{bmatrix} = \begin{bmatrix} 1 & 0 & -\cos\theta \\ 0 & 1 & -\text{sen}\theta \\ 0 & 0 & 1 \end{bmatrix}$$

transforma la forma cuadrática dada en la forma diagonal dada por la matriz **D**.

9.21

1º Para las cónicas:

–, + ó +, –	Un par de rectas reales que se cortan
–, – ó +, +	Un par de rectas imaginarias que se cortan en un punto real
+, 0 ó –, 0	Una recta real doble.

2º Para las cuádricas:

$-, -, -$ ó $+, +, +$	Un cono cuadrático imaginario
$-, -, +$ ó $+, +, -$	Un cono cuadrático real
$-, +, 0$ ó $+, -, 0$	Un par de planos reales que se cortan
$-, -, 0$ ó $+, +, 0$	Un par de planos imaginarios que se cortan en una recta real
$-, 0, 0$ ó $+, 0, 0$	Un plano real doble

9.22

Intersección de un plano con una superficie cuádrica.

9.23

La matriz

$$\mathbf{A} = \begin{bmatrix} 3 & 1 \\ 1 & 3 \end{bmatrix}$$

es real, simétrica y definido positiva. Representa a la primera forma cuadrática. La matriz

$$\mathbf{B} = \begin{bmatrix} 1 & 1 \\ 1 & -3 \end{bmatrix},$$

es real y simétrica. Representa a la segunda forma cuadrática.

El cambio de variables dado por la matriz regular

$$\mathbf{S} = \begin{bmatrix} \sqrt{2}/4 & 1/2 \\ \sqrt{2}/4 & -1/2 \end{bmatrix}$$

reduce simultáneamente por congruencia la matriz $\mathbf{A}$ de la primera forma cuadrática a la matriz identidad $\mathbf{I}_2$ y la matriz $\mathbf{B}$ de la segunda forma cuadrática a la representada por la matriz

$$\mathbf{C} = \mathbf{S}^{\mathrm{T}}\mathbf{B}\mathbf{S} = \ldots = \begin{bmatrix} 0 & \sqrt{2}/2 \\ \sqrt{2}/2 & -1 \end{bmatrix}.$$

La nueva matriz ortogonal

$$\mathbf{P} = \begin{bmatrix} 0.8881 & -0.4597 \\ 0.4597 & 0.8881 \end{bmatrix}$$

deja invariante $\mathbf{I}_2$ y transforma $\mathbf{C}$ definitivamente en la matriz diagonal

$$\mathbf{D} = \begin{bmatrix} 0.3660 & 0 \\ 0 & -1.3660 \end{bmatrix}.$$

BIBLIOGRAFÍA

1. AMES, DENNIS B., "FUNDAMENTALS OF LINEAR ALGEBRA", INTERNATIONAL TEXTBOOK COMPANY, SCRANTON, 1970
2. BARNETT, S., "MATRICES IN CONTROL THEORY WITH APPLICATIONS TO LINEAR PROGRAMMING", VAN NOSTRAND REINHOLD COMPANY LTD., LONDRES, 1971
3. BELL, W.W., "MATRICES FOR SCIENTISTS AND ENGINEERS", VAN NOSTRAND REINHOLD COMPANY LTD., NEW YORK, 1975
4. BELLMAN, RICHARD, "INTRODUCTION TO MATRIX ANALYSIS", MCGRAW-HILL DE ESPAÑA, S.A., NEW YORK, 1960
5. BIRAN, A. -BREINER, M. , "MATLAB FOR ENGINEERS", ADDISON-WESLEY, NEW YORK, 1995
6. BURGOS, JUAN DE, "ALGEBRA LINEAL", MCGRAW-HILL DE ESPAÑA, S.A., MADRID, 1995
7. ETTER, D.M. , "ENGINEERING PROBLEM SOLVING WITH MATLAB", PRENTICE-HALL INTERNATIONAL, ENGLEWOOD CLIFFS, 1993
8. FADDEEV, D.K. - SOMINSKII, I.S., "PROBLEMS IN HIGHER ALGEBRA", FREEMAN AND COMPANY, SAN FRANCISCO, 1965
9. FRANKLIN, JOEL N., "MATRIX THEORY", PRENTICE-HALL INTERNATIONAL, ENGLEWOOD CL, 1968
10. GANTMACHER, F.R., "THEORIE DES MATRICES TOME: 1", DUNOD, PARIS, 1966
11. GOLAN, JONATHAN S., "FOUNDATIONS OF LINEAR ALGEBRA", KLUWER ACADEMIC PUBLISHING GRO, DORDRECHT, 1995
12. GOLDBERG, JACK L., "MATRIX THEORY WITH APPLICATIONS", MCGRAW-HILL DE ESPAÑA, S.A., NEW YORK, 1991
13. GOLOVINA, L.I., "ALGEBRA LINEAL Y ALGUNAS DE SUS APLICACIONES", EDITORIAL MIR, MOSCU, 1974
14. GOLUB, G.H. -VAN LOAN, CH. F., "MATRIX COMPUTATIONS", JOHN HOPKINS SERIES, BALTIMORE,, 1985
15. GRANERO RODRIGUEZ, FRANCISCO, "ALGEBRA Y GEOMETRIA ANALITICA", MCGRAW-HILL DE ESPAÑA, S.A., MADRID, 1985
16. GROSSMAN, STANLEY I., "ALGEBRA LINEAL CON APLICACIONES", MCGRAW-HILL DE ESPAÑA, S.A., MEXICO, 1992
17. HADLEY, G., "LINEAR ALGEBRA", ADDISON-WESLEY, READING, 1961
18. HALMOS, PAUL R., "FINITE-DIMENSIONAL VECTOR SPACES", VAN NOSTRAND REINHOLD COMPANY LTD., PRINCETON, 1958
19. HAUG, E. - KYUNG K. CHOI, "METHODS OF ENGINEERING MATHEMATICS", PRENTICE-HALL INTERNATIONAL, ENGLEWOOD CLIFFS, 1993
20. HEESTERMAN, A.R.G., "MATRICES AND THEIR ROOTS", WORLD SCIENTIFIC, SINGAPORE, 1990

21. HERNANDEZ, EUGENIO, "ALGEBRA Y GEOMETRIA", ADDISON-WESLEY, ARGENTINA, 1994
22. HOFFMAN, KENNETH - KUNZE, RAY, "ALGEBRA LINEAL", PRENTICE-HALL INTERNATIONAL, BOGOTA, 1973
23. LANCASTER, PETER - TISMENETSKY, MIRON, "THE THEORY OF MATRICES. WITH APPLICATIONS", ACADEMIC PRESS, ORLANDO, 1985
24. LANG, SERGE, "ALGEBRA LINEAL", FONDO EDUCATIVO INTERAMERICANO, S.A., BOGOTA, 1974
25. LINDFIELD, G. -PENNY, J., "NUMERICAL METHODS USING MATLAB", ELLIS HORWOOD, NEW YORK, 1995
26. MACDUFFEEM CYRUS COLTON, "VECTORS AND MATRICES", MATHEMATICAL ASSOCIATION OF AMERICA, WISCONSIN, 1966
27. MALTSEV, A.I., "FUNDAMENTOS DE ALGEBRA LINEAL", EDITORIAL MIR, MOSCU, 1972
28. MISHINA, A.P. - PROSKURYAKOV, I.V., "HIGHER ALGEBRA LINEAR ALGEBRA, POLYNOMIALS, GENERAL ALGEBRA", PERGAMON PRESS LTD., OXFORD, 1965
29. NOBLE, BEN - DANIEL, JAMES W., "APPLIED LINEAR ALGEBRA", PRENTICE-HALL INTERNATIONAL, ENGLEWOOD CLIFFS, 1988
30. PEASE, MARSHALL C., "METHODS OF MATRIX ALGEBRA", ACADEMIC PRESS, NEW YORK, 1965
31. PROSKURIAKOV, I.V., "2000 PROBLEMAS DE ALGEBRA LINEAL", EDITORIAL REVERTE, S.A., BARCELONA, 1984
32. PUERTA SALES, FERNANDO, "ALGEBRA LINEAL", E.S.I.I. DE BARCELONA, BARCELONA, 1976
33. QUERRE, J., "COURS D'ALGÈBRE", MASSON, PARIS, 1976
34. REZA, FAZLOLLAH, "LOS ESPACIOS LINEALES EN LA INGENIERIA", EDITORIAL REVERTE, S.A., BARCELONA, 1977
35. SHEPHARD, G.C., "ESPACIOS VECTORIALES DE DIMENSION FINITA", EDITORIAL DOSSAT, MADRID, 1969
36. STRANG, GILBERT, "INTRODUCTION TO LINEAR ALGEBRA", CAMBRIDGE UNIVERSITY PRESS, WELLESLEY, 1993
37. STRANG, GILBERT, "INTRODUCTION TO APPLIED MATHEMATICS", MASSACHUSSETS INSTITUTE TECNOLOGY, UNITED STATES, 1986
38. STRANG, GILBERT, "LINEAR ALGEBRA AND ITS APPLICATIONS", ACADEMIC PRESS, NEW YORK, 1976
39. STEWART, G.W. -JI-GUANG SUN, "MATRIX PERTURBATION THEORY", ACADEMIC PRESS, NEW YORK, 1980

ÍNDICE DE MATERIAS

I

L

M

N

LIBROS DE INGENIERÍA

Curso de Mecánica (4.ª ed.)
José María Bastero y *Joaquín Casellas*

Deontología para ingenieros (agotado)
Rafael Escolá Gil

Curso de Álgebra Lineal (3.ª ed.)
Juan Flaquer, Javier Olaizola, Juan Olaizola

Curso de análisis estructural (2.ª ed.)
Juan Tomás Celigüeta

Ingeniería de proyectos (2.ª ed.)
Fernando Santos Sabrás

Ética para ingenieros (2.ª ed.)
Rafael Escolá y *José Ignacio Murillo*

Estadística básica para universitarios
Elisabeth Viles Díez

Pruebas objetivas de circuitos eléctricos
Luis I. Eguíluz, Paulino Sánchez, M.ª de los Ángeles Cavia y *José C. Lavandero*